21世纪物理规划教材

基础课系列

2nd edition

群论及其在凝聚态物理中的应用(第二版)

Group Theory and Its Application to Condensed Matter Physics

李新征 编著

北京大学出版社
PEKING UNIVERSITY PRESS

图书在版编目（CIP）数据

群论及其在凝聚态物理中的应用 / 李新征编著 . —2 版 . — 北京：北京大学出版社，2024.1

21 世纪物理规划教材 . 基础课系列

ISBN 978-7-301-34211-4

Ⅰ. ①群…　Ⅱ. ①李…　Ⅲ. ①群论 - 应用 - 凝聚态 - 物理学 - 高等学校 - 教材　Ⅳ. ① O469

中国国家版本馆 CIP 数据核字（2023）第 131236 号

书　　名　群论及其在凝聚态物理中的应用（第二版）

QUNLUN JI QI ZAI NINGJUTAI WULI ZHONG DE YINGYONG（DI-ER BAN）

著作责任者　李新征　编著

责 任 编 辑　刘啸

标 准 书 号　ISBN 978-7-301-34211-4

出 版 发 行　北京大学出版社

地　　址　北京市海淀区成府路 205 号　100871

网　　址　http://www.pup.cn

电 子 邮 箱　zpup@pup.cn

新 浪 微 博　@ 北京大学出版社

电　　话　邮购部 010-62752015　发行部 010-62750672　编辑部 010-62754271

印 刷 者　北京市科星印刷有限责任公司

经 销 者　新华书店

787 毫米 × 960 毫米　16 开本　21.5 印张　422 千字

2019 年 9 月第 1 版

2024 年 1 月第 2 版　2024 年 11 月第 2 次印刷

定　　价　75.00 元

第二版前言

本书的第一版于 2019 年 9 月出版后, 因为讲授的方式相对简单, 得到了一些读者的认可. 在读者的反馈中, 不少人提到希望加入一些关于李群李代数的介绍. 于是, 笔者从 2021 年底开始着手对教材进行第二版修订, 特意增加第七章来覆盖这部分内容.

按照 "历史与逻辑相统一" 的原则①, 这里笔者对第七章的撰写进行一个说明, 方便读者在完成前六章的学习后针对此部分展开阅读. 像所有其他学科或课程一样, 群论的发展也有一个历史进程. 李群李代数这部分内容是在一个特殊的历史背景下产生的. 其基础包含两部分. 第一部分是有限群理论, 它是 18 世纪末到 19 世纪中叶由 Lagrange, Ruffini, Abel, Galois, Cayley 等人在利用置换群理解一元高次方程的求解的过程中产生的. 到了 19 世纪末, Schoenflies, Fedorov 将其应用至晶体结构的描述并发展出点群、空间群的概念. 这些点群、空间群的理论在 20 世纪初由 Hermann, Mauguin 进行了重新整理. 同样, 在 19 世纪末、20 世纪初, Frobenius, Burnside, Schur, Young 等人也将有限群理论进行了进一步的完善与发展. 其中, 最重要的改进是群表示论得到完善. 之后, 量子力学诞生, 这些理论在量子力学的研究中得到了广泛的应用. 前六章基本上对这些内容都进行了讲解.

除了这些有限群理论, 从 19 世纪后半叶开始, 还有一部分人在努力将其推广至无限群. 这时, 非欧几何在 Gauss, Riemann 等人的推动下已成熟, 拓扑学的一些基本概念也开始发展. 20 世纪初, 这部分理论在物理学的研究中也开始有所体现, 比如 Lorentz, Poincaré, Noether 等人的一些工作. 在这个时期, Hilbert 将 Hilbert 空间概念引入线性代数②, 使其从早期求解线性方程组的工具发展为一个更系统、适用性更广

---

①这个说法是笔者最近在武汉大学哲学系赵林老师的系列讲座《古希腊文明的兴衰》中听到的. 据赵老师介绍, 这个说法最早来自黑格尔 (Georg Wilhelm Friedrich Hegel, 1770—1831). 黑格尔谈哲学时, 最大的特点是系统、丰富、完整. 其中, "历史与逻辑相统一" 是他的利器. 他的论述多会基于简单的逻辑展开, 然后使其逐渐复杂化, 进而完整地体现学科在历史上的进展. 当然, 在历史学家看来, 这种方式具有一定的形而上的特质. 但不得不说, 这种方式对于人们系统地理解各种知识, 并很好地掌握继续发展它的技能, 是很有效的. 笔者过去很多年的教学, 实际上是不自觉地采用这个方式来进行的. 这里, 冒昧地直接采用这个并不属于自己专业的名词, 特此说明一下. 如有不妥, 也请谅解.

②以 Hilbert 命名的数学概念很多. 据说有一次 Hilbert 不得已问自己的同事什么是 Hilbert 空间. Hilbert 年轻时深受 Klein 赏识, 被认为是哥廷根数学学派最合适的接班人. 他也没有辜负这种期待, 与好友 Minkowski 一道, 延续了 Gauss, Riemann, Klein 等前辈的辉煌, 带出了 Weyl, Von Neumann, Noether, Courant, Wigner 等后辈, 并深深地影响了 Born 等人. 在将哥廷根大学的数学学派带到另一个高峰的同时, 也对 20 世纪初的物理学革命做出了积极的贡献 (广义相对论方面与 Einstein 的讨论, 以及通过 Born 和其学生们影响的量子论向量子力学的进化).

的数学理论, 它在物理学的研究中也开始发挥作用 (线性代数在量子力学中的应用就是一个典型的例子). 在我们群论学科的发展方面与之有关联的是, 20 世纪 20 年代群表示论的成熟标志着有限群理论彻底成型 (上段提到过), 而李群李代数理论的发展也是大致同时在这个历史背景下发生的. 其中, Weyl 等人开创性地引入规范的概念, 为物理学的新发展打开了大门①. 20 世纪后半叶, 李群李代数在物理学中得到广泛应用, 更是成为粒子物理研究中的必需工具. 至此, "群论 I" "群论 II" 的课程内容基本成型. 如今, 它们在物理专业的群论课程中的地位也基本奠定. 在物理专业的学生群体中, 也有了有限群学表示、李群学代数的说法.

因为专业背景的原因, 非常系统地针对李群李代数部分的基础理论及其在物理研究中的应用进行深入的讲解并不在笔者的能力范围内. 在第七章的撰写过程中, 笔者的重点是将这些理论在历史上的发展进行一个简单的总结, 专注于对多数读者而言比较容易吸收的内容, 为学生继续选 "群论 II" 课程进行一些铺垫. 这里笔者需要就撰写的内容的信息来源进行一个强调, 以表示对前辈老师们的尊重②. 在本书第一版的前言部分, 笔者曾强调过这个教材的内容大量参考了田光善老师的讲义、韩其智与孙洪洲老师的教材[6]以及王宏利老师的讲义, 是北京大学物理学院 "群论 I" 课程多年来教学积累的一个总结③. 这些材料中, 韩其智、孙洪洲老师的教材基本定义了我们教学的整体逻辑. 第二版补充的本章内容, 笔者也是基于这两位前辈合著的教材的第六章的基本内容与基本逻辑, 结合了北京师范大学物理系梁灿彬、周彬两位老师合著的《微分几何入门与广义相对论》[25]的前两章的一些内容、北京大学数学科学学院丘维声老师的《群表示论》[26]第六章的一些内容、北京大学物理学院高崇寿老师的《群论及其

①实际上, 在 20 世纪 20 年代, 群论一方面作为纯数学发展得如火如荼, 另一方面也与物理学中前沿的量子理论产生了最初的碰撞. 作为大学教师, 笔者在讲授这些课程的时候有时会进行猜测. 做这些猜测, 是感觉有些事情从自己看到的材料来讲应该是有联系的. 把这些猜测讲给学生, 是希望学生多掌握一些学科发展规律, 而不是课本上固定的知识点 (当然这些分析也仅仅是笔者的认识, 不一定正确), 有了对这些规律的认识, 以后自己在做关键的学术判断 (比如方向选择) 的时候能多一些参考. 以这里的情况为例, 笔者会联想到杨武之先生是 1928 年获芝加哥大学博士学位, 1929 年入职清华大学数学系的. 这些前沿的数学很可能通过杨武之先生或其同事在不久的将来影响到了少年时代的杨振宁先生, 进而在后期深刻地影响了其学术生涯. 在杨振宁先生总结的 20 世纪的三个物理学关键词 (量子化、相位因子、对称性) 中[30], 与此相关的就占了两个.

②这里提到的多数老师都是前辈. 王一男老师例外, 他是北京大学物理学院最近引进的一位极其出色的年轻人. 笔者从其讲义中也学到很多.

③实际上, 这些也仅仅是笔者了解到的北京大学物理学院群论课程在最近这些年的教学情况. 更早的一些尝试, 对后期的教学也都是值得记录与强调的. 比如, 一个很偶然的机会, 笔者从华盛顿大学钱纮老师那里了解到, 在 20 世纪 50 年代末, 北京大学物理系 (后合并至物理学院) 的群论课程曾经由数学系的钱敏老师负责过一段时间. 中国科学院理论物理研究所的苏肇冰老师 (也是北京大学兼职教授)、北京大学物理学院的高崇寿老师当时都是其班上的学生. 钱敏老师担任物理系群论课程主讲教师这段历史在 2003 年北京大学物理学科 90 周年纪念材料 (未出版, 内部材料) 中有体现.

在粒子物理学中的应用》[27]、北京师范大学物理系周彬老师的线上课程“李代数理论及其在物理学中的应用”、北京大学物理学院刘玉鑫老师与王一男老师的李群李代数讲义来撰写的①. 第七章完稿后, 笔者研究组内的王方成同学进行了详细的核对, 指出多处错误并提出了宝贵的修改意见. 同时, 第二版增加了习题解答 (由笔者研究组内的杨怀远同学以及课程助教冀晨同学完成), 并更正了一些第一版中的错误 (比如双群特征标表中的几处, 由中国人民大学物理系的高炎同学指出; 导言中 (1) 式对轨道变分的写法不规范, 由北京大学物理学院陈思源、张亦鑫、宋卓洋同学共同指出). 特此说明! 再版过程中, 北京大学出版社刘啸老师提出了很多建设性的修改意见. 这里, 也对这些老师与同学一并表示感谢!

李新征

2023 年 6 月

①两位老师各有其讲义. 其中, 刘玉鑫老师的讲义已经由北京大学出版社出版, 见参考文献[28]. 王一男老师的讲义目前还处在未出版阶段.

第一版前言

“群论”作为 19 世纪发展起来的一门近世代数的分支，在近代物理学研究中占据着举足轻重的位置. 在我国物理学专业教学中，“群论”一般是物理学院部分专业研究生的必修课，学有余力的本科生也可选修. 北京大学物理学院近年来一直用两个学期来完成该方面教学，秋季学期开设“群论 I”，春季学期开设“群论 II”. “群论 I”的任务是建立基本概念，重点讲解有限群，让学生理解群论在诸如凝聚态物理、光学等学科具体研究 (如量子力学本征态标记、能带计算、光谱分析、全同粒子性质描述等) 中的应用. “群论 II”重点针对理论物理专业学生讲解李群与李代数. 笔者的研究方向是凝聚态计算，在日常的科研中对群论这门数学工具 (或者说语言) 的重要性具备一点了解. 机缘巧合，从 2012 年进入北京大学物理学院工作起，笔者一直负责“群论 I”的教学. 教学过程中，笔者最深切的体会就是这门课程的入门以及在讲授过程中建立起课程内容与学生以后所从事的研究的联系对绝大部分同学是最关键的. 只有入门后，深入理解才有可能，而深入理解需要通过学习与科研工作相关的例子和科研本身来获得.

本书针对“群论 I”教学，是基于笔者过去七年的讲义而写成的. 整理过程中，笔者倾向于使用口语化的语言，与课堂讲解尽量一致. 这样做主要有两个目的：对于上了课的学生，重复这个过程可加深课堂上的理解；对于错过几堂课的学生，也能提供一个补救的手段. 除了这两个目的之外，一个与个人习惯相关的原因是，笔者在博士阶段受到的训练就是在准备报告的时候需要事先琢磨每一句要说的话，避免讲解过程中由于语言组织的随意引起误解. 相信这一风格对于使用本书授课的老师也会有所帮助. 教材本身永远不可能完美，目前版本通过在北京大学物理学院的七年教学实践，能够在一个学期的课时条件下基本满足课程要求.

同时必须指出的是，本书内容大量参考了田光善老师的手稿、韩其智与孙洪洲老师的教材以及王宏利老师的讲义，准确地说它是北京大学物理学院近些年“群论 I”课程教学讲义的一个整理. 在上课过程中，宿愿 (人名) 等同学就讲义给出过很多宝贵的修改意见，因为人数太多，无法一一列举. 2016 年暑假，首都师范大学数学系的张俊老师花了很多时间阅读教材的前两章并予以指导. 2018 年秋季学期，南方科技大学的刘奇航老师基于其研究经历对第四章的内容也提出了诸多宝贵意见. 这里一并感谢!

最后，笔者衷心感谢夏建白院士、Matthias Scheffler 教授、Angelos Michaelides 教授在笔者学习阶段的悉心指导，以及王恩哥院士、田光善教授在笔者入职北京大学过程中的关键帮助. 感谢家人一直以来的支持, 以及北京大学出版社刘啸老师、陈小红老师在出版过程中的诸多帮助!

李新征

2019 年 1 月

目　　录

导　言

任何一门课开始的时候都会有一个课程导言，讲这门课的基本情况. 这里也不例外，我们按下面五句话展开:

(1) 群论课程的性质与特点;

(2) 教材情况与需要的基础知识;

(3) 教学内容;

(4) 什么是群论;

(5) 群论的历史以及在近代物理学、化学研究中的应用.

这部分是这门课最轻松的地方，因为有历史、不枯燥. 但 "群论" 从本质上来说是一门数学，群、环、域这些概念是近世代数里面的基本语言，群论本身更是在 19 世纪末彻底发展起来的一个近世代数的分支. 20 世纪初，随着 Emmy Noether (1882—1935) 对一个物理系统的对称性与它的守恒量之间关系的认识[1] (1915 年的工作，发表于 1918 年)、量子力学的发展，以及 Eugene Paul Wigner (1902—1995) 和 Hermann Klaus Hugo Weyl (1885—1955) 在建立量子力学数学基础的过程中对对称性原理的使用[2−4]，人们逐渐认识到群论在物理学研究中的重要作用. 再后来的物理学发展中，人们所使用的规范场方法是这些研究的进一步延伸 (后面我们会稍微展开讨论). 因此，不夸张地说，学习群论是我们物理学专业学生在从事具体研究工作前所受基础教育中必不可少的环节.

这是群论课程的特点在数学和物理方面的体现. 在我们的兄弟学科化学中，在量子力学建立后，敏锐的理论化学家们，以 Linus Carl Pauling (1901—1994) 为代表，已经认识到分子的存在形式以及化学反应的发生本质上是由量子力学与统计物理基本原理支配的. 既然对称性在量子力学中具备上述重要性，与之相应，在对由量子力学基本原理所决定的反应物、过渡态、生成物特性 (比如电子能级、振动谱等) 的描述中，对称性原理的数学语言 (即群论) 必然也会发挥重要的作用. 因此，在近代化学 (特别是物理化学) 的研究中，人们也认识到由对称性决定的内在规律对人们理解这些化学性质与过程的本质至关重要. 换句话说，要想真正地在分子设计的层面理解化学①，对称性的知识同样必不可少.

因为这些原因，群论应该说是为数不多的这样的课: 在很多大学的数学系、物理

①化学的本质是分子设计，这可以说是目前多数人对化学的理解. 此理解最早的提出者应该也是 Pauling 教授. 北京大学化学学院的全称是化学与分子工程学院，其内在含义也在这个地方. 我想这和唐有祺先生早期是 Pauling 的博士应该有一定关系. 笔者就此观点与化学学院的蒋鸿、高毅勤等老师进行过交流，将它放在这里供读者参考.

系、化学系的课程设置中都有涉及. 当然, 不同的系会有不同的侧重点. 数学系会侧重这门课的数学属性, 高一个层面, 是其在物理和化学中展开应用的基础. 而物理系和化学系的同学, 如果想理解这些应用, 必须首先理解这门课的数学基础部分 (说白了就是掌握语言), 再进行实例分析. 物理系的同学, 若专业不同, 所需掌握的内容也会不同. 以凝聚态、光学专业的同学为例, 需要掌握的内容绝大部分集中于有限群理论部分, 当然也需要转动群与双群的知识, 这些在 "群论 I" 课程中均有涉及. 如想进一步理解规范场理论 (连续变换下的对称性与守恒量的关系), 李群也应适度学习. 而对于理论物理专业, 特别是粒子物理专业的同学, 李群部分的内容则是必须掌握的. 化学系中理论化学、物理化学专业同学所需掌握的内容与物理系中凝聚态物理、光学专业类似, 以有限群部分内容为主.

不管哪个具体专业, 要想理解群论在其关心的具体问题中的应用, "掌握这些应用的数学基础" (具体而言就是 "群基础理论" 与 "群表示理论" 两部分内容) 都是第一步. 因此, 我们这门课的前 1/3 部分本质上就是数学性质的讲解. 就课程特点来说这部分是比较枯燥的. 但如果没有学进去, 到了后半部分我们讨论应用的时候, 你就是在听一门半懂不懂的外语. 因此, 必须说明: 如果想学这门课的话, 前面两章必须啃下!

与此同时, 在学习之前, 笔者还要说明: 既然这本教材叫 "群论及其在凝聚态物理中的应用", 在后面的实例说明中, 笔者一定会讲到一些在物理学研究中用到的例子. 理解这些例子, 对于这门课的学习是和掌握理论基础同样重要的. 因为没有这些例子, 你很难理解学习这些东西有什么用. 要掌握这部分内容, 我们需要的课程储备是 "量子力学" 与 "固体物理". 这是由课程的特点决定的.

关于教材, 任课的前三年我都是基于其他老师的教材手写自己的讲义, 每年重复并更新. 第四年, 笔者把讲义的电子版整理出来, 之后每年改进, 直至出版并再版, 但仍难免有不足之处. 读者在学习过程中还可以参考文献 [5–15].

本书的主体内容有七章: 群的基本概念、群表示理论、点群与空间群、群论与量子力学、转动群、置换群、李群李代数初步. 其中前两章是基础, 提供在进行后面的讨论时必须用到的 "语言", 是我们的基本交流工具. 在这两章学完之后, 下面两个章节是点群与空间群、群论与量子力学. 其中点群、空间群是我们在分子、团簇、凝聚态体系中遇到的群, 关于它们的性质自然是我们学习的重点. 群论与量子力学这一章, 在现行教科书中并没有一个统一的路子, 但笔者认为它是我们这门课里最重要、最有用的部分. 读者学完这门课之后, 有时间的话一定要不断地阅读和这部分内容相关的教科书 (特别是 Dresselhaus 那本), 这是加深我们对这门课理解的关键. 此部分内容有点像武侠小说中常提到的任督二脉, 掌握好了, 能在科研中合理运用群论, 课程学习才算成功, 科研也会做得更好 (Dresselhaus 本人就是一个最好的例子).

剩下的三章, 转动群不说读者也能感受到它的重要性, 早期的原子体系和很多现在还在用的中心力场理想体系都具备这样的对称性. 本书主要关注的是有限群. 转动群本质上是一个连续群, 但它的一些最基本的属性在不学习 "群论 II" 的情况下也能理解. 如果你以后做和电子自旋相关的研究, 背后的物理基本也在这部分内容中. 置换群是一种有限群, 也是在全同粒子体系中普遍存在的一种对称群. 本书这部分包括置换群的基本特性、分类 (杨图)、不等价不可约表示分类 (杨盘定理), 以及如何求置换群的表示等内容. 对于不学理论物理的同学, 这部分一般用不上. 对学理论物理并且要选 "群论 II" 的同学, 这些基本的理论储备应该够用了. 李群李代数初步, 更是为我们进行 "群论 II" 学习所做的准备.

上面说的本书的内容都可以直接由章节的题目反映出来. 读者如果看其他教材的话, 其实还会注意到两个我们目前还没有提及的东西: 一个叫投影算符, 一个叫幂等元. 这两者有些联系. 本书分别会在第四章和第六章用到它们之前做介绍, 不单独作为一章来讲.

接下来我们想说的是一个具体的问题: 什么是群论?

要回答这个问题, 我们可以先想一下什么是 "群论" 中的 "群". 它对应的英语单词是 "group theory" 中的 "group", 汉语的翻译很贴切, 就是 "群" 这个字. 汉字拆分, 可以把它分为两个部分, 一个 "君", 一个 "羊", 笔者觉得其背后隐藏的逻辑就是一个 "君" 管理了一群 "羊". 在这里 "羊" 是一个集合, 而 "君" 不单指一个人, 更代表一个管理者. 他和 "羊" 在一起, 可以理解为一个 "具有一定结构特征的集合", 因为 "君" 这个管理者就是要给这个集合建立一个结构特征, 并且要利用这个结构特征去实施管理的. 而群论呢? 很自然地就是: 研究这个集合的结构特征及其生成的规律的一门学科.

根据这个理解, 回到前面提到的课程内容, 很自然地, 我们就可以简单说一下刚才讲到的各章都是干什么的.

(1) 群的基本概念: 集合总体的结构特征及其规律.

(2) 群表示理论: 对这些规律进行数学描述要用到的数学语言 (基础是线性代数).

(3) 点群与空间群: 人们面对分子、晶体系统的时候, 系统具有的对称性操作的集合. 它们是我们在掌握前两章 (群论的理论基础) 知识后面对的第一类具体的群.

(4) 群论与量子力学: 群论在物理、化学等学科研究中的应用.

(5) 转动群: 中心力场系统的对称群 (物理体系中的一类对称群).

(6) 置换群: 全同粒子系统的对称群 (物理体系中的一类对称群).

(7) 李群李代数初步: 有限群向李群的过渡.

根据这个理解, 我们还很容易明白, 群论从本质上而言是研究数的结构及其生成规律的, 是数学, 不是物理. 我们物理研究的是物质运动的内在规律, 一般先强调 "物", 针对 "物" 来理解 "理". 而群论这门学科发展的初期, 是人们对一些 "理" 的认识, 这些 "理" 是 "数理", 不是 "物理". 人们基于对这些 "数理" 的认识, 建立起了一套理论. 后来人们又逐渐意识到它在物理、化学上有很大的用途, 才开始要求物理、化学这些专业背景的人来学习, 以期对本学科中的问题有更深入的认识.

就教学而言, 物理上教 "群论" 的老师分两种: 一种是做得比较理论的老师, 相应教材的特点是严格、抽象、深入. 另一种是做物质科学相关研究的, 相应教材比较直观、便于理解, 但内容不包括 "群论 II" 的部分. 笔者的背景是后者, 本书只希望将 "群论 I" 讲清楚, 至于李群李代数部分, 只给出一个简单的介绍.

至此, "群论" 是什么样的一门课读者应该有些概念了. 但在学之前, 出于好奇, 可能我们还是想知道一下作为一门学科, "群论" 是如何发展起来的, 它现在处在一个什么样的位置. 这就是我在导言中想解释的第五句话: 群论的历史以及在近代物理学、化学研究中的应用.

前面提到, 群论是近世代数的一个重要的分支, 它是在 19 世纪发展起来的. 在其发展的初期, 数学上的另外三个分支是基础. 这三个分支分别是:

(1) 几何学. 从 19 世纪开始, 德国数学家 August Ferdinand Möbius (1790—1868), 在研究一些非欧几何的问题的时候, 就开始使用了一些对称操作的概念. 和 Möbius 相关的另外一个我们现在用得比较多的概念是 Möbius 环, 就是把一个纸条连成环并且在过程中翻一下, 这样的一个环就不再有两面了. 这个概念在拓扑上比较有用.

(2) 数论. 18 世纪下半叶, Leonhard Euler (1707—1783) 在研究数论中的模算术的时候, 用到过一些群论中尚处在雏形阶段的概念.

(3) 代数方程理论. 应该说它直接导致了群论作为一门学科的诞生. 更准确地说, 人们在求一元高次方程公式解的时候, 引入了置换群的概念, 进而建立起了群论这个理论体系.

现在, 人们普遍认为由这三个方面研究所诱发出来的群论是近世代数 (抽象代数) 中很重要的部分, 并把它作为 19 世纪最伟大的数学成就之一来看待.

关于这个学科诞生的细节很数学, 想真正理解的话, 需要对抽象代数这门课有深刻的认识 (笔者自己曾经尝试着去看了一些, 花了很大精力, 但最后发现确实超出能力范围). 这里与大家分享的, 只是一些 "hand-waving" (没有坚实的理论基础, 试图显得有效, 但并没有触及实质内容) 的认识.

刚才提到, 最直接的导致群论诞生的诱因是代数方程理论的发展. 代数方程, 大家都知道, 一元一次的是 $ax+b=0$, 一元二次的是 $ax^2+bx+c=0$. 它们的解析公式解我们在中学的时候就学过.

一元三次方程和一元四次方程有没有和它们类似的公式解?

答案: 有.

对一元三次和四次方程, 早期人们是利用配方和换元的方法把它们变成低次方程来求解的.

比方说 $ax^3+bx^2+cx+d=0$ 这样一个式子, $a\neq 0$, 该怎么解呢?

先换元, 取 $y=x+\dfrac{b}{3a}$, 把它代入上式, 试图把 x 的一般的一元三次方程变成 y 的一元三次方程, 而这个 y 的一元三次方程, 不再是一个一般的一元三次方程, 而是具有特殊形式的一元三次方程. 过程如下:

$$a\left(y-\frac{b}{3a}\right)^3+b\left(y-\frac{b}{3a}\right)^2+c\left(y-\frac{b}{3a}\right)+d=0,$$

$$a\left(y^3-\frac{b}{a}y^2+\frac{b^2}{3a^2}y-\frac{b^3}{27a^3}\right)+b\left(y^2-\frac{2b}{3a}y+\frac{b^2}{9a^2}\right)+c\left(y-\frac{b}{3a}\right)+d=0,$$

$$ay^3+\left(c-\frac{b^2}{3a}\right)y+\left(d+\frac{2b^3}{27a^2}-\frac{bc}{3a}\right)=0.$$

二次项不见了, 一元三次方程变成了 $y^3+py+q=0$, 这里 p,q 都是由 a,b,c,d 确定的常数. 而这样的一个特殊形式的一元三次方程是有公式解的. 这里面有个故事, 时间是 16 世纪, 地点是意大利. 当时在欧洲的数学界, 去寻求一元三次方程的解是一个时尚, 就像我们现在物理学界对高温超导机制的研究一样①. 因为当时的历史背景是文艺复兴, 所以在学术上最活跃的地区很自然地就是意大利 (读者可以去想, Copernicus, Bruno, Galileo 这三个现代科学的鼻祖里, 两个是意大利人, 而 Copernicus 虽然是波兰人, 但基本在意大利生活). 研究一元三次方程的代表人物有两个 —— Niccolo Fontana (1499—1557) 和 Girolamo Cardano (1501—1576). 传说第一个想出这个特殊方程公式解的是 Fontana, 但此君比较喜欢通过故弄玄虚来显示自己的聪明, 不把话说明. 因此, 虽然当时有很多人相信他会解这个方程, 但没有任何文献记录 (当时的出版业并没有现在这么发达, 不然一个 arXiv 就解决问题了). 而 Cardano 则比较低调务实. 传说中他向 Fontana 讨教过, 而 Fontana 用很隐晦的语言进行了提示, 但他认为以 Cardano 的悟性根本理解不了. 但结果是, Cardano 把它想明白了, 并且在他的著作《大术》(*Ars Magna*, 1545) 中给了一些详细的解释. 因为这个情况, 现在我们在讨论一元三次方程的公式解的时候, 想到的第一个人物往往是 Cardano, 只是在很少的文献中才会对当时 Fontana 的工作有所提及. 上面那个特殊一元三次方程的解, 人们也习惯于叫 Cardano 公式:

$$y_1=\sqrt[3]{-\frac{q}{2}+\sqrt{\left(\frac{q}{2}\right)^2+\left(\frac{p}{3}\right)^3}}+\sqrt[3]{-\frac{q}{2}-\sqrt{\left(\frac{q}{2}\right)^2+\left(\frac{p}{3}\right)^3}},$$

$$y_2=\omega\cdot\sqrt[3]{-\frac{q}{2}+\sqrt{\left(\frac{q}{2}\right)^2+\left(\frac{p}{3}\right)^3}}+\omega^2\cdot\sqrt[3]{-\frac{q}{2}-\sqrt{\left(\frac{q}{2}\right)^2+\left(\frac{p}{3}\right)^3}},$$

$$y_3=\omega^2\cdot\sqrt[3]{-\frac{q}{2}+\sqrt{\left(\frac{q}{2}\right)^2+\left(\frac{p}{3}\right)^3}}+\omega\cdot\sqrt[3]{-\frac{q}{2}-\sqrt{\left(\frac{q}{2}\right)^2+\left(\frac{p}{3}\right)^3}},$$

其中 $\omega=(-1+\sqrt{3}\mathrm{i})/2$.

---

①当时人们经常针对类似问题进行数学 “比武”.

这就是关于一元三次方程公式解的故事. 求解过程其实已经很麻烦了, 不然不会让 Fontana 犯那个错误. 对一元四次方程, 之后人们又用相似方法做了努力, 由 Cardano 的学生 Lodovico Ferrari (1522—1565) 给出了公式解. 这个结果也是在 Cardano 的那本 1545 年的《大术》里面发表的. 那么五次、六次乃至更高次的一元方程又是什么情况呢? 同样, 对五次以上一元方程解的研究在 1545 年以后也继续成为欧洲数学界的时尚, 但两百多年过去了, 却始终没有任何进展.

当这个问题有下一步进展的时候, 也就到了我们 "群论" 作为一门学科出现的时候了. 群论前后发展的时间有一百多年, 从 1770 年代开始, 到 19 世纪末结束. 其中的代表人物包括 Joseph-Louis Lagrange (1736—1813), Paolo Ruffini (1765—1822), Niels Henrik Abel (1802—1829), Évariste Galois (1811—1832), Arthur Cayley (1821—1895), Marius Sophus Lie (1842—1899), Ferdinand Georg Frobenius (1849—1917), William Burnside (1852—1927), Friedrich Heinrich Schur (1856—1932) 等数学家, 其中前面这些人 (到 Galois) 工作的初衷是求一元五次方程的解, 但结果是建立了群论. 而后面这些人 (从 Cayley 开始) 的主要工作, 就是完善这个由前人提出的理论. 这些名字以及与他们相关的定理, 在后面的教学中我们会慢慢接触到.

怎么把解一元五次方程和群论这门学科联系起来, 背后的道理其实很简单. 前面我们提到了, 在 Ferrari 之后, 两百多年间, 欧洲各位顶级的数学家都尝试着利用配方、换元这些数学手段去求四次以上方程的公式解, 但都没成功. 在这种情况下, 按科学规律而言, 一般传统思维肯定不能成功了. 这就像我们在一个屋子里找某样东西, 你的前辈科学家, 各个聪明绝顶, 已经把这个屋子的每个角落都进行了仔细的搜寻, 结果没有找到. 这个时候, 你应该意识到是不是这个屋子有另外一个维度, 需要打破传统思维去找到这个维度. 物理学史上, 我们都知道的一个这样的例子是黑体辐射. 在 19 世纪末 20 世纪初, 传统的理论是怎么都不可能在长波和短波区域同时对黑体辐射给出合理解释的. 这个时候, 人们就需要去拓展自己的思维了, 而把思维拓展开来的这些人, 就成为了我们眼中的天才, 比如 Planck (当然 Planck 常数的产生更多的是数学上的处理, 而不是思想深处的理解或信念), 比如 Einstein (读者一定不要受一些科普读物的误导, 他实际上是量子力学发展最大的推动者之一, 从思想层面. 光电效应是他解释的, de Broglie 的波粒二象性也是他最早支持的, 这些都是突破思维定式的典型例子. 只是在后期, 他从一个数学物理学家的视角, 不喜欢 Bohr 这些人对量子力学的一些实用性解释. 除了量子力学, 狭义与广义相对论其实是更典型的例子).

在五次及更高次一元方程公式解的问题上, 从 Lagrange, 到 Ruffini, 再到 Abel 与 Galois, 他们做的事情是开始从数的结构, 也就是常说的数论的角度去考虑这些问题. 具体而言, Lagrange 做的事情是利用置换的概念, 去理解三次和四次方程为什么有解, 而 Ruffini 做的事情是利用同样的思想去说明五次方程不可代数求解. 之后就是 Abel 和 Galois 了, 他们做的事情是彻底地在代数方程的可解性与其对应的置换群之间建立了联系, 指出了 n 次方程有解的充要条件, 以及说明一般的一元五次方程没有公式解. 在他们四个里面, 前两个是奠定基础的, Abel 与 Galois 是真正利用群的概念去解决这个问题的. 我们现在通常把后两个当作是群论这门学科的奠基人①.

在数学家建立了群论的概念体系之后, 物理学家做了什么呢? 我想比较有代表性的是以下三个方面的工作.

(1) 几何晶体学的发展, 晶体点阵、点群、空间群这些概念的诞生以及它们在晶体学中的应用. 这方面的主要发展时间是 19 世纪末、20 世纪初, 代表人物是 Arthur Moritz Schoenflies (1853—1928), Carl Hermann (1898—1961), Charles Victor Mauguin (1878—1958). 后面讲点群、空间群的时候会讲到他们.

(2) 对称性与守恒量之间的关系. 这方面的代表人物是 Noether. 她是个典型的数学物理学家. 她没得诺贝尔奖, 不过这并不影响她本身的伟大. 她被 Einstein, Hilbert 等人称为数学史上最伟大的女性. Noether 定理的基本内容是 "一个物理系统的作用量的任意可微对称性都对应着一个守恒律", 也可以说是任何一个保持拉格朗日量不变的微分算符, 都对应一个守恒的物理量. 图 1 是我从《赛先生》2015 年 6 月 20 日发表的一篇文章上摘下来的 (作者是得克萨斯大学奥斯汀分校的张天蓉博士), 很形象地描述了这个规律. 比如空间平移对称性对应动量守恒、时间平移对称性对应能量守恒、旋转对称性对应角动量守恒, 等等. 这些规律我们现在其实都当作常识了. 它们究竟怎么来的? 我们会以平移不变性对应动量守恒为例 (经典力学范畴内的一个问题) 做个推导. 同时需要说明: 我们目前都知道的规范场论应该说是沿着这条路继续的、更加深入的发展. 它的基本思想是系统的拉格朗日量在一个连续的局域变换 (规范变换) 下保持不变. 规范这个词本意是伸缩因子 (scale), 但后来人们发现它的真实物理对应其实是相位. 近代物理研究中, 它通常指拉格朗日量多余的自由度. 不同规范间的变换 (也就是我们常说的规范变换), 形成了一个可以解析表达的、具有微分流形性质的连续群, 就是李群. 在 "群论 II" 课程中, 我们会学到每个李群都有自己的群生成元, 而每个群生成元会伴随一个矢量场. 这个矢量场就是规范场. 这些讨论对经典理论和量子

---

①建议读者去看一下这两个少年天才的生平. 笔者尽量介绍每个科学家的生平, 就是希望读者在学习科学的同时, 不要脱离科学家本身所处的时代背景. 科学上重大进步的产生, 都是由科学家本身的时代背景、学科背景综合起来诱发的. 学生时代应尽量了解这些, 这样你才会对你的学科发展的规律产生一定的理解. 只有理解了每个发现背后那些让人热血沸腾的故事与逻辑, 你才能真正理解教科书上那些冷冰冰的文字背后的内涵. Abel 生平最大的标签, 除了天才, 就是贫穷. 他是挪威人, 挪威在当时欧洲科学的版图中可以说是彻底的边缘. 他本身很优秀, 但找教职一直不顺. Abel 27 岁死于贫困与疾病, 死后收到了柏林大学的聘书, 令人唏嘘. Galois 被认为是浪漫主义天才的代表. 传说他投稿三次, 第一次的审稿人是 Cauchy, 第二次的审稿人是 Fourier, 两次都没有发表. Cauchy 让他把论文写得好懂一些, 他没有听. Fourier 接到稿件不久就去世了. 第三次投稿的时候, Galois 本人已经因为决斗离世了, 是他的朋友帮他投的. 这次的审稿人是 Jacobi 和 Gauss, 但他们其实没有时间仔细看. 后来这个稿件又沉睡多年, 在得到了 Liouville 的肯定后最终发表. 从这些审稿人, 我们应该可以感受到 19 世纪法国数学的强大.

理论都是成立的. 在量子理论中, 量子化规范场对应规范玻色子. 以我们最熟悉的电磁场为例, 量子电动力学理论就是个 Abel 的规范理论, 它的 Abel 对称群是 U(1) 群, 它的规范场就是由标势 ϕ 与矢势 $\boldsymbol{A}$ 形成的四分量矢量场 $(\phi, \boldsymbol{A})$, 对应的规范玻色子就是光子. 已知的量子电动力学、电弱理论、量子色动力学都是基于规范场论建立起来的, 群论在其中发挥着重要的作用.

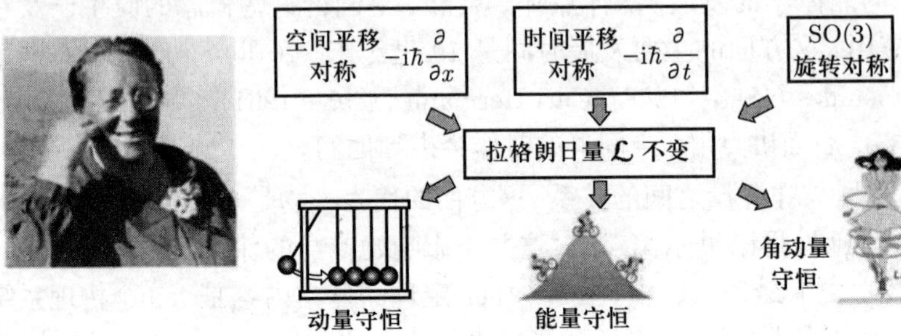

图 1　Noether 定理, 对称性与守恒量的关系

(3) 对称性在量子力学中的应用. 这方面的代表人物是 Wigner[2−3]. 他也因为这方面的研究获得了 1963 年的诺贝尔物理学奖 (独得 1/2, 其他两个人分另外的 1/2). 他获奖的原因是 "以表彰他对于原子核、基本粒子理论, 尤其是基本对称性原理的发现与应用而做的贡献".

下面我们以一个例子来展示对称性与守恒量的关系.

例 1　平移不变性与动量守恒.

考虑一个封闭的力学系统, 无外力, 那么这个系统的运动方程是由其作用量 (action) 决定的. 这个作用量是

$$I = \int_{t_1}^{t_2} L[q(t), \dot{q}(t)]\mathrm{d}t.$$

设 $Q(t)$ 这个函数是粒子的实际轨道, 而 $\delta q(t)$ 是对这个实际轨道的偏移, 那么, 由最小作用量原理, 我们知道对实际轨道进行 $\delta q(t)$ 变分后, 作用量的变化为

$$\delta I = \int_{t_1}^{t_2} \left\{\frac{\partial L}{\partial q(t)} - \frac{\mathrm{d}}{\mathrm{d}t}\frac{\partial L}{\partial \dot{q}(t)}\right\}\bigg|_{q(t)=Q(t)} \delta q(t)\mathrm{d}t. \tag{1}$$

我们要求对任意 t_1, t_2 以及 $\delta q(t)$, 这个量都等于零, 这也就要求

$$\left\{\frac{\partial L}{\partial q(t)} - \frac{\mathrm{d}}{\mathrm{d}t}\frac{\partial L}{\partial \dot{q}(t)}\right\}\bigg|_{q(t)=Q(t)} = 0. \tag{2}$$

这就是牛顿方程 (我们理解这个问题的第一步).

现在引入平移不变性 (第二步). 对任意平移 a, 有

$$I[Q(t_2)+a, Q(t_1)+a] = I[Q(t_2), Q(t_1)]. \tag{3}$$

(3) 式左边为

$$I[Q(t_2)+a, Q(t_1)+a] = \int_{t_1}^{t_2} L[Q(t)+a, \dot{Q}(t)]\mathrm{d}t \tag{4}$$

(平移不改变微分项), 又等于

$$\int_{t_1}^{t_2} L[Q(t), \phi(t)]\mathrm{d}t + \int_{t_1}^{t_2} \frac{\partial L}{\partial Q(t)} a\mathrm{d}t + O(a^2). \tag{5}$$

而 (3) 式右边为

$$I[Q(t_2), Q(t_1)] = \int_{t_1}^{t_2} L[Q(t), \dot{Q}(t)]\mathrm{d}t. \tag{6}$$

(6) 式对任意 a, 任意 t_1, t_2 都成立, 所以有

$$\frac{\partial L}{\partial Q(t)} = 0. \tag{7}$$

代入运动方程, 就有

$$\frac{\mathrm{d}}{\mathrm{d}t}\frac{\partial L}{\partial \dot{Q}(t)} = 0. \tag{8}$$

而 $\partial L/\partial \dot{Q}(t)$ 对应动量, 故由平移不变性可推出动量守恒.

现在数学说完了, 物理也说完了. 前面我们提到, “群论” 这门课在很多大学里面是数学、物理、化学三个专业都会开的, 那么化学家在这门学科的发展过程中起了什么样的作用呢? 应该说他们的贡献和物理学家同等重要. 具体而言就是, 化学家在将这个理论应用到具体物性研究中扮演了重要的角色. 最具代表性的领域是理论化学, 很关键的一个人物是 Pauling. 这个人非常了不起, 如果说他是最具影响力的几个化学家之一与最具影响力的理论化学家 (没有之一), 应该不为过. 他是第一个将量子力学基本原理、分子轨道、分子设计这些概念引入化学研究中的人, 也是我们现在公认的量子化学、分子生物学的开创人.

为什么要这样推崇 Pauling 呢? 原因很简单, 科学, 往广义说, 就是用理性的观点去认知客观世界, 而理性的基本工具是数学. 在我们认知的过程中, 由于侧重点不同, 科学会分化出很多学科, 比如物理、化学、生物等等. 物理关注的是物质的存在形式与运动规律, 化学关注的是不同物质放在一起的反应, 而生物关注的是生命的行为. 它们相互之间是不应该排斥的. 以物理和化学为例, 笔者在早期受教育的时候, 始终认为它们是两个东西, 直到做科研, 才意识到现在的凝聚态物理研究其实是非常需要化学知识的. 而同时, 量子化学就是将量子力学基本原理应用到具体分子与凝聚态体系的

行为描述中去. 应该说是物理和化学两个大的学科的交融, 才使得两者都发展到了目前的相当成熟的状态, 而 Pauling 就是最早去推动这种交融的代表人物. Pauling 本身是美国化学家. 笔者认为对他科研影响最大的一段经历, 应该是他在 1926—1927 年在欧洲的游学, 在那里他接触到了 Sommerfeld, Bohr, Schrödinger 等人. 他在欧洲接受了量子力学的训练, 之后敏锐地意识到其在化学中将会得到应用, 并且开始用这些原理去研究化学中的现象, 比如分子轨道、分子振动谱, 等等. 这些都是目前的科学研究中运用群论的最为直接的例子, 在后面我们会详细讲. 在之前推荐的参考书中, Cotton 的那本 *Chemical Applications of Group Theory* 就是一个典型的化学家写的群论教材. 相比于我们物理学家写的教材, 会更实际、易读.

最后总结一下, 我们将要学习的群论, 确实是人类文明在过去两百多年间发展出来的精华, 是我们认识所在世界的本质的重要工具, 在日常的科学研究中, 起着非常重要的作用. 本书内容为基础部分, 说来简单, 但要想学明白, 也需要下很大的功夫. 因此, 要认真对待!

第一章　群的基本概念

1.1　群

定义 1.1　设 G 是一些元素 (操作) 的集合, 记为 $G = \{\cdots, g, \cdots\}$, 在 G 中定义了乘法运算, 如果 G 中元素对这种运算满足下面四个条件:

(1) 封闭性: $\forall$ 两个元素 (操作) 的乘积仍属于这类元素 (操作) 的集合①,

(2) 结合律: $\forall$ 三个元素 (操作) f, g, h, 有 $(fg)h = f(gh)$,

(3) 有唯一单位元素 e, 使得 $\forall f \in G$, 有 $ef = fe = f$,

(4) $\forall f \in G$, 存在且唯一存在 f^{-1} 属于 G, 使得 $f^{-1}f = ff^{-1} = e$,

这时我们称 G 是一个群, 其元素是群元, e 为其单位元素, f^{-1} 为 f 的逆.

为了理解这个定义, 我们先看一些例子.

例 1.1　一个集合有两个操作 E 和 I, E 作用于三维欧氏空间中任一向量 $\boldsymbol{r}$ 上, 得到 $\boldsymbol{r}$ 本身, I 作用于 $\boldsymbol{r}$ 上, 得到 $-\boldsymbol{r}$. $\{E, I\}$ 是否形成一个群?

两个元素, 操作组合有 4 种: $E \cdot E$, $E \cdot I$, $I \cdot E$, $I \cdot I$ (乘法定义为先进行右边的操作, 再进行左边的操作), 其中任何一个作用到 $\boldsymbol{r}$ 上, 结果不是 $\boldsymbol{r}$ 就是 $-\boldsymbol{r}$, 所以效果与 E 或者 I 作用到 $\boldsymbol{r}$ 上一致, 封闭性满足.

类似 $(E \cdot I) \cdot E = E \cdot (I \cdot E)$ 的关系对于这三个位置怎么填都成立, 结合律满足.

易知元素 E 是唯一的单位元素.

易知 E 的逆是 E, I 的逆是 I.

所以 $\{E, I\}$ 形成一个群, 称为空间反演群.

例 1.2　考虑这样的操作的集合, 它们中每一个操作, 都把 $1, 2, \cdots, n$ 这 n 个数, 一对一地对应到 $1, 2, \cdots, n$ 这 n 个数上, 比如

$$P = \begin{pmatrix} 1 & 2 & \cdots & n \\ m_1 & m_2 & \cdots & m_n \end{pmatrix} \tag{1.1}$$

就是把 $1, 2, \cdots, n$ 对应到 $m_1, m_2, \cdots, m_n$ 上, 其中 $m_1, m_2, \cdots, m_n$ 是 $1, 2, \cdots, n$ 的任意排列.

注意, 在这个标记中 $\begin{pmatrix} 1 & 2 & \cdots & n \\ m_1 & m_2 & \cdots & m_n \end{pmatrix}$ 与 $\begin{pmatrix} 2 & 1 & \cdots & n \\ m_2 & m_1 & \cdots & m_n \end{pmatrix}$ 是一样的, 因为它们的效果都是把 1 变为 m_1, 2 变为 m_2, 以此类推.

---

①包含元素和其本身的乘积.

现在如果定义乘法 P_1P_2 为先进行置换 P_2, 再进行置换 P_1, 我们来看这样的操作的集合是否形成群.

(1) 封闭性. 不管怎么操作两次, 总的效果都是把 $1,2,\cdots,n$ 变到这 n 个数上, 依然是集合中的某个操作, 封闭性满足.

(2) 结合律. 以 1 的变化为例. 假设 P_3 把 1 变为 2, P_2 把 2 变为 3, P_1 把 3 变为 4, 那么

$$(P_1P_2)P_3 \sim [(4\leftarrow 3)(3\leftarrow 2)](2\leftarrow 1) = (4\leftarrow 2)(2\leftarrow 1) = (4\leftarrow 1), \tag{1.2}$$

$$P_1(P_2P_3) \sim (4\leftarrow 3)[(3\leftarrow 2)(2\leftarrow 1)] = (4\leftarrow 3)(3\leftarrow 1) = (4\leftarrow 1), \tag{1.3}$$

即二者都把 1 变为 4. 以此类推, 有 $(P_1P_2)P_3 = P_1(P_2P_3)$.

(3) 单位元. 易知 $\begin{pmatrix} 1 & 2 & \cdots & n \\ 1 & 2 & \cdots & n \end{pmatrix}$ 即为唯一的单位元.

(4) 逆. 易知 $\begin{pmatrix} 1 & 2 & \cdots & n \\ m_1 & m_2 & \cdots & m_n \end{pmatrix}$ 有唯一的逆 $\begin{pmatrix} m_1 & m_2 & \cdots & m_n \\ 1 & 2 & \cdots & n \end{pmatrix}$.

所以这些操作的集合也构成一个群, 称为 n 阶置换群, 它的群元的个数是 $n!$.

在物理上, 处理全同粒子体系的时候, 会经常用到这一类群, 我们后面会专门介绍.

例 1.3　如图 1.1 所示, 考虑三维欧氏空间中的一个正三角形, 顶点是 A, B, C. 对于这样一个三角形, 有六个纯转动可以使其与自身重合, 分别是:

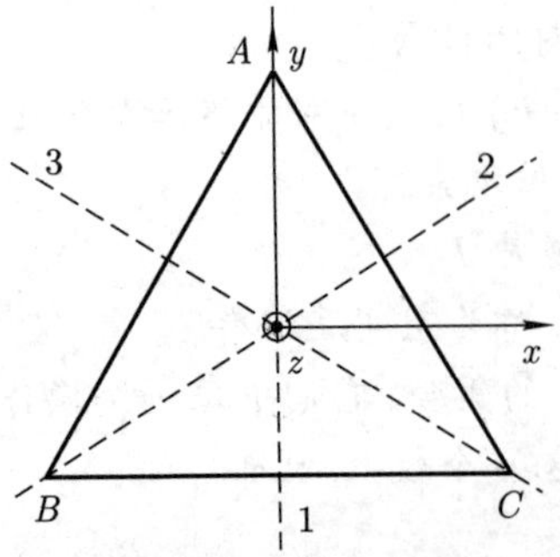

图 1.1　D_3 **群示意图**

(1) e: 不动;

(2) d: 绕 z 轴转 $2\pi/3$;

(3) f: 绕 z 轴转 $4\pi/3$;

(4) a: 绕 1 轴转 π;

(5) b: 绕 2 轴转 π;

(6) c: 绕 3 轴转 π.

现在问: 这六个操作是否形成群 (乘法如例 1.1 定义)?

要回答这个问题，我们仍然可以按上面的思路来走，看它是否满足那四个条件. 但我们还可以借用一下前面讲的置换群的概念，因为这些操作无非是将 (A,B,C) 对应到 (A,B,C) 上去，而这六个几何操作又恰恰和三阶置换群的六个变换一一对应. 因此它们形成一个群，称为 D_3 群.

既然形成一个群，现在我们看它们的乘法关系. d 操作相当于 $\begin{pmatrix} A & B & C \\ B & C & A \end{pmatrix}$，而 a 操作相当于 $\begin{pmatrix} A & B & C \\ A & C & B \end{pmatrix}$，因此:

$$d \cdot a = \begin{pmatrix} A & B & C \\ B & C & A \end{pmatrix}\begin{pmatrix} A & B & C \\ A & C & B \end{pmatrix} = \begin{pmatrix} \begin{pmatrix} A & B & C \\ A & C & B \end{pmatrix} \\ \begin{pmatrix} A & C & B \\ B & A & C \end{pmatrix} \end{pmatrix} = \begin{pmatrix} A & B & C \\ B & A & C \end{pmatrix} = c. \tag{1.4}$$

重复类似运算，可得完整乘法表，见表 1.1.

表 1.1　D_3 群乘法表

	e	d	f	a	b	c
e	e	d	f	a	b	c
d	d	f	e	c	a	b
f	f	e	d	b	c	a
a	a	b	c	e	d	f
b	b	c	a	f	e	d
c	c	a	b	d	f	e

D_3 群是图 1.1 中的正三角形的纯转动群. 如果还包含反射、反演这些操作，群元就会再多一些，群也不是 D_3 群了.

例 1.4 若以数的加法为"乘法"，则全体整数构成一个群，0 是其中的单位元素，n 与 $-n$ 互逆.

同理，全体实数也在这个乘法规则下构成一个群，全体复数也是.

但如果我们把乘法定义为数乘，那么它们就不再是群了，因为这种情况下单位元素只能是 1，而 0 是没有逆的.

现在我们知道群是定义了乘法且满足一定要求的元素的组合，下面我们来介绍与群相关的两个定义与一个定理.

定义 1.2 群内元素的个数称为群的阶. 当群的阶有限时，称为有限群；当群的阶无限时，称为无限群.

本书主要讨论有限群.

定义 1.3 当群 G 乘法满足交换律, 即 $\forall a, b \in G$, $ab = ba$ 时, 称群 G 为 Abel 群.

要注意, 群乘法一般并不满足交换律. 从定义 1.3 也容易想到, Abel 群的乘法表是相对于对角线对称的.

定理 1.1 (重排定理) 设 $G = \{g_\alpha\}$, $\forall u \in G$, 当 g_α 取遍 G 中所有元素时, ug_α 给出 G 中所有元素, 且每个元素只给出一次.

证明 (1) 对任意 g_β 属于 G, 可取 $u^{-1}g_\beta \in G$, 使得 $u(u^{-1}g_\beta) = g_\beta$, 因此 G 中任何元素都能给出.

(2) 设有 $g_\alpha \neq g_{\alpha'}$, 使得 $ug_\alpha = ug_{\alpha'}$, 那么就会有 $u^{-1}ug_\alpha = u^{-1}ug_{\alpha'}$, 进而 $g_\alpha = g_{\alpha'}$, 与假设矛盾. 因此 G 中每个元素只给出一次.

至此, 本节介绍了四个内容: 三个定义 (群, 群的阶、有限群、无限群, Abel 群), 一个定理 (重排定理). 本节讲的都是群本身的性质, 不涉及其内部结构. 既然要理解群这个元素集合的结构特性, 对其内部结构的认识不可避免. 下面的内容很自然与内部结构有关, 将介绍子群与陪集的概念.

1.2 子群与陪集

定义 1.4 设 H 是群 G 的一个子集, 若对群 G 的乘法运算, H 也构成一个群, 则称 H 为 G 的子群.

我们定义群的时候用了四个条件. 原则上, 定义子群也需要这四个条件, 即 (1) 封闭性、(2) 结合律、(3) 单位元、(4) 每个元素有唯一逆. 但因为 H 属于 G, 所以结合律自然成立. 同时, 如果 (4) 满足, 则有 f 属于 H 时, f^{-1} 也属于 H, 只要封闭性成立, e 自然属于 H. 因此, 在证明子集为子群时, 只要 (1) 与 (4) 成立就可以了.

显然 $\{e\}$ 与 G 本身都是 G 的子群, 由于太明显, 所以称它们为显然子群, 或平庸子群. 而群 G 的非平庸子群称为固有子群. 一般我们找群 G 的子群的时候找的是它的固有子群 (非平庸子群).

例 1.5 n 阶循环群. 它由 $\{a, a^2, \cdots, a^{n-1}, a^n = e\}$ 组成. 循环群是 Abel 群, 乘法可交换. 以 6 阶循环群为例, $G = \{a, a^2, \cdots, a^5, a^6 = e\}$, 其中 $\{e\}$ 与 G 是其显然子群, $\{a^2, a^4, e\}$ 与 $\{a^3, e\}$ 为其固有子群.

例 1.6 在定义群的乘法为数的加法的时候, 整数全体形成的群是实数全体形成的群的子群.

例 1.7 绕固定轴 $\boldsymbol{k}$ 转动的元素形成的群 $\{\mathrm{C}_{\boldsymbol{k}}(\Psi)\}$, 是绕轴上某一点的所有转动 (过这点可以有无数个轴) 构成的 SO(3) 群的子群.

定义 1.5 对任意一个有限群 G, 从中取一个元素 a, 从 a 出发做幂操作, 总是可以构成 G 的一个循环子群 $\mathrm{Z}_k \equiv \{a, a^2, \cdots, a^{k-1}, a^k = e\}$, 这时称 k (满足这个性质的

最小的 k) 为群元 a 的阶.

群元的阶的概念很好理解, 但有个地方需要说明一下, 就是为什么可以说 "从 a 出发, 总能构成 G 的一个循环子群". 这是因为如果 $a=e$, 则 Z_k 等于 $\{e\}$, 问题解决. 如果 $a\neq e$, 则 $a^2\neq a$ (不然 $a=e$), 这时, 如果 $a^2=e$, 则问题又解决了. 如 $a^2\neq e$, 则它必为 e 与 a 之外的另一个元素, 把 a^2, a 放到一个子集中. 继续做 a^3, 同样 $a^3\neq a^2$ (不然 $a=e$), 也不等于 a (不然 $a^2=e$), 如果 $a^3=e$, 问题解决, 如 $a^3\neq e$, 再把 a^3 放到那个子集中. 以此类推, 因为 G 是有限群 (阶为 n), 所以必然存在一个 k 小于等于 n, 使得 $a^k=e$ 来结束这个过程. 这时, $\{a,a^2,\cdots,a^{k-1},a^k=e\}$ 这个集合自然就形成 k 阶循环子群了.

例 1.8 对 D_3 群, 六个元素是 e,d,f,a,b,c. 从 d 出发, $d^2=f$, $d^3=e$, 所以由 d 形成的循环子群是 $\{e,d,f\}$, d 的阶是 3. 对 f, $f^2=d$, $f^3=e$, 所以由 f 形成的循环子群也是 $\{e,d,f\}$, f 的阶也是 3. 类似地, $a^2=e$, 由 a 出发形成的循环子群是 $\{e,a\}$, a 的阶是 2. $b^2=e$, 由 b 出发形成的循环子群是 $\{e,b\}$, b 的阶是 2. c 与 a,b 一样阶是 2.

说完了子群与群元的阶, 下面介绍陪集的概念.

定义 1.6 设 H 是群 G 的子群, $H=\{h_\alpha\}$, 由固定的 $g\in G$, 可生成子群 H 的左陪集 $gH=\{gh_\alpha|h_\alpha\in H\}$, 也可生成子群 H 的右陪集 $Hg=\{h_\alpha g|h_\alpha\in H\}$.

下面对这个定义做两点说明. 一是当 H 是有限子群时, 陪集元素个数等于 H 的阶. 因为不可能存在 $h_\alpha\neq h_{\alpha'}$ 但 $gh_\alpha=gh_{\alpha'}$ 或 $h_\alpha g=h_{\alpha'}g$ 的情况. 也就是说子群中元素与陪集中元素一一对应. 二是根据这个定义, 陪集可以为子群本身, 如取 $g\in H$ 时. 而如果 g 不属于子群 H, 则陪集就不是子群本身. 关于子群和陪集, 除了这两点, 还有一个很重要的性质, 就是陪集定理.

定理 1.2 (陪集定理) 设群 H 是群 G 的子群, 则 H 的两个左 (或右) 陪集或者完全相同, 或者没有任何公共元素.

换句话说, $\forall g_i,g_j\in G$, 两个陪集 g_iH 与 g_jH 的关系是它们要么完全相同, 要么根本没有任何公共元素.

证明 以左陪集为例. 设 uH, vH 是不同陪集. 再假设 uH 与 vH 中间有一个公共元素 $uh_\alpha=vh_\beta$, 则有 $v^{-1}uh_\alpha=h_\beta$, 进而 $v^{-1}u=h_\beta h_\alpha^{-1}$, $v^{-1}u\in H$.

这个时候, 由于 H 本身是个群, 所以由重排定理知道 $v^{-1}uH=H$, 那么 $v(v^{-1}uH)$ 自然等于 vH. 而同时 $v(v^{-1}uH)=uH$. 也就是说 $uH=vH$, 与假设矛盾.

右陪集证明类似.

有了这个性质, 我们在面对一个群的时候, 按照它的一个子群和这个子群的陪集去进行分割, 会得到什么?

群是 G, 子群是 H, 它本身就是一个陪集. 除了 H, 我们可以再取 $u_1\in G$, 但不属于 H, 建一个 H 的陪集 u_1H. u_1H 与 H 是没有任何公共元素的. 这时可以将 G 写为 H, u_1H, 以及它们以外的元素的集合. 之后再继续取 u_2 属于 G, 但不属于 H, 也不

属于 u_1H, 做陪集 u_2H. u_2H 中的 u_2 不在 eH 中, 也不在 u_1H 中, 所以 u_2H 与 eH, u_1H 完全不同.

以此类推, 设 G 的阶是 n, H 的阶是 m, 则每个陪集给出的都是全新的 m 个群 G 中的元素. 重复这个过程, 直到把 G 中元素穷尽. 那么 H 的陪集的个数就应该是 n/m. n/m 必须是个整数, 这也就意味着子群 H 的阶 m 必为群 G 的阶 n 的因子. 这个性质就是下面的定理.

定理 1.3 (Lagrange 定理) *有限群子群的阶, 必为群的阶的因子.*

由这个定理, 我们再去分析 D_3 群的子群. 我们说过它的子群有 $\{e\}, G, \{e,d,f\}$, $\{e,a\}, \{e,b\}, \{e,c\}$, 这些子群的阶分别是 1, 6, 3, 2, 2, 2, 都是 6 的因子. 用 $\{e,d,f\}$ 来分割群的话, $G = \{\{e,d,f\}, a\{e,d,f\}\}$, 其中 $a\{e,d,f\}$ 对照前面的乘法表, 给出的恰恰是 $\{a,b,c\}$.

至此, 本章前两节讲了六个定义: (1) 群, (2) 群的阶、有限群、无限群, (3) Abel 群, (4) 子群, (5) 循环子群与群元的阶, (6) 陪集. 这两节还讲了三个定理: (1) 重排定理, (2) 陪集定理, (3) Lagrange 定理. 在导言中我们提到, 群是一个有结构的元素的集合, 这三个定理是最基本的结构性质, 以后很多定理的证明都会用到它们. 本节讲的子群和陪集是群中元素结构关系的一个方面, 下面一节要讲的类与不变子群是其另一个方面.

1.3 类与不变子群

此节中, 类与不变子群是我们要重点阐明的概念. 理解它们需要一个基础 —— 共轭.

定义 1.7 *对群 G 中两个元素 f,h, 如果在 G 中存在一个元素 g, 使得 f,h 可以通过 $gfg^{-1}=h$ 联系起来, 则称 f,h 共轭, 记为 $f\sim h$.*

由此定义, 我们首先知道共轭是相互的. 因为如果 $gfg^{-1}=h$, 则 $g^{-1}hg=f$, 也就是 $g^{-1}h(g^{-1})^{-1}=f$, 其中 $g^{-1}\in G$. 其次, 我们知道共轭有传递性, 也就是说 $f_1\sim f_2$, $f_2\sim f_3$, 则 $f_1\sim f_3$. 因为由 $f_1\sim f_2$, 一定存在 $g\in G$, 使得 $gf_1g^{-1}=f_2$. 而由 $f_2\sim f_3$, 又一定存在 $h\in G$, 使得 $hf_2h^{-1}=f_3$. 把第一个式子代入第二个, 就会有 $hgf_1g^{-1}h^{-1}=f_3$, 进而 $hgf_1(hg)^{-1}=f_3$. 而 hg 是属于 G 的, 所以 $f_1\sim f_3$.

由此传递性, 我们可以去定义类.

定义 1.8 *群 G 中所有相互共轭的元素形成的集合, 称为群 G 的一个类.*

由于共轭关系的传递性, 我们知道一个类是可以被其中任何一个元素所确定的. 操作步骤很简单: 对一个类中的元素 f, 取任意 g 属于 G, 做操作 gfg^{-1}. 当 g 走遍 G 中所有元素的时候, f 的所有同类元素就一个个全出现了.

由共轭关系和类的定义, 我们还可以得出:

(1) 一个群中的单位元素自成一类, 因为对任意 f 属于 G, $fef^{-1}=e$.

(2) Abel 群的所有元素都自成一类, 因为对任意 f 属于 G, 取任意 h 属于 G, 有 $hfh^{-1}=hh^{-1}f=f$.

(3) 设群元素 f 的阶为 m, 即 $f^m=e$, 则与它同类的元素的阶也为 m. 这是因为它的同类元素可以写为 gfg^{-1}, 对于这个元素, $(gfg^{-1})^k=gf^kg^{-1}$. 当 $k<m$ 时, f^k 不等于 e, 所以 gf^kg^{-1} 也不可能为 e, 因为如果它为 e, 就有 $f^k=e$, 与已知矛盾. 而 $k=m$ 时, $gf^kg^{-1}=geg^{-1}=e$, 所以 gfg^{-1} 的阶为 m.

最后要说明的是, 按类分割群和按陪集分割群是分割群的两种方法. 按陪集分割时, 群元会被等分为若干部分, 但按类就不一定了. 同时在用 gfg^{-1} 找 f 的同类元素时, g 取不同值, gfg^{-1} 可不止一次给出同一元素, 比如找单位元的同类元素时, g 不管取什么, gfg^{-1} 给出的都是 e.

与类相关的第一个定理是关于类中元素个数的, 同 Lagrange 定理有像的地方, 内容如下.

定理 1.4 有限群的每个类中元素的个数都是群阶的因子.

定理的表述很简单, 证明稍微有些麻烦.

证明 我们要找的是由 g 这个任意元素确定的类中元素的个数.

第一步, 先证明所有与 g 互易 (即 $gh=hg$) 的元素 h 形成一个 G 的子群, 记为 H_g. 根据子群的定义, 只需要证明封闭和有逆就可以了.

先证封闭. 如 $h_1g=gh_1$, $h_2g=gh_2$, 则 $h_1h_2g=h_1gh_2=gh_1h_2$, 也就是说 h_1h_2 也属于这个集合.

再证有逆. 如 $hg=gh$, 则 $h^{-1}hg=g=h^{-1}gh$, 进而 $gh^{-1}=h^{-1}ghh^{-1}=h^{-1}g$, 所以 h^{-1} 也属于这个集合.

因此, 所有与 g 互易的元素形成群 G 的一个子群, 记为 H_g.

第二步, 根据 Lagrange 定理, 我们可以把群 G 按照 H_g 的陪集, 分割为 $\{g_0H_g, g_1H_g, g_2H_g, \cdots\}$. 这里取 g_0 为 G 中单位元素.

现在我们要证明的是每个陪集中元素 g_ih_α, 在 h_α 取遍 H_g 中所有元素, 也就是 g_ih_α 取遍这个陪集中所有元素的时候, $g_ih_\alpha g(g_ih_\alpha)^{-1}$ 给出同一个 g 类中元素 $g_igg_i^{-1}$, 且不同陪集给出的类中元素不同.

这个证明有两个方面:

(1) 同一陪集给出同一元素. 对陪集中任意元素 g_ih_α, 做 $g_ih_\alpha g(g_ih_\alpha)^{-1}$, 由于 h_α 与 g 互易, 结果都是 $g_igg_i^{-1}$.

(2) 不同陪集给出不同元素. g_iH_g 与 g_jH_g 两个陪集, 给出元素为 $g_igg_i^{-1}$ 与 $g_jgg_j^{-1}$. 如 $g_igg_i^{-1}=g_jgg_j^{-1}$, 则有 $g_j^{-1}g_igg_i^{-1}=gg_j^{-1}$, 进而 $g_j^{-1}g_ig=gg_j^{-1}g_i$, 也就是说 $g_j^{-1}g_i$ 属于 H_g. 这样, 由重排定理知道 $H_g=g_j^{-1}g_iH_g$, 进而 $g_iH_g=g_jH_g$, 与已知它们为两个不同陪集矛盾. 因此, 不同陪集做共轭操作给出不同类中元素.

第三步, G 中有 n 个元素, H_g 阶为 m, 我们按 H_g 做陪集分解会有 n/m 个陪集. 每个陪集给出一个 (相互不同的) g 的同类元素, 一共是 n/m 个, 也就是说 g 的类中元素个数为 n/m. n/m 显然是 n 的因子.

现在我们再来回味一下之前说的两句话: (1) 一个群的单位元素自成一类, (2) Abel 群中每个元素自成一类. 对于这两种情况, 上面证明中用到的 H_g 就是群 G 本身, 所以 $m=n$, $n/m=1$. 这个类中只有一个元素.

上面说的共轭、类的概念的对象都是元素. 在 1.2 节中我们介绍了, 群中要研究的对象除了元素, 还有子群. 因此, 做个类比, 上面提到的群元素共轭的概念原则上也可以推广到子群之间.

定义 1.9　设 H 和 K 是群 G 的两个子群, 若存在 g 属于 G, 使得 $K=gHg^{-1}=\{ghg^{-1}|h\in H\}$, 则称 H 和 K 是共轭子群.

由这个定义我们知道: (1) 两个共轭的子群里面必有同类的元素. (2) 与元素共轭的传递性类似, 子群共轭也有传递性. 同时, 与群元可以按类进行划分 $\{\{e\},\{g_1,g_2\},\{g_3,g_4,g_5\},\cdots\}$ 一样, 群的子群也可以按共轭子群类来进行划分. 比如, 上例中, $\{e\}$ 自成一个共轭子群类, $\{e,g_1\},\{e,g_2\}$ 是一个共轭子群类, 等等. 这些概念比较烦琐, 有些教材中会提到, 但后面用到的地方不多, 我们这里稍微提一下. 在类和子群的概念的结合中并不烦琐, 同时我们以后也会经常用到的一个概念是不变子群, 下面我们重点讲解.

定义 1.10　设 H 是 G 的子群, 如果 H 中所有元素的同类元素都属于 H, 则称 H 是 G 的不变子群 (数学上一般称为正规子群).

不变子群是一种特殊的子群, 它有一个非常重要的性质.

定理 1.5　设 H 是 G 的不变子群, 那么对任意固定的 $f\in G$, 当 h_α 取遍 H 中所有元素的时候, $fh_\alpha f^{-1}$ 给出且仅仅一次给出 H 中所有元素.

这里的 f 是任意一个属于 G 的固定元素即可, 没要求它一定不属于 H. f 定了, $fh_\alpha f^{-1}$ 就一对一地给出 H 中所有元素.

证明　分两步进行.

第一步, 我们要证明对任意 h_β 属于 H, 都可以由 $fh_\alpha f^{-1}$ 给出. 这很简单, 因为 H 是不变子群, 所以取 $h_\alpha=f^{-1}h_\beta f$, 则 $fh_\alpha f^{-1}$ 就给出 h_β, 而 $h_\alpha=f^{-1}h_\beta f$ 属于 H.

第二步, 我们来证明对属于 H 的不同的 $h_\alpha,h_\beta,fh_\alpha f^{-1}$ 与 $fh_\beta f^{-1}$ 不同. 这也很显然, 因为如果 $fh_\alpha f^{-1}$ 与 $fh_\beta f^{-1}$ 相同, 则 h_α, h_β 相同, 与假设矛盾.

现在看几个例子.

例 1.9　以加法为群的乘法, 之前说过, 有整数群, 有实数群. 我们也说过整数群是实数群的子群, 现在看它是不是实数群的不变子群.

标准只有一个, 就是看子群的同类元素是否属于这个子群. 对于一个整数 n, 它的共轭元素是 $a+n-a=n$, 即为本身, 属于整数群, 所以整数群是实数群的不变子群.

实际上, 所有 Abel 群的子群都是其不变子群, 因为 Abel 群每个元素自成一类, 其同类元素自然在这个子群中.

关于不变子群, 还有一个很重要的性质.

定理 1.6 不变子群的左陪集与右陪集是重合的, 即若 H 是 G 的不变子群, $\forall f \in G$, 有 $fH = Hf$.

证明 利用定理 1.5, 有 $fHf^{-1} = H$, 因此 $fH = Hf$.

这样, 对于不变子群, 我们就不用再分左陪集或右陪集, 直接说陪集就可以了. 不变子群的陪集还有另外一个更加重要的性质, 就是两个 (非子群的) 陪集中元素的乘积, 必为第三个陪集中的元素.

这说的是什么呢? 就是 H 是 G 的不变子群. 由 H, 可将 G 分解为 $G = \{g_0H, g_1H, g_2H, \cdots\}$. 这样的话在这一系列的陪集中, 取 g_iH 与 g_jH 这两个陪集中的元素 g_ih_α 与 g_jh_β 相乘, 结果是这样的: 当 g_iH 与 g_jH 都不是 g_0H 时, 必属于 g_iH 与 g_jH 外的另一个陪集; 当 g_iH, g_jH 其中一个是 g_0H 时, 必属于 g_iH 与 g_jH 中的另一个; g_iH 与 g_jH 都是 g_0H 时, 必属于 g_0H.

这里后两种情况很明显, 第一种情况需要证一下.

用反证法. $g_ih_\alpha g_jh_\beta = g_ig_jg_j^{-1}h_\alpha g_jh_\beta = g_ig_jh_{\alpha'}h_\beta$, 我们把 g_ig_jH 这个陪集记作 g_kH.

现在设 $g_kH = g_iH$, 这会导致 $g_ig_jh_{\alpha'}h_\beta = g_ih_\gamma$, 进而 $g_j = h_\gamma h_\beta^{-1}h_{\alpha'}^{-1}$. 再由 H 是子群, 得 g_j 属于 H, 这样就与已知 g_j 不属于 H 矛盾了.

同理, 如果 $g_kH = g_jH$, 就会有 $g_ig_jh_{\alpha'}h_\beta = g_ih_\alpha g_jh_\beta = g_jh_\gamma$. 这样的话, 就有 $g_ih_\alpha g_jh_\beta g_j^{-1}g_j = g_jh_\gamma$, 进而 $g_ih_\alpha h_{\beta'}g_j = g_jh_\gamma$, 从而 $g_ih_\alpha h_{\beta'} = g_jh_\gamma g_j^{-1} = h_{\gamma'}$, 就得到 g_i 属于 H 了, 同样与已知矛盾.

这样的话, 我们可以定义一个基于不变子群的商群.

定义 1.11 设群 G 有不变子群 H, 由 H 将 G 分为 $\{g_0H, g_1H, g_2H, \cdots, g_iH, \cdots\}$, 把其中每个陪集看成一个新的元素, 定义新的元素乘法, 即:

$$
\begin{array}{ccc}
\text{陪集串} & \rightarrow & \text{新元素} \\
g_0H & & f_0 \\
g_1H & & f_1 \\
g_2H & & f_2 \\
\vdots & & \vdots \\
g_iH & & f_i \\
\vdots & & \vdots
\end{array}
$$

乘法规则对应关系:

$$g_iHg_jH = g_ig_jH, \quad f_if_j = f_k,$$

这样得到的群 $\{f_0, f_1, \cdots, f_i, \cdots\}$ 称为 G 对其不变子群 H 的商群, 记为 G/H.

实际上, 商群就是把每个陪集当成一个新的元素而形成的新的结构. 在导言中, 我们说过群论研究的是群的结构特征及其生成规律, 这里的不变子群与其商群, 就是群结构特征的一个典型例子. 我们可以把商群当成群本身以不变子群及其陪集为基本单元的一种超结构.

关于这些概念, 我们还是通过一个例子来做具体的理解.

例 1.10 D_3 群的元素是 $\{e, d, f, a, b, c\}$, 乘法表见前面的表 1.1. 借助乘法表, 先看它的分类情况. 任何群, $\{e\}$ 自成一类. 对 D_3 群而言, $a^{-1} = a$, $b^{-1} = b$, $c^{-1} = c$, $d^{-1} = f$, $f^{-1} = d$.

对 a, 其同类元素有: $d^{-1}ad = fad = fb = c$, $f^{-1}af = daf = dc = b$, $a^{-1}aa = a$, $b^{-1}ab = bab = bd = c$, $c^{-1}ac = cac = cf = b$. 因此, a 的同类元素有 b, c. 它们的阶都是 2, 也形成一个类.

同理, d 的同类元素是 f, 它们的阶都是 3, 形成一个类. D_3 群有三个类.

之前我们讲过, D_3 群的子群有 $\{e\}, G, \{e, a\}, \{e, b\}, \{e, c\}, \{e, d, f\}$. 其中, 不变子群有 $\{e\}, G, \{e, d, f\}$, 只有最后一个非平庸, 记为 H. 再由 H, 可把 G 分解为 $\{H, aH\}$, 做对应 $H \to f_0$, $aH \to f_1$, 商群 G/H 就是一个由 $\{f_0, f_1\}$ 组成的二阶循环群.

1.4 同构与同态

到目前为止, 我们讲的都是群自身的结构. 群与群之间也有结构关系, 如这节要讲的同构与同态.

定义 1.12 若从群 G 到群 F 上, 存在一一对应的满映射 Φ, 且这个映射本身保持群的乘法运算规律不变, 也就是说 G 中两个元素乘积对应的 F 中的元素, 等于这两个元素对应的 F 中的元素的乘积, 即 $\forall g_i, g_j \in G, \Phi(g_ig_j) = \Phi(g_i)\Phi(g_j)$, 则称群 G 与群 F 同构, 记作 $G \cong F$. 映射 Φ 称为同构映射.

同构映射 (如图 1.2 所示) 把单位元素映射到单位元素, 把互逆元素映射到互逆元素, 不然, 群的乘法结构就破坏了. 从数学角度, 两个同构的群有完全相同的结构, 没有本质的区别.

例 1.11 空间反演群 $\{E, I\}$ 与二阶循环群 $\{e, a\}$ 同构.

例 1.12 三阶置换群与 D_3 群同构.

例 1.13 群 G 的两个互为共轭的子群 H 与 K, 由定义, 存在一个固定的 g 属于 G, 使得对任意的 $h_\alpha \in H$, 都有 $k_\alpha = gh_\alpha g^{-1} \in K$ 与之对应. 这个对应关系是一对一的, 且保持群的乘法. 所以同一个群的两个共轭子群同构.

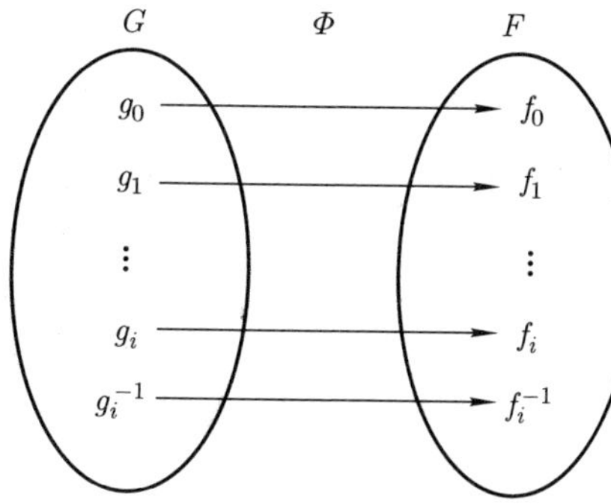

图 1.2 同构关系

比如 D_3 群, 有三个子群 $\{e,a\},\{e,b\},\{e,c\}$, 它们相互共轭, 如 $\{e,c\}=f\{e,a\}f^{-1}$, 它们也相互同构.

同构的群有完全相同的数学结构, 但是具体可指代不同内容. 比如 $2+3=5$, 计算的可能是糖, 可能是钱, 也可能是科研工作者眼中的文章、引用, 或者真正看得懂你的文章的同行的支持.

这个理解也告诉我们, 同构是两个群之间结构关系的最强的相似性, 除了这种完全一对一且保持乘法规则的对应, 还可以把一对一这个限制弱化一下. 这就是下面要讲的同态.

定义 1.13 设存在从群 G 到群 F 的满映射① $\varPhi$, 且映射本身保持群的乘法运算规律不变, 即 $\forall g_i,g_j\in G, \varPhi(g_ig_j)=\varPhi(g_i)\varPhi(g_j)$, 则称群 G 与群 F 同态, 记作 $G\sim F$. 映射 $\varPhi$ 称为同态映射.

同态关系如图 1.3 所示. 由于一一对应要求没有了, 所以同态映射一般不可逆.

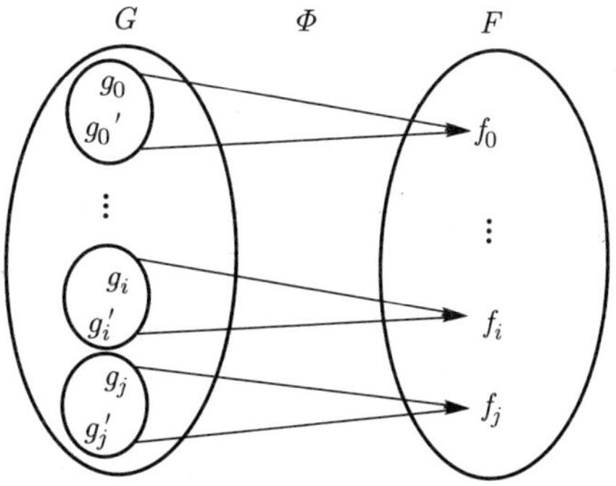

图 1.3 同态关系

①数学上, 关于群同态的严格定义是没有满映射这个要求的, 唯一的要求是保持乘法规则. 我们在应用中关注的是群的表示. 在群表示的讨论中, 满映射这个要求存在. 为保持本书讨论的一致性, 我们从开头就做这样一个要求.

这个定义看起来好像结构特征并不强，就是随随便便地说了一句保持乘法关系，但实际上，这一句话里面的信息量已经非常大了．最为典型的一个表现就是同态核定理．在引入这个定理之前，先说一下什么是同态核．

定义 1.14 设 G 与 F 同态，那么 G 中与 F 的单位元素对应的所有元素的集合称为同态核．

对照图 1.3，同态核就是第一个小圈．

定理 1.7 (同态核定理) 设 G 与 F 同态，则有：

(1) 同态核 H 是 G 的不变子群；

(2) 商群 G/H 与 F 同构．

证明 分三步．

第一步，先证同态核是子群．只要证两点：(1) 封闭，(2) 有逆．

先证封闭．对 h_α, h_β 属于同态核，我们知道它们对应的 F 中元素都是 f_0，由于乘法规则不变，那么 $\Phi(h_\alpha h_\beta)=\Phi(h_\alpha)\Phi(h_\beta)=f_0f_0=f_0, h_\alpha h_\beta$ 也属于同态核．

再证有逆，即对 h_α 属于同态核，要证 h_α^{-1} 也属于同态核．用反证法．设 h_α^{-1} 不属于同态核，它对应的元素为 f_i，那么就会一方面有 $\Phi(h_\alpha h_\alpha^{-1})=\Phi(g_0)=f_0$，另一方面有 $\Phi(h_\alpha h_\alpha^{-1})=\Phi(h_\alpha)\Phi(h_\alpha^{-1})=f_0f_i=f_i$．也就是说 f_i 等于 f_0．这与 h_α^{-1} 不属于 H，对应的 f_i 不等于 f_0 矛盾．因此假设不成立，即若 h_α 属于同态核，h_α^{-1} 也属于同态核．

第二步，再证 H 是不变子群．$\forall h_\alpha \in H$，要证 $gh_\alpha g^{-1}\in H$ 对 $\forall g\in G$ 成立．

由映射定义，知道在 Φ 作用下，$gh_\alpha g^{-1}$ 对应 $\Phi(g)\Phi(h_\alpha)\Phi(g^{-1})=\Phi(g)f_0\Phi(g^{-1})=\Phi(g)\Phi(g^{-1})=\Phi(g_0)=f_0$，所以 $gh_\alpha g^{-1}$ 依然属于 H，H 为不变子群．

第三步，证明 G/H 与 F 同构．

商群是我们把 H 以及它的陪集 $g_1H, g_2H, \cdots$ 分别都当成新的元素形成的群．要证明它与 F 同构，需证明：(1) 陪集串中每个集合对应 F 中一个元素，且 F 中元素都有陪集与之对应．(2) 不同集合对应不同元素，这样一对一的关系成立．由于 G 与 F 本身同态，乘法关系保持是显然的，所以一对一的关系如果成立，G/H 就与 F 同构．

第一点很好证．在同态映射 Φ 中，H 中元素都映射到 f_0，这就是同态核的定义．同时易知 g_iH 中元素都映射到 $\Phi(g_i)$，记为 f_i．因此，我们若令 H 对应 f_0, g_iH 对应 f_i，第一点自然成立．对第二点，不同集合对应不同 F 中元素，我们用反证法来证．设 g_iH 不等于 g_jH，是两个不同陪集，而它们对应的 $f_i=f_j$．这样就会有 $g_i^{-1}g_jh_\alpha$ 对应 $f_i^{-1}f_jf_0=f_0$，也就是说 $g_i^{-1}g_jh_\alpha$ 属于 H，进而 $g_i^{-1}g_j\in H$．由重排定理，就知道 $g_iH=g_ig_i^{-1}g_jH=g_jH$，与已知矛盾．

总结起来，通过上面三步，我们证明了同态核是不变子群，且 G 对同态核的商群与 F 同构．

同态核定理其实是把同态定义所蕴藏的极强的结构特征给说明了，因为如果单从同态的定义出发去直观地理解，我们可能觉得图 1.3 中会出现这样的情况：(1) 与 f_0，

f_1, f_2 对应的 G 中小圈内 g 元素的个数不一定相同; (2) 每个小圈内的元素形成一个子集, 但它到底具有什么样的结构, 是子群还是陪集, 或其他的集合, 都不知道.

同态核定理告诉我们的信息是: (1) 每个小圈内元素个数相同; (2) 与 F 中单位元素对应的小圈内的 g 元素的集合构成 G 的一个子群; (3) 这个子群不光是子群, 还是不变子群; (4) 其他小圈对应的是它的陪集; (5) 如果把这些小圈当成新的元素, 那么这些元素的结合形成的群与 F 群完全同构.

下面看几个例子.

例 1.14 D_3 群与二阶循环群 Z_2 同态, 因为我们可以按照图 1.4 建立一个满映射关系, 且这种关系能保持乘法规律不变.

在这里, 很显然 $\{e, d, f\}$ 是同态核. 如果读者翻到 D_3 群乘法表的那一页的话, 很容易看到一种超结构, 就是 6×6 的部分可以化成以 3×3 为基本单元的 2×2 的结构. 这就是二阶循环群的超结构了.

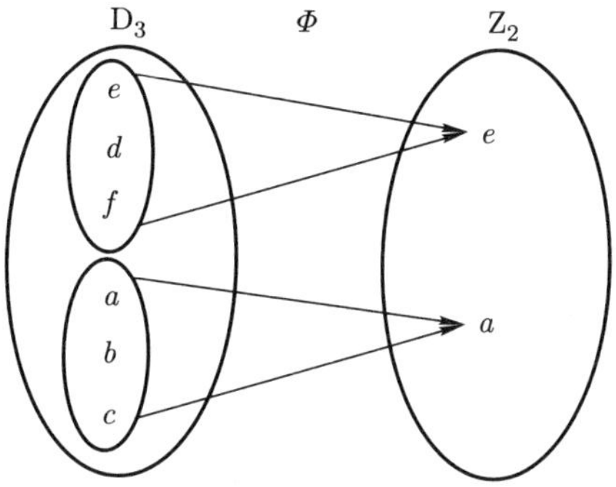

图 1.4 D_3 群与二阶循环群的同态关系

上面是由同态关系来说明商群与 F 同构. 反过来, 如果知道了商群与 F 同构, 能否得到 G 与 F 同态呢? 答案也是肯定的, 因为前面商群的定义说的就是存在映射, 且保持乘法规律不变的事情.

这个时候读者可以想一下前面讲这些概念时的路子, 基本都是由一个看似不经意的定义出发, 然后挖掘出这个定义内部包含的所有意思. 对于定义, 如果只看表面的意思, 可能你会觉得没有什么. 但认真挖掘的话, 你会深刻地体会到里面包含的元素间, 或者是群的结构间缜密的关系. 正是因为这个原因, 我们讲的路子基本都是: 定义、定理、定义、定理…… 以求在读者的脑中建立起一个数学的概念体系. 利用这个体系, 我们后面再去看物理中的问题. 同态最典型, 所以我在这里提一句, 供读者体会①.

同态和同构说的是两个群的结构特征之间的关系，用来建立这种关系的一个关键的概念是映射. 关于映射本身，我们目前还没有说什么. 下面要讲的几个概念是关于映射的.

定义 1.15 群 G 到自身的同构映射，称为自同构映射，记为 ν，满足 $\forall g_\alpha \in G$，有 $\nu(g_\alpha) \in G$ 与之对应，且保持乘法规律不变，即 $\nu(g_\alpha g_\beta) = \nu(g_\alpha)\nu(g_\beta)$.

由这个定义，我们知道自同构映射把 G 中单位元素映到单位元素，互逆的元素映到互逆的元素. 我们还知道自同构映射是一个操作，也可以当成一个元素. 如果把所有群 G 的自同构映射放在一起，也可以形成一个群.

定义 1.16 如果我们把群 G 的所有自同构映射放在一起，定义两个自同构映射 ν_1 与 ν_2 的乘积 $\nu_1\nu_2$ 为先进行自同构映射 ν_2，再进行自同构映射 ν_1，那么所有的自同构映射形成一个群，这个群称为群 G 的自同构群，记为 $A(G)$.

同时，我们还可以说 "群 G 的自同构群 $A(G)$ 的子群称为群 G 的一个自同构群". 注意，这个 $A(G)$ 包含了群 G 的所有自同构映射，而 "一个自同构群" 是它的子群，用 "一个" 来加了限制. 在自同构群 $A(G)$ 的子群中，存在这样的子群，它的自同构映射的定义比较特殊.

定义 1.17 在群 G 中取一个元素 u，用它对群 G 中任意一个元素 g 进行 ugu^{-1} 的操作. 因为 $ug_ig_ju^{-1} = ug_iu^{-1}ug_ju^{-1}$，所以它是一个自同构映射，称为内自同构映射. 把类似映射放在一起形成的群，称为内自同构群，记为 $I(G)$.

对内自同构映射需要说一句，就是取不同 u，可能对应的映射是同一个. 比如，若群是 Abel 群，则取不同 u 对应的映射都是恒等映射. 关于内自同构映射群有个性质：它是 $A(G)$ 的不变子群. 证明如下.

先证明它是子群，分两个方面：

(1) 封闭性. 有内自同构映射 f, h，它们定义的映射为 fgf^{-1}, hgh^{-1}，记为 ν_1, ν_2. 它们的乘积为 $fhgh^{-1}f^{-1} = fhg(fh)^{-1}$，还是内自同构映射.

(2) 有逆. f 对应的内自同构映射为 fgf^{-1}，它与 f^{-1} 定义的内自同构映射乘积是 $f^{-1}fgf^{-1}f = g$，为恒等映射.

再证明它是不变子群 (稍微复杂些)，就是要证当 μ 是一个内自同构映射 ($\in I(G)$)，

---

①2018 年春季，笔者有幸看到阿热 (A. Zee, 徐一鸿) 先生的大作 *Group Theory in a Nutshell for Physicists*, 其中有这样一句话来描述群论："从定义群的一些看似无关紧要的公理出发，会衍生出一个伴随着很多出乎意料的定理的优美的数学结构" (Starting from a few innocuous sounding axioms defining what a group is, an elegant mathematical structure emerges, with many unexpected theorems), 大致说的正是笔者在这里描述的感觉. 同时，阿热先生在那本教材的开头，引了 18 世纪法国著名的 "polymath" (指在多个方面都有建树的学者，如达 · 芬奇) d'Alembert 的一句名言："代数是慷慨的，她往往会比对她的要求给予的更多" (Algebra is generous; she often gives more than is asked of her), 说的也是这个感受.

ν 是一个自同构映射 ($\in A(G)$) 时, $\nu\mu\nu^{-1}$ 是一个内自同构映射. 也就是说当它作用到群 G 中任意一个元素 g_α 时, 会得到 $u_1 g_\alpha u_1^{-1}$, 这里 u_1 是群 G 中的一个元素.

沿着这个思路往下走, ν 是一个自同构映射, ν^{-1} 是它的逆, 也是一个自同构映射. 设 ν^{-1} 作用到 g_α 上得到 g_β, 那么 ν 作用到 g_β 上就会得到 g_α. g_α 是群 G 中任意一个元素.

现在看 $\nu\mu\nu^{-1}$ 作用到 g_α 上是什么效果 ($\nu\mu\nu^{-1}(g_\alpha)$). 先是最右边的作用, 得到 $\nu\mu\nu^{-1}(g_\alpha) = \nu\mu(g_\beta)$. 然后是 μ 作用, 因为它是一个内自同构映射, 所以效果为 $\mu(g_\beta) = u g_\beta u^{-1}$, 其中 u 是属于 G 的一个固定元素. 因此 $\nu\mu(g_\beta) = \nu(u g_\beta u^{-1})$.

最后看 ν 作用上去的效果. 因为保持乘法, 所以 $\nu(u g_\beta u^{-1})$ 等于 $\nu(u)\nu(g_\beta)\nu(u^{-1})$. 前面说过, u 为 G 中固定元素, 所以对一个特定的 ν, $\nu(u)$ 为群 G 中另一固定元素, 且 $\nu(u^{-1}) = \nu(u)^{-1}$, 所以最前面和最后面分别是群 G 中一个固定元素 $\nu(u)$ 对应的 $\nu(u)$ 与 $\nu(u)^{-1}$. 中间 $\nu(g_\beta) = g_\alpha$, 那么 $\nu\mu\nu^{-1}$ 作用到 g_α 上的效果就是 $\nu(u) g_\alpha \nu(u)^{-1}$, 其中 $\nu(u)$ 为群中一个固定元素, 这个映射为内自同构映射.

例 1.15 三阶循环群 $\mathrm{Z}_3 = \{e, a, a^2\}$ 的自同构群是什么样子, 它的元素有哪些?

自同构映射把单位元素对应到单位元素, 逆元对应到逆元, 所以只能有两个自同构映射: 恒等映射, 以及 e 到 e, a 到 a^2, a^2 到 a 的映射. 自同构群包含两个元素, 与二阶循环群同构.

而内自同构映射, 因为 Z_3 是 Abel 群, 只包含恒等映射. 内自同构群是自同构群的不变子群.

1.5 变 换 群

变换群是以变换为群元形成的群, 对它的讨论分为变换对象以及变换操作. 之所以把变换群单独拿出来讲, 是因为它是我们物理研究中最常用到的一种群, 包括我们后面要讲的点群、空间群、SO(3) 群, 它们都是某些变换操作的集合, 变换的对象是我们感兴趣的物理系统. 在这些章节的讨论中, 我们会用到变换群的一些概念. 先看几个定义.

定义 1.18 设 X 是一个非空集合, $X = \{x, y, z, \cdots\}$, f 是将 X 映入其自身的一一满映射, $f(x) = y \in X$, 将 f 称为 X 上的变换或置换.

在置换基础上, 如果继续定义 X 上的两个置换 f, g 的乘积 fg 为先对 X 进行置换 g, 再对 X 进行置换 f, 即 $\forall x \in X$, 有 $fg(x) = f(g(x))$, 那么 X 的全体置换在此乘法规则下形成一个群, 称为 X 上的完全对称群, 记为 S_X. 恒等置换 e 是 S_X 的单位元素, 置换元素 f 与其逆置换为互逆元素. 完全对称群的子群称为 X 上的变换群或对称群. 若 X 为 n 个元素的集合, 则称其上的完全对称群为 X 上的 n 阶置换群, 记为 S_n. 对群 G, 当我们把群元当成变换对象时, 它也有完全对称群, 记为 S_G.

关于 S_G, 有下面的 Cayley 定理.

定理 1.8 (Cayley 定理) 群 G 同构于 S_G 的一个子群.

证明 我们的步骤是找到一个 S_G 的子群, 再证明它与 G 同构.

定义这样一个变换, 取 G 中任意一个元素 g, 它对 G 进行的变换就是 gG, 根据重排定理, 它给出且仅仅一次给出 G 中所有元素, 所以这是 G 上的一个变换.

把 G 中的每个元素都抽出来当这个 g. 当抽出的是单位元素的时候, 对应恒等变换. 而 g 所对应的变换的逆变换为 g^{-1} 所对应的变换, 因为 $g^{-1}gG = G$. 这样是可以形成一个 S_G 的子群的. 很显然这个 S_G 的子群与 G 同构.

上面说的是与变换群相关的性质, 关注的是变换操作的集合, 还没有关注变换对象. 与变换对象相关的最重要的一个概念是变换对象中元素的等价性, 以及与之相关的轨道的概念.

定义 1.19 设 G 为 X 上的变换群, 若对 $x, y \in X, \exists g \in G$, 使得 $g(x) = y$, 则称 x 与 y 等价, 记为 $x \sim y$.

由这个定义出发, 我们可以想象和群元的共轭比较类似, 这里变换对象中元素的等价也有传递性和对称性. 这里所谓的对称性, 指的是当 x 与 y 等价时, y 也与 x 等价. 因为既然存在 g 属于 G, 使得 $g(x) = y$, 而 G 是一个群, 那么肯定有 $g^{-1}(y) = x$.

而传递性, 指的是由 $x \sim y, y \sim z$ 得到 $x \sim z$. 这还是类似道理. 由 $x \sim y$, 必有 g 属于 G, 使得 $g(x) = y$. 而由 $y \sim z$, 必有 f 属于 G, 使得 $f(y) = z$. 由变换群的乘法定义, 可知 $fg(x) = f(g(x)) = f(y) = z$. 而因为 G 是一个变换群, f, g 是其中元素. 由封闭性, fg 也是. 这个 G 中的元素 fg 使得 x 与 z 等价.

基于等价, 我们还可以定义一个 G 轨道的概念.

定义 1.20 设 G 为 X 上的变换群, x 为 X 中元素, X 中所有与 x 等价的元素的集合, 称为 x 的 G 轨道.

这与群元中类的概念有相似的地方, 等价对应共轭.

关于变换对象还有另外一个概念 —— 不变子集. 不变子集, 简单地说就是一个这样的集合, 其特征是任意 G 中元素作用到这个集合中的元素上, 得到的还是这个集合中的元素. 说得严格些, 就是如下的定义.

定义 1.21 设 G 为 X 上的变换群, 若有 X 上的子集 Y, 满足 G 中任意元素 g 作用在 Y 中元素上, 得到的结果还属于 Y, 则称 Y 为群 G 在 X 上的不变子集.

由这个定义, 我们可以看出:

(1) X 中每个 G 轨道都是 G 不变的, 所以这些 G 轨道及其并集都是 G 在 X 上的不变子集.

(2) 对于 X 中的任意子集 Y, 总能找到 G 的一个子群 H, 使得 Y 是 H 不变的, 因为至少可以让 H 只包含恒等变换.

下面看一个例子.

例 1.16 设 X 是二维平面, G 是绕 z 轴转动的二维转动群, $G=\{\mathrm{C}_{\boldsymbol{k}}(\Psi)\}$, $X=\{\boldsymbol{r}=x\widehat{\boldsymbol{i}}+y\widehat{\boldsymbol{j}}\}$, 前者为变换操作, 后者为变换对象. 对于 X 中任意一点 $\boldsymbol{r}=x\widehat{\boldsymbol{i}}+y\widehat{\boldsymbol{j}}$, G 中元素 $\mathrm{C}_{\boldsymbol{k}}(\Psi)$ 作用到它上面的效果是: $\boldsymbol{r}'=(x\cos\Psi-y\sin\Psi)\widehat{\boldsymbol{i}}+(x\sin\Psi+y\cos\Psi)\widehat{\boldsymbol{j}}$. 按照前面介绍的定义, $\boldsymbol{r}$ 与 $\boldsymbol{r}'$ 是等价的, 以原点 O 为圆心, 过 $\boldsymbol{r}$ 的圆周上的所有点都与其等价, 它们的集合构成 $\boldsymbol{r}$ 的 G 轨道.

这些同心圆及其并集是 X 的子集, 也是 G 不变的, 所以是 X 的 G 不变子集.

如取一个圆上等间距的四个点作为 X 的子集 Y, 这个 Y 所对应的不变的变换群是 G 中的子群 H, H 包含的操作是转动 $\pi/2$ 以及它的整数倍的操作.

上面说了, 对于 X 的任意子集 Y, 都有一个 G 的子群 H, 使得 Y 对 H 不变. 当 Y 只包含 X 中的一个点 x 时, 这种不变关系还可以用来定义一个新的概念, 就是迷向子群.

定义 1.22 设 G 是 X 上的变换群, x 是 X 中一点, 若 G 的子群 G^x 保持 x 不变, 也就是 $G^x=\{h|h\in G \text{ 且 } hx=x\}$, 则称 G^x 是 G 对 x 的迷向子群.

迷向子群在我们讲点群的时候非常有用. 关于它有下面的定理.

定理 1.9 设 G^x 是 G 对 x 的迷向子群, 则 G^x 的每个左陪集把 x 映为其 G 轨道中一个特定的点 y, 且不同陪集把它映为不同的点. 也就是说含 x 的 G 轨道上的点, 与 G^x 的左陪集一一对应.

证明 与前面的一些证明类似, 这里我们还是要证明两点: 一是每个 x 的 G 轨道上的点都对应一个陪集, 且这个陪集中所有元素都把 x 变为这一点; 二是不同陪集对应不同点.

先看第一点. 对轨道上的任意一点 y, 设它由 $gx=y$ 得到, 所以 g 肯定不属于 G^x. 由此, 我们可以定义一个陪集 gG^x, 里面的任意一个元素 gh 作用到 x 上, 都等于 $ghx=gx=y$.

再看第二点. 要证不同陪集对应不同点, 我们采用反证法. 设不同陪集 g_1G^x, g_2G^x 对应同一 y, 这样就会有 $g_1h_1x=g_2h_2x=y$, 其中 h_1 为迷向子群的元素. 可以进一步得到 $g_2^{-1}g_1h_1x=h_2x=x$, 也就是说 $g_2^{-1}g_1h_1$ 是迷向子群的元素, 这样 $g_2^{-1}g_1$ 自然也是迷向子群的元素. 这时, 由重排定理知 $G^x=g_2^{-1}g_1G^x$, 那么 g_2G^x 就自然等于 g_1G^x, 与已知矛盾.

由这个定理我们也知道, 当群 G 的阶为 n, 其迷向子群 G^x 的阶为 m 时, 含 x 的 G 轨道上点的个数就是 n/m (点群那章中会用到).

举个与这几个概念相关的例子.

例 1.17 设 A,B,C 是平面正三角形的三个顶点, 只考虑转动, D_3 是其对称群. A 是 X 中一点, 其迷向子群是 $\{e,a\}$.

这个迷向子群的左陪集 $b\{e,a\}=\{b,f\}$ 将 A 映为 C. 左陪集 $c\{e,a\}=\{c,d\}$ 将 A 映为 B. 含 A 的 G 轨道上点的个数是 $6/2=3$.

1.6 直积与半直积

这里要讲的直积与半直积, 是利用同态的概念, 相对于子群与陪集、类与不变子群这两节内容对群结构的进一步剖析. 其中最强的结构是基于直积概念的, 但它的适用范围比较小. 结构弱一些, 适用性更强的一个关系是半直积. 因为这个原因, 这节学习中的重点是半直积.

讨论从直积开始, 它说的是由两个已知的群 G_1 与 G_2 来构造一个新群 G, 而这个新群的元素, 是由 G_1 群中的元素 $g_{1\alpha}$, 与 G_2 群中的元素 $g_{2\beta}$ 形成的有序对 $g_{\alpha\beta} = (g_{1\alpha}g_{2\beta})$. 两个由此定义的元素 $g_{\alpha\beta} = (g_{1\alpha}g_{2\beta})$ 与 $g_{\alpha'\beta'} = (g_{1\alpha'}g_{2\beta'})$ 的乘法定义为 $g_{\alpha\beta}g_{\alpha'\beta'} = (g_{1\alpha}g_{2\beta})(g_{1\alpha'}g_{2\beta'}) = (g_{1\alpha}g_{1\alpha'}g_{2\beta}g_{2\beta'})$, 即两个有序对中, 属于 G_1 的两个元素相乘, 得到一个 G_1 元素, 属于 G_2 的两个元素相乘, 得到一个 G_2 元素, 再由这个 G_1 元素与这个 G_2 元素形成新的有序对.

针对这样一个有序对以及乘法定义, 是可以定义一个群的, 只需要证明有序对集合满足群的四个条件, 它们就会形成一个群. 下面会一步步证明这四个条件成立. 我们把这样的一个群叫作 G_1 与 G_2 的直积群. 证明按四点进行:

(1) 封闭性. 这其实由乘法定义已经给出, $g_{\alpha\beta}$ 与 $g_{\alpha'\beta'}$ 相乘的结果仍然是 G_1 与 G_2 中元素组成的有序对, 仍然属于这个集合.

(2) 结合律, 要证 $g_{\alpha\beta}(g_{\alpha'\beta'}g_{\alpha''\beta''}) = (g_{\alpha\beta}g_{\alpha'\beta'})g_{\alpha''\beta''}$. 由乘法定义知,

$$\begin{aligned}
g_{\alpha\beta}(g_{\alpha'\beta'}g_{\alpha''\beta''}) &= (g_{1\alpha}g_{2\beta})(g_{1\alpha'}g_{1\alpha''}g_{2\beta'}g_{2\beta''}) \\
&= (g_{1\alpha}g_{1\alpha'}g_{1\alpha''}g_{2\beta}g_{2\beta'}g_{2\beta''}), \\
(g_{\alpha\beta}g_{\alpha'\beta'})g_{\alpha''\beta''} &= (g_{1\alpha}g_{1\alpha'}g_{2\beta}g_{2\beta'})(g_{1\alpha''}g_{2\beta''}) \\
&= (g_{1\alpha}g_{1\alpha'}g_{1\alpha''}g_{2\beta}g_{2\beta'}g_{2\beta''}),
\end{aligned}$$

两者相等.

(3) 单位元素. 易知单位元素 $(g_{10}g_{20})$ 存在且唯一.

(4) 逆元. 对 $(g_{1\alpha}g_{2\beta})$, 逆元为 $(g_{1\alpha}^{-1}g_{2\beta}^{-1})$, 存在且唯一.

基于这个证明, 直积群的概念应该说也就清楚了, 总结如下.

定义 1.23 由两个群 G_1 与 G_2 的各一个群元 $g_{1\alpha}$ 与 $g_{2\beta}$ 形成有序对 $g_{\alpha\beta} = (g_{1\alpha}g_{2\beta})$. 这些有序对形成的集合中如果进一步定义两个元素 $g_{\alpha\beta} = (g_{1\alpha}g_{2\beta})$ 与 $g_{\alpha'\beta'} = (g_{1\alpha'}g_{2\beta'})$ 的乘法为 $g_{\alpha\beta}g_{\alpha'\beta'} = (g_{1\alpha}g_{2\beta})(g_{1\alpha'}g_{2\beta'}) = (g_{1\alpha}g_{1\alpha'}g_{2\beta}g_{2\beta'})$, 那么这个集合形成一个群, 称为 G_1 与 G_2 的直积群, 记为 $G = G_1 \otimes G_2$.

前面我们说引入直积概念是为了剖析群的结构, 但目前不仅没剖析群结构, 还利用 G_1 与 G_2 产生了直积群 G, 看似与我们的目的无关. 实际上, 如果我们把从 G_1 与 G_2 产生 G 的过程反过来看, 就对应 G 分解为 G_1 与 G_2 的直积的情况, 也就是 G 的结构剖析了. 这个反过来的概念叫直积分解, 具体如下.

定义 1.24 一个群 G 有两个子群 G_1 与 G_2, 如果 G 中的任何一个元素都可以唯一地表示为 $g_{\alpha\beta} = g_{1\alpha}g_{2\beta}$, 其中 $g_{1\alpha}$ 属于 G_1, $g_{2\beta}$ 属于 G_2, 且 $g_{1\alpha}g_{2\beta} = g_{2\beta}g_{1\alpha}$, 则 G 是 G_1 与 G_2 的直积, G_1 与 G_2 称为 G 的直积因子.

做个说明. 前面我们在引入直积群的概念时, 利用了 G_1 与 G_2 元素形成的有序对. 这个有序对的乘法满足 G_1 中元素与 G_2 中元素分别相乘, 然后再放在一起形成有序对这样一个原则. 要让这个关系成立, G_1 与 G_2 中的元素要么没有乘法, 要么它们有乘法, 但可以互易. 当没有乘法的时候, 直积群中的元素就是一个有序对, $g_{1\alpha}$ 与 $g_{2\beta}$ 是不能通过乘法合到一起的, 我们只是通过 G_1 与 G_2 建立了一个新的直积群 G, 此操作没有其他实际意义.

直积群这个概念特别有意义的情况是 G_1 与 G_2 中的元素有乘法, 且互易, 也就是从 G 可以找到其直积因子 G_1 与 G_2 的情况.

同时需要说明的是, G_1 与 G_2 本身不要求是 Abel 群, 定义只要求它们之间乘法互易. 这时, G_1, G_2 与 G 之间存在两个结构关系: (1) 它们只有一个公共元素 e, (2) 它们都是 G 的不变子群. 这怎么理解?

先看第一点, 子群之间必有单位元素 e 这个公共元素, 现在要证它们只有这一个公共元素. 用反证法. 设除了 e 还有一个 a 是它们的公共元素, 那么 G 中的元素 a 就可以写成 G_1 出 e, G_2 出 a 相乘的结果, 或者 G_1 出 a, G_2 出 e 相乘的结果. 与直积因子定义的第一条, 即唯一地表示为 $g_{\alpha\beta} = g_{1\alpha}g_{2\beta}$, 其中 $g_{1\alpha}$ 属于 G_1, $g_{2\beta}$ 属于 G_2 矛盾.

再看第二点, G_1 与 G_2 是 G 的不变子群. 这个证明很简单, 以 G_1 为例, 其中任意元素 $g_{1\alpha}$, 其同类元素为 $(g_{1\alpha'}g_{2\beta'})g_{1\alpha}(g_{1\alpha'}g_{2\beta'})^{-1} = g_{1\alpha'}g_{1\alpha}(g_{1\alpha'})^{-1}$, 仍然属于 G_1.

看几个直积群的例子.

例 1.18 定义 x-y 平面上的向量为群元素, 其乘法为向量加法, 则 x-y 平面上所有向量的集合构成一个群, 记为 G_1. 定义 z 轴上所有向量按同样乘法规则构成群 G_2. 则它们做直积, 形成三维空间所有向量的集合. 同理, 三维空间所有向量的集合, 按照向量加法为群元乘法, 可分解为 x-y 平面形成的群 G_1 与 z 轴形成的群 G_2 的直积, G_1 与 G_2 为直积因子.

这里的分解方法不唯一 (任何一个平面与一个不属于它的直线都可以), 但任意一种方法分解完了以后, G_1 与 G_2 都满足它们只有一个公共元素, 且它们都是 G 的不变子群这两个性质.

例 1.19 对于 6 阶循环群 $\mathrm{Z}_6 = \{a, a^2, a^3, a^4, a^5, e\}$, 取其两个子群 $G_1 = \{e, a^3\}$, $G_2 = \{e, a^2, a^4\}$, 则 Z_6 中任意一个元素都可以唯一写成 G_1 中元素与 G_2 中元素的乘积, 且 G_1 与 G_2 乘法互易. 这个时候, G_1 与 G_2 就是 6 阶循环群的直积因子, 也是它的不变子群.

这两个都是直积的例子, 结构关系很强. 前面我们提到过, D_3 群的结构关系也很强, 那么它有直积因子吗?

例 1.20 D_3 群. 取 $G_1=\{e,d,f\}$, $G_2=\{e,a\}$, 这时 D_3 群中任何一个元素也可以唯一地表达为 G_1 中元素 $g_{1\alpha}$ 与 G_2 中元素 $g_{2\beta}$ 的乘积 $g_{1\alpha}g_{2\beta}$, 但是, G_1 与 G_2 的乘法不互易, 与之相应 $g_{1\alpha}g_{2\beta}\neq g_{2\beta}g_{1\alpha}$. 此时, D_3 就不再是 G_1 与 G_2 的直积, G_1 与 G_2 也不都为 D_3 的不变子群 (G_1 是, G_2 不是).

不过我们还是知道 D_3 是可以由 G_1 与 G_2 按某种关系来构成的. 这个时候, 不能用直积概念, 我们退而求其次, 把这个结构关系进行一定程度的弱化, 就会形成另外一个概念, 叫半直积.

半直积这个概念有一点复杂, 定义如下.

定义 1.25 设群 $G_1=\{g_{1\alpha}\}$, $G_2=\{g_{2\beta}\}$. 对 G_1, 如存在自同构映射群 $A(G_1)$, 使得 G_2 与之同态, 也就是说对 G_2 中任意 $g_{2\beta}$, 我们总可以通过这个同态映射, 找到一个 G_1 群的自同构映射 $\nu_{g_{2\beta}}$. 利用这个自同构映射, 我们可以定义一个 G_1 群与 G_2 群元素形成的有序对 $g_{\alpha\beta}=\langle g_{1\alpha}g_{2\beta}\rangle$ 的集合, 并且规定这个集合中元素乘法满足: $g_{\alpha\beta}g_{\alpha'\beta'}=\langle g_{1\alpha}g_{2\beta}\rangle\langle g_{1\alpha'}g_{2\beta'}\rangle=\langle g_{1\alpha}\nu_{g_{2\beta}}(g_{1\alpha'})g_{2\beta}g_{2\beta'}\rangle$. 这样的一个集合按照这样的乘法构成群, 称为 G_1 与 G_2 的半直积群, 记为 $G_1\otimes_{\rm s}G_2$.

我们现在来细细体会这个概念. 半直积, 很显然, 没有直积那么强的结构性, 所以我们在定义这个有序对乘法的时候不能简单规定两个因子群的群元简单相乘. 但是, 我们也说过, 它还是有很强的结构性的, 这个结构性就体现在 G_2 必与 G_1 的某个自同构映射群同态上.

这句话比较绕, 它最本质的功能, 就是要建立一个规则, 让 G_1 与 G_2 的有序对能够相乘, 得到新的有序对. 就是在有序对相乘的时候, 直积群是 G_2 中元素 $g_{2\beta}$ 不做任何限制地让 G_1 中的元素 $g_{1\alpha'}$ 跑到它前面与 G_1 中的元素 $g_{1\alpha}$ 相乘, 而对半直积群, G_2 中元素 $g_{2\beta}$ 要移过去, 必须按照设定的规则, 变成 G_1 中的另外一个元素 $\nu_{g_{2\beta}}(g_{1\alpha'})$.

这个规则是怎么设定出来的呢? 前面说过, 同态存在的话, 由 G_2 中的元素 $g_{2\beta}$ 就可以确定 G_1 的一个自同构映射 $\nu_{g_{2\beta}}$, 就是对于一个 G_1 中元素 $g_{1\alpha'}$, 使其变成 G_1 中另外一个元素 $\nu_{g_{2\beta}}(g_{1\alpha'})$. 然后, 在有序对相乘的时候, $g_{1\alpha'}$ 通过这个规则变成 $\nu_{g_{2\beta}}(g_{1\alpha'})$, 与 $g_{1\alpha}$ 相乘, 形成有序对中 G_1 群的元素 $g_{1\alpha}\nu_{g_{2\beta}}(g_{1\alpha'})$. 而 $g_{2\beta}$ 不做任何改变, 跑到后面和 $g_{2\beta'}$ 相乘, 变成了有序对里 G_2 群的元素.

这个过程中重要的就是一个同态关系和一个同构关系, 如图 1.5 所示.

上面是按照我们这门课的习惯, 用简单的几句话定了规则, 下面我们看这些规则产生的规律. 这个规律就是它们形成一个群, 我们按群的四要素来讨论. 在这个讨论中, 我们用到的最为基本的两个性质是:

(1) $\nu_{g_{2\beta}}(g_{1\alpha}g_{1\alpha'})=\nu_{g_{2\beta}}(g_{1\alpha})\nu_{g_{2\beta}}(g_{1\alpha'})$, $\nu_{g_{2\beta}}$ 是 G_1 的自同构映射, 乘积的映射对象等于映射对象的乘积 (对应的是图 1.5 右面那个同构映射关系).

(2) $\nu_{g_{2\beta}g_{2\beta'}}(g_{1\alpha'})=\nu_{g_{2\beta}}(\nu_{g_{2\beta'}}(g_{1\alpha'}))$, $g_{2\beta}g_{2\beta'}$ 是 G_2 群中的两个元素的乘积, 对应 G_1 群的自同构映射 $\nu_{g_{2\beta}g_{2\beta'}}$. 这个自同构映射作用到 $g_{1\alpha'}$, 得到 G_1 中的一个元素, 是

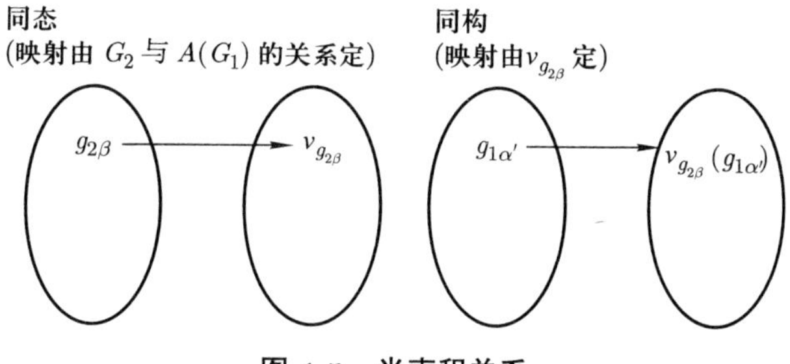

图 1.5 半直积关系

等式左边的值. 等式右边, $g_{2\beta'}$ 是 G_2 中的一个元素, 由于与 G_1 的自同构群 $A(G_1)$ 同态, 也对应一个 G_1 的自同构映射 $\nu_{g_{2\beta'}}$, 这个自同构映射作用到 $g_{1\alpha'}$ 上, 得到 G_1 中元素 $\nu_{g_{2\beta'}}(g_{1\alpha'})$. 与此同时 $g_{2\beta}$ 也对应一个 G_1 的自同构映射 $\nu_{g_{2\beta}}$, 这个自同构映射作用到 $\nu_{g_{2\beta'}}(g_{1\alpha'})$, 得到的结果与等式左边相等. 相等的基础是因为 G_2 与 G_1 的自同构群 $A(G_1)$ 同态, 乘积的映射对象等于映射对象的乘积, 所以 $\nu_{g_{2\beta}g_{2\beta'}}$ 等于 $\nu_{g_{2\beta}}$ 乘以 $\nu_{g_{2\beta'}}$ (对应的是图 1.5 左边的同态映射关系).

证明 我们看群的四要素.

(1) 结合律, 也就是要证

$$(\langle g_{1\alpha}g_{2\beta}\rangle\langle g_{1\alpha'}g_{2\beta'}\rangle)\langle g_{1\alpha''}g_{2\beta''}\rangle = \langle g_{1\alpha}g_{2\beta}\rangle(\langle g_{1\alpha'}g_{2\beta'}\rangle\langle g_{1\alpha''}g_{2\beta''}\rangle). \tag{1.5}$$

(1.5) 式左边等于

$$\langle g_{1\alpha}\nu_{g_{2\beta}}(g_{1\alpha'})g_{2\beta}g_{2\beta'}\rangle\langle g_{1\alpha''}g_{2\beta''}\rangle = \langle g_{1\alpha}\nu_{g_{2\beta}}(g_{1\alpha'})\nu_{g_{2\beta}g_{2\beta'}}(g_{1\alpha''})g_{2\beta}g_{2\beta'}g_{2\beta''}\rangle.$$

(1.5) 式右边等于

$$\begin{aligned}\langle g_{1\alpha}g_{2\beta}\rangle\langle g_{1\alpha'}\nu_{g_{2\beta'}}(g_{1\alpha''})g_{2\beta'}g_{2\beta''}\rangle &= \langle g_{1\alpha}\nu_{g_{2\beta}}(g_{1\alpha'}\nu_{g_{2\beta'}}(g_{1\alpha''}))g_{2\beta}g_{2\beta'}g_{2\beta''}\rangle \\ &= \langle g_{1\alpha}\nu_{g_{2\beta}}(g_{1\alpha'})\nu_{g_{2\beta}}(\nu_{g_{2\beta'}}(g_{1\alpha''}))g_{2\beta}g_{2\beta'}g_{2\beta''}\rangle.\end{aligned}$$

由前面提到的性质 (2), 我们知道 (1.5) 式成立.

(2) 封闭性. G 中元素为 G_1 与 G_2 中元素形成的有序对, 两个元素相乘按照乘法规则还是这样的有序对, 所以封闭性自然成立.

(3) 单位元素. g_{10}, g_{20} 分别是 G_1 与 G_2 中的单位元素, G_2 中单位元素对应的映射为恒等映射. 同时任意一个 G_1 的自同构映射作用到 g_{10} 上都得到 g_{10}. 所以:

$$\langle g_{10}g_{20}\rangle\langle g_{1\alpha}g_{2\beta}\rangle = \langle g_{10}\nu_{g_{20}}(g_{1\alpha})g_{20}g_{2\beta}\rangle = \langle g_{1\alpha}g_{2\beta}\rangle,$$

$$\langle g_{1\alpha}g_{2\beta}\rangle\langle g_{10}g_{20}\rangle = \langle g_{1\alpha}\nu_{g_{2\beta}}(g_{10})g_{20}g_{2\beta}\rangle = \langle g_{1\alpha}g_{2\beta}\rangle.$$

(4) 逆元. $\langle g_{1\alpha}g_{2\beta}\rangle$ 的逆元为 $\langle \nu_{g_{2\beta}^{-1}}(g_{1\alpha}^{-1})g_{2\beta}^{-1}\rangle$. 这个形式怎么定出来的? 先看 G_2 的部分, 很简单, 就是 $g_{2\beta}^{-1}$, 因为在有序对乘法过程中, 它不做任何改变.

再看 G_1 的部分, 它比较复杂. 我们先设逆元中 G_1 部分为 $g_{1\alpha'}$, 它要满足

$$\langle g_{1\alpha}g_{2\beta}\rangle\langle g_{1\alpha'}g_{2\beta}^{-1}\rangle = \langle g_{1\alpha}\nu_{g_{2\beta}}(g_{1\alpha'})g_{20}\rangle = \langle g_{10}g_{20}\rangle,$$

也就是 $\nu_{g_{2\beta}}(g_{1\alpha'}) = g_{1\alpha}^{-1}$ 对任意 $g_{1\alpha}$ 成立. 将 $\nu_{g_{2\beta}^{-1}}$ 作用到这个式子两端, 就有 $g_{1\alpha'} = \nu_{g_{2\beta}^{-1}}(g_{1\alpha}^{-1})$.

结合这四点, $\langle g_{1\alpha}g_{2\beta}\rangle$ 的集合形成一个群, 称为半直积群.

半直积群有个比较重要的性质: G_1 是它的不变子群. 这是因为

$$\begin{aligned}
&\langle g_{1\alpha}g_{2\beta}\rangle\langle g_{1\alpha'}g_{20}\rangle\langle \nu_{g_{2\beta}^{-1}}(g_{1\alpha}^{-1})g_{2\beta}^{-1}\rangle \ (g_{20}\ \text{对应恒等映射})\\
&= \langle g_{1\alpha}g_{2\beta}\rangle\langle g_{1\alpha'}\nu_{g_{2\beta}^{-1}}(g_{1\alpha}^{-1})g_{20}g_{2\beta}^{-1}\rangle\\
&= \langle g_{1\alpha}\nu_{g_{2\beta}}(g_{1\alpha'}\nu_{g_{2\beta}^{-1}}(g_{1\alpha}^{-1}))g_{2\beta}g_{2\beta}^{-1}\rangle\\
&= \langle g_{1\alpha}\nu_{g_{2\beta}}(g_{1\alpha'})\nu_{g_{2\beta}}(\nu_{g_{2\beta}^{-1}}(g_{1\alpha}^{-1}))g_{20}\rangle\\
&= \langle g_{1\alpha}\nu_{g_{2\beta}}(g_{1\alpha'})g_{1\alpha}^{-1}g_{20}\rangle
\end{aligned}$$

还是 G_1 中元素. 但 G_2 没有这个特性. 当 G_2 也是 G 的不变子群时, 半直积就变成了直积.

例 1.21 D_3 群, 取 $G_1 = \{e, d, f\}, G_2 = \{e, a\}$. G_1 的自同构映射群有两个元素, ν_e 是恒等映射, ν_a 把 e 映为 e, f 映为 d, d 映为 f, 所以 G_2 与 G_1 的这个自同构群同态. 这个时候, 我们可以定义半直积群元素: $\langle ee\rangle, \langle ea\rangle, \langle de\rangle, \langle da\rangle, \langle fe\rangle, \langle fa\rangle$. 根据 D_3 群乘法, 我们可以知道它们分别对应: e, a, d, c, f, b. G_1 与 G_2 的乘法不互易, 但是由于 G_2 与 G_1 的自同构群的同态映射关系, 我们有 $\langle da\rangle\langle fa\rangle = \langle d\nu_a(f)aa\rangle = \langle ddaa\rangle = \langle fe\rangle$, 对应到 D_3 群的乘法表中, 就是 $cb = f$. 同样 $\langle fa\rangle\langle da\rangle = \langle f\nu_a(d)aa\rangle = \langle ffaa\rangle = \langle de\rangle$, 对应 D_3 群乘法表中的 $bc = d$. 因此, D_3 群具备以 $G_1 = \{e, d, f\}, G_2 = \{e, a\}$ 为因子形成的半直积结构, 是它们的半直积群, 其中 G_1 是 D_3 的不变子群.

习题与思考

1. 证明: 只有一个三阶群.
2. 证明: 两个子群的交集为子群.
3. 证明: 有两个四阶群, 且都是 Abel 群.
4. 对群 $G = \{1, \mathrm{i}, -1, -\mathrm{i}\}$, 有没有非平庸的不变子群? 如有, G 对它的商群是什么?
5. 用两个元素 $\begin{pmatrix} 0 & 1 \\ -1 & 0 \end{pmatrix}$ 和 $\begin{pmatrix} 0 & 1 \\ 1 & 0 \end{pmatrix}$ 生成一个矩阵群 (即以它们的任意有限次乘积为元素来构成群), 此群的阶是多少? 共有多少个共轭类?
6. 说出 D_3 群的子群与不变子群.

7. 证明: 不是子群本身的陪集不包含子群的元素, 且不是群.
8. 一个群可不可以有几个不同的不变子群?
9. 证明: 除单位元外其他所有元素都是二阶的群是 Abel 群.
10. 试问下列三个矩阵按矩阵乘法规则是否形成一个群:

$$\begin{pmatrix}1&0&0&0\\0&1&0&0\\0&0&1&0\\0&0&0&1\end{pmatrix},\quad\begin{pmatrix}0&0&0&1\\1&0&0&0\\0&1&0&0\\0&0&1&0\end{pmatrix},\quad\begin{pmatrix}0&0&1&0\\0&0&0&1\\1&0&0&0\\0&1&0&0\end{pmatrix}.$$

如果不是, 那么至少需要添加几个矩阵才能构成一个群? 求出这些要添加的矩阵, 以及群的共轭类.
11. 考虑下面六个函数的集合:

$$f_1(x)=x;\ f_2(x)=1-x;\ f_3(x)=x/(x-1);$$

$$f_4(x)=1/x;\ f_5(x)=1/(1-x);\ f_6(x)=(x-1)/x.$$

定义两个函数的乘积是以后面函数的输出作为前面函数的输入得到的整体函数依赖关系, 如 $(f_1f_3)(x)=f_1(f_3(x))$. 证明: 该集合在此运算法则下形成一个群, 且该群与 D_3 群同构.
12. 设 C_i 为群中的一个类, C_i^* 为 C_i 中元素的逆的集合. 证明: C_i^* 也是一个类.
13. 写出下列置换的逆:

$$p_1=\begin{pmatrix}1&2&3&4&5&6&7&8\\3&5&7&1&2&8&4&6\end{pmatrix},\quad p_2=\begin{pmatrix}1&2&3&4&5&6&7&8\\2&5&6&8&1&7&4&3\end{pmatrix},$$

并验证 $(p_1p_2)^{-1}=p_2^{-1}p_1^{-1}$.
14. 找出三阶对称群 S_3 的所有子群, 并指出哪个子群是不变子群, 哪个子群是含元素 $\begin{pmatrix}1&2&3\\2&3&1\end{pmatrix}$ 的循环群.
15. 求六阶循环群的所有不变子群, 以及其对应的商群.
16. 用两个元素 A 与 B 生成一个群, 使得它仅仅遵从关系式 $A^2=B^k=(AB)^2=E$, 式中 k 是大于 1 的有限整数.
17. 求 D_3 群的自同构群. 它是内自同构群吗?
18. 设群只有一个阶为 2 的元素 h, 证明: $\forall g\in G$, 有 $gh=hg$.
19. 在 D_4 群中, 取子群 $G_1=\{e,r,r^2,r^3\}$, $G_2=\{e,a\}$, 证明: $\mathrm{D}_4=G_1\otimes_{\mathrm{s}}G_2$.
20. 若 $G=H\otimes K$, 证明:

(1) 商群 G/H 与 K 同构;

(2) G 与 H 和 K 同态.

21. 若 $G = H \otimes_{\mathrm{s}} K$, 证明:

(1) 商群 G/H 与 K 同构;

(2) G 与 K 同态.

22. 一个群与其子群是否总是同态, 为什么?

第二章　群表示理论

2.1　群　表　示

上一章讲了群的基本结构, 这一章讲如何用数学的语言去描述群, 对应的理论叫群表示论, 要用到的知识是线性代数, 其中最基本的概念是群表示.

如果用一句话来传达群表示这个概念的核心意思, 我们可以说它是群 G 到线性空间 V 上的某一线性变换群 $\mathrm{L}(V,C)$ 的同态映射, 也就是说表示是同态映射关系, 它存在于一个我们要研究的抽象群和一个线性空间的线性变换群之间. 这里的线性变换群, 读者也可以先直观地理解为一个矩阵群. 而在具体讨论中, 我们又经常说 "某线性变换群 (或某矩阵群) 是某抽象群的表示". 在说类似句子的时候, 我们其实已经把这个 "同态映射关系 (也就是表示)", 用其同态映射的目标 (也就是线性变换群或矩阵群) 代替了.

同时, 在开始理解表示这个概念的时候 (具体而言是到定理 2.1 之前), 我们会用 A 来指线性变换, 用 $[A]$ 指它在某组基下的形式 (也就是矩阵). 当我们对表示这个概念深入理解之后, 我们会知道线性变换与矩阵之间就是一个是变换本身、一个是它在某组基下的表现形式的关系. 从定理 2.1 之后, 我们将不再区分它们.

下面再来做详细解释①. 我们从线性空间说起, 再到线性变换、线性变换群.

定义 2.1　线性空间又称为向量空间, 它是定义在数域 K (可以是实数域 R, 也可以是复数域 C) 上的向量集合 $V=\{\boldsymbol{x},\boldsymbol{y},\boldsymbol{z},\cdots\}$, 在 V 中可以定义加法和数乘两种运算, 设 $\boldsymbol{x},\boldsymbol{y},\boldsymbol{z}$ 属于 V, a,b,c 属于 K, 向量加法和数乘具有封闭性, 且对加法满足

(1) 交换律 $\boldsymbol{x}+\boldsymbol{y}=\boldsymbol{y}+\boldsymbol{x}$,

(2) 结合律 $(\boldsymbol{x}+\boldsymbol{y})+\boldsymbol{z}=\boldsymbol{x}+(\boldsymbol{y}+\boldsymbol{z})$,

(3) 有唯一 $\mathbf{0}$ 元素, 即对任意 $\boldsymbol{x}$ 属于 V, $\mathbf{0}+\boldsymbol{x}=\boldsymbol{x}+\mathbf{0}$,

(4) 对任意 $\boldsymbol{x}$ 属于 V, 有唯一 $(-\boldsymbol{x})$, 使得 $\boldsymbol{x}+(-\boldsymbol{x})=\mathbf{0}$,

对数乘满足

(1) $1\boldsymbol{x}=\boldsymbol{x}$,

(2) $(ab)\boldsymbol{x}=a(b\boldsymbol{x})$,

(3) $a(\boldsymbol{x}+\boldsymbol{y})=a\boldsymbol{x}+a\boldsymbol{y}$,

(4) $(a+b)\boldsymbol{x}=a\boldsymbol{x}+b\boldsymbol{x}$,

那么, V 就构成一个线性空间.

---

①理解需要一个反复阅读的过程. 反复阅读的时候, 读者应该会对这里的话有所体会.

线性空间最为直接的一个例子就是我们所处的三维实空间, 这里 a,b,c 是实数, V 中元素是三维空间中的向量. 线性空间中很重要的概念是线性相关与线性无关.

定义 2.2 线性空间 V 中, 若任意 n 个向量 $\boldsymbol{X}_1,\boldsymbol{X}_2,\cdots,\boldsymbol{X}_n$ 的线性组合 $a_1\boldsymbol{X}_1+a_2\boldsymbol{X}_2+\cdots+a_n\boldsymbol{X}_n=\boldsymbol{0}$ 当且仅当 $a_1=a_2=\cdots=a_n=0$ 时成立, 其中这些系数都是线性空间数域 K 上的数, 这时, 称 $\boldsymbol{X}_1,\boldsymbol{X}_2,\cdots,\boldsymbol{X}_n$ 这些向量线性无关. 否则, 称它们线性相关.

基于线性无关的一个概念是线性空间的维数.

定义 2.3 线性空间中线性无关的向量的最大个数 m, 称为线性空间的维数, 记为 $\dim V=m$.

有了线性空间、维数的概念, 下一步我们就可以定义基矢了.

定义 2.4 设 V 是 n 维线性空间, 则 V 中任意一组 n 个线性无关的向量, 都称为 V 的基矢, 或称为基, 记为 $(\boldsymbol{e}_1,\boldsymbol{e}_2,\cdots,\boldsymbol{e}_n)$.

此线性空间中任意一个向量都可以表示为任意 n 个基矢的线性组合, $\boldsymbol{X}=\sum\limits_{i=1}^{n}x_i\boldsymbol{e}_i$, 矩阵形式为

$$\boldsymbol{X}=(\boldsymbol{e}_1,\boldsymbol{e}_2,\cdots,\boldsymbol{e}_n)\begin{pmatrix}x_1\\x_2\\\vdots\\x_n\end{pmatrix}.$$

我们用 $[\boldsymbol{X}]$ 代表向量在这组基矢上的坐标, 即 $[\boldsymbol{X}]=\begin{pmatrix}x_1\\x_2\\\vdots\\x_n\end{pmatrix}$. 由此定义, 显然有

$$[\boldsymbol{e}_1]=\begin{pmatrix}1\\0\\\vdots\\0\end{pmatrix},[\boldsymbol{e}_2]=\begin{pmatrix}0\\1\\\vdots\\0\end{pmatrix},\cdots,[\boldsymbol{e}_n]=\begin{pmatrix}0\\0\\\vdots\\1\end{pmatrix}.$$

线性空间上的线性变换定义如下.

定义 2.5 线性变换 A 是将线性空间 V 映入 V 的映射, 满足 $\forall\boldsymbol{x},\boldsymbol{y}\in V,a\in K,A\boldsymbol{x}\in V,A(a\boldsymbol{x}+\boldsymbol{y})=aA\boldsymbol{x}+A\boldsymbol{y}$, 也就是说这个变换作用到向量的线性组合上, 等于这个变换作用到向量上的线性组合.

关于线性变换, 在线性代数课程里面我们知道, 它可以写成一个矩阵. 这个矩阵是什么样呢? 我们这样看, A 作用到 $\boldsymbol{x}$ 上, 得到 $\boldsymbol{y}$, 其中 $\boldsymbol{y}=\sum\limits_{i=1}^{n}y_i\boldsymbol{e}_i,\boldsymbol{x}=\sum\limits_{i=1}^{n}x_i\boldsymbol{e}_i$. 根据

定义, 我们知道

$$A\boldsymbol{x}=\sum_{j=1}^{n}x_jA\boldsymbol{e}_j. \tag{2.1}$$

对任意一个基矢 $\boldsymbol{e}_j$, 我们做线性变换 $A\boldsymbol{e}_j$, 都会得到另外一个向量 $\boldsymbol{e}'_j$, 这个向量用基矢组展开, 可以写为

$$\boldsymbol{e}'_j=(\boldsymbol{e}_1,\boldsymbol{e}_2,\cdots,\boldsymbol{e}_n)\begin{pmatrix}a_{1j}\\a_{2j}\\\vdots\\a_{nj}\end{pmatrix}. \tag{2.2}$$

把 (2.2) 式代入 (2.1) 式, 可以得到

$$\begin{aligned}A\boldsymbol{x}&=\sum_{j=1}^{n}x_jA\boldsymbol{e}_j=\sum_{j=1}^{n}x_j\boldsymbol{e}'_j=\sum_{j=1}^{n}\sum_{i=1}^{n}x_j\boldsymbol{e}_ia_{ij}\\&=(\boldsymbol{e}_1,\boldsymbol{e}_2,\cdots,\boldsymbol{e}_n)\begin{pmatrix}a_{11}&a_{12}&\cdots&a_{1n}\\a_{21}&a_{22}&\cdots&a_{2n}\\\vdots&\vdots&\ddots&\vdots\\a_{n1}&a_{n2}&\cdots&a_{nn}\end{pmatrix}\begin{pmatrix}x_1\\x_2\\\vdots\\x_n\end{pmatrix}.\end{aligned}$$

而另一方面,

$$\boldsymbol{y}=(\boldsymbol{e}_1,\boldsymbol{e}_2,\cdots,\boldsymbol{e}_n)\begin{pmatrix}y_1\\y_2\\\vdots\\y_n\end{pmatrix}.$$

两个向量相等, 它们的所有分量都相等, 所以有

$$\begin{pmatrix}a_{11}&a_{12}&\cdots&a_{1n}\\a_{21}&a_{22}&\cdots&a_{2n}\\\vdots&\vdots&\ddots&\vdots\\a_{n1}&a_{n2}&\cdots&a_{nn}\end{pmatrix}\begin{pmatrix}x_1\\x_2\\\vdots\\x_n\end{pmatrix}=\begin{pmatrix}y_1\\y_2\\\vdots\\y_n\end{pmatrix},$$

记为 $[A][\boldsymbol{x}]=[\boldsymbol{y}]$. 矩阵元满足

$$(\boldsymbol{e}'_1,\boldsymbol{e}'_2,\cdots,\boldsymbol{e}'_n)=(\boldsymbol{e}_1,\boldsymbol{e}_2,\cdots,\boldsymbol{e}_n)\begin{pmatrix}a_{11}&a_{12}&\cdots&a_{1n}\\a_{21}&a_{22}&\cdots&a_{2n}\\\vdots&\vdots&\ddots&\vdots\\a_{n1}&a_{n2}&\cdots&a_{nn}\end{pmatrix}.$$

也就是说这个线性变换如果用矩阵表示的话, 它的第 j 列, 就是这个线性变换作用到这个线性空间中我们已选定的基矢组的第 j 个基矢上得到的向量在这组基矢下的展开系数. 这样如果知道变换作用到基矢上会产生什么样的结果, 就知道相应变换的矩阵表示了.

知道了矩阵表示, 我们就知道了线性变换 A 作用到线性空间中的任意一个向量 $\sum_{i=1}^{n} x_i \boldsymbol{e}_i$ 上, 得到的新向量的坐标为

$$\begin{pmatrix} a_{11} & a_{12} & \cdots & a_{1n} \\ a_{21} & a_{22} & \cdots & a_{2n} \\ \vdots & \vdots & \ddots & \vdots \\ a_{n1} & a_{n2} & \cdots & a_{nn} \end{pmatrix} \begin{pmatrix} x_1 \\ x_2 \\ \vdots \\ x_n \end{pmatrix}.$$

现在线性空间、线性变换的定义都有了, 我们还知道了在线性空间的一组基下线性变换的矩阵表示. 如果我们进一步定义线性变换的乘法, 那么就可以把线性变换的集合往群的方向去描述了. 这个群叫作线性变换群.

定义 2.6 定义两个线性变换的乘法为两个线性变换相继作用, 则 n 维复线性空间 V 上的全部非奇异线性变换在此乘法下构成一个群, 称为 n 维复一般线性群 $\mathrm{GL}(V, C)$, 其任一子群 $\mathrm{L}(V, C)$ 称为 V 上的线性变换群.

在这里需要对 "非奇异" 这个要求做个说明. 为什么要非奇异, 因为线性变换群或矩阵群是一个群, 如果有奇异性 (矩阵的行列式为零), 则该元素不存在逆元, 这个集合就不能形成群. 这就像在以实数乘法作为群元乘法的时候, 所有实数不能形成一个群, 因为零没有逆元, 但所有非零实数就可以形成一个群.

由这个定义我们也知道, 复一般线性群 $\mathrm{GL}(V, C)$ (注意 "一般" 两个字), 是包含 V 上的所有非奇异变换的. 正常情况下, 它是无穷多个, V 定了, 它就定了, 但我们一般不关心它.

我们关心的是线性变换群, 是其中一些非奇异线性变换的集合 ($\mathrm{GL}(V, C)$ 的子集, 形成群). 因为群表示指的是我们感兴趣的抽象群 G 到这个线性变换群的同态映射.

定义 2.7 设有群 G, 如存在一个从 G 到 n 维线性空间 V 上的线性变换群 $\mathrm{L}(V, C)$ 的同态映射 A, 则称 A 是群 G 的一个线性表示, V 为表示空间, n 是表示的维数. 显然, 由同态的定义, $\forall g_\alpha \in G$, 有 $A(g_\alpha) \in \mathrm{L}(V, C), \forall g_\alpha, g_\beta \in G$, 有 $A(g_\alpha g_\beta) = A(g_\alpha)A(g_\beta)$. G 的单位元素对应的是 V 上的恒等变换, 互逆元素对应的是互逆的变换.

对于线性空间 V, 如果选定一组特定的基矢, 那么每个线性变换都可以由一个矩阵表示, 而线性变换群也会对应一个矩阵群. 这时, 抽象群 G 与线性变换群的同态映射关系也可以理解为抽象群 G 与矩阵群的同态映射关系. 如图 2.1 所示, 左边是抽象群, 右边是线性变换群, 它在一个特定的基矢下表现为一个矩阵群. 表示指的是从左边

到右边的同态映射关系.

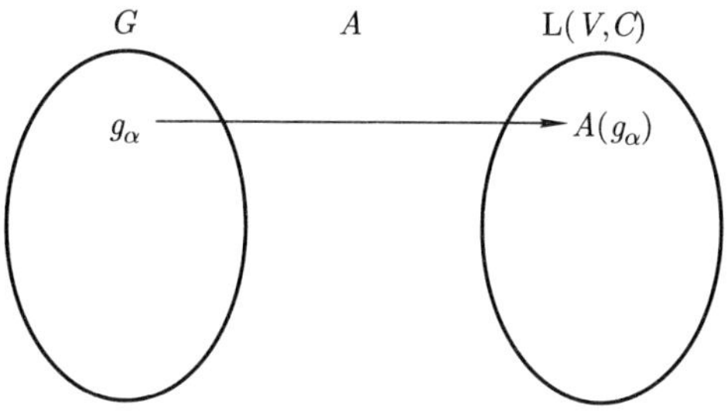

图 2.1 群表示

我们第一章讲了, 同态是可以多对一、保持乘法规则的满映射. 如果对这个同态进一步加以限制, 变为一对一的同构, 那么相应的表示就称为忠实表示.

同时, 对于两个同构的群 G 与 G', 如果 A 是 G 的表示, 那么因为 G 与 G' 的同构 (一对一、保乘法) 关系, A 也是 G' 的表示.

我们看几个例子.

例 2.1 任何群 G, 恒与 $\{1\}$ (一阶单位矩阵) 同态, 这个表示称为一维恒等表示, 或显然表示、平凡表示 (trivial representation).

推广一下, 其实任何群和 $\left\{\begin{pmatrix}1 & 0\\0 & 1\end{pmatrix}\right\}$ 都自然同态. 一个群原则上说怎么都有无穷多个表示, 我们后面会介绍可约、等价这些概念把它们联系起来. 而我们真正关心的, 是 "有个性" 的那几个表示, 称为不等价不可约表示 (后面会讲到).

例 2.2 任何矩阵群都是自身的表示, 且为忠实表示.

例 2.3 考虑三个二阶群: (1) $\{E, \sigma_{\boldsymbol{k}}$ (三维空间对 x-y 平面的反射)$\}$, (2) $\{E$, $\mathrm{C}_{\boldsymbol{k}}(\pi)$ (绕 z 轴转 π 角)$\}$, (3) $\{E, I$ (空间反演操作)$\}$, 若表示空间为三维实空间, 取基矢为 $\{\widehat{\boldsymbol{i}}, \widehat{\boldsymbol{j}}, \widehat{\boldsymbol{k}}\}$, 它们的表示分别是什么?

解 利用我们之前说的线性变换对应的线性矩阵的定义来求表示矩阵很简单. E 因为是恒等变换, 所以把 $\widehat{\boldsymbol{i}}, \widehat{\boldsymbol{j}}, \widehat{\boldsymbol{k}}$ 变为 $\widehat{\boldsymbol{i}}, \widehat{\boldsymbol{j}}, \widehat{\boldsymbol{k}}$, 对应的新向量在旧基矢组下的展开系数分别为 $(1,0,0)$, $(0,1,0)$, $(0,0,1)$, 表示矩阵为三阶单位矩阵. 实际上单位元对应的都是单位矩阵.

对非单位元, 第一种情况, $\sigma_{\boldsymbol{k}}$ 把 $\widehat{\boldsymbol{i}}, \widehat{\boldsymbol{j}}, \widehat{\boldsymbol{k}}$ 变为 $\widehat{\boldsymbol{i}}, \widehat{\boldsymbol{j}}, -\widehat{\boldsymbol{k}}$, 所以展开系数为 $(1,0,0)$, $(0,1,0)$, $(0,0,-1)$, 对应的表示矩阵为 $\begin{pmatrix}1 & 0 & 0\\0 & 1 & 0\\0 & 0 & -1\end{pmatrix}$.

第二种情况, $\mathrm{C}_{\boldsymbol{k}}(\pi)$ 把 $\widehat{\boldsymbol{i}},\widehat{\boldsymbol{j}},\widehat{\boldsymbol{k}}$ 变为 $-\widehat{\boldsymbol{i}},-\widehat{\boldsymbol{j}},\widehat{\boldsymbol{k}}$, 表示矩阵为 $\begin{pmatrix}-1 & 0 & 0\\ 0 & -1 & 0\\ 0 & 0 & 1\end{pmatrix}$.

第三种情况, I 把 $\widehat{\boldsymbol{i}},\widehat{\boldsymbol{j}},\widehat{\boldsymbol{k}}$ 变为 $-\widehat{\boldsymbol{i}},-\widehat{\boldsymbol{j}},-\widehat{\boldsymbol{k}}$, 表示矩阵为 $\begin{pmatrix}-1 & 0 & 0\\ 0 & -1 & 0\\ 0 & 0 & -1\end{pmatrix}$.

总结一下, 三个群的表示矩阵群分别是:

$$\left\{\begin{pmatrix}1 & 0 & 0\\ 0 & 1 & 0\\ 0 & 0 & 1\end{pmatrix},\begin{pmatrix}1 & 0 & 0\\ 0 & 1 & 0\\ 0 & 0 & -1\end{pmatrix}\right\};\left\{\begin{pmatrix}1 & 0 & 0\\ 0 & 1 & 0\\ 0 & 0 & 1\end{pmatrix},\begin{pmatrix}-1 & 0 & 0\\ 0 & -1 & 0\\ 0 & 0 & 1\end{pmatrix}\right\};$$

$$\left\{\begin{pmatrix}1 & 0 & 0\\ 0 & 1 & 0\\ 0 & 0 & 1\end{pmatrix},\begin{pmatrix}-1 & 0 & 0\\ 0 & -1 & 0\\ 0 & 0 & -1\end{pmatrix}\right\}.$$

同时, 既然表示可以理解为抽象群到矩阵群的同态映射关系, 上面的三个抽象群相互同构, 那么这三个矩阵群也可以相互为那三个抽象群的表示.

例 2.4 求绕 z 轴的转动群 $\{\mathrm{C}_{\boldsymbol{k}}(\varphi)\}$ 的表示, 如图 2.2 所示, 表示空间为三维实空间, 取基矢为 $\{\widehat{\boldsymbol{i}},\widehat{\boldsymbol{j}},\widehat{\boldsymbol{k}}\}$.

解 同样, 还是将变换作用到基矢上, 看效果:

$$\mathrm{C}_{\boldsymbol{k}}(\varphi)\widehat{\boldsymbol{i}}=\cos\varphi\widehat{\boldsymbol{i}}+\sin\varphi\widehat{\boldsymbol{j}},$$

$$\mathrm{C}_{\boldsymbol{k}}(\varphi)\widehat{\boldsymbol{j}}=-\sin\varphi\widehat{\boldsymbol{i}}+\cos\varphi\widehat{\boldsymbol{j}},$$

$$\mathrm{C}_{\boldsymbol{k}}(\varphi)\widehat{\boldsymbol{k}}=\widehat{\boldsymbol{k}}.$$

表示矩阵为

$$\begin{pmatrix}\cos\varphi & -\sin\varphi & 0\\ \sin\varphi & \cos\varphi & 0\\ 0 & 0 & 1\end{pmatrix}.$$

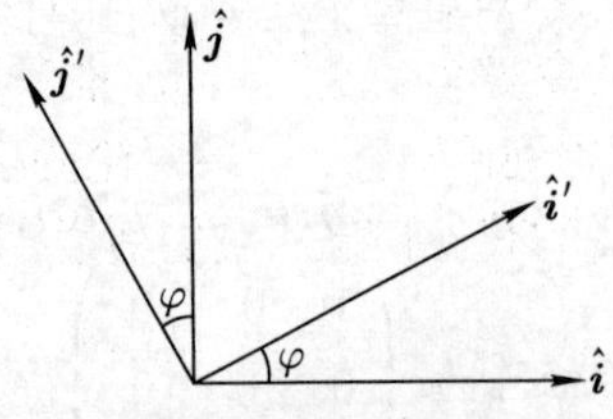

图 2.2 欧氏空间转动

上面例子中取的基矢，群元作用到它们上的效果都很直接，好理解. 在下面我们讲具体表示的时候，还会遇到一类线性空间，它们的基矢是一些函数. 在这个线性空间中，线性变换作用到它们身上的效果不像上面一样直观，比如基矢是 $\{\Psi_1(\boldsymbol{r}), \Psi_2(\boldsymbol{r}), \cdots, \Psi_n(\boldsymbol{r})\}$ (以后经常遇到的会有平面波、高斯函数、球谐函数等等).

g_α 是我们抽象群的群元，它本身是作用到 $\Psi_i(\boldsymbol{r})$ 的变量 $\boldsymbol{r}$ 上的. 它通过表示 A 所对应的线性空间的线性变换为 $A(g_\alpha)$. 这个 $A(g_\alpha)$ 是作用到 $\Psi_i(\boldsymbol{r})$ 上的. 我们要想知道它的矩阵表示形式，根据上面的介绍，就要知道 $A(g_\alpha)$ 作用到每个基函数上得到的新的函数按 $\{\Psi_1(\boldsymbol{r}), \Psi_2(\boldsymbol{r}), \cdots, \Psi_n(\boldsymbol{r})\}$ 这组基展开的展开系数. 在这些函数中，$\boldsymbol{r}$ 是它们的变量 (好好理解一下).

现在我们以 $\Psi_i(\boldsymbol{r})$ 为例，看 $A(g_\alpha)$ 作用到 $\Psi_i(\boldsymbol{r})$ 上会得到什么样的效果. 记 $A(g_\alpha)\Psi_i(\boldsymbol{r})$ 为 $\Psi_i'(\boldsymbol{r})$，我们知道 $\Psi_i'(\boldsymbol{r})$ 为一个新的函数.

如果这个抽象群群元 g_α 的意义是它作用到三维实空间的一个向量 $\boldsymbol{r}$ 上，得到一个新的向量 $\boldsymbol{r}' = g_\alpha\boldsymbol{r}$，那么 $\Psi_i(\boldsymbol{r})$ 这个函数本身的变化，如图 2.3 所示，应该满足 $\Psi_i'(\boldsymbol{r}') = \Psi_i(\boldsymbol{r})$①，其中 $\boldsymbol{r}' = g_\alpha\boldsymbol{r}$，这也就意味着 $\Psi_i'(\boldsymbol{r}) = \Psi_i(g_\alpha^{-1}\boldsymbol{r})$. 再由于我们上面是把 $A(g_\alpha)$ 作用到 $\Psi_i(\boldsymbol{r})$ 上得到的函数 $A(g_\alpha)\Psi_i(\boldsymbol{r})$ 记为 $\Psi_i'(\boldsymbol{r})$ 的，$\Psi_i'(\boldsymbol{r}) = \Psi_i(g_\alpha^{-1}\boldsymbol{r})$ 也就意味着 $A(g_\alpha)$ 这个线性变换，作用到 $\Psi_i(\boldsymbol{r})$ 这个基函数上，得到的函数是 $\Psi_i(g_\alpha^{-1}\boldsymbol{r})$. 我们要做的就是把 $\Psi_i(g_\alpha^{-1}\boldsymbol{r})$ 按 $\{\Psi_1(\boldsymbol{r}), \Psi_2(\boldsymbol{r}), \cdots, \Psi_n(\boldsymbol{r})\}$ 展开就可以了.

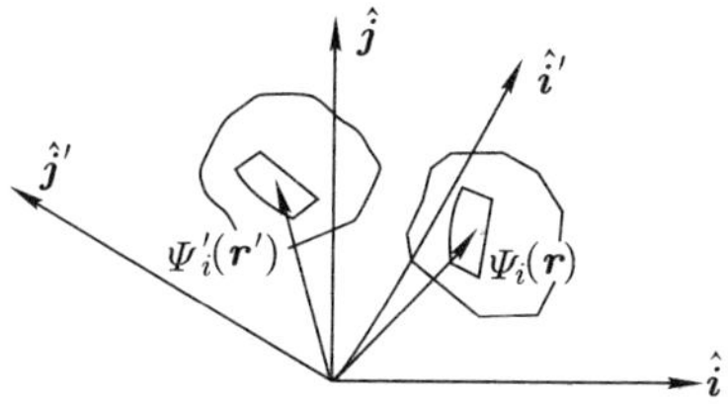

图 2.3 函数变换

再换一种说法. g_α 是我们关心的抽象群的群元. 在一个由函数组成的线性空间，它表现为一个线性变换 $A(g_\alpha)$. 这个 $A(g_\alpha)$ 的作用对象是函数，也就是说 $A(g_\alpha)$ 作用到函数 Ψ_i 上，结果是 $A(g_\alpha)\Psi_i$. 这个新的函数，我们记为 Ψ_i'. 我们对它的要求是 $\Psi_i'(\boldsymbol{r}') = \Psi_i(\boldsymbol{r})$，也就是说变换后的函数形式以变换后的坐标作为输入的话，输出的数值不变. 根据这个要求，我们可以得到前面推出的 $\Psi_i'(\boldsymbol{r}) = \Psi_i(g_\alpha^{-1}\boldsymbol{r})$.

这里用的例子是基函数的变量是实空间向量，抽象群群元作用到这个实空间向量上，其表示对应的线性变换作用到函数上. 这些讨论同样适用于其他群 G 的意义是作用到表示空间的基函数的变量的其他情况. 换句话说，只要抽象群的群元是作用在基

①如果用严格一点的数学表述，这个关系可以写成 $A(g_\alpha)\Psi|_{g_\alpha\boldsymbol{r}} = \Psi|_{\boldsymbol{r}}$，其中 $A(g_\alpha)$ 是个函数变换算符，它作用到 Ψ 上，产生函数 $A(g_\alpha)\Psi$. 当这个函数的变量是 $g_\alpha\boldsymbol{r}$ 时，结果等于 Ψ 这个函数变量是 $\boldsymbol{r}$ 时的值. 这个表述方式是 2016 年秋季上课的时候刘霄同学告诉我的，我觉得很好.

函数的变量上的, 上面的讨论都适用. 比如, 我们后面会介绍一个东西, 叫群函数, 为了方便理解, 可以先按上面说的把函数变量当成三维欧氏空间的向量, 抽象群群元是作用在这个向量上的变换.

举个具体例子.

例 2.5 线性空间为由下面六个函数组成的函数空间: $\{\Psi_1(\boldsymbol{r})=x^2, \Psi_2(\boldsymbol{r})=y^2, \Psi_3(\boldsymbol{r})=z^2, \Psi_4(\boldsymbol{r})=xy, \Psi_5(\boldsymbol{r})=yz, \Psi_6(\boldsymbol{r})=xz\}$. 我们求 D_3 群在它上面的表示, 计算的基础是 D_3 群的群元作用到三维实空间向量 $\boldsymbol{r}$ 上的效果. 以 d 为例, 根据前面的讨论, 我们知道

$$d\boldsymbol{r}=(\widehat{\boldsymbol{i}}\quad\widehat{\boldsymbol{j}}\quad\widehat{\boldsymbol{k}})\begin{pmatrix}-1/2 & -\sqrt{3}/2 & 0\\ \sqrt{3}/2 & -1/2 & 0\\ 0 & 0 & 1\end{pmatrix}\begin{pmatrix}x\\ y\\ z\end{pmatrix}=(\widehat{\boldsymbol{i}}\quad\widehat{\boldsymbol{j}}\quad\widehat{\boldsymbol{k}})\begin{pmatrix}-\frac{1}{2}x-\frac{\sqrt{3}}{2}y\\ \frac{\sqrt{3}}{2}x-\frac{1}{2}y\\ z\end{pmatrix}.$$

这样我们知道对 f 这个 D_3 群的群元, 它作用 $\Psi_1(\boldsymbol{r})$ 上, 有 $A(f)\Psi_1(\boldsymbol{r})=\Psi_1(f^{-1}\boldsymbol{r})=\Psi_1(d\boldsymbol{r})=\left(-\frac{1}{2}x-\frac{\sqrt{3}}{2}y\right)^2=\frac{1}{4}x^2+\frac{3}{4}y^2+\frac{\sqrt{3}}{2}xy$. 可以看出展开系数为 $\frac{1}{4},\frac{3}{4},0,\frac{\sqrt{3}}{2},0,0$.

同样的方法作用到 $\Psi_2(\boldsymbol{r})\sim\Psi_6(\boldsymbol{r})$ 上, 我们就可以得到 f 的表示矩阵. 其他群元表示矩阵也可由相同的方法得到.

这一节内容讲完了, 总结一下, 三句话:

(1) 群表示指的是抽象群 G 与线性变换群的同态映射关系.

(2) 在求群表示矩阵的时候, 我们要做的就是把每个基矢进行变换, 然后按旧基展开, 展开系数为表示矩阵的列.

(3) 当表示空间的基为函数, 而抽象群群元为其变量的变换时, 函数变换满足的规律是: $A(g_\alpha)\Psi_i(\boldsymbol{r})=\Psi_i(g_\alpha^{-1}\boldsymbol{r})$.

2.2 等价表示、不可约表示、酉表示

上一节我们在举群表示的例子的时候, 开始就提到了一个群的表示严格意义上有无穷多个, 比如所有维数的单位矩阵都是这个群的表示. 同时我们又提到了, 类似重复提高维数得到的这些表示在群论中其实没有多大意义, 我们真正感兴趣的表示是不等价的不可约表示. 要想理解什么是不等价不可约表示, 那么首先就要理解什么是等价、可约.

先说等价表示, 它在这一节的地位有点像 "共轭" 在 "类与不变子群" 那节一样. 下面给出定义.

定义 2.8 设群 $G=\{g_\alpha\}$ 在表示空间 V 上的一个表示是 $\{A(g_\alpha)\}$, 也就是说对每个 g_α 有非奇异变换 $A(g_\alpha)$ 与之对应. 设 P 是 V 上的一个非奇异变换, $\det(P)$ 不为零, 则 $\{P^{-1}A(g_\alpha)P\}$ 也给出群 G 的一个表示, 因为每个 g_α 也唯一对应一个 $P^{-1}A(g_\alpha)P$, 且 $P^{-1}A(g_\alpha g_\beta)P=P^{-1}A(g_\alpha)A(g_\beta)P=P^{-1}A(g_\alpha)PP^{-1}A(g_\beta)P$, 保持乘法规律不变. 表示 $\{P^{-1}A(g_\alpha)P\}$ 称为 $\{A(g_\alpha)\}$ 的等价表示.

这个定义给我们一个直观的感觉: 两个可以由相似变换联系起来的表示就是等价表示. 这个感觉是对的, 也是笔者的理解. 但它同时可能造成一个略显狭义的理解, 就是你会觉得等价表示必须对应一个线性空间, 因为它只提到了线性空间 V. 实际上, 当两个表示对应的表示空间不一样, 但它们对应的表示矩阵群可以通过一个不依赖于 g_α 的非奇异变换 P, 由 $P^{-1}A(g_\alpha)P$ 联系起来的时候, 它们也等价. 这种情况应该是广泛存在的, 因为一个有限群的表示空间可以有很多, 但最后它的不等价不可约表示就那么几个. 这点后面会做详细解释. 我建议读者先做最简单的理解: 两个可以由相似变换联系起来的表示就是等价表示. 但同时记住, 等价表示的表示空间可以不一样.

针对这个理解, 有三点需要进一步说明:

(1) 既然两个等价表示是由相似变换联系起来的, 那么两个等价表示的表示空间维数必须相同.

(2) 判断两个表示是否等价, 原则上, 我们是要找到不依赖于 g_α 的非奇异矩阵 P, 但这很难. 实际上, 我们后面会引入一个叫特征标的东西, 有了它就可以很方便地判断两个表示是否等价了.

(3) 表示 $\{A(g_\alpha)\}$ 与 $\{P^{-1}A(g_\alpha)P\}$ 写成矩阵形式的时候, 同一组基下, 表示矩阵有什么不同? 当表示矩阵相同的时候, 两组基函数要有什么关系?

V 是一个线性空间, $(\boldsymbol{e}_1,\boldsymbol{e}_2,\cdots,\boldsymbol{e}_n)$ 是它的一组基, 我们标记为 B. 群 G 在 B 这组基下对应的表示矩阵群为 $\{A(g_\alpha)\}$. 对于一个线性变换 $A(g_\alpha)\boldsymbol{x}=\boldsymbol{y}$, 其矩阵形式为 $[A(g_\alpha)]_B[\boldsymbol{x}]_B=[\boldsymbol{y}]_B$. 这里 $[A(g_\alpha)]_B$ 的第 j 列, 是 $(\boldsymbol{e}_1,\boldsymbol{e}_2,\cdots,\boldsymbol{e}_n)$ 里的第 j 个基在 $A(g_\alpha)$ 这个线性变换下得到的新向量在这组基下的展开系数.

同样, 对于另一组基 $(\boldsymbol{e}'_1,\boldsymbol{e}'_2,\cdots,\boldsymbol{e}'_n)$ (记为 B'), $A(g_\alpha)$ 这组线性变换也有一个矩阵表达式, 它们作用到向量 $\boldsymbol{x}$ 上, 矩阵形式为 $[A(g_\alpha)]_{B'}[\boldsymbol{x}]_{B'}=[\boldsymbol{y}]_{B'}$.

当 B' 与 B 之间存在

$$(\boldsymbol{e}'_1,\boldsymbol{e}'_2,\cdots,\boldsymbol{e}'_n)=(\boldsymbol{e}_1,\boldsymbol{e}_2,\cdots,\boldsymbol{e}_n)[P]_B \tag{2.3}$$

的关系时, 我们看 $[A(g_\alpha)]_B$ 与 $[A(g_\alpha)]_{B'}$ 存在什么样的联系①.

---

①请注意, 由 (2.3) 式我们知道, P 其实就是把 $(\boldsymbol{e}_1,\boldsymbol{e}_2,\cdots,\boldsymbol{e}_n)$ 变成 $(\boldsymbol{e}'_1,\boldsymbol{e}'_2,\cdots,\boldsymbol{e}'_n)$ 的线性变换.

$\boldsymbol{y}$ 这个向量, 在 B 下是

$$\boldsymbol{y}=(\boldsymbol{e}_1,\boldsymbol{e}_2,\cdots,\boldsymbol{e}_n)\begin{pmatrix}y_1\\y_2\\\vdots\\y_n\end{pmatrix}=(\boldsymbol{e}_1,\boldsymbol{e}_2,\cdots,\boldsymbol{e}_n)[A(g_\alpha)]_B\begin{pmatrix}x_1\\x_2\\\vdots\\x_n\end{pmatrix},$$

在 B' 下就是

$$\boldsymbol{y}=(\boldsymbol{e}'_1,\boldsymbol{e}'_2,\cdots,\boldsymbol{e}'_n)\begin{pmatrix}y'_1\\y'_2\\\vdots\\y'_n\end{pmatrix}=(\boldsymbol{e}_1,\boldsymbol{e}_2,\cdots,\boldsymbol{e}_n)[P]_B[A(g_\alpha)]_{B'}\begin{pmatrix}x'_1\\x'_2\\\vdots\\x'_n\end{pmatrix}.$$

不管坐标系是哪个, 向量是同样的向量, 所以

$$(\boldsymbol{e}_1,\boldsymbol{e}_2,\cdots,\boldsymbol{e}_n)[A(g_\alpha)]_B\begin{pmatrix}x_1\\x_2\\\vdots\\x_n\end{pmatrix}=(\boldsymbol{e}_1,\boldsymbol{e}_2,\cdots,\boldsymbol{e}_n)[P]_B[A(g_\alpha)]'_B\begin{pmatrix}x'_1\\x'_2\\\vdots\\x'_n\end{pmatrix},$$

进而

$$[A(g_a)]_B\begin{pmatrix}x_1\\x_2\\\vdots\\x_n\end{pmatrix}=[P]_B[A(g_\alpha)]_{B'}\begin{pmatrix}x'_1\\x'_2\\\vdots\\x'_n\end{pmatrix}. \tag{2.4}$$

对向量 $\boldsymbol{x}$, 根据同样的分析, 有

$$\begin{aligned}\boldsymbol{x}=(\boldsymbol{e}_1,\boldsymbol{e}_2,\cdots,\boldsymbol{e}_n)\begin{pmatrix}x_1\\x_2\\\vdots\\x_n\end{pmatrix}&=(\boldsymbol{e}'_1,\boldsymbol{e}'_2,\cdots,\boldsymbol{e}'_n)\begin{pmatrix}x'_1\\x'_2\\\vdots\\x'_n\end{pmatrix}\\&=(\boldsymbol{e}_1,\boldsymbol{e}_2,\cdots,\boldsymbol{e}_n)[P]_B\begin{pmatrix}x'_1\\x'_2\\\vdots\\x'_n\end{pmatrix},\end{aligned}$$

进而

$$\begin{pmatrix} x_1' \\ x_2' \\ \vdots \\ x_n' \end{pmatrix} = [P^{-1}]_B \begin{pmatrix} x_1 \\ x_2 \\ \vdots \\ x_n \end{pmatrix}. \tag{2.5}$$

将 (2.5) 式代入 (2.4) 式, 有

$$[A(g_\alpha)]_B \begin{pmatrix} x_1 \\ x_2 \\ \vdots \\ x_n \end{pmatrix} = [P]_B[A(g_\alpha)]_{B'}[P^{-1}]_B \begin{pmatrix} x_1 \\ x_2 \\ \vdots \\ x_n \end{pmatrix}$$

对任意 $\boldsymbol{x}$ 成立, 所以 $[A(g_\alpha)]_{B'} = [P^{-1}]_B[A(g_\alpha)]_B[P]_B$. 这里, $\{[A(g_\alpha)]_B\}$ 是群 G 在 V 上的线性变换群 $\{A(g_\alpha)\}$ 取基矢组 $(\boldsymbol{e}_1, \boldsymbol{e}_2, \cdots, \boldsymbol{e}_n)$ 的时候对应的矩阵群. $\{[A(g_\alpha)]_{B'}\}$ 是群 G 在 V 上的线性变换群 $\{A(g_\alpha)\}$ 取基矢组 $(\boldsymbol{e}_1', \boldsymbol{e}_2', \cdots, \boldsymbol{e}_n')$ 的时候对应的矩阵群. $\{[P^{-1}]_B[A(g_\alpha)]_B[P]_B\}$ 是 G 在 V 上的线性变换群 $\{P^{-1}A(g_\alpha)P\}$ 取基矢组 $(\boldsymbol{e}_1, \boldsymbol{e}_2, \cdots, \boldsymbol{e}_n)$ 的时候对应的矩阵群.

由于 $[A(g_\alpha)]_{B'} = [P^{-1}]_B[A(g_\alpha)]_B[P]_B$, 我们知道 $\{A(g_\alpha)\}$ 这个线性变换群取 $(\boldsymbol{e}_1', \boldsymbol{e}_2', \cdots, \boldsymbol{e}_n')$ 这组基时, 它的表示矩阵群 $\{[A(g_\alpha)]_{B'}\}$ 就和 $\{P^{-1}A(g_\alpha)P\}$ 这个线性变换群取 $(\boldsymbol{e}_1, \boldsymbol{e}_2, \cdots, \boldsymbol{e}_n)$ 为基时的矩阵群 $\{[P^{-1}]_B[A(g_\alpha)]_B[P]_B\}$ 完全相同.

基于这些认识, 我们可以从另一个角度去理解等价表示: 它本质上是由相似变换联系起来的线性变换群. 在同一组基下, 也可以说它们体现为由相似变换矩阵联系起来的矩阵群. 例如, $\{A(g_\alpha)\}$ 与 $\{P^{-1}A(g_\alpha)P\}$ 等价, 同一组基下, 矩阵群 $\{[A(g_\alpha)]_B\}$ 与 $\{[P^{-1}]_B[A(g_\alpha)]_B[P]_B\}$ 是由相似变换矩阵联系的. 而换一组基, 它们可以写成同样的矩阵群. 例如, $\{A(g_\alpha)\}$ 这个线性变换群取 $(\boldsymbol{e}_1', \boldsymbol{e}_2', \cdots, \boldsymbol{e}_n')$ 这组基的时候对应的矩阵群与 $\{P^{-1}A(g_\alpha)P\}$ 这个线性变换群在 $(\boldsymbol{e}_1, \boldsymbol{e}_2, \cdots, \boldsymbol{e}_n)$ 下对应的矩阵群完全相同. 相似变换与基的变换是等价的.

上面的讨论对应的是表示空间是同一个空间, 而基的选取不同的情况. 在表示空间不是同一个空间的时候, 我们可以理解为前面说的一个线性空间中的基 $(\boldsymbol{e}_1, \boldsymbol{e}_2, \cdots, \boldsymbol{e}_n)$ 在进行 $(\boldsymbol{e}_1, \boldsymbol{e}_2, \cdots, \boldsymbol{e}_n)[P]_B$ 的操作后, 与另一个线性空间中的基 $(\boldsymbol{e}_1', \boldsymbol{e}_2', \cdots, \boldsymbol{e}_n')$ 一一对应.

现在说完了等价表示. 用一句话来说, 它们是由相似变换联系起来的. 相似变换在线性代数中一般是用来做矩阵对角化的, 也就是说试图通过相似变换, 找到一组新的基, 使得矩阵在这组新基下具有对角化的形式. 我们称类似的操作为约化矩阵. 下面要讲的概念, 和约化矩阵有关, 这个概念是可约表示.

定义 2.9 设 A 是群 G 在表示空间 V 上的一个表示, 如果 V 存在一个 G 不变的真子空间 W ("真" 指的是这个空间不能为 V 本身或只包含零向量), 则称 A 是可约表示.

这里 G 不变的真子空间 W, 是指 $\forall \boldsymbol{y}$, 对任意 $g_\alpha \in G$, 做 $A(g_\alpha)\boldsymbol{y}$, 得到的向量仍然属于 W, 也就是说 $\forall A(g_\alpha)$ 都不会把 W 中的向量变到 W 外面去.

由这个定义, 我们知道当 V 存在 G 不变的真子空间 W 的时候, 总可以在 V 中取一组基 $(\boldsymbol{e}_1, \boldsymbol{e}_2, \cdots, \boldsymbol{e}_m, \boldsymbol{e}_{m+1}, \cdots, \boldsymbol{e}_n)$, 其中 $\boldsymbol{e}_1, \boldsymbol{e}_2, \cdots, \boldsymbol{e}_m$ 是 W 中的向量, W 的维数是 m. 如果我们做线性变换表示矩阵的话, 那么矩阵群中的每个矩阵都具备这样的形式:

$$[A(g_\alpha)] = \begin{pmatrix} C_\alpha & N_\alpha \\ 0 & B_\alpha \end{pmatrix}, \tag{2.6}$$

其中 C_α 为 $m \times m$ 矩阵, N_α 为 $m \times (n-m)$ 矩阵, B_α 为 $(n-m) \times (n-m)$ 矩阵, 左下角的 0, 代表 $(n-m) \times m$ 的零矩阵. 这时, W 空间中向量的表示形式为

$$\boldsymbol{y} = \begin{pmatrix} y_1 \\ \vdots \\ y_m \\ 0 \\ \vdots \\ 0 \end{pmatrix},$$

显然 $A(g_\alpha)\boldsymbol{y} \in W$.

由这个定义, 我们还可以去想, 当群的一个表示矩阵群具有 (2.6) 式的形式, 这个表示可约吗? 答案是可约.

反过来, 当群的一个表示不具备 (2.6) 式的形式, 就一定不可约吗? 这并不一定, 还可能基没有选对. 比如群是绕 z 轴的转动群, 在三维空间, 它的表示肯定可约, 因为子空间 x-y 平面对它不变. 但是如果我们选的基矢里面, 前两个不属于 x-y 平面, 那么表示矩阵就不会具备上面的样子.

换句话说, 判断一个群的表示是否可约, 不是看它是否已经具备 (2.6) 式的形式, 而是要看它是否具备成为 (2.6) 式形式的潜质. 这个潜质体现在它的表示空间上. 表示矩阵是外在的东西, 表示空间是内在的东西, 关键看内在.

现在讲完了可约, 说的是有个 G 的表示空间 V, 存在真子空间 $W, \forall \boldsymbol{y} \in W, g_\alpha \in G$, 做 $A(g_\alpha)\boldsymbol{y}$, 得到的向量仍然属于 W. 下面讲的两个概念与它的正交补空间以及这个正交补空间在线性变换下的变换性质有关. 这两个概念是线性空间的直和与完全可约.

定义 2.10 对于群 G 的表示空间 V, W 与 W' 是它的子空间, 如 $\forall \boldsymbol{x} \in V$, 都能找到 $\boldsymbol{y} \in W$, $\boldsymbol{z} \in W'$, 使得 $\boldsymbol{x}$ 可唯一地分解为 $\boldsymbol{x} = \boldsymbol{y} + \boldsymbol{z}$, 则称 V 是 W 与 W' 的直和.

记为 $V = W \oplus W'$.

唯一分解这个条件要求 $W \cap W' = \{\mathbf{0}\}$.

根据直和可以定义完全可约.

定义 2.11 我们把 G 的表示空间 V 分解为 W 与 W' 的直和, 如果 W 与 W' 都是 G 不变的, 则称表示空间 V 完全可约.

显然完全可约是一种特殊的可约, 我们在以后的学习过程中, 会遇到很多的定理, 说的都是"某某表示可约则完全可约". 在本书的范围内, 我们讲的基本都是完全可约[①].

由可约表示的定义, 我们可以直接得到不可约表示的定义: 如果群 G 的表示 A 的表示空间 V 不存在 G 不变的真子空间, 则称 A 是 G 的不可约表示. 同时, 由上面的讨论, 我们还知道如果群 G 的表示不可约, 它一定不能写成

$$\begin{pmatrix} C_\alpha & N_\alpha \\ 0 & B_\alpha \end{pmatrix}$$

的形式.

如 G 的表示完全可约, 则 (2.6) 式的形式还可以进一步变换为 $\begin{pmatrix} C_\alpha & 0 \\ 0 & B_\alpha \end{pmatrix}$. 这时, W 中向量表示为

$$\boldsymbol{y} = \begin{pmatrix} y_1 \\ \vdots \\ y_m \\ 0 \\ \vdots \\ 0 \end{pmatrix},$$

W' 中向量表示为

$$\boldsymbol{z} = \begin{pmatrix} 0 \\ \vdots \\ 0 \\ z_{m+1} \\ \vdots \\ z_n \end{pmatrix},$$

称 A 可以约化为 C 与 B 的直和, 记为 $A(g_\alpha) = C(g_\alpha) \oplus B(g_\alpha)$. 同样, 对 B, C 的表示空间, 我们可进一步寻求约化, 如每个可约表示都完全可约, 则任何表示最终都可以约

[①] 这里先交个底, 读者下面会慢慢体会.

化为不可约表示的直和, 记作 $A(g_\alpha)=\sum\limits_p \oplus m_p A^p(g_\alpha)$, 其中 m_p 代表不可约表示 A^p 出现的次数, 称为重复度.

有了这些概念, 读者就可以理解 "对任何群, 求其全部不等价不可约表示是群表示论的主要课题" (注意是 "主要", 比重要还重要) 这句话了.

前面我们提到的 "某某表示可约则完全可约" 这句话, 为了让读者先有个体会, 我们讲个定理.

定理 2.1 对于有限群, 表示可约则完全可约.

证明 为了写起来简单, 我们直接用 $A(g_\alpha)$ 表示矩阵, 不再多加中括号. 设可约表示可写成上三角形式

$$A(g_\alpha)=\begin{pmatrix} G_1(g_\alpha) & R(g_\alpha) \\ 0 & G_2(g_\alpha) \end{pmatrix}.$$

前面说过了, $G_1(g_\alpha)$ 为 $m\times m$ 矩阵, $R(g_\alpha)$ 为 $m\times(n-m)$ 矩阵, $G_2(g_\alpha)$ 为 $(n-m)\times(n-m)$ 矩阵, 左下角的 0 代表 $(n-m)\times m$ 的零矩阵. 如果我们可以证明, 存在一个矩阵 P, 使得 $P^{-1}AP$ 后, 得到

$$P^{-1}A(g_\alpha)P=G_0(g_\alpha)=\begin{pmatrix} G_1(g_\alpha) & 0 \\ 0 & G_2(g_\alpha) \end{pmatrix},$$

那就成功了. 沿着这个思路, P 的形式可以设为

$$P=\begin{pmatrix} I_m & C \\ 0 & I_{n-m} \end{pmatrix},$$

其中 I 为单位矩阵. 关键是要确定 C 这个 $m\times(n-m)$ 矩阵.

由 $P^{-1}A(g_\alpha)P=G_0(g_\alpha)$ 知 $A(g_\alpha)P=PG_0(g_\alpha)$, 把它们的具体形式分别代入, 得

$$\begin{pmatrix} G_1(g_\alpha) & R(g_\alpha) \\ 0 & G_2(g_\alpha) \end{pmatrix}\begin{pmatrix} I_m & C \\ 0 & I_{n-m} \end{pmatrix}=\begin{pmatrix} I_m & C \\ 0 & I_{n-m} \end{pmatrix}\begin{pmatrix} G_1(g_\alpha) & 0 \\ 0 & G_2(g_\alpha) \end{pmatrix},$$

也就是

$$\begin{pmatrix} G_1(g_\alpha) & G_1(g_\alpha)C+R(g_\alpha) \\ 0 & G_2(g_\alpha) \end{pmatrix}=\begin{pmatrix} G_1(g_\alpha) & CG_2(g_\alpha) \\ 0 & G_2(g_\alpha) \end{pmatrix}.$$

这样要证的就简化为

$$G_1(g_\alpha)C+R(g_\alpha)=CG_2(g_\alpha), \tag{2.7}$$

也就是要证存在 C 使 (2.7) 式成立.

我们先把 (2.7) 式放一下, 去找些对证明有利的条件, 把它变个形. 这个条件是由 "A 是群表示" 提供的, 也就是

$$A(g_\alpha)=\begin{pmatrix} G_1(g_\alpha) & R(g_\alpha) \\ 0 & G_2(g_\alpha) \end{pmatrix},\quad A(g_\alpha^{-1})=\begin{pmatrix} G_1\left(g_\alpha^{-1}\right) & R(g_\alpha^{-1}) \\ 0 & G_2(g_\alpha^{-1}) \end{pmatrix}.$$

由于 $A(g_\alpha)A(g_\alpha^{-1})=I_n$, 我们知道

$$G_1(g_\alpha)G_1(g_\alpha^{-1})=I_m,\quad G_2(g_\alpha)G_2(g_\alpha^{-1})=I_{n-m}. \tag{2.8}$$

同时, "A 是一个表示" 还意味着

$$\begin{aligned}A(g_\alpha)A(g)&=\begin{pmatrix}G_1(g_\alpha) & R(g_\alpha)\\ 0 & G_2(g_\alpha)\end{pmatrix}\begin{pmatrix}G_1(g) & R(g)\\ 0 & G_2(g)\end{pmatrix}\\&=\begin{pmatrix}G_1(g_\alpha)G_1(g) & G_1(g_\alpha)R(g)+R(g_\alpha)G_2(g)\\ 0 & G_2(g_\alpha)G_2(g)\end{pmatrix}\\&=A(g_\alpha g)=\begin{pmatrix}G_1(g_\alpha g) & R(g_\alpha g)\\ 0 & G_2(g_\alpha g)\end{pmatrix}.\end{aligned}$$

因此

$$G_1(g_\alpha)G_1(g)=G_1(g_\alpha g),\quad G_2(g_\alpha)G_2(g)=G_2(g_\alpha g),$$

还有

$$G_1(g_\alpha)R(g)+R(g_\alpha)G_2(g)=R(g_\alpha g).$$

现在由 (2.8) 式对 (2.7) 式进行变形, 后者两边右乘 $G_2(g_\alpha^{-1})$, 得

$$G_1(g_\alpha)CG_2(g_\alpha^{-1})+R(g_\alpha)G_2(g_\alpha^{-1})=CG_2(g_\alpha)G_2(g_\alpha^{-1})=C,$$

等同于

$$G_1(g_\alpha)CG_2(g_\alpha^{-1})=C-R(g_\alpha)G_2(g_\alpha^{-1}), \tag{2.9}$$

也就是说只要找到一个 C, 使得 (2.9) 式成立即可.

这个 C 存不存在呢? 我们可以试

$$C=\frac{1}{n_G}\sum_{g\in G}R(g)G_2(g^{-1}). \tag{2.10}$$

把 (2.10) 式代入 (2.9) 式左边, 有

$$\begin{aligned}G_1(g_\alpha)CG_2(g_\alpha^{-1})&=G_1(g_\alpha)\frac{1}{n_G}\sum_{g\in G}R(g)G_2(g^{-1})G_2(g_\alpha^{-1})\\&=G_1(g_\alpha)\frac{1}{n_G}\sum_{g\in G}R(g)G_2(g^{-1}g_\alpha^{-1})\\&=\frac{1}{n_G}\sum_{g\in G}G_1(g_\alpha)R(g)G_2((g_\alpha g)^{-1}).\end{aligned} \tag{2.11}$$

到这里还需要利用 "A 是一个表示" 这个条件. 前面提到过, 由这个条件我们知道 $G_1(g_\alpha)G_1(g)=G_1(g_\alpha g)$, $G_2(g_\alpha)G_2(g)=G_2(g_\alpha g)$, $G_1(g_\alpha)R(g)+R(g_\alpha)G_2(g)=R(g_\alpha g)$.

类似 $G_2(g_\alpha)G_2(g) = G_2(g_\alpha g)$ 这些条件前面用过了, 现在使用 $G_1(g_\alpha)R(g)+R(g_\alpha)G_2(g) = R(g_\alpha g)$, 它等同于 $G_1(g_\alpha)R(g) = R(g_\alpha g) - R(g_\alpha)G_2(g)$. 把这个关系代入 (2.11) 式, 可以得到

$$\begin{aligned}
G_1(g_\alpha)CG_2(g_\alpha^{-1}) &= \frac{1}{n_G}\sum_{g\in G}(R(g_\alpha g) - R(g_\alpha)G_2(g))G_2((g_\alpha g)^{-1}) \\
&= \frac{1}{n_G}\sum_{g\in G}(R(g_\alpha g))G_2((g_\alpha g)^{-1}) - \frac{1}{n_G}\sum_{g\in G}R(g_\alpha)G_2(g)G_2((g_\alpha g)^{-1}) \\
&= \frac{1}{n_G}\sum_{g\in G}(R(g_\alpha g))G_2((g_\alpha g)^{-1}) - \frac{1}{n_G}\sum_{g\in G}R(g_\alpha)G_2(g_\alpha^{-1}). \qquad (2.12)
\end{aligned}$$

(2.12) 式右边第一部分由重排定理等于 C, 右边第二部分由于求和与 g_α 无关, 等于 $R(g_\alpha)G_2(g_\alpha^{-1})$, 所以由 (2.12) 式, 有

$$G_1(g_\alpha)CG_2(g_\alpha^{-1}) = C - R(g_\alpha)G_2(g_\alpha^{-1}).$$

这就是我们要证的 (2.9) 式.

总结一下, 有限群的表示可约则完全可约. 注意, 证明中用到了对 g 的求和, 所以这个证明只对有限群成立.

讲完了可约表示, 下一个我们想说明的概念是酉 (unitary, 也译作幺正) 表示. 这个概念的基础是酉变换 (unitary transformation, 幺正变换). 简单地说, 酉变换就是一个保内积变换, 当线性空间取的基是正交归一基的时候, 它表现为酉矩阵. 也就是说酉变换的特点是: $\widehat{U}^\dagger\widehat{U} = \widehat{I}$, 这里它们都是算符, $\widehat{U}^\dagger$ 是 $\widehat{U}$ 的厄米共轭. 取正交归一基时, 其矩阵满足 $\widetilde{U}^*U = I$, 这里它们都是矩阵, $\widetilde{U}^*$ 是 U 的转置 (复) 共轭. 此时 $\widetilde{U}^*$ 等于 U^{-1}. 后面的讨论为了方便, 我们都取正交归一基, 这样酉变换的矩阵就是酉矩阵.

定义 2.12 由酉变换群或酉矩阵群进行的表示是酉表示.

根据上面的介绍, 酉表示的特征是 $A(g_\alpha)^\dagger = A(g_\alpha)^{-1} = A(g_\alpha^{-1})$. 写成矩阵元的形式就是 $[A(g_\alpha)]^*_{j,i} = [A(g_\alpha)^{-1}]_{i,j} = [A(g_\alpha^{-1})_{i,j}]$.

关于酉表示, 有下面的定理.

定理 2.2 酉表示可约则完全可约.

证明 酉表示是定义在内积空间 V 上的, A 可约, 则 V 中有 G 不变的真子空间 W. 将 V 就 W 与其正交补空间 $W^\perp$ 做直和, $V = W \oplus W^\perp$. 那么, $\forall \boldsymbol{y} \in W$, $\forall \boldsymbol{z} \in W^\perp$, 有 $(\boldsymbol{y}|\boldsymbol{z}) = 0$. 目前已知 W 是 G 不变的, 下面证明 $W^\perp$ 也是 G 不变的.

因 W 是 G 不变的, 所以 $\forall g_\alpha \in G$, $\forall \boldsymbol{y} \in W$, 有 $A(g_\alpha)\boldsymbol{y} \in W$, $A(g_\alpha^{-1})\boldsymbol{y} \in W$, $A(g_\alpha)^{-1}\boldsymbol{y} \in W$. 这样的话 $\forall g_\alpha \in G$, $\forall \boldsymbol{z} \in W^\perp$, 也有

$$(A(g_\alpha)\boldsymbol{z}|\boldsymbol{y}) = (\boldsymbol{z}|A(g_\alpha)^\dagger\boldsymbol{y}) = (\boldsymbol{z}|A(g_\alpha)^{-1}\boldsymbol{y}) = (\boldsymbol{z}|A(g_\alpha^{-1})\boldsymbol{y}) = (\boldsymbol{z}|\boldsymbol{y}').$$

由于 $\boldsymbol{y}' \in W$, 所以 $(\boldsymbol{z}|\boldsymbol{y}') = 0$, 也就是说 $\forall g_\alpha \in G$, $\forall \boldsymbol{z} \in W^\perp$, 有 $(A(g_\alpha)\boldsymbol{z}|\boldsymbol{y}) = 0$, 即 $W^\perp$ 也是 G 不变的. 因此, A 完全可约.

由这个定理, 我们也可以得到: 有限维酉表示总可分解为不可约表示的直和.

现在我们讲完了群表示论这章的前两节. 这一章一共六节, 我们在开始第三节之前, 先说一下这六节分别是做什么的, 方便读者有个整体的理解.

这六节里面, 前两节是基础, 2.1 节告诉了我们什么是群表示, 2.2 节讲了等价表示、不可约表示和酉表示. 它们的目的是把我们的研究重点引到群的不等价不可约表示上来.

在这个目的明确后, 按理说, 我们就应该讲有限群表示理论、特征标理论了. 前面提过, 前两章是群论这门课的理论基础, 从概念体系的角度来讲是重点. 现在, 我要再进一步说明一下, 后面的 2.4 节和 2.5 节, 也就是有限群表示理论与特征标理论, 是重中之重.

2.3 群代数与正则表示

前面花了那么大力气去解释的所有概念, 都是为了让读者能够理解 2.4 节和 2.5 节的内容. 但在知道了群表示、等价表示、不可约表示、酉表示是什么之后, 在进入那两节之前, 我们还需要进行最后一个铺垫. 这个铺垫就是本节要介绍的群代数与正则表示. 本节有两个重要的概念: 群代数、正则表示. 后面推导有限群表示理论基本定理的时候, 必须要用到这两个概念.

我们从群代数开始讲起. 在了解群代数之前, 我们先看一下什么是代数 (很明显, 群代数是一种代数).

定义 2.13 设 R 是数域 K 上的线性空间, 在 R 上可定义乘法, 如该乘法对 $\forall \boldsymbol{x}, \boldsymbol{y}, \boldsymbol{z} \in R, \forall a \in K$, 有:

(1) $\boldsymbol{x}\boldsymbol{y} \in R$ (两个向量的乘积仍然是这个线性空间的向量),

(2) $\boldsymbol{x}(\boldsymbol{y}+\boldsymbol{z}) = \boldsymbol{x}\boldsymbol{y}+\boldsymbol{x}\boldsymbol{z}$, $(\boldsymbol{x}+\boldsymbol{y})\boldsymbol{z} = \boldsymbol{x}\boldsymbol{z}+\boldsymbol{y}\boldsymbol{z}$ (乘法分配律),

(3) $a(\boldsymbol{x}\boldsymbol{y}) = (a\boldsymbol{x})\boldsymbol{y} = \boldsymbol{x}(a\boldsymbol{y})$ (数乘可结合交换),

则称 R 是线性代数, 或代数.

由这个定义我们知道, 代数是定义了向量乘法, 且该乘法满足如上三个条件的线性空间.

这三个性质中不包含向量乘法的结合律, 也就是 $(\boldsymbol{x}\boldsymbol{y})\boldsymbol{z} = \boldsymbol{x}(\boldsymbol{y}\boldsymbol{z})$, 当这个结合律进一步成立的时候, 对应的代数称为结合代数.

看个例子.

例 2.6 全部 $n \times n$ 复矩阵, 它们的线性组合还是 $n \times n$ 复矩阵, 且满足线性空间

的那些要求，这些 $n\times n$ 复矩阵的集合构成线性空间. 这个线性空间的基可以取为

$$\begin{pmatrix}1&0&0&\cdots&0\\0&0&0&\cdots&0\\0&0&0&\cdots&0\\0&0&0&\cdots&0\\0&0&0&\cdots&0\end{pmatrix},\begin{pmatrix}0&1&0&\cdots&0\\0&0&0&\cdots&0\\0&0&0&\cdots&0\\0&0&0&\cdots&0\\0&0&0&\cdots&0\end{pmatrix},\begin{pmatrix}0&0&1&\cdots&0\\0&0&0&\cdots&0\\0&0&0&\cdots&0\\0&0&0&\cdots&0\\0&0&0&\cdots&0\end{pmatrix},\cdots,$$

由共 $n\times n$ 个矩阵组成.

在这个线性空间的基础上，我们可以进一步定义向量乘法为矩阵乘法，这时很明显，这个乘法是满足 $\boldsymbol{xy}\in R$, $\boldsymbol{x}(\boldsymbol{y}+\boldsymbol{z})=\boldsymbol{xy}+\boldsymbol{xz}$, $(\boldsymbol{x}+\boldsymbol{y})\boldsymbol{z}=\boldsymbol{xz}+\boldsymbol{yz}$ (乘法分配律), $a(\boldsymbol{xy})=(a\boldsymbol{x})\boldsymbol{y}=\boldsymbol{x}(a\boldsymbol{y})$ (数乘可结合交换) 的. 所以这个线性空间同时也形成一个线性代数.

另一个代数的例子与我们要研究的群有关，是群代数. 对它进行定义的基本思路是先以群元为基，它们的线性组合为向量，定义一个线性空间，叫群空间. 然后，再在这个群空间的基础上，定义一个向量乘法，之后去验证这个线性空间中的向量在这个乘法下是否满足代数的定义. 验证的结果是满足的，这样就定义了一个群代数.

我们先看群空间.

定义 2.14 设 C 是复数域, $G=\{g_\alpha\}$ 是一个群，群 G 原来只有其中元素的乘法. 我们以这些元素的线性组合为向量，对它们定义加法与数乘，使得 $\forall\boldsymbol{x}=\sum\limits_\alpha x_\alpha g_\alpha$, $\forall\boldsymbol{y}=\sum\limits_\alpha y_\alpha g_\alpha$, $x_\alpha, y_\alpha, a\in C$, 有 $\boldsymbol{x}+\boldsymbol{y}=\sum\limits_\alpha(x_\alpha+y_\alpha)g_\alpha$, $a\boldsymbol{x}=\sum\limits_\alpha(ax_\alpha)g_\alpha$, 那么这些向量形成一个线性空间，称为群空间，记为 V_G.

定义 2.15 规定 G 中元素 $g_\alpha, g_\beta, g_\gamma$ 的关系为 $g_\alpha g_\beta=g_\gamma$. 这时, $\forall\boldsymbol{x}=\sum\limits_\alpha x_\alpha g_\alpha$, $\forall\boldsymbol{y}=\sum\limits_\beta y_\beta g_\beta$, 有 $\boldsymbol{xy}=\left(\sum\limits_\alpha x_\alpha g_\alpha\right)\left(\sum\limits_\beta y_\beta g_\beta\right)=\sum\limits_{\alpha,\beta}x_\alpha y_\beta(g_\alpha g_\beta)$, 或者写为 $\boldsymbol{xy}=\sum\limits_\gamma(\boldsymbol{xy})_\gamma g_\gamma$, 其中 $(\boldsymbol{xy})_\gamma=\sum\limits_\alpha x_\alpha y_{\alpha^{-1}\gamma}$, $y_{\alpha^{-1}\gamma}$ 代表向量 $\boldsymbol{y}$ 在 $g_\alpha^{-1}g_\gamma$ 上的分量. 这样定义的向量乘法满足结合代数的条件. 我们把这个群空间基于上述定义的向量乘法形成的代数称为群代数，记为 R_G.

需要说明的是，在上面两个求和的式子中，求和的方式是不同的. 第一种求和很好理解. 我们主要来看一下第二种求和.

第二个式子的样子看起来好看些，因为 $\sum\limits_\gamma(\boldsymbol{xy})_\gamma g_\gamma$ 直接代表了一个群元的线性组合, $(\boldsymbol{xy})_\gamma$ 代表了它在 g_γ 上的分量. 但这种好看的形式会带来计算 $(\boldsymbol{xy})_\gamma$ 时的复杂

性, 要想知道这一组数, 我们需要进行类似 $\sum_{\alpha} x_\alpha y_{\alpha^{-1}\gamma}$ 的求和, 也就是选定一个 γ 指标, 我们在求向量乘积结果的向量在这个指标上的分量的时候, 在对 $\boldsymbol{x}$ 与 $\boldsymbol{y}$ 的分量进行乘积求和的时候, 求和指标是在 $\boldsymbol{x}$ 的分量指标上, 在 g_α 走遍群 G 中所有元素的时候, 与它相乘的 $\boldsymbol{y}$ 向量只取 $g_\alpha^{-1}g_\gamma$ 这个分量上的系数进行相乘, 以保证乘完的结果是 g_γ 这个群元.

这样说可能还是不太直观, 下面我们以 C_3 群为例, 看这个概念在这里是什么样的.

例 2.7 C_3 群元素为 $\{e,d,f\}$, 取群空间两个向量 $\boldsymbol{x}=e+2d+3f$, $\boldsymbol{y}=2e+3d+f$, 利用上面的向量乘法定义, 有

(1) $\boldsymbol{xy}=\sum_{\alpha,\beta} x_\alpha y_\beta(g_\alpha g_\beta)=(e+2d+3f)(2e+3d+f)=2e+3d+f+4d+6f+2e+6f+9e+3d=13e+10d+13f$,

(2) $\boldsymbol{xy}=\sum_{\gamma}(\boldsymbol{xy})_\gamma g_\gamma$.

$g_\gamma=e$ 时, 求和在 $\boldsymbol{x}$ 指标上, 但这个求和对 $\boldsymbol{y}$ 中向量有要求: $\boldsymbol{x}$ 中的 e 只能对应 $\boldsymbol{y}$ 中的 e, 两个系数相乘贡献 2; $\boldsymbol{x}$ 中的 d 只能对应 $\boldsymbol{y}$ 中的 f, 两个系数相乘贡献 2; $\boldsymbol{x}$ 中的 f 只能对应 $\boldsymbol{y}$ 中的 d, 两个系数相乘贡献 9. 因此, 加在一起贡献为 13.

$g_\gamma=d$ 时, $\boldsymbol{x}$ 中的 e 只能对应 $\boldsymbol{y}$ 中的 d, 两个系数相乘贡献 3; $\boldsymbol{x}$ 中的 d 只能对应 $\boldsymbol{y}$ 中的 e, 两个系数相乘贡献 4; $\boldsymbol{x}$ 中的 f 只能对应 $\boldsymbol{y}$ 中的 f, 两个系数相乘贡献 3. 加在一起为 10.

$g_\gamma=f$ 时, $\boldsymbol{x}$ 中的 e 只能对应 $\boldsymbol{y}$ 中的 f, 两个系数相乘贡献 1; $\boldsymbol{x}$ 中的 d 只能对应 $\boldsymbol{y}$ 中的 d, 两个系数相乘贡献 6; $\boldsymbol{x}$ 中的 f 只能对应 $\boldsymbol{y}$ 中的 e, 两个系数相乘贡献 6. 加在一起为 13.

全部加在一起还是 $13e+10d+13f$.

这样定义的乘法, 显然满足结合代数的条件:

(1) $\boldsymbol{xy}\in R_G$,

(2) $\boldsymbol{x}(\boldsymbol{y}+\boldsymbol{z})=\boldsymbol{xy}+\boldsymbol{xz}, (\boldsymbol{x}+\boldsymbol{y})\boldsymbol{z}=\boldsymbol{xz}+\boldsymbol{yz}$,

(3) $a(\boldsymbol{xy})=(a\boldsymbol{x})\boldsymbol{y}=\boldsymbol{x}(a\boldsymbol{y})$,

(4) $(\boldsymbol{xy})\boldsymbol{z}=\boldsymbol{x}(\boldsymbol{yz})$,

因此形成一个代数.

现在有了群空间 V_G 的定义和群代数 R_G 的定义, 那么对群中任意群元 g_i, 我们都可以通过群代数 R_G 的定义, 把它映射为一个群空间 V_G 上的线性变换, 因为对 V_G 上任意向量 $\boldsymbol{x}=\sum_j x_j g_j$, g_i 作用到它上面等于 $\sum_j x_j g_i g_j$, 还是群空间向量. 这样定义的每个群元 g_i 对应的群空间中的线性变换, 记为 $L(g_i)$.

把每个群元对应的群空间 V_G 上的线性变换都放在一起, 是一个线性变换的集

合. 对于这个线性变换的集合, 如果进一步定义两个线性变换 $L(g_i)$ 与 $L(g_j)$ 的乘积 $L(g_i)L(g_j)$ 为先让 $L(g_j)$ 作用, 再让 $L(g_i)$ 作用, 那么根据上面定义的线性变换规则, 很容易证明这个线性变换的集合是满足群的四个条件的 (封闭, 因为任意两个群元乘积仍是群元; 结合律, 群元乘法满足结合律; 单位元, 单位群元对应恒等变换; 有逆, 互逆群元对应的变换互逆), 这样我们就可以建立一个群 G 到它的群空间 V_G 上的线性变换群 $\{L(g_i)\}$ 的映射, 同时这样的映射保持群 G 的乘法关系不变.

定义 2.16 如上所述的抽象群 G 与线性变换群 $\{L(g_i)\}$ 的同态映射关系, 形成群 G 的一个表示. 因为线性变换 $L(g_i)$ 从左边作用到群空间的向量上, 因此这种表示称为左正则表示.

对这样一个表示, $g_i \neq g_j$ 所对应的线性变换肯定是不同的, 因为假设它们相同, 那么它们作用到 g_k 上一样, 就会得到 $g_ig_k = g_jg_k$, 进而 $g_i = g_j$, 与假设矛盾. 所以这个同态映射还是一个同构映射, 即左正则表示是群的忠实表示①.

与左正则表示对应, 在定义线性变换的时候, 我们也可以定义群元 g_i 所对应的线性变换, 在作用到群空间 V_G 的任意向量 $\boldsymbol{x} = \sum\limits_j x_jg_j$ 上时, 效果为 $\sum\limits_j x_jg_jg_i^{-1}$. 这个结果对应群空间中的一个向量, 所以它也是群空间上的一个线性变换, 记为 $R(g_i)$. 如果进一步定义这个线性变换所对应的线性变换的集合 $\{R(g_i)\}$ 中两个元素 $R(g_i)$ 与 $R(g_j)$ 相乘为先让 $R(g_j)$ 作用, 再让 $R(g_i)$ 作用, 那么这个线性变换的集合也形成一个线性变换群, 并且群 G 也和这个线性变换群同构, 也就是说 $\{R(g_i)\}$ 也形成群 $G = \{g_i\}$ 的一个表示, 称为右正则表示.

左正则表示与右正则表示统称正则表示, 有时也叫正规表示. 因为它的表示空间是 n 维的, 所以它是一个 n 维表示.

对于上面定义的 $L(g_i)\boldsymbol{x} = \sum\limits_j x_jg_ig_j$ (左正则), 或者 $R(g_i)\boldsymbol{x} = \sum\limits_j x_jg_jg_i^{-1}$ (右正则) 这种变换, 我们写的表达方式稍微有些复杂. 其实如果在线性空间 (也就是群空间) 中取一组基, 我们把这些线性变换作用到这组基上的结果写出来之后, 这些线性变换作用到这个线性空间的任何一个向量上的效果也就自然清楚了.

基于这样一个原因, 其他文献中经常有用以下方式来定义左正则变换和右正则变换的:

$$L(g_i)g_j = g_ig_j, \quad L(g_i)L(g_j)g_k = g_ig_jg_k;$$

$$R(g_i)g_j = g_jg_i^{-1}, \quad R(g_i)R(g_j)g_k = g_kg_j^{-1}g_i^{-1}.$$

这个定义和我们上面的定义效果是一样的. 并且, 抽象群与这样定义的线性变换群同

①这个同构很重要, 因为它意味着左正则表示矩阵与抽象群群元存在一一对应关系. 基于这个关系, 在后面有限群表示理论那一节, 我们会利用左正则表示来剖析群的结构. 这句话可在学完 2.4 节后回头体会.

态的关系同样明显:

$$L(g_i)L(g_j)g_k = g_ig_jg_k = L(g_ig_j)g_k,$$

$$R(g_i)R(g_j)g_k = g_kg_j^{-1}g_i^{-1} = g_k(g_ig_j)^{-1} = R(g_ig_j)g_k,$$

就是表示成立. 这里把两种定义方法都介绍一下, 供读者参考.

在正则表示的定义中, 我们已经用到了群代数的概念, 因为已经牵扯到了群空间向量的乘法, 不管是左正则表示还是右正则表示, 它们背后的群空间与群代数的概念是完全一样的, 不一样的是定义变化的时候把变换对应到了不同的乘法形式上. 对左正则表示, 定义的变换对应的乘法是 $L(g_i)g_j = g_ig_j$, 对右正则表示, 定义的变换对应的乘法是 $R(g_i)g_j = g_jg_i^{-1}$, 向量乘法本身的规则相同.

现在看几个正则表示的表示矩阵, 以左正则表示为例.

例 2.8 二阶循环群 $\mathrm{Z}_2 = \{e, a\}$, 群空间中的基为 $|e\rangle$, $|a\rangle$. $L(e)|e\rangle = ee = 1|e\rangle + 0|a\rangle$, $L(e)|a\rangle = ea = 0|e\rangle + 1|a\rangle$, $L(a)|e\rangle = ae = 0|e\rangle + 1|a\rangle$, $L(a)|a\rangle = aa = 1|e\rangle + 0|a\rangle$. 所以线性变换所对应的矩阵群为

$$\left\{\begin{pmatrix} 1 & 0 \\ 0 & 1 \end{pmatrix}, \begin{pmatrix} 0 & 1 \\ 1 & 0 \end{pmatrix}\right\}.$$

Z_2 是个二阶群, 这个线性变换群也是一个二阶群, 表示为忠实表示.

前面说过表示可约与不可约这样一个概念. 我们说了可约表示可以写成 (2.6) 式的形式. (2.6) 式形式的表示一定可约, 但不是 (2.6) 式形式的表示不一定不可约, 因为它有可能可以通过相似变换变为 (2.6) 式的形式.

例 2.8 中的二阶矩阵群就是这样的例子. 它表面上没有 (2.6) 式的形式, 但是如果我们取

$$X = \frac{1}{\sqrt{2}}\begin{pmatrix} 1 & 1 \\ 1 & -1 \end{pmatrix},$$

那么

$$X^{-1} = \frac{1}{\sqrt{2}}\begin{pmatrix} 1 & 1 \\ 1 & -1 \end{pmatrix},$$

用相似变换就会得到

$$X\left\{\begin{pmatrix} 1 & 0 \\ 0 & 1 \end{pmatrix}, \begin{pmatrix} 0 & 1 \\ 1 & 0 \end{pmatrix}\right\}X^{-1} = \left\{\begin{pmatrix} 1 & 0 \\ 0 & 1 \end{pmatrix}, \begin{pmatrix} 1 & 0 \\ 0 & -1 \end{pmatrix}\right\}.$$

这个矩阵群就有 (2.6) 式的形式了.

实际上, 后面我们会说到 (Burnside 定理), 除了一阶群, 有限群的正则表示都可约.

例 2.9 D_3 群的左正则表示中, a 对应的表示矩阵是什么?

看乘法表 (见表 1.1) 中 a 对应那一行, 说明 $L(a)$ 作用到六个群元基矢上, 展开系数分别为: $(0,0,0,1,0,0)$, $(0,0,0,0,1,0)$, $(0,0,0,0,0,1)$, $(1,0,0,0,0,0)$, $(0,1,0,0,0,0)$, $(0,0,1,0,0,0)$, 所以表示矩阵是

$$\begin{pmatrix} 0 & 0 & 0 & 1 & 0 & 0 \\ 0 & 0 & 0 & 0 & 1 & 0 \\ 0 & 0 & 0 & 0 & 0 & 1 \\ 1 & 0 & 0 & 0 & 0 & 0 \\ 0 & 1 & 0 & 0 & 0 & 0 \\ 0 & 0 & 1 & 0 & 0 & 0 \end{pmatrix}.$$

到这里, 我们把有限群表示理论、特征标理论这两节所需要的概念都介绍完了, 下面我们就开始进入本书中最重要的两节.

2.4 有限群表示理论

这一节的主体是六个定理: Schur 引理一、Schur 引理二、有限群内积空间的每个表示都有等价的酉表示、正交性定理、完备性定理, 以及由完备性定理推出的 Burnside 定理.

在这六个定理里面, 正交性定理、完备性定理又是核心. 也就是说, 这门课的理论基础是前两章, 讲了一堆概念, 但最重要的东西在 2.4 节, 2.5 节这两节, 而这两节里面, 最核心的内容又是 2.4 节的正交性、完备性两个定理. 为了引出这两个定理, 我们会花比较大的力气去详细地解释前三个定理都是什么. 在这个过程中, 请读者记住这里说的话, 这样不至于迷失.

定理 2.3 (Schur 引理一) 设群 G 在有限维向量空间 V_A 与 V_B 上有不可约表示 A 与 B, 若 $\forall g_\alpha \in G$, 有将 V_A 映入 V_B 的线性变换 M, 满足 $B(g_\alpha)M = MA(g_\alpha)$, 则:

(1) 当表示 A 与 B 不等价时, $M \equiv 0$ (为零矩阵);

(2) 当 M 不为零时, A 与 B 必等价.

在开始证明之前我们说明两点:

(1) M 是什么? 它是一个线性变换, 对于一个 V_A 中的向量 $\boldsymbol{x}$, M 作用后的结果 $M\boldsymbol{x}$ 是一个 V_B 中的向量.

(2) "则" 后面这两句话的关系是互为逆否命题, 所以证明一个就可以了.

证明 我们用反证法证明第一句, 分三步进行.

设 A 与 B 不等价时, 有 M 不为零矩阵的情况.

第一步. 做 V_A 的子空间 N, N 的定义是 V_A 中向量的集合, 这些向量的特点是当 M 作用到它上面的时候, 得到的是 V_B 中的零向量, 也就是 $M\boldsymbol{x} = \mathbf{0}$.

由这个定义, 我们可以知道 N 是 G 不变的, 因为 $\forall g_\alpha \in G$, $\forall \boldsymbol{x} \in N$, 由已知的 $B(g_\alpha)M = MA(g_\alpha)$, 可以得到 $MA(g_\alpha)\boldsymbol{x} = B(g_\alpha)M\boldsymbol{x} = B(g_\alpha)\mathbf{0} = \mathbf{0}$. 也就是说 $\forall g_\alpha \in G, \forall \boldsymbol{x} \in N, A(g_\alpha)\boldsymbol{x} \in N$ (N 是 V_A 中 G 不变的子空间).

已知条件里面说了, A 是不可约表示, 表示空间是 V_A. 这里 N 是 G 不变的, 那么它要么等于 V_A, 要么只包含零元素.

第二步. 当 $N = V_A$ 时, 意味着当 M 作用到 V_A 中所有向量的时候, 得到的都是 V_B 中的零向量. 这个结果用矩阵表示就是

$$\begin{pmatrix} M_{11} & M_{12} & \cdots & M_{1m} \\ M_{21} & M_{22} & \cdots & M_{2m} \\ \cdots & \cdots & \ddots & \vdots \\ M_{n1} & M_{n2} & \cdots & M_{nm} \end{pmatrix} \begin{pmatrix} x_1 \\ x_2 \\ \vdots \\ x_m \end{pmatrix} = \begin{pmatrix} 0 \\ 0 \\ \vdots \\ 0 \end{pmatrix}$$

(右边是一个 n 行、1 列的列向量) 对任意的 $x_1, x_2, \cdots, x_m$ 成立. 这样的话由 $\sum_{i=1}^{m} M_{1i}x_i = 0, \sum_{i=1}^{m} M_{2i}x_i = 0, \cdots, \sum_{i=1}^{m} M_{ni}x_i = 0$ 对任意的 $x_1, x_2, \cdots, x_m$ 成立这 n 个条件, 可知 M 这个 $n \times m$ 的矩阵必为零矩阵.

第三步. 上面两步告诉我们的事情是在本定理已知条件下, 如果想让 M 不为零矩阵, 则 N 只能包含 V_A 中的零向量. 我们下面要说明的是, 如果这个情况存在, 则 A 与 B 等价, 也就是说这种情况不能存在.

我们现在看 N 只包含 V_A 中的零向量会带来什么样的后果. 一共是两个:

(1) V_A 中任意两个不同向量 $\boldsymbol{x}_1$ 与 $\boldsymbol{x}_2$ 必对应 V_B 中的两个不同元素. 因为如果这不成立, 它们对应同一个元素的话, 就会有 $M\boldsymbol{x}_1 = M\boldsymbol{x}_2$, 进而 $M(\boldsymbol{x}_1 - \boldsymbol{x}_2) = \mathbf{0}$. $\boldsymbol{x}_1$ 与 $\boldsymbol{x}_2$ 为 V_A 中两个不同向量, 所以 $\boldsymbol{x}_1 - \boldsymbol{x}_2$ 不为零, 与 N 只包含 V_A 中的零向量矛盾.

(2) 当 $\boldsymbol{x}$ 走遍 V_A 中所有元素的时候, $M\boldsymbol{x}$ 走遍 V_B 中所有元素.

设 R 为 M 作用到 V_A 中所有元素时形成的 V_B 中向量的集合, 记 $R = \{\boldsymbol{y} \in V_B | \boldsymbol{y} = M\boldsymbol{x}, \boldsymbol{x} \in V_A\}$. R 肯定是 V_B 的子空间. 同时, 因为$\forall \boldsymbol{y} \in R, \forall g_\alpha \in G$, 有 $B(g_\alpha)\boldsymbol{y} = B(g_\alpha)M\boldsymbol{x} = MA(g_\alpha)\boldsymbol{x} = M\boldsymbol{x}' \in R$, 所以 R 还是 V_B 的 G 不变子空间. B 也是不可约表示, 所以 R 要么为 V_B, 要么只包含 V_B 中的零向量.

由于我们设了 M 不为零矩阵, 所以 R 显然不能只包含零向量, 那么 R 必为 V_B. 也就是说, 对任意 V_B 中的元素, 都可以由 V_A 中的元素通过 M 进行线性变换得到.

把上面的 (1), (2) 两点结合起来, 我们知道 M 是一个 V_A 与 V_B 间的一一满映射. 这样的一个映射是存在逆的, 由 $MA(g_\alpha) = B(g_\alpha)M$, 我们可以得到 $A(g_\alpha) = M^{-1}B(g_\alpha)M$, 也就是说 A 与 B 等价. 这和已知 A 与 B 为不等价不可约表示矛盾. 所以我们第三步开始说的 N 只包含 V_B 中的零向量这个情况还是不成立的.

因此, 最终的情况只能是 $N = V_A$ (M 作用后得到 V_B 中零向量的 V_A 中向量的集合为 V_A 本身), $M \equiv 0$.

这个定理说得更直接些, 就是两个不等价不可约表示, 不可能通过一个非零的线性变换 M, 由 $MA(g_\alpha) = B(g_\alpha)M$ 联系起来. 说完了 Schur 引理一, 下面介绍 Schur 引理二.

定理 2.4 (Schur 引理二) 设 A 是群 G 在有限维复空间 V 上的不可约表示, 若 V 上的线性变换 M 满足 $MA(g_\alpha) = A(g_\alpha)M$ 对任意 G 中元素成立, 则 $M = \lambda E$. λ 为数域上的数, E 为单位变换.

这个定理也就是说与不可约表示任意一个表示矩阵都互易的矩阵必为常数矩阵.

证明 我们从有限维复空间线性变换 M 的一个性质出发来证明, 这个性质是: 复空间线性变换 M 至少有一个非零本征向量, 即总存在 $\boldsymbol{y} \neq \boldsymbol{0}$, 使得 $M\boldsymbol{y} = \lambda\boldsymbol{y}$①.

现在, 我们定义一个 V 中向量的集合, 这个集合的特点是 M 作用到其中任何一个向量上, 结果为这个向量乘上 λ_0. 我们把这个集合记为 R, $R = \{\boldsymbol{y} \in V | M\boldsymbol{y} = \lambda_0\boldsymbol{y}\}$. 这样对于 R 中任意一个向量 $\boldsymbol{y}$, 由 $MA(g_\alpha) = A(g_\alpha)M$ 就会有 $MA(g_\alpha)\boldsymbol{y} = A(g_\alpha)M\boldsymbol{y} = \lambda_0 A(g_\alpha)\boldsymbol{y}$, 也就是说 $A(g_\alpha)\boldsymbol{y}$ 还是属于这个集合, R 是 G 不变的. A 是不可约表示. R 要么为 V, 要么只包含其中零元素. 前面已经说了 R 非空, 那么 R 就等于 V.

这也就是说对任意 V 中元素 $\boldsymbol{x}$, 都有 $M\boldsymbol{x} = \lambda_0\boldsymbol{x}$. 这样 M 只能是单位变换乘上 λ_0. 在线性变换的矩阵表达式中, M 就是一个常数矩阵.

定理 2.5 有限群在内积空间的每一个表示都有等价的酉表示.

证明 设 A 是有限群 G 在内积空间 V 上的一个表示, 即 $\forall g_i, g_j \in G$, 有 $A(g_i)$, $A(g_j)$ 与之对应, 且保持乘法规律不变: $A(g_i)A(g_j) = A(g_ig_j)$.

$\forall \boldsymbol{x}, \boldsymbol{y} \in V$, 当 A 不是酉表示的时候, 内积 $(A(g_i)\boldsymbol{x}|A(g_i)\boldsymbol{y}) \neq (\boldsymbol{x}|\boldsymbol{y})$. 现在的目标, 就是找一个 A 的等价表示, 记为 $X^{-1}A(g_i)X$, 使得 $(X^{-1}A(g_i)X\boldsymbol{x}|X^{-1}A(g_i)X\boldsymbol{y}) = (\boldsymbol{x}|\boldsymbol{y})$ 对任意 $\boldsymbol{x} \in V, g_i \in G$ 成立.

内积的取法可以很多. 在 $(\boldsymbol{x}|\boldsymbol{y})$ 内积定义的基础上, 我们定义一个新的内积为

$$\langle \boldsymbol{x}|\boldsymbol{y} \rangle = \frac{1}{n}\sum_{j=1}^{n}(A(g_j)\boldsymbol{x}|A(g_j)\boldsymbol{y}),$$

也就是说对每个 $A(g_j)$, 利用旧内积的定义, 做 $(A(g_j)\boldsymbol{x}|A(g_j)\boldsymbol{y})$, 然后再对 G 中元素加

①这句话可能并不是对所有人都很显然, 包括我自己, 所以需要稍微解释一下. M 是一个线性变换, 我们可以通过求解 $|M - \lambda E| = 0$ 这样一个 λ 的 n 次多项式, 得到至少一个 λ_0 (本征值可以有重复度, 但再怎么重复, 总会有这样一个 λ_0), 使得 $|M - \lambda_0 E| = 0$. 与之相应的 M 的本征向量是 $M\boldsymbol{y} = \lambda_0\boldsymbol{y}$. 这个 $\boldsymbol{y}$ 可以不为零. 为什么这么说呢? 因为 $M\boldsymbol{y} = \lambda_0\boldsymbol{y}$ 等同于 $(M - \lambda_0 E)\boldsymbol{y} = \boldsymbol{0}$, $M - \lambda_0 E$ 是个奇异矩阵, 也就是说如果把它的每一列当作一个向量的话, 这些向量是线性相关的. 因为它们线性相关, 所以必然存在一组不为零的系数, 和它们做线性组合的时候得到的向量为零. 而这组不为零的系数, 对应的恰恰是向量 $\boldsymbol{y}$ 在我们事先选定的基下的展开系数. 既然这组系数不为零, 那么这个向量 $\boldsymbol{y}$ 自然也不为零. 因此 M 至少存在一个不为零的本征向量, 本征值为 λ_0.

和求平均, 使得任意两个向量在进行类似操作后, 还得到一个数. 在这个新的内积的定义下, 我们可以得到 $\forall g_i \in G$, 有

$$\begin{aligned}
\langle A(g_i)\boldsymbol{x}|A(g_i)\boldsymbol{y}\rangle &= \frac{1}{n}\sum_{j=1}^{n}(A(g_j)A(g_i)\boldsymbol{x}|A(g_j)A(g_i)\boldsymbol{y}) \\
&= \frac{1}{n}\sum_{j=1}^{n}(A(g_jg_i)\boldsymbol{x}|A(g_jg_i)\boldsymbol{y}) \\
&= \frac{1}{n}\sum_{k=1}^{n}(A(g_k)\boldsymbol{x}|A(g_k)\boldsymbol{y}) = \langle \boldsymbol{x}|\boldsymbol{y}\rangle
\end{aligned}$$

(这里用到了重排定理). 也就是说 $A(g_i)$ 在这个新内积的定义下是酉变换. 现在我们取两组基, $(\boldsymbol{e}_1, \boldsymbol{e}_2, \cdots, \boldsymbol{e}_m)$ 与 $(\boldsymbol{f}_1, \boldsymbol{f}_2, \cdots, \boldsymbol{f}_m)$, 在 m 维线性空间 V 中, 分别对旧内积定义 $(\,|\,)$ 与新内积定义 $\langle\,|\,\rangle$ 正交归一.

这两组基可以通过一个非奇异线性变换 X 联系起来:

$$(\boldsymbol{f}_1, \boldsymbol{f}_2, \cdots, \boldsymbol{f}_m) = (\boldsymbol{e}_1, \boldsymbol{e}_2, \cdots, \boldsymbol{e}_m)(X).$$

任意一个 V 中向量 $\boldsymbol{x}$ 在这两组基下, 坐标分别为

$$\begin{pmatrix} x_1 \\ \vdots \\ x_m \end{pmatrix} \quad 与 \quad \begin{pmatrix} x'_1 \\ \vdots \\ x'_m \end{pmatrix}.$$

它们的关系是

$$\begin{pmatrix} x'_1 \\ \vdots \\ x'_m \end{pmatrix} = (X^{-1})\begin{pmatrix} x_1 \\ \vdots \\ x_m \end{pmatrix},$$

因为

$$\begin{aligned}
(\boldsymbol{e}_1, \boldsymbol{e}_2, \cdots, \boldsymbol{e}_m)\begin{pmatrix} x_1 \\ \vdots \\ x_m \end{pmatrix} &= (\boldsymbol{f}_1, \boldsymbol{f}_2, \cdots, \boldsymbol{f}_m)\begin{pmatrix} x'_1 \\ \vdots \\ x'_m \end{pmatrix} \\
&= (\boldsymbol{e}_1, \boldsymbol{e}_2, \cdots, \boldsymbol{e}_m)(X)\begin{pmatrix} x'_1 \\ \vdots \\ x'_m \end{pmatrix},
\end{aligned}$$

两个向量相等则它们的各个分量都要相等.

因为 $(\boldsymbol{e}_1, \boldsymbol{e}_2, \cdots, \boldsymbol{e}_m)$ 在 $(\,|\,)$ 下正交归一, 有

$$(\boldsymbol{x}|\boldsymbol{y}) = (x_1^*, \cdots, x_m^*) \begin{pmatrix} y_1 \\ \vdots \\ y_m \end{pmatrix}.$$

另一组基 $(\boldsymbol{f}_1, \boldsymbol{f}_2, \cdots, \boldsymbol{f}_m)$ 在 $\langle\,|\,\rangle$ 下正交归一, 有

$$\langle \boldsymbol{x}|\boldsymbol{y}\rangle = (x_1'^*, \cdots, x_m'^*) \begin{pmatrix} y_1' \\ \vdots \\ y_m' \end{pmatrix}.$$

由于

$$\begin{pmatrix} x_1' \\ \vdots \\ x_m' \end{pmatrix} = (X^{-1}) \begin{pmatrix} x_1 \\ \vdots \\ x_m \end{pmatrix},$$

后者可以进一步写成

$$\langle \boldsymbol{x}|\boldsymbol{y}\rangle = (x_1^*, \cdots, x_m^*)(X^{-1})^\dagger (X^{-1}) \begin{pmatrix} y_1 \\ \vdots \\ y_m \end{pmatrix}.$$

而前面说过,

$$(\boldsymbol{x}|\boldsymbol{y}) = (x_1^*, \cdots, x_m^*) \begin{pmatrix} y_1 \\ \vdots \\ y_m \end{pmatrix}.$$

从 $\langle \boldsymbol{x}|\boldsymbol{y}\rangle, (\boldsymbol{x}|\boldsymbol{y})$ 的形式, 我们可以看出这两个向量在两个内积定义下一般不等, 但是 $\langle X\boldsymbol{x}|X\boldsymbol{y}\rangle$ 等于 $(\boldsymbol{x}|\boldsymbol{y})$.

有了这个关系, 我们继续看 $(X^{-1}A(g_i)X\boldsymbol{x}|X^{-1}A(g_i)X\boldsymbol{y})$, 它首先等于

$$\langle XX^{-1}A(g_i)X\boldsymbol{x}|XX^{-1}A(g_i)X\boldsymbol{y}\rangle = \langle A(g_i)X\boldsymbol{x}|A(g_i)X\boldsymbol{y}\rangle.$$

再由于 $\langle A(g_i)\boldsymbol{x}|A(g_i)\boldsymbol{y}\rangle = \langle \boldsymbol{x}|\boldsymbol{y}\rangle$, 有

$$(X^{-1}A(g_i)X\boldsymbol{x}|X^{-1}A(g_i)X\boldsymbol{y}) = \langle A(g_i)X\boldsymbol{x}|A(g_i)X\boldsymbol{y}\rangle = \langle X\boldsymbol{x}|X\boldsymbol{y}\rangle.$$

最后, 再由 $\langle X\boldsymbol{x}|X\boldsymbol{y}\rangle = (\boldsymbol{x}|\boldsymbol{y})$, 得到 $(X^{-1}A(g_i)X\boldsymbol{x}|X^{-1}A(g_i)X\boldsymbol{y}) = \langle X\boldsymbol{x}|X\boldsymbol{y}\rangle = (\boldsymbol{x}|\boldsymbol{y})$. 也就是说在原先内积的定义下, $(X^{-1}A(g_i)X\boldsymbol{x}|X^{-1}A(g_i)X\boldsymbol{y}) = (\boldsymbol{x}|\boldsymbol{y})$, 表示 $X^{-1}A(g_i)X$ 为酉表示.

这里引入 $\langle\ |\ \rangle$ 内积的定义, 只不过是为了找到 X, 使原来的线性变换群 $\{A(g_i)\}$ 在这个 X 作用下, 得到的等价线性变换群 $\{X^{-1}A(g_i)X\}$ 是一个酉群.

在这个证明中三个关键的地方是: (1) $\langle\ |\ \rangle$ 定义; (2) 由此定义以及重排定理得到的 $\langle A(g_i)\boldsymbol{x}|A(g_i)\boldsymbol{y}\rangle = \langle\boldsymbol{x}|\boldsymbol{y}\rangle$ 这个性质; (3) $\langle X\boldsymbol{x}|X\boldsymbol{y}\rangle = (\boldsymbol{x}|\boldsymbol{y})$. 这三个地方结合起来就推出了 $(X^{-1}A(g_i)X\boldsymbol{x}|X^{-1}A(g_i)X\boldsymbol{y}) = (\boldsymbol{x}|\boldsymbol{y})$.

前面说过有限群可约则完全可约, 这样对任何内积空间中的有限群的表示, 我们可以先把它化为不可约表示的直和, 然后利用这些不可约表示都有等价酉表示的性质, 把它们化为相互之间不等价的不可约酉表示. 这样我们最终面对的, 都是不等价不可约的酉表示.

下面的正交性与完备性定理, 针对的就是这样的不等价不可约酉表示. 讲之前我们再进行最后一个铺垫, 介绍一下群函数的概念. 我们从它和之前讲的群代数的关系讲起. 我们先把这个关系讲出来, 然后详细解释:

(1) 群函数是一个函数, 把每一个群元对应到一个数. 群函数可以组成一个线性的函数空间, 该空间与群空间对应, 其中向量 (也就是群函数) 也与群空间中向量对应.

(2) 群空间中定义向量乘法形成群代数, 同样, 在群函数空间中定义函数向量的乘法, 也形成群函数空间的代数. 基于群代数有正则表示. 在群函数空间, 因为前面的一对一关系, 也有正则表示. 这些规律都是一样的.

这种关系如图 2.4 所示.

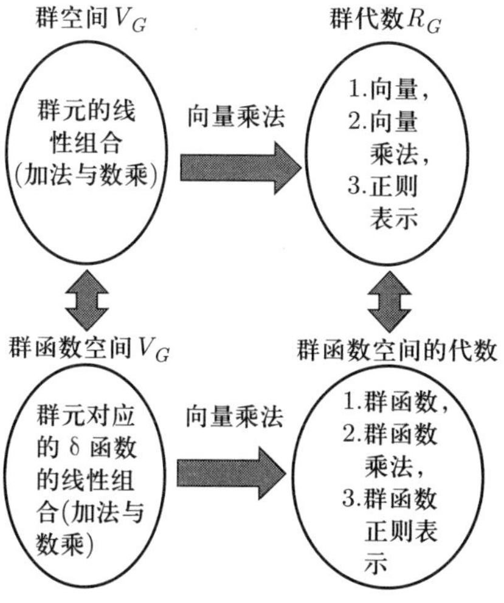

图 2.4 群空间、群函数空间、群代数、群函数空间的代数相互关系

现在我们详细解释.

(1) 为什么说群函数和群空间中的向量 (也就是群代数中的向量) 一一对应?

群函数 $f(g_i)$ 是这样一个函数, 把一个群元对应到一个数. 而群空间 (群代数) 中

的向量 $\boldsymbol{f}=\sum_{i=1}^{n} f(g_i)g_i$ 也具备这样的特征, 给定一个群元, 就等于指定了一个基向量, 然后就可以得到向量 $\boldsymbol{f}$ 在这个基向量上的分量.

每个群函数都可以通过 $\boldsymbol{f}=\sum_{i=1}^{n} f(g_i)g_i$ 构造一个向量. 同样, 每个向量也都可以由这个式子对应一个群函数, 所以群函数与群空间中的向量一一对应.

(2) 我们在讲群空间的时候说了向量的加法与数乘, 在讲群代数的时候, 说了向量的乘法. 那么在群函数空间我们也可以进一步定义群函数作为向量的加法与数乘以及向量之间的乘法, 进而定义群函数空间以及群函数空间的代数, 方式是将群函数的乘法与群代数中的向量乘法进行一个对应.

具体实施过程就是针对两个群函数空间中的函数, 我们定义其乘法与加法, 满足:

(1) $(ax)(g_i)=ax(g_i)$,

(2) $(x+y)(g_i)=x(g_i)+y(g_i)$,

(3) $xy(g_i)=\sum_{j=1}^{n} x(g_j)y(g_j^{-1}g_i)$,

其中前两点对应群空间性质, 第三点对应群代数性质. 很显然这和我们群空间中向量、群代数中向量乘法的定义都是一一对应的.

这样定义的一个结果就是群函数空间中不光群函数与群代数中的向量一一对应, 它们之间的加法、数乘、向量 (函数) 乘法也是一致的. 因此我们就可以最直接地把群函数与群代数中的向量一一对应起来.

在这种对应关系中, 群代数中的向量对应的群函数空间中的函数是什么样子的呢? 由 $\boldsymbol{f}=\sum_{i=1}^{n} f(g_i)g_i$ 来看, 是不是应该为 $g_1(g_i)=\delta_{1i}, g_2(g_i)=\delta_{2i},\cdots,g_n(g_i)=\delta_{ni}$?

由于群空间是 n 维的, 那么很自然, 群函数空间也是 n 维的. 在这个 n 维的函数空间中, 与群空间向量内积对应, 如果我们定义两个函数 x,y 的内积为

$$(x|y)=\frac{1}{n}\sum_{i=1}^{n} x^*(g_i)y(g_i),$$

那么这个群函数空间就构成了一个内积空间.

这些定义和群代数中向量、向量内积的定义都是一一对应的. 那么用群元所对应的群函数作基, 它们之间的内积是什么样子的? 易得

$$(g_i|g_j)=\frac{1}{n}\delta_{ij},$$

正交, 但不归一.

前面讲过的正则表示, 在这样一个内积定义下, 具备什么样的性质? 答案是它是酉表示, 因为

$$\begin{aligned}(L(g_k)\boldsymbol{x}|L(g_k)\boldsymbol{y}) &= \left(L(g_k)\sum_{i=1}^{n}\boldsymbol{x}(g_i)g_i\middle|L(g_k)\sum_{j=1}^{n}\boldsymbol{y}(g_j)g_j\right)\\ &= \left(\sum_{i=1}^{n}\boldsymbol{x}(g_i)L(g_k)g_i\middle|\sum_{j=1}^{n}\boldsymbol{y}(g_j)L(g_k)g_j\right)\\ &= \left(\sum_{i=1}^{n}\boldsymbol{x}(g_i)g_kg_i\middle|\sum_{j=1}^{n}\boldsymbol{y}(g_j)g_kg_j\right)\\ &= \frac{1}{n}\sum_{i=1}^{n}\boldsymbol{x}^*(g_i)\boldsymbol{y}(g_i) = (\boldsymbol{x}|\boldsymbol{y}).\end{aligned}$$

在这里读者可以注意到我们关于内积、正则表示的处理, 在定义了函数乘法的群函数空间的代数和群代数之间是随意互换的. 大家好好体会一下.

上面这些理解可以总结为三句话, 之后我们对有限群不等价不可约酉表示的正交性定理以及完备性定理的理解会从这三句话来展开进行:

(1) 对一个群 G 的 s 维表示 A, 它的矩阵元 $A_{\mu\nu}(g_i)$ 是不是一个群函数? 这个表示有 s^2 个矩阵元, 是否可以给出 s^2 个群函数?

(2) 群函数空间的群函数, 因为与群空间中的向量一一对应, 自由度为群的阶数 n.

(3) 我们要讲的不等价不可约酉表示的正交性与完备性定理, 说的就是有限群不等价不可约酉表示的矩阵元作为群函数在群函数空间的正交性与完备性.

下面先介绍正交性定理.

定理 2.6 (正交性定理) 设有限群 $G=\{g_\alpha\}$ 有不等价不可约酉表示 $A^1, A^2, \cdots, A^p, \cdots, A^r, \cdots$, 其维数分别为 $S_1, S_2, \cdots, S_p, \cdots, S_r, \cdots$. 这些不等价不可约酉表示矩阵元, 作为群函数, 在群函数空间有

$$(A^p_{\mu\nu}|A^r_{\mu'\nu'}) = \frac{1}{S_p}\delta_{pr}\delta_{\mu\mu'}\delta_{\nu\nu'},$$

写成求和的形式就是

$$\sum_{i=1}^{n}(A^p_{\mu\nu}(g_i))^* A^r_{\mu'\nu'}(g_i) = \frac{n}{S_p}\delta_{pr}\delta_{\mu\mu'}\delta_{\nu\nu'}.$$

这里, 正交性存在于三个指标上, 分别是不等价不可约酉表示的指标 $p(r)$, 矩阵行的指标 $\mu(\mu')$, 矩阵列的指标 $\nu(\nu')$, 其中 $A^p_{\mu\nu}$[①] 这个群函数与其自身的内积为 $\dfrac{1}{S_p}$.

---

① A^p 的指标 p 只是为了区别不同表示, 我们在后面会为求方便或依据习惯而将它有时写在上角, 有时写在下角, 并无特殊含义.

证明 作 S_p 维矩阵 C, 基于另一个任意的 S_p 维矩阵 D, C 与 D 的关系为

$$C = \frac{1}{n}\sum_{i=1}^{n} A^p(g_i) D A^p(g_i^{-1}).$$

由 C 的定义, $\forall g_j \in G$, 利用重排定理, 有

$$\begin{aligned} A^p(g_j)C &= \frac{1}{n}\sum_{i=1}^{n} A^p(g_j)A^p(g_i)DA^p(g_i^{-1}) = \frac{1}{n}\sum_{i=1}^{n} A^p(g_jg_i)DA^p(g_i^{-1}) \\ &= \frac{1}{n}\sum_{i=1}^{n} A^p(g_jg_i)DA^p((g_jg_i)^{-1})A^p(g_j) = CA^p(g_j). \end{aligned}$$

由 Schur 引理二, A 是不可约表示, 所以 $C = \lambda(D)E_{S_p\times S_p}$.

这个性质是对任意形式的 D 都成立的. 我们取一个特殊的 D 的形式, 就是它是这样一个矩阵, 除了第 ν' 行、第 ν 列矩阵元为 1, 其他矩阵元均为零. 将这个取法代入 C 的定义式, 就有 C 的矩阵元

$$C_{\mu'\mu} = \frac{1}{n}\sum_{i=1}^{n}\sum_{\mu_1,\mu_2} A^p_{\mu'\mu_1}(g_i)D_{\mu_1\mu_2}A^p_{\mu_2\mu}(g_i^{-1}).$$

$D_{\mu_1\mu_2}$ 只有在 $\mu_1 = \nu'$, $\mu_2 = \nu$ 时才为 1, 其他都为 0, 所以

$$C_{\mu'\mu} = \frac{1}{n}\sum_{i=1}^{n} A^p_{\mu'\nu'}(g_i)A^p_{\nu\mu}(g_i^{-1}). \tag{2.13}$$

同时由于 A^p 是酉表示, 所以 $A^p(g_i^{-1}) = A^p(g_i)^{-1} = A^p(g_i)^\dagger$, 具体到矩阵元, 就是

$$A^p_{\nu\mu}(g_i^{-1}) = [A^p(g_i^{-1})]_{\nu\mu} = [A^p(g_i)^\dagger]_{\nu\mu} = [A^p(g_i)]^*_{\mu\nu} = (A^p_{\mu\nu}(g_i))^*.$$

这样的话, 由 C 的矩阵元的对角性质, 就有

$$C_{\mu'\mu} = \frac{1}{n}\sum_{i=1}^{n} A^p_{\mu'\nu'}(g_i)(A^p_{\mu\nu}(g_i))^* = \lambda(D)\delta_{\mu'\mu}, \tag{2.14}$$

第一个正交关系就出来了.

之后我们来看 $\lambda(D)$ 等于什么. 对 (2.13) 式, 我们取 $\mu' = \mu$, 并对 μ 求和. 这样一方面有

$$\begin{aligned} \sum_{\mu=1}^{S_p} C_{\mu\mu} &= \sum_{\mu=1}^{S_p}\frac{1}{n}\sum_{i=1}^{n} A^p_{\mu\nu'}(g_i)A^p_{\nu\mu}(g_i^{-1}) = \frac{1}{n}\sum_{i=1}^{n}\sum_{\mu=1}^{S_p} A^p_{\nu\mu}(g_i^{-1})A^p_{\mu\nu'}(g_i) \\ &= \frac{1}{n}\sum_{i=1}^{n}[A^p(g_i^{-1}g_i)]_{\nu\nu'} = \frac{1}{n}\sum_{i=1}^{n}\delta_{\nu\nu'} = \delta_{\nu\nu'}, \end{aligned}$$

另一方面, 由 (2.14) 式, 它又等于

$$\sum_{\mu=1}^{S_p} C_{\mu\mu} = \sum_{\mu=1}^{S_p} \lambda(D)\delta_{\mu'\mu} = \lambda(D)S_p,$$

也就是说 $\delta_{\nu\nu'} = \lambda(D)S_p$, 这样 (2.14) 式进一步变为

$$\frac{1}{n}\sum_{i=1}^{n} A^p_{\mu'\nu'}(g_i)(A^p_{\mu\nu}(g_i))^* = \frac{\delta_{\nu\nu'}}{S_p}\delta_{\mu'\mu}.$$

到这个地方, 定理 2.6 中提到的三个正交关系已经证明了两个, 分别是不等价不可约酉表示矩阵元群函数的行与列的正交关系. 在确定这个关系的过程中, 我们用到的一个关键的性质是 Schur 引理二. 之前讲两个 Schur 引理的时候我们说过, 它们在证明不等价不可约酉表示的正交性、完备性定理的时候会起到很大的作用. 在证行指标、列指标的正交性的时候我们用到的是 Schur 引理二, 它说的是当一个矩阵与一个不可约表示的矩阵群中所有矩阵都对易的时候, 这个矩阵必为常数对角矩阵. 常数对角矩阵本身会产生行、列指标的正交性.

下面要证明, 不等价不可约酉表示矩阵元作为群函数对不等价不可约表示的指标还有一个正交性. 对两个不等价不可约表示 A, B, 如 $AM = MB$, Schur 引理一说 M 必为零矩阵. 零矩阵本身也蕴藏着一个正交性, 这个正交恰恰是在不等价不可约表示的指标上的. 因此, 我们下一个正交关系的证明很自然要用到的就是 Schur 引理一.

我们设两个不等价不可约酉表示是 A^r 与 A^p, 它们的维数分别是 S_r 与 S_p. 现在构造一个 $S_r \times S_p$ 维的矩阵 C', 形式为

$$C' = \frac{1}{n}\sum_{i=1}^{n} A^r(g_i)D'A^p(g_i^{-1}),$$

其中 D' 为任意的一个 $S_r \times S_p$ 维的矩阵. 这样定义的 C' 满足

$$\begin{aligned} C'A^p(g_j) &= \frac{1}{n}\sum_{i=1}^{n} A^r(g_i)D'A^p(g_i^{-1})A^p(g_j) \\ &= \frac{1}{n}\sum_{i=1}^{n} A^r(g_j)A^r(g_j^{-1})A^r(g_i)D'A^p(g_i^{-1})A^p(g_j) \\ &= A^r(g_j)\frac{1}{n}\sum_{i=1}^{n} A^r(g_j^{-1}g_i)D'A^p((g_j^{-1}g_i)^{-1}) = A^r(g_j)C'. \end{aligned}$$

这时, 由 Schur 引理一, 当 A^r 与 A^p 为不等价不可约表示的时候, $C' \equiv 0$.

而另一方面, 由 C' 矩阵的定义, 它的矩阵元是

$$C'_{\mu'\mu} = \frac{1}{n}\sum_{i=1}^{n}\sum_{\mu_1,\mu_2} A^r_{\mu'\mu_1}(g_i)D'_{\mu_1\mu_2}A^p_{\mu_2\mu}(g_i^{-1}). \tag{2.15}$$

取 D' 矩阵为只有在 $\mu_1=\nu', \mu_2=\nu$ 时才为 1, 其他都为 0, 那么 (2.15) 式可化为

$$C'_{\mu'\mu}=\frac{1}{n}\sum_{i=1}^{n}A^r_{\mu'\nu'}(g_i)A^p_{\nu\mu}(g_i^{-1}).$$

前面说过, 对酉表示有 $A^p_{\nu\mu}(g_i^{-1})=(A^p_{\mu\nu}(g_i))^*$, 因此

$$C'_{\mu'\mu}=\frac{1}{n}\sum_{i=1}^{n}A^r_{\mu'\nu'}(g_i)(A^p_{\mu\nu}(g_i))^*.$$

r 与 p 不同时, $C'\equiv 0$, 因此

$$\frac{1}{n}\sum_{i=1}^{n}A^r_{\mu'\nu'}(g_i)(A^p_{\mu\nu}(g_i))^*=0.$$

而 r 与 p 相同时, 则是

$$\frac{1}{n}\sum_{i=1}^{n}A^p_{\mu'\nu'}(g_i)(A^p_{\mu\nu}(g_i))^*=\frac{\delta_{\nu\nu'}}{S_p}\delta_{\mu'\mu}$$

的情况. 因此, 三个正交关系一结合, 就有

$$\sum_{i=1}^{n}(A^p_{\mu\nu}(g_i))^*A^r_{\mu'\nu'}(g_i)=\frac{n}{S_p}\delta_{pr}\delta_{\mu\mu'}\delta_{\nu\nu'}$$

或

$$(A^p_{\mu\nu}|A^r_{\mu'\nu'})=\frac{1}{S_p}\delta_{pr}\delta_{\mu\mu'}\delta_{\nu\nu'}.$$

有个容易混淆的地方再说明一下, r, p 是不等价不可约酉表示的指标, S_r 与 S_p 是它们的维数, r 与 S_r, p 与 S_p 并不需要相等.

比如一个 n 阶群, 有 2 个 1 维不等价不可约酉表示、3 个 2 维不等价不可约酉表示、2 个 3 维不等价不可约酉表示, 那么它的不等价不可约酉表示共有 $2+3+2=7$ 个. 不等价不可约酉表示的指标是 1, 2, 3, 4, 5, 6, 7, 而它们的维数分别是 $S_1=1, S_2=1, S_3=2, S_4=2, S_5=2, S_6=3, S_7=3$.

这些不等价不可约酉表示的矩阵元, 因为正交, 提供的群函数空间的维数是 $1^2+1^2+2^2+2^2+2^2+3^2+3^2=32$.

前面正交性定理说的是这 32 个群函数在群函数空间正交, 是很强的结论. 下面的完备性定理同样强大.

定理 2.7 (完备性定理) 设 A^p $(p=1,2,\cdots,q)$ 是有限群 $G=\{g_\alpha\}$ 的所有不等价不可约酉表示, 则 A^p 生成的群函数 $A^p_{\mu\nu}(g_i)$ 在 p 走遍所有不等价不可约酉表示的指标, μ,ν 走遍所有行和列的指标时, 在群函数空间是完备的.

证明 我们要用到的性质很简单: 群空间按群代数中定义的向量乘法来做线性变换的时候, 是右正则表示 $R(g_j)$ 的表示空间. 这个表示空间是 n 维的, 它的基可以说是群空间中的向量 $g_1, g_2, \cdots, g_n$, 也可以说是群函数空间中的函数 $g_1(g_i) = \delta_{1i}, g_2(g_i) = \delta_{2i}, \cdots, g_n(g_i) = \delta_{ni}$, 这个群函数空间也是 n 维的.

现在我们从 n 维的、完整的群函数空间找子函数空间, 等同于从 n 维的群空间找子向量空间. 我们会注意到存在这样的子空间, 对第 p 个不等价不可约酉表示, 它的第 μ 行矩阵元一共有 S_p 个:

$$\left(\sum_{i=1}^{n} A^p_{\mu 1}(g_i) g_i\right), \left(\sum_{i=1}^{n} A^p_{\mu 2}(g_i) g_i\right), \cdots, \left(\sum_{i=1}^{n} A^p_{\mu S_p}(g_i) g_i\right).$$

由于正交性, 它们形成一个 S_p 维的子空间.

取其中任意一个向量, 比如第 ν 个, $\left(\sum_{i=1}^{n} A^p_{\mu\nu}(g_i) g_i\right)$, 做线性变换:

$$R(g_j)\left(\sum_{i=1}^{n} A^p_{\mu\nu}(g_i) g_i\right) = \sum_{i=1}^{n} A^p_{\mu\nu}(g_i) g_i g_j^{-1}.$$

记 $g_i g_j^{-1} = g_k$, 则有

$$\begin{aligned} R(g_j)\left(\sum_{i=1}^{n} A^p_{\mu\nu}(g_i) g_i\right) &= \sum_{k=1}^{n} A^p_{\mu\nu}(g_k g_j) g_k = \sum_{k=1}^{n}\sum_{\lambda=1}^{S_p} A^p_{\mu\lambda}(g_k) A^p_{\lambda\nu}(g_j) g_k \\ &= \sum_{\lambda=1}^{S_p} A^p_{\lambda\nu}(g_j)\left(\sum_{k=1}^{n} A^p_{\mu\lambda}(g_k) g_k\right). \end{aligned}$$

这里 $\left(\sum_{k=1}^{n} A^p_{\mu\lambda}(g_k) g_k\right)$ 还是那 S_p 个基函数, $A^p_{\lambda\nu}(g_j)$ 是展开系数, 而 ν 是一个固定的数, 代表的是不等价不可约酉表示矩阵元第 μ 行这 S_p 个群函数形成的基中的第 ν 个函数. 当 $R(g_j)$ 作用到它上面之后, 它变成这 S_p 个群函数的线性组合, 展开系数对应表示矩阵的第 ν 列, 在这里恰恰是 $A^p_{\lambda\nu}(g_j)$. 这个相互关系意味着两个事情:

(1) 不等价不可约酉表示矩阵元对应的群函数, 以每一行的群函数为基组形成的线性空间, 都是右正则表示的 G 不变的子空间 (因为对这行的每一个函数进行变换, 结果还是这行群函数的线性组合).

(2) 这组基所对应的 $R(g_j)$ 的表示矩阵, 恰恰是 A^p 这个矩阵本身.

这个时候, 对于我们已知的 q 个不等价不可约酉表示, 它们的矩阵元群函数的个数将是 $S_1^2 + S_2^2 + \cdots + S_q^2$. 由于它们之间的正交性, 可以用它们的线性组合来构成一个线性空间, 由上面说的性质, 这个线性空间是 G 不变的, 我们记为 V. 完备性定理要说的是这个 V 就等于 R_G.

为了证明这一点, 我们构造 V 对 R_G 的正交补空间, 记为 $V^\perp$, 并去证明它只包含零元素.

我们用到的性质是 $R(g_j)$ 是酉表示, 它可约则完全可约. 当我们把 R_G 分为 V 与 $V^\perp$ 的时候, 由于 V 是 G 不变的, $V^\perp$ 与它正交互补, 所以 $V^\perp$ 也是 G 不变的.

这时我们在 $V^\perp$ 中取基矢组 $X_1, X_2, \cdots, X_{S_r}$. 这里取最简单的情况, 就是这个 G 不变的子空间只包含 r 这个不可约表示 (当然它还可以作为几个不可约表示的直和), 然后我们证明即使这种情况也是不可能的.

为了证明这点, 我们把 $R(g_j)$ 作用到 $X_1, X_2, \cdots, X_{S_r}$ 中第 α 个向量上, 效果为

$$R(g_j)\left(\sum_{i=1}^{n} X_\alpha(g_i) g_i\right) = \left(\sum_{i=1}^{n} X_\alpha(g_i) g_i g_j^{-1}\right).$$

取 $g_i g_j^{-1} = g_k$, 上式可化为

$$R(g_j)\left(\sum_{i=1}^{n} X_\alpha(g_i) g_i\right) = \left(\sum_{k=1}^{n} X_\alpha(g_k g_j) g_k\right).$$

另一方面, 前面说过, 由于 $X_1, X_2, \cdots, X_{S_r}$ 承载了群 G 的第 r 个不等价不可约酉表示, $R(g_j)$ 作用到 $\left(\sum_{i=1}^{n} X_\alpha(g_i) g_i\right)$ 上, 同时还可写为

$$R(g_j)\left(\sum_{i=1}^{n} X_\alpha(g_i) g_i\right) = \sum_\beta A^r_{\beta\alpha}(g_j)\left(\sum_{i=1}^{n} X_\beta(g_i) g_i\right),$$

这样就有

$$\left(\sum_{k=1}^{n} X_\alpha(g_k g_j) g_k\right) = \sum_\beta A^r_{\beta\alpha}(g_j)\left(\sum_{i=1}^{n} X_\beta(g_i) g_i\right). \tag{2.16}$$

(2.16) 式意味着群空间的两个向量相等 (或者说两个群函数相同). 群空间中两个向量相等则它们的每个分量都应该相同. 我们关注单位元素 g_0 上的分量, 左边是 $X_\alpha(g_j)$, 右边是 $\sum\limits_\beta A^r_{\beta\alpha}(g_j) X_\beta(g_0)$, 并且这个相等对任意 $g_j \in G$ 都要成立. 这样我们就可以构造两个向量: $\sum\limits_{j=1}^{n} X_\alpha(g_j) g_j$ 与 $\sum\limits_{j=1}^{n}\left(\sum\limits_\beta A^r_{\beta\alpha}(g_j) X_\beta(g_0)\right) g_j$, 它们是相等的. 对后面这个向量, 我们可以进一步把它变换为

$$\sum_{j=1}^{n}\left(\sum_\beta A^r_{\beta\alpha}(g_j) X_\beta(g_0)\right) g_j = \sum_\beta\left(\sum_{j=1}^{n} A^r_{\beta\alpha}(g_j) g_j\right) X_\beta(g_0),$$

这也就意味着

$$\sum_{j=1}^{n} X_\alpha(g_j)g_j = \sum_{\beta}\left(\sum_{j=1}^{n} A^r_{\beta\alpha}(g_j)g_j\right)X_\beta(g_0). \tag{2.17}$$

(2.17) 式左边是 $V^\perp$ 中的向量, 右边 $\sum\limits_{j=1}^{n} A^r_{\beta\alpha}(g_j)g_j$ 是 V 中的基,

$$\sum_{\beta}\left(\sum_{j=1}^{n} A^r_{\beta\alpha}(g_j)g_j\right)X_\beta(g_0)$$

是它们的线性组合, 所以是 V 中的向量. 而我们说过, V 与 $V^\perp$ 是正交补空间, 它们不能有非零的公共元素. 这样假设自然就不成立了, V 就等于 R_G. 这就意味着对于一个有限群, 它的所有不等价不可约酉表示的矩阵元形成的群函数空间, 对于群代数是完备的.

有了完备性定理, 再结合正交性定理

$$(A^p_{\mu\nu}|A^r_{\mu'\nu'}) = \frac{1}{S_p}\delta_{pr}\delta_{\mu\mu'}\delta_{\nu\nu'},$$

我们就知道 $\sqrt{S_p}(A^p_{\mu\nu}(g_i)g_i)$ 构成了群函数空间中正交归一的完备基, 所有的群函数都可以按这个基来进行展开.

再进一步, 由完备性定理我们还可以得出两个重要的推论. 首先是下面的定理.

定理 2.8 (Burnside 定理) 若群 G 的阶为 n, 其不等价不可约表示的维数是 $S_1, S_2, \cdots, S_q$, 则有

$$S_1^2 + S_2^2 + \cdots + S_q^2 = n.$$

这个定理可以这样得出: 群 G 的群空间是 n 维的, 它的群函数空间也是 n 维的. 而另一方面, 由 $\sqrt{S_p}(A^p_{\mu\nu}(g_i)g_i)$ 构成的群函数空间是 $S_1^2+S_2^2+\cdots+S_q^2$ 维的. 因为这些群函数在群函数空间是完备的, 所以 $S_1^2+S_2^2+\cdots+S_q^2=n$. Burnside 定理基本限定了一个有限群不等价不可约表示的维数情况. 后面我们在讲完类与不等价不可约表示个数的关系以后, 会详细举例说明.

完备性定理还能得出下面的性质. 前面我们说过, 对第 p 个不等价不可约表示第 μ 行矩阵元群函数形成的线性空间, 右正则变换 $R(g_j)$ 作用到它的 ν 列矩阵元群函数上, 有

$$R(g_j)\left(\sum_{i=1}^{n} A^p_{\mu\nu}(g_i)g_i\right) = \sum_{\lambda=1}^{S_p} A^p_{\lambda\nu}(g_j)\left(\sum_{k=1}^{n} A^p_{\mu\lambda}(g_k)g_k\right).$$

这意味着群 G 的第 p 个不等价不可约表示第 μ 行矩阵元群函数形成的线性空间, 承载着这个不等价不可约表示. 因为有 S_p 行, 所以可以承载 S_p 次, 每次的基, 和 $R(g_j)$ 本身对应的那 n 个维度中的基, 差的就是一个相似变换. 如果把 $R(g_j)$ 化为群 G 的不

等价不可约表示的直和的话, 形式是 $\sum_{p=1}^{q}\oplus S_pA^p(g_j)$.

对左正则变换, 与之类似, $L(g_j)$ 也可以写成 $\sum_{p=1}^{q}\oplus S_pA^p(g_j)$, 只不过此时承载每个 $A^p(g_j)$ 的不再是不等价不可约酉表示矩阵的某行对应的群函数, 而是某列的共轭, 因为

$$\begin{aligned}
L(g_j)\left(\sum_{i=1}^{n}A_{\mu\nu}^{p*}(g_i)g_i\right) &= \sum_{i=1}^{n}A_{\mu\nu}^{p*}(g_i)g_jg_i \\
&\xlongequal{(\text{取 } g_jg_i=g_k)} \sum_{k=1}^{n}A_{\mu\nu}^{p*}(g_j^{-1}g_k)g_k \\
&= \sum_{i=1}^{n}A_{\mu\nu}^{p*}(g_j^{-1}g_i)g_i \\
&= \sum_{i=1}^{n}\sum_{\lambda=1}^{S_p}A_{\mu\lambda}^{p*}(g_j^{-1})A_{\lambda\nu}^{p*}(g_i)g_i \\
&= \sum_{\lambda=1}^{S_p}A_{\mu\lambda}^{p*}(g_j^{-1})\left(\sum_{i=1}^{n}A_{\lambda\nu}^{p*}(g_i)g_i\right) \\
&= \sum_{\lambda=1}^{S_p}A_{\lambda\mu}^{p}(g_j)\left(\sum_{i=1}^{n}A_{\lambda\nu}^{p*}(g_i)g_i\right).
\end{aligned}$$

在证明完备性定理的过程中, 如果用左正则表示来证, 得到的结论也是这些矩阵元的共轭在群函数空间形成完备的基. 不过这些结论和矩阵元本身形成完备的基并没有本质区别①.

到这里, 我们有限群表示理论这一节就讲完了. 前面我们提到过, 本书的理论基础部分最重要的两节是有限群表示理论与特征标理论. 在有限群表示理论这一节, 我们讨论的是一个有限群的不等价不可约酉表示矩阵元应该满足的性质. 前面我们也提到过, 一个群的表示可以有很多, 但不等价不可约表示就那么几个. 如果我们知道两个同维的酉表示都不可约, 那么根据这一节讲的内容, 每个表示内的矩阵元群函数是正交的, 这两个表示间的矩阵元群函数是否正交, 就取决于它们是否等价了.

等价我们之前介绍过, 最本质的定义就是要找到一个不依赖于群元的矩阵 X, 通过 $B(g_i)=X^{-1}A(g_i)X$, 将两个矩阵群联系起来. 但找这个 X 其实是很麻烦的. 下面

①由表示矩阵元的共轭形成群函数的完备的基可推出矩阵元本身也形成完备的基. 因为对任意群函数 $f(g_i)$, 我们可取其共轭 $f^*(g_i)$, 这个 $f^*(g_i)$ 可通过 $A_{\mu\nu}^{p*}(g_i)$ 展开. 对这个展开公式取共轭, $f(g_i)$ 自然也就写成了 $A_{\mu\nu}^{p}(g_i)$ 的展开形式. 换句话说, 任意的 $f(g_i)$ 都可通过 $A_{\mu\nu}^{p}(g_i)$ 展开获得. 也就是说 $A_{\mu\nu}^{p}(g_i)$ 形成了完备的群函数空间. 这个地方卡了我好几年, 感谢物理学院 2015 级本科生胡京津同学的帮助.

一节要介绍的特征标理论, 就为我们在进行类似等价的分析时提供了一个非常方便的手段. 同时, 特征标理论也可以很容易地帮助我们判断一个表示是否可约. 因此, 对于我们这门课, 特征标理论是和有限群表示理论同样重要的一节. 有限群表示理论的角色是理论基础, 特征标理论的角色是实用工具.

2.5 特征标理论

定义 2.17 设 $A=\{A(g_\alpha)\}$ 是群 $G=\{g_\alpha\}$ 的一个表示, 这个表示的特征标 $\{\chi(g_\alpha)\}$ 定义为

$$\chi(g_\alpha)=\mathrm{tr}A(g_\alpha)=\sum_\mu A_{\mu\mu}(g_\alpha).$$

由这个定义, 我们很容易知道:

(1) 等价表示的特征标相同, 原因是相似变换不改变矩阵的迹.

(2) 在一个表示中, 共轭元素的特征标相同, 因为

$$A(f)=A(hgh^{-1})=A(h)A(g)A(h^{-1}).$$

同时, 把这个性质进行一个推广, 我们也很容易知道:

(1) 设 K_α 是群 G 中包含元素 g_α 的一个类, 那么 K_α 中所有元素的特征标相同. 换句话说, χ 是类的函数. 不同类中的元素, 可以有不同的特征标, 也可以有相同的特征标, 但同一个类中的元素, 特征标必须相同.

(2) G 中单位元素自成一类, 由于它与单位矩阵对应, 所以特征标等于维数.

上面的这些性质对所有群都成立, 不要求 G 是有限群. 当 G 是一个有限群, 有 q 个不等价不可约表示时, 它的特征标是个群函数, 也是个类函数 (后面会详细解释). 特征标函数具有一个很重要的正交特征.

定理 2.9 (特征标第一正交定理) 有限群不可约表示的特征标满足

$$(\chi^p|\chi^r)=\frac{1}{n}\sum_{i=1}^{n}\chi^{p*}(g_i)\chi^r(g_i)=\delta_{pr}.$$

证明 注意, 此处酉表示这个要求没有了, 原因是有限群的任何一个不可约表示都有等价的酉表示, 而等价表示特征标相同. 证明的时候, 我们只需要证明对酉表示特征标函数 $(\chi'^p|\chi'^r)$ 正交, 那么对与它等价的表示, 这个特征标正交条件 $(\chi^p|\chi^r)$ 自然成立.

对不等价不可约酉表示, 有

$$\sum_{i=1}^{n}A'^{p*}_{\mu\nu}(g_i)A'^{r}_{\mu'\nu'}(g_i)=\frac{n}{S_p}\delta_{pr}\delta_{\mu\mu'}\delta_{\nu\nu'},$$

与之相应, 有

$$
\begin{aligned}
(\chi'^p|\chi'^r) &= \frac{1}{n}\sum_{i=1}^{n}\left[\left(\sum_{\mu=1}^{S_p} A'^p_{\mu\mu}(g_i)\right)^*\left(\sum_{\mu'=1}^{S_r} A'^r_{\mu'\mu'}(g_i)\right)\right] \\
&= \sum_{\mu=1}^{S_p}\sum_{\mu'=1}^{S_r}\left(\frac{1}{n}\sum_{i=1}^{n} A'^{p*}_{\mu\mu}(g_i)A'^r_{\mu'\mu'}(g_i)\right) \\
&= \sum_{\mu=1}^{S_p}\sum_{\mu'=1}^{S_r}\frac{1}{S_p}\delta_{pr}\delta_{\mu\mu'} = \delta_{pr}.
\end{aligned} \tag{2.18}
$$

由于特征标是类函数, 这个求和还可以写成

$$
(\chi^p|\chi^r) = \frac{1}{n}\sum_{i=1}^{q'} n_i\chi^{p*}(K_i)\chi^r(K_i) = \delta_{pr},
$$

其中 q' 为群 G 中类的个数, 而 n_i 是第 i 个类中元素的个数.

由这个定理, 可得出以下结论.

(1) 一个不可约表示与其自身做特征标内积的话, 结果是 1.

(2) 一个可约表示总可约化为一系列不等价不可约表示的直和: $B = \sum_{p=1}^{q} \oplus m_p A^p$, 其中每个不等价不可约表示都有等价的酉表示. 这个时候由特征标正交定理, 有

$$
(\chi^{A^p}|\chi^B) = \left(\chi^{A^p}\middle|\sum_{p'=1}^{q}\oplus m_{p'}\chi^{A^{p'}}\right) = m_p,
$$

也就是说一个可约表示中某个不可约表示的重复度, 可由这个可约表示与这个不可约表示的内积给出.

(3) 由第 (2) 点, 我们还可以知道对可约表示 B, 有

$$
(\chi^B|\chi^B) = \left(\sum_{p=1}^{q}\oplus m_p\chi^{A^p}\middle|\sum_{p'=1}^{q}\oplus m_{p'}\chi^{A^{p'}}\right) = \sum_{p=1}^{q} m_p^2 > 1,
$$

也就是说可约表示的特征标内积总是大于 1 的.

同时关于群函数与这里讲的类函数, 还有一个关系以及由它引起的性质必须说一下. 这个性质与前面讲到的 Burnside 定理有类似的地方, 是一个从维数引出的群表示的性质.

对这个性质的解释最好还是从群函数和类函数的关系说起. 群函数我们都知道, 就是把每一个群元对应到一个数. 群函数空间和群空间同维, 都是 n. 而类函数, 我们

之前提到过, 就是把一个类对应到一个数. 按照这个对应关系, 类函数空间的维数是多少? 答案是: 类函数空间的维数就是这个群中类的个数.

类函数要求群中同类的群元对应的数相同, 因此, 我们也可以说类函数是一种特殊的群函数.

现在群函数和类函数的关系明确了, 我们想说的下一个性质与有限群不等价不可约表示的特征标有关.

定理 2.10　有限群的所有不等价不可约表示的特征标在类函数空间是完备的.

证明　设群 G 是我们关心的有限群, A^p 是它的所有不等价不可约表示, 其中 $p=1,\cdots,q$, 而 q 是不等价不可约表示的个数. 对有限群, 由于每个表示都有等价的酉表示, 所以 A^p 这个系列有另外一个和它们等价的不等价不可约酉表示, 记为 A'^p.

由之前讲的有限群不等价不可约酉表示矩阵元在群函数空间完备这个性质, 我们知道任意的一个群函数 $f(g_i)$ 都可以写成

$$f(g_i)=\sum_{p,\mu,\nu}a^p_{\mu\nu}A'^p_{\mu\nu}(g_i), \tag{2.19}$$

而类函数, 由于 $f(g_i)=f(g_j^{-1}g_ig_j)$, 可以写为

$$f(g_i)=\frac{1}{n}\sum_{j=1}^{n}f(g_j^{-1}g_ig_j).$$

由 (2.19) 式可知, 这个类函数可以进一步写成

$$\begin{aligned}
f(g_i)&=\frac{1}{n}\sum_{j=1}^{n}\sum_{p,\mu,\nu}a^p_{\mu\nu}A'^p_{\mu\nu}(g_j^{-1}g_ig_j)\\
&=\frac{1}{n}\sum_{j=1}^{n}\sum_{p,\mu,\nu}\sum_{\lambda\sigma}a^p_{\mu\nu}A'^p_{\mu\lambda}(g_j^{-1})A'^p_{\lambda\sigma}(g_i)A'^p_{\sigma\nu}(g_j)\\
&=\sum_{p,\mu,\nu}\sum_{\lambda,\sigma}a^p_{\mu\nu}A'^p_{\lambda\sigma}(g_i)\left(\frac{1}{n}\sum_{j=1}^{n}A'^p_{\mu\lambda}(g_j^{-1})A'^p_{\sigma\nu}(g_j)\right)\\
&=\sum_{p,\mu,\nu}\sum_{\lambda,\sigma}a^p_{\mu\nu}A'^p_{\lambda\sigma}(g_i)\left(\frac{1}{n}\sum_{j=1}^{n}A'^{p*}_{\lambda\mu}(g_j)A'^p_{\sigma\nu}(g_j)\right)\\
&=\sum_{p,\mu,\nu}\sum_{\lambda,\sigma}a^p_{\mu\nu}A'^p_{\lambda\sigma}(g_i)\left(\frac{1}{S_p}\delta_{\lambda\sigma}\delta_{\mu\nu}\right)=\sum_{p,\mu}\sum_{\lambda}\frac{1}{S_p}a^p_{\mu\mu}A'^p_{\lambda\lambda}(g_i)\\
&=\sum_{p}\left(\frac{1}{S_p}\sum_{\mu}a^p_{\mu\mu}\right)\left(\sum_{\lambda}A'^p_{\lambda\lambda}(g_i)\right)=\sum_{p}a^p\chi'^p(g_i)=\sum_{p}a^p\chi^p(g_i),
\end{aligned}$$

也就是说, 任何一个类函数, 都可以用这个有限群的不等价不可约表示的特征标函数来展开. 换句话说, 类函数的空间维数, 就应该等于不等价不可约表示的个数.

再结合上面分析类函数空间性质的时候得到的“一个群群元可以分多少个类，它的类函数空间就是多少维”这个性质，我们就可以得到“一个群的不等价不可约表示的个数就等于这个群中类的个数”这样一个性质了.

这个由特征标函数的完备性推出的性质，与由不等价不可约酉表示表示矩阵函数的完备性推出的 Burnside 定理合在一起，就是我们分析有限群的不等价不可约表示情况的最为有力的工具.

我们现在知道了特征标作为群函数的正交性、完备性，但还有两个关键的内容没讲. 这两个内容都和“有限群不等价不可约表示数等于群中类的个数”这一性质有关.

在之前讲的特征标第一正交定理中，求和号是走遍群元，或者说走遍类的，具体形式是

$$(\chi^p|\chi^r)=\frac{1}{n}\sum_{i=1}^{n}\chi^{p*}(g_i)\chi^r(g_i)=\frac{1}{n}\sum_{i=1}^{q'}n_i\chi^{p*}(K_i)\chi^r(K_i)=\delta_{pr}.$$

在讲类空间完备性定理的时候，我们还不知道有限群的不等价不可约表示数 q 等于它类的个数 q'. 现在我们知道了 $q'=q$，那么这个求和号会出现另外一种情况: 求和到不等价不可约表示这个指标上. 这种情况下，会不会出现正交指标存在于类指标上面的情况，也就是

$$\frac{1}{n}\sum_{p=1}^{q}n_i\chi^{p*}(K_i)\chi^p(K_j)=\delta_{ij}$$

呢? 答案是会. 这种正交关系称为特征标第二正交定理.

定理 2.11 (特征标第二正交定理)

$$\frac{1}{n}\sum_{p=1}^{q}n_i\chi^{p*}(K_i)\chi^p(K_j)=\delta_{ij}.$$

证明 我们可以设计一个 $q\times q$ 的矩阵 F，行指标走遍不等价不可约表示，列指标走遍类. F 的形式为 (第 r 行，第 i 列)

$$F_{ri}=\sqrt{\frac{n_i}{n}}\chi^r(K_i).$$

这样一个矩阵的矩阵元很明显满足

$$F_{pi}^*=\sqrt{\frac{n_i}{n}}\chi^{p*}(K_i)=(F^\dagger)_{ip}.$$

之前我们讲过的特征标第一正交定理是

$$\frac{1}{n}\sum_{i=1}^{q}n_i\chi^{p*}(K_i)\chi^r(K_i)=\delta_{pr}.$$

按照这个矩阵形式, 这个定理可表述为

$$\sum_{i=1}^{q} F_{ri}(F^{\dagger})_{ip} = (FF^{\dagger})_{rp} = \delta_{pr}.$$

这也就意味着 $FF^{\dagger} = E, F^{\dagger} = F^{-}$, 进而 $F^{\dagger}F = E$, 写成矩阵元的形式就是

$$(F^{\dagger}F)_{ij} = \sum_{r=1}^{q}(F^{\dagger})_{ir}F_{rj} = \sum_{r=1}^{q}\left[\sqrt{\frac{n_i}{n}}\chi^{r*}(K_i)\sqrt{\frac{n_j}{n}}\chi^{r}(K_j)\right] = \delta_{ij}.$$

由于 i, j 不等时两边都为零, 所以也可以写为

$$\frac{1}{n}\sum_{r=1}^{q} n_i\chi^{r*}(K_i)\chi^{r}(K_j) = \delta_{ij}.$$

由特征标的两个正交关系, 我们可以引入的一个很重要的东西就是有限群表示的特征标表. 它的具体定义我们可以这样理解: 既然特征标是类函数, 它又对不同不等价不可约表示可以不同, 那么原则上, 在分析一个有限群的特征标时, 我们可以按两个轴来展开. 第一个轴是有限群的类, 第二个轴是群的不等价不可约表示指标. 因为类数等于不等价不可约表示数, 所以由这两个轴做出的表的行数和列数是相同的, 都等于有限群的类的个数. 如表 2.1 所示, 这个表的每一列我们记为 $n_i\{K_i\}$, 其中 $\{K_i\}$ 是类, n_i 是其中的元素个数. 而每一行, 我们记为 A^p, 是不等价不可约表示的指标. 在这里, 行列之间都有正交, 对应的就是特征标的两个正交定理.

表 2.1 特征标表示意图

	$n_1\{K_1\}$	$n_2\{K_2\}$	$\cdots$	$n_q\{K_q\}$
A^1	$\chi^1(K_1)$	$\chi^1(K_2)$	$\cdots$	$\chi^1(K_q)$
A^2	$\chi^2(K_1)$	$\chi^2(K_2)$	$\cdots$	$\chi^2(K_q)$
$\vdots$	$\vdots$	$\vdots$	$\ddots$	$\vdots$
A^q	$\chi^q(K_1)$	$\chi^q(K_2)$	$\cdots$	$\chi^q(K_q)$

例 2.10 n 阶循环群 $\{a, a^2, \cdots, a^n = e\}$ 是 Abel 群, 有 n 个类, 所以每个不等价不可约表示都是一维的. $A(a)$ 是 a 的表示, 它是一个数, 要满足的特性是 $(A(a))^n = 1$. 所以, $A(a)$ 可以是 $\exp[2\pi\mathrm{i} * (p-1)/n]$, 其中 i 是虚部因子, p 是不等价不可约表示的指标, 从 1 到 n.

它所对应的特征标表见表 2.2.

表 2.2 四阶循环群特征标表

	$1\{e\}$	$1\{a\}$	$1\{a^2\}$	$1\{a^3\}$
A^1	1	1	1	1
A^2	1	i	−1	−i
A^3	1	−1	1	−1
A^4	1	−i	−1	i

读者可以检验一下表 2.2 行列的正交性.

到这里, 与特征标函数相关的概念和定理我们都介绍完了. 在这一节开始的时候, 我们提过要确定两个表示等价, 找相似变换矩阵的办法太麻烦了, 于是我们才会引入特征标这个概念. 现在我们把特征标的所有性质讲完了, 回到这个问题, 也就是这节课最后一句话: 两个表示等价的充要条件是它们的特征标相等.

必要性不用解释了, 等价表示的特征标必相同, 因为相似变换不改变特征标. 充分性怎么理解? 这要从类函数空间中不等价不可约表示特征标函数的正交性与完备性出发. 两个表示的特征标相同, 说明它们对应的类函数相同. 同一个类函数, 在类函数空间, 是可以分解为相同的不等价不可约表示特征标函数的线性组合的. 也就是说表示 A 与 B 都可能可约, 但如果它们的特征标相同, 那就意味着当把它们分解为不等价不可约表示的直和的时候, $\sum_p \oplus m_p A^p$ 的形式是完全一样的. 这也就意味着图 2.5 中所示关系. 1 与 2 通过相似变换成为具有相同分块结构的 3 与 4, 而 3 与 4 之间每个块相互又是等价的, 所以表示的特征标相同与表示等价互为充要条件.

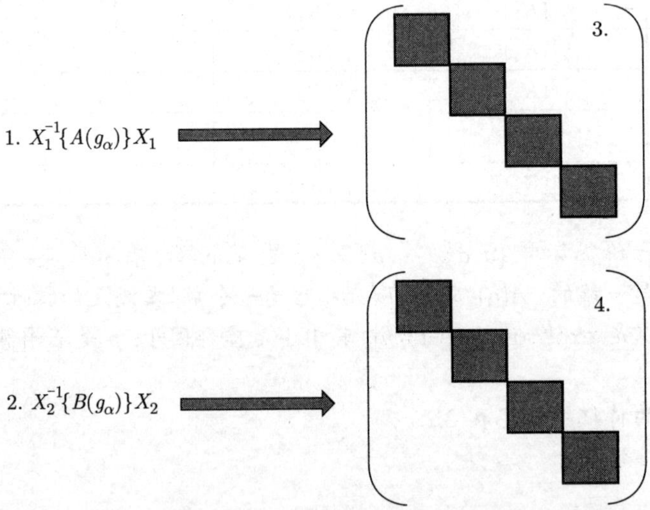

图 2.5 特征标相同则表示等价

到这个地方,我们这门课理论部分最重要的两节就结束了. 还是那句话,这是个难点,跨过了后面的内容就容易理解了.

这一章的最后一节是新表示的构成. 它说的是一个什么事情呢? 在前面的学习中,我们应该有这样一个感觉,对一个群对称性的分析,最重要的地方就是要知道它的特征标表. 在求特征标表的时候,我们说了,Burnside 定理、群元的分类、两个正交条件都可以利用. 当群比较小,它的分类比较简单的时候,我们容易利用这些条件把特征标表求出来. 但是当群比较大的时候,这样就不太容易了. 这个时候,我们要做的,就是从这些比较复杂的群的因子,也就是比较简单的群出发,去构造这些比较复杂的群的表示. 新表示的构成这一节,讲的基本就是这样一个事情. 它由四个部分组成: 群表示的直积、直积群的表示、诱导表示、群表示在其子群上的缩小. 其中第四个概念最简单,第三个最复杂,第二、第三个最有用.

2.6 新表示的构成

我们先来讨论群表示的直积. 这个概念比较直接,但在讲它之前,还是先看一下矩阵直积.

一个 $n\times n$ 的矩阵 $A=(a_{ik})$ 和一个 $m\times m$ 的矩阵 $B=(b_{jl})$ 的直积记为 $C=A\otimes B$,它的群元为 $c_{ij,kl}=(a_{ik}b_{jl})$. 这是一个 $(n\times m)\times(n\times m)$ 的矩阵,行指标为 ij,列指标为 kl. 用这个行列指标时,本书中规定格式为

$$C=\begin{pmatrix} a_{11}B & a_{12}B & \cdots & a_{1n}B \\ a_{21}B & a_{22}B & \cdots & a_{2n}B \\ \vdots & \vdots & \ddots & \vdots \\ a_{n1}B & a_{n2}B & \cdots & a_{nn}B \end{pmatrix}.$$

这样规定的格式和其他方式规定的格式,差的是一个相似变换.

由这种方式定义的直积矩阵显然具备如下四个性质:

(1) 两个单位矩阵的直积是单位矩阵;

(2) 两个对角矩阵的直积是对角矩阵;

(3) 两个酉矩阵的直积仍为酉矩阵;

(4) 若 $A^{(1)}$ 与 $A^{(2)}$ 是阶相同的矩阵,$B^{(1)}$ 与 $B^{(2)}$ 是阶相同的矩阵,则

$$(A^{(1)}\otimes B^{(1)})(A^{(2)}\otimes B^{(2)})=(A^{(1)}A^{(2)})\otimes(B^{(1)}B^{(2)}). \tag{2.20}$$

这四个性质里面 (1) 和 (2) 很好理解,(3) 和 (4) 需要解释一下. 先解释 (4),因为 (3) 利用 (4) 就很好理解了. 对 (4) 中的 (2.20) 式,左边 $A^{(1)}$ 的行列指标为 (i,k),$B^{(1)}$ 的行列指标为 (j,l),$A^{(1)}\otimes B^{(1)}$ 的指标为 (ij,kl). 同样 $A^{(2)}$ 的行列指标为 (i',k'),$B^{(2)}$

的行列指标为 (j',l'), $A^{(2)}\otimes B^{(2)}$ 的指标为 $(i'j',k'l')$. 当 $A^{(1)}\otimes B^{(1)}$ 与 $A^{(2)}\otimes B^{(2)}$ 做乘法时, 指标求和的要求是 $k=i'$, $l=j'$. 产生的矩阵指标为 $(ij,k'l')$. 而 (2.20) 式右边, $A^{(1)}A^{(2)}$ 的指标为 (i,k'), 求和要求为 $k=i'$; $B^{(1)}B^{(2)}$ 的指标为 (j,l'), 求和要求为 $l=j'$. 在 $A^{(1)}A^{(2)}$ 与 $B^{(1)}B^{(2)}$ 做直积时, 没有求和的要求, 只有指标的组合, 组合后结果为 $(ij,k'l')$. 总结一下, 在进行 (2.20) 式右边的操作的时候, 就是求和要求为 $k=i'$, $l=j'$, 产生的矩阵指标为 $(ij,k'l')$, 和左边完全相同. 这样即有 (2.20) 式成立.

由性质 (4) 成立, 我们再去看性质 (3). (3) 说的是若 A 是一个酉矩阵, 满足 $A^\dagger A=E_n$, B 是一个酉矩阵, 也满足 $B^\dagger B=E_m$, 则 $A\otimes B$ 也是酉矩阵, 满足 $(A\otimes B)^\dagger A\otimes B=E_{n\times m}$. 根据性质 (4), 很容易有 $(A\otimes B)^\dagger A\otimes B=(A^\dagger\otimes B^\dagger)A\otimes B=(A^\dagger A)\otimes B^\dagger B=E_n\otimes E_m=E_{n\times m}$.

还可以换个角度来理解. 因为 A 是酉矩阵, 满足 $A^\dagger A=E_n$, 按照矩阵元的性质表示, 就是

$$\begin{pmatrix} a_{11}^* & a_{21}^* & \cdots & a_{n1}^* \\ a_{12}^* & a_{22}^* & \cdots & a_{n2}^* \\ \vdots & \vdots & \ddots & \vdots \\ a_{1n}^* & a_{2n}^* & \cdots & a_{nn}^* \end{pmatrix}\begin{pmatrix} a_{11} & a_{12} & \cdots & a_{1n} \\ a_{21} & a_{22} & \cdots & a_{2n} \\ \vdots & \vdots & \ddots & \vdots \\ a_{n1} & a_{n2} & \cdots & a_{nn} \end{pmatrix}=E_n,$$

进而 $\sum\limits_{i=1}^{n}a_{ik}^*a_{ik'}=\delta_{kk'}$. 同样, 对 B 也有 $\sum\limits_{j=1}^{m}b_{jl}^*b_{jl'}=\delta_{ll'}$. 当 A 与 B 做直积 C 时, 矩阵元为 $c_{ij,kl}=a_{ik}b_{jl}$, 这个时候, 就有

$$\sum_{i,j}c_{ij,kl}^*c_{ij,k'l'}=\sum_{i,j}(a_{ik}^*b_{jl}^*)a_{ik'}b_{jl'}=\left(\sum_{i=1}^{n}a_{ik}^*a_{ik'}\right)\left(\sum_{j=1}^{m}b_{jl}^*b_{jl'}\right)=\delta_{kk'}\delta_{ll'}.$$

现在有了矩阵直积的定义与性质, 我们来看群表示的直积.

定义 2.18 群 G 有两个表示 A 与 B, 做表示矩阵的直积 $C(g_\alpha)=A(g_\alpha)\otimes B(g_\alpha)$, 这个直积矩阵群保持群的乘法规律不变, 因为 $\forall g_\alpha,g_\beta\in G$, 有

$$\begin{aligned}C(g_\alpha)C(g_\beta)&=(A(g_\alpha)\otimes B(g_\alpha))(A(g_\beta)\otimes B(g_\beta))\\&=(A(g_\alpha)A(g_\beta))\otimes(B(g_\alpha)B(g_\beta))\\&=A(g_\alpha g_\beta)\otimes B(g_\alpha g_\beta)\\&=C(g_\alpha g_\beta).\end{aligned}$$

这时, C 也是群 G 的一个表示. 这个表示称为 A 表示与 B 表示的直积表示.

因为矩阵直积的迹等于其因子迹的乘积, 所以直积表示的特征标等于其因子的特征标的乘积:

$$\chi^C(g_\alpha)=\chi^A(g_\alpha)\chi^B(g_\alpha).$$

如果 A 与 B 都是群 G 的不可约表示, 那么 $(\chi^A|\chi^A)=(\chi^B|\chi^B)=1$, 而 $(\chi^A|\chi^B)=0$. 这个时候直积表示的特征标内积为

$$(\chi^C|\chi^C)=\frac{1}{n}\sum_{i=1}^{n}\chi^{A*}(g_i)\chi^{B*}(g_i)\chi^A(g_i)\chi^B(g_i).$$

这个求和是没法做分解的, 一般情况下结果大于 1, 对应可约表示. 这也很好理解, 群空间没有变, 但把表示矩阵变大了很多. 这个群空间允许的不可约表示都是那些由 Burnside 定理和群的分类情况确定的小矩阵, 来个大矩阵, 多半不属于这个小矩阵集团.

两个不可约表示的直积仍为不可约表示的情况如: A 与 B 中间任何一个 (如 B) 是一维表示, 且满足 $\chi^{B*}(g_i)\chi^B(g_i)$ 对任意 g_i 都等于 1.

看个例子.

例 2.11 D_3 群的特征标表如表 2.3 所示. 由这个特征标表, 我们知道下面几个直积群的特征标分别为: $A^1\otimes A^3$ 是 $2,-1,0$, 与 A^3 等价, 不可约; $A^2\otimes A^3$ 是 $2,-1,0$, 与 A^3 等价, 不可约; $A^1\otimes A^2$ 是 $1,1,-1$, 与 A^2 等价, 不可约; $A^3\otimes A^3$ 是 $4,1,0$, 是可约的. 我们把它记为 C, 由 $(\chi^C|\chi^{A^1})=1$, $(\chi^C|\chi^{A^2})=1, (\chi^C|\chi^{A^3})=1$, 我们知道它约化完的结果为 $A^1\oplus A^2\oplus A^3$.

表 2.3 D_3 **群特征标表**

	$1\{e\}$	$2\{d\}$	$3\{a\}$
A^1	1	1	1
A^2	1	1	-1
A^3	2	-1	0

以上就是群表示的直积部分. 下面我们看直积群的表示. 设 $G_1=\{g_{1\alpha}\}$ 与 $G_2=\{g_{2\beta}\}$ 的直积群为 G. 由上一章讲的定义, 这个关系意味着任意一个 G 中元素可唯一写成 $g_{1\alpha}g_{2\beta}$ 的形式, $g_{1\alpha}g_{2\beta}=g_{2\beta}g_{1\alpha}$, 且两个 G 中元素 $g_{1\alpha}g_{2\beta}$ 与 $g_{1\alpha'}g_{2\beta'}$ 的乘积可由 $g_{1\alpha}g_{1\alpha'}g_{2\beta}g_{2\beta'}$ 得到, G_1 与 G_2 中元素乘法互易, 它们都是 G 的不变子群.

这是一个非常强的关系. 当这个关系成立的时候, 如果 A 是 G_1 的表示, B 是 G_2 的表示, 那么对任意 G 中元素 $g_{1\alpha}g_{2\beta}$, 都有一个矩阵 $A(g_{1\alpha})\otimes B(g_{2\beta})$ 与之对应. 且这种对应关系会保持 G 中元素的乘法规律不变, 因为 $g_{1\alpha}g_{2\beta}$ 与 $g_{1\alpha'}g_{2\beta'}$ 满足

$$\begin{aligned}C(g_{1\alpha}g_{2\beta})C(g_{1\alpha'}g_{2\beta'})&=(A(g_{1\alpha})\otimes B(g_{2\beta}))(A(g_{1\alpha'})\otimes B(g_{2\beta'}))\\&=(A(g_{1\alpha})A(g_{1\alpha'}))\otimes(B(g_{2\beta})B(g_{2\beta'}))\\&=A(g_{1\alpha}g_{1\alpha'})\otimes B(g_{2\beta}g_{2\beta'})\\&=C(g_{1\alpha}g_{1\alpha'}g_{2\beta}g_{2\beta'})=C(g_{1\alpha}g_{2\beta}g_{1\alpha'}g_{2\beta'}).\end{aligned}\tag{2.21}$$

(2.21) 式左边是 $g_{1\alpha}g_{2\beta}$ 对应的矩阵与 $g_{1\alpha'}g_{2\beta'}$ 对应的矩阵的乘积, 右边是 $g_{1\alpha}g_{2\beta}$ 与 $g_{1\alpha'}g_{2\beta'}$ 乘积对应的矩阵, 形成表示. 这样的表示我们称为直积群的表示.

定义 2.19 群 G 是另外两个群 G_1 与 G_2 的直积, G_1 与 G_2 分别有表示 A 与 B. 这时, 根据直积分解规则, $C(g_{1\alpha}g_{2\beta}) = A(g_{1\alpha}) \otimes B(g_{2\beta})$, 构成群 G 的表示. 这个表示称为 G_1 与 G_2 直积群的表示.

这个直积群的表示和我们前面讲的群表示的直积有什么区别呢? 最重要的一点就是在群表示的直积那里, 已经知道了它的两个表示, 要做的是用这两个表示矩阵做直积, 来形成新的表示. 而在直积群的表示这里, 本来是不知道 G 的任何表示的, 只知道它的两个不变子群的表示, 同时知道这个群可以写成这两个不变子群的直积, 要基于这个关系构造群 G 的表示. 由于这个差别, 群表示的直积形成新的表示时, 两个不可约表示形成的新的表示可能可约. 而如果 A 与 B 是 G_1 与 G_2 的不可约表示, 那么 $A(g_{1\alpha}) \otimes B(g_{2\beta})$ 对应的 G 的表示也不可约. 因为若 G_1 与 G_2 的阶为 n 和 m, 则有

$$
\begin{aligned}
(\chi^C|\chi^C) &= \frac{1}{nm}\sum_{\alpha=1}^{n}\sum_{\beta=1}^{m}\chi^{A*}(g_{1\alpha})\chi^{B*}(g_{2\beta})\chi^{A}(g_{1\alpha})\chi^{B}(g_{2\beta}) \\
&= \left(\frac{1}{n}\sum_{\alpha=1}^{n}\chi^{A*}(g_{1\alpha})\chi^{A}(g_{1\alpha})\right)\left(\frac{1}{m}\sum_{\beta=1}^{m}\chi^{B*}(g_{2\beta})\chi^{B}(g_{2\beta})\right).
\end{aligned}
$$

当 A 与 B 不可约时, 1 乘上 1 还是 1. 换句话说, 对 G, 如果它太复杂, 我们可以利用直积群的表示这个概念, 由它因子的不可约表示来构造它的不可约表示.

下面我们看诱导表示. 这个概念的难度在我们这门课里面是数一数二的, 当然, 有用程度也很高, 不然我们没必要自找麻烦.

它的主要作用是什么呢? 前面我们讲过, 新表示的构成这一节的一个中心思想是从已知表示构造新的表示. 实际研究中, 最经常面对的情况是群 G 比较复杂, 它的子群比较简单, 我们要从它子群的表示出发构造群 G 的表示. 前面讲的直积群的表示处理的实际就是这样一个情况. 但是我们必须要清楚, 在直积群的表示那里, 对群 G 结构特征的要求是非常高的. 这个群本身必须可以分解为两个子群的直积, 实际情况下这种条件很难成立. 这里要讲的诱导表示则不需要这么高的要求, 只要求群 G 存在一个子群就行了. 我们从这个子群的表示出发构造群 G 的表示, 不必要求这个子群是不变子群, 更不必要求群 G 可以直积分解.

这里的结构关系如图 2.6 所示. 群 G 很复杂, 我们不知道它有什么表示. 我们知道的是它有一个简单很多的子群 H, H 有表示 B, 表示空间是 W. 我们想知道由这些信息, 能否给出 G 的一个表示.

"诱导" 就是由已知的 H 的表示, 得出未知的 G 的表示. 实际上, 就是要去定义一个线性变换群, 使得 G 与它同态. 而定义这个线性变换群有三步:

(1) 定义一个线性空间, 使得线性变换可以作用到这个线性空间的向量上;

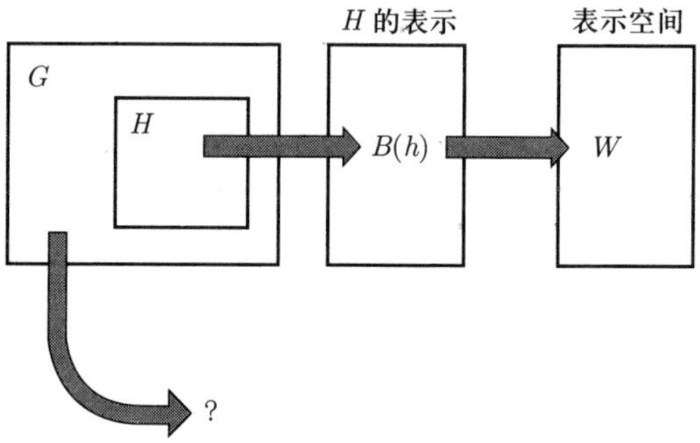

图 2.6 诱导表示图一

(2) 定义这个线性变换;

(3) 把这些线性变换放在一起, 看它们是否形成群, 是否与 G 同态 (也就是保持乘法规律不变).

当这些都做完以后, 我们就可以说从 H 诱导出 G 的一个表示了. 下面的讨论也会按这个思路来进行.

(1) 把诱导表示记为 U, 表示空间记为 V, 这个 V 是什么?

我们把 V 定义为一个函数空间. 既然已知条件是 H, B, W, 那么这个函数空间必然与这些已知条件相关, 怎么个相关法?

我们可以定义 V 中向量是这样一个函数, 这个函数的特点是把每一个 G 中的群元对应到一个 W 空间中的向量, 我们把这个函数记为 f. 这相当于把 W 空间的信息利用起来了, 把 G 这个群也利用起来了, 但是 H, B 还没有利用. 为了把 B 是 H 的表示这个信息再利用起来, 我们规定, 对任意 h 属于 H, 任意 g 属于 G, 有 $f(hg) = B(h)f(g)$. 这是一个限制条件, 也就是说还要求 $f(hg) = B(h)f(g)$ 对任意 h, g 成立. 在这个等式中, 左边是 W 空间的一个向量, 右边 $f(g)$ 也是 W 空间的一个向量, $B(h)$ 是 W 空间上的线性变换, 作用到 W 空间的向量 $f(g)$ 上, 得到 W 空间的另一个向量 $B(h)f(g)$. 这个等式要求这个向量与 f 直接以 hg 为输入得到的 W 空间的向量相同.

(2) 线性变换 $U(g)$ 是什么?

上面是对诱导表示的表示空间的定义, 现在我们看表示的线性变换. 我们对它的要求是它作用到 V 中向量 f 上, 得到 V 中向量 $U(g)f$, 且满足 $[U(g)f](g'') = f(g''g)$. 注意这里 $[U(g)f]$ 是一个 V 中向量, 换句话说也是一个函数. 我们对这个 V 中向量的要求是把一个群元 g'' 映射到 W 空间的向量, 与函数 f 以 $g''g$ 为输入得到的 W 空间中的向量相等. 这是对线性变换 $U(g)$ 的要求. 在第一点中, 我们说了 V 中的向量 f 要满足 $f(hg) = B(h)f(g)$. 在这里, $U(g)$ 作用到 f 上, 得到 V 中的另一个向量 $[U(g)f]$. 显然, $[U(g)f]$ 也要满足 $[U(g)f](hg'') = B(h)[U(g)f](g'')$. 这个要求满不满足呢? 答案

是满足, 因为有

$$[U(g)f](hg'') = f(hg''g) = B(h)f(g''g),$$

再根据 $[U(g)f](g'') = f(g''g)$, 有

$$[U(g)f](hg'') = B(h)f(g''g) = B(h)[U(g)f](g''),$$

也就是说 $U(g)$ 作用到 V 中的一个向量上, 得到的确实是 V 中的另一个向量.

(3) 这个线性变换群保持抽象群 G 的乘法规律不变 (两点: 形成群、保持乘法).

现在我们定义完了诱导表示的表示空间 V, 它是一个函数空间, 其中的函数 f 把每一个群 G 中的群元对应到一个 H 表示 B 的表示空间 W 中的向量, 且满足 $f(hg) = B(h)f(g)$ 对任意 $h \in H, g \in G$ 成立.

同时我们定义了线性变换 $U(g)$, 它满足 $[U(g)f](g'') = f(g''g)$ 对任意 $g, g'' \in G, f \in V$ 成立.

现在我们看 $\{U(g)\}$ 是否形成群, 以及 G 与 $\{U(g)\}$ 是否同态. 同态要满足的关系是

$$[U(g')U(g)f](g'') = [U(g'g)f](g'')$$

对任意 $g, g', g'' \in G, f \in V$ 成立. 我们先证这个关系成立, 然后说明 $\{U(g)\}$ 形成群. 两者合在一起, G 与 $\{U(g)\}$ 同态自然成立.

证明这个关系成立比较简单:

$$[U(g')U(g)f](g'') = [U(g')f](g''g). \tag{2.22}$$

先对后一半作用, 同时记 $f(g''g)$ 这个函数为 $\varphi(g'')$, 因为对 (2.22) 式而言, 变量是 g'', 线性变换作用到的, 是一个以 g'' 为变量的函数. 因此, (2.22) 式可写为

$$[U(g')U(g)f](g'') = [U(g')f](g''g) = [U(g')\varphi](g'') = \varphi(g''g'). \tag{2.23}$$

这里 $U(g)f$ 这个函数 φ 依然属于 V, 因此 $U(g')$ 作用到 $\varphi(g'')$ 上等于 $\varphi(g''g')$.

把 $\varphi(g''g') = f(g''g'g)$ 代入 (2.23) 式, 得

$$[U(g')U(g)f](g'') = \varphi(g''g') = f(g''g'g),$$

而 $[U(g'g)f](g'') = f(g''g'g)$. 因此, 有

$$[U(g')U(g)f](g'') = [U(g'g)f](g'')$$

对任意 $g, g', g'' \in G, f \in V$ 成立.

关系成立后, $\{U(g)\}$ 是否形成群呢? 答案是肯定的. 首先 $[U(g_0)f](g'') = f(g'')$, $U(g_0)$ 是单位元素; 其次 $U(g^{-1})$ 与 $U(g)$ 互逆; 再有前面给出了 $U(g')U(g) = U(g'g)$, 乘

法关系保持 (封闭); 最后 $(U(g'')U(g'))U(g)=U(g''g')U(g)=U(g''g'g)=U(g'')U(g'g)=U(g'')(U(g')U(g))$, 结合律也成立. 因此, $\{U(g)\}$ 形成群.

$\{U(g)\}$ 形成群与前面说的 $U(g')U(g)=U(g'g)$ 这两点再一结合, $\{U(g)\}$ 就是 G 的一个表示. 我们把这个表示称为诱导表示, 记作 ${}_HU_G^B, {}_HU^B$ 或 U^B.

为了更清楚地把它的产生过程再说明一遍, 我们把图 2.6 补完, 如图 2.7 所示. 从 1 到 7 依次讲下来, 加上 $f(hg)=B(h)f(g), [U(g)f](g'')=f(g''g)$ 两个限制条件, 我们就可以证明 $\{U(g)\}$ 就是 G 的表示了.

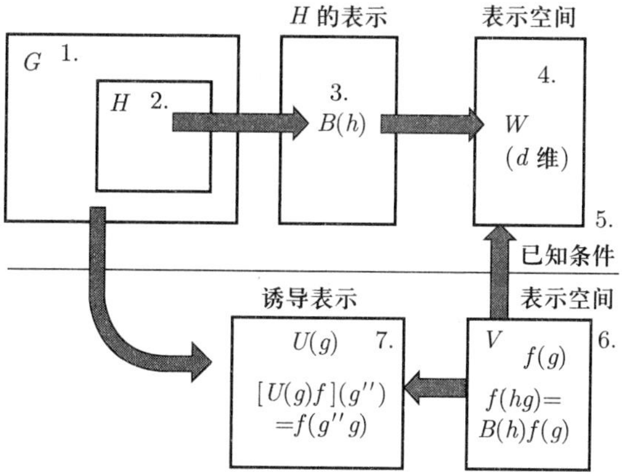

图 2.7 诱导表示图二

上面讲清楚了诱导表示的基本原理. 实际应用中, 除了基本原理, 可能更重要的是如何去产生诱导表示的矩阵.

要解决这个问题, 在前面求群表示的时候我们已经说过, 标准程序是如下三步:

(1) 确定表示空间的维数, 在这里就是 V 这个函数空间的维数;

(2) 在这个函数空间中, 取这个维数个线性无关的函数作为基;

(3) 将线性变换 $\{U(g)\}$ 作用到这些基函数上, 得到新函数, 把每个新函数按旧基展开, 展开系数对应表示矩阵的列.

先看第一步, 这个函数空间有多少维?

(1) 要确定一个函数空间的维数, 就是要看我们需要用几个数来确定一个函数. 在群代数以及它对应的群函数那里, 我们需要群的阶 n 个数来确定一个群函数, 所以群函数空间的维数为 n. 在类函数那里, 我们需要类的个数来确定一个类函数, 所以类函数的维数为类的个数. 在这里, 我们的函数空间 V 具备这样的特质, 把一个群元对应到一个 W 空间中的向量. 群元有 n 个选择 (自由度为 n), W 空间中的向量是 d 维的 (自由度为 d), 两方面加在一起, 要确定这样一个函数, 我们有 $n\times d$ 个自由度, 这个函数空间是 $n\times d$ 维的. 但是在得出这个结论的时候, 我们忽略了一个对 V 中函数 f 的限制, 也就是 $f(hg)=B(h)f(g)$ 对任意 $h\in H, g\in G$ 成立. 这个限制有什么意义呢?

这个限制其实意味着对 f, 我们不需要知道所有 $f(g)$ 的值, 只需要知道一部分, 就可以把所有 $f(g)$ 的值通过 $f(hg)=B(h)f(g)$ 得到. 为什么呢? 因为我们可以把群 G 按其子群 H 进行陪集分解, $G=\{Hg_1,Hg_2,\cdots,Hg_l\}$, 其中 g_1 是 G 中单位元, $l=n/m$, n 是 G 的阶, m 是 H 的阶. 这样分割的话, 对于任意群元 g, 都可以把它定位在某一个陪集中, 写成 hg_i, 这样, 它所对应的 W 空间中的向量就可以通过 $f(hg_i)=B(h)f(g_i)$ 得到. 这里 $B(h)$ 已知, 也就是说我只需要知道在上面的陪集分解中每个 g_i 对应的 $f(g_i)$, 那么所有的 $f(g)$ 就都知道了. 这样 V 的维数就缩小为 $\dfrac{n}{m}d$, 以后记 $l=\dfrac{n}{m}$.

(2) 有了这样一个认识, 我们就可以选基了. 这个基应该由 $l\times d$ 个函数组成, 其中每个函数都把每个上面陪集分解时的 g_i 对应到一个 W 空间中的向量.

我们用两个指标 r 与 j 来标记这一组基, 这组基的形式为 $e_{rj}(g_k)=\delta_{jk}\boldsymbol{e}_r$, 其中 r 是 W 空间的维度指标, 走遍 1 到 d, $\boldsymbol{e}_r$ 是 W 里面 d 个线性无关的向量 (H 表示 B 的表示空间), j 是从 1 到 l 中间的一个数. 这样 rj 有 $l\times d$ 个组合. 这里 $e_{rj}(g_k)$ 起的作用是把 G 中按 H 的陪集分解得到的 $g_1,g_2,\cdots,g_l$ 中的一个元素, 对应到一个 W 空间中的向量. 当输入不是 $g_1,g_2,\cdots,g_l$ 中的一个元素, 而是 G 中任意一个元素时, 这个函数会根据这个元素在 G 的陪集分解中的定位, 把其写成 hg_i 的形式, 然后 $e_{rj}(hg_i)$ 就等于 $B(h)e_{rj}(g_i)$. $B(h)$ 已知, $e_{rj}(g_i)$ 已知, $e_{rj}(hg_i)$ 自然就知道了. 也就是说, 确定这组基, 最终会落定在 r 与 j 分别取遍从 1 到 d, 1 到 l 的值时, $e_{rj}(g_k)$ 分别对应什么样的函数.

我们先看 $r=1,j=1$ 的情况, 这个时候, $e_{rj}(g_k)$ 这个函数把 g_1 对应到 W 空间中的 $\boldsymbol{e}_1$, 把 g_2 对应到 W 空间中的零向量, 把 $g_3,\cdots,g_l$ 都对应到 W 空间中的零向量.

$r=2,j=1$ 时, $e_{rj}(g_k)$ 把 g_1 对应到 W 空间中的 $\boldsymbol{e}_2$, 把 g_2 及其他元素都对应到 W 空间中的零向量.

$r=3,j=1$ 等情况可以此类推.

$r=d,j=1$ 时, $e_{rj}(g_k)$ 把 g_1 对应到 W 空间中的 $\boldsymbol{e}_d$, 把 $g_2,\cdots,g_l$ 都对应到 W 空间中的零向量.

$r=1,j=2$ 时, $e_{rj}(g_k)$ 把 g_1 对应到 W 空间中的零向量, 把 g_2 对应到 W 空间中的 $\boldsymbol{e}_1$, 把 $g_3,\cdots,g_l$ 都对应到 W 空间中的零向量.

$r=2,j=2$ 时, $e_{rj}(g_k)$ 把 g_1 对应到 W 空间中的零向量, 把 g_2 对应到 W 空间中的 $\boldsymbol{e}_2$, 把 $g_3,\cdots,g_l$ 对应到 W 空间中的零向量.

$r=3,j=2$ 等情况可以此类推.

$r=d,j=2$ 时, $e_{rj}(g_k)$ 把 g_1 对应到 W 空间中的零向量, 把 g_2 对应到 W 空间中的 $\boldsymbol{e}_d$, 把 $g_3,\cdots,g_l$ 都对应到 W 空间中的零向量.

$j=3$ 到 l, 对每个 j,r 等于 1 到 d 的情况可以此类推. 当 r,j 的组合走遍 $d\times l$ 个维数后, V 中的 $l\times d$ 个基函数就定了.

(3) 定义完这样一个基以后, 我们就可以求诱导表示的表示矩阵了, 也就是要看 $U(g)$ 作用到 $e_{rj}(g_k)$ 上的效果. 根据 $U(g)$ 的定义, 我们知道

$$U(g)e_{rj}(g_k) = e_{rj}(g_k g).$$

我们可以根据 G 按 H 进行陪集分解的具体形式, 确定 $g_k g$ 为 hg_i, 然后再根据 $e_{rj}(hg_i) = B(h)e_{rj}(g_i)$ 来确定 $e_{rj}(g_k g)$ 对应什么样的 W 空间中的向量. 这个做法没有问题, 但是, 当我们回到线性变换本身, 想把 $e_{rj}(g_k g)$ 写成以 g_k 为变量的函数, 并且把它用 $e_{rj}(g_k)$ 来展开时就没那么容易了.

这个时候我们首先需要明确的是 g 是一个确定的群元, 我们想求的是它的线性变换矩阵. $U(g)$ 作用到 $e_{rj}(g_k)$ 上得到的是 $e_{rj}(g_k g)$. 我们不知道 $e_{rj}(g_k g)$ 是什么, 需要通过 H 对 G 的陪集分解把它确定为某个 hg_i. g 定了, g_k 定了, h 与 g_i 也就定了. 然后我们通过 $e_{rj}(g_k g) = e_{rj}(hg_i) = B(h)e_{rj}(g_i)$ 可以得到

$$U(g)e_{rj}(g_k) = B(h)e_{rj}(g_i).$$

$B(h)$ 是我们已知的变换矩阵. 我们现在需要做的, 是把 $e_{rj}(g_i)$ 的变量变作 g_k, 这样就可以得出 $U(g)$ 的矩阵表示了.

怎么做到这一点? 我们用的性质是 g_i 是 $g_1, g_2, \cdots, g_l$ 中的一个群元, g_k 也是 $g_1, g_2, \cdots, g_l$ 中的一个群元. 当 $g_1, g_2, \cdots, g_l$ 排好位置以后, g_i 与 g_k 差的是一个平移. 假设 $i+t$ 等于 k, 那么 $e_{rj}(g_i) = e_{rj+t}(g_k)$. 把 $j+t$ 记为 m, 那么上面那个变换就变成了

$$U(g)e_{rj}(g_k) = B(h)e_{rm}(g_k).$$

$e_{rm}(g_k)$ 是基矢组中的一个, 展开系数就可以由右边确定了.

这个式子的右边要想不为零, 由 $e_{rm}(g_k)$ 的定义, 必须有 $m=k$. 同时, 由 $e_{rm}(g_k) = e_{rj}(g_i)$ 这个条件, 得 $i = j$. 再由 $g_k g = hg_i$, 知 $h = g_k g g_i^{-1}$. 结合 $m = k, i = j$, 我们就知道 $g_m g g_j^{-1} = h \in H$. 注意, 这里 m, j 是基矢 $e_{rm}(g_k), e_{rj}(g_i)$ 的第二个指标, 也就是说只有基矢的第二个指标 m, j 所对应的 g_m, g_j 通过 $g_m g g_j^{-1}$ 的方式作用到群元 g 上得到的群元 $g_m g g_j^{-1} = h \in H$ 时, $U(g)e_{rj}(g_k)$ 的展开系数才不为零. 这时展开系数由 $B(h)$, 即 $B(g_m g g_j^{-1})$ 决定. 其他情况下, 结果都是零.

基于这个理解, 表示矩阵的具体形式就非常简单了. $\forall g \in G$,

$$U(g) = \begin{pmatrix} \dot{B}(g_1 g g_1^{-1}) & \dot{B}(g_1 g g_2^{-1}) & \cdots & \dot{B}(g_1 g g_l^{-1}) \\ \dot{B}(g_2 g g_1^{-1}) & \dot{B}(g_2 g g_2^{-1}) & \cdots & \dot{B}(g_2 g g_l^{-1}) \\ \vdots & \vdots & \ddots & \vdots \\ \dot{B}(g_l g g_1^{-1}) & \dot{B}(g_l g g_2^{-1}) & \cdots & \dot{B}(g_l g g_l^{-1}) \end{pmatrix}, \tag{2.24}$$

其中

$$\dot{B}(g_m g g_j^{-1}) = \begin{cases} B(g_m g g_j^{-1}), & \text{当 } g_m g g_j^{-1} \in H, \\ 0, & \text{其他情况}. \end{cases}$$

在这个表述中, 我们是把 $\dot{B}(g_m g g_j^{-1})$ 这个 $d\times d$ 的矩阵作为基本单元, 把 $U(g)$ 写成了 $l\times l$ 块. 在这 $l\times l$ 块中, 对一个特定的 m, 因为 $g_m g$ 只能分解到一个 H 的陪集中, 所以只有一个 $\dot{B}(g_m g g_j^{-1})$ 非零. 同样, 不同 $g_m g$ 与 $g_{m'} g$ 必对应不同陪集 (因为不然由 $g_m g = h_1 g_j$ 与 $g_{m'} g = h_2 g_j$ 可得 $g_m = h_1 h_2^{-1} g_{m'}$, 进而 $g_m \in H g_{m'}$, 与 Hg_m, $Hg_{m'}$ 是不同陪集矛盾), 这样 $U(g)$ 这个矩阵以 B 这个 $d\times d$ 的矩阵作为基本单元, 写出来就是

$$U(g) = \begin{pmatrix} 0 & 0 & \cdots & 0 \\ 0 & B & \cdots & 0 \\ \vdots & \vdots & \ddots & \vdots \\ B & 0 & \cdots & 0 \\ \vdots & \vdots & \cdots & B \\ 0 & 0 & \cdots & 0 \end{pmatrix}$$

这种类似于正则表示的样子了.

举个例子, 还是用 D_3.

例 2.12 $G=\{e,d,f,a,b,c\}, H=\{e,d,f\}$. H 是个三阶循环群, 有表示 $B(e)=1, B(d)=\varepsilon=\exp\left[\frac{2\pi \mathrm{i}}{3}\right], B(f)=\varepsilon^2=\exp\left[\frac{4\pi \mathrm{i}}{3}\right]$. 求由它诱导出的 G 的表示.

解 这里需要的信息是 D_3 群乘法表, 也就是表 1.1. $G=\{Hg_1, Hg_2\}, g_1=e, g_2=a$. 由上面给出的诱导表示的式子, 可以直接得到

$$U^B(e) = \begin{pmatrix} \dot{B}(eee^{-1}) & \dot{B}(eea^{-1}) \\ \dot{B}(aee^{-1}) & \dot{B}(aea^{-1}) \end{pmatrix} = \begin{pmatrix} B(e) & 0 \\ 0 & B(e) \end{pmatrix} = \begin{pmatrix} 1 & 0 \\ 0 & 1 \end{pmatrix},$$

$$U^B(d) = \begin{pmatrix} \dot{B}(ede^{-1}) & \dot{B}(eda^{-1}) \\ \dot{B}(ade^{-1}) & \dot{B}(ada^{-1}) \end{pmatrix} = \begin{pmatrix} B(d) & 0 \\ 0 & B(f) \end{pmatrix} = \begin{pmatrix} \varepsilon & 0 \\ 0 & \varepsilon^2 \end{pmatrix},$$

$$U^B(f) = \begin{pmatrix} \dot{B}(efe^{-1}) & \dot{B}(efa^{-1}) \\ \dot{B}(afe^{-1}) & \dot{B}(afa^{-1}) \end{pmatrix} = \begin{pmatrix} B(f) & 0 \\ 0 & B(d) \end{pmatrix} = \begin{pmatrix} \varepsilon^2 & 0 \\ 0 & \varepsilon \end{pmatrix},$$

$$U^B(a) = \begin{pmatrix} \dot{B}(eae^{-1}) & \dot{B}(eaa^{-1}) \\ \dot{B}(aae^{-1}) & \dot{B}(aaa^{-1}) \end{pmatrix} = \begin{pmatrix} 0 & B(e) \\ B(e) & 0 \end{pmatrix} = \begin{pmatrix} 0 & 1 \\ 1 & 0 \end{pmatrix},$$

$$U^B(b) = \begin{pmatrix} \dot{B}(ebe^{-1}) & \dot{B}(eba^{-1}) \\ \dot{B}(abe^{-1}) & \dot{B}(aba^{-1}) \end{pmatrix} = \begin{pmatrix} 0 & B(f) \\ B(d) & 0 \end{pmatrix} = \begin{pmatrix} 0 & \varepsilon^2 \\ \varepsilon & 0 \end{pmatrix},$$

$$U^B(c)=\begin{pmatrix}\dot{B}(ece^{-1}) & \dot{B}(eca^{-1})\\ \dot{B}(ace^{-1}) & \dot{B}(aca^{-1})\end{pmatrix}=\begin{pmatrix}0 & B(d)\\ B(f) & 0\end{pmatrix}=\begin{pmatrix}0 & \varepsilon\\ \varepsilon^2 & 0\end{pmatrix}.$$

这个诱导表示特征标为 $2,-1,0$, 是不可约表示.

由前面的 (2.24) 式, 我们还知道诱导表示的特征标整体可写为

$$\chi^U(g)=\sum_{j=1}^{l}\mathrm{tr}\dot{B}(g_jgg_j^{-1}), \tag{2.25}$$

其中 $l=n/m$. 这里 $g_jgg_j^{-1}\in H$ 时 $\dot{B}$ 是 B, 否则是零矩阵. 我们可以注意到这样一个性质, 就是 $g_1,\cdots,g_l$ 其实是 G 依据 H 进行陪集分解的时候用到的 H 外的那些群元, 整个 G 可以写成 Hg_1 到 Hg_l 的并集. 对一个陪集, 比如 Hg_j 中的任何一个元素 hg_j, 把它作用到 g 上, 都会有这样的性质: 如果 $g_jgg_j^{-1}\in H$, 则 $hg_jgg_j^{-1}h^{-1}\in H$, 而如果 $g_jgg_j^{-1}\notin H$, 则 $hg_jgg_j^{-1}h^{-1}\notin H$. 因为如果不然, 就会反推出 $g_jgg_j^{-1}\in H$. 同时 $\mathrm{tr}\dot{B}(g_jgg_j^{-1})=\mathrm{tr}\dot{B}(hg_jgg_j^{-1}h)$. 这样的话, (2.25) 式中那个对 g_j 的求和就可以扩展到 G 中所有元素上, 唯一需要注意的是对 H 中元素遍历的时候, 给了 m 遍 (H 的阶) 相同的结果, 所以要把这个重复的部分扣除, 最终有

$$\chi^U(g)=\frac{1}{m}\sum_{t\in G}\mathrm{tr}\dot{B}(tgt^{-1}). \tag{2.26}$$

在诱导表示这个硬骨头啃下来之后, 我们这一节就剩下两个简单很多的内容了: (1) 群表示在子群上的缩小, (2) Frobenius 定理. 它们都可以用几句话说清楚.

群表示到其子群的缩小说的是这样一个事情, A 是群 G 的一个表示, $\forall g\in G$, 都有一个线性变换 $A(g)$ 与之对应, 且有 $A(g_1g_2)=A(g_1)A(g_2)$. 那么这个对应关系对 G 的子群 H 中的元素自然也成立, 即 $\forall h\in H\subset G$, 都有一个线性变换 $A(h)$ 与之对应, 且有 $A(h_1h_2)=A(h_1)A(h_2)$. 也就是说线性变换群 $\{A(h)\}$ 形成了 G 的子群 H 的一个表示. 我们把这样的一个表示称为 G 的表示 A 到其子群 H 的缩小, 记为 $A|_H$.

对于表示的缩小, 如果 A 是 G 的不可约表示, 那么 $A|_H$ 是 H 的不可约表示吗? 答案是: 不一定. 比如对于 D_3 群, 有二维不可约表示:

$$A(e)=\begin{pmatrix}1 & 0\\ 0 & 1\end{pmatrix},\quad A(d)=\begin{pmatrix}\varepsilon & 0\\ 0 & \varepsilon^2\end{pmatrix},\quad A(f)=\begin{pmatrix}\varepsilon^2 & 0\\ 0 & \varepsilon\end{pmatrix},$$

$$A(a)=\begin{pmatrix}0 & 1\\ 1 & 0\end{pmatrix},\quad A(b)=\begin{pmatrix}0 & \varepsilon^2\\ \varepsilon & 0\end{pmatrix},\quad A(c)=\begin{pmatrix}0 & \varepsilon\\ \varepsilon^2 & 0\end{pmatrix}.$$

它在 D_3 的子群 $H=\{e,d,f\}$ 上的缩小, 就不是这个三阶循环群的不可约表示.

Frobenius 定理关注的是这样的情况: 群 G 有子群 H,G 有不可约表示 A,H 有不可约表示 B. 它们本来看起来没什么关系, 但是由前面的讨论我们知道, 由 H 的不可

约表示 B, 可以诱导出 G 的一个表示 U, 这个表示 U 对 G 来说可能是可约的. 同时对 G 的不可约表示 A, 它在 H 上有个缩小 $A|_H$, 这个缩小对 H 来说也可能是可约的. 由于诱导表示和群表示的缩小这两个定义本身蕴藏的结构关系, 我们可以得出如下定理.

定理 2.12 (Frobenius 定理) *若群 G 与其子群 H 分别存在不可约表示 A 与 B, 则 G 的不可约表示 A 在由 H 的不可约表示 B 所诱导出来的 G 的表示 U 中的重复度, 等于 H 的不可约表示 B 本身在 G 的不可约表示 A 对 H 的缩小 (也就是 H 的表示 $A|_H$) 中的重复度.*

这个定理用图形的方式表达, 如图 2.8 所示.

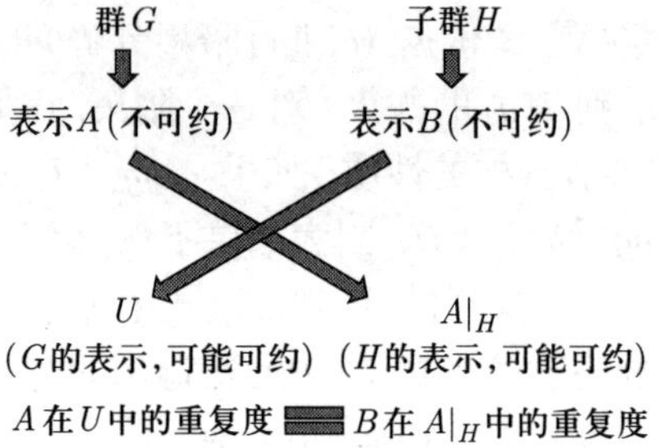

图 2.8 Frobenius 定理

Frobenius 定理用数学式子写出来, 就是

$$(\chi^A|\chi^U) = (\chi^B|\chi), \tag{2.27}$$

其中 χ^A, χ^U 是群 G 的不可约表示 A 与由 H 的不可约表示 B 所诱导出来的 G 的诱导表示 U 的特征标, χ^B, χ 是群 H 的不可约表示 B 与由 G 的表示 A 在 H 上的缩小构成的 H 的表示 $A|_H$ 的特征标.

证明 (2.27) 式的左边为

$$\begin{aligned}(\chi^A|\chi^U) &= \frac{1}{n}\sum_{g\in G}\chi^{A*}(g)\chi^U(g) = \frac{1}{n}\sum_{g\in G}\chi^{A*}(g)\left\{\frac{1}{m}\sum_{t\in G}\mathrm{tr}\dot{B}(tgt^{-1})\right\}\\ &= \frac{1}{nm}\sum_{t\in G}\sum_{g\in G}\chi^{A*}(g)\mathrm{tr}\dot{B}(tgt^{-1}),\end{aligned}$$

这里 t 与 g 的求和都走遍 G. 记 $s = tgt^{-1}$, 则 $g = t^{-1}st$, 那么对 t 与 g 的求和可以换作对 s 与 t 的求和, 有

$$(\chi^A|\chi^U) = \frac{1}{nm}\sum_{t\in G}\sum_{s\in G}\chi^{A*}(t^{-1}st)\mathrm{tr}\dot{B}(s).$$

由 $\dot{B}$ 定义, 又有

$$(\chi^A|\chi^U) = \frac{1}{m}\sum_{s\in H}\left\{\frac{1}{n}\sum_{t\in G}\chi^{A*}(t^{-1}st)\right\}\chi^B(s).$$

因为对 χ^B 求和, 要求 s 属于 H, 所以求和范围自然缩小到 H. 同时, 又由于在 t 走遍 G 时, $\chi^{A*}(t^{-1}st) = \chi^{A*}(s)$ 都成立, 所以有

$$(\chi^A|\chi^U) = \frac{1}{m}\sum_{s\in H}\chi^{A*}(s)\chi^B(s) = (\chi|\chi^B).$$

由于重复度为实数, 最后推出

$$(\chi^A|\chi^U) = (\chi^B|\chi).$$

Frobenius 定理成立.

回到 D_3 群的例子.

例 2.13 我们刚才从 $\{e,d,f\}$ 的不可约表示 $B(e)=1, B(d)=\varepsilon=\exp[2\pi i/3], B(f)=\varepsilon^2=\exp[4\pi i/3]$ 推出了 A 的诱导表示

$$A(e) = \begin{pmatrix} 1 & 0 \\ 0 & 1 \end{pmatrix}, \quad A(d) = \begin{pmatrix} \varepsilon & 0 \\ 0 & \varepsilon^2 \end{pmatrix}, \quad A(f) = \begin{pmatrix} \varepsilon^2 & 0 \\ 0 & \varepsilon \end{pmatrix},$$

$$A(a) = \begin{pmatrix} 0 & 1 \\ 1 & 0 \end{pmatrix}, \quad A(b) = \begin{pmatrix} 0 & \varepsilon^2 \\ \varepsilon & 0 \end{pmatrix}, \quad A(c) = \begin{pmatrix} 0 & \varepsilon \\ \varepsilon^2 & 0 \end{pmatrix}.$$

诱导表示不一定是不可约表示, 但这个表示恰好是, A^1, A^2, A^3 在它上面的重复度由特征标表 2.3 可以得出, 分别为 $0,0,1$. 这个时候我们来验证 Frobenius 定理. 如果取 D_3 的不可约表示为 A^1 或 A^2, 这个 A^1 或 A^2 在 H 上的缩小都是 $A(e)=A(d)=A(f)=1$, H 的不可约表示在它上面的重复度都是 0, 恰好与 A^1 或 A^2 本身在这个诱导表示上的重复度相同, 这也就是 Frobenius 定理说的内容.

如果我们把 D_3 的不可约表示换为 A^3, A^3 在 B 的诱导表示上的重复度为 1. 而同时, A^3 在 H 上的缩小为

$$A(e) = \begin{pmatrix} 1 & 0 \\ 0 & 1 \end{pmatrix}, \quad A(d) = \begin{pmatrix} \varepsilon & 0 \\ 0 & \varepsilon^2 \end{pmatrix}, \quad A(f) = \begin{pmatrix} \varepsilon^2 & 0 \\ 0 & \varepsilon \end{pmatrix}.$$

H 本身的不可约表示 $B(e)=1$, $B(d)=\varepsilon=\exp[2\pi i/3]$, $B(f)=\varepsilon^2=\exp[4\pi i/3]$ 在 $A|_H$ 上的重复度为

$$\begin{aligned}(\chi^B|\chi) &= \frac{1}{3}[2\times 1 + (\varepsilon+\varepsilon^2)\times\varepsilon + (\varepsilon^2+\varepsilon)\times\varepsilon^2] \\ &= \frac{1}{3}[2 + (\varepsilon+\varepsilon^2)\times(\varepsilon^2+\varepsilon)] = 1.\end{aligned}$$

Frobenius 定理依然成立.

习题与思考

1. 设 $A(g)$ 是群 $G=\{g\}$ 的一个表示, 证明: 复共轭矩阵 $A^*(g)$ 也是 G 的一个表示, 且若 $A(g)$ 是不可约的或者酉的, 则 $A^*(g)$ 也是不可约的或者酉的.
2. 设 $A(g)$ 是群 $G=\{g\}$ 的一个表示, 证明: 转置逆矩阵 $[A^{\mathrm{T}}(g)]^{-1}$, 厄米共轭逆矩阵 $[A^{\dagger}(g)]^{-1}$ 也是 G 的表示, 且若 $A(g)$ 是不可约的或者酉的, 则 $[A^{\mathrm{T}}(g)]^{-1}, [A^{\dagger}(g)]^{-1}$ 也是不可约的或者酉的.
3. 若 $A(g)$ 是群 $G=\{g\}$ 的一个表示, 那 $A^{\mathrm{T}}(g), A^{\dagger}(g)$ 是吗? 为什么?
4. 设 $A(g)$ 是有限群 G 的一个不可约表示, C 是 G 中的一个共轭类, λ 为常数, E 是单位矩阵, 证明: $\sum\limits_{g\in C} A(g)=\lambda E$ (体会此证明中有限群这个条件的使用).
5. 证明: 有限群 G 中属于同一类的各元素的表示矩阵之和, 必与群 G 的一切元素的表示矩阵互易.
6. 求三阶群的所有不等价不可约表示.
7. 设 $A(g)$ 是有限群 G 的一个不可约表示, $B(g)$ 是有限群 G 的一个一维非恒等表示, 证明: $A(g)\otimes B(g)$ 也是群 G 的一个不可约表示.
8. 设 $V=\{e,a,b,c\}$ 是满足如下乘法表的四阶群, 求其所有不等价不可约表示.

	e	a	b	c
e	e	a	b	c
a	a	e	c	b
b	b	c	e	a
c	c	b	a	e

9. 求出 D_3 群的所有不等价不可约酉表示, 并检验群表示的正交定理.
10. 求出 D_3 群在二次齐次函数空间 $\{\Psi_1(\boldsymbol{r})=x^2, \Psi_2(\boldsymbol{r})=y^2, \Psi_3(\boldsymbol{r})=z^2, \Psi_4(\boldsymbol{r})=xy, \Psi_5(\boldsymbol{r})=yz, \Psi_6(\boldsymbol{r})=xz\}$ 上的表示, 并写出其包含的不可约表示.
11. 写出四阶循环群的左正则表示与右正则表示.
12. 设 $A^p(g)$ 与 $A^r(g)$ 是群 G 的两个不等价不可约表示, 直积表示 $A^p(g)\otimes A^{r*}(g)$ 包含其恒等表示吗? $A^p(g)\otimes A^{p*}(g)$ 呢? 为什么? 如包含, 包含几次?
13. 取子群 H 的表示为左正则表示, 由其诱导出的群 G 的表示是什么样子? 为什么?
14. 有限群 G 的非恒等不可约表示的特征标之和 $\sum\limits_{g\in G}\chi^p(g)$ 等于多少? 为什么?
15. 以 $f_1(\boldsymbol{r})=x^2, f_2(\boldsymbol{r})=y^2, f_3(\boldsymbol{r})=xy$ 为基, 写出 D_3 群的三维表示并约化.
16. 对 D_3 群, 基于其子群 $\{e,a\}$ 的恒等表示, 写出其诱导表示并约化.
17. 写出 D_3 群所有不可约表示相互之间的直积并约化.

第三章　点群与空间群

3.1　点 群 基 础

前面说过很多次, 第一、第二章是本书的理论基础, 是为后面讲具体的群做准备的. 本章将介绍点群与空间群. 历史上, 物理学家 (包括地质学家), 特别是其中研究晶体的那部分人, 就对称性的认识, 在早期集中于这个领域. 现在, 可以说点群与空间群的对称性描述是我们在讨论固体和分子的结构、电子结构、振动谱等物理性质时不可或缺的科学语言. 如果不懂这些知识, 物质科学 (physical sciences) 类杂志上的很多文章我们读起来都会很困难.

点群最基本的特征是在进行对称操作的时候, 操作对象至少有一个点保持不动. 这种对称性在晶体、分子、准晶材料中都会出现. 而空间群是基于点群概念的, 描述的是晶体的对称性. 因为这个原因, 我们这一章的基础是点群. 在点群中, 我们不要求系统具有平移对称性. 在讲完点群之后, 我们会说, 如果再加一个限制, 也就是系统需要有平移对称性, 那么这个时候, 就不是所有的点群都可以在晶体中存在了, 能在晶体中存在的只是其中的一部分. 比如在分子中是允许五阶轴, 也就是绕一个轴转 $2\pi/5$ 角的对称操作存在的, 但是在晶体中就不允许. 这也就引出了晶体点群的概念, 它是点群的一部分. 和晶体点群的概念对应, 还有晶体点阵的概念.

同时, 我们可以注意一下, 在晶体出现的时候, 它对点群加的是一个限制, 效果是使得很多非周期性体系中的对称性在晶体中不能存在. 但是任何事物都有两面性, 晶体的平移周期性结构对点群的对称操作加了这样一个限制, 作为补偿, 在其他的对称群描述中, 晶体周期性结构对其中群元的要求就会有所放松. 这在空间群概念中可以详细体现. 具体而言, 就是在晶体中进行一定角度的旋转后, 做个晶格长度分数倍的平移, 系统还可以回到与之前不可分辨的状态. 这种操作对应某空间群元素, 其对称元素是我们常说的螺旋轴. 在不做这个旋转前, 晶格长度分数倍的平移是不被晶体中原子的周期性排布允许的. 同时, 晶体在对一个平面进行反射后再做一个晶格长度分数倍的平移, 也可以回到与之前不可分辨的状态. 这个对称操作的对称元素是我们常说的滑移面. 这些操作因为不保持一个固定的点不变了, 所以不是点群操作, 但能够保持晶体不变. 为了描述这种转动与平移对称性的集合, 我们引入空间群的概念. 由这些介绍, 读者可以暂时理解空间群基于点群, 但又与点群有所不同. 具体的细节我们会在后面仔细讲解, 这里先做一个整体的介绍.

其他群论教材通常会通过两个途径来引入点群的概念:

(1) 从点群的母体, 三维实正交群 O(3) 出发. O(3) 群是由转动、反演, 以及它们的组合构成的, 是一个无限群, 后面我们会细讲. 点群是 O(3) 群的有限子群.

(2) 从具体的多面体或分子出发, 去讨论它们的对称性, 总结归纳出一些共同点, 再引入点群的概念.

比较有意思的是, 如果你去看各个教材的作者以及他们所采取的引入点群的方式, 会发现作者的背景和他们采取的方式是存在一定关联的. 一般来说, 学物理出身的人倾向于使用前者, 就是先把点群的母体说明白了, 再讲点群, 事情就比较简单了. 而学化学出身的学者, 比如 Cotton, 还有我们一些撰写物理化学教材的老师, 讲对称性的时候, 就使用的是后者. 当然, 我只说有一定关联, 也不排除例外. 对我而言, 我觉得两个路子各有好处, 前者严格, 后者直观. 这里我们倾向于使用一个折中的办法, 把三维实正交群 O(3) 与点群合在一起, 作为 "点群基础" 来讲.

点群是一种群, 它对应的是一个实际系统在三维实空间中具有的对称性的集合, 这些操作有个特征, 就是进行操作的时候, 三维空间中有一个点不动. 这个实际系统可以有限大, 比如分子、团簇, 也可以无限大, 比如晶体.

对点群的讨论可以从其中最重要的两个概念——对称操作 (symmetry operation) 与对称元素 (symmetry element) 开始. 这里参考 Cotton 书[11] 上给出的定义.

定义 3.1 对称操作是对于物体的这样的移动, 在施行后, 物体上的每个点都与初始取向时的等价点重合. 换句话说, 若我们标记了物体在移动前后的位置和取向, 那么这个移动称为对称操作, 如果这些点和取向是不可分辨的.

定义 3.2 对称元素是一个几何实体, 如直线、平面或点等, 一个或多个对称操作可以依据它施行.

由上面的定义, 我们知道对称操作是一个使物体到达与其初始状态不可分辨的另一个状态的移动, 而对称元素则是可以依据其施行对称操作的几何实体. 下面, 我们以立方体为例, 具体讨论一下这两个概念.

例 3.1 如图 3.1 所示, 立方体有八个顶点, a 到 h, 中心设为原点 O, x, y, z 轴分别过对应各面的中心.

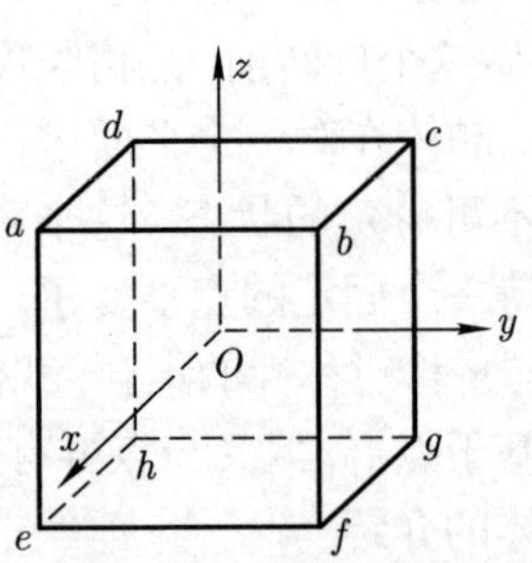

图 3.1 立方体对称性

我们看立方体有多少个对称操作:

(1) 沿立方体的四个对角线 ag, fd, hb, ce 进行 $2\pi/3, 4\pi/3$ 转动的操作, 这样的操作有 $4 \times 2 = 8$ 个;

(2) 沿 x, y, z 轴转 $\pi/2, \pi, 3\pi/2$ 的操作, 这样的操作有 $3 \times 3 = 9$ 个;

(3) 立方体有 12 个棱, 两条相对的棱的中点连接起来, 绕这个连线转动 π 角的操作, 这样的操作有 $6 \times 1 = 6$ 个;

(4) 不动本身这个操作.

一共 $8 + 9 + 6 + 1 = 24$ 个纯转动操作.

在这里转动是对称操作, 每个转动相应地有旋转轴, 而旋转轴就是对称元素.

另外, 反演操作 I, 也就是把三维实空间中任意一个坐标是 (x, y, z) 的点变换到 $(-x, -y, -z)$ 处的操作, 实际上也是立方体的对称操作. I 与前面的 24 个纯转动操作结合, 就又可以给出 24 个新的对称操作. 这样加在一起就有 48 个对称操作了. 这 48 个对称操作的集合构成一个群, 就是立方体的对称群, 记为 $\mathrm{O_h}$. 它是一个点群 (因为对这 48 个操作, 立方体中心都不动).

现在我们可以去想, 如果有一个与立方体同心的球, 那么这 48 个 $\mathrm{O_h}$ 群的对称操作是否保持这个球不变? 很明显是保持的. 对于这个球而言, 它的对称操作还远远不止这些. 以后我们学到的所有点群的对称操作, 对这个球都成立. 换句话说, 如果我们把所有保持这个球不变的对称操作放在一起, 它们是形成一个群的. 这个群是如此大, 以至于任何一个点群都是这个群的子群. 在这里, 我们把它称为点群的母体. 它的名字叫三维实正交群, 记为 O(3). 下面我们会花些时间来介绍一下 O(3) 群.

但在讲 O(3) 群之前, 我们需要先介绍一下它里面的基本操作, 就是三维实空间 (R^3) 中的正交变换.

三维实空间的一个性质是在定了一组正交归一基 $\widehat{\boldsymbol{i}}, \widehat{\boldsymbol{j}}, \widehat{\boldsymbol{k}}$ 以后, 其中的任意一个向量都可以写成下述列矩阵形式, 比如

$$\boldsymbol{r} = \begin{pmatrix} x_1 \\ x_2 \\ x_3 \end{pmatrix}, \quad \boldsymbol{r}' = \begin{pmatrix} x_1' \\ x_2' \\ x_3' \end{pmatrix}.$$

两个向量的内积为

$$(\boldsymbol{r} \cdot \boldsymbol{r}') = \sum_{i=1}^{3} x_i x_i',$$

其中向量 $\boldsymbol{r}$ 的长度为

$$|\boldsymbol{r}| = (\boldsymbol{r} \cdot \boldsymbol{r})^{1/2} = \left(\sum_{i=1}^{3} x_i x_i \right)^{1/2},$$

而向量 $\boldsymbol{r}$ 与 $\boldsymbol{r}'$ 的夹角 φ 满足

$$\cos\varphi = (\boldsymbol{r}\cdot\boldsymbol{r}')/(|\boldsymbol{r}||\boldsymbol{r}'|).$$

这些都是 R^3 中向量的性质.

而 R^3 中的正交变换, 是保持 R^3 中任意两个向量内积不变的变换, 也就是说 $\forall \boldsymbol{r},\boldsymbol{r}'\in R^3$, 线性变换 O 要满足

$$(O\boldsymbol{r}\cdot O\boldsymbol{r}') = (\boldsymbol{r}\cdot\boldsymbol{r}'),$$

也就是

$$O^{\mathrm{T}}O = E,$$

这里 O^{T} 是 O 的转置 (实矩阵).

这个时候, 如果我们对比之前讲的酉变换, 会发现酉变换的定义对应的是任意内积空间中的保内积变换, 而正交变换则对应的是三维欧氏空间这个实向量空间中的保内积变换, 是一种特殊的酉变换.

基于这样一个正交变换, 我们可以引出三维实正交群 O(3).

定义 3.3 由三维欧氏空间中所有的正交变换构成的群, 称为三维实正交群, 记为 O(3).

关于 O(3) 群中元素最重要的性质, 可以由下式得到:

$$O^{\mathrm{T}}O = E. \tag{3.1}$$

由 (3.1) 式, 有

$$\det(O^{\mathrm{T}}O) = (\det(O))^2 = 1,$$

从而 $\det(O) = \pm 1$. 也就是说正交变换为非奇异变换, 其行列式为 $+1$ 或 -1.

同时, 由于

$$\det(O_1O_2) = \det(O_1)\det(O_2),$$

容易知道 O(3) 群中行列式为 1 的正交变换形成它的一个子群. 并且由

$$\det(O_2^{-1}O_1O_2) = \det(O_2^{-1})\det(O_1)\det(O_2) = \det(O_2^{\mathrm{T}})\det(O_1)\det(O_2) = \det(O_1),$$

可知 O(3) 群的所有行列式为 1 的元素形成的子群还是一个不变子群. 我们把它记为 SO(3). 具体定义如下.

定义 3.4 O(3) 群的所有行列式为 1 的正交变换形成的不变子群称为 SO(3) 群, 记为

$$\mathrm{SO}(3) = \{O\in \mathrm{O}(3)|\det(O) = 1\}.$$

SO(3) 群的一个特征是, 其中任意一个元素作用到三维欧氏空间的一组向量上, 不光不改变它们之间的内积, 还不改变这组向量的手性关系. 比如我们的三维空间以 $\widehat{\boldsymbol{i}}, \widehat{\boldsymbol{j}}, \widehat{\boldsymbol{k}}$ 为基, 在这组基下, 一个线性变换的矩阵形式是

$$O = \begin{pmatrix} a_{11} & a_{12} & a_{13} \\ a_{21} & a_{22} & a_{23} \\ a_{31} & a_{32} & a_{33} \end{pmatrix}.$$

如果这个线性变换是一个 SO(3) 群中的元素, 那么有 $\det(O) = 1$. 现在把 O 作用到三个向量 $\widehat{\boldsymbol{i}}, \widehat{\boldsymbol{j}}, \widehat{\boldsymbol{k}}$ (它们相互关系是个右手系, 有 $\widehat{\boldsymbol{i}} \cdot (\widehat{\boldsymbol{j}} \times \widehat{\boldsymbol{k}}) = 1$) 上, 有

$$O\widehat{\boldsymbol{i}} \cdot (O\widehat{\boldsymbol{j}} \times O\widehat{\boldsymbol{k}}) = \begin{pmatrix} a_{11} \\ a_{21} \\ a_{31} \end{pmatrix} \cdot \left[\begin{pmatrix} a_{12} \\ a_{22} \\ a_{32} \end{pmatrix} \times \begin{pmatrix} a_{13} \\ a_{23} \\ a_{33} \end{pmatrix} \right] = \begin{vmatrix} a_{11} & a_{12} & a_{13} \\ a_{21} & a_{22} & a_{23} \\ a_{31} & a_{32} & a_{33} \end{vmatrix} = 1,$$

不改变手性关系.

同样, 如果 O 作用到相互关系是左手系的 $\widehat{\boldsymbol{j}}, \widehat{\boldsymbol{i}}, \widehat{\boldsymbol{k}}$ 上, 也有

$$O\widehat{\boldsymbol{j}} \cdot (O\widehat{\boldsymbol{i}} \times O\widehat{\boldsymbol{k}}) = \begin{pmatrix} a_{12} \\ a_{22} \\ a_{32} \end{pmatrix} \cdot \left[\begin{pmatrix} a_{11} \\ a_{21} \\ a_{31} \end{pmatrix} \times \begin{pmatrix} a_{13} \\ a_{23} \\ a_{33} \end{pmatrix} \right] = \begin{vmatrix} a_{12} & a_{11} & a_{13} \\ a_{22} & a_{21} & a_{23} \\ a_{32} & a_{31} & a_{33} \end{vmatrix} = -1,$$

同样不改变手性关系.

而在 O(3) 群中, 有一个空间反演操作, 其矩阵形式为

$$I = \begin{pmatrix} -1 & 0 & 0 \\ 0 & -1 & 0 \\ 0 & 0 & -1 \end{pmatrix}.$$

这个操作行列式等于 -1, 会改变三维实空间三个向量的手性关系. 同时, 这个反演操作与恒等操作 E 还可以构成一个空间反演群 $\{E, I\}$. 由于 E, I 都与 O(3) 群中任意元素互易, 因此 $\{E, I\}$ 群也是 O(3) 群的不变子群. 这个不变子群与二阶循环群 $\{1, -1\}$ 同构.

这样的话, 对 O(3) 群而言, 我们可以把其中行列式为 1 的部分取出来, 就是 SO(3) 群, 看作一部分, 而把属于 O(3) 但不属于 SO(3) 的元素看作另一部分, 构成一个 O(3) 群到二阶循环群的映射, 如图 3.2 所示. 由于 $\det(O_1O_2) = \det(O_1)\det(O_2)$, 这个映射是个同态映射.

同时我们可以取空间反演 I 为行列式为 -1 元素的代表, 把 O(3) 群进行一个 $\mathrm{SO}(3) \cup I \cdot \mathrm{SO}(3)$ 的分解. 由于 E, I 与 O(3) 群中任意元素互易, 套用我们第一章讲的概念, O(3) 群就可以写成 SO(3) 群与空间反演群 $\{E, I\}$ 的直积.

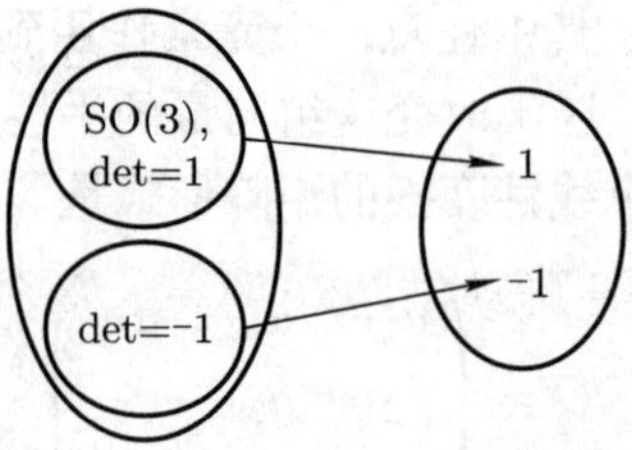

图 3.2 O(3) 群与二阶循环群同态

到这个地方, O(3) 群与 SO(3) 群的定义我们就讲完了. 简单地说, O(3) 群是三维实空间中的保内积变换群, 而 SO(3) 群, 是三维实空间的保内积、保手性变换群. 下面我们介绍几个 SO(3) 群的性质.

定理 3.1 $\forall g \in \mathrm{SO}(3)$, 可在 R^3 中找到一个向量 $\boldsymbol{k}$, 使 $g\boldsymbol{k} = \boldsymbol{k}$.

证明 我们要证的是 $\forall g \in \mathrm{SO}(3)$, $(g-E)\boldsymbol{k} = \boldsymbol{0}$ 有非零解, 因为这也就意味着存在向量 $\boldsymbol{k}$, 使 $g\boldsymbol{k} = \boldsymbol{k}$. 而 $(g-E)\boldsymbol{k} = \boldsymbol{0}$ 有非零解的充要条件是 $\det(g-E) = 0$. 也就是说, 现在要证的就是 $\forall g \in \mathrm{SO}(3)$, 有 $\det(g-E) = 0$. 由 g 的定义 (正交变换), 有

$$\det(g-E) = \det(g-E)^{\mathrm{T}} = \det(g^{\mathrm{T}}-E) = \det(g^{-1}-E). \tag{3.2}$$

而

$$g^{-1}-E = g^{-1}E(E-g) = g^{-1}(-E)(g-E).$$

代入 (3.2) 式, 有

$$\det(g-E) = \det(g^{-1})\det(-E)\det(g-E) = -\det(g-E).$$

因此, $\det(g-E) = 0$.

由这个定理, 我们还可以得到如下性质:

(1) 在 $g\boldsymbol{k} = \boldsymbol{k}$ 的解得到后, 我们可以取与之垂直的两个单位向量为 $\widehat{\boldsymbol{i}}, \widehat{\boldsymbol{j}}$, 在以这样的 $\widehat{\boldsymbol{i}}, \widehat{\boldsymbol{j}}, \widehat{\boldsymbol{k}}$ 为基时, g 表示为

$$g(\varPsi) = \begin{pmatrix} \cos\varPsi & -\sin\varPsi & 0 \\ \sin\varPsi & \cos\varPsi & 0 \\ 0 & 0 & 1 \end{pmatrix} = \mathrm{C}_{\boldsymbol{k}}(\varPsi),$$

其中 $\boldsymbol{k}$ 为转轴, $\varPsi$ 为转角, 取值范围是 $[0,\pi]$. $\boldsymbol{k}$ 作为向量, 在其他基构成的坐标系里有方位角 θ,φ. θ 是其与 z 轴的夹角, φ 是其 x-y 平面投影与 x 轴的夹角.

(2) 由于定理 3.1 的存在, SO(3) 群又称为转动群. 它的所有变换的行列式都是 1, 两个 SO(3) 群中元素 g_1 与 g_2 的乘积 g_3 由于行列式为 1, 也是一个纯转动, 用 $\mathrm{C}_{\boldsymbol{k}}(\varPsi)$ 的形式写出来就是

$$\mathrm{C}_{\boldsymbol{k}_1}(\varPsi_1)\mathrm{C}_{\boldsymbol{k}_2}(\varPsi_2) = \mathrm{C}_{\boldsymbol{k}_3}(\varPsi_3).$$

$C_{\boldsymbol{k}_3}(\Psi_3)$ 也是绕某一轴 $(\boldsymbol{k}_3)$ 的一个转动, $\boldsymbol{k}_3$ 和 Ψ_3 由 $\boldsymbol{k}_1, \Psi_1, \boldsymbol{k}_2, \Psi_2$ 确定, 只不过关系看起来不是很直接罢了.

上面说到在基 $(\widehat{\boldsymbol{i}}, \widehat{\boldsymbol{j}}, \widehat{\boldsymbol{k}})$ 下, 转动 $C_{\boldsymbol{k}}(\Psi)$ 的表示为 $\begin{pmatrix} \cos\Psi & -\sin\Psi & 0 \\ \sin\Psi & \cos\Psi & 0 \\ 0 & 0 & 1 \end{pmatrix}$ 这样一个简单的形式. 在任意一组基 $(\widehat{\boldsymbol{i}'}, \widehat{\boldsymbol{j}'}, \widehat{\boldsymbol{k}'})$ 下, $C_{\boldsymbol{k}}(\Psi)$ 的表示矩阵又会是什么样子?

换句话说, 如果在三维欧氏空间中已经选择了一组基 $(\widehat{\boldsymbol{i}'}, \widehat{\boldsymbol{j}'}, \widehat{\boldsymbol{k}'})$, 在这个空间中任意找一个轴 $\boldsymbol{k}$, 绕它做转动 Ψ 角的操作, $C_{\boldsymbol{k}}(\Psi)$ 在 $(\widehat{\boldsymbol{i}'}, \widehat{\boldsymbol{j}'}, \widehat{\boldsymbol{k}'})$ 下的表示矩阵是什么? 这个问题的答案在后面关于点群的讨论中也会经常用到, 现在花时间细说一下.

我们可以取 $(\widehat{\boldsymbol{i}'}, \widehat{\boldsymbol{j}'}, \widehat{\boldsymbol{k}'})$ 为旧基, $(\widehat{\boldsymbol{i}}, \widehat{\boldsymbol{j}}, \widehat{\boldsymbol{k}})$ 为新基, 旧基到新基的变换矩阵是 Q, $Q = \begin{pmatrix} a_{11} & a_{12} & a_{13} \\ a_{21} & a_{22} & a_{23} \\ a_{31} & a_{32} & a_{33} \end{pmatrix}$, 那么这个变换形式就是:

$$(\widehat{\boldsymbol{i}}, \widehat{\boldsymbol{j}}, \widehat{\boldsymbol{k}}) = (\widehat{\boldsymbol{i}'}, \widehat{\boldsymbol{j}'}, \widehat{\boldsymbol{k}'}) \begin{pmatrix} a_{11} & a_{12} & a_{13} \\ a_{21} & a_{22} & a_{23} \\ a_{31} & a_{32} & a_{33} \end{pmatrix}.$$

这里 Q 为实正交变换, $Q^{-1} = Q^{\mathrm{T}}$.

空间有个矢量 $\boldsymbol{r}$, 它在 $C_{\boldsymbol{k}}(\Psi)$ 作用下, 变为 $\boldsymbol{r}'$. 在基 $(\widehat{\boldsymbol{i}}, \widehat{\boldsymbol{j}}, \widehat{\boldsymbol{k}})$ 下, 这个变换表现为

$$(\widehat{\boldsymbol{i}}, \widehat{\boldsymbol{j}}, \widehat{\boldsymbol{k}}) \begin{pmatrix} \cos\Psi & -\sin\Psi & 0 \\ \sin\Psi & \cos\Psi & 0 \\ 0 & 0 & 1 \end{pmatrix} \begin{pmatrix} x_1 \\ x_2 \\ x_3 \end{pmatrix},$$

其中 $\begin{pmatrix} x_1 \\ x_2 \\ x_3 \end{pmatrix}$ 为 $\boldsymbol{r}$ 在 $(\widehat{\boldsymbol{i}}, \widehat{\boldsymbol{j}}, \widehat{\boldsymbol{k}})$ 下的坐标.

在基 $(\widehat{\boldsymbol{i}'}, \widehat{\boldsymbol{j}'}, \widehat{\boldsymbol{k}'})$ 下, 这个变换表示为

$$(\widehat{\boldsymbol{i}'}, \widehat{\boldsymbol{j}'}, \widehat{\boldsymbol{k}'}) A \begin{pmatrix} x_1' \\ x_2' \\ x_3' \end{pmatrix},$$

其中 $\begin{pmatrix} x_1' \\ x_2' \\ x_3' \end{pmatrix}$ 是 $\boldsymbol{r}$ 在 $(\widehat{\boldsymbol{i}'}, \widehat{\boldsymbol{j}'}, \widehat{\boldsymbol{k}'})$ 下的坐标, A 是我们想求的 $C_{\boldsymbol{k}}(\Psi)$ 在 $(\widehat{\boldsymbol{i}'}, \widehat{\boldsymbol{j}'}, \widehat{\boldsymbol{k}'})$ 下的表

示矩阵.

现在问题清楚了, 就是要用已知条件求 A 的形式.

这个时候, 我们用的第一个条件就是 $\boldsymbol{r}'$ 这个向量不管是在 $(\widehat{\boldsymbol{i}},\widehat{\boldsymbol{j}},\widehat{\boldsymbol{k}})$ 下, 还是在 $(\widehat{\boldsymbol{i}'},\widehat{\boldsymbol{j}'},\widehat{\boldsymbol{k}'})$ 下, 都是同一个向量, 所以有

$$(\widehat{\boldsymbol{i}},\widehat{\boldsymbol{j}},\widehat{\boldsymbol{k}})\begin{pmatrix}\cos\varPsi & -\sin\varPsi & 0\\ \sin\varPsi & \cos\varPsi & 0\\ 0 & 0 & 1\end{pmatrix}\begin{pmatrix}x_1\\x_2\\x_3\end{pmatrix}=(\widehat{\boldsymbol{i}'},\widehat{\boldsymbol{j}'},\widehat{\boldsymbol{k}'})A\begin{pmatrix}x_1'\\x_2'\\x_3'\end{pmatrix}. \tag{3.3}$$

同理, $\boldsymbol{r}$ 也是同一个向量, 所以有

$$(\widehat{\boldsymbol{i}},\widehat{\boldsymbol{j}},\widehat{\boldsymbol{k}})\begin{pmatrix}x_1\\x_2\\x_3\end{pmatrix}=(\widehat{\boldsymbol{i}'},\widehat{\boldsymbol{j}'},\widehat{\boldsymbol{k}'})\begin{pmatrix}x_1'\\x_2'\\x_3'\end{pmatrix}. \tag{3.4}$$

将

$$(\widehat{\boldsymbol{i}},\widehat{\boldsymbol{j}},\widehat{\boldsymbol{k}})=(\widehat{\boldsymbol{i}'},\widehat{\boldsymbol{j}'},\widehat{\boldsymbol{k}'})Q$$

代入 (3.4) 式, 得

$$Q\begin{pmatrix}x_1\\x_2\\x_3\end{pmatrix}=\begin{pmatrix}x_1'\\x_2'\\x_3'\end{pmatrix}. \tag{3.5}$$

将 (3.5) 式代入 (3.3) 式, 有

$$(\widehat{\boldsymbol{i}},\widehat{\boldsymbol{j}},\widehat{\boldsymbol{k}})\begin{pmatrix}\cos\varPsi & -\sin\varPsi & 0\\ \sin\varPsi & \cos\varPsi & 0\\ 0 & 0 & 1\end{pmatrix}\begin{pmatrix}x_1\\x_2\\x_3\end{pmatrix}=(\widehat{\boldsymbol{i}'},\widehat{\boldsymbol{j}'},\widehat{\boldsymbol{k}'})AQ\begin{pmatrix}x_1\\x_2\\x_3\end{pmatrix}. \tag{3.6}$$

由于 (3.6) 式对任意 $\begin{pmatrix}x_1\\x_2\\x_3\end{pmatrix}$ 成立, 所以有

$$(\widehat{\boldsymbol{i}},\widehat{\boldsymbol{j}},\widehat{\boldsymbol{k}})\begin{pmatrix}\cos\varPsi & -\sin\varPsi & 0\\ \sin\varPsi & \cos\varPsi & 0\\ 0 & 0 & 1\end{pmatrix}=(\widehat{\boldsymbol{i}'},\widehat{\boldsymbol{j}'},\widehat{\boldsymbol{k}'})AQ. \tag{3.7}$$

再把 $(\widehat{\boldsymbol{i}},\widehat{\boldsymbol{j}},\widehat{\boldsymbol{k}})=(\widehat{\boldsymbol{i}'},\widehat{\boldsymbol{j}'},\widehat{\boldsymbol{k}'})Q$ 代入 (3.7) 式, 有

$$(\widehat{\boldsymbol{i}'},\widehat{\boldsymbol{j}'},\widehat{\boldsymbol{k}'})Q\begin{pmatrix}\cos\varPsi & -\sin\varPsi & 0\\ \sin\varPsi & \cos\varPsi & 0\\ 0 & 0 & 1\end{pmatrix}=(\widehat{\boldsymbol{i}'},\widehat{\boldsymbol{j}'},\widehat{\boldsymbol{k}'})AQ.$$

两个向量相等, 它们的所有分量都要相等, 所以有

$$Q\begin{pmatrix}\cos\varPsi & -\sin\varPsi & 0\\ \sin\varPsi & \cos\varPsi & 0\\ 0 & 0 & 1\end{pmatrix}=AQ.$$

进而有

$$A=Q\begin{pmatrix}\cos\varPsi & -\sin\varPsi & 0\\ \sin\varPsi & \cos\varPsi & 0\\ 0 & 0 & 1\end{pmatrix}Q^{-1}.\tag{3.8}$$

(3.8) 式说明, 在三维欧氏空间中, 如果事先选定了一组基, 那么绕空间任意一个轴转 $\varPsi$ 的操作, 都可以写成

$$Q\begin{pmatrix}\cos\varPsi & -\sin\varPsi & 0\\ \sin\varPsi & \cos\varPsi & 0\\ 0 & 0 & 1\end{pmatrix}Q^{-1}$$

的形式. 这里,

$$\begin{pmatrix}\cos\varPsi & -\sin\varPsi & 0\\ \sin\varPsi & \cos\varPsi & 0\\ 0 & 0 & 1\end{pmatrix}$$

是这个转动在以 $\boldsymbol{k}$ 为 z 轴, 以与它垂直的两个单位向量 $\widehat{\boldsymbol{i}},\widehat{\boldsymbol{j}}$ 为 x,y 轴的坐标系下的表示矩阵. Q 是这三个向量在原来选定的坐标系下的展开, 即 $(\widehat{\boldsymbol{i}},\widehat{\boldsymbol{j}},\widehat{\boldsymbol{k}})=(\widehat{\boldsymbol{i}}',\widehat{\boldsymbol{j}}',\widehat{\boldsymbol{k}}')Q$.

由于相似变换并不改变矩阵的迹, 所以 $\mathrm{tr}(Q\mathrm{C}_{\boldsymbol{k}}(\varPsi)Q^{-1})=\mathrm{tr}(\mathrm{C}_{\boldsymbol{k}}(\varPsi))=1+2\cos\varPsi$. 也就是说绕任何一个轴转动 $\varPsi$ 角的转动, 它的迹都是 $1+2\cos\varPsi$, 转动轴的选取, 只影响转动的矩阵表达形式, 不影响它的迹.

除了转动的迹只与转角有关, 下面两段话的分析对后面的点群分类也特别重要.

(1) 这里我们直接用 $\mathrm{C}_{\boldsymbol{k}}(\varPsi)$ 代表绕 $\boldsymbol{k}$ 轴的转动, 因此, $\mathrm{C}_{\boldsymbol{k}}(\varPsi)$ 满足 $\mathrm{C}_{\boldsymbol{k}}(\varPsi)\boldsymbol{k}=\boldsymbol{k}$. 取 SO(3) 群中任意元素 g' 作用到这个等式上, 有 $g'\mathrm{C}_{\boldsymbol{k}}(\varPsi)\boldsymbol{k}=g'\boldsymbol{k}$, 进而有 $g'\mathrm{C}_{\boldsymbol{k}}(\varPsi)g'^{-1}g'\boldsymbol{k}=g'\boldsymbol{k}$, 也就是说 $g'\mathrm{C}_{\boldsymbol{k}}(\varPsi)g'^{-1}$ 代表的是在 $(\widehat{\boldsymbol{i}},\widehat{\boldsymbol{j}},\widehat{\boldsymbol{k}})$ 下绕 $g'\boldsymbol{k}$ 轴转动 $\varPsi$ 角的操作. 这里 g' 为 SO(3) 群中任意元素, 因此 $g'\boldsymbol{k}$ 可以是空间任意指向, 也就是说 SO(3) 群中绕空间任意轴转动相同转角的操作都同类.

(2) 把这个性质展开, 对点群而言, 转动相同转角的操作是否同类? 答案是不一定, 因为上面的推导是针对 SO(3) 群的, 要求 g' 属于 SO(3) 群. 点群是 SO(3) 群的有限子群, 可能会有某点群中有两个转动转角相同, 但该点群中没有任何一个操作可以把这两个转动的转轴联系起来的情况出现. 这样, 就不能从 $\mathrm{C}_{\boldsymbol{k}}(\varPsi)\boldsymbol{k}=\boldsymbol{k}$ 推出

$g'C_{\boldsymbol{k}}(\varPsi)g'^{-1}g'\boldsymbol{k} = g'\boldsymbol{k}$ 了, 因为没有一个点群中的元素 g' 使得这两个轴一个为 $\boldsymbol{k}$, 一个为 $g'\boldsymbol{k}$.

这些讨论总结一下就是: SO(3) 群中所有转动相同转角的元素都同类, 但点群中不一定, 要看有没有一个点群中的元素将它们的转动轴联系起来.

这些讨论同时还告诉我们, SO(3) 群可以写成 $\{C_{\boldsymbol{k}}(\varPsi)\}$, 其中 $\boldsymbol{k}$ 取遍过原点 O 的所有轴, $\varPsi$ 取遍 $[0,\pi]$. 前面我们还说过, O(3) 群可以写成 $SO(3)\otimes\{E,I\}$, 因此, O(3) 群也可以写成 $\{C_{\boldsymbol{k}}(\varPsi), IC_{\boldsymbol{k}}(\varPsi)\}$.

对 SO(3) 群中任意一个元素 $C_{\boldsymbol{k}}(\varPsi)$ 进行共轭操作, 情况有两种:

(1) $C_{\boldsymbol{k}'}(\varPsi')C_{\boldsymbol{k}}(\varPsi)C_{\boldsymbol{k}'}(\varPsi')^{-1}$;

(2) $IC_{\boldsymbol{k}'}(\varPsi')C_{\boldsymbol{k}}(\varPsi)(IC_{\boldsymbol{k}'}(\varPsi'))^{-1} = C_{\boldsymbol{k}'}(\varPsi')C_{\boldsymbol{k}}(\varPsi)C_{\boldsymbol{k}'}(\varPsi')^{-1}$.

也就是无论怎样, 同类操作都是绕某一轴转动相同角度的纯转动操作.

SO(3) 群中任意一个转动反演操作 $IC_{\boldsymbol{k}}(\varPsi)$ 也具有同样的性质. 因此, 在 O(3) 群中, 所有转动相同转角的纯转动操作为一类, 所有转动相同转角的转动反演操作为一类.

我们讲完了点群的母体 —— O(3) 群的主要性质, 下面来介绍点群的概念.

定义 3.5 (1) 点群是三维实正交群 O(3) 群的有限子群;

(2) 如果点群只包含转动元素, 则它是 SO(3) 群的有限子群, 称为第一类点群;

(3) 如果点群还包含转动反演元素, 则称为第二类点群.

关于点群, 有个重要的性质.

定理 3.2 设群 G 是绕固定轴 $\boldsymbol{k}$ 转动生成的 n 阶群, 则 G 由元素 $C_{\boldsymbol{k}}(2\pi/n)$ 生成.

证明 由群 G 是绕 $\boldsymbol{k}$ 转动生成的 n 阶群, 知 G 中只有 n 个元素, 且都是绕 $\boldsymbol{k}$ 轴的转动, 我们可以将它们记为 $C_{\boldsymbol{k}}(\theta_i)$, $i=0,\cdots,n-1$.

我们选 $\theta_0=0$, 对应单位元素, θ_1 是非零转动中的最小转角, 其他 θ_i 可以写成 $\theta_i = m_i\theta_1+\varphi_i$ 的形式, 其中 $0\leqslant\varphi_i<\theta_1$, m_i 为正整数.

既然有这个关系, 我们就知道

$$[C_{\boldsymbol{k}}(\theta_1)]^{-m_i}C_{\boldsymbol{k}}(\theta_i) = C_{\boldsymbol{k}}(\varphi_i)\in G.$$

前面说过, θ_1 是非零转动中的最小转角, 所以 φ_i 必都为零, 也就是说所有转角都可以写成 $m_i\theta_1$ 的样子. 在 θ_0 对应单位操作之后, 依次取 $n-1$ 个 m_i, 这样就有 n 个转动操作了. 第 $n+1$ 个操作与单位操作重复, 所以就有 $n\theta_1=2\pi$, 进而 $\theta_1=2\pi/n$, 这个转动群由 $C_{\boldsymbol{k}}(2\pi/n)$ 生成.

到这里, 我们知道了一个点群中的元素必可写为 $\{C_{\boldsymbol{k}}(2\pi/n), IC_{\boldsymbol{k}'}(2\pi/n')\}$ 的形式, 其中 $\boldsymbol{k}, n, \boldsymbol{k}', n'$ 有多种选择. 对于 $C_{\boldsymbol{k}}(2\pi/n), IC_{\boldsymbol{k}'}(2\pi/n')$ 这些操作, 它们的对称元素有几种情况, 后面关于点群讨论的时候经常用到, 这里说一下.

(1) $IC_{\boldsymbol{k}}(2\pi/n)$ 中 n 取 1, 这时对应的是 I, 即中心反演操作, 对称元素为反演中心.

(2) $IC_{\boldsymbol{k}}(2\pi/n)$ 中 n 取 2, 对应操作为 $IC_{\boldsymbol{k}}(\pi)$. 这个操作是绕 $\boldsymbol{k}$ 轴转动 π, 再对原点做反演. 以 $(\widehat{\boldsymbol{i}},\widehat{\boldsymbol{j}},\widehat{\boldsymbol{k}})$ 为坐标轴的话, 这个操作就是先让

$$\begin{pmatrix} x \\ y \\ z \end{pmatrix} \longrightarrow \begin{pmatrix} -x \\ -y \\ z \end{pmatrix},$$

再让

$$\begin{pmatrix} -x \\ -y \\ z \end{pmatrix} \longrightarrow \begin{pmatrix} x \\ y \\ -z \end{pmatrix},$$

最终使

$$\begin{pmatrix} x \\ y \\ z \end{pmatrix}, \quad \begin{pmatrix} x \\ y \\ -z \end{pmatrix}$$

等价. 这里, 我们可以说对称元素是过原点的与 $\boldsymbol{k}$ 垂直的反射面.

(3) $C_{\boldsymbol{k}}(2\pi/n)$ 的普遍情况, 对称元素就是转动轴.

(4) $IC_{\boldsymbol{k}}(2\pi/n)$ 的其他情况, 对称元素就是转动反演轴.

需要说明的是, 有些教材不喜欢用转动反演轴来讨论, 而喜欢利用一个叫转动反射面的东西, 记为 $S_{\boldsymbol{k}}(2\pi/n)$, 指的是绕 $\boldsymbol{k}$ 轴做转动 $2\pi/n$, 再对与 $\boldsymbol{k}$ 轴垂直的镜面做反射, 也就是 $\sigma_{\boldsymbol{k}}C_{\boldsymbol{k}}(2\pi/n)$. 它与转动反演的关系是

$$\sigma_{\boldsymbol{k}}C_{\boldsymbol{k}}(2\pi/n) = IC_{\boldsymbol{k}}\left(\frac{2\pi}{n}+\pi\right),$$

如图 3.3 所示.

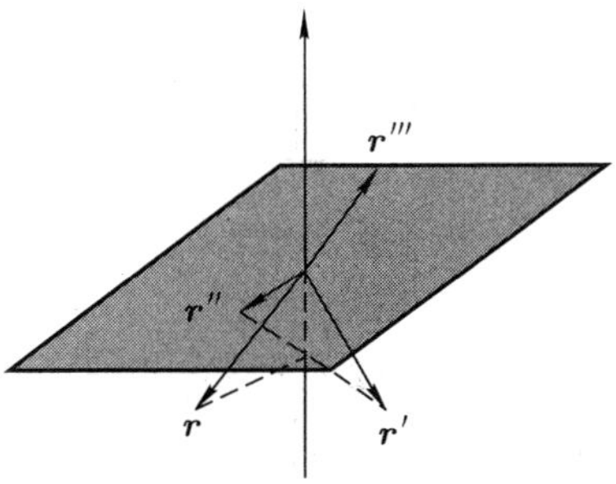

图 3.3 转动反演轴与转动反射面的相互关系

到这里, 我们介绍了点群的一些最基本的特性. 简单地说就是, 点群是一个由 $\{C_{\boldsymbol{k}}(2\pi/n), IC_{\boldsymbol{k}'}(2\pi/n')\}$ 形成的对称操作的集合, 这里 $\boldsymbol{k},n,\boldsymbol{k}',n'$ 取有限个方向和值.

我们之前说过，群本身是有很强的结构特征的，当我们说一个集合形成群时，看似简单的几句话，其实都为它们之间的相互关系留下了伏笔. 读者阅读第一章时应该有体会. 比如同态，看似简单，但蕴藏着同态核定理. 在这里我们说 $\boldsymbol{k}, n, \boldsymbol{k}', n'$ 取有限个方向和值的 $\{\mathrm{C}_{\boldsymbol{k}}(2\pi/n), I\mathrm{C}_{\boldsymbol{k}'}(2\pi/n')\}$ 这样的集合的时候，$\{\mathrm{C}_{\boldsymbol{k}}(2\pi/n), I\mathrm{C}_{\boldsymbol{k}'}(2\pi/n')\}$ 本身是不是也要符合某些规律呢? 答案是肯定的. 这个规律就是下面的定理.

定理 3.3 设 G 是点群, K 是 G 的纯转动部分, 由于纯转动部分的乘积以及逆元必属于这个纯转动部分, 所以 K 也是 G 的纯转动子群, 也就是说 $K = G \cap \mathrm{SO}(3)$. G 与 K 的关系存在三种可能:

(1) $G = K$, 这个时候 G 是 $\mathrm{SO}(3)$ 的有限子群, 这样的点群称为第一类点群, 它只包含纯转动操作;

(2) 当 G 不止包含纯转动操作时, 如果 G 中包含纯反演操作 I, 那么 G 与 K 的关系必然是 $G = K \cup IK$;

(3) 当 G 不止包含纯转动操作, 且 G 中不包含纯反演操作 I 时, G 必与一个纯转动群 G^+ 同构, 这里 $G^+ = K \cup K^+$, 而 K^+ 的定义是 $K^+ = \{Ig | g \in G, \text{但 } g \notin K\}$.

这三个性质说出了所有点群的情况，读者一定要好好理解. 其中第一个性质不需要证明，很直白，就是有一类点群只包含纯转动操作. 第二、第三个性质是需要我们证明的.

证明 G 不是纯转动元素集合时的情况, 为 $G = \{\{\mathrm{C}_{\boldsymbol{k}}(\Psi)\}, \{I\mathrm{C}_{\boldsymbol{k}'}(\Psi')\}\} = \{K, IK^+\}$.

这个时候, 如果 I 属于 G, 那么由于重排定理 IG 应该也等于 G, 这样的话 G 这个集合就要写成 $\{IK, K^+\}$, 它要与 $\{K, IK^+\}$ 相同, 这就要求 $K^+ = K$. 这也就是我们说的第二种情况.

当 I 不属于 G 时, 由上面 $G = \{\{\mathrm{C}_{\boldsymbol{k}}(\Psi)\}, \{I\mathrm{C}_{\boldsymbol{k}'}(\Psi')\}\}$ 的形式, 我们可以构造一个集合 $G^+ = \{\{\mathrm{C}_{\boldsymbol{k}}(\Psi)\}, \{\mathrm{C}_{\boldsymbol{k}'}(\Psi')\}\}$, 它与 G 显然存在一一对应的关系. 下面我们只需要证明 G^+ 是一个群, 且保持乘法规则不变就可以了.

先看 $G^+ = \{\{\mathrm{C}_{\boldsymbol{k}}(\Psi)\}, \{\mathrm{C}_{\boldsymbol{k}'}(\Psi')\}\}$ 是不是一个群. 由 $G = \{\{\mathrm{C}_{\boldsymbol{k}}(\Psi)\}, \{I\mathrm{C}_{\boldsymbol{k}'}(\Psi')\}\}$ 是一个群出发.

先看封闭性. 由 $G = \{\{\mathrm{C}_{\boldsymbol{k}}(\Psi)\}, \{I\mathrm{C}_{\boldsymbol{k}'}(\Psi')\}\}$ 是一个群, 知两个 $\{\mathrm{C}_{\boldsymbol{k}}(\Psi)\}$ 中元素相乘, 结果属于 $\{\mathrm{C}_{\boldsymbol{k}}(\Psi)\}$; 两个 $\{I\mathrm{C}_{\boldsymbol{k}'}(\Psi')\}$ 中元素相乘, 结果属于 $\{\mathrm{C}_{\boldsymbol{k}}(\Psi)\}$; 而一个 $\{\mathrm{C}_{\boldsymbol{k}}(\Psi)\}$ 中元素与一个 $\{I\mathrm{C}_{\boldsymbol{k}'}(\Psi')\}$ 中元素相乘, 结果属于 $\{I\mathrm{C}_{\boldsymbol{k}'}(\Psi')\}$. 因此 $G^+ = \{\{\mathrm{C}_{\boldsymbol{k}}(\Psi)\}, \{\mathrm{C}_{\boldsymbol{k}'}(\Psi')\}\}$ 中元素乘法满足: 两个 $\{\mathrm{C}_{\boldsymbol{k}}(\Psi)\}$ 中元素相乘, 结果属于 $\{\mathrm{C}_{\boldsymbol{k}}(\Psi)\}$; 两个 $\{\mathrm{C}_{\boldsymbol{k}'}(\Psi')\}$ 中元素相乘, 结果属于 $\{\mathrm{C}_{\boldsymbol{k}}(\Psi)\}$; 而一个 $\{\mathrm{C}_{\boldsymbol{k}}(\Psi)\}$ 中元素与一个 $\{\mathrm{C}_{\boldsymbol{k}'}(\Psi')\}$ 中元素相乘, 结果属于 $\{\mathrm{C}_{\boldsymbol{k}'}(\Psi')\}$. 故 $\{\{\mathrm{C}_{\boldsymbol{k}}(\Psi)\}, \{\mathrm{C}_{\boldsymbol{k}'}(\Psi')\}\}$ 封闭.

单位元素在 $\{\mathrm{C}_{\boldsymbol{k}}(\Psi)\}$ 中, 也就在 G^+ 中.

再看逆元. 由 G 是群知对任意 $\{\mathrm{C}_{\boldsymbol{k}}(\Psi)\}$ 中元素其逆属于这个集合, 任意 $\{I\mathrm{C}_{\boldsymbol{k}'}(\Psi')\}$

中元素, 其逆也属于这个集合. 与此对应, G^+ 中, 任意 $\{\mathrm{C}_{\boldsymbol{k}}(\Psi)\}$ 中元素, 其逆属于这个集合, 任意 $\{\mathrm{C}_{\boldsymbol{k}'}(\Psi')\}$ 中元素, 其逆也属于这个集合.

结合律可由 G 是群且 I 与其中任意元素互易得到.

因此, G^+ 是一个群且与 G 一一对应.

对乘法规则的保持可以对比 $\{\{\mathrm{C}_{\boldsymbol{k}}(\Psi)\},\{\mathrm{C}_{\boldsymbol{k}'}(\Psi')\}\}$ 与 $\{\{\mathrm{C}_{\boldsymbol{k}}(\Psi)\},\{I\mathrm{C}_{\boldsymbol{k}'}(\Psi')\}\}$, 由 I 与其中任意元素互易得到.

这个定理说明, 当知道了所有的第一类点群之后, 我们很自然地可以通过这个定理的 (2), (3) 条去构造所有的第二类点群.

到这里, 我们点群基础这一节就讲完了. 我们讲得比较细, 内容看似很多, 不过总结起来, 就是下面几句.

(1) O(3) 群是三维欧氏空间中的实正交变换群, 包含转动群 SO(3) 与转动反演部分 $I\cdot\mathrm{SO}(3)$.

(2) SO(3) 群中, 如果两个转轴可以由一个转动 g 联系起来, 也就是说一个轴是 $\boldsymbol{k}$, 一个轴是 $g\boldsymbol{k}$, 则由 $\mathrm{C}_{\boldsymbol{k}}(\Psi)\boldsymbol{k}=\boldsymbol{k}$ 可知 $g\mathrm{C}_{\boldsymbol{k}}(\Psi)g^{-1}g\boldsymbol{k}=g\boldsymbol{k}$. 也就是说 $g\mathrm{C}_{\boldsymbol{k}}(\Psi)g^{-1}$ 代表的是绕 $g\boldsymbol{k}$ 轴转动 Ψ 角的操作. 这也就意味着 SO(3) 群中所有转动相同转角的操作实际上是同类的.

(3) 与之类似, $I\cdot\mathrm{SO}(3)$ 中具有相同转角的转动反演操作也彼此同类.

(4) 点群是 O(3) 群的有限子群, 可以用 $\{\{\mathrm{C}_{\boldsymbol{k}}(\Psi)\},\{I\mathrm{C}_{\boldsymbol{k}'}(\Psi')\}\}$ 的方式来分析, 其中 $\boldsymbol{k},\Psi,\boldsymbol{k}',\Psi'$ 具有有限个方向和取值.

(5) $\boldsymbol{k},\boldsymbol{k}'$ 为整数阶轴.

(6) 点群中对称元素包括: 转动轴、转动反演轴、反演中心、反射面, 其中后两者是前两者的特殊情况.

(7) 最后是定理 3.3, 就是点群的三种情况. 这三种情况意味着我们只要把第一类点群分析清楚, 依据这个定理, 就可以把所有点群分析清楚了.

3.2 第一类点群

这一节是要利用我们第一节给出的点群的基本知识, 结合第一章里面的群的基本理论, 对第一类点群进行一个系统的研究. 假设一个第一类点群是 G, 它有转动轴 $\mathrm{C}_{n_1},\mathrm{C}_{n_2},\cdots,\mathrm{C}_{n_i},\cdots$, 其中 n_i 为大于等于 2 的整数, 也就是说 C_{n_i} 代表的是不同轴 (也代表相应的转动操作), n_i 代表它的阶数. 这个时候我们可以去想, 对于 C_{n_i} 来讲, 它会对这个纯转动群贡献几个非恒等的转动操作? 答案是 n_i-1 个. 现在我们要从这个信息里面去推出群 G 有多少个元素.

一个很有用的工具是球形图. 它是以原点为中心, 以任意一个正数 r 为半径的球面, 记为 S_r. 点群 G 中元素的作用, 就是把这个 S_r 转到一个和它等价的构型. 对 G

中的 n_i 阶轴 C_{n_i} 来说, 它与 S_r 有两个交点, 我们把这两个交点记为 $\boldsymbol{r}_i$ 与 $-\boldsymbol{r}_i$. 这两个向量在 $C_{n_i}, C_{n_i}^2, \cdots, C_{n_i}^{n_i-1}$ 这些非恒等操作下是不变的, 称为这些操作的极点. 那么, 对于 $\boldsymbol{r}_i$ 与 $-\boldsymbol{r}_i$, 群 $\{E, C_{n_i}, C_{n_i}^2, \cdots, C_{n_i}^{n_i-1}\}$ 就是群 G 对它们的迷向子群. 除了迷向子群, 第一章变换群那一节还有一个概念这里要用到, 就是 $\boldsymbol{r}_i$ 的 G 轨道. 迷向子群与 G 轨道这两个概念有联系. 定理 1.9 指出, $\boldsymbol{r}_i$ 的 G 轨道上点的个数可以由群 G 的阶 n 与迷向子群的阶 n_i 通过 n/n_i 求出. 这样一个信息能告诉我们什么样的事情呢? 那就是通过这个关系, 我们知道对任意一个 n_i 阶轴 C_{n_i} 的极点 $\boldsymbol{r}_i$ 而言, 会有 n/n_i 个与它等价的 n_i 阶轴的极点. 这些极点的集合我们称为一个极点的 G 轨道. 这个轨道上每个点能贡献 $n_i - 1$ 个非恒等操作, 一共有 n/n_i 个点, 那么这个轨道可以贡献的群 G 中非恒等变换的个数就是

$$\frac{n}{n_i}(n_i - 1).$$

然后, 我们把球面上可以由对称变换联系起来的所有的极点都归纳为一个 G 轨道, 不能由对称变换联系起来的极点归为不同 G 轨道, 同一个 G 轨道上的极点所对应的轴的阶数必须是相等的 (因为一个轴不可能既是 3 阶轴, 又是 4 阶轴, 诸如此类), 这样就可以把极点按照 G 轨道分类了. 我们假设一共有 l 条 G 轨道.

那么这些极点的集合能够贡献的群 G 中非恒等变换的个数, 按照上面的逻辑就是

$$\sum_{i=1}^{l} \frac{n}{n_i}(n_i - 1).$$

但这个逻辑还有一个漏洞, 就是 $\boldsymbol{r}_i$ 与 $-\boldsymbol{r}_i$ 给出的非恒等操作是重复的, 这种重复可能以两种方式出现:

(1) 我们在算 l, 也就是极点的 G 轨道个数的时候, 如果 $\boldsymbol{r}_i$ 与 $-\boldsymbol{r}_i$ 不在一个 G 轨道上, 那么在上面的求和式中, i 从 1 到 l, 就会有两个不同的 i 给出的非对称操作其实是一样的, 这意味着在上面的求和式中, 我们应该除以 2.

(2) 第二种情况, 当 $\boldsymbol{r}_i$ 与 $-\boldsymbol{r}_i$ 在同一个 G 轨道上的时候, 意味着并不是所有这个 G 轨道上的极点给出的都是不同的非恒等变换. 比如 $\boldsymbol{r}_i$ 与 $-\boldsymbol{r}_i$ 都在这个 G 轨道上, 它们给出的非恒等变换就是重复的. 同样 $g\boldsymbol{r}_i$ 与 $-g\boldsymbol{r}_i$ 也是, 它们给出的非恒等变换也重复了. 这时, 对于 $\frac{n}{n_i}(n_i - 1)$, 我们也应该除以 2.

两者综合一下, 那就是对

$$\sum_{i=1}^{l} \frac{n}{n_i}(n_i - 1),$$

这个 2 是必须除的. 要么是在 i 从 1 到 l 的时候算重了, 要么是 $\frac{n}{n_i}(n_i - 1)$ 这部分本

身就应该是 $\frac{n}{2n_i}(n_i-1)$. 综合起来, 我们得到的群 G 中非恒等操作的个数就是

$$\sum_{i=1}^{l}\frac{n}{2n_i}(n_i-1).$$

这是由上面对极点 G 轨道顶点的分析得到的 G 中非恒等操作的个数, 与此同时, 对这样一个纯转动群, 它是 n 阶的, 那么它里面非恒等操作的个数本身就应该是 $n-1$. 两者做一个结合, 对这些有限阶轴阶数 n_i 以及极点 G 轨道个数 l 的约束就可以通过下面这个式子反映出来了:

$$\sum_{i=1}^{l}\frac{n}{2n_i}(n_i-1)=n-1. \tag{3.9}$$

(3.9) 式等价于

$$\sum_{i=1}^{l}\left(1-\frac{1}{n_i}\right)=2\left(1-\frac{1}{n}\right). \tag{3.10}$$

在这里, 我们要注意的一个基本关系就是 n 要大于等于 n_i, 而 n_i 要大于等于 2, 也就是 $1/2\geqslant\frac{1}{n_i}\geqslant\frac{1}{n}$. (3.10) 式称为第一类点群的基本方程. 它是我们这节课的重点. 下面, 我们会从 (3.10) 式出发, 去分析一共会有哪些第一类点群出现.

l 是正整数, 也就是 $1,2,3$ 等等. 但需要说明的是, 当 l 等于 1 时, (3.10) 式不成立, 因为左边是 $1-\frac{1}{n_i}$, 小于 1, 右边是 $2-\frac{2}{n}$, 大于等于 1, 两边不可能相等.

与此同时, 当 l 大于等于 4 的时候, 又会发生什么情况? 这个时候, (3.10) 式左边大于等于 $4-\sum_{i=1}^{4}\frac{1}{n_i}$, 而 $\sum_{i=1}^{4}\frac{1}{n_i}$ 小于等于 2, 所以左边大于等于 2. 而 (3.10) 式右边, $2-\frac{2}{n}$ 肯定小于 2. 一个大于等于 2 的数与一个小于 2 的数是肯定不可能相等的, 所以 l 也不可能大于等于 4.

综合上面的讨论, l 只能是 2 或者 3. 下面, 我们会用穷举的方式把上面那个基本方程的所有解都求出来.

(1) $l=2$ 的情况. 我们把 n_i 按从小到大的顺序排, 这样 (3.10) 式就变成了

$$\sum_{i=1}^{2}\left(1-\frac{1}{n_i}\right)=2\left(1-\frac{1}{n}\right),$$

也就是

$$2-\frac{1}{n_1}-\frac{1}{n_2}=2-\frac{2}{n}.$$

进而有

$$\frac{1}{n_1}+\frac{1}{n_2}=\frac{2}{n}.$$

由于 $n_1 \leqslant n_2 \leqslant n$, 所以这种情况只能有一个解: $n_1=n_2=n$.

利用球形图方法, 这时对应的实际情况, 就是有一个 n 阶轴, 它与球面有两个交点. 由于没有其他的对称操作把这两个交点联系起来, 所以它们表现为两个 G 轨道. 实际上它们对应的是同一个对称轴.

(2) $l=3$ 的情况. 这时 (3.10) 式就变成了

$$3-\frac{1}{n_1}-\frac{1}{n_2}-\frac{1}{n_3}=2-\frac{2}{n},$$

进而有

$$\frac{1}{n_1}+\frac{1}{n_2}+\frac{1}{n_3}=1+\frac{2}{n}. \tag{3.11}$$

由于 $n_1 \leqslant n_2 \leqslant n_3 \leqslant n$, 所以

$$\frac{1}{n_1} \geqslant \frac{1}{n_2} \geqslant \frac{1}{n_3} \geqslant \frac{1}{n}.$$

当 $n_1 \geqslant 3$ 时, (3.11) 式的左边小于等于 1, 右边大于 1, 等式不成立, 也就是说 n_1 只能为 2. 这时, (3.11) 式可化为

$$\frac{1}{2}+\frac{1}{n_2}+\frac{1}{n_3}=1+\frac{2}{n}. \tag{3.12}$$

而 n_2 如果大于等于 4, 那么 (3.12) 式左边小于等于 1, 右边大于 1, 等式又不成立. 所以现在的情况是 $l=3, n_1=2, n_2$ 等于 2 或者 3.

当 n_2 等于 2 时, (3.12) 式变为

$$\frac{1}{n_3}=\frac{2}{n},$$

也就是说 $n=2n_3$, 这里 n 等于 $4,6,8$ 等等都可以. 这是第二个解.

(3) $l=3, n_1=2, n_2=3$, 这时基本方程变成了

$$\frac{1}{2}+\frac{1}{3}+\frac{1}{n_3}=1+\frac{2}{n},$$

进而有

$$\frac{1}{n_3}=\frac{1}{6}+\frac{2}{n}. \tag{3.13}$$

这时如果 $n_3=3$, 则 $n=12$. 解为 $l=3, n_1=2, n_2=3, n_3=3, n=12$.

(4) $l=3, n_1=2, n_2=3, n_3=4$ 的情况. 这时 $n=24$, 是第 4 个解.

(5) $l=3, n_1=2, n_2=3, n_3=5$ 的情况. 这时 $n=60$, 是第 5 个解.

之后如果 $n_3 \geqslant 6$, (3.13) 式的左边小于等于 1/6, 右边大于 1/6, 又不可能相等了. 所以只有以上五种解. 上面从点群基本方程出发, 讨论了它存在的五种可能的解, 下面我们仔细看一下它们分别对应什么实际情况.

(1) $n_1 = n_2 = n$. 上面说过, 这就对应一个 n 阶轴, 与假想球面有两个交点. 由于这两个交点没法通过其他对称操作联系起来, 所以它们是两个极点的 G 轨道. 这样的群称为 C_n 群. C_n 群的例子如图 3.4 所示.

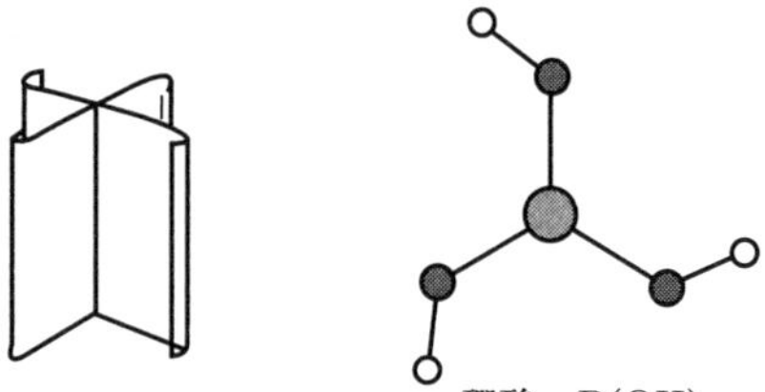
硼酸：$B(OH)_3$

图 3.4 C_n **群的例子**

这样的群是 Abel 群, 每个群元是一类, 一共有 n 个类.

(2) $l = 3, n_1 = 2, n_2 = 2, n_3 = m, n = 2m, m = 2, 3, 4, \cdots$. 此时全部极点分成三个轨道, 第一个与第二个轨道上各有 $\dfrac{2m}{2} = m$ 个极点. 它们是 m 个二阶轴与球面的交点. 第三个轨道上有 $\dfrac{2m}{m} = 2$ 个极点, 它们是一个 m 阶轴与球面的两个交点, 这两个交点在一个 G 轨道上.

由于这两个 m 阶轴的极点在同一个 G 轨道上, 说明必有一个二阶轴与这个 m 阶轴垂直, 而反过来, 这个 m 阶轴又可以将这个二阶轴转到 m 个与之等价的位置.

这样的群称为二面体群, 比如我们总用到的 D_3 群, 还有 D_4 群, 如图 3.5 所示.

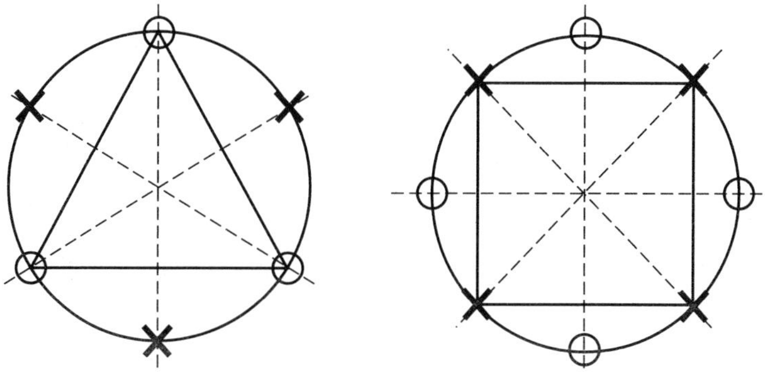

图 3.5 D_3 **群、**D_4 **群示意图**

这其实是非常好的可以用来说明我们在引入第一类点群基本方程时，通过极点 G 轨道上点的个数求群中非恒等操作群元个数的时候，为什么在

$$\sum_{i=1}^{l}\frac{n}{2n_i}(n_i-1)$$

中必须有 1/2 因子的两个例子.

这里 $n_1=2,n_2=2$，对 D_3 群来说，每个二阶轴与球面的两个交点不在一个 G 轨道上，所以在算极点 G 轨道个数，也就是 l 的时候，是有重复计数的. 也就是说在这里 n_1 与 n_2 对应的本身就是同样的操作，但在对 G 轨道进行求和的时候，把 n_1 与 n_2 都算了，所以理所当然地要在最后除上一个 2. 而对 D_4 群来说，一个二阶轴与球面的两个交点 $\boldsymbol{r}_i$ 与 $-\boldsymbol{r}_i$ 在同一 G 轨道上，所以在对轨道个数进行求和的时候没有重复计数. 但是，在算一个轨道上的极点 $\boldsymbol{r}_i$ 等价点的个数的时候，把 $-\boldsymbol{r}_i$ 也算进来了. 这时，重复计数还是存在的，它发生在算一个 G 轨道内等价极点的个数的时候.

两者结合起来，还是那两句话:

(i) 当 $\boldsymbol{r}_i$ 与 $-\boldsymbol{r}_i$ 不在一个 G 轨道上的时候，重复计数是发生在我们对 l 的统计中;

(ii) 当 $\boldsymbol{r}_i$ 与 $-\boldsymbol{r}_i$ 在一个 G 轨道上的时候，重复计数是发生在计算 $\boldsymbol{r}_i$ 的 G 轨道上的等价点对群本身非恒等操作的贡献上.

不管怎样，重复计数总是存在的.

现在我们知道了第一类点群基本方程的第二个解对应的是二面体群 D_n 的情况. 下面我们来看它是怎么分类的. 我们的基本思路还是: 两个具有相同转角的转动，如果其转轴可以通过群中另外一个元素联系起来，则它们同类. 由于这个原因，我们很容易知道 D_3 与 D_4 的分类情况就会不一样.

对于 D_3，它的所有二阶轴都可以通过绕 3 阶轴的转动联系起来，而对于 D_4，它的二阶轴必须分为两类. 与此同时，对于 D_3 这种奇数阶的二面体群，它绕 n 阶轴的非恒等转动中，C_n^k 与 C_n^{n-k} 同类，这里 k 的取值有 $(n-1)/2$ 个，$n=3$ 时为 1，$n=5$ 时为 2. 这样这种 D_n 群的总的类的个数就是 $1+(n-1)/2+1=(n+3)/2$. 这里第一个 1 是恒等变换，第二个 $(n-1)/2$ 是绕 n 阶轴的非恒等操作，最后一个 1 对应所有 2 阶轴.

而对于 D_4 这种偶数阶的二面体群，绕 n 阶轴的非恒等转动中，C_n^k 与 C_n^{n-k} 同类，这里 k 的取值有 $(n-2)/2$ 个. 同时恒等操作是一类，转 π 角的操作是一类. 同时 2 阶转动分为两类，所以总的类数是 $1+\dfrac{n-2}{2}+1+2=\dfrac{n}{2}+3$ 个.

(3) $l=3$ (有三个极点轨道)，$n=12$ (群里有 12 个对称操作)，此时 $n_1=2,n_2=3,n_3=3$，轨道的情况如下:

第一个极点轨道是二阶轴的，一共有 6 个点;

第二个极点轨道是三阶轴的，一共有 4 个点;

第三个极点轨道也是三阶轴的，一共也有 4 个点.

怎么去理解这个群呢? 我们可以从其中最高阶轴的极点出发 (后面的讨论也是同样的思路, 因为高阶轴极点少, 容易在三维空间中构建图像). 假设 $\boldsymbol{r}_1, \boldsymbol{r}_2, \boldsymbol{r}_3, \boldsymbol{r}_4$ 是第二个极点轨道上的 4 个极点, G 中的任意一个元素作用到这 4 个极点上, 得到的集合还是这 4 个极点.

取 $\boldsymbol{r}_1$ 对应的三阶转动 C_3, 它作用到 $\boldsymbol{r}_1$ 上得到的还是 $\boldsymbol{r}_1$. 但它作用到其他三个极点上, 得到的 $\mathrm{C}_3\boldsymbol{r}_2, \mathrm{C}_3\boldsymbol{r}_3, \mathrm{C}_3\boldsymbol{r}_4$ 就要落到 $\boldsymbol{r}_2, \boldsymbol{r}_3, \boldsymbol{r}_4$ 这个集合上, 一定不能产生新的点, 不然这个 G 轨道上就不止 4 个点了.

要想让这种情况成立, $\boldsymbol{r}_1, \boldsymbol{r}_2, \boldsymbol{r}_3, \boldsymbol{r}_4$ 的位置要满足当以 $\boldsymbol{r}_1$ 作为北极时, $\boldsymbol{r}_2$, $\boldsymbol{r}_3, \boldsymbol{r}_4$ 必须是在同一个纬度上, 经度相差 120° 的三个点, 如图 3.6 所示 (T 群的定义见后文).

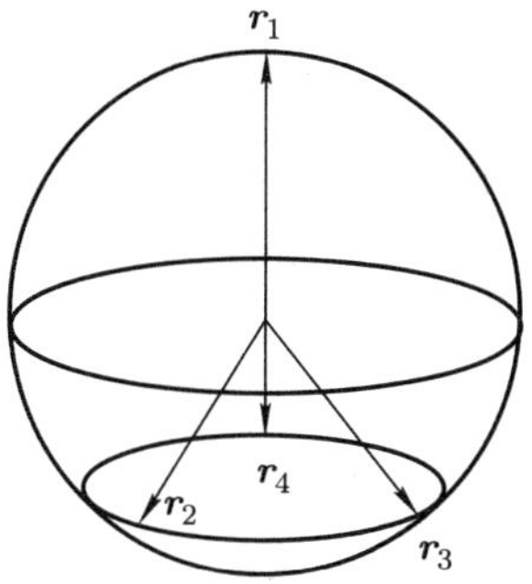

图 3.6 T 群产生示意图一

同样, 对于 $\boldsymbol{r}_2$, 取一个绕它的三阶转动, 我们也可以得到 $\boldsymbol{r}_1, \boldsymbol{r}_3, \boldsymbol{r}_4$ 必处在以它为极点的纬度线上等间距分布这样一个结论.

对 $\boldsymbol{r}_3, \boldsymbol{r}_4$ 也可做类似处理. 把这些结论合在一起, $\boldsymbol{r}_1, \boldsymbol{r}_2, \boldsymbol{r}_3, \boldsymbol{r}_4$ 的分布就只能有一种情况: 它们是球面上相互之间都等间距分布的四个点, 构成一个正四面体 (tetrahedron), 如图 3.7 所示.

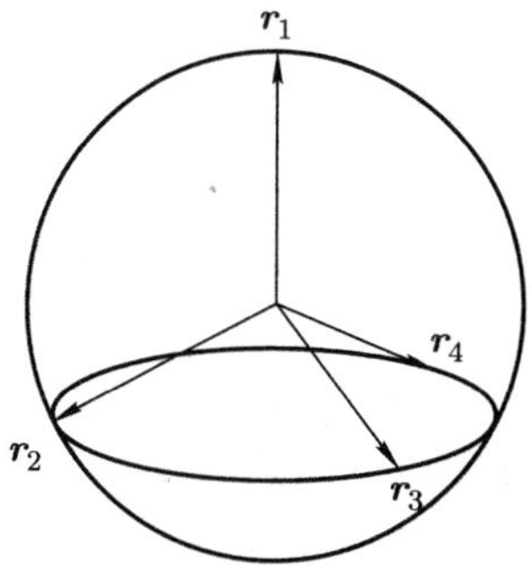

图 3.7 T 群产生示意图二

对于这个正四面体, $\boldsymbol{r}_1, \boldsymbol{r}_2, \boldsymbol{r}_3, \boldsymbol{r}_4$ 对应的 $-\boldsymbol{r}_1, -\boldsymbol{r}_2, -\boldsymbol{r}_3, -\boldsymbol{r}_4$ 也构成一个极点 G 轨道, 这就是我们的解中 $n_3 = 3$ 对应的情况.

同时, 如图 3.8 所示, 二阶轴所对应的 6 个极点, 也可以通过三阶转动联系起来, 比如四面体中心到 $A, \cdots, F$ 这些点的连线与球面的交点, 对应的都是二阶轴极点, 它们相互之间可由三阶转动联系起来, 所以只形成一个轨道, 对应解中 $n_1 = 2$ 的情况.

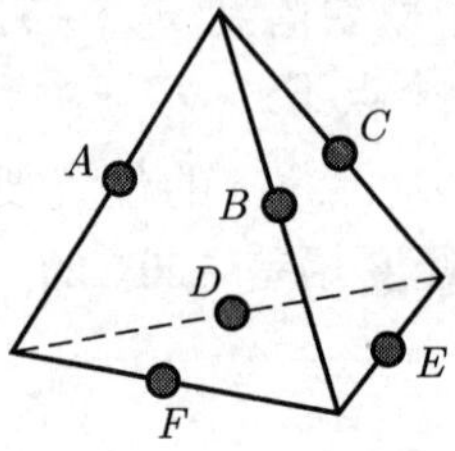

图 3.8　T 群示意图

这样的一个群称为正四面体群, 记为 T 群. 有些教材在讲到正四面体群的时候, 会与四阶置换群做一个类比, 背后更大的背景是所有的有限群均同构于置换群的子群. 这里我们先用点群与置换群及其子群做个类比.

T 群的每一个对称操作, 就是对正四面体的四个顶点进行一个置换, 比如

$$\mathrm{C}_3 = \begin{pmatrix} 1 & 2 & 3 & 4 \\ 1 & 3 & 4 & 2 \end{pmatrix},$$

又如

$$\mathrm{C}_3^2 = \begin{pmatrix} 1 & 2 & 3 & 4 \\ 1 & 4 & 2 & 3 \end{pmatrix}.$$

对于一个四阶循环群来说, 它的阶数是 4 的阶乘, 也就是 24. 而 T 群只有 12 个元素, 为什么? 原因很简单, 就是 T 群是第一类点群, 它包含的是纯转动操作, 不包含在变换过程中 1, 2, 3, 4 四个点之间手性发生变化的变换. 因为这个原因, 有些教材会说 T 群是 S_4 的偶置换子群.

在 T 群中, 如果再加上不保手性的变换, 也就是对象还是这个正四面体, 但允许它的顶点进行不保手性的变换, 则对应的是第二类点群 $\mathrm{T_d}$, 这样的一个群与 S_4 群就同构了.

再展开来说, 在点群中, 随着顶点数的增加, 几何限制会使得点群与置换群的差别越来越大. 当只有三个顶点的时候, 前面讲过 D_3 与 S_3 直接同构. 当有四个顶点的时候, T 与 S_4 只有在加入非纯转动操作的时候才同构. 对于五个以上顶点的情况, 即使加入转动反演操作也不行, 因为顶点之间的任意置换是不可能都被点群中的几何操作 (转动或转动反演) 所实现的. 这些点群只能与相应置换群的子群同构. 读者读到后面会更有体会.

关于 T 群中群元的分类, 有: E 自成一类; 二阶转动 $\mathrm{C}_2, \mathrm{C}_2', \mathrm{C}_2''$ 由于转轴可通过三阶转动联系起来, 所以成为一类; 转 $2\pi/3$ 角的操作 $\mathrm{C}_3, \mathrm{C}_3', \mathrm{C}_3'', \mathrm{C}_3'''$ 由于其转轴可以通过其他三阶转动联系起来, 所以也成为一类; 而 C_3 与 C_3^2 之间由于其转轴没法通过 T 中元素联系起来, 所以不是一类, 但 $\mathrm{C}_3^2, \mathrm{C}_3'^2, \mathrm{C}_3''^2, \mathrm{C}_3'''^2$ 之间是可以通过 T 中元素联系起来的, 所以 $\mathrm{C}_3^2, \mathrm{C}_3'^2, \mathrm{C}_3''^2, \mathrm{C}_3'''^2$ 组成一个类. 综合起来, T 中有四个类, 分别是: $\{E\}, \{\mathrm{C}_2, \mathrm{C}_2', \mathrm{C}_2''\}, \{\mathrm{C}_3, \mathrm{C}_3', \mathrm{C}_3'', \mathrm{C}_3'''\}, \{\mathrm{C}_3^2, \mathrm{C}_3'^2, \mathrm{C}_3''^2, \mathrm{C}_3'''^2\}$.

结合这个分类情况和 Burnside 定理, 我们就会知道 T 群的不等价不可约表示维数的情况. $S_1^2+S_2^2+S_3^2+S_4^2=12$, 因为恒等表示 $S_1=1$, 其他维数只能是 $S_2=1, S_3=1, S_4=3$. 也就是说 T 群有三个一维不等价不可约表示, 一个三维不等价不可约表示.

(4) $l=3$, 三个极点 G 轨道. 此时 $n=24$, 有 24 个对称操作. 具体轨道情况如下:

$n_1=2$, 第一个 G 轨道对应的是二阶轴的极点, 上面有 12 个点;

$n_2=3$, 第二个 G 轨道对应的是三阶轴的极点, 上面有 8 个点;

$n_3=4$, 第一个 G 轨道对应的是四阶轴的极点, 上面有 6 个点.

我们的分析还是和上面一个例子一样, 从最高阶轴的极点出发, 有 $\boldsymbol{r}_1, \boldsymbol{r}_2, \boldsymbol{r}_3, \boldsymbol{r}_4, \boldsymbol{r}_5, \boldsymbol{r}_6$ 6 个极点. 这个群本身的转动都是 2, 3, 4 阶转动.

我们把一个四阶转动作用到 $\boldsymbol{r}_1, \boldsymbol{r}_2, \boldsymbol{r}_3, \boldsymbol{r}_4, \boldsymbol{r}_5, \boldsymbol{r}_6$ 上, 得到的必是这 6 个点的集合自身.

设这个 C_4 本身对应的是 $\boldsymbol{r}_1$ 轴, 那么 $\boldsymbol{r}_2, \boldsymbol{r}_3, \boldsymbol{r}_4, \boldsymbol{r}_5, \boldsymbol{r}_6$ 这 5 个点怎么配置呢? 只能是其中的 4 个放在同一纬度线上等间距分布, 随后 1 个放到 $\boldsymbol{r}_1$ 正对的那个极点, 如图 3.9 所示 (O 群定义见下文). 与此同时, $\boldsymbol{r}_1, \boldsymbol{r}_2, \boldsymbol{r}_3, \boldsymbol{r}_4, \boldsymbol{r}_5, \boldsymbol{r}_6$ 完全等价. 图 3.9 只考虑了绕 $\boldsymbol{r}_1$ 的四阶转动, 绕 $\boldsymbol{r}_2, \boldsymbol{r}_3, \boldsymbol{r}_4, \boldsymbol{r}_5, \boldsymbol{r}_6$ 其实也有同样的要求. 如果把这些所有的要求都考虑在一起, 那么很自然, 顶点就只能如图 3.10 所示. $\boldsymbol{r}_1, \boldsymbol{r}_2, \boldsymbol{r}_3, \boldsymbol{r}_4, \boldsymbol{r}_5, \boldsymbol{r}_6$ 是一个正八面体 (octahedron) 的顶点, 因此这个群就被称为 O 群. 这个正八面体外面还可以接一个立方体. 也就是说只考虑转动的情况下, 这个群描述的是立方体或正八面体的对称性.

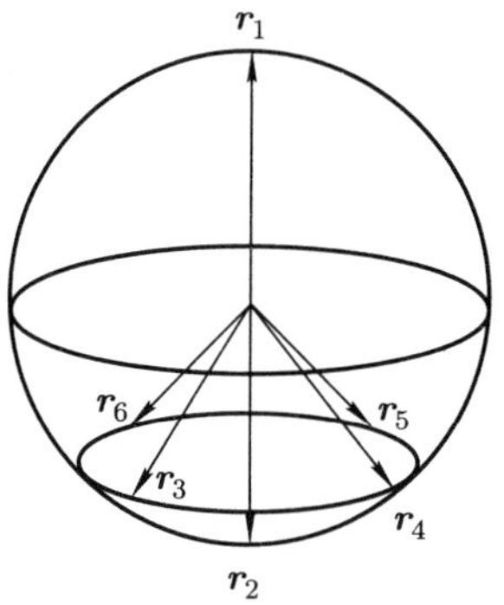

图 3.9 O 群产生示意图

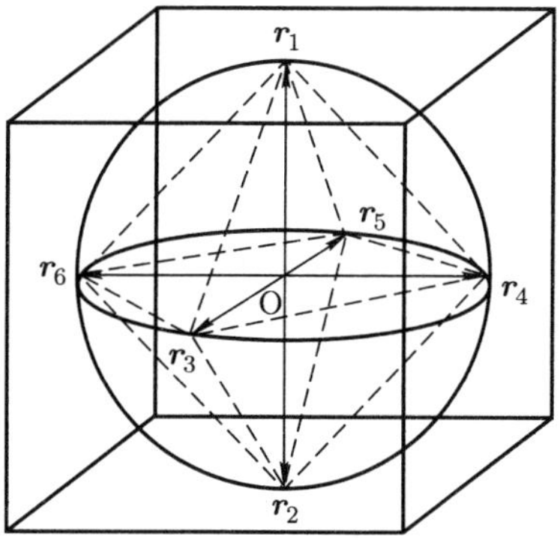

图 3.10 O 群示意图

这个正八面体 (里面虚线) 相对正三角形的中心连线是个三阶轴 (或者说是外接立方体相对顶点连线). 这样的三阶轴一共有 4 条, 对应 8 个极点. 由于这些极点相互之间都可以用四阶转动联系起来, 所以 G 轨道上是 8 个点, 对应的就是我们的基本方程给出的 $n_2=3$ 的情况.

同时, 正八面体相对棱的中点连线对应的是二阶轴 (也是立方体相对棱的中点连线). 这样的二阶轴有 6 条, 对应 12 个极点. 这些极点之间可以由四阶转动联系起来, 所以 G 轨道上是 12 个点, 对应的就是基本方程中 $n_1=2$ 的情况.

最后, 由于这些四阶轴、三阶轴、二阶轴的极点都可以由群中其他元素联系起来, 所以 G 轨道只有三个. 转 $2\pi/3$ 与转 $4\pi/3$ 的操作同类, 转 $\pi/2$ 与转 $3\pi/2$ 的操作同类. 而转 π 的操作, 存在两种情况, 一种是绕二阶轴的转动, 一种是绕四阶轴的转动, 但转两次. 这两种转动的转动轴, 是不能通过群中其他元素联系起来的. 这样全部 24 个操作的分类是:

$$\{E\},\{\mathrm{C}_2^{(1)},\mathrm{C}_2^{(2)},\mathrm{C}_2^{(3)},\mathrm{C}_2^{(4)},\mathrm{C}_2^{(5)},\mathrm{C}_2^{(6)}\},$$

$$\{\mathrm{C}_3,\mathrm{C}_3',\mathrm{C}_3'',\mathrm{C}_3''',\mathrm{C}_3^2,\mathrm{C}_3'^2,\mathrm{C}_3''^2,\mathrm{C}_3'''^2\},\{\mathrm{C}_4,\mathrm{C}_4',\mathrm{C}_4'',\mathrm{C}_4^3,\mathrm{C}_4'^3,\mathrm{C}_4''^3\},\{\mathrm{C}_4^2,\mathrm{C}_4'^2,\mathrm{C}_4''^2\},$$

其中二阶轴与四阶轴的夹角是 45°, 这样的话虽然绕四阶轴转两次和绕二阶轴转一次转动角相同, 但转轴不能通过群中其他元素联系起来, 就不是一类了.

同时再做前面说过的 D_3 与 S_3 的类比, 我们会发现这里 T (4 个顶点) 是 S_4 (24 个元素) 的一个子群, O (6 个顶点) 是 S_6 的 (720 个元素) 的一个子群. 只不过因为这 6 个顶点相互位置不能乱换, O 群的阶比 S_6 群的阶小得多.

(5) 最后一种第一类点群:

$l=3$, 三个极点 G 轨道;

$n=60$, 60 个对称操作;

$n_1=2$, 第一个 G 轨道对应的是二阶轴的极点, 上面有 30 个点;

$n_2=3$, 第二个 G 轨道对应的是三阶轴的极点, 上面有 20 个点;

$n_3=5$, 第一个 G 轨道对应的是五阶轴的极点, 上面有 12 个点.

还是从最高阶轴开始, 设 $\boldsymbol{r}_1,\boldsymbol{r}_2,\cdots,\boldsymbol{r}_{12}$ 对应这 12 个极点, 它们的集合要在五阶转动下不变.

以绕 $\boldsymbol{r}_1$ 的转动为例, 这些转动要把 $\boldsymbol{r}_2,\cdots,\boldsymbol{r}_{12}$ 这 11 个极点转到它们本身. 与前面的分析类似, 这种情况下只能将这 11 个点分成三组, 前两组每组 5 个点, 等间距分布在以 $\boldsymbol{r}_1$ 为极点的等纬度线上. 最后一个点与 $\boldsymbol{r}_1$ 相对. 同时, 这 12 个点要相互等价, 这样的话对每个极点, 另外 11 个都要满足这样的性质. 综合起来, 结果就只有如图 3.11 所示一种可能. 这是一个由 20 个正三角形组成的二十面体 (icosahedron), 因此这个群也称为正二十面体群, 记为 Y. 这个正二十面体也可以内接一个正十二面体, 每个面都是正五边形. 它们的对称性是完全一样的.

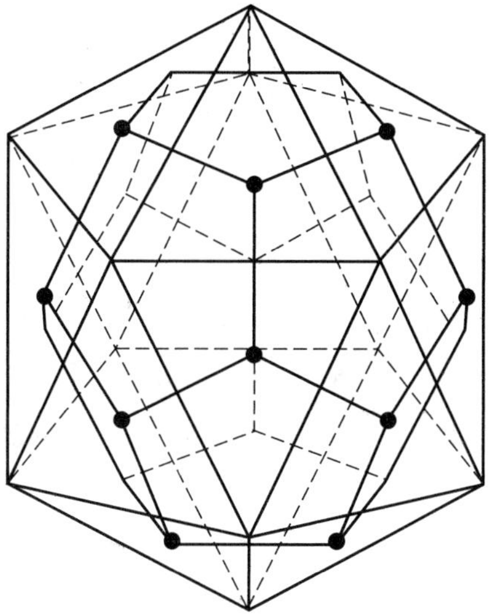

图 3.11 正二十面体群示意图

就正二十面体而言, 每两个相对的极点的连线都是一个五阶轴, 一共有 12 个极点, 6 个轴, 相对极点可由其他变换 (二阶转动) 联系起来, 所以这个轨道有 12 个极点. 同时每两个相对的正三角形中点的连线是个三阶轴, 三角形有 20 个, 所以三阶轴是 10 个. 相对极点同样可通过二阶转动联系起来, 这个轨道上有 20 个点. 每两个相对棱的中点连线为二阶轴, 一共有 30 条棱, 也就是 15 个二阶轴. 同样, 相对极点可由其他二阶转动联系起来, 所以轨道上有 30 个点.

由于这个正二十面体已经越来越像球了, 对称性也越来越高, 这时候具有相同转角的转动就越有可能被其他转动操作联系起来, 从而形成一类. Y 群的 60 个元素的分类情况是:

$\{E\}$,

$\{C_2^{(1)}, C_2^{(2)}, \cdots, C_2^{(15)}\}$ (15 个),

$\{C_3^{(1)}, \cdots, C_3^{(10)}, C_3^{(1)2}, \cdots, C_3^{(10)2}\}$ (20 个),

$\{C_5^{(1)}, \cdots, C_5^{(6)}, C_5^{(1)4}, \cdots, C_5^{(6)4}\}$ (12 个),

$\{C_5^{(1)2}, \cdots, C_5^{(6)2}, C_5^{(1)3}, \cdots, C_5^{(6)3}\}$ (12 个).

有趣的是如果把正二十面体每条棱都三等分, 然后再把顶角去掉, 那么最终得到的就是一个足球, 如图 3.12 所示. 1996 年诺贝尔化学奖的成果是对于 C_{60} 的发现, 而 C_{60} 的结构就像一个足球.

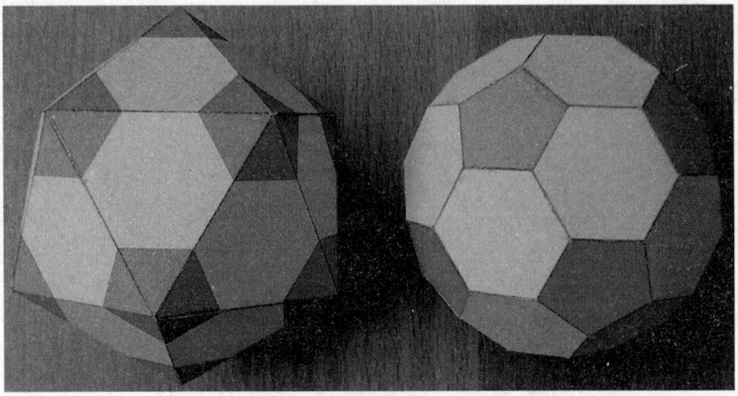

图 3.12 足球与正二十面体群

3.3 第二类点群

前面我们通过第一类点群的基本方程 (3.10), 把第一类点群的所有情况做了一个介绍. 根据这个介绍, 我们现在就可以利用定理 3.3 的第二与第三种情况, 把所有的第二类点群推出来了.

先看第二种情况: 当 G 不止包含纯转动操作时, 如果 G 中包含纯反演操作 I, 那么 G 与 K 的关系必然是 $G = K \cup IK$. 这个时候, 因为有五种第一类点群, 与之对应的第二类点群也就是五种. 下面我们用 [II, 中] 来表示这些第二类点群, "II" 是第二类点群的意思, "中" 代表具有中心反演对称性. 由于中心反演对称操作与任意转动操作互易, 所以 IK 这个部分不改变 K 的分类, 只是把 K 中所有的类又在乘上 I 之后重复了一遍. 这五种第二类点群如下:

(1) $\mathrm{C}_n \cup I\mathrm{C}_n$, 这是一个 $2n$ 阶的 Abel 群, C_n 中的每个元素自成一类, $I\mathrm{C}_n$ 中的每个元素也自成一类.

(2) $\mathrm{D}_n \cup I\mathrm{D}_n$, 这里 D_n 是 $2n$ 阶的, $\mathrm{D}_n \cup I\mathrm{D}_n$ 就是 $4n$ 阶的. 前面说了, n 为奇数时, D_n 有 $(n+3)/2$ 个类, $\mathrm{D}_n \cup I\mathrm{D}_n$ 就有 $n+3$ 个类. n 为偶数时, D_n 有 $n/2+3$ 个类, $\mathrm{D}_n \cup I\mathrm{D}_n$ 就有 $n+6$ 个类.

(3) $\mathrm{T} \cup I\mathrm{T}$ 阶为 24, 有 8 个类, 记为 $\mathrm{T_h}$.

(4) $\mathrm{O} \cup I\mathrm{O}$ 阶为 48, 有 10 个类, 记为 $\mathrm{O_h}$.

(5) $\mathrm{Y} \cup I\mathrm{Y}$ 阶为 120, 有 10 个类, 记为 $\mathrm{Y_h}$.

除了上面说的 [I]、[II, 中], 第三种情况是: 当 G 不止包含纯转动操作, 且 G 中不包含纯反演操作 I 时, G 必与一个纯转动群 G^+ 同构, 这里 $G^+ = K \cup K^+$, 而 K^+ 的定义是: $K^+ = \{Ig | g \in G, \text{但 } g \notin K\}$.

换句话说, 这里的第二类点群不包含纯反演操作, 同时它与一个第一类点群同构. 这样的话我们只需要找到与之同构的第一类点群 $K \cup K^+$, 然后对它做 $K \cup IK^+$ 这样一个变换就可以了.

而对 $K \cup K^+$ 这样一个第一类点群, 如果我们把 K 当作一部分, K^+ 当作一部分, 它与二阶循环群是同态的. 这是因为: $K \cup IK^+$ 本身是一个群, IK^+ 中的 K^+ 就是我们这个第一类点群的第二部分. 由于重排定理, 对 $K \cup IK^+$, 取 K 中任何一个元素, 它乘上 K 这个集合, 必给出 K 这个集合, 乘上 IK^+ 这个集合, 必给出 IK^+ 这个集合. 同时 IK^+ 中任意元素, 乘上 K 这个集合, 必给出 IK^+ 这个集合, 乘上 IK^+ 这个集合, 则给出 K 这个集合. 由于 I 是可以单独提出的, 所以对 $K \cup K^+$ 这个第一类点群, 必存在这样的性质: K 乘上 K (意为由 K 中所有元素的乘积构成的集合) 等于 K, K 乘上 K^+ 等于 K^+, K^+ 乘上 K 等于 K^+, K^+ 乘上 K^+ 等于 K. 这也就相当于说 $\{K, K^+\}$ 与二阶循环群同态.

这样的话 K 必须是 $\{K, K^+\}$ 的不变子群, 并且阶数是它的一半. 根据这个规则, 我们就可以通过第一类点群来构造这种第二类点群了.

在 $\mathrm{C}_n, \mathrm{D}_n, \mathrm{T}, \mathrm{O}, \mathrm{Y}$ 里面符合这个条件的, 只有 $\mathrm{C}_{2n}, \mathrm{D}_n, \mathrm{D}_{2n}, \mathrm{O}$ 这四种情况, 下面我们来分别介绍 (序号在前面五种第二类点群的基础上继续).

(6) 对 C_{2n}, $\{\mathrm{C}_{2n}^2, \mathrm{C}_{2n}^4, \cdots, \mathrm{C}_{2n}^{2n} = E\}$ 形成不变子群, $\{\mathrm{C}_{2n}, \mathrm{C}_{2n}^3, \cdots, \mathrm{C}_{2n}^{2n-1}\}$ 为其陪集, 形成的第二类子群是 $\{\{\mathrm{C}_{2n}^2, \mathrm{C}_{2n}^4, \cdots, \mathrm{C}_{2n}^{2n} = E\}, I\{\mathrm{C}_{2n}, \mathrm{C}_{2n}^3, \cdots, \mathrm{C}_{2n}^{2n-1}\}\}$.

(7) 与 D_n 同构的第二类点群. 这里纯转动部分是 $\{\mathrm{C}_n, \mathrm{C}_n^2, \cdots, E\}$, 另外一部分是 $I\{\mathrm{C}_2^{(1)}, \mathrm{C}_2^{(2)}, \cdots, \mathrm{C}_2^{(n)}\}$.

由于 I 与任意元素互易, 所以这种第二类点群的分类情况与 D_n 完全相同, n 为奇数时是 $(n+3)/2$, n 为偶数时是 $n/2+3$.

(8) 对 D_n, 当 n 为偶数时, 也就是 D_{2n} 这种情况, 它除了 C_{2n} 这个不变子群, 还有 D_n 也是它的不变子群. 这个时候, 如果根据 D_n 去做这个第二类点群, 又能得到一种情况. 这个时候纯转动部分是

$$\{\mathrm{C}_{2n}^2, \mathrm{C}_{2n}^4, \cdots, \mathrm{C}_{2n}^{2n} = E, \mathrm{C}_2^{(2)}, \mathrm{C}_2^{(4)}, \cdots, \mathrm{C}_2^{(2n)}\},$$

转动反演部分是

$$I\{\mathrm{C}_{2n}, \mathrm{C}_{2n}^3, \cdots, \mathrm{C}_{2n}^{2n-1}, \mathrm{C}_2^{(1)}, \mathrm{C}_2^{(3)}, \cdots, \mathrm{C}_2^{(2n-1)}\}.$$

以 D_6 为例, 取它的不变子群 $\mathrm{D}_3, \mathrm{C}_2^{(1)}, \mathrm{C}_2^{(2)}, \cdots, \mathrm{C}_2^{(2n)}$ 的分布如图 3.13 所示. 由于 I 与任意群元互易, 所以它的分类情况与 D_{2n} 群完全一样, 也是 $2n/2+3 = n+3$.

(9) 最后一种情况基于的第一类点群是 O 群, 它的不变子群是 T. 对这个群可以这样理解. 一个立方体的纯转动对称群是 O 群, 现在针对它做一个内接正四面体, 如图 3.14 所示. 正四面体的纯转动操作相对于 O 群减少了一半, 但是除了这些纯转动操

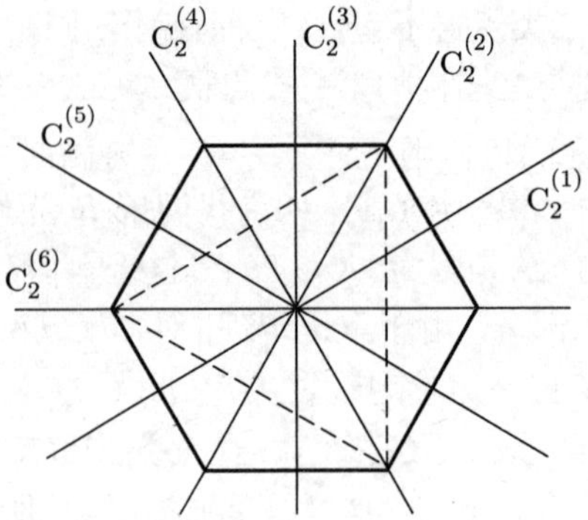

图 3.13 D_6 **群对称性**

作, 它多了一些转动反演操作. 这些转动反演操作加上保留下来的纯转动操作, 形成的第二类点群与 O 群同构, 也是 24 个操作. 对于正四面体, 如果我们对 z 轴转 $90°$, 再做反演, 它回到其本身. 这个操作就是正四面体具有的对称操作. 它是一个转动反演操作, 与立方体本身转 $90°$ 的纯转动操作对应.

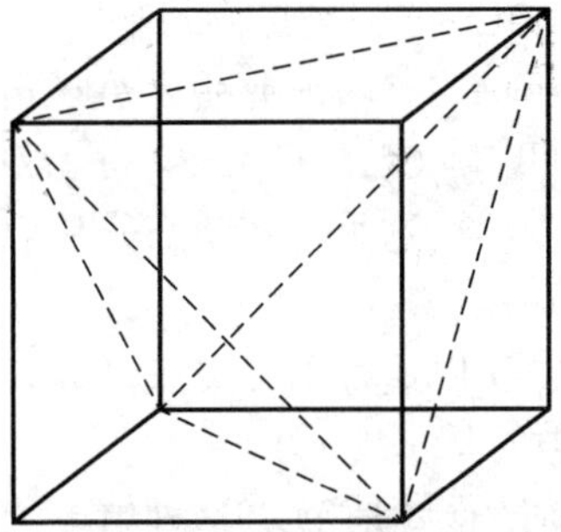

图 3.14 O **群对称性**

这里 K 为

$$\{C_3, C_3', C_3'', C_3''', C_3^2, C_3'^2, C_3''^2, C_3'''^2, E, C_4^2, C_4'^2, C_4''^2\},$$

IK^+ 为

$$I\{C_2^{(1)}, C_2^{(2)}, C_2^{(3)}, C_2^{(4)}, C_2^{(5)}, C_2^{(6)}, C_4, C_4', C_4'', C_4^3, C_4'^3, C_4''^3\}.$$

同样, 由于 I 与任意元素互易, 这个群与 O 群分类相同, 共有 5 个类.

到这里, 我们介绍了所有点群的定义, 以及它们是如何分类的, 都具有哪些对称操作. 但只有这些了解, 读者还没法直接去看文献, 因为文献中一般都会用一些符号去标记一个特定的点群, 比如 T_d, T_h, O_h. 这些符号直接告诉了我们这个点群是什么, 而不用去写比如与 O 同构的不含反演操作的第二类点群, 或者 T 与中心反演操作结合形成的点群这些东西.

这些符号叫 Schoenflies 符号. 因为它是在科研工作中要经常接触的东西, 我们在这里详细说一下. 我们先说明的一点是 Schoenflies 符号与点群的对称元素有着最直接的联系. 同时, 在对称元素的描述中, Schoenflies 符号倾向于使用转动反射面, 而不是转动反演轴. 在前面的讨论中, 因为转动反演轴更便于讲点群分类, 所以我们一直采用它, 后面要换一下. 前面讲过, 转动反演轴与转动反射面的关系很简单, 如图 3.15 所示, 是 $\sigma_{\boldsymbol{k}}\mathrm{C}_{\boldsymbol{k}}\left(\frac{2\pi}{n}\right) = I\mathrm{C}_{\boldsymbol{k}}\left(\frac{2\pi}{n}+\pi\right)$.

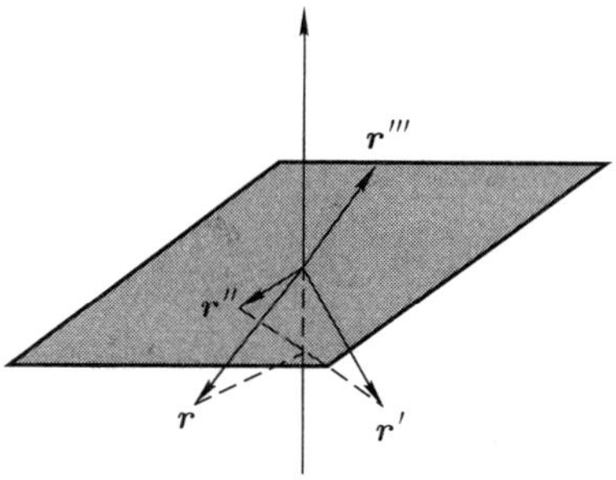

图 3.15 转动反演与转动反射

在 Schoenflies 的命名规则中, 一个点群的最高阶转轴、与某反射面垂直的轴, 或某个转动反演轴会被当作主轴. 命名是基于第一类点群的符号, 结合反射面或转动反射轴来进行的. 主轴的方向一般称为垂直方向. 水平的反射面记为 σ_h, 而过主轴与水平面垂直的反射面记为 σ_v 或 σ_d. 这里 "v" 与 "d" 还有些区别, 我们稍后再讲.

Schoenflies 命名规则, 其实就是根据前面我们分析出来的各种群的特征, 找到一个可以标记它的对称元素的符号, 用这个符号来代表这个群. 这句话说起来简单, 但做起来并不好做. 下面我们具体地来分析图 3.16 中群的命名, 其中第一类点群名字已经有了. 对第二类点群, 我们最终是要把它分成如图 3.17 所示的情况.

[I]:	[II, 中]:	[II, 非中]:
C_n	$\mathrm{C}_n \cup I\mathrm{C}_n$	与 C_{2n} 同构
D_n	$\mathrm{D}_n \cup I\mathrm{C}_n$	与 D_n 同构
T	$\mathrm{T} \cup I\mathrm{T}$	与 D_{2n} 同构
O	$\mathrm{O} \cup I\mathrm{O}$	与 O 同构
Y	$\mathrm{Y} \cup I\mathrm{Y}$	

要命名的群

图 3.16 点群分类图一

下面我们按照图 3.17 中的 13 个数字逐个讲. 这 13 个数字有在 Schoenflies 符号中重复的情况, 比如 10, 11. 它们属于定理 3.3 的不同情况, 但在这里由相似的对称元

[II, 中]:

$C_n \cup I\,C_n \begin{cases} 2n{+}1\text{—}S_{4n+2}\ (6) \\ 2n\text{—}C_{2nh}\ (8) \end{cases}$

$D_n \cup I\,D_n \begin{cases} 2n{+}1\text{—}D_{2n+1d}\ (12) \\ 2n\text{—}D_{2nh}\ (10) \end{cases}$

$T \cup I\,T\text{—}T_h$　(1)

$O \cup I\,O\text{—}O_h$　(2)

$Y \cup I\,Y\text{—}Y_h$　(3)

[II, 非中]:

与 C_{2n} 同构 $\begin{cases} 4n{+}2\text{—}C_{2n+1h}\ (9) \\ 4n\text{—}S_{4n}\ (7) \end{cases}$

与 D_n 同构— C_{nv} (4)

与 D_{2n} 同构 $\begin{cases} 4n{+}2\text{—}D_{2n+1h}\ (11) \\ 4n\text{—}D_{2nd}\ (13) \end{cases}$

与 O 同构— T_d (5)

→ S_{2n}, C_{nv}, C_{nh}, D_{nh}, D_{nd}, T_h, O_h, Y_h, T_d

图 3.17　点群分类图二

素标记. 因此, 这 13 种可能性又可以在 Schoenflies 的框架下缩小为 9 种标记的情况. 下面, 我们先走遍这 13 个数字, 再对它们进行图 3.17 黑框中的归纳.

(1) 先看 $T\cup IT$.

T 的操作是 $\{E, C_2, C_2', C_2'', C_3, C_3', C_3'', C_3''', C_3^2, C_3'^2, C_3''^2, C_3'''^2\}$, 并上 IT, 也就是 $I\{E, C_2, C_2', C_2'', C_3, C_3', C_3'', C_3''', C_3^2, C_3'^2, C_3''^2, C_3'''^2\}$, 这就是它所有的操作.

这些操作中, 有纯转动, 有转动反射. 在 Schoenflies 的命名规则中, 把 IC_2 这个转动反演操作所对应的反射面当作非纯转动部分的代表, 并把这个反射面放到水平的位置. 这样我们用 T 可以把纯转动部分包括在内, 用 σ_h 对 T 做陪集就可以把转动反演部分包括在内. 子群与陪集结合产生所有这个群里面的元素, 与之相应, 这个群也就可以记为 T_h.

(2) 对 O 也一样, 有 IC_4^2 这个操作, 我们可以把它对应的平面定为水平面, 用 σ_h 与 O 来标记这个群, 记为 O_h.

(3) 对 Y, 有 IC_2, 把它对应的平面定为水平面, 用 σ_h 与 Y 来标记这个群, 记为 Y_h.

(4) 与 D_n 同构的第二类点群, 对称操作为

$$\{\{C_n, C_n^2, \cdots, E\}, I\{C_2^{(1)}, C_2^{(2)}, \cdots, C_2^{(n)}\}\}.$$

C_n 这个高阶转动轴为主轴, 形成子群 $\{C_n, C_n^2, \cdots, E\}$, 陪集部分是 $I\{C_2^{(1)}, C_2^{(2)}, \cdots, C_2^{(n)}\}$. 由于 $C_2^{(i)}$ 在水平面上, 所以它们代表的是垂直水平面的反射面 σ_v, “v” 代表 “垂直” (vertical). 两者结合起来, 我们用 C_{nv} 来标记这样的群.

(5) 与 O 同构的第二类点群, 包含的操作是:

$$\{C_3, C_3', C_3'', C_3''', C_3^2, C_3'^2, C_3''^2, C_3'''^2, E, C_4^2, C_4'^2, C_4''^2\}$$

$$\cup I\{C_2^{(1)}, C_2^{(2)}, C_2^{(3)}, C_2^{(4)}, C_2^{(5)}, C_2^{(6)}, C_4, C_4', C_4'', C_4^3, C_4'^3, C_4''^3\}.$$

纯转动部分是个 T 群, 最高转动轴为三阶轴. 转动反演部分有三个四阶转动反演轴. 对于四阶转动反演轴, 我们可以在实空间画一下它对应的等价的点, 如图 3.18 所示.

从这些点我们可以看出四阶转动反演轴等价于四阶转动反射轴. 我们以这个转动反射轴为主轴. 这个轴本身是 O 群的 4 阶轴, 也就是图 3.19 中的 z 轴. 这个与 O 群同构的第二类点群, 纯转动部分是 T, 转动反演部分只要找出一个操作, 就可以通过陪集的方式把这个群确定下来了. 在图 3.19 中, 我们知道 O 群会有两个水平的二阶轴, 对应 $\mathrm{C}_2^{(i)}$ 中的两个, 它们乘上 I, 给出的是垂直于水平面的反射面. 这样的话我们就可以用 T 与这个反射面来标记这个群了.

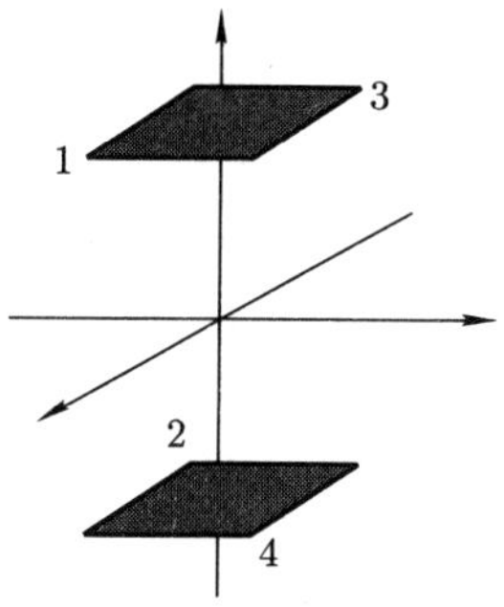

图 3.18 四阶转动反演

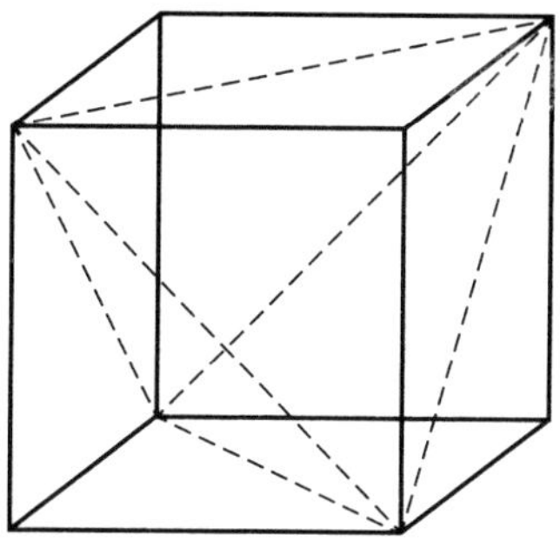

图 3.19 O 群的四阶轴

但需要注意的是, 前面我们说垂直于水平面的反射面会有两种情况, σ_v 与 σ_d. σ_v 就是一个一般的垂直水平面的反射面, 前面我们也用过. 而 σ_d, 说的是这个反射面除了垂直于水平面, 还平分水平面上两个二阶轴的夹角. d 是 "对角线" (diagonal) 的意思. 好多教材没有解释这个, 读者有兴趣的话, 可以看一下 Landau 的《量子力学》第 93 节那部分①, 或者 Dresselhaus 那本书, 即文献 [5] 的第 3.9 节.

这样与 O 同构的第二类点群, 就用 $\mathrm{T_d}$ 来标记了.

(6) 对于 $\mathrm{C}_n \cup I\mathrm{C}_n, n$ 为奇数, 可记为 $\mathrm{C}_{2n+1} \cup I\mathrm{C}_{2n+1}$, 这个群包含的元素是

$$\{\mathrm{C}_{2n+1}, \mathrm{C}_{2n+1}^2, \cdots, \mathrm{C}_{2n+1}^{2n+1} = E\} \cup I\{\mathrm{C}_{2n+1}, \mathrm{C}_{2n+1}^2, \cdots, \mathrm{C}_{2n+1}^{2n+1} = E\}.$$

这些元素的集合与以 S_{4n+2} 这个转动反射轴作为基本生成元而形成的群是一样的, 所以在 Schoenflies 符号中, 记为 S_{4n+2}.

以 S_6 为例, 通过这个操作, 我们可以知道一个点的等价点的集合如图 3.20 所示. 从这个等价的点的集合, 我们很容易想象它的对称群是

$$\{\mathrm{C}_3, \mathrm{C}_3^2, E\} \cup I\{\mathrm{C}_3, \mathrm{C}_3^2, E\}.$$

(7) 与 C_{2n} 同构的第二类点群中的一种情况是 $2n$ 为 4 的整数倍, 也就是 $4n$, 或者直接说与 C_{4n} 同构的第二类点群. 这时这个群为 $\mathrm{C}_{2n} \cup I(\mathrm{C}_{4n} - \mathrm{C}_{2n})$, 它包含的群元有

①这是我第一年上课的时候, 一个叫杨康的同学帮我发现的, 在此表示感谢.

$$\{C_{4n}^2, C_{4n}^4, \cdots, C_{4n}^{4n} = E\} \cup I\{C_{4n}, C_{4n}^3, \cdots, C_{4n}^{4n-1}\}.$$

这些元素的集合与以 S_{4n} 这个转动反射轴作为基本生成元而形成的群是一样的, 所以在 Schoenflies 符号中记为 S_{4n}.

以 S_4 为例, 通过这个操作, 我们可以知道一个点的等价点的集合如图 3.21 所示. 从这个等价的点的集合, 我们很容易想象它的对称群是

$$\{C_4^2, E\} \cup I\{C_4^1, C_4^3\}.$$

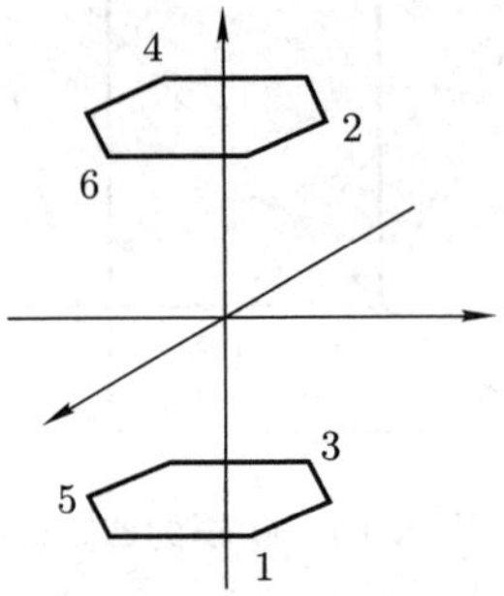

图 3.20 六阶转动反射等价点

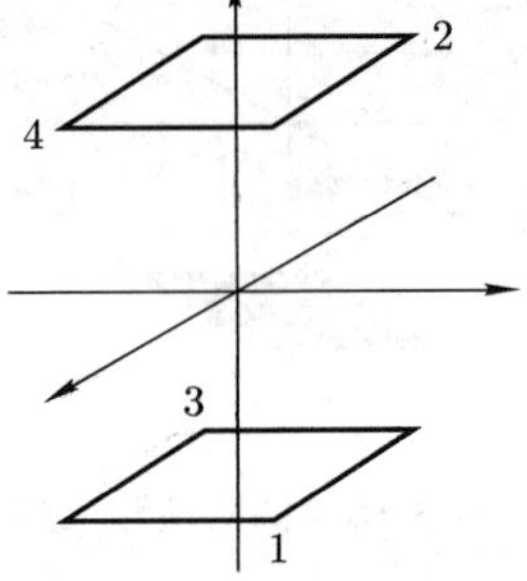

图 3.21 四阶转动反射等价点

(8) 对于 $C_n \cup IC_n$ 且 n 为偶数, 也就是 $C_{2n} \cup IC_{2n}$ 的情况, 这个群包含的元素是

$$\{C_{2n}, C_{2n}^2, \cdots, C_{2n}^{2n} = E\} \cup I\{C_{2n}, C_{2n}^2, \cdots, C_{2n}^{2n} = E\}.$$

这个群既有 C_{2n}, 又有转动反射 $IC_{2n}^n = \sigma_h$, 因此记为 C_{2nh}.

(9) 与 C_{4n+2} 同构的第二类点群, 群元有

$$\{C_{4n+2}^2, C_{4n+2}^4, \cdots, C_{4n+2}^{4n+2} = E\} \cup I\{C_{4n+2}, \cdots, C_{4n+2}^{2n+1}, \cdots, C_{4n+2}^{4n+1}\}.$$

这个群包含 C_{2n+1} 这个第一类点群的所有操作, 且有 $IC_{4n+2}^{2n+1} = \sigma_h$, 因此记为 C_{2n+1h}.

(10) $D_{2n} \cup ID_{2n}$ 群包含 D_{2n} 的全部对称操作, 且有 $IC_{2n}^n = \sigma_h$, 因此记为 D_{2nh}.

(11) 与 D_{4n+2} 同构的第二类点群为 $D_{2n+1} \cup I(D_{4n+2} - D_{2n+1})$. 它有 D_{2n+1} 的全部对称性, 同时还包括 $IC_{4n+2}^{2n+1} = \sigma_h$, 因此记为 D_{2n+1h}.

(12) $D_{2n+1} \cup ID_{2n+1}$ 群有 $2n+1$ 个垂直反射面 $IC_2^{(1)}, \cdots, IC_2^{(2n+1)}$. 以 $D_3 \cup ID_3$ 为例, 如图 3.22 所示. 图中 $\sigma_d^{(1)} = IC_2^{(1)}, \sigma_d^{(2)} = IC_2^{(2)}, \sigma_d^{(3)} = IC_2^{(3)}$ 都是垂直于水平面的反射面. 我们在这里用 “d” 而不是用 “v”, 是因为它们刚好又在二阶轴的平分线上. 由于这个群有 D_{2n+1} 的全部对称性, 又有 $\sigma_d^{(i)}$, 因此记为 D_{2n+1d}.

(13) 与 D_{4n} 同构的第二类点群为 $D_{2n} \cup I(D_{4n} - D_{2n})$. 以 $D_2 \cup I(D_4 - D_2)$ 为例. D_4 有四个水平二阶轴, 现在两个保持 (记为 $C_2^{(1)}, C_2^{(3)}$), 两个变为转动二阶轴 (记

为 $IC_2^{(2)}, IC_2^{(4)}$), 它们的关系如图 3.23 所示. 在这里 $\sigma_d^{(2)} = IC_2^{(2)}$, 它在 $C_2^{(1)}$, $C_2^{(3)}$ 的平分线上, 用 “d” 标记. 这个群又有 D_{2n} 的所有对称性, 因此记为 D_{2nd}.

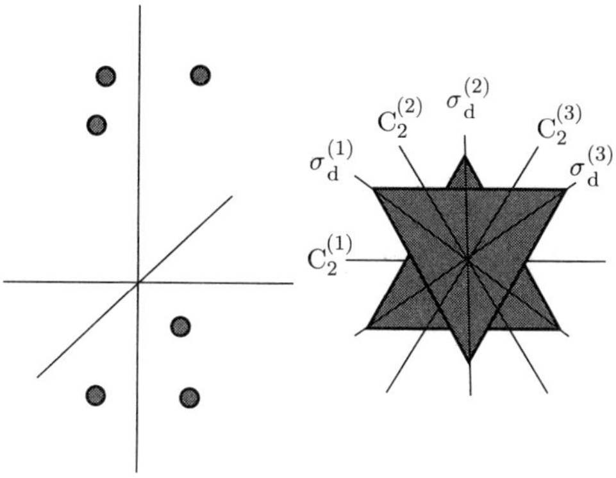

图 3.22 D_{2n+1d} **中的** σ_d

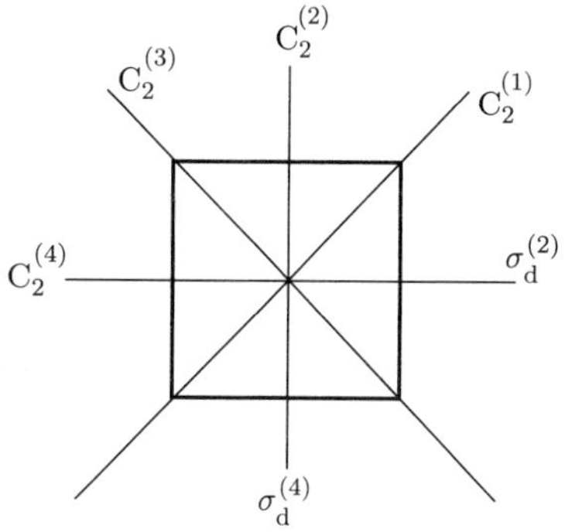

图 3.23 D_{4nd} **中的** σ_d

这 13 种情况中, (6) S_{4n+2}, (7) S_{4n} 都对应 S_{2n}; (8) C_{2nh}, (9) C_{2n+1h} 都对应 C_{nh}; (10) D_{2nh}, (11) D_{2n+1h} 都对应 D_{nh}; (12) D_{2n+1d}, (13) D_{2nd} 都对应 D_{nd}. 所以合在一起就是 $S_{2n}, C_{nh}, D_{nh}, D_{nd}, C_{nv}, T_h, O_h, Y_h, T_d$ 九种情况.

3.4 晶体点群与空间群

前面介绍了点群基础、第一类点群、第二类点群以及点群的 Schoenflies 符号. 利用这些知识, 我们可以具体地去研究一个在物理学近一百多年的发展史中占据非常重要地位的系统——晶体. 我们会先研究一下晶体里面的点群, 然后再把点群这个概念进行一个扩充, 讲一下空间群.

所谓晶体, 简单地说, 就是这个系统必须要由全同的、由原子的集合构成的结构单元组成, 并且这个结构单元在三维空间中可以 “无限地” 重复. 它要有转动 (含转动反演) 与平移两种对称性. 晶体点群, 是忽略了平移对称性, 能够将晶体变到其本身的转动与转动反演对称性的集合. 在晶体点群的所有对称操作中, 晶体有一个点是不动的.

晶体点群, 相对于普通点群 (比如说分子中的点群), 最重要的一个性质就是晶体制约定理.

定理 3.4 *设 G 是晶体点群, 则 G 中转动元素只能是 C_1 (也就是 E), C_2, C_3, C_4, C_6, 所有转动反演元素, 只能是 $I, IC_2, IC_3, IC_4, IC_6$.*

在证明这个定理的时候要用到的一个概念是晶格, 它是由三个线性无关的向量 $\boldsymbol{a}_1, \boldsymbol{a}_2, \boldsymbol{a}_3$ 的整数线性组合组成的. 而晶体, 可以看作那些重复单元 “坐” 在晶格上形成的.

证明 设晶格 L 是 G 不变的, L 的基本向量是 $\boldsymbol{a}_1,\boldsymbol{a}_2,\boldsymbol{a}_3$, 则 $\forall g\in G$, 有

$$g\boldsymbol{a}_i=\sum_{j=1}^{3}c_{ji}\boldsymbol{a}_j. \tag{3.14}$$

我们先看 (3.14) 式的左边, $g\boldsymbol{a}_i$ 这个向量本身必须在晶格上, 因此 (3.14) 式右边的 c_{ij} 必为整数.

而另一方面, G 是 O(3) 群的子群, 上式同时还代表着如果选 $\boldsymbol{a}_1,\boldsymbol{a}_2,\boldsymbol{a}_3$ 为基矢的话, 由系数 c_{ji} 形成的矩阵 $C(g)$ 是群 G 的表示矩阵. 与之相应, $\{C(g)\}$ 就是 G 的一个表示.

这个表示和我们用三维欧氏空间中正交的单位向量 $\widehat{\boldsymbol{i}},\widehat{\boldsymbol{j}},\widehat{\boldsymbol{k}}$ 形成的表示差的就是一个从 $\widehat{\boldsymbol{i}},\widehat{\boldsymbol{j}},\widehat{\boldsymbol{k}}$ 到 $\boldsymbol{a}_1,\boldsymbol{a}_2,\boldsymbol{a}_3$ 的相似变换. 相似变换是不改变表示的特征标的, 也就是说, 对 $\{C(g)\}$ 这个表示, 它的特征标依然等于 $\pm(1+2\cos\varPsi)$, 其中 $\varPsi$ 是转角. 这也就意味着 $\mathrm{tr}(C(g))$ 一方面等于 $\sum\limits_{i=1}^{3}c_{ii}$, 另一方面等于 $\pm(1+2\cos\varPsi)$. 前面说过 c_{ii} 为整数, 那么 $\pm(1+2\cos\varPsi)$ 就必为整数, 这样 $\varPsi$ 只能为 $0,\pi/3,\pi/2,2\pi/3,\pi$. 纯转动操作为 C_1 (也就是 E), $\mathrm{C}_2,\mathrm{C}_3,\mathrm{C}_4,\mathrm{C}_6$, 转动反演操作为 $I,I\mathrm{C}_2,I\mathrm{C}_3,I\mathrm{C}_4,I\mathrm{C}_6$ ($\mathrm{C}_5,\mathrm{C}_7,\mathrm{C}_8,\cdots$ 不会存在).

有了晶体制约定理, 再回到之前讲的第一类、第二类点群, 我们就很容易知道以下结果.

(1) 第一类点群中可以在晶体中出现的是 C_n 里面的 $\mathrm{C}_1,\mathrm{C}_2,\mathrm{C}_3,\mathrm{C}_4,\mathrm{C}_6$, D_n 里面的 $\mathrm{D}_2,\mathrm{D}_3,\mathrm{D}_4,\mathrm{D}_6,\mathrm{O},\mathrm{T}$, 共 11 个. Y 不能存在, 因为它有五阶轴.

(2) 第二类点群里面可以在晶体中出现的包括:

(i) S_{2n} 中的 $\mathrm{S}_2,\mathrm{S}_4,\mathrm{S}_6$. 因为 $\mathrm{S}_{4n+2}=\mathrm{C}_{2n+1}\cup I\mathrm{C}_{2n+1}$ 中可以存在的是 S_2 和 S_6, S_{10} 及以上都不能存在. 而 $\mathrm{S}_{4n}=\mathrm{C}_{2n}\cup I(\mathrm{C}_{4n}-\mathrm{C}_{2n})$ 中 n 只能为 1, 对应 S_4. (3 个)

(ii) $\mathrm{C}_{n\mathrm{v}}$ (与 D_n 同构的第二类点群) 中的 $\mathrm{C}_{2\mathrm{v}},\mathrm{C}_{3\mathrm{v}},\mathrm{C}_{4\mathrm{v}},\mathrm{C}_{6\mathrm{v}}$. (4 个)

(iii) $\mathrm{C}_{n\mathrm{h}}$ 中的 $\mathrm{C}_{1\mathrm{h}},\mathrm{C}_{2\mathrm{h}},\mathrm{C}_{3\mathrm{h}},\mathrm{C}_{4\mathrm{h}},\mathrm{C}_{6\mathrm{h}}$. 因为 $\mathrm{C}_{2n\mathrm{h}}=\mathrm{C}_{2n}\cup I\mathrm{C}_{2n}$, 它可以贡献 $\mathrm{C}_{2\mathrm{h}},\mathrm{C}_{4\mathrm{h}},\mathrm{C}_{6\mathrm{h}}$. $\mathrm{C}_{2n+1\mathrm{h}}=\mathrm{C}_{2n+1}\cup I(\mathrm{C}_{4n+2}-\mathrm{C}_{2n+1})$, 它可以贡献 $\mathrm{C}_{1\mathrm{h}},\mathrm{C}_{3\mathrm{h}}$. (5 个)

(iv) $\mathrm{D}_{n\mathrm{h}}$ 中的 $\mathrm{D}_{2\mathrm{h}},\mathrm{D}_{3\mathrm{h}},\mathrm{D}_{4\mathrm{h}},\mathrm{D}_{6\mathrm{h}}$. 因为 $\mathrm{D}_{2n+1\mathrm{h}}=\mathrm{D}_{2n+1}\cup I(\mathrm{D}_{4n+2}-\mathrm{D}_{2n+1})$, 它可以贡献 $\mathrm{D}_{3\mathrm{h}}$. $\mathrm{D}_{2n\mathrm{h}}=\mathrm{D}_{2n}\cup I\mathrm{D}_{2n}$, 它可以贡献 $\mathrm{D}_{2\mathrm{h}},\mathrm{D}_{4\mathrm{h}},\mathrm{D}_{6\mathrm{h}}$. (4 个)

(v) $\mathrm{D}_{n\mathrm{d}}$ 中的 $\mathrm{D}_{2\mathrm{d}},\mathrm{D}_{3\mathrm{d}}$. 因为 $\mathrm{D}_{2n\mathrm{d}}=\mathrm{D}_{2n}\cup I(\mathrm{D}_{4n}-\mathrm{D}_{2n})$ 可以贡献 $\mathrm{D}_{2\mathrm{d}}$. $\mathrm{D}_{2n+1\mathrm{d}}=\mathrm{D}_{2n+1}\cup I\mathrm{D}_{2n+1}$ 可以贡献 $\mathrm{D}_{3\mathrm{d}}$. (2 个)

(vi) $\mathrm{T}_{\mathrm{h}}=\mathrm{T}\cup I\mathrm{T}$. (1 个)

(vii) $\mathrm{T}_{\mathrm{d}}=\mathrm{T}\cup I(\mathrm{O}-\mathrm{T})$. (1 个)

(viii) $\mathrm{O}_{\mathrm{h}}=\mathrm{O}\cup I\mathrm{O}$. (1 个)

可在晶体中出现的第二类点群共有 21 个.

由上面的讨论, 能在晶体中出现的点群, 第一类与第二类加在一起, 共有 32 种. 任何晶体, 它的转动与转动反演对称性的集合必属于这 32 种点群. 利用这 32 种点群, 我们可以对晶体进行分类. 具有相同点群的晶体, 它们会有一些共同的特征, 比如红外谱、Raman 谱、能带等, 后面第四章会专门讲到.

这 32 种点群依据各点群间对称操作的对称元素的相似性, 还可以进行一个划分. 以 $\mathrm{T}, \mathrm{O}, \mathrm{T_d}, \mathrm{T_h}, \mathrm{O_h}$ 这五种点群为例, 具有这些对称性的晶体, 它们都有 4 个三阶轴. 这 4 个三阶轴, 会让它们的宏观对称性呈现出一些相似性. 我们把它们归为一类. 这样的一个类, 称为一个晶系 (crystal system). 有 4 个三阶轴的晶系是立方晶系, 它们是晶体中对称性最高的一个群体, 宏观性质上, x, y, z 轴三者等价. 如果沿 z 轴方向做个拉伸, 使得 x, y 等价, z 轴和它们不等价, 造成的一个结果就是系统只在一个方向 (z 轴) 有四阶转动轴或四阶转动反演轴. 对称操作的对称元素具备这个特征的点群再形成一个群体, 包括 $\mathrm{C_4}, \mathrm{D_4}, \mathrm{C_{4h}}, \mathrm{S_4}, \mathrm{D_{4h}}, \mathrm{C_{4v}}, \mathrm{D_{2d}}$, 称为四方晶系.

为什么要进行这样的分类呢? 最早研究晶体结构的是晶体学家, 他们的研究早于 X 射线和电子衍射谱的出现, 因此, 晶体的宏观特征是他们在描述晶体内部结构时一定要抓住的特征. $\mathrm{T}, \mathrm{O}, \mathrm{T_d}, \mathrm{T_h}, \mathrm{O_h}$ 这五种点群都有 4 个三阶轴, 肉眼上可以看到的性质就是 x, y, z 三个轴等价. 晶体中类似的晶系有七种, 它们的划分依据是共同的对称操作的对称元素, 比如立方晶系的三阶轴. 在描述这些点群之间对称操作的对称元素的共同特征时, 我们可以借助晶胞这个反映晶体对称性的最小结构单元. 这些对称操作的对称元素的共同特征可以由图 3.24 所示的晶胞参数 $\boldsymbol{a}, \boldsymbol{b}, \boldsymbol{c}, \alpha, \beta, \gamma$ 反映出来.

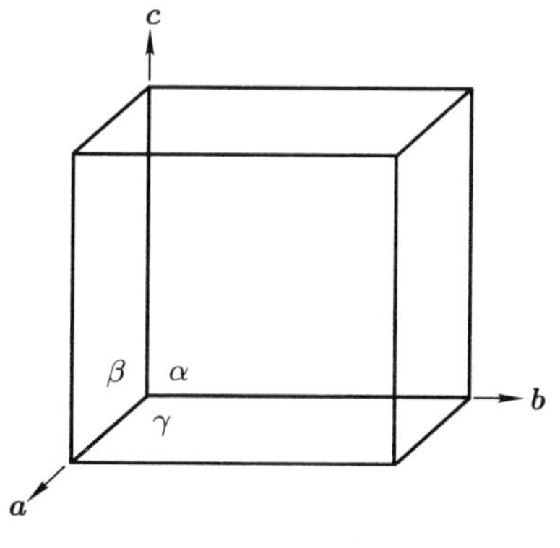

图 3.24 晶胞参数关系

下面我们就按照这七种晶系的定义 (对称操作的对称元素的相似性), 以及它们晶胞参数的特性, 依次把 32 种晶体点群进行归纳.

(1) 三斜晶系 (triclinic crystal system).

这种晶系中, 不同点群的对称元素的共性是只存在一阶转动轴或一阶转动反演轴.

在上面的讨论中, 我们知道满足这个要求的点群包括 $S_2 = C_1 \cup IC_1, C_1$ 两种, 其晶胞参数的限制就是 $\boldsymbol{a}, \boldsymbol{b}, \boldsymbol{c}$ 长度不同, 夹角任意, 但都不为 $90°$. S_2 对应的是有中心反演对称性的情况, 它在此晶系中对称性最高. C_1 对应的是连 I 都没有的情况.

(2) 单斜晶系 (monoclinic crystal system).

这种晶系中, 不同点群的对称元素的共性是只在一个轴方向存在二阶转动轴或二阶转动反演轴.

在上面的讨论中, 满足这个要求的点群包括:

(i) 第一类点群 C_2;

(ii) 第二类点群 $C_2 \cup IC_2 = C_{2h}, C_1 \cup I(C_2 - C_1) = C_{1h}$.

在这三种点群中, C_{2h} 对称性最高.

对其晶胞的要求是 $a \neq b \neq c, \alpha = \beta = 90°, \gamma \neq 90°$.

(3) 正交晶系 (orthorhombic crystal system).

这种晶系中, 不同点群的对称元素的共性是有三个相互垂直的二阶转动轴或二阶转动反演轴.

在上面的讨论中, 满足这个要求的点群包括:

(i) 第一类点群 D_2;

(ii) 第二类点群 $D_2 \cup ID_2 = D_{2h}, C_2 \cup I(D_2 - C_2) = C_{2v}$.

在这三种点群中, D_{2h} 对称性最高.

对其晶胞的要求是 $a \neq b \neq c, \alpha = \beta = \gamma = 90°$.

(4) 四方晶系 (tetragonal crystal system).

这种晶系中, 不同点群的对称元素的共性是在唯一高阶轴方向有四阶转动轴或四阶转动反演轴.

在上面的讨论中, 满足这个要求的点群有:

(i) 第一类点群 C_4, D_4;

(ii) 第二类点群包括从 C_4 出发的 $C_4 \cup IC_4 = C_{4h}, C_2 \cup I(C_4 - C_2) = S_4$, 以及由 D_4 出发的 $D_4 \cup ID_4 = D_{4h}, C_4 \cup I(D_4 - C_4) = C_{4v}, D_2 \cup I(D_4 - D_2) = D_{2d}$.

在这些点群中, D_{4h} 对称性最高.

对其晶胞的要求是 $a = b \neq c, \alpha = \beta = \gamma = 90°$.

(5) 三方晶系 (也叫三角晶系, trigonal crystal system).

这种晶系中, 不同点群的对称元素的共性是在唯一高阶轴方向有三阶转动轴或三阶转动反演轴.

在上面的讨论中, 满足这个要求的点群有:

(i) 第一类点群 C_3, D_3;

(ii) 第二类点群包括由 C_3 出发的 $C_3 \cup IC_3 = S_6$, 以及由 D_3 出发的 $D_3 \cup ID_3 = D_{3d}, C_3 \cup I(D_3 - C_3) = C_{3v}$.

在这些点群中, D_{3d} 对称性最高.

晶胞有两种取法: 第一种是 $a = b \neq c, \alpha = \beta = 90°, \gamma = 120°$, 第二种是 $a = b = c, \alpha = \beta = \gamma \neq 90°$.

(6) 六角晶系 (hexagonal crystal system).

这种晶系中, 不同点群的对称元素的共性是在唯一高阶轴方向有六阶转动轴或六阶转动反演轴.

在上面的讨论中, 满足这个要求的点群有:

(i) 第一类点群 C_6, D_6;

(ii) 第二类点群包括由 C_6 出发的 $C_6 \cup IC_6 = C_{6h}, C_3 \cup I(C_6 - C_3) = C_{3h}$, 以及由 D_6 出发的 $D_6 \cup ID_6 = D_{3h}, C_6 \cup I(D_6 - C_6) = C_{6v}, D_3 \cup I(D_6 - D_3) = D_{3h}$.

在这些点群中, D_{6h} 对称性最高.

晶胞方面, $a = b \neq c, \alpha = \beta = 90°, \gamma = 120°$.

当三方晶系的晶胞按第一种取法取时, 三方晶系与六角晶系从晶胞参数上看不出任何差别. 它们的本质差别还是体现在主轴的对称性上, 对六角晶系是六阶.

(7) 立方晶系 (cubic crystal system).

这种晶系中, 不同点群的对称元素的共性是四个三阶轴.

在上面的讨论中, 满足这个要求的点群有:

(i) 第一类点群 T, O;

(ii) 第二类点群包括从 T 出发的 $T \cup IT = T_h$, 以及由 O 出发的 $O \cup IO = O_h, T \cup I(O - T) = T_d$.

在这些点群中, O_h 对称性最高.

晶胞方面, $a = b = c, \alpha = \beta = \gamma = 90°$.

现在我们清楚了晶系与晶体点群两个概念, 下一步是往空间群过渡. 七种晶系可容纳 32 种点群. 对于一个点群, 它属于某晶系, 晶胞特征可以由 $\boldsymbol{a}, \boldsymbol{b}, \boldsymbol{c}$ 之间的关系描述. 对于由 $\boldsymbol{a}, \boldsymbol{b}, \boldsymbol{c}$ 形成的六面体, 我们也只是想象它的顶点有个东西. 以立方晶系中的 O_h 群为例. 如果只是由 $\boldsymbol{a}, \boldsymbol{b}, \boldsymbol{c}$ 形成的六面体顶点有原子, 它可以形成一种晶体. 如果我们将这个六面体的体心加一个原子, 则可以形成另一种晶体, 这个晶体也具备 O_h 对称性. 把每个面心都加一个原子, 同样也可以在不破坏点群对称性的基础上生成另一种晶体. 这些晶体无疑是不一样的 (空间群不一样), 但点群与晶系这两个概念不能描述这种差别. 要描述这种差别, 我们需要引入另一个概念, 就是晶格 (Bravais 格子 (Bravais lattice)), 一共有 14 种. 晶格是一个空间群的概念.

和讲点群时一样, 这 14 个晶格也分别属于前面提到的类似于晶系的东西. 前面是 7 种晶系, 每种容纳几个点群, 加在一起容纳 32 个点群. 这里是 7 种晶格系统 (lattice system), 每种容纳几个 Bravais 格子, 加在一起容纳 14 个 Bravais 格子. 前面 7 种晶系和这里的 7 种晶格系统大部分相同, 但略有区别, 这里必须解释一下: 晶系, 是基于晶体点群对称性对晶体的分类, 它的基础是点群中对称操作的对称元素的共性. 晶格系统, 是基于晶体的空间群的对称性对晶体进行的分类, 它的基础是晶格.

要详细说明这个差别, 我们先做一个对比. 前面的 7 种晶系分别是: 三斜、单斜、正交、四方、三方、六角、立方. 这里的 7 种晶格系统分别是: 三斜、单斜、正交、四方、菱方、六角、立方. 其中, 这两者之间的三斜、单斜、正交、四方、立方这五种是完全一样的, 差别出现在晶系中的三方、六角和晶格系统中的菱方、六角上面, 它们之间有交叉. 读者看文献时, 看到菱方, 一定要知道说的是晶格系统, 它指的是 Bravais 格子的分类; 看到三方或三角, 一定要知道说的是晶系; 看到六角, 则要知道它既可以指晶系也可以指晶格系统. 后面我们会通过表格来详细解释这个差别. 这里先通过图 3.25 来说明点群、晶系、晶格系统、Bravais 格子之间的关系. 通过这种关系, 引出 14 种 Bravais 格子, 然后再详细介绍它们之间以及它们与空间群之间的关系.

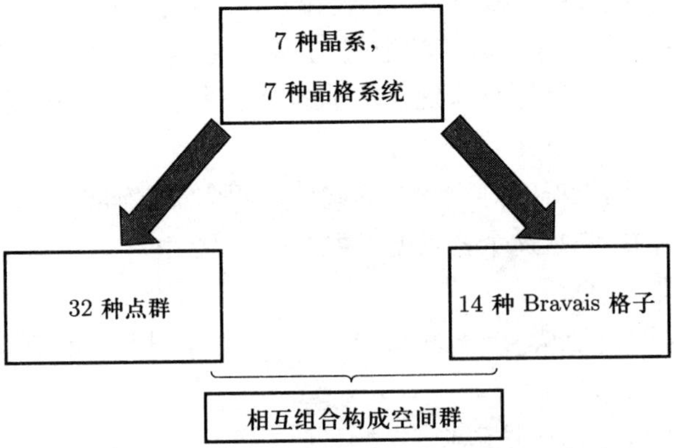

图 3.25 晶系、晶格系统、点群、Bravais 格子、空间群的关系

在图 3.25 中, 请注意, 一个晶体, 可以根据点群对称性说它属于七种晶系中的一种, 也可以根据空间群对称性说它属于晶格系统中的一种. 7 种晶系容纳 32 种点群, 7 种晶格系统容纳 14 种晶格. 点群与 Bravais 格子之间可以相互组合, 从而构造出空间群. 晶系和晶格系统处在中心的位置向两边辐射, 两边可交叉.

在产生 14 种 Bravais 格子的过程中, 我们总是针对某个晶格系统里晶胞的六面体, 在体心、面心这些高对称点添加与六面体顶点相同的重复单元 (原子或原子的集合) 使晶格发生变化. 7 种晶格系统, 通过添加这些修饰, 可以产生 14 种 Bravais 格子. 对于这种修饰, 有两个要求:

(1) 修饰以后不改变晶胞的点群对称性 (因此修饰都在体心、单面心, 或全面心这些高对称点进行);

(2) 修饰完以后晶胞不能被进一步简化为更小的可反映点群对称性的晶胞.

下面, 我们以三斜和单斜为例, 讲一下这 14 种 Bravais 格子是怎么得出来的.

(1) 三斜晶系. 它的特点是 $a \neq b \neq c, \alpha \neq \beta \neq \gamma \neq 90°$.

在这样的晶胞中, 如果我们在体心、面心加修饰的话, 总能找到更小的反应点群对称性的晶胞, 比如图 3.26 的情况. 结果就是对三斜晶系来说, 修饰起不到任何作用, 它所对应的 Bravais 格子只有一个. 在以后的讨论中, 我们会把只在顶点有东西的格子称为简单格子, 记为 P 格子.

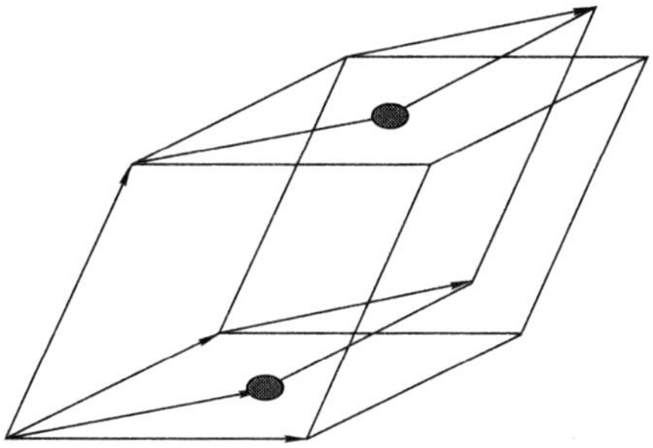

图 3.26 三斜格子中的等价点

(2) 单斜晶系. 它的特点是 $a \neq b \neq c, \alpha = \beta = 90°, \gamma \neq 90°$.

在这样的一个晶系中, 除了 P 格子, 如果我们在上下表面的中心加一个修饰, 可以回到另一个 P 格子, 如图 3.27 所示. 如果我们在一个侧面的面心加修饰, 则可以得到一个新的格子, 记为 A 面心, 如图 3.28 所示. 在另一个侧面的面心加修饰是同一种效果.

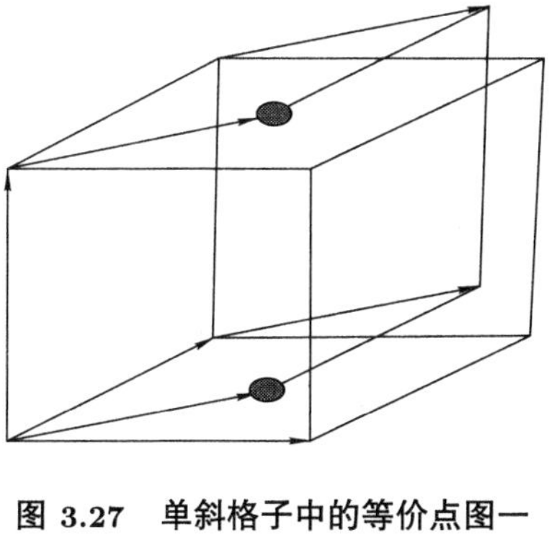

图 3.27 单斜格子中的等价点图一

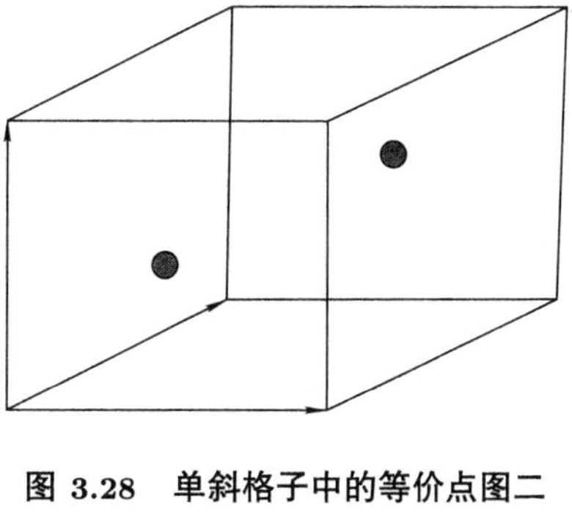

图 3.28 单斜格子中的等价点图二

在体心加修饰的话, 可以把过体心的面当作一个面心, 回到侧面面心修饰的状态, 如图 3.29 所示.

如果在三个侧面的面心同时加修饰, 可以通过重新选择 $\boldsymbol{a}, \boldsymbol{b}$ 轴回到体心的情况, 如图 3.30 所示.

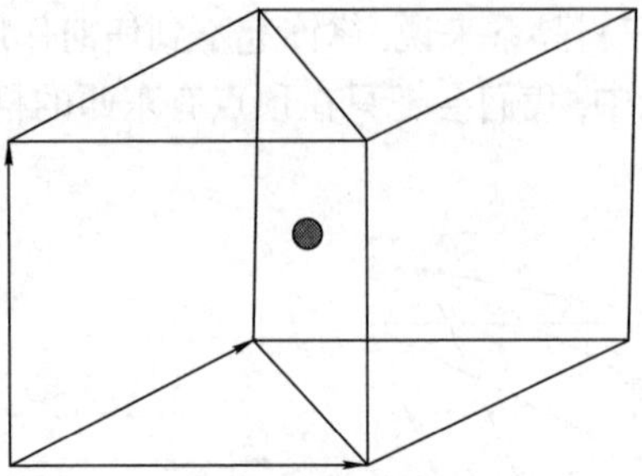

图 3.29 单斜格子中的等价点图三

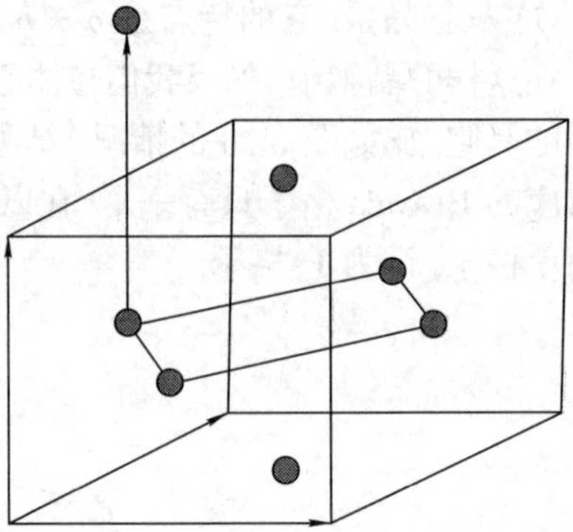

图 3.30 单斜格子中的等价点图四

由体心回到一个侧面心, 则按照前面讨论的方式来进行.

综合一下, 对单斜晶体, Bravais 格子就是 P 与 A 两种.

(3) 正交晶系. 它的特点是 $a \neq b \neq c, \alpha = \beta = \gamma = 90°$. 此时 P 格子是一种情况; 随便在哪个面心加个修饰是一种情况; 体心加修饰是一种情况; 三个面心同时加修饰是一种情况. 所以对正交格子, 有 P, A, I, F 四种 Bravais 格子.

依次重复下去, 最终我们会得到图 3.31. 一共是 14 种 Bravais 格子. 其中, 前面提到的晶系与晶格系统的差别在这里就有体现. 除了三方晶系与六角晶系, 其他五种晶系与晶格系统两个概念完全重合, 1~9, 12~14 共 12 种格子分别属于某一个晶系, 没有模糊的地方.

对三方和六角晶系, 在晶格系统的概念中, 它们的集合对应菱方格子与六角格子的集合. 但相互之间个体并不对应个体. 在三方晶系的晶体中, 依据格子的选取, 有些在晶格系统中属于菱方格子的晶体, 有些属于六角格子的晶体. 六角晶系的晶体对应的都是晶格系统中属于六角格子的晶体. 换句话说, 晶系中的三方晶系材料一部分具有菱方格子, 一部分具有六角格子, 而六角晶系材料都是六角格子, 见表 3.1. 在表 3.1 中, 晶系和点群两列, 是基于点群概念描述晶体的转动对称性的. Bravais 格子和晶格系统两列, 是基于空间群概念描述晶体的全部对称性的 (包含转动与平移). 这个差别是前面提到的晶系中的三方与六角和晶格系统中的菱方与六角概念间出现模糊的最本质的原因.

下面我们来讨论一下 Hermann-Mauguin 符号, 也是目前点群、空间群描述中的国际符号. 目前人们在描述分子对称性的时候, 倾向于用 Schoenflies 符号, 而在描述晶体结构的时候, 倾向于用 Hermann-Mauguin 符号, 因为后者对平移对称性的描述更方便.

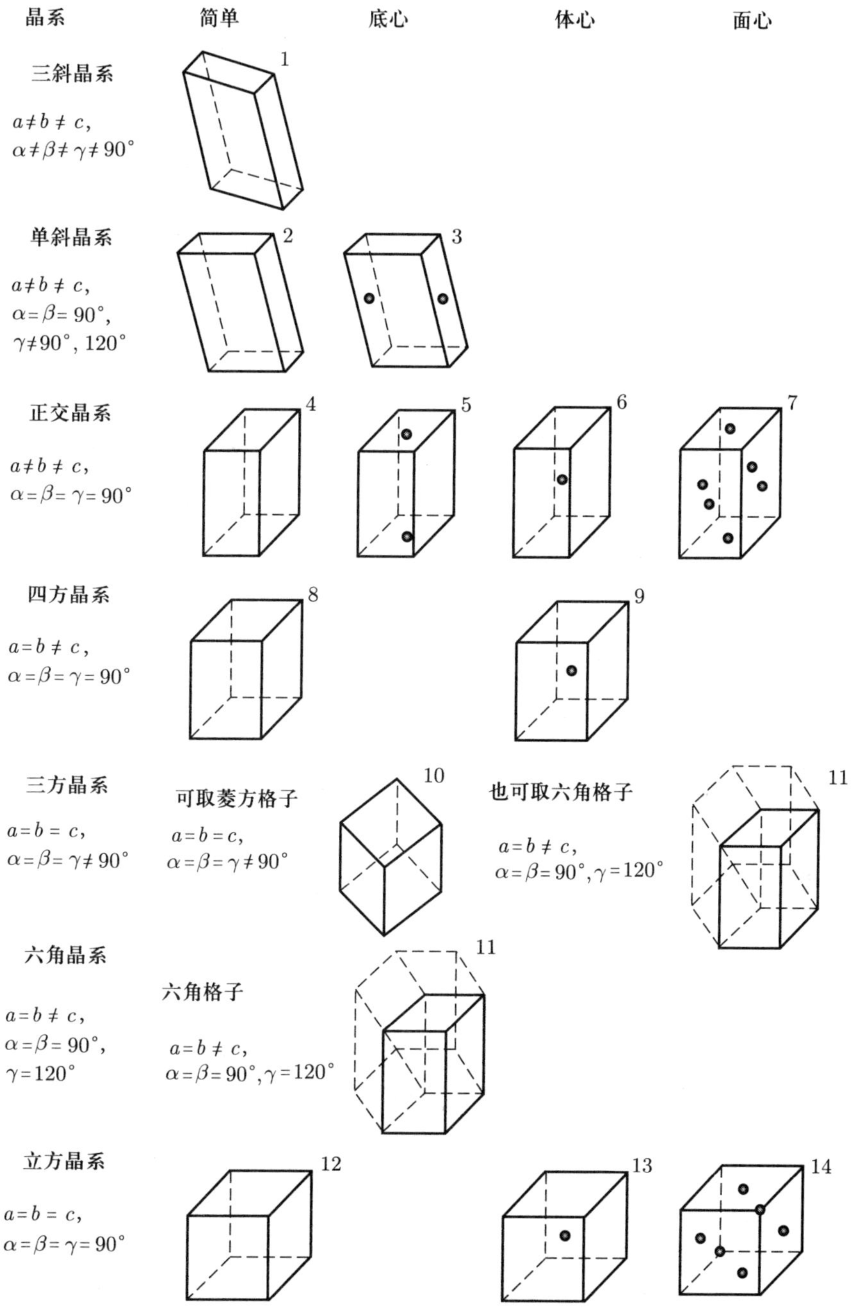

图 3.31 Bravais 格子

表 3.1 晶系与晶格系统的相互关系

<table>
<tr><th>晶系</th><th>点群</th><th>Bravais 格子</th><th>晶格系统</th></tr>
<tr><td>三斜</td><td>$2(S_2, C_1)$</td><td>1</td><td>三斜</td></tr>
<tr><td>单斜</td><td>$3(C_{2h}, C_2, C_{1h})$</td><td>2</td><td>单斜</td></tr>
<tr><td>正交</td><td>$3(D_{2h}, D_2, C_{2v})$</td><td>4</td><td>正交</td></tr>
<tr><td>四方</td><td>$7(D_{4h}, C_4, S_4, D_4, C_{4v}, C_{4h}, D_{2d})$</td><td>2</td><td>四方</td></tr>
<tr><td rowspan="2">三方</td><td rowspan="2">$5(D_{3d}, S_6, C_3, C_{3v}, D_3)$</td><td>1</td><td>菱方</td></tr>
<tr><td rowspan="2">1</td><td rowspan="2">六角</td></tr>
<tr><td>六角</td><td>$7(D_{6h}, C_6, C_{3h}, C_{6h}, C_{6v}, D_6, D_{3h})$</td></tr>
<tr><td>立方</td><td>$5(O_h, T, O, T_h, T_d)$</td><td>3</td><td>立方</td></tr>
<tr><td>共 7 种</td><td>共 32 种</td><td>共 14 种</td><td>共 7 种</td></tr>
</table>

Hermann-Mauguin 符号的基本特征是用不等价的轴或平面来标记晶体的对称性①. 这个轴包含纯转动轴与转动反演轴, 纯转动轴是 $1, 2, 3, 4, 6$, 转动反演轴是 $\bar{1}, \bar{2}, \bar{3}, \bar{4}, \bar{6}$. 在 Schoenflies 符号中, 我们使用转动反射面 S_1, S_2, S_3, S_4, S_6, 它们与转动反演轴的关系是: $S_1 = \bar{2}, S_2 = \bar{1}, S_3 = \bar{6}, S_4 = \bar{4}, S_6 = \bar{3}$ (请读者自己画图理解). 由这个关系, 我们就知道 32 种点群在国际符号下分别是:

(1) $S_2, S_4, S_6 : \bar{1}, \bar{4}, \bar{3}$.

(2) $C_1, C_2, C_3, C_4, C_6 : 1, 2, 3, 4, 6$.

(3) D_2: 222; D_3: 32 (有一组同类的 2 阶轴与主轴垂直); D_4: 422 (两组二阶轴不同类); D_6: 622 (两组二阶轴不同类).

(4) T: 23 (主轴为 2 阶轴, 3 阶轴都同类); O: 432 (主轴为 4 阶轴, 3 阶轴、2 阶轴都同类).

(5) C_{1h}: m; C_{2h}: 2/m (主轴为 2 阶轴, m 与之垂直); C_{3h} (就是 S_3): $\bar{6}$; C_{4h}: 4/m; C_{6h}: 6/m.

(6) C_{2v}: mm2 (过主轴两类与水平面垂直的反射面); C_{3v}: 3m (三个反射面同类); C_{4v}: 4mm (反射面不同类); C_{6v}: 6mm (反射面不同类).

(7) $D_{2h} = D_2 \cup ID_2$: 2/m 2/m 2/m (三个 2 阶轴都有一个与之垂直的反射面, 且相互不同类); $D_{4h} = D_4 \cup ID_4$: 4/m m m (既有与主轴垂直, 又有过主轴的反射面, 且过主轴的反射面分两类); $D_{3h} = D_3 \cup I(D_6 - D_3)$: $\bar{6}$m2 ($\bar{6}$ 为主轴, m 为过主轴反射面, 2 为二阶轴); $D_{6h} = D_6 \cup ID_6$: 6/m 2/m 2/m (6/m 代表 6 阶轴以及与之垂直的反射面, 2/m 代表 2 阶轴以及与之垂直的反射面, 2/m 有两类).

(8) $D_{2d} = D_2 \cup I(D_4 - D_2)$: $\bar{4}$2m; $D_{3d} = D_3 \cup ID_3$: $\bar{3}$ 2/m.

(9) $T_h = T \cup IT$: 2/m $\bar{3}$; $T_d = T \cup I(O - T)$: $\bar{4}$3m.

①前面 Schoenflies 符号的特点是根据不变子群以及陪集中元素的对称元素来标记点群.

(10) $O_h = O \cup IO$: $4/m\ \bar{3}\ 2/m$.

现在我们把我们知道的晶系、点群的 Schoenflies 符号和 Hermann-Mauguin 符号做个汇总, 见表 3.2.

表 3.2 晶体点群按晶系分类情况

晶系 (全面对称群)	Schoenflies 符号	Hermann-Mauguin 符号
三斜 (S_2)	S_2	$\bar{1}$
	C_1	1
单斜 (C_{2h})	C_{2h}	2/m
	C_2	2
	C_{1h}	m
正交 (D_{2h})	D_{2h}	2/m 2/m 2/m
	D_2	222
	C_{2v}	mm2
四方 (D_{4h})	D_{4h}	4/m m m
	C_4	4
	S_4	$\bar{4}$
	D_4	422
	C_{4v}	4mm
	C_{4h}	4/m
	D_{2d}	$\bar{4}$2m
三方 (D_{3d})	D_{3d}	$\bar{3}$ 2/m
	S_6	$\bar{3}$
	C_3	3
	C_{3v}	3m
	D_3	32
六角 (D_{6h})	D_{6h}	6/m 2/m 2/m
	C_6	6
	C_{3h}	$\bar{6}$
	C_{6h}	6/m
	C_{6v}	6mm
	D_6	622
	D_{3h}	$\bar{6}$m2
立方 (O_h)	O_h	4/m $\bar{3}$ 2/m
	T	23
	O	432
	T_h	2/m $\bar{3}$
	T_d	$\bar{4}$3m

读者如果能看懂表 3.2, 在文献中与晶体点群相关的东西也就都明白了. 有必要再

介绍一下的一个概念是极射赤面投影图, 它是对点群对称性的一种图形表述. 下面分六点来讲解.

(1) 极射赤面投影图是什么样的图?

它是用球形图 S_r 的赤道面来描述点群对称性的图. 它的来源是球形图 S_r, 这个球的南北极连线 S-N 是晶体点群的主轴. 极射赤面投影图显示的是赤道面上的东西, 需要把球面上的东西往赤道面做投影, 因此叫极射赤面投影图, 也叫测地投影图.

(2) 怎么描述对称性?

极射赤面投影图用两个赤面来描述对称性. 一般左边的图描述的是球面上的任意一点在点群 G 的所有操作下形成的轨道的投影; 右边的图描述的是 G 的所有对称操作的对称元素在赤道面的投影.

(3) 左边的投影图怎么画?

左边投影图上画的必须是 S_r 上面的一个普通的点在 G 中所有元素的作用下得到的 G 轨道. 所谓普通, 就是这个点在 G 中的迷向子群必为 $\{E\}$, 这样它的 G 轨道才能把 G 中所有对称操作的对称元素反映出来. 如图 3.32 所示, 当这个轨道上的点 P 在 S_r 的北半球时, 做投影的时候是把这个点与南极连起来, 连线与赤面的交点即为投影, 用实心点表示. 当这个轨道上的点 Q 在 S_r 的南半球时, 做投影的时候是把它与北极连起来, 连线与赤面的交点即为投影, 用空心的圈表示.

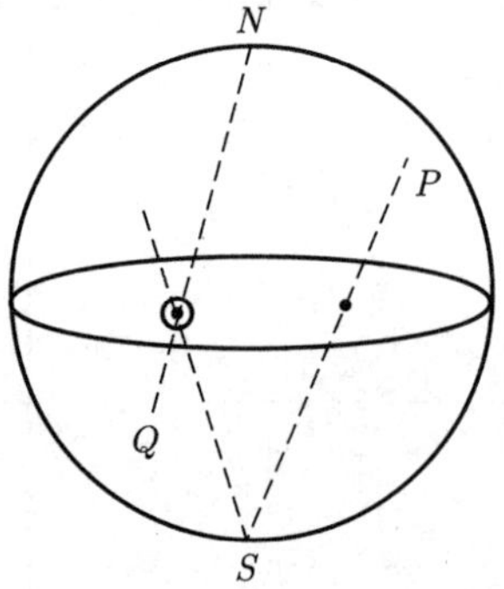

图 3.32 极射赤面投影图一

当赤面上出现 ⊙ 时, 说明这个轨道上在南北半球有可以被镜面反射联系起来的点.

后面三点是关于极射赤面投影图右边的反映对称操作的对称元素的图怎么画的.

(4) 对反射面, 它与南北半球都有交线, 我们在赤面上反映的只是它与北半球的交线的投影, 画成粗线. 作为一个结果: 与水平面垂直的反射面在赤面上反映为直的粗线; 水平的反射面反映为绕赤道的粗圆周; 斜的反射面反映为粗的曲线.

(5) 转动轴与转动反演轴与之类似, 只取它们与北半球的交点做投影. 轴水平时, 赤面圆周的相对的两端各出现一次. 在这个过程中, 转动轴、转动反演轴的符号如图 3.33 所示.

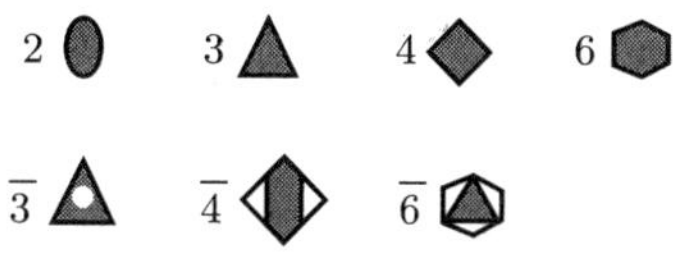

图 3.33 极射赤面投影图二

(6) 右边图中应标出点群的所有对称操作的对称元素, 这与 Hermann-Mauguin 符号中只写出能够确定点群的最小的对称元素不同.

下面介绍几个例子.

(1) C_1 群没有非 E 对称元素, 因此只画左边一个图就可以. 任意一点的轨道上也只有一点, 投影图见图 3.34.

(2) C_2 群有一个二阶轴, S_r 上任意一点的轨道有两个点, 之间转 180°, 投影图见图 3.35.

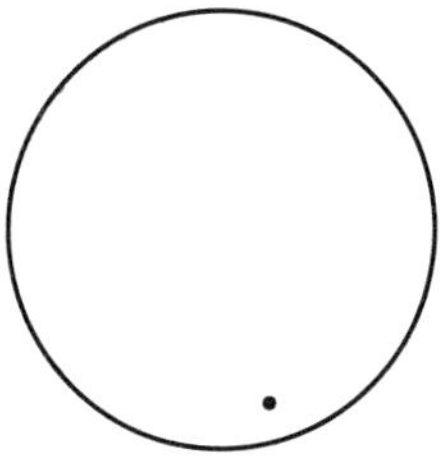

图 3.34 极射赤面投影图三

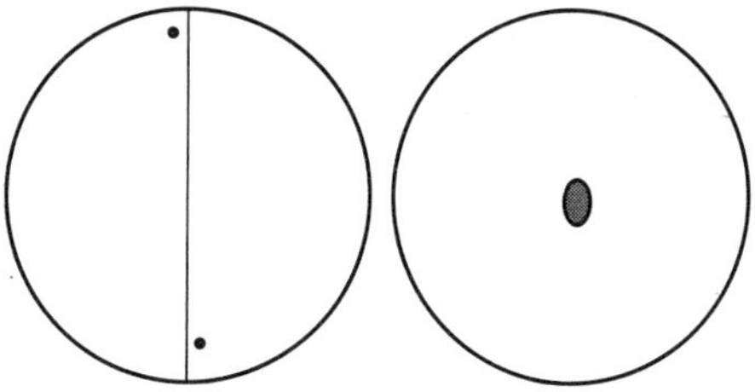

图 3.35 极射赤面投影图四

(3) $C_{1h} = C_1 \cup I(C_2 - C_1)$, 投影图见图 3.36.

(4) $C_{2h} = C_2 \cup IC_2$, 投影图见图 3.37.

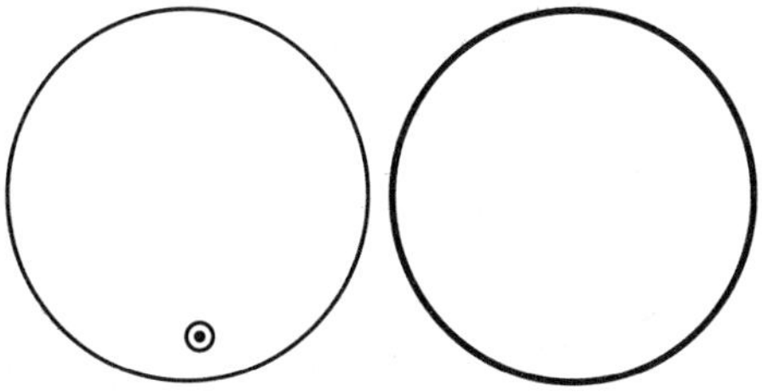

图 3.36 极射赤面投影图五

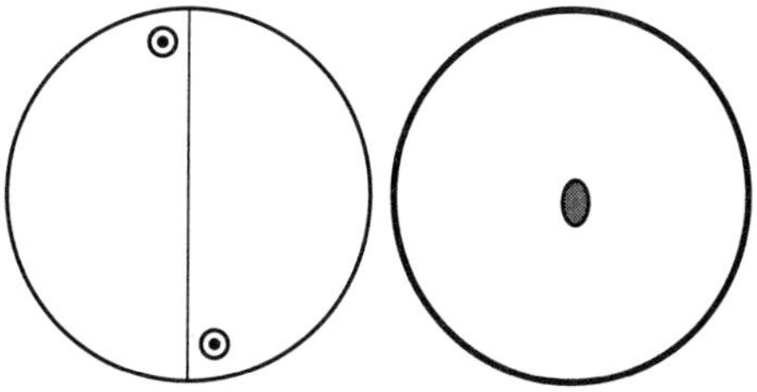

图 3.37 极射赤面投影图六

(5) $S_4 = C_2 \cup I(C_4 - C_2)$, 投影图见图 3.38.

(6) $C_{4h} = C_4 \cup IC_4$, 投影图见图 3.39.

(7) D_6, 投影图见图 3.40.

其他的投影图可总结为表 3.3.

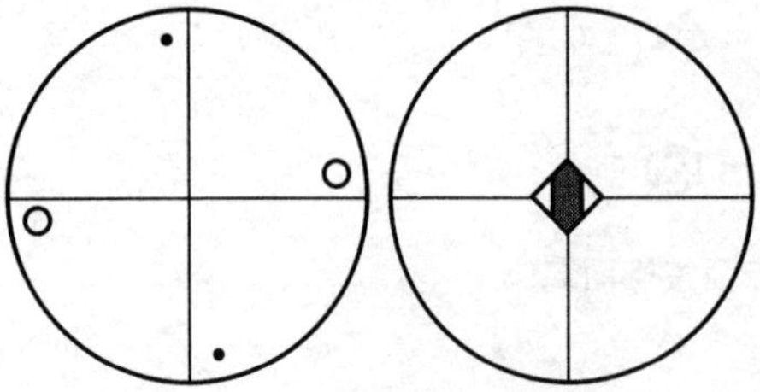

图 3.38　极射赤面投影图七

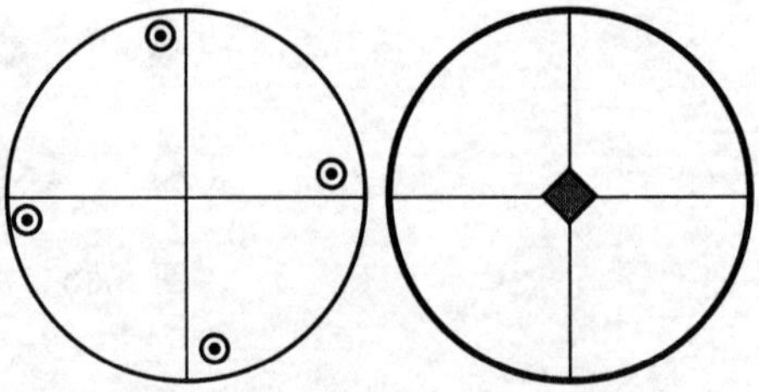

图 3.39　极射赤面投影图八

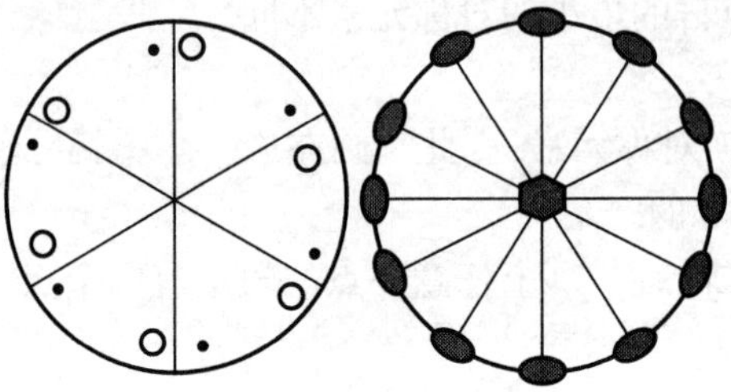

图 3.40　极射赤面投影图九

表 3.3　极射赤面投影图汇总

	三　斜　系	单斜系 (第一组)	四　角　系
$\overline{X}$	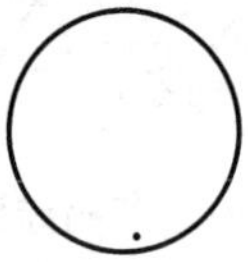 1	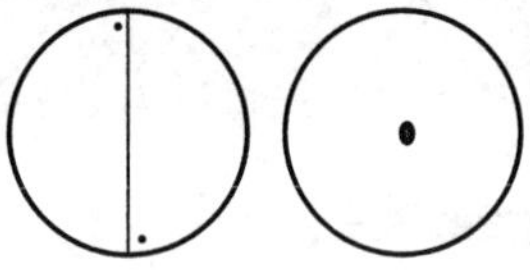 2	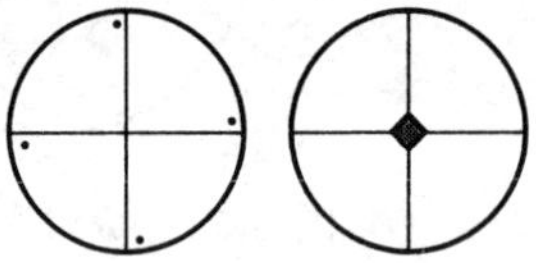 4
$\overline{X}$ (偶)		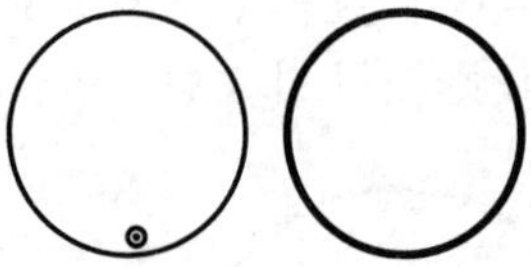 m	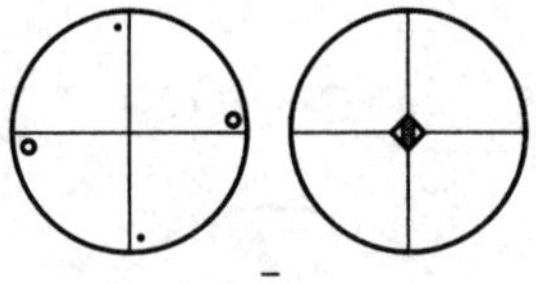 $\overline{4}$
X (偶) 加对称中心及 $\overline{X}$ (奇)	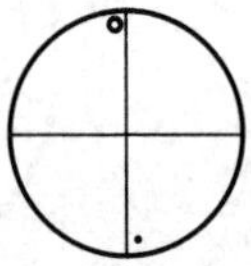 $\overline{1}$	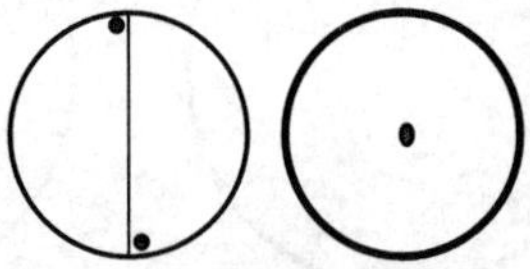 2/m	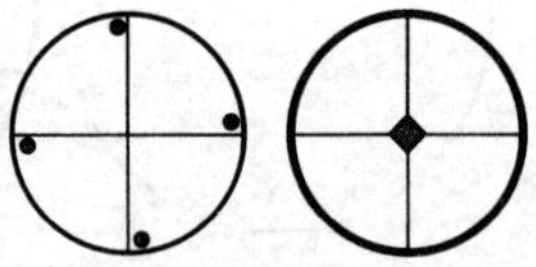 4/m
	单斜系 (第二组)	正　交　系	
X_2	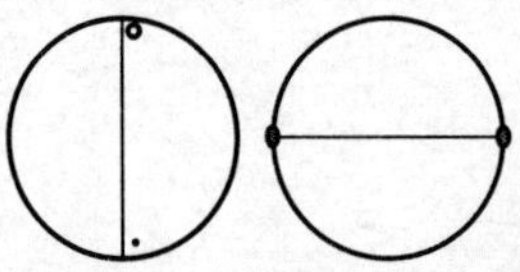 2	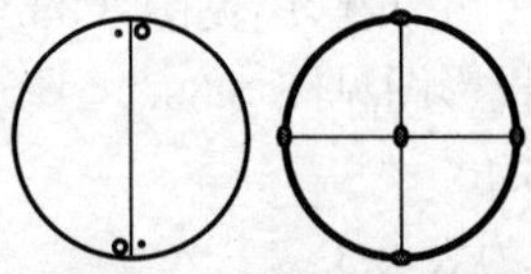 222	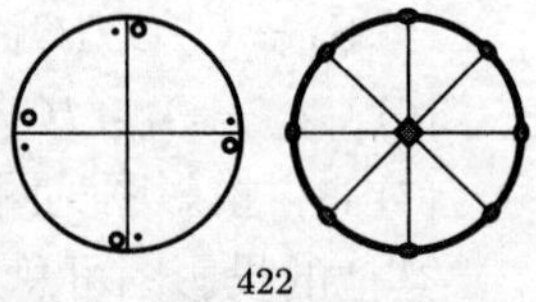 422

(续表)

	三 斜 系	单斜系 (第一组)	四 方 系
X_m	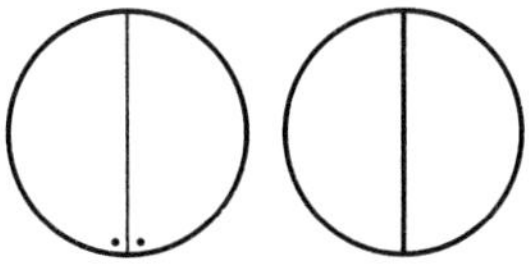 m	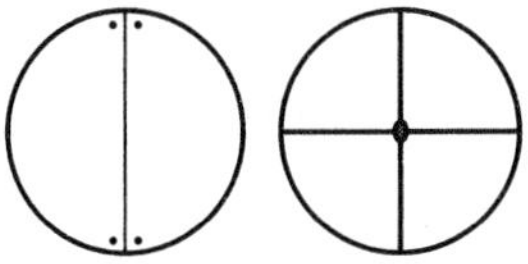 mm2	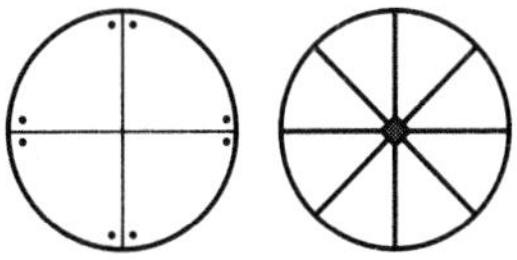 4mm
$\overline{X}_2$ (偶) 或 $\overline{X}_m$ (偶)			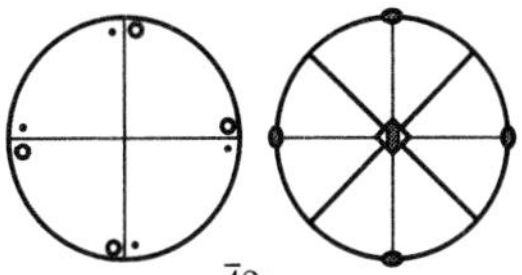 $\bar{4}$2m
X_2 或 X_m 加对 称中心及 $\overline{X}_m$ (奇)	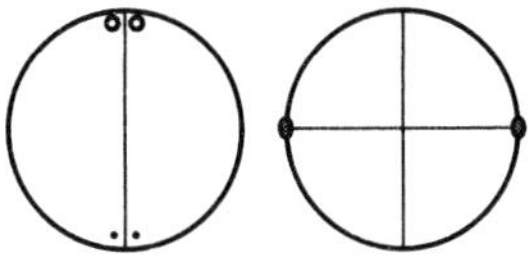 2/m	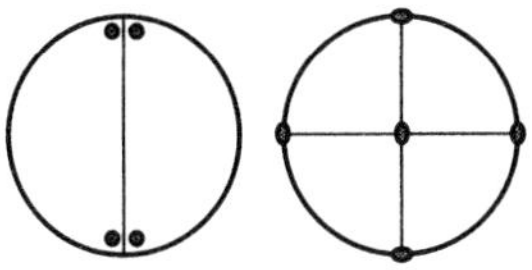 mmm	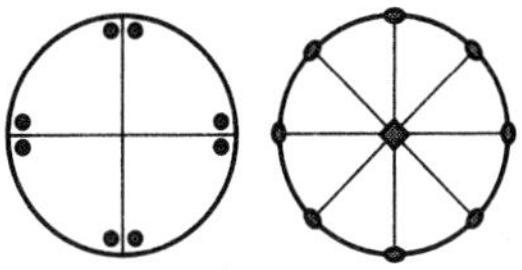 4/m m m
	三 角 系	六 角 系	立 方 系
X	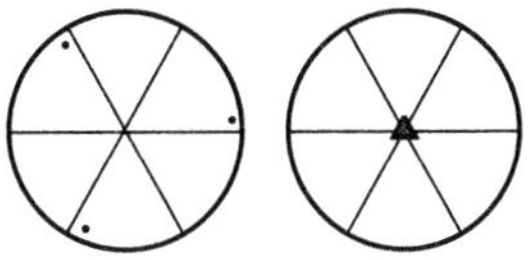 3	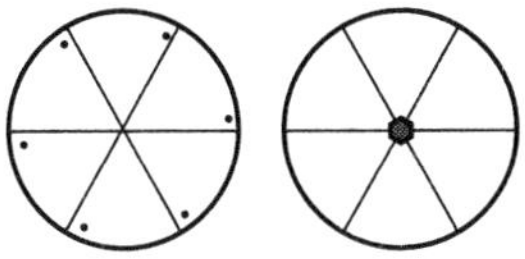 6	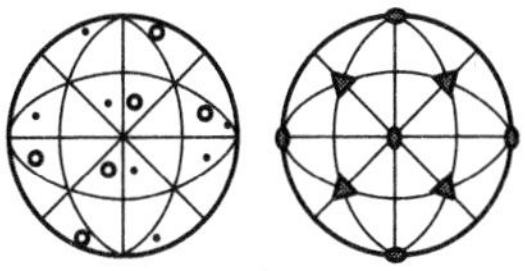 23
$\overline{X}$ (偶)		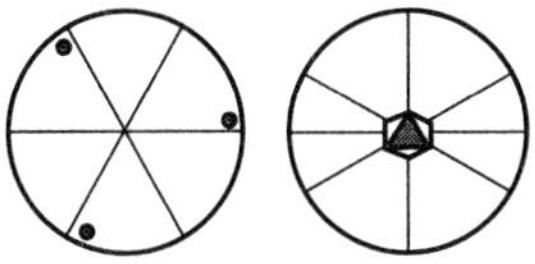 m	
X (偶) 加对称 中心及 $\overline{X}$ (奇)	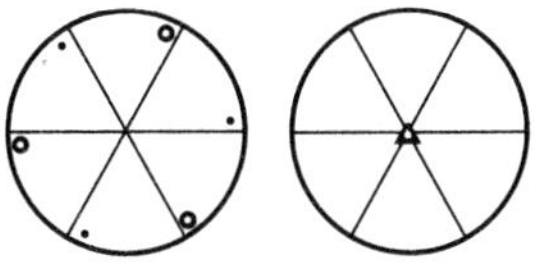 $\bar{3}$	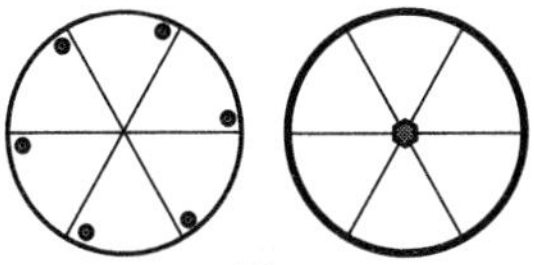 6/m	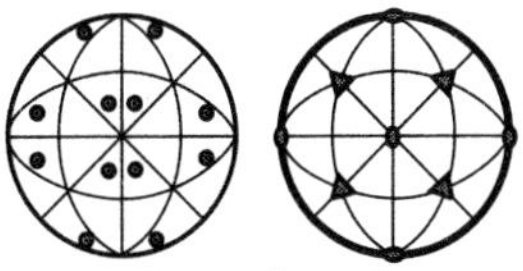 m3
$\overline{X}_2$	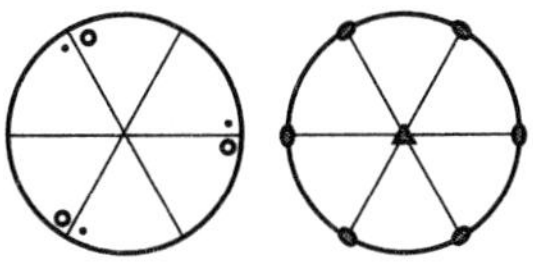 32	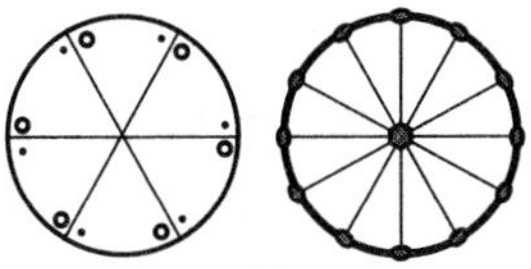 622	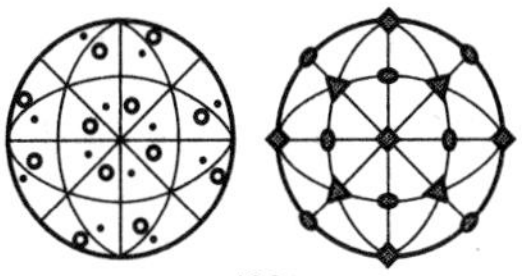 432

(续表)

	三 角 系	六 角 系	立 方 系
X_m	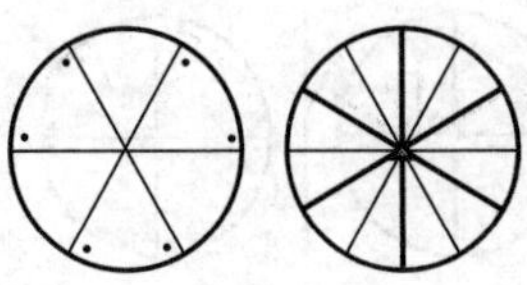 3m	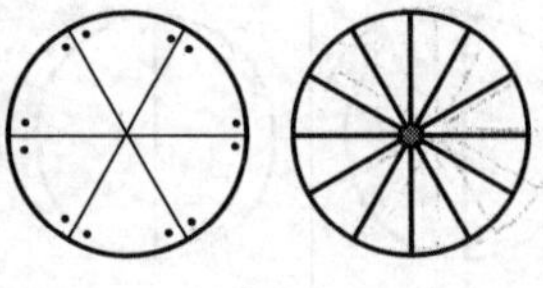 6mm	
$\overline{X}_2$ (偶) 或 $\overline{X}_m$ (偶)		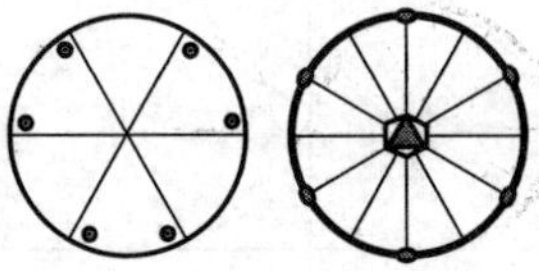	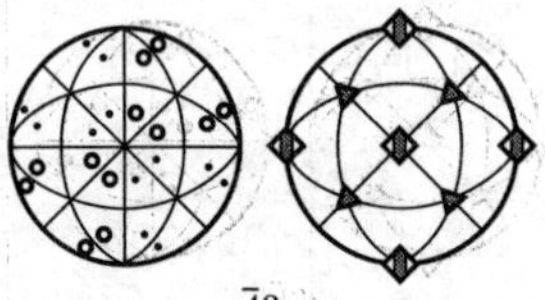 $\bar{4}3m$
$\overline{X}_2$ 或 X_m 加对称中心及 $\overline{X}_m$ (奇)	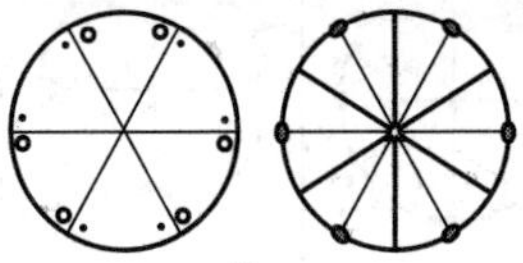 $\bar{3}m$	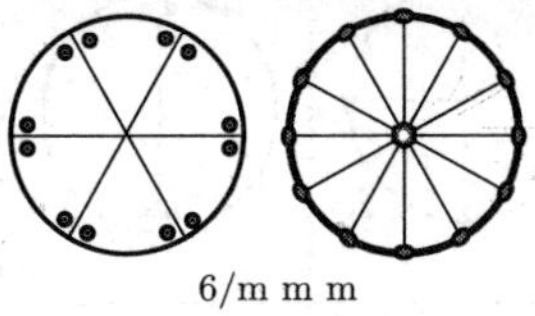 6/m m m	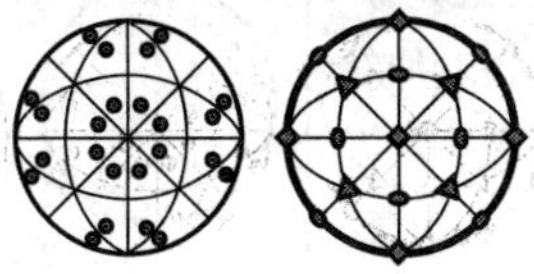 m3m

内容摘自韩其智、孙洪洲老师的教材, 即文献 [6], 图的制作由张小伟、张雪峰同学完成.

接下来, 我们讲一下空间群的概念.

前面讲过, 点群只考虑了晶体的转动对称性, 对称操作为 R. 而空间群是在考虑了晶体转动的基础上, 同时考虑了它的平移不变性, 从而得到的所有对称操作形成的群. 对称操作为 $\{R|\boldsymbol{t}\}$, 晶体在 $\{R|\boldsymbol{t}\}$ 操作下回到自身.

举个例子, 前面我们讲晶体的时候, 说了它根据所允许的点群, 可分成 7 种晶系. 同时, 我们还可以利用 7 种晶格系统来划分 14 种 Bravais 格子. 前面提到, 点群和格子之间可以相互组合.

以立方晶系为例, 它允许简单、体心、面心三种格子, 同时允许 $\mathrm{T, O, T_h, T_d, O_h}$ 五种点群. 当这个晶体的点群为 T 时, 我们可以取简单、体心、面心三种格子, 那么我们得到的三种 $\{R|\boldsymbol{t}\}$ 的组合一样吗? 这里是 R 相同, $\boldsymbol{t}$ 不同, 如图 3.41 所示. 晶体点群是 O 时, 我们可以做同样的处理. 以此类推, 对立方晶系, 我们如果只考虑这种简单的组合, 可以得到 $3 \times 5 = 15$ 种空间群.

现在我们把前面提到的晶系、Bravais 格子、点群的相互关系拿出来, 做一个简单的估计, 见表 3.4. 这种最简单的组合可以给出 66 种空间群, 在这些空间群里面, 平移向量 $\boldsymbol{t}$ 是平移周期性最小重复单元的整数倍. 对所有 R, 取 $\boldsymbol{t} = \boldsymbol{0}$, 也就是不做平移时, $\{R|\boldsymbol{0}\}$ 都是空间群中的元素. 这样的空间群称为简单空间群.

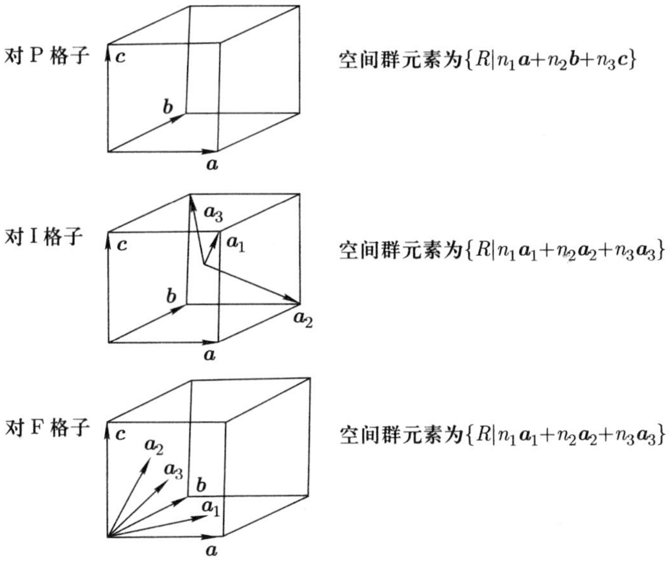

图 3.41 空间群元素

表 3.4 简单空间群的计算方式

<table>
<tr><th>晶系</th><th>点群</th><th>Bravais 格子</th><th>晶格系统</th><th>简单空间群</th></tr>
<tr><td>三斜</td><td>2</td><td>1</td><td>三斜</td><td>2</td></tr>
<tr><td>单斜</td><td>3</td><td>2</td><td>单斜</td><td>6</td></tr>
<tr><td>正交</td><td>3</td><td>4</td><td>正交</td><td>12</td></tr>
<tr><td>四方</td><td>7</td><td>2</td><td>四方</td><td>14</td></tr>
<tr><td rowspan="2">三方</td><td rowspan="2">5</td><td>1</td><td>菱方</td><td>5</td></tr>
<tr><td rowspan="2">1</td><td rowspan="2">六角</td><td>5</td></tr>
<tr><td>六角</td><td>7</td><td>7</td></tr>
<tr><td>立方</td><td>5</td><td>3</td><td>立方</td><td>15</td></tr>
<tr><td>共 7 种</td><td>共 32 种</td><td>共 14 种</td><td>共 7 种</td><td>共 66 种</td></tr>
</table>

不过需要说明的是, 表 3.4 对简单空间群的计算方式还是太简单了. 实际上简单空间群并不止我们上面算的 66 种, 而是 73 种, 原因是对有些 Bravais 格子, 它与点群的结合方式不止一种. 比如正交晶系的底心格子, 我们在算 Bravais 格子的时候, 把底心和侧面面心算成是一种格子, 但当它与 $C_{2v} = C_2 \cup I(D_2 - C_2)$ 结合的时候, 如果取主轴为 z 轴, 这两种格子给出的空间群是不一样的. 对这 7 种晶系, 类似情况可以再多给出 7 种简单空间群, 所以总的简单空间群个数是 73.

除了这些简单空间群, 在晶体中, $\{R|\boldsymbol{t}\}$ 操作还存在另外一种情况, 就是 $\boldsymbol{t}$ 并不是

空间平移对称性最小重复单元的整数倍, 而是它的分数倍. 比如下面两种情况.

(1) 螺旋轴 (screw axis). 这种情况说的是存在这样的操作: 相对于某个轴转一定角度之后, 再沿着这个轴做一个平移, 系统回到了与原来不可分辨的状态, 如图 3.42 所示. 图 3.42 中实线和虚线用来区别 z 轴不同的高度, 它们代表的结构单元是一样的. 图 3.42 右边是俯视图. 纯平移的周期性是 a, 但转动 60° 再做 $a/2$ 的平移也是系统的对称操作. 它所对应的空间群元素 $\{R|\boldsymbol{t}\}$ 中的 R 不可以脱离 $\boldsymbol{t}$ 单独存在. 与之相应, 拥有这样操作的空间群也不属于简单空间群.

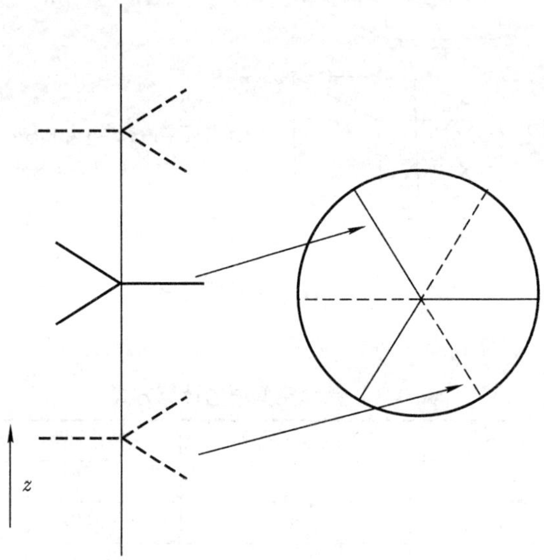

图 3.42　螺旋轴

(2) 滑移面 (slide plane). 这种情况指的是对一个平面先做反射, 再平移一个 $\boldsymbol{t}/m$, 如图 3.43 所示. 这里沿 x 轴方向平移 a 是对称操作, 平移 $a/2$ 不是, 但它与镜面反射结合就是对称操作了.

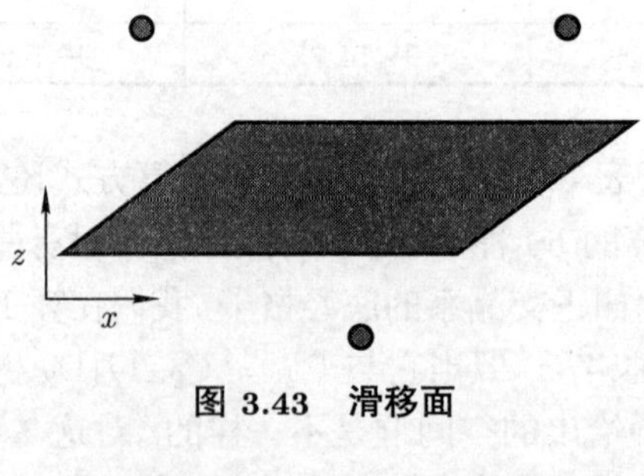

图 3.43　滑移面

加上这些对称操作后, 空间群的情况就会多很多. 这种群中对称元素平移部分包含平移对称性分数倍情况的空间群, 称为非简单空间群, 共有 157 种. 两种空间群加在一起是 230 种. 与之相关的研究是 19 世纪下半叶欧洲的一些晶体学家、数学家的研究热点. 读者可以想象这是非常具有挑战性的. 最早做出工作的是德国数学家 Sohncke, 时间是 1879 年. 他推出了 66 种空间群. 这和我们前面讲的通过点群和格子的组合生成的 66 种不完全一样, 因为当时人们还没有我们现在的这种理解. 他推出的 66 种空间群里还有一些重复的情况. 但这个工作引起了德国人 Schoenflies 和俄国人 Fedorov 的注意, 他们在相互独立, 但又有一些交流的情况下, 分别于 1891 年和 1892 年发表专著解释了空间群的 230 种情况. 这 230 种空间群, 根据前面提到的晶系、晶格系统的划分情况见表 3.5.

表 3.5 空间群分类统计

<table>
<tr><th>晶系</th><th>点群</th><th>空间群</th><th>Bravais 格子</th><th>晶格系统</th></tr>
<tr><td>三斜</td><td>2</td><td>2</td><td>1</td><td>三斜</td></tr>
<tr><td>单斜</td><td>3</td><td>13</td><td>2</td><td>单斜</td></tr>
<tr><td>正交</td><td>3</td><td>59</td><td>4</td><td>正交</td></tr>
<tr><td>四方</td><td>7</td><td>68</td><td>2</td><td>四方</td></tr>
<tr><td rowspan="2">三方</td><td rowspan="2">5</td><td>7</td><td>1</td><td>菱方</td></tr>
<tr><td>18</td><td rowspan="2">1</td><td rowspan="2">六角</td></tr>
<tr><td>六角</td><td>7</td><td>27</td></tr>
<tr><td>立方</td><td>5</td><td>36</td><td>3</td><td>立方</td></tr>
<tr><td>共 7 种</td><td>共 32 种</td><td>共 230 种</td><td>共 14 种</td><td>共 7 种</td></tr>
</table>

现在人们需要用到空间群的时候, 一般是先看它的 Hermann-Mauguin 符号 (国际符号), 然后查这个群中的对称操作 $\{R|\boldsymbol{t}\}$, 通过这些对称操作, 就可以把晶体结构彻底搞清. 同时这些对称操作 $\{R|\boldsymbol{t}\}$ 对我们理解系统的电子态分布也非常有用, 下一章我们会做详细介绍.

有一个很好的关于空间群的完整的对称操作的表格的网站, 叫 Bilbao Crystallographic Server[16]. 进入这个网站后, 有个 GENPOS 的选项, 点入后直接输入空间群序号, 比如 122, 150, 所有的对称操作就出来了. 在这个网站中, 还可以查看具有每个空间群的晶体的 Brillouin 区的样子, 以及很多其他研究中可以用到的信息. 最近, 这个网站还增加了关于后面我们要讲的双群以及本书并不触及但在磁性材料物性研究中很有用的磁空间群的内容.

英国曾经也有一个和这个网站差不多的网站①: http://img.chem.ucl.ac.uk/sgp/large/sgp.htm, 里面有类似的功能.

很多文献给晶体结构时只会给出晶体中不等价的原子的位置与晶体空间群. 读者可以做的事情是对每个原子, 用这些空间群对称操作操作一遍, 如果得到的原子已经

①这个网站是某一年北京大学量子材料科学中心的陈玉琴同学告诉我的, 但现在不存在了.

出现了, 就略过, 如果没有, 就保存, 从而得到具体的晶体结构. 现在, 一些通行的材料模拟方面的软件 (比如 Material Studio) 也会提供类似功能. 应该说对于需要应用此方面知识的从业人员, 辅助工具越来越强大了. 在应用这些知识的时候, 我们拥有前人无法想象的友善的软环境, 只要能够理解这些基本原理.

3.5 晶体点群的不可约表示

现在我们来看一下晶体点群的不可约表示. 在学完前两章之后, 我们后面讲任何一类具体的群, 基本都是先讲这类群是什么, 再分析其中有多少种群, 每种群的分类情况, 最后看它们的不等价不可约表示是什么. 为什么要看这些不等价不可约表示, 第四章中会做详细说明.

找所有晶体点群的不等价不可约表示这个任务乍看起来比较艰巨, 因为有 32 种晶体点群. 但实际上, 我们之前讲的一些定理可以大大简化这个问题. 这些定理里面的第一个是第二章里面的: 直积群 $G=G_1\otimes G_2$ 的所有不等价不可约表示, 可以由 G_1 与 G_2 的不等价不可约表示给出. 第二个是我们这章的定理 3.3, 即点群的三种情况. 这就意味着对点群, 只要我们把所有的第一类点群的不等价不可约表示搞明白了, 就可以很自然地通过定理 3.3 的第二点与第三点得到所有第二类点群的不等价不可约表示.

第一类点群有 11 种: $\mathrm{C}_1, \mathrm{C}_2, \mathrm{C}_3, \mathrm{C}_4, \mathrm{C}_6, \mathrm{D}_2, \mathrm{D}_3, \mathrm{D}_4, \mathrm{D}_6, \mathrm{T}, \mathrm{O}$. 下面我们就一一地把这 11 种情况过一遍.

(1) 先看 C_n 群. 这些群都是循环群, 我们前面说过, 它们如果是 n 阶就有 n 个类, 也就有 n 个不等价不可约表示. 对生成元 a, 它的表示是:

$$A^p(a) = \exp[(p-1)2\pi \mathrm{i}/n],$$

其中 p 是不等价不可约表示的指标, 为 $1, 2, \cdots, n$ 中的一个数.

这样 11 种第一类点群的前 5 种情况就包括进来了.

(2) 第六种情况是 D_2 群, 它有四个元素: e, 绕 z 轴转 π 角的操作 a, 绕 x 轴转 π 角的操作 b, 绕 y 轴转 π 角的操作 c. $\{e, a\}$ 是它的不变子群, 因为 z 轴不能通过群中其他元素变到 x 与 y 轴, 同理 $\{e, b\}$ 也是, 且 $ab = ba$, 这样的话 $\mathrm{D}_2 = \{e, a\} \otimes \{e, b\}$. $\{e, a\}$ 与 $\{e, b\}$ 的特征标表见表 3.6.

表 3.6 二阶循环群特征标表

	e	a
A_1	1	1
A_2	1	−1

那么 D_2 群的特征标表就如表 3.7 所示.

表 3.7 D_2 **群特征标表**

	$e(ee)$	$a(ae)$	$b(eb)$	$c(ab)$
A_1	1	1	1	1
A_2	1	-1	1	-1
A_3	1	1	-1	-1
A_4	1	-1	-1	1

(3) D_3 群有三个类, 6 个元素, C_3 是它的不变子群, 含 $\{e, d, f\}$, D_3/C_3 同构于二阶循环群, 于是有了 A_2 这个表示. 再由正交定理, 就得到了 A_3 表示. 整体的特征标表见表 3.8.

表 3.8 D_3 **群特征标表**

	$1\{e\}$	$2\{d\}$	$3\{a\}$
A_1	1	1	1
A_2	1	1	-1
A_3	2	-1	0

(4) D_4 群有五个类: $\{E\}, \{C_4, C_4^3\}, \{C_4^2\}, \{C_2^{(1)}, C_2^{(3)}\}, \{C_2^{(2)}, C_2^{(4)}\}, S_1^2 + S_2^2 + S_3^2 + S_4^2 + S_5^2 = 8$. 解为

$$S_1 = S_2 = S_3 = S_4 = 1, \quad S_5 = 2.$$

D_4 群有不变子群 $\{E, C_4, C_4^2, C_4^3\}, \{E, C_4^2, C_2^{(1)}, C_2^{(3)}\}, \{E, C_4^2, C_2^{(2)}, C_2^{(4)}\}$, 这样由每个不变子群产生的商群都与二阶循环群同构, 可以得到 D_4 群到二阶循环群的三个同态映射, 其中恒等部分相同, 非恒等部分给出三个一维非恒等表示.

之后再由正交关系确认最后一个二维表示, 得到的特征标表见表 3.9.

表 3.9 D_4 **群特征标表**

	$1\{E\}$	$1\{C_4^2\}$	$2\{C_4\}$	$2\{C_2^{(1)}\}$	$2\{C_2^{(2)}\}$
A_1	1	1	1	1	1
A_2	1	1	1	-1	-1
A_3	1	1	-1	1	-1
A_4	1	1	-1	-1	1
A_5	2	-2	0	0	0

(5) D_6 有 12 个元素: $\{E, C_6^2, C_6^4, C_2^{(1)}, C_2^{(3)}, C_2^{(5)}; C_6^1, C_6^3, C_6^5, C_2^{(2)}, C_2^{(4)}, C_2^{(6)}\}$, 其中前 6 个是 D_3 群, 它是 D_6 的不变子群, 后 6 个是它的陪集. 在这个陪集里面 C_6^3 自成一类 (它与其他六阶轴转动角度不同, 与二阶轴转动虽角度相同但转轴无法通过群中元素联系起来), 因此 $\{E, C_6^3\}$ 也是一个不变子群, $D_6 = D_3 \otimes \{E, C_6^3\}$.

(6) T 群有 $\{E\}, \{C_2^{(1)}, C_2^{(2)}, C_2^{(3)}\}, \{C_3', C_3'', C_3''', C_3''''\}, \{C_3'^2, C_3''^2, C_3'''^2, C_3''''^2\}$ 四个类, $S_1^2 + S_2^2 + S_3^2 + S_4^2 = 12$, 解为

$$S_1 = S_2 = S_3 = 1, S_4 = 3.$$

T 的不变子群是 $\{E, C_2^{(1)}, C_2^{(2)}, C_2^{(3)}\}$. 把 T 和它做商群, 可以产生一个三阶循环群, 三阶循环群有三个一维表示, 所以给出 A_1 到 A_3. 最后一个三维表示由正交关系得到. 表示的特征标表见表 3.10.

表 3.10　T 群特征标表

	$\{E\}$	$3\{C_2^{(1)}\}$	$4\{C_3'\}$	$4\{C_3'^2\}$
A_1	1	1	1	1
A_2	1	1	ε	ε^2
A_3	1	1	ε^2	ε
A_4	3	-1	0	0

$\varepsilon = e^{i\frac{2\pi}{3}}$.

(7) O 群是这节最难的一个, 有 24 个元素, 分五类: $\{E\}, \{C_2^{(1)}, C_2^{(2)}, \cdots, C_2^{(6)}\}, \{C_3', C_3'', C_3''', C_3'''', C_3'^2, C_3''^2, C_3'''^2, C_3''''^2\}, \{C_4', C_4'', C_4''', C_4'^3, C_4''^3, C_4'''^3\}, \{C_4'^2, C_4''^2, C_4'''^2\}$, $S_1^2 + S_2^2 + S_3^2 + S_4^2 + S_5^2 = 24$, 解为

$$S_1 = S_2 = 1, S_3 = 2, S_4 = S_5 = 3.$$

O 有不变子群 T, 包含 $\{E, C_3', C_3'', C_3''', C_3'''', C_3'^2, C_3''^2, C_3'''^2, C_3''''^2, C_4'^2, C_4''^2, C_4'''^2\}$, 因此通过 O/T 商群与二阶循环群的同构, 可以得到两个一维表示. 二维表示怎么找? 我们可以利用前面讲的诱导表示的概念.

我们想用 T 群的非恒等一维表示 A_2 得到 O 群的一个二维表示. 我们要做的事情, 就是把 O 分成 T 与它的陪集, $O = \{g_0 T, g_1 T\}$, 这里 g_0 是单位元素, g_1 有多种选择, 我们取 $g_1 = C_2^{(1)}$.

T 群与 O 群的关系如图 3.44 所示. 诱导表示的表示矩阵为

$$U^B(g) = \begin{pmatrix} \dot{B}(g_0 g g_0^{-1}) & \dot{B}(g_0 g g_1^{-1}) \\ \dot{B}(g_1 g g_0^{-1}) & \dot{B}(g_1 g g_1^{-1}) \end{pmatrix},$$

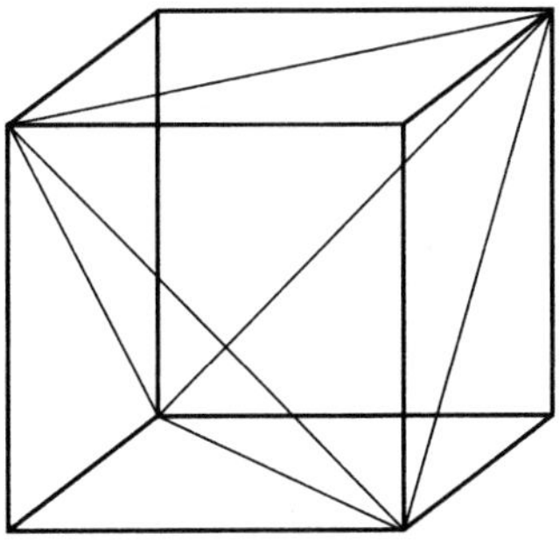

图 3.44 T 群与 O 群的关系

其中

$$\dot{B}(g_i g g_j^{-1}) = \begin{cases} A_2(g_i g g_j^{-1}), & 当\ g_i g g_j^{-1} \in \mathrm{T}, \\ 0, & 其他情况, \end{cases}$$

而

$$A_2(g_i g g_j^{-1}) = \begin{cases} 1, & 当\ g_i g g_j^{-1} \in \{E, \mathrm{C}_4'^2, \mathrm{C}_4''^2, \mathrm{C}_4'''^2\}, \\ \varepsilon, & 当\ g_i g g_j^{-1} \in \{\mathrm{C}_3', \mathrm{C}_3'', \mathrm{C}_3''', \mathrm{C}_3''''\}, \\ \varepsilon^2, & 当\ g_i g g_j^{-1} \in \{\mathrm{C}_3'^2, \mathrm{C}_3''^2, \mathrm{C}_3'''^2, \mathrm{C}_3''''^2\}. \end{cases}$$

再利用 (2.26) 式, 即

$$\chi^U(g) = \frac{1}{m} \sum_{t \in \mathrm{O}} \mathrm{tr} \dot{B}(t g t^{-1})$$

(这里 m 是 T 的阶), 很容易得到

$$\chi^U(E) = \frac{1}{12} \sum_{t \in \mathrm{O}} \mathrm{tr} \dot{B}(t E t^{-1}) = \frac{1}{12} \cdot 24 \cdot 1 = 2,$$

$$\chi^U(\mathrm{C}_3') = \frac{1}{12} \sum_{t \in \mathrm{O}} \mathrm{tr} \dot{B}(t \mathrm{C}_3' t^{-1}) = \frac{1}{12} \cdot 12 \cdot (\varepsilon + \varepsilon^2) = -1,$$

$$\chi^U(\mathrm{C}_4') = \frac{1}{12} \sum_{t \in \mathrm{O}} \mathrm{tr} \dot{B}(t \mathrm{C}_4' t^{-1}) = 0 \quad (t\mathrm{C}_4' t^{-1} \notin \mathrm{T}),$$

$$\chi^U(\mathrm{C}_4'^2) = \frac{1}{12} \sum_{t \in \mathrm{O}} \mathrm{tr} \dot{B}(t \mathrm{C}_4'^2 t^{-1}) = \frac{1}{12} \cdot 24 \cdot 1 = 2 \quad (t\mathrm{C}_4'^2 t^{-1} \in \{\mathrm{C}_4'^2, \mathrm{C}_4''^2, \mathrm{C}_4'''^2\}),$$

$$\chi^U(\mathrm{C}_2^{(1)}) = \frac{1}{12} \sum_{t \in \mathrm{O}} \mathrm{tr} \dot{B}(t \mathrm{C}_2^{(1)} t^{-1}) = 0 \quad (t\mathrm{C}_2^{(1)} t^{-1} \notin \mathrm{T}).$$

这个诱导表示对 O 群的五个类而言特征标分别是 $2, 0, 2, -1, 0$. 做内积, 会发现它们满足归一条件, 为不可约表示.

最后就剩下两个三维表示了. 求法和上面一样, 还是利用诱导表示. 不过这里用的是 T 的 3 维表示, 导出的 O 的表示是 6 维的. 它的特征标是:

$$\chi^U(E) = \frac{1}{12}\sum_{t\in \mathrm{O}} \mathrm{tr}\dot{B}(tEt^{-1}) = \frac{1}{12}\cdot 24\cdot 3 = 6,$$

$$\chi^U(\mathrm{C}_3') = \frac{1}{12}\sum_{t\in \mathrm{O}} \mathrm{tr}\dot{B}(t\mathrm{C}_3't^{-1}) = 0 \quad (\mathrm{T}\text{ 的三维表示中 } \mathrm{C}_3' \text{ 的特征标也是零}),$$

$$\chi^U(\mathrm{C}_4') = \frac{1}{12}\sum_{t\in \mathrm{O}} \mathrm{tr}\dot{B}(t\mathrm{C}_4't^{-1}) = 0 \quad (t\mathrm{C}_4't^{-1} \notin \mathrm{T}),$$

$$\chi^U(\mathrm{C}_4'^2) = \frac{1}{12}\sum_{t\in \mathrm{O}} \mathrm{tr}\dot{B}(t\mathrm{C}_4'^2t^{-1}) = \frac{1}{12}\cdot 24\cdot(-1) = -2 \quad (t\mathrm{C}_4'^2t^{-1} \in \{\mathrm{C}_4'^2, \mathrm{C}_4''^2, \mathrm{C}_4'''^2\}),$$

$$\chi^U(\mathrm{C}_2^{(1)}) = \frac{1}{12}\sum_{t\in \mathrm{O}} \mathrm{tr}\dot{B}(t\mathrm{C}_2^{(1)}t^{-1}) = 0 \quad (t\mathrm{C}_2^{(1)}t^{-1} \notin \mathrm{T}),$$

这个 6 维表示肯定是可约的. 如果它是两个 A_4 或两个 A_5 的直和, 对应的 A_4 或 A_5 的特征标为: $3, 0, -1, 0, 0$, 做内积的话不等于 1, 不是不可约表示. 还有一种可能是它是 A_4 与 A_5 的直和, 如果是这样的话, 我们就有

$$\begin{aligned}
\chi^4(\mathrm{C}_4') + \chi^5(\mathrm{C}_4') &= 0,\\
\chi^4(\mathrm{C}_4'^2) + \chi^5(\mathrm{C}_4'^2) &= -2,\\
\chi^4(\mathrm{C}_3') + \chi^5(\mathrm{C}_3') &= 0,\\
\chi^4(\mathrm{C}_2^{(1)}) + \chi^5(\mathrm{C}_2^{(1)}) &= 0.
\end{aligned}$$

对这样的条件, 有一种解是:

$$\chi^4(\mathrm{C}_4') = 1, \chi^4(\mathrm{C}_4'^2) = -1, \chi^4(\mathrm{C}_3') = 0, \chi^4(\mathrm{C}_2^{(1)}) = -1,$$

$$\chi^5(\mathrm{C}_4') = -1, \chi^5(\mathrm{C}_4'^2) = -1, \chi^5(\mathrm{C}_3') = 0, \chi^5(\mathrm{C}_2^{(1)}) = 1.$$

这个解是满足特征标归一条件的, 正交性也满足, 所以对应两个 3 维不可约表示 (填到上面那个表中). 这样 O 群的不等价不可约表示特征标表就给出来了, 见表 3.11.

表 3.11 O 群特征标表

	$\{E\}$	$6\{\mathrm{C}_4'\}$	$3\{\mathrm{C}_4'^2\}$	$8\{\mathrm{C}_3'\}$	$6\{\mathrm{C}_2^{(1)}\}$
A_1	1	1	1	1	1
A_2	1	-1	1	1	-1
A_3	2	0	2	-1	0
A_4	3	$\chi^4(\mathrm{C}_4')$	$\chi^4(\mathrm{C}_4'^2)$	$\chi^4(\mathrm{C}_3')$	$\chi^4(\mathrm{C}_2^{(1)})$
A_5	3	$\chi^5(\mathrm{C}_4')$	$\chi^5(\mathrm{C}_4'^2)$	$\chi^5(\mathrm{C}_3')$	$\chi^5(\mathrm{C}_2^{(1)})$

需要提一下，一些文献给出点群特征标表的时候，经常会给出这样的例子，比如 O_h 特征标表，在有些文献中，不可约表示会被标记为 $\Gamma_1, \Gamma_2, \Gamma_{12}, \Gamma_{15}, \Gamma_{25}, \Gamma_1', \Gamma_2', \Gamma_{12}', \Gamma_{15}', \Gamma_{25}'$，其中 Γ_i' 有时也会被写成 Γ_i^+. 在另一些文献中，不可约表示又被标记为 $A_1^+, A_2^+, E^+, T_1^+, T_2^+, A_1^-, A_2^-, E^-, T_1^-, T_2^-$. 为了给读者一个直观的印象，这里给出两种特征标表，见表 3.12 和表 3.13.

表 3.12 O_h 特征标表示例一

表示	基函数	$1\{E\}$	$3\{C_4^2\}$	$6\{C_4\}$	$6\{C_2\}$	$8\{C_3\}$	$1\{I\}$	$3\{IC_4^2\}$	$6\{IC_4\}$	$6\{IC_2\}$	$8\{IC_3\}$
Γ_1	1	1	1	1	1	1	1	1	1	1	1
Γ_2	$x^4(y^2-z^2)$ $+y^4(z^2-x^2)$ $+z^4(x^2-y^2)$	1	1	−1	−1	1	1	1	−1	−1	1
Γ_{12}	x^2-y^2, $2z^2-x^2-y^2$	2	2	0	0	−1	2	2	0	0	−1
Γ_{15}	x,y,z	3	−1	1	−1	0	−3	1	−1	1	0
Γ_{25}	$z(x^2-y^2),\cdots$	3	−1	−1	1	0	−3	1	1	−1	0
Γ_1'	$xyz[x^4(y^2-z^2)$ $+y^4(z^2-x^2)$ $+z^4(x^2-y^2)]$	1	1	1	1	1	−1	−1	−1	−1	−1
Γ_2'	xyz	1	1	−1	−1	1	−1	−1	1	1	−1
Γ_{12}'	$xyz(x^2-y^2),\cdots$	2	2	0	0	−1	−2	−2	0	0	1
Γ_{15}'	$xy(x^2-y^2),\cdots$	3	−1	1	−1	0	3	−1	1	−1	0
Γ_{25}'	xy,yz,zx	3	−1	−1	1	0	3	−1	−1	1	0

表 3.13 O_h 特征标表示例二

表示	基函数	$1\{E\}$	$3\{C_4^2\}$	$6\{C_4\}$	$6\{C_2'\}$	$8\{C_3\}$	$1\{I\}$	$3\{IC_4^2\}$	$6\{IC_4\}$	$6\{IC_2'\}$	$8\{IC_3\}$
A_1^+	1	1	1	1	1	1	1	1	1	1	1
A_2^+	$x^4(y^2-z^2)$ $+y^4(z^2-x^2)$ $+z^4(x^2-y^2)$	1	1	−1	−1	1	1	1	−1	−1	1
E^+	x^2-y^2, $2z^2-x^2-y^2$	2	2	0	0	−1	2	2	0	0	−1
T_1^-	x,y,z	3	−1	1	−1	0	−3	1	−1	1	0
T_2^-	$z(x^2-y^2),\cdots$	3	−1	−1	1	0	−3	1	1	−1	0

(续表)

表示	基函数	$1\{E\}$	$3\{C_4^2\}$	$6\{C_4\}$	$6\{C_2'\}$	$8\{C_3\}$	$1\{I\}$	$3\{IC_4^2\}$	$6\{IC_4\}$	$6\{IC_2'\}$	$8\{IC_3\}$
A_1^-	$xyz[x^4(y^2-z^2)$ $+y^4(z^2-x^2)$ $+z^4(x^2-y^2)]$	1	1	1	1	1	−1	−1	−1	−1	−1
A_2^-	xyz	1	1	−1	−1	1	−1	−1	1	1	−1
E^-	$xyz(x^2-y^2),\cdots$	2	2	0	0	−1	−2	−2	0	0	1
T_1^+	$xy(x^2-y^2),\cdots$	3	−1	1	−1	0	3	−1	1	−1	0
T_2^+	xy,yz,zx	3	−1	−1	1	0	3	−1	−1	1	0

第一种表述方法遵循的是 Bethe 在 1929 年合写的一篇文章[①] 中的习惯. 他们在这里的基本逻辑是, 对高对称的空间群的晶体, 如果把它的 Brillouin 区画出来的话, 那么它的 Brillouin 区里面不同的点具有不同的点群对称性. 比如一个晶体是简立方的晶格, 那么它的 Brillouin 区就如图 3.45 所示. 这样的一个 Brillouin 区里面, 不同的点的点群对称性分别如表 3.14 所示. 因为这个原因, 对 O_h 这个点群, 由于只有 Γ 点具有它的对称性, 所以在标记 O_h 的不可约表示的时候, 用了 Γ. 这是做凝聚态物理的人比较喜欢的做法.

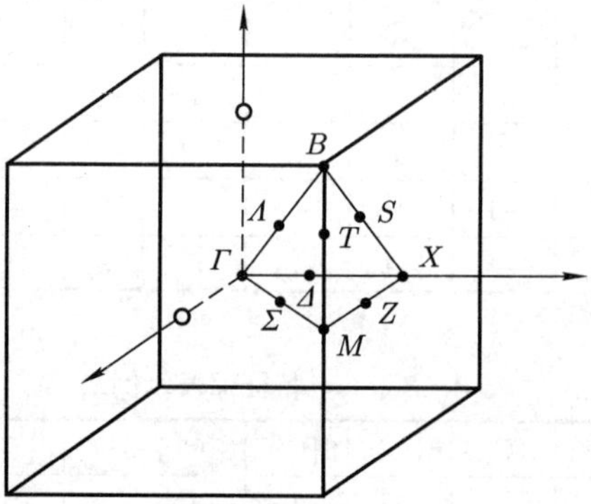

图 3.45　立方晶系空间群 Brillouin 区

立方晶系、简单晶格对应的空间群的 Brillouin 区, 第 221 个空间群

另外一些 (比如原子分子物理、理论化学) 专业的科研人员可能又比较喜欢用 A, B, E, T 来标记点群不可约表示, A, B 是一维的, E 是二维的, T 是三维的. 当然, 做凝聚态物理研究的人很多时候也会使用 A, B, E, T 这种标记. 因此, 用哪种标记就是一个习惯问题, 虽然有些原因, 但并不是完全由此决定的.

当点群中存在空间反演操作 I 时, 不可约表示会同时反映出空间反演对称性. 在

①Bethe H A. Termaufspaltung in Kristallen. Ann. Phys., 1929, 395: 133.

表 3.13 中, 对 A, B, E, T 这些表示，人们用 "+" "−" 这些上标给出宇称的区分. 在有些文献中, 也会用下标 "g" 和 "u" 来区分. 这里 "g" 来自 gerade, 是德语中 "偶" 的意思, "u" 来自 ungerade, 是德语中 "奇" 的意思. 在另一些文献中, 如表 3.12, 人们还会用是否带撇来区分不同宇称的不可约表示. 但需要指出的是, 是否带撇与奇、偶宇称并不简单一一对应. 表 3.12 中的 Γ_{12} 对应表 3.13 中的 E^+，而表 3.12 中的 Γ_{15} 对应表 3.13 中的 T_1^-. 这些标记说到底，还是习惯问题.

表 3.14　立方晶系空间群 Brillouin 区高对称 $\boldsymbol{k}$ 点的点群对称性

晶格	点	$\boldsymbol{k}$	对称性
221	Γ	$(0,0,0)$	O_h
	R	$[(2\pi/a)(1,1,1)]$	O_h
	X	$[(2\pi/a)(1,0,0)]$	D_{4h}
	M	$[(2\pi/a)(1,1,0)]$	D_{4h}
	Λ	$[(2\pi/a)(x,x,x)]$	C_{3v}
	Σ	$[(2\pi/a)(x,x,0)]$	C_{2v}
	Δ	$[(2\pi/a)(x,0,0)]$	C_{4v}
	S	$[(2\pi/a)(1,z,z)]$	C_{2v}
	T	$[(2\pi/a)(1,1,z)]$	C_{4v}
	Z	$[(2\pi/a)(1,y,0)]$	C_{2v}

最后, 在基函数那一栏, 好多文献中会给出一些 x, y, z 的齐次函数的例子. 后面我们会讲一个量子力学系统的本征态往往对应一个不可约表示的基, 这样的话给出这些齐次函数的例子就很重要了. 后面我们会细讲, 这里读者先记住它们是不可约表示的一些比较典型的基就可以了.

习题与思考

1. 设 O 是三维实正交群中的一个元素, $C_{\boldsymbol{k}}(\theta)$ 是其中的某纯转动操作, $S_{\boldsymbol{k}}(\theta)$ 是其中的某转动反射操作. $OC_{\boldsymbol{k}}(\theta)O^{-1}$ 是什么样的操作? $OS_{\boldsymbol{k}}(\theta)O^{-1}$ 是什么样的操作?
2. 某点群有个垂直 x-y 水平面的二阶轴 C_2 和过 C_2 的反射面 σ_v, 它是什么点群? 以 $\{xy, xz, yz\}$ 为基, 它的表示是什么? 可约吗? 如可约, 请约化.
3. 以 $\{2xy, x^2-y^2\}, \{R_x = yp_z - zp_y, R_y = zp_x - xp_z\}$ 为基, 求 D_3 的表示矩阵.
4. 某点群有奇数阶转动轴 S_{2n+1}, 证明: 必存在独立的转动轴 C_{2n+1} 及水平反射面.
5. 以 $4n$ 阶转动反射轴 S_{4n} 为生成元, 能否产生反演操作?
6. 求出二维实空间中所有点群.
7. 用 Schoenflies 符号, 说出如下点群:

(1) 基于 C_6 群, 增加空间反演操作;

(2) 在 C_{5h} 群中, 去掉所有转动反演操作;

(3) 基于 T_d 群, 增加空间反演操作.

8. (1) 上 Bilbao Crystallographic Server 的网站查基于 D_2 点群的空间群 P222 的所有对称操作, 并写出来.

(2) 某篇关于晶体结构的文章在给结构的时候只给出了非等价的原子的位置. 如果给出的这个原子是 C, 它在晶胞内的相对坐标是 (0.125, 0.125, 0.125), 写出晶胞内所有原子的位置.

(3) 如果这个空间群是 P2122, 情况又怎样?

(4) 空间群是 C222, 情况又怎样?

(本题写相对坐标就可以)

9. 一个立方体对应的点群是什么? 沿对角线方向拉伸, 点群变成什么? 如果它是完美单晶, 这个晶体会由什么晶系变成什么晶系?

10. 参考附录 B 中三方晶系包含的空间群, 体会本章描述晶系、点群、Bravais 格子、晶格系统的表 3.1, 指出哪些晶格系统是基于菱方的.

11. 指出下列分子的点群:

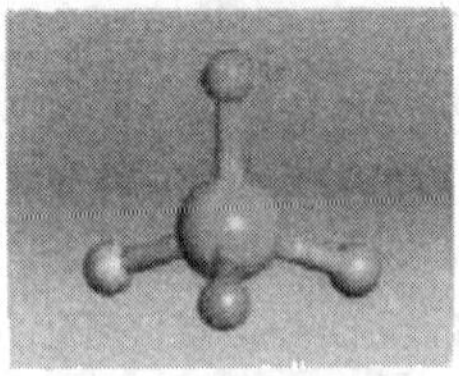

(a) CHFClBr

(b) H_2O_2

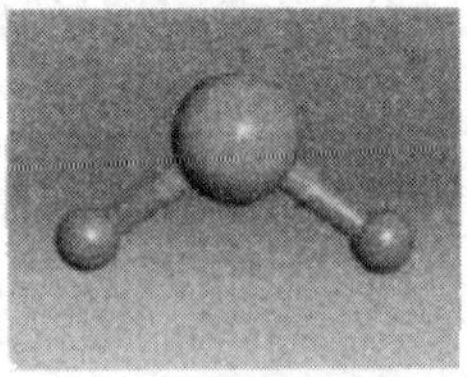

(c) H_2O

(d) NH_3

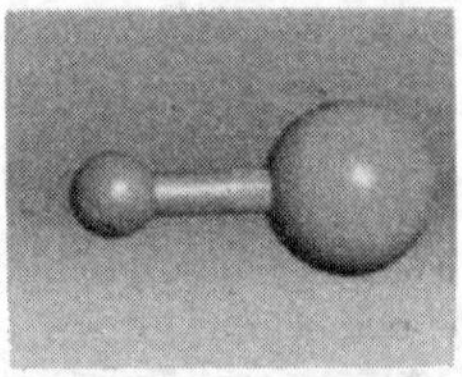

(e) 无对称中心的线形分子

(f) 反式的CHCl=CHCl (此处所有原子在一个平面)

(g) 反式CHClBr—CHClBr

(h) 部分交错式的CH_3—CH_3

(i) 三氟化硼(BF_3)

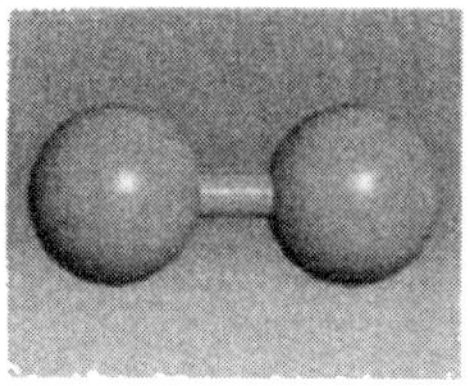

(j) 有对称中心的线形分子

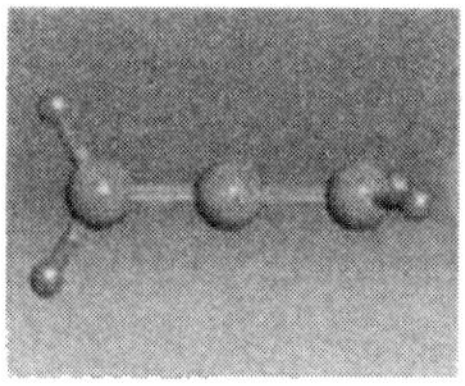

(k) 丙二烯($CH_2{=}C{=}CH_2$)

(l) 交错式乙烷($CH_3{—}CH_3$)

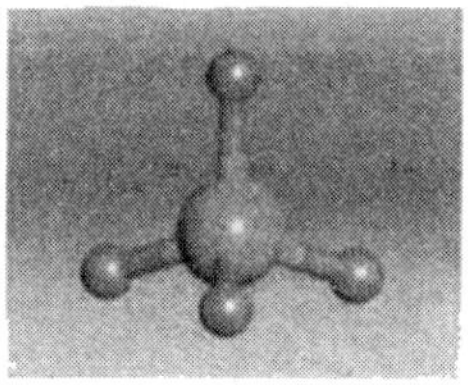

(m) CH_4

(n) SF_6

12. 基于本章中已知的第一类点群特征标表, 不要参考附录 A, 完整地写出 C_{4h} 群的特征标表 (要求写出过程, 同时写明每个类包含哪些元素).
13. 基于本章中已知的第一类点群特征标表, 不要参考附录 A, 完整地写出 D_{4d} 群的特征标表 (要求写出过程, 同时写明每个类包含哪些元素).

第四章　群论与量子力学

现在我们把本书的理论基础以及在面对实际材料的时候会遇到的最为重要的点群、空间群讲完了. 本书 (除李群李代数初步那一章内容之外) 还有两类群需要讲: 转动群与置换群. 在讲之前, 以我自己学习和授课的经验来看, 初学者最大的困难是在学了很多很难理解的概念和定理之后并不知道它有什么用. 这个问题必须现在解决.

这一章的作用就是介绍群论的应用, 即用一些量子力学、凝聚态物理、原子分子物理中的例子来帮助读者理解群论到底怎么去用. 这里面量子力学、凝聚态物理、原子分子物理是物理, 群论是数学, 量子力学在物理这边起最基础的作用.

具体而言, 面对微观世界, 我们是需要用量子力学的概念去理解其物理、化学性质的. 我们观测到的任何东西, 最终解释的时候都会落到所观测的系统的一些本征态上. 以分子或凝聚态体系为例, 这些本征态可以是电子态, 可以是声子态, 也可以是它们之间的耦合形成的其他准粒子态. 这些态是如何产生的? 它与所观测的系统的对称性存在什么样的关联? 所观测的系统在一个外界扰动下, 从一个本征态向另一个本征态跃迁会呈现什么样的规律? 这些都是科研中要遇到的实际问题. 在花费了巨大精力学习完这门课后, 如果读者以后在科研中遇到类似问题, 不懂得如何用对称性原理去理解, 学习的意义就不大了. 也正是因为这个原因, 我们把这章当作本书重点中的重点.

本章的内容分为八节. 4.1 节要介绍的哈密顿算符群与相关定理旨在总体讲解量子力学与对称性之间的关系, 其中的概念与定理是对我们这一章内容进行理解的基础. 4.2 节讲微扰引起的能级劈裂, 是一个具体的系统对称性的变化导致物性变化的例子. 这一节会具体说明如何用对称性的语言去描述和理解这种现象. 4.3 节讲投影算符与久期行列式的对角化. 其中投影算符是数学基础部分, 它将教会我们如何让一组基函数具备物理系统的对称性. 久期行列式的对角化是对称化的基函数在解 Schrödinger 方程时的应用, 它可以简化这个求解过程. 4.4 节讲一些矩阵元定理与选择定则. 它说的是本来系统有个哈密顿量, 有一系列的本征波函数, 根据 4.1 节讲的内容, 这些本征态函数能反映系统的对称性, 而加了微扰之后, 系统会在原来哈密顿量的本征态之间发生一些跃迁. 4.4 节会告诉我们如何利用对称性的知识去理解哪些跃迁可以发生、哪些跃迁不能发生. 4.5 节会讲一下做实验时会经常接触到的红外谱、Raman 谱、和频光谱. 4.6 节与 4.7 节回到凝聚态物理, 从平移与转动两个角度去讲解晶体中的对称性对晶体能带的影响. 4.8 节会介绍时间反演对称性.

4.1 哈密顿算符群与相关定理

这部分讨论的基础是哈密顿量在系统的对称操作下的变换性质, 把它搞明白了, 所有的概念与定理就清楚了. 而要明白哈密顿量的变换性质, 首先就要清楚哈密顿量是什么.

按笔者的简单理解, 哈密顿量应该有这样的性质:

(1) 它是一个算符;

(2) 在坐标表象下, 依赖于坐标 (这个坐标是个广义的坐标, 暂记为 $\boldsymbol{x}$);

(3) 我们一般把它记为 $\widehat{H}(\boldsymbol{x})$;

(4) 它与一个物理系统对应.

因为它依赖坐标, 那么如果对它的变量空间做变换 g 的话, 坐标会变成 $g\boldsymbol{x}$. 这个时候, 如果 $\widehat{H}(\boldsymbol{x}) = \widehat{H}(g\boldsymbol{x})$ (注意, 这个要求是整个哈密顿量不变, 包含动能项与势能项), 我们称 g 是保持哈密顿量不变的一个操作. 换句话说, g 是让系统回到与之前不可分辨状态的一个操作.

类似对称操作的存在会给系统带来什么样的性质呢? 既然 g 是作用到 $\boldsymbol{x}$ 上的一个变换, 对于波函数所在 Hilbert 空间的任意一个向量 $\varphi(\boldsymbol{x})$, 那它肯定对应一个线性变换算符 $\widehat{P}_g$. 根据我们之前讲过的变换规则, $\widehat{P}_g$ 作用到 $\varphi(\boldsymbol{x})$ 上的后果为 $\widehat{P}_g\varphi(\boldsymbol{x}) = \varphi(g^{-1}\boldsymbol{x})$.

如果我们定义 g 这个作用到 $\boldsymbol{x}$ 上的变换与 f 这个作用到 $\boldsymbol{x}$ 上的变换的乘积 fg 所对应的线性变换算符 $\widehat{P}_{fg} = \widehat{P}_f\widehat{P}_g$, 那么就会有

$$\widehat{P}_{g^{-1}}\widehat{P}_g\varphi(\boldsymbol{x}) = \widehat{P}_{g^{-1}}(\widehat{P}_g\varphi(\boldsymbol{x})) = \widehat{P}_{g^{-1}}\varphi(g^{-1}\boldsymbol{x}) = \varphi(\boldsymbol{x}).$$

这个等式对 Hilbert 空间中的任意一个函数 $\varphi(\boldsymbol{x})$ 都成立, 因此 $\widehat{P}_{g^{-1}} = \widehat{P}_g^{-1}$.

这样, 对 $\widehat{H}(\boldsymbol{x})\varphi(\boldsymbol{x})$, 就会有

$$\begin{aligned}\widehat{H}(\boldsymbol{x})\varphi(\boldsymbol{x}) &= \widehat{P}_g\widehat{P}_{g^{-1}}\widehat{H}(\boldsymbol{x})\varphi(\boldsymbol{x}) = \widehat{P}_g\widehat{H}(g\boldsymbol{x})\varphi(g\boldsymbol{x}) = \widehat{P}_g\widehat{H}(g\boldsymbol{x})\widehat{P}_{g^{-1}}\varphi(\boldsymbol{x}) \\ &= \widehat{P}_g\widehat{H}(g\boldsymbol{x})\widehat{P}_g^{-1}\varphi(\boldsymbol{x})\end{aligned}$$

对任意一个 Hilbert 空间中的函数 $\varphi(\boldsymbol{x})$ 成立. 因为这个原因, 此哈密顿量满足 $\widehat{H}(\boldsymbol{x}) = \widehat{P}_g\widehat{H}(g\boldsymbol{x})\widehat{P}_g^{-1}$. 而我们之前说过 g 是保持系统哈密顿量不变的一个操作, 满足 $\widehat{H}(\boldsymbol{x}) = \widehat{H}(g\boldsymbol{x})$, 因此我们可进一步得到 $\widehat{H}(\boldsymbol{x}) = \widehat{P}_g\widehat{H}(\boldsymbol{x})\widehat{P}_{g^{-1}} = \widehat{P}_g\widehat{H}(\boldsymbol{x})\widehat{P}_g^{-1}$. 这意味着

$$\widehat{P}_g\widehat{H}(\boldsymbol{x}) = \widehat{H}(\boldsymbol{x})\widehat{P}_g.$$

因此, 如果 g 是保持哈密顿量 $\widehat{H}(\boldsymbol{x})$ 不变的坐标空间的变换, 那么它所对应的 Hilbert 空间的函数变换算符 $\widehat{P}_g$ 与 $\widehat{H}(\boldsymbol{x})$ 互易.

这个性质是我们这章经常会用到的一个性质, 由它可以得到很多的定理. 在讲这些定理之前, 我们先看两个概念, 分别是哈密顿算符的群 (既系统对称群) 与哈密顿算符群 (对称变换所对应的函数变换算符的群).

定义 4.1 所有保持哈密顿量 $\widehat{H}(\boldsymbol{x})$ 不变的变换 g 的集合形成的群, 称为哈密顿算符的群, 或 Schrödinger 方程的群, 或系统对称群, 记为

$$G_H = \{g|\widehat{H}(g\boldsymbol{x}) = \widehat{H}(\boldsymbol{x})\}.$$

定义 4.2 由哈密顿算符的群中群元对应的函数变换算符形成的群, 称为哈密顿算符群, 或 Schrödinger 方程群, 记为

$$P_{G_H} = \{\widehat{P}_g|g \in G_H\}.$$

由于系统对称群的群元是使系统回到与之不可分辨状态的变换, 它反映的是系统的全部对称性. 哈密顿算符群, 是系统对称群中群元所对应的函数变换算符形成的群, 它必须与某线性空间对应. 它们的关系是: 哈密顿算符群是系统对称群的一个表示 (这个表示依赖于哈密顿算符群的线性空间).

后面为了讲起来方便, "哈密顿算符群" 与 "哈密顿算符群表示" 这两个名词我们会混着用, 因为哈密顿算符群本身就是一个系统对称群的表示. 我们讲哈密顿算符群的时候, 指的就是系统对称群的哈密顿算符群表示. 在一组基下, 它体现为一个矩阵群, 这组基往往是一组本征态.

基于这两个定义, 我们去看群的表示理论与量子力学的联系, 其中第一个定理是关于具有相同本征能量的本征函数的.

定理 4.1 哈密顿量 $\widehat{H}(\boldsymbol{x})$ 的具有相同本征能量的本征函数, 构成哈密顿算符群表示的基函数.

这个定理可如下理解: $\widehat{H}(\boldsymbol{x})$ 有一系列本征能级, 每个能级上都有一个或几个本征态. 现在以能级为基本单元, 以它上面的本征态的线性组合为向量形成线性空间. 如果某个能级不简并, 则对应的线性空间是一维的; 如果某个能级 n 重简并, 则对应的线性空间是 n 维的. 这个定理说的是这些线性空间都是这个系统的哈密顿算符群表示的表示空间, 以其中本征态为基, 它体现为一个矩阵群, 系统对称群与之同态.

证明 取一个本征能级 E_n, 设它是 l 重简并的. 这样的话就有 l 个线性无关的本征函数 $\Psi_i(\boldsymbol{x}), i = 1, \cdots, l$. 它们形成的线性空间记为 W^H.

$\forall \widehat{P}_g \in P_{G_H}$, 由于有 $\widehat{P}_g\widehat{H}(\boldsymbol{x}) = \widehat{H}(\boldsymbol{x})\widehat{P}_g$, 因此 $\widehat{P}_g$ 作用到任意 $\Psi_i(\boldsymbol{x})$ 上, 都有

$$\widehat{H}(\boldsymbol{x})\widehat{P}_g\Psi_i(\boldsymbol{x}) = \widehat{P}_g\widehat{H}(\boldsymbol{x})\Psi_i(\boldsymbol{x}) = \widehat{P}_gE_n\Psi_i(\boldsymbol{x}) = E_n\widehat{P}_g\Psi_i(\boldsymbol{x}).$$

这也就意味着 $\widehat{P}_g\Psi_i(\boldsymbol{x})$ 仍然是 $\widehat{H}(\boldsymbol{x})$ 本征值为 E_n 的本征函数.

E_n 是 l 重简并的, 对应的线性空间为 W^H, 那么 $\widehat{P}_g \Psi_i(\boldsymbol{x})$ 必为这个空间中的向量, 对应

$$\widehat{P}_g \Psi_i(\boldsymbol{x}) = \sum_{i'=1}^{l} \Delta_{i'i}^{(n)}(g) \Psi_{i'}(\boldsymbol{x}).$$

$\{\Delta^{(n)}(g)\}$ 这个矩阵群就是 l 维的哈密顿算符群表示以 $\Psi_i(\boldsymbol{x})$ 为基函数形成的矩阵群.

这里说明一下. 这个定理说的是一个能级上的本征态形成的线性空间可以承载哈密顿算符群表示. 这个表示, 要么不可约, 要么可以约化为一系列不可约表示的直和, 但每个不可约表示的基对应的本征态的本征能量是一样的.

与这个定理对应, 还有一个定理, 说的是不同能级上的本征态, 如果通过线性组合形成表示空间的话, 承载的不可能是一个不可约表示.

定理 4.2 承载哈密顿算符群不可约表示的本征函数必属于同一能级.

证明 用反证法. 设 $\widehat{H}(\boldsymbol{x})$ 的 l 个本征函数 $\Psi_i(\boldsymbol{x})$ 构成第 α 个哈密顿算符群不可约表示, 而它们的能量并不相同. 取最简单的例子, 前 $l-1$ 个属于能级 E, 最后一个属于能级 E', 也就是当 $i \leqslant l-1$ 时, $E_i = E$, 当 $i = l$ 时 $E_i = E'$.

这样由 Schrödinger 方程, 我们知道

$$\widehat{H}(\boldsymbol{x}) \Psi_l(\boldsymbol{x}) = E' \Psi_l(\boldsymbol{x}). \tag{4.1}$$

$\forall \widehat{P}_g \in P_{G_H}$, 作用到 (4.1) 式左边, 有

$$\widehat{P}_g \widehat{H}(\boldsymbol{x}) \Psi_l(\boldsymbol{x}) = \widehat{H}(\boldsymbol{x}) \widehat{P}_g \Psi_l(\boldsymbol{x}) = \widehat{H}(\boldsymbol{x}) \sum_{i=1}^{l} \Delta_{il}^{(\alpha)}(g) \Psi_i(\boldsymbol{x}),$$

其中 $\Delta_{il}^{(\alpha)}(g)$ 是第 α 个不可约表示的第 i 行、第 l 列. 因此, (4.1) 式左边等于

$$\sum_{i=1}^{l} \Delta_{il}^{(\alpha)}(g) E_i \Psi_i(\boldsymbol{x}).$$

$\widehat{P}_g$ 作用到 (4.1) 式右边, 有

$$E' \widehat{P}_g \Psi_l(\boldsymbol{x}) = E' \sum_{i=1}^{l} \Delta_{il}^{(\alpha)}(g) \Psi_i(\boldsymbol{x}).$$

左右两边是由线性无关的向量 $\Psi_i(\boldsymbol{x})$ 组成的线性组合, 如果相等, 每个分量都应该相等, 这样就有

$$\Delta_{il}^{(\alpha)}(g) E_i = \Delta_{il}^{(\alpha)}(g) E'$$

对任意 i 都成立, 但是在 $i \leqslant l-1$ 时, $E_i \neq E'$, 这样 $\Delta_{il}^{(\alpha)}(g)$ 必为零. 这也就是说 $\Delta_{il}^{(\alpha)}(g) = 0$ 对任意 g 成立, 进而表示 Δ^{α} 可约. 这与已知矛盾.

这两个定理合在一起, 给了我们一个什么样的图像呢? 就是一个系统的哈密顿量的对称性会告诉我们这个系统的系统对称群. 这个系统对称群有一系列的不等价不可约表示. 对 Schrödinger 方程的一个本征能级, 它上面的本征态波函数是可以通过相互组合构成这个系统对称群所对应的哈密顿算符群表示空间的. 这个表示空间可能可约也可能不可约. 可约时, 它可以化为一系列不可约表示的直和. 但是对某一不可约表示, 承载它的本征态波函数的本征能量必相同. 其中, 由后者带来的不同本征态之间本征能量相同的这种情况, 称为必然简并, 它是由对称性引起的. 如某个能级上的表示可约, 那这里不同不可约表示间能量相同的状况称为偶然简并.

这些讨论的物理基础是态叠加原理. 在量子力学中, 我们可以用某个本征态所承载的不可约表示来标记它. 为了给读者一个容易记住, 以后也应该能用上的具体的例子, 我们看一下 Si 的能带. 它的晶体结构就是一个 fcc 的晶格上, 在原点和沿立方体对角线 1/4 处各放一个 Si. 它的 Bravais 格子是面心立方. 费米面附近的能带如图 4.1 所示. 与我们讨论相关的是我们对这些高对称的 $\boldsymbol{k}$ 点的本征态的标记. 以 Γ 点、X 点、K 点、L 点以及它们之间的连线为例. 由于这个晶体的 Brillouin 区如图 4.2 所示, Γ 点、X 点、K 点的点群对称性分别是 $\mathrm{O_h}$, $\mathrm{D_{4h}}$, 和 $\mathrm{C_{2v}}$. Γ 点与 X 点连线上的点的点群对称性是 $\mathrm{C_{4v}}$, X 点与 K 点连线就是 $\mathrm{C_1}$. 倒空间中相差整数个倒格矢的 $\boldsymbol{k}$ 点所对应的准粒子激发态相互等价的原因, 我们会在后面 4.6, 4.7 节详细介绍, 这里读者暂时接受一下.

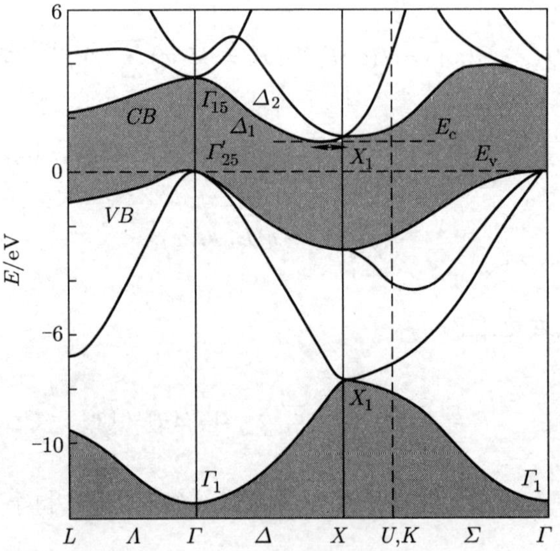

图 4.1 Si 的能带

按照我们前面讲的 $\mathrm{O_h}=\mathrm{O}\otimes\{E, I\}$, O 有两个 1 维、一个 2 维、两个 3 维不可约表

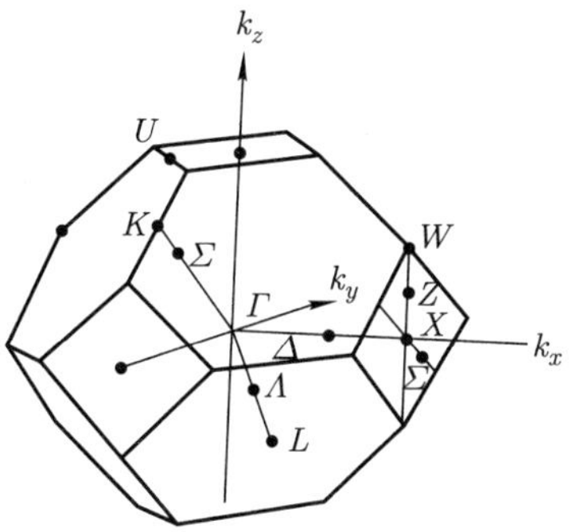

图 4.2 Si 的第一 Brillouin 区

示, 所以 O_h 的不可约表示有四个 1 维、两个 2 维、四个 3 维的. $D_{4h}=D_4\otimes\{E,I\}$, D_4 有四个 1 维和一个 2 维不可约表示, 所以 D_{4h} 的不可约表示是八个 1 维和两个 2 维的. C_{2v} 与 D_2 同构, 它的不可约表示是四个 1 维的. C_{4v} 与 D_4 同构, 它的不可约表示是四个 1 维和一个 2 维的. C_1 只有一个 1 维不可约表示.

与之相应, 能带上的点基本也都能反映这些特征. 比如 Γ 点, 它都是用 O_h 特征标表中的不可约表示标记的, 见表 4.1.

表 4.1 文献中用到的 O_h 群特征标表

表示	$\{E\|0\}$	$3\{C_4^2\|0\}$	$6\{C_4\|\tau_d\}$	$6\{C_{2'}\|\tau_d\}$	$8\{C_3\|0\}$	$\{I\|\tau_d\}$	$3\{IC_4^2\|\tau_d\}$	$6\{IC_4\|0\}$	$6\{IC_{2'}\|0\}$	$8\{IC_3\|\tau_d\}$
Γ_1	1	1	1	1	1	1	1	1	1	1
Γ_2	1	1	–1	–1	1	1	1	–1	–1	1
Γ_{12}	2	2	0	0	–1	2	2	0	0	–1
Γ_{15}	3	–1	1	–1	0	–3	1	–1	1	0
Γ_{25}	3	–1	–1	1	0	–3	1	1	–1	0
Γ_1'	1	1	1	1	1	–1	–1	–1	–1	–1
Γ_2'	1	1	–1	–1	1	–1	–1	1	1	–1
Γ_{12}'	2	2	0	0	–1	–2	–2	0	0	1
Γ_{15}'	3	–1	1	–1	0	3	–1	1	–1	0
Γ_{25}'	3	–1	–1	1	0	3	–1	–1	1	0

从 Γ 到 X 连线上的点记作 Δ, 对称群从 O_h 变成了 C_{4v}. C_{4v} 没有三维不可约表示, 特征标表见表 4.2. 与之相应, 费米面下本来 3 重简并的点分裂为一个 2 重简并 (上面) 和一个 1 重简并 (下面) 的态.

到了 X 点, 对称群变成了 D_{4h}, 有八个 1 维与两个 2 维不可约表示, 特征标表见表 4.3. 这个时候, 费米面以下第二个能带在 X 点是二重简并的, 但它承载的不可约表示, 却是两个 1 维不可约表示. 这个时候的简并在空间群的点群概念下是偶然简并①.

表 4.2 文献中用到的 C_{4v} 群特征标表

表示	基函数	$1\{E\}$	$1\{C_4^2\}$	$2\{C_4\}$	$2\{IC_4^2\}$	$2\{IC_2'\}$
Δ_1	$1; x; 2x^2-y^2-z^2$	1	1	1	1	1
Δ_2	y^2-z^2	1	1	–1	1	–1
Δ_2'	yz	1	1	–1	–1	1
Δ_1'	$yz(y^2-z^2)$	1	1	1	–1	–1
Δ_5	$y, z; xy, xz$	2	–2	0	0	0

表 4.3 文献中用到的 D_{4h} 群特征标表

表示	基函数	$1\{E\}$	$2\{C_{4\perp}^2\}$	$1\{C_{4\parallel}^2\}$	$2\{C_{4\parallel}^2\}$	$2\{C_2\}$	$1\{I\}$	$2\{IC_{4\perp}^2\}$	$1\{IC_{4\parallel}^2\}$	$2\{IC_{4\parallel}\}$	$2\{IC_2\}$
X_1	$1; 2x^2-y^2-z^2$	1	1	1	1	1	1	1	1	1	1
X_2	y^2-z^2	1	1	1	–1	–1	1	1	1	–1	–1
X_3	yz	1	–1	1	–1	1	1	–1	1	–1	1
X_4	$yz(y^2-z^2)$	1	–1	1	1	–1	1	–1	1	1	–1
X_5	xy, xz	2	0	–2	0	0	2	0	–2	0	0
X_1'	$xyz(y^2-z^2)$	1	1	1	1	1	–1	–1	–1	–1	–1
X_2'	xyz	1	1	1	–1	–1	–1	–1	–1	1	1
X_3'	$x(y^2-z^2)$	1	–1	1	–1	1	–1	1	–1	1	–1
X_4'	x	1	–1	1	1	–1	–1	1	–1	–1	1
X_5'	y, z	2	0	–2	0	0	–2	0	2	0	0

从 X 点到 K 点, 不可约表示全是一维. 在 K 点对称性是 C_{2v}, 相应的特征标表见表 4.4. 这里不可约表示用 Σ 来标记, 是因为 Σ, U 这些 Brillouin 区的点对称性也都是 C_{2v}. 对应的简并也相应地全部消除, 所有的能级都不简并, 承载 1 维不可约表示.

表 4.4 文献中用到的 C_{2v} 群特征标表

表示					
	Z	E	C_4^2	IC_4^2	$IC_{4\perp}^2$
	Σ	E	C_2	IC_4^2	IC_2
	G, K, U, S	E	C_2	IC_4^2	IC_2
	D	E	C_4^2	IC_2	$IC_{2\perp}$
	Σ_1	1	1	1	1
	Σ_2	1	1	–1	–1
	Σ_3	1	–1	–1	1
	Σ_4	1	–1	1	–1

①在考虑特别滑移面后, 此简并也源于对称性. 此部分内容超出课程按一个学期的课时规划, 详见 Dresselhaus 的书的 12.5 节. 谢谢南方科技大学刘奇航老师提醒.

到这个地方, 量子力学中的本征态与哈密顿算符群对称性的逻辑关系就讲完了. 在这个逻辑关系中, 偶然简并没有被明确禁止. 但当遇到偶然简并的情况的时候, 不能理所当然地认为它就是偶然简并, 因为它同时可能意味着系统的对称性没有找全. 当系统对称性找全的时候, 高维的不可约表示在新的系统对称群中就可以存在了. 这时, 如果再回过头看本征态之间的简并, 它们经常会对应新的系统对称群的不可约表示, 也就是说新的对称性使得可约表示变成了不可约表示, 相应地, 偶然简并也变成了必然简并. 这种情况在量子力学的发展过程中是经常出现的. 在 20 世纪 40 至 50 年代, 当时物理学研究的前沿是求很多量子力学模型的解, 往往解出了一个好的模型, 就完成了一篇很好的博士论文. 在当时的这类文章中, 会经常出现关于偶然简并和隐藏对称性的讨论, 说的就是原来认为的偶然简并, 在真正理解了这个量子力学系统的对称性之后, 会发现其实必然出现 (对称性升高, 其所要求的简并度增加).

这里面最典型的一个例子是氢原子电子的本征态求解. 读者可以想一下, 氢原子的对称性是什么? 它与其他含有多个电子的原子去对比, 对称性有不同吗?

最直接地去想, 我们可能都会认为没啥不同, 都是球对称, 相应的系统对称群是 SO(3) 群. 如果是 SO(3) 群, 我们下一章会讲, 它的不可约表示的基函数是球谐函数, 对一个特定的 l, 不可约表示的简并度为 $2l+1$. 原子物理中给出的原子轨道的分布一般也都是这样的, 能量从低到高, 一般原子的轨道分别是 1s, 2s, 2p, 3s, 3p, 4s, 3d, 4p, $\cdots$, 如图 4.3 所示. 这个大家应该都很熟悉, 也不会有什么疑问.

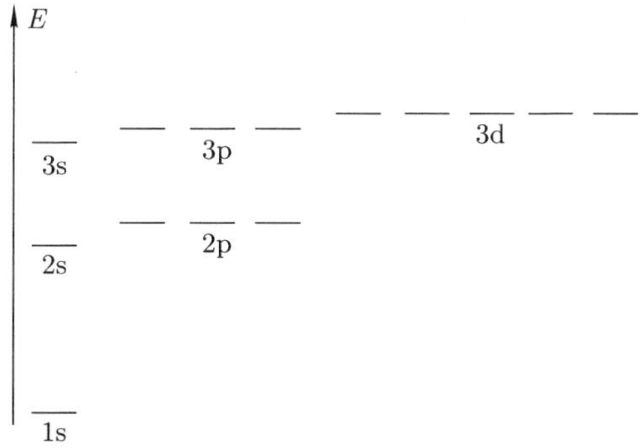

图 4.3 SO(3) **群能级简并**

但是对于氢原子, 如果我们看它的能级分布图的话, 会看到图 4.4 的现象. 图 4.4 和图 4.3 就有很大的差别了, 因为相同的 n 对应的本征能量都相同.

存在这个差别的原因在 “高等量子力学” 课上一般会讲. 氢原子中 Coulomb 势是 $1/r$. 这个 $1/r$ 很特别, 因为早期在天文学的研究中, 人们已经知道, 在一个具有 $\boldsymbol{F}=(-k/r^2)\boldsymbol{r}$ 形式的引力场中, 存在一个 Laplace-Runge-Lenz 守恒量 $\boldsymbol{A}=\boldsymbol{p}\times\boldsymbol{L}-mk\hat{\boldsymbol{r}}$, 其

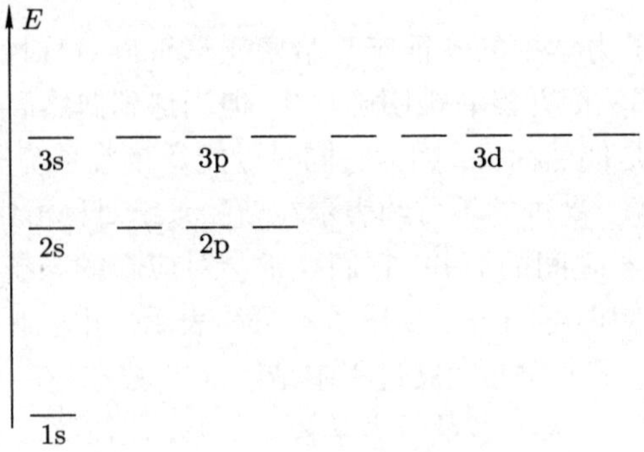

图 4.4　氢原子能级简并

中 $\boldsymbol{L}=\boldsymbol{r}\times\boldsymbol{p}$. 更具体的这些向量的形式如图 4.5 所示. Noether 定理告诉我们, 这个守恒量必对应一个对称性. 这导致的结果就是, 氢原子中守恒量比简单球对称体系多, 所以实际的对称性也比球对称体系高. 我们把这个对称性称为一种动力学对称性, 相应的氢原子的对称群是 SO(4). 而 SO(4) 群的简并就符合上面那个图的能级分布了. 对其他原子, 因为电子之间的相互作用, 这个 $1/r$ 的对称性不成立, 对应的群还是 SO(3) 群①.

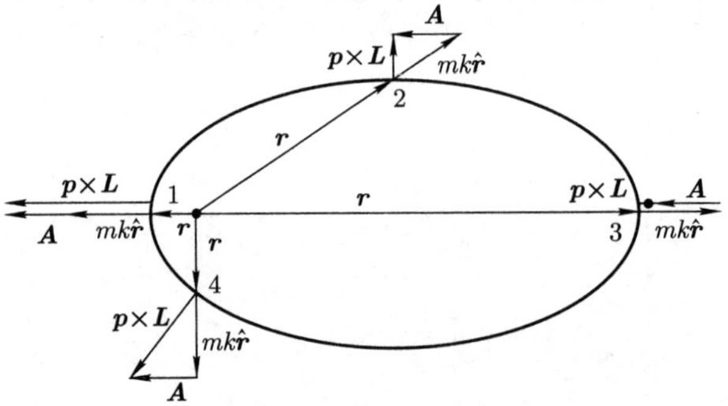

图 4.5　Laplace-Runge-Lenz 守恒量

这一节总结起来就是量子力学中的简并度与对称性息息相关. 研究中经常遇到的是因为对称性的升高或降低所引起的能带的合并与劈裂. 偶然简并有时可以出现, 但它出现的时候要非常小心, 因为它经常意味着系统哈密顿量的对称性没有找全.

①关于氢原子的动力学对称性的详细、严格的讨论, 请阅读曾谨言《量子力学》[17] 卷 II 的相关章节. 在那里, 曾老师分氢原子的经典力学描述、二维氢原子的 SO(3) 对称性、三维氢原子的 SO(4) 对称性、n 维氢原子的 SO$(n+1)$ 对称性几种情况对这个话题进行了严格的讨论.

4.2 微扰引起的能级劈裂

有了上一节的理论基础, 这一节要讲的微扰引起的能级劈裂就很好理解了. 能级劈裂说的是这样一个事情: 本来系统有哈密顿量 $\widehat{H}_0(\boldsymbol{x})$, 它的系统对称群是 G_{H_0}, 它的本征态用 G_{H_0} 的不等价不可约表示来标记. 现在我们给系统加了一个微扰 $\widehat{H}'(\boldsymbol{x})$, 它的哈密顿量变成了 $\widehat{H}(\boldsymbol{x}) = \widehat{H}_0(\boldsymbol{x}) + \widehat{H}'(\boldsymbol{x})$, 相应的系统对称群变为 G_H. 显然, 新的本征态就需要用 G_H 的不等价不可约表示来标记了.

这部分讨论要做的事情, 是在不解 Schrödinger 方程的情况下, 看微扰 $\widehat{H}'(\boldsymbol{x})$ 对能级简并情况的影响. 具体情况分两种:

(1) G_{H_0} 的对称性比较高, 加入微扰后, 对称性降低了, 新的系统对称群 G_H 是 G_{H_0} 的子群. 这种情况下, 原来简并的能级上的态构成 G_{H_0} 的不可约表示, 在加入微扰之后, 它们对应的 G_H 的表示就不一定不可约了. 相应的简并不被对称性保护, 从而引起由对称性破缺诱发的能级劈裂.

(2) $\widehat{H}'(\boldsymbol{x})$ 的对称性大于等于 $\widehat{H}_0(\boldsymbol{x})$, 也就是说 $\widehat{H}_0(\boldsymbol{x})$ 有的对称性 $\widehat{H}'(\boldsymbol{x})$ 都有. 这个时候, G_H 相对于 G_{H_0} 不发生变化. 原来的必然简并还是必然简并. 但偶然简并的破缺是可以发生的.

作为一个例子, 我们来看一下把一个独立原子放到一个简立方的晶格场中, 它的能级会发生什么样的变化. 与之相关的理论在 20 世纪 40 年代之前, 在物理学发展过程中曾经起过很重要的作用, 有个专门的名字, 叫晶格场理论 (crystal field theory). 这个理论主要研究的是原子轨道在晶格场中的劈裂情况, 手段是量子力学与群论. 该理论的应用是早期激光器, 一般都是把稀土元素或过渡金属元素作为杂质, 掺到透明的晶体中, 它的光谱由杂质原子在晶格场中的电子能级决定.

不考虑空间反演对称性. 我们假设自旋–轨道耦合很弱, 这样在没有晶格场的时候, 原子轨道可以用 n, l, m 三个好量子数来标记. G_{H_0} 是下一章要讲的 SO(3) 群. 加入晶格场之后, G_H 变成了有限点群 O.

我们要讨论的是 $\widehat{H}_0(\boldsymbol{x})$ 的本征态, 也就是 SO(3) 群的不可约表示的基函数, 在加入晶格场的微扰之后发生什么样的变化. 其中最重要的, 就是要在 $\widehat{H}_0(\boldsymbol{x})$ 的每个本征能级上 (这里的简并都是必然简并) 求出 P_{G_H} 表示矩阵, 进而求得特征标, 然后参照 O 群的特征标表, 把这个表示约化为 O 群的不等价不可约表示的直和. 这样就知道必然简并在这里要发生什么样的劈裂了.

先看 O 群的对称操作, 有 24 个, 分五类, 分别是: $\{E\}$, $8\{\mathrm{C}_3^{(1)}\}, 3\{\mathrm{C}_4^{(1)2}\}, 6\{\mathrm{C}_4^{(1)}\}$, $6\{\mathrm{C}_2^{(1)}\}$. 我们要看的是它们这些操作在 SO(3) 群不可约表示中的特征标.

我们看 s, p, d, f 四个态, 其中 s 态在 SO(3) 群中是个一维不可约表示, 基函数的球谐函数部分为

$$\mathrm{Y}_{00}(\theta, \varphi) = \frac{1}{2}\sqrt{\frac{1}{\pi}}.$$

由于 $\widehat{P}_g$ 这些转动操作只作用到本征态的角向部分, 而径向函数部分只与 n, l 有关, 所以我们在求表示矩阵的时候, 可以不考虑径向函数部分.

对 s 态, O 群中的任何元素对应的表示矩阵都是 1 这个 1 阶单位矩阵, 所以特征标都是 1.

对 p 态, 角向部分基函数是

$$\mathrm{Y}_{1-1}(\theta,\varphi)=\frac{1}{2}\sqrt{\frac{3}{2\pi}}\mathrm{e}^{-\mathrm{i}\varphi}\sin\theta,$$

$$\mathrm{Y}_{10}(\theta,\varphi)=\frac{1}{2}\sqrt{\frac{3}{2\pi}}\cos\theta,$$

$$\mathrm{Y}_{11}(\theta,\varphi)=\frac{1}{2}\sqrt{\frac{3}{2\pi}}\mathrm{e}^{\mathrm{i}\varphi}\sin\theta.$$

转动作用到类似的球谐函数基上, 得到的表示矩阵的迹只与转动角度有关. 因此, 我们取绕 z 轴的转动, 对于 O 群中的各个类, 通过 $\widehat{P}_g$ 作用到这些基上产生表示矩阵. 这些表示的特征标分别是:

(1) $\{E\}:\chi=1+1+1=3$;

(2) $8\{\mathrm{C}_3^{(1)}\}:\chi=\mathrm{e}^{\mathrm{i}\frac{2\pi}{3}}+1+\mathrm{e}^{-\mathrm{i}\frac{2\pi}{3}}=0$;

(3) $3\{\mathrm{C}_4^{(1)2}\}:\chi=\mathrm{e}^{\mathrm{i}\pi}+1+\mathrm{e}^{-\mathrm{i}\pi}=-1$;

(4) $6\{\mathrm{C}_4^{(1)}\}:\chi=\mathrm{e}^{\mathrm{i}\frac{\pi}{2}}+1+\mathrm{e}^{-\mathrm{i}\frac{\pi}{2}}=1$;

(5) $6\{\mathrm{C}_2^{(1)}\}:\chi=\mathrm{e}^{\mathrm{i}\pi}+1+\mathrm{e}^{-\mathrm{i}\pi}=-1$.

对 d 态和 f 态, 球谐函数的普遍形式是

$$\mathrm{Y}_{lm}(\theta,\varphi)=(-1)^m\sqrt{\frac{(2l+1)(l-m)!}{4\pi(l+m)!}}\mathrm{P}_l^m(\cos\theta)\mathrm{e}^{\mathrm{i}m\varphi},$$

其中 $\mathrm{P}_l^m(x)$ 为 m 阶 l 次连带 Legendre 多项式, 微分形式为

$$\mathrm{P}_l^m(x)=(1-x^2)^{\frac{m}{2}}\frac{1}{2^l l!}\frac{\mathrm{d}^{l+m}}{\mathrm{d}x^{l+m}}(x^2-1)^l.$$

以 d 态为例, O 群中的各个类所对应的哈密顿算符作用到 d 态波函数的这组基上产生的表示的特征标就是:

(1) $\{E\}:\chi=1+1+1+1+1=5$;

(2) $8\{\mathrm{C}_3^{(1)}\}:\chi=\mathrm{e}^{\mathrm{i}\frac{4\pi}{3}}+\mathrm{e}^{\mathrm{i}\frac{2\pi}{3}}+1+\mathrm{e}^{-\mathrm{i}\frac{2\pi}{3}}+\mathrm{e}^{-\mathrm{i}\frac{4\pi}{3}}=-1$;

(3) $3\{\mathrm{C}_4^{(1)2}\}:\chi=\mathrm{e}^{\mathrm{i}2\pi}+\mathrm{e}^{\mathrm{i}\pi}+1+\mathrm{e}^{-\mathrm{i}\pi}+\mathrm{e}^{-\mathrm{i}2\pi}=1$;

(4) $6\{\mathrm{C}_4^{(1)}\}:\chi=\mathrm{e}^{\mathrm{i}\pi}+\mathrm{e}^{\mathrm{i}\frac{\pi}{2}}+1+\mathrm{e}^{-\mathrm{i}\frac{\pi}{2}}+\mathrm{e}^{-\mathrm{i}\pi}=-1$;

(5) $6\{\mathrm{C}_2^{(1)}\}:\chi=\mathrm{e}^{\mathrm{i}2\pi}+\mathrm{e}^{\mathrm{i}\pi}+1+\mathrm{e}^{-\mathrm{i}\pi}+\mathrm{e}^{-\mathrm{i}2\pi}=1$.

f 态可同理求出. 这样 O 群中的元素在球谐函数下的表示 (可约表示) 的特征标表就如表 4.5 所示. 而参考 O 群的不等价不可约表示特征标表 4.6, 我们就可以得到: s 态

对应 A_1 这个一维恒等表示; p 态对应 T_1 这个不可约表示, 也不劈裂; d 态变为$E\oplus T_2$; f 态变为 $A_2\oplus T_1\oplus T_2$.

表 4.5 O 群元素在球谐函数空间的特征标表

	$\{E\}$	$8\{C_3^{(1)}\}$	$3\{C_4^{(1)2}\}$	$6\{C_4^{(1)}\}$	$6\{C_2^{(1)}\}$
s	1	1	1	1	1
p	3	0	–1	1	–1
d	5	–1	1	–1	1
f	7	1	–1	–1	–1

表 4.6 O 群特征标表

	$\{E\}$	$8\{C_3^{(1)}\}$	$3\{C_4^{(1)2}\}$	$6\{C_4^{(1)}\}$	$6\{C_2^{(1)}\}$
A_1	1	1	1	1	1
A_2	1	1	1	–1	–1
E	2	–1	2	0	0
T_1	3	0	–1	1	–1
T_2	3	0	–1	–1	1

d 轨道往 E 和 T_2 的劈裂在凝聚态物理中经常用到, 特别是关于过渡金属氧化物电子态的讨论. 在这些固体中, 很多过渡金属处在一个八面体的笼子里面, 它的对称性就是 O_h (加上空间反演对称性). 很多文献中关于 E_g, T_{2g} 的讨论说的就是这个事情.

4.3 投影算符与久期行列式的对角化

这一节要讲的内容是利用对称化的基函数去简化 Schrödinger 方程的久期行列式. 为了让读者知道如何去对称化一组基函数, 我们要介绍一下投影算符, 确切地说是系统对称群的群表示投影算符. 定义算符的时候, 要用到哈密顿算符群. 在这一节中, 投影算符是数学工具, 久期行列式的对角化是物理问题. 这是量子力学里面的一个常见问题.

除了解决这个物理问题, 投影算符在群论这门学科本身又有什么用呢? 一句话回答, 就是可以简化群的表示. 在求群表示的过程中, 我们需要一组基函数, 这组基函数可以任意选. 当然, 任意选得到的矩阵群一般是不具备 (2.6) 式的特征的, 我们无法直接通过其矩阵形式判断其是否可约 (第二章说过, 可约是线性空间的性质). 我们可以通过对比特征标来进行判断. 判断完了以后, 如果它可约, 我们需要经过一个相似变换把这个矩阵群变成 (2.6) 式的形式. 但找这个相似变换其实是很难的.

除了相似变换, 另一条路是在建立这个群的表示矩阵的时候直接将表示空间约化为几个群不变的真子空间的直和, 也就是直接将基函数对称化. 群表示投影算符的作用, 就是将表示空间约化为群不变的真子空间的直和, 也就是将空间中的基函数对称化.

了解完这些目的, 我们就知道在简化群表示以及久期行列式的对角化中, 能够理解和使用投影算符是至关重要的. 我们先看投影算符的定义是什么.

定义 4.3 线性空间 V 上的线性算符 $\widehat{P}$, 若满足 $\widehat{P}^2=\widehat{P}$, 则称 $\widehat{P}$ 是 V 上的一个投影算符.

$\widehat{P}$ 的值域是 $R_P=\widehat{P}V=\{\boldsymbol{z}\in V|\boldsymbol{z}=\widehat{P}\boldsymbol{x},\boldsymbol{x}\in V\}$.

$\widehat{P}$ 的核是 $N_P=\{\boldsymbol{z}\in V|\widehat{P}\boldsymbol{z}=\boldsymbol{0}\}$.

这个定义有些抽象, 看一个具体的例子, 其中 V 是三维欧氏空间, $\widehat{P}$ 是对其 x-y 平面的投影. 因为 $\widehat{P}^2\boldsymbol{r}=\widehat{P}\boldsymbol{r}=\boldsymbol{z}$, 所以 $\widehat{P}$ 是投影算符. z 轴上所有向量都是 $\widehat{P}$ 的核, x-y 平面是它的值域.

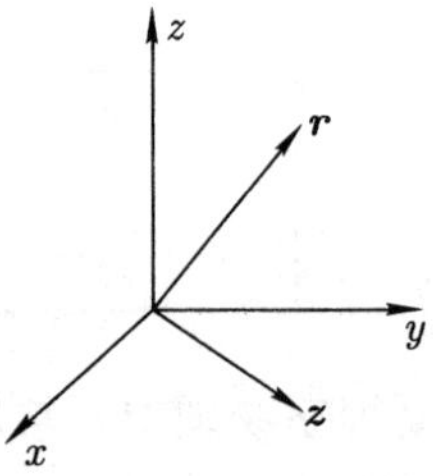

图 4.6 欧氏空间投影算符

由这个关系, 我们很容易知道:

(1) 对 $\boldsymbol{z}\in R_P$, 有 $\widehat{P}\boldsymbol{z}=\boldsymbol{z}$;

(2) $\widehat{P}$ 是 V 上的投影算符, 则 $\widehat{E}-\widehat{P}$ 也是, 且有 $\widehat{P}(\widehat{E}-\widehat{P})=0$;

(3) 如存在 $\widehat{P}$, 则 $V=R_P\oplus N_P$, 同时如果有一个空间 $V=W_1\oplus W_2$, 则一定存在一个相应的投影算符 $\widehat{P}$.

由投影算符的定义, 我们还可以得到下面这个定理.

定理 4.3 若线性空间 $V=W_1\oplus W_2\oplus\cdots\oplus W_k$, 则 V 上存在投影算符 $\widehat{P}_1,\widehat{P}_2,\cdots\widehat{P}_k$, 满足:

(1) $\widehat{P}_i^2=\widehat{P}_i$;

(2) $\widehat{P}_i\widehat{P}_j=0$, 当 $i\neq j$;

(3) $\widehat{P}_1+\widehat{P}_2+\cdots+\widehat{P}_k=\widehat{E}$;

(4) $\widehat{P}_iV=W_i, i=1,2,\cdots,k$.

反之, 若线性空间 V 上存在算符 $\widehat{P}_1,\widehat{P}_2,\cdots,\widehat{P}_k$ 满足上面四个条件, 则 $V=W_1\oplus W_2\oplus\cdots\oplus W_k$.

现在来看群表示投影算符, 有下面的定理.

定理 4.4 设群 G 的不可约酉表示为 $A^{(\alpha)}, \alpha=1,2,\cdots,q$, 维数为 s_α. P_G 为 G 对应的算符群 (即哈密顿算符群), $P_G=\{\widehat{P}_g|g\in G\}$. 定义算符 $\widehat{P}^{(\alpha)}_{kj}=\dfrac{s_\alpha}{n}\sum\limits_{g\in G}A^{(\alpha)*}_{kj}(g)\widehat{P}_g$, 则这些算符满足

$$\widehat{P}^{(\alpha)}_{kj}\widehat{P}^{(\beta)}_{il}=\delta_{\alpha\beta}\delta_{ij}\widehat{P}^{(\alpha)}_{kl},$$

且 $\widehat{P}^{(\alpha)}_{jj}$ 为投影算符.

证明

$$\begin{aligned}\widehat{P}^{(\alpha)}_{kj}\widehat{P}^{(\beta)}_{il}&=\frac{s_\alpha s_\beta}{n^2}\sum_{g\in G}A^{(\alpha)*}_{kj}(g)\widehat{P}_g\sum_{g'\in G}A^{(\beta)*}_{il}(g')\widehat{P}_{g'}\\&=\frac{s_\alpha s_\beta}{n^2}\sum_{g\in G}\sum_{g'\in G}A^{(\alpha)*}_{kj}(g)A^{(\beta)}_{li}(g'^{-1})\widehat{P}_{gg'}.\end{aligned}\tag{4.2}$$

令 $gg'=g''$, 则 (4.2) 式可化为

$$\begin{aligned}\widehat{P}^{(\alpha)}_{kj}\widehat{P}^{(\beta)}_{il}&=\frac{s_\alpha s_\beta}{n^2}\sum_{g\in G}\sum_{g''\in G}A^{(\alpha)*}_{kj}(g)A^{(\beta)}_{li}(g''^{-1}g)\widehat{P}_{g''}\\&=\frac{s_\alpha s_\beta}{n^2}\sum_{g\in G}\sum_{g''\in G}A^{(\alpha)*}_{kj}(g)\sum_{m=1}^{s_\beta}A^{(\beta)}_{lm}(g''^{-1})A^{(\beta)}_{mi}(g)\widehat{P}_{g''}\\&=\frac{s_\alpha}{n}\sum_{m=1}^{s_\beta}\sum_{g''\in G}\left[\frac{s_\beta}{n}\sum_{g\in G}A^{(\alpha)*}_{kj}(g)A^{(\beta)}_{mi}(g)\right]A^{(\beta)}_{lm}(g''^{-1})\widehat{P}_{g''}\\&=\frac{s_\alpha}{n}\sum_{m=1}^{s_\beta}\sum_{g''\in G}\delta_{\alpha\beta}\delta_{km}\delta_{ji}A^{(\beta)}_{lm}(g''^{-1})\widehat{P}_{g''}\\&=\delta_{\alpha\beta}\delta_{ji}\left[\frac{s_\alpha}{n}\sum_{g''\in G}A^{(\beta)*}_{kl}(g'')\widehat{P}_{g''}\right]=\delta_{\alpha\beta}\delta_{ji}\widehat{P}^{(\beta)}_{kl}.\end{aligned}\tag{4.3}$$

这就是我们要证明的等式. 在 (4.3) 式中取 $\alpha=\beta, i=j=k=l$, 有

$$\widehat{P}^{(\alpha)}_{jj}\widehat{P}^{(\alpha)}_{jj}=\widehat{P}^{(\alpha)}_{jj},$$

因此 $\widehat{P}^{(\alpha)}_{jj}$ 是投影算符.

这类投影算符满足下面的性质.

定理 4.5 $\sum\limits_{\alpha=1}^{q}\sum\limits_{i=1}^{s_\alpha}\widehat{P}^{(\alpha)}_{ii}=\widehat{P}_e$, 其中 $\widehat{P}_e$ 为恒等算符.

证明 证明会用到不等价不可约酉表示矩阵元正交定理的第二种表述①:

$$\sum_{\beta=1}^{q}\sum_{k,l=1}^{s_\beta}\frac{s_\beta}{n}A_{kl}^{(\beta)*}(g')A_{kl}^{(\beta)}(g)=\delta_{gg'}.$$

由算符 $\widehat{P}_{kl}^{(\alpha)}$ 的定义, 有

$$\widehat{P}_{kl}^{(\alpha)}=\frac{s_\alpha}{n}\sum_{g\in G}A_{kl}^{(\alpha)*}(g)\widehat{P}_g. \tag{4.4}$$

在 (4.4) 式两边乘上 $A_{kl}^{(\alpha)}(g')$ 并对 α,k,l 求和, 有

$$\begin{aligned}\sum_{\alpha=1}^{q}\sum_{k,l=1}^{s_\alpha}A_{kl}^{(\alpha)}(g')\widehat{P}_{kl}^{(\alpha)}&=\sum_{g\in G}\left[\sum_{\alpha=1}^{q}\sum_{k,l=1}^{s_\alpha}\frac{s_\alpha}{n}A_{kl}^{(\alpha)*}(g)A_{kl}^{(\alpha)}(g')\right]\widehat{P}_g\\&=\sum_{g\in G}\delta_{gg'}\widehat{P}_g=\widehat{P}_{g'}.\end{aligned} \tag{4.5}$$

取 $g'=e$, (4.5) 式可化为

$$\sum_{\alpha=1}^{q}\sum_{k,l=1}^{s_\alpha}A_{kj}^{(\alpha)}(e)P_{kl}^{(\alpha)}=\widehat{P}_e. \tag{4.6}$$

由于 $A_{kl}^{(\alpha)}(e)=\delta_{kl}$, 所以 (4.6) 式又可化为

$$\sum_{\alpha=1}^{q}\sum_{k,l=1}^{s_\alpha}\delta_{kl}\widehat{P}_{kl}^{(\alpha)}=\widehat{P}_e,$$

---

①这两种表述的关系可类比特征标两个正交定理, 证明也类似, 起点是矩阵元第一正交定理的表述形式:

$$\sum_{g\in G}\frac{s_\beta}{n}A_{kl}^{(\alpha)*}(g)A_{k'l'}^{(\beta)}(g)=\delta_{\alpha\beta}\delta_{kk'}\delta_{ll'}.$$

令矩阵 F 的矩阵元为 $F_{i,j}=\sqrt{\frac{s_\alpha}{n}}A_{kl}^{(\alpha)}(g)$, 其中 i 走遍 α,k,l 的组合, j 走遍群元. 这样定义的话, 与特征标第二正交定理的证明类似, 这个矩阵的矩阵元满足

$$F_{i,j}^{*}=\frac{s_\alpha}{n}A_{kl}^{(\alpha)*}(g_j)=(F^\dagger)_{j,i}.$$

这样之前的第一种表述就可以写成 $\sum_j F_{i,j}(F^\dagger)_{j,i'}=(FF^\dagger)_{i,i'}=\delta_{ii'}$. 进而, $F^\dagger=F^{-1}$, 也就是 $F^\dagger F=E$. 而最后这个式子的表述形式就是

$$(F^\dagger F)_{j,j'}=\sum_i(F^\dagger)_{j,i}F_{i,j'}=\sum_{\beta=1}^{q}\sum_{k,l=1}^{s_\beta}\frac{s_\beta}{n}A_{kl}^{(\beta)*}(g')A_{kl}^{(\beta)}(g)=\delta_{gg'}.$$

也有教材将此关系称为完备性定理, 这种说法可类比量子力学中本征态波函数完备性定理的表述形式: $\sum_i\Psi_i^*(\boldsymbol{r}')\Psi_i(\boldsymbol{r})=\delta(\boldsymbol{r}'-\boldsymbol{r})$. 单论群论不论量子力学的话, 不等价不可约表示的矩阵元和群元的维数都是 n. 正交得占满这 n 个维度, 自然也完备.

进而有

$$\sum_{\alpha=1}^{q}\sum_{k=1}^{s_\alpha}\widehat{P}_{kk}^{(\alpha)}=\widehat{P}_e.$$

关于群表示投影算符有两个比较重要的性质, 见下面的两条定理.

定理 4.6 (有限群不可约酉表示基函数定理 I) 设 $P_G=\{\widehat{P}_g|g\in G\}$ 是群 G 的函数作用算符群 (相当于我们前面介绍的哈密顿算符群), 由它可以定义算符 $\widehat{P}_{ij}^{(\alpha)}$. 这时, 一组基函数 $\varphi_i^{(\alpha)},i=1,2,\cdots,s_\alpha$ 构成群 G 的第 α 个不可约酉表示基函数的充要条件是

$$\widehat{P}_{ij}^{(\alpha)}\varphi_j^{(\alpha)}=\varphi_i^{(\alpha)},$$

这里 $\varphi_i^{(\alpha)}$ 称为对称化基函数.

证明 (1) 必要性.

设 $\varphi_i^{(\alpha)},i=1,2,\cdots,s_\alpha$ 构成群 G 的第 α 个不可约酉表示基, 则

$$\widehat{P}_g\varphi_k^{(\alpha)}=\sum_{l=1}^{s_\alpha}A_{lk}^{(\alpha)}(g)\varphi_l^{(\alpha)}. \tag{4.7}$$

在 (4.7) 式两边乘上 $A_{ij}^{(\alpha)*}(g)$ 并对群元求和, 有

$$\begin{aligned}\sum_{g\in G}A_{ij}^{(\alpha)*}(g)\widehat{P}_g\varphi_k^{(\alpha)}&=\sum_{g\in G}A_{ij}^{(\alpha)*}(g)\sum_{l=1}^{s_\alpha}A_{lk}^{(\alpha)}(g)\varphi_l^{(\alpha)}\\&=\sum_{l=1}^{s_\alpha}\left[\sum_{g\in G}A_{ij}^{(\alpha)*}(g)A_{lk}^{(\alpha)}(g)\right]\varphi_l^{(\alpha)}\\&=\sum_{l=1}^{s_\alpha}\frac{n}{s_\alpha}\delta_{il}\delta_{jk}\varphi_l^{(\alpha)}\\&=\frac{n}{s_\alpha}\delta_{jk}\varphi_i^{(\alpha)}.\end{aligned} \tag{4.8}$$

由定义 $\widehat{P}_{ij}^{(\alpha)}=\dfrac{s_\alpha}{n}\sum\limits_{g\in G}A_{ij}^{(\alpha)*}(g)\widehat{P}_g$, (4.8) 式等同于

$$\widehat{P}_{ij}^{(\alpha)}\varphi_k^{(\alpha)}=\delta_{jk}\varphi_i^{(\alpha)}.$$

取 $j=k$, 则有

$$\widehat{P}_{ij}^{(\alpha)}\varphi_j^{(\alpha)}=\varphi_i^{(\alpha)}.$$

(2) 充分性.

由 $\widehat{P}_{ij}^{(\alpha)}\varphi_j^{(\alpha)}=\varphi_i^{(\alpha)}$, 知

$$\begin{aligned}\widehat{P}_g\varphi_i^{(\alpha)} &= \widehat{P}_g\widehat{P}_{ij}^{(\alpha)}\varphi_j^{(\alpha)}\\ &= \widehat{P}_g\frac{s_\alpha}{n}\sum_{g'\in G}A_{ij}^{(\alpha)*}(g')\widehat{P}_{g'}\varphi_j^{(\alpha)}\\ &= \sum_{g'\in G}\frac{s_\alpha}{n}A_{ij}^{(\alpha)*}(g')\widehat{P}_{gg'}\varphi_j^{(\alpha)}.\end{aligned}\tag{4.9}$$

取 $gg'=g''$, 则 (4.9) 式可化为

$$\begin{aligned}\widehat{P}_g\varphi_i^{(\alpha)} &= \sum_{g''\in G}\frac{s_\alpha}{n}A_{ij}^{(\alpha)*}(g^{-1}g'')\widehat{P}_{g''}\varphi_j^{(\alpha)}\\ &= \frac{s_\alpha}{n}\sum_{g''\in G}\sum_{k=1}^{s_\alpha}A_{ik}^{(\alpha)*}(g^{-1})A_{kj}^{(\alpha)*}(g'')\widehat{P}_{g''}\varphi_j^{(\alpha)}\\ &= \sum_{k=1}^{s_\alpha}A_{ik}^{(\alpha)*}(g^{-1})\left[\frac{s_\alpha}{n}\sum_{g''\in G}A_{kj}^{(\alpha)*}(g'')\widehat{P}_{g''}\right]\varphi_j^{(\alpha)}\\ &= \sum_{k=1}^{s_\alpha}A_{ki}^{(\alpha)}(g)\widehat{P}_{kj}^{(\alpha)}\varphi_j^{(\alpha)}\\ &= \sum_{k=1}^{s_\alpha}A_{ki}^{(\alpha)}(g)\varphi_k^{(\alpha)},\end{aligned}$$

也就是说 $\varphi_i^{(\alpha)}, i=1,2,\cdots,s_\alpha$ 构成群 G 的第 α 个不可约酉表示的基.

定理 4.7 (有限群不可约酉表示基函数定理 II) 有限群不等价不可约酉表示的基函数 $\varphi_i^{(\alpha)}, i=1,2,\cdots,s_\alpha, \alpha=1,2,\cdots,q$ 满足如下正交关系:

$$(\varphi_i^{(\alpha)}|\varphi_j^{(\beta)}) = \delta_{ij}\delta_{\alpha\beta}f^{(\alpha)},$$

其中 $f^{(\alpha)}$ 与 i,j 无关.

证明 设 G 是系统对称群, P_G 是 G 对应的算符群 (变换群). 对 G 中元素, 有 P_G 中元素与之对应, 且保持乘法规则不变. 也就是说, P_G 是 G 的一个表示.

已知这个表示是酉表示, 那么 $\widehat{P}_g$ 这个线性变换群 P_G 中的元素就是酉变换.

另外一个已知条件是: $\varphi_i^{(\alpha)}, i=1,2,\cdots,s_\alpha$ 与 $\varphi_j^{(\beta)}, j=1,2,\cdots,s_\beta$ 都是线性变换群 P_G 的表示空间, 承载的是群 G 的第 α 个与第 β 个不等价不可约酉表示.

由这些已知条件, 我们可以得到

$$(\varphi_i^{(\alpha)}|\varphi_j^{(\beta)}) = (\widehat{P}_g\varphi_i^{(\alpha)}|\widehat{P}_g\varphi_j^{(\beta)}),\tag{4.10}$$

因为 $\widehat{P}_g$ 是酉变换 (保内积).

(4.10) 式右边可以写成

$$\left(\sum_{k=1}^{s_\alpha} A_{ki}^{(\alpha)}(g)\varphi_k^{(\alpha)}\middle|\sum_{l=1}^{s_\beta} A_{lj}^{(\beta)}(g)\varphi_l^{(\beta)}\right)$$
$$=\sum_{k=1}^{s_\alpha}\sum_{l=1}^{s_\beta} A_{ki}^{(\alpha)*}(g)A_{lj}^{(\beta)}(g)(\varphi_k^{(\alpha)}|\varphi_l^{(\beta)}),$$

也就是说

$$(\varphi_i^{(\alpha)}|\varphi_j^{(\beta)})=\sum_{k=1}^{s_\alpha}\sum_{l=1}^{s_\beta} A_{ki}^{(\alpha)*}(g)A_{lj}^{(\beta)}(g)(\varphi_k^{(\alpha)}|\varphi_l^{(\beta)}). \tag{4.11}$$

在 (4.11) 式两边都对 g 求和, 左边不依赖于 g, 相当于直接乘上 n, 而右边有正交性定理, 因此有

$$n(\varphi_i^{(\alpha)}|\varphi_j^{(\beta)})=\sum_{k=1}^{s_\alpha}\sum_{l=1}^{s_\beta}\frac{n}{s_\alpha}\delta_{kl}\delta_{ij}\delta_{\alpha\beta}(\varphi_k^{(\alpha)}|\varphi_l^{(\beta)})$$
$$=\frac{n}{s_\alpha}\delta_{ij}\delta_{\alpha\beta}\sum_{k=1}^{s_\alpha}(\varphi_k^{(\alpha)}|\varphi_k^{(\beta)}). \tag{4.12}$$

在 (4.12) 式两边约掉 n, 有

$$(\varphi_i^{(\alpha)}|\varphi_j^{(\beta)})=\frac{1}{s_\alpha}\delta_{ij}\delta_{\alpha\beta}\sum_{k=1}^{s_\alpha}(\varphi_k^{(\alpha)}|\varphi_k^{(\beta)}),$$

正交性成立.

取

$$f^{(\alpha)}=\frac{1}{s_\alpha}\sum_{k=1}^{s_\alpha}(\varphi_k^{(\alpha)}|\varphi_k^{(\beta)}),$$

它显然与 i,j 无关.

前面两个基函数定理讨论的是一个群的不可约表示空间基函数的性质. 如果把哈密顿量的对称性同时考虑进去, 还有另外一个定理.

定理 4.8 若 $\varphi_k^{(\alpha)}(\boldsymbol{r})$ 是系统对称群的第 α 个不等价不可约表示的第 k 个基, 那么 $\widehat{H}(\boldsymbol{r})\varphi_k^{(\alpha)}(\boldsymbol{r})$ 也按照这个群的第 α 个不等价不可约表示的第 k 个基变化.

换句话说, 若 $\varphi_i^{(\alpha)}(\boldsymbol{r}), i=1,2,\cdots,s_\alpha$ 形成系统对称群第 α 个不等价不可约表示的一组基, 则 $\widehat{H}(\boldsymbol{r})\varphi_i^{(\alpha)}(\boldsymbol{r}), i=1,2,\cdots,s_\alpha$ 也形成系统对称群第 α 个不等价不可约表示的一组基. 这两组基次序一样.

证明 $\widehat{P}_g$ 是哈密顿算符群的一个变换算符, 那么, 由 $\varphi_k^{(\alpha)}(\boldsymbol{r})$ 是系统对称群的第 α 个不等价不可约表示的第 k 个基, 可知

$$\widehat{P}_g\varphi_k^{(\alpha)}(\boldsymbol{r})=\sum_{l=1}^{s_\alpha} A_{lk}^{(\alpha)}(g)\varphi_l^{(\alpha)}(\boldsymbol{r}).$$

由 $\widehat{H}(\boldsymbol{r})\widehat{P}_g = \widehat{P}_g\widehat{H}(\boldsymbol{r})$, 又知

$$\begin{aligned}\widehat{P}_g[\widehat{H}(\boldsymbol{r})\varphi_k^{(\alpha)}(\boldsymbol{r})] &= \widehat{H}(\boldsymbol{r})\widehat{P}_g\varphi_k^{(\alpha)}(\boldsymbol{r}) \\ &= \widehat{H}(\boldsymbol{r})\sum_{l=1}^{s_\alpha} A_{lk}^{(\alpha)}(g)\varphi_l^{(\alpha)}(\boldsymbol{r}) \\ &= \sum_{l=1}^{s_\alpha} A_{lk}^{(\alpha)}(g)[\widehat{H}(\boldsymbol{r})\varphi_l^{(\alpha)}(\boldsymbol{r})].\end{aligned}$$

也就是说, 当 $\varphi_k^{(\alpha)}(\boldsymbol{r}), k=1,\cdots,s_\alpha$ 是系统对称群的第 α 个不等价不可约表示的基时, $\widehat{H}(\boldsymbol{r})\varphi_k^{(\alpha)}(\boldsymbol{r}), k=1,\cdots,s_\alpha$ 也构成系统对称群的第 α 个不等价不可约表示的基.

上面的这些基函数定理非常有用, 因为它可以让很多问题简化. 一个典型的例子就是解 Schrödinger 方程的时候对久期行列式的对角化.

很多 Schrödinger 方程没有解析解, 我们求解的时候最重要的一个步骤是用一组基来展开波函数, 然后对角久期行列式. 我们设这一组基是 $\varphi_1(\boldsymbol{r}),\varphi_2(\boldsymbol{r}),\cdots,\varphi_n(\boldsymbol{r}),\cdots$, 波函数的展开形式是

$$\Psi(\boldsymbol{r}) = \sum_{p=1}^{\infty} c_p\varphi_p(\boldsymbol{r}),$$

这里 c_p 为待定的展开系数. 把这样一个表达式代入 Schrödinger 方程中, 并用各个基函数去做内积, 有

$$|(\varphi_q(\boldsymbol{r})|\widehat{H}(\boldsymbol{r})\varphi_p(\boldsymbol{r})) - E(\varphi_q(\boldsymbol{r})|\varphi_p(\boldsymbol{r}))| = 0. \tag{4.13}$$

(4.13) 式就是久期方程.

为了求解久期方程, 我们的基函数空间必须做个截断, 因为 p,q 不能一直走下去. 这个近似叫截断近似, 读者在量子力学里应该接触过. 当 $\varphi_p(\boldsymbol{r})$ 走遍从 $\varphi_1(\boldsymbol{r})$ 到 $\varphi_N(\boldsymbol{r})$ 的时候, 久期方程左边就是一个 $N\times N$ 的行列式, 称为久期行列式. 假如基函数本身没有什么对称性, 那么它就是一个正常的 $N\times N$ 的行列式, 相应的方程解起来计算量随 N 的变化规律是 N^3. 但是如果 $\varphi_p(\boldsymbol{r})$ 本身有对称性, 那么根据定理 4.7 和定理 4.8, 属于不同不等价不可约表示的矩阵元正交, 这样这个行列式就会具备很好的对角化的特征, 方程解起来就很方便了.

举个例子. 已知 $\Phi_1(\boldsymbol{r}),\cdots,\Phi_6(\boldsymbol{r})$ 这个函数组形成波函数的展开空间. 由它们直接形成的系统对称群的表示是可约的, 但如果通过线性组合, 我们是可以找到另外六个线性无关的向量来承载不可约表示的. 如果以原来的基展开波函数, 那么久期行列式就是正常的 6×6 行列式. 但如果用对称化的基函数, 那么久期行列式就可以简单很多.

如组合成的六个对称化的波函数是 $\varphi_{11}^1(\boldsymbol{r}),\varphi_{11}^2(\boldsymbol{r}),\varphi_{12}^2(\boldsymbol{r}),\varphi_{11}^3(\boldsymbol{r}),\varphi_{12}^3(\boldsymbol{r}),\varphi_{13}^3(\boldsymbol{r})$ (这里我们用上标代表某个不可约表示, 下标的第一个数代表这个不可约表示出现的

次数, 第二个数代表这个不可约表示的第几个基), 这种情况就是 1, 2, 3 维不可约表示各出现一次, 共 6 个对称化基. 这时, 由定理 4.7 和定理 4.8, 我们知道矩阵元

$$K_{jn,im}^{lk} = (\varphi_{jn}^{l}(\boldsymbol{r})|\widehat{H}(\boldsymbol{r})\varphi_{im}^{k}(\boldsymbol{r})) - E(\varphi_{jn}^{l}(\boldsymbol{r})|\varphi_{im}^{k}(\boldsymbol{r}))$$

直接对角, 相应的行列式为

$$\begin{vmatrix} K_{11,11}^{11} & 0 & 0 & 0 & 0 & 0 \\ 0 & K_{11,11}^{22} & 0 & 0 & 0 & 0 \\ 0 & 0 & K_{12,12}^{22} & 0 & 0 & 0 \\ 0 & 0 & 0 & K_{11,11}^{33} & 0 & 0 \\ 0 & 0 & 0 & 0 & K_{12,12}^{33} & 0 \\ 0 & 0 & 0 & 0 & 0 & K_{13,13}^{33} \end{vmatrix}.$$

而如果组合成的 6 个对称化的波函数是 $\varphi_{11}^{1}(\boldsymbol{r}), \varphi_{21}^{1}(\boldsymbol{r}), \varphi_{11}^{2}(\boldsymbol{r}), \varphi_{12}^{2}(\boldsymbol{r}), \varphi_{21}^{2}(\boldsymbol{r}), \varphi_{22}^{2}(\boldsymbol{r})$, 1 维和 2 维不可约表示各出现两次, 那么这个行列式就不能完全对角了, 但还可以保持比较强的准对角特征. 如果我们把它们重新排列成 $\varphi_{11}^{1}(\boldsymbol{r}), \varphi_{21}^{1}(\boldsymbol{r}), \varphi_{11}^{2}(\boldsymbol{r}), \varphi_{21}^{2}(\boldsymbol{r}), \varphi_{12}^{2}(\boldsymbol{r}), \varphi_{22}^{2}(\boldsymbol{r})$, 那么有

$$\begin{vmatrix} K_{11,11}^{11} & K_{11,21}^{11} & 0 & 0 & 0 & 0 \\ K_{21,11}^{11} & K_{21,21}^{11} & 0 & 0 & 0 & 0 \\ 0 & 0 & K_{11,11}^{22} & K_{11,21}^{22} & 0 & 0 \\ 0 & 0 & K_{21,11}^{22} & K_{21,21}^{22} & 0 & 0 \\ 0 & 0 & 0 & 0 & K_{12,12}^{22} & K_{12,22}^{22} \\ 0 & 0 & 0 & 0 & K_{22,12}^{22} & K_{22,22}^{22} \end{vmatrix} = 0.$$

总之, 利用对称化的基函数还是会让久期行列式简单很多.

既然对称化的基函数有这些优点, 那么从一般的基函数中如何产生对称化的基函数呢? 步骤比较规范, 我们可以利用的就是前面讲的投影算符 $\widehat{P}_{ii}^{(\alpha)}$. 我们把投影算符作用到基函数, 也就是向量上, 得到的就是这个向量在这个对称化的基上的投影. 有了这个投影, 就可以用

$$\widehat{P}_{ij}^{(\alpha)}\varphi_{j}^{(\alpha)} = \varphi_{i}^{(\alpha)}$$

得到其他的基函数了.

当然, 这样做的前提是我们知道所有不等价不可约表示的矩阵元, 从而可以构造出 $\widehat{P}_{ij}^{(\alpha)}$. 如果我们不知道所有矩阵元, 而只知道特征标表, 那么也可以通过下面的三个简单的步骤来实现目的.

(1) 构造特征标投影算符

$$\widehat{P}^{(\alpha)} = \frac{s_\alpha}{n}\sum_{g\in G}\chi^{(\alpha)*}(g)\widehat{P}_g,$$

它和投影算符 $\widehat{P}_{ii}^{(\alpha)}$ 的关系是

$$P^{(\alpha)} = \sum_{i=1}^{s_\alpha} \widehat{P}_{ii}^{(\alpha)}.$$

(2) 我们把特征标投影算符作用到线性空间 V 的任意一个向量上. 这个向量记为 $\varPsi$, 它可以分解为群的不等价不可约表示的基函数的线性组合:

$$\varPsi = \sum_i \sum_\beta \sum_l a_{il}^{(\beta)} \varphi_{il}^{(\beta)},$$

其中 i 是某个不等价不可约表示重复出现的指标, β 是不等价不可约表示的指标, l 是这个不等价不可约表示中基的指标.

把 $\widehat{P}^{(\alpha)}$ 作用到 $\varPsi$ 上, 效果为

$$\begin{aligned}
\widehat{P}^{(\alpha)} \varPsi &= \widehat{P}^{(\alpha)} \sum_i \sum_\beta \sum_l a_{il}^{(\beta)} \varphi_{il}^{(\beta)} \\
&= \sum_i \sum_\beta \sum_l a_{il}^{(\beta)} \widehat{P}^{(\alpha)} \varphi_{il}^{(\beta)} \\
&= \sum_i \sum_\beta \sum_l a_{il}^{(\beta)} \sum_{j=1}^{s_\alpha} \widehat{P}_{jj}^{(\alpha)} \varphi_{il}^{(\beta)} \\
&= \sum_i \sum_\beta \sum_l a_{il}^{(\beta)} \sum_{j=1}^{s_\alpha} \delta_{jl} \delta_{\alpha\beta} \varphi_{il}^{(\beta)} \\
&= \sum_i \sum_\beta \sum_l a_{il}^{(\beta)} \delta_{\alpha\beta} \varphi_{il}^{(\beta)} \\
&= \sum_i \sum_l a_{il}^{(\alpha)} \varphi_{il}^{(\alpha)},
\end{aligned}$$

也就是任给一个向量, 只把它属于某个不等价不可约表示表示空间的部分取出来. 如果这个不可约表示就出现一次则很简单, 但如果出现多次, 需要再进行一个内部的对称化处理.

(3) 用 $\widehat{P}_g$ 对这些向量进行作用, 找出其他维度上的独立向量.

我们看几个例子.

例 4.1 D_3 群的表示空间为 x, y, z 的二次齐次函数空间, 基为

$$\varphi_1 = x^2, \quad \varphi_2 = y^2, \quad \varphi_3 = z^2, \quad \varphi_4 = xy, \quad \varphi_5 = yz, \quad \varphi_6 = xz,$$

试用投影算符的方法将其组合为 6 个对称化的基函数, 并验证新基下表示的对称性.

解 这里需要的是 D_3 群的特征标表, 即表 2.3:

	$1\{e\}$	$2\{d\}$	$3\{a\}$
A_1	1	1	1
A_2	1	1	−1
A_3	2	−1	0

第一步是求出 D_3 群中的元素在三维欧氏空间中的表示矩阵以及它们的逆, 因为我们要操作的线性空间是一个函数空间, 我们依赖的基本变换关系是 $\widehat{P}_g\Psi(\boldsymbol{r}) = \Psi(g^{-1}\boldsymbol{r})$, 如图 4.7 所示, 有

$$A(e) = \begin{pmatrix} 1 & 0 & 0 \\ 0 & 1 & 0 \\ 0 & 0 & 1 \end{pmatrix} = A^{-1}(e),$$

$$A(d) = \begin{pmatrix} -1/2 & -\sqrt{3}/2 & 0 \\ \sqrt{3}/2 & -1/2 & 0 \\ 0 & 0 & 1 \end{pmatrix} = A^{-1}(f),$$

$$A(f) = \begin{pmatrix} -1/2 & \sqrt{3}/2 & 0 \\ -\sqrt{3}/2 & -1/2 & 0 \\ 0 & 0 & 1 \end{pmatrix} = A^{-1}(d),$$

$$A(a) = \begin{pmatrix} 1/2 & \sqrt{3}/2 & 0 \\ \sqrt{3}/2 & -1/2 & 0 \\ 0 & 0 & -1 \end{pmatrix} = A^{-1}(a),$$

$$A(b) = \begin{pmatrix} -1 & 0 & 0 \\ 0 & 1 & 0 \\ 0 & 0 & -1 \end{pmatrix} = A^{-1}(b),$$

$$A(c) = \begin{pmatrix} 1/2 & -\sqrt{3}/2 & 0 \\ -\sqrt{3}/2 & -1/2 & 0 \\ 0 & 0 & -1 \end{pmatrix} = A^{-1}(c).$$

第二步是写出三个不可约表示的特征标投影算符:

$$\widehat{P}^{(1)} = \frac{1}{6}(\widehat{P}_e + \widehat{P}_d + \widehat{P}_f + \widehat{P}_a + \widehat{P}_b + \widehat{P}_c),$$
$$\widehat{P}^{(2)} = \frac{1}{6}(\widehat{P}_e + \widehat{P}_d + \widehat{P}_f - \widehat{P}_a - \widehat{P}_b - \widehat{P}_c),$$
$$\widehat{P}^{(3)} = \frac{2}{6}(2\widehat{P}_e - \widehat{P}_d - \widehat{P}_f).$$

第三步是将这些特征标投影算符作用到基函数上面, 其中 $\widehat{P}^{(1)}$ 作用的结果为

$$\begin{aligned}
\widehat{P}^{(1)}x^2 &= \frac{1}{6}\bigg[x^2 + \left(-\frac{1}{2}x + \frac{\sqrt{3}}{2}y\right)^2 + \left(-\frac{1}{2}x - \frac{\sqrt{3}}{2}y\right)^2 \\
&\quad + \left(\frac{1}{2}x + \frac{\sqrt{3}}{2}y\right)^2 + (-x)^2 + \left(\frac{1}{2}x - \frac{\sqrt{3}}{2}y\right)^2\bigg] \\
&= \frac{1}{2}(x^2 + y^2), \\
\widehat{P}^{(1)}y^2 &= \frac{1}{2}(x^2 + y^2), \\
\widehat{P}^{(1)}z^2 &= z^2, \\
\widehat{P}^{(1)}xy &= 0, \\
\widehat{P}^{(1)}yz &= 0, \\
\widehat{P}^{(1)}xz &= 0.
\end{aligned}$$

也就是说这一组 6 个基函数, 往 D_3 群的第一个不等价不可约表示的表示空间做投影, 只能生成 $\frac{1}{2}(x^2 + y^2)$ 与 z^2 两个向量.

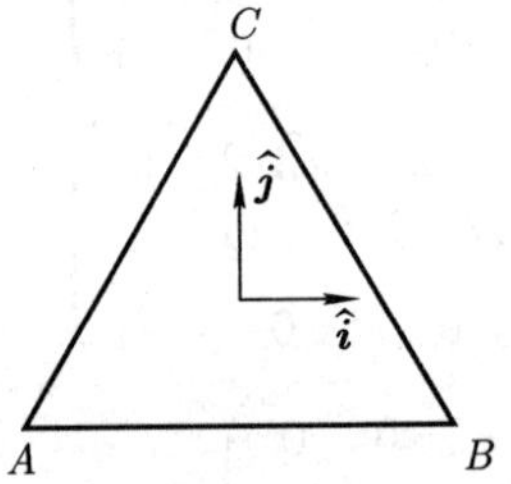

图 4.7　D_3 群元在欧氏空间的表示

把 $\widehat{P}^{(2)}$ 作用到这 6 个函数上, 结果是

$$\begin{aligned}
\widehat{P}^{(2)}x^2 &= 0, \\
\widehat{P}^{(2)}y^2 &= 0, \\
\widehat{P}^{(2)}z^2 &= 0, \\
\widehat{P}^{(2)}xy &= 0, \\
\widehat{P}^{(2)}yz &= 0, \\
\widehat{P}^{(2)}xz &= 0.
\end{aligned}$$

这 6 个函数在 A_2 这个不等价不可约表示的表示空间没有投影.

把 $\widehat{P}^{(3)}$ 作用到这六个函数上, 结果是

$$\widehat{P}^{(3)}x^2 = \frac{2}{6}\left[2x^2 - \left(-\frac{1}{2}x + \frac{\sqrt{3}}{2}y\right)^2 - \left(-\frac{1}{2}x - \frac{\sqrt{3}}{2}y\right)^2\right] = \frac{1}{2}(x^2 - y^2),$$
$$\widehat{P}^{(3)}y^2 = \frac{2}{6}\left[2y^2 - \left(-\frac{\sqrt{3}}{2}x - \frac{1}{2}y\right)^2 - \left(\frac{\sqrt{3}}{2}x - \frac{1}{2}y\right)^2\right] = -\frac{1}{2}(x^2 - y^2),$$
$$\widehat{P}^{(3)}z^2 = 0,$$
$$\widehat{P}^{(3)}xy = xy,$$
$$\widehat{P}^{(3)}yz = yz,$$
$$\widehat{P}^{(3)}xz = xz.$$

也就是说这 6 个函数往 A_3 这个不可约表示上做投影的话, 可以产生 4 个线性无关的向量. 这 4 个向量如何两两配对形成两组承载 A_3 的基? 我们还需要进行进一步的变换才知道.

我们取其中的 $\frac{1}{2}(x^2 - y^2)$, 用 $\widehat{P}_d$ 作用到它上面, 效果是

$$\begin{aligned}\widehat{P}_d\frac{1}{2}(x^2 - y^2) &= \frac{1}{2}\left(-\frac{1}{2}x + \frac{\sqrt{3}}{2}y\right)^2 - \frac{1}{2}\left(-\frac{\sqrt{3}}{2}x - \frac{1}{2}y\right)^2\\ &= -\frac{1}{2}\left[\frac{1}{2}(x^2 - y^2)\right] - \frac{\sqrt{3}}{2}xy,\end{aligned}$$

也就是说 $\frac{1}{2}(x^2 - y^2)$ 与 xy 形成一组基. 与之相应, 我们还可以对 yz 做变换, 知道它与 xz 形成一组基. 最后对称化的基组就是

$$\varphi_{11}^1 = \frac{1}{2}(x^2 + y^2),\quad \varphi_{21}^1 = z^2,\quad \varphi_{11}^3 = \frac{1}{2}(x^2 - y^2),\quad \varphi_{12}^3 = xy,\quad \varphi_{21}^3 = yz,\quad \varphi_{22}^3 = xz.$$

对应的表示矩阵为

$$A(d) = \begin{pmatrix} 1 & 0 & 0 & 0 & 0 & 0\\ 0 & 1 & 0 & 0 & 0 & 0\\ 0 & 0 & -1/2 & \sqrt{3}/2 & 0 & 0\\ 0 & 0 & -\sqrt{3}/2 & -1/2 & 0 & 0\\ 0 & 0 & 0 & 0 & -1/2 & \sqrt{3}/2\\ 0 & 0 & 0 & 0 & -\sqrt{3}/2 & -1/2 \end{pmatrix}.$$

其他元素的表示矩阵可用 $\widehat{P}_g$ 作用到 $\varphi_{11}^1, \varphi_{21}^1, \varphi_{11}^3, \varphi_{12}^3, \varphi_{21}^3, \varphi_{22}^3$ 的方法推出.

例 4.2 用投影算符方法求出 D_3 群的群空间中 6 个对称化的基, 它们分别承载哪些不可约表示?

解 这里要用到 D_3 群的乘法表:

	e	d	f	a	b	c
e	e	d	f	a	b	c
d	d	f	e	c	a	b
f	f	e	d	b	c	a
a	a	b	c	e	d	f
b	b	c	a	f	e	d
c	c	a	b	d	f	e

第一步, 取 D_3 群的群空间的 6 个基:

$$\varphi_1 = e, \quad \varphi_2 = d, \quad \varphi_3 = f, \quad \varphi_4 = a, \quad \varphi_5 = b, \quad \varphi_6 = c.$$

第二步, 取特征标投影算符:

$$\begin{aligned}
\widehat{P}^{(1)} &= \frac{1}{6}(\widehat{P}_e + \widehat{P}_d + \widehat{P}_f + \widehat{P}_a + \widehat{P}_b + \widehat{P}_c), \\
\widehat{P}^{(2)} &= \frac{1}{6}(\widehat{P}_e + \widehat{P}_d + \widehat{P}_f - \widehat{P}_a - \widehat{P}_b - \widehat{P}_c), \\
\widehat{P}^{(3)} &= \frac{2}{6}(2\widehat{P}_e - \widehat{P}_d - \widehat{P}_f).
\end{aligned}$$

第三步, 将这些特征标投影算符作用到群空间的基上. 对 $\widehat{P}^{(1)}$, 由重排定理, 作用到 φ_1 到 φ_6 中的任何一个得到的都是

$$\frac{1}{6}(e + d + f + a + b + c).$$

它承载 D_3 的一维恒等表示, 在群代数中归一化为①

$$\varphi^1_{11} = \frac{1}{\sqrt{6}}(e + d + f + a + b + c).$$

$\widehat{P}^{(2)}$ 给出的结果是 $\frac{1}{6}(e+d+f-a-b-c)$ 或 $\frac{1}{6}(a+b+c-e-d-f)$. 也就是说它们往 D_3 群的 A_2 表示上做投影, 投影部分都是 $\frac{1}{6}(e+d+f-a-b-c)$ 这个维度上的向

---

①这里在归一化的时候, 根据的内积定义是 $(x|y) = \sum_{i=1}^{n} x^*(g_i)y(g_i)$, 与 2.4 节里面讨论群函数空间内积的时候的那个定义不一样. 这个定义形式不唯一, 视具体情况而定, 只要在讨论具体问题开始的时候说清楚并前后一致就可以. 这个说明得谢谢南方科技大学刘奇航老师提醒.

量, 在群代数中归一化为

$$\varphi_{11}^2=\frac{1}{\sqrt{6}}(e+d+f-a-b-c).$$

还剩下四个维度, 它必然给出两个二维不可约表示. 但由

$$\widehat{P}^{(\alpha)}\Psi=\sum_i\sum_l a_{il}^{(\alpha)}\varphi_{il}^{(\alpha)},$$

我们知道像上面这些例子那样直接把 $\widehat{P}^{(\alpha)}$ 作用到 Ψ 上就得到某个不可约表示空间中的向量其实是非常幸运的. 很多情况下, 我们还有对同一个不可约表示出现次数的指标的求和. 对于剩下的四个维度, 如果我们直接用 $\widehat{P}^{(3)}$ 作用到 $\varphi_1\sim\varphi_6$ 上, 就会得到类似的情况.

为了处理方便, 我们采取的策略是

$$\widehat{P}^{(3)}(e+a)=\frac{2}{6}(2e-d-f+2a-c-b),$$

在群代数中归一化为

$$\varphi_{11}^3=\frac{1}{2\sqrt{3}}(2e-d-f+2a-c-b).$$

然后, 用 $\widehat{P}_d$ 作用到它上面, 得

$$\widehat{P}_d\varphi_{11}^3=\frac{1}{2\sqrt{3}}(2d-f-e+2c-a-b).$$

$\widehat{P}_d\varphi_{11}^3$ 与 φ_{11}^3 线性无关, 但并不正交. 对它们进行正交化处理, 再归一化, 可得

$$\varphi_{12}^3=\frac{1}{2}(d-f+c-b).$$

同理, 有

$$\widehat{P}^{(3)}(e-a)=\frac{2}{6}(2e-d-f-2a+c+b),$$

进而

$$\varphi_{21}^3=\frac{1}{2\sqrt{3}}(2e-d-f-2a+c+b).$$

同样, 用 $\widehat{P}_d$ 作用到它上面, 再与 φ_{21}^3 进行正交归一化处理, 可得

$$\varphi_{22}^3=\frac{1}{2}(d-f+b-c).$$

4.4 矩阵元定理与选择定则、电偶极跃迁

这一节说的是微扰引起的跃迁, 以及跃迁矩阵元与对称性之间的关系. 也就是说系统本身有哈密顿量 $\widehat{H}_0$, 处在一系列分立的本征态上, 每个本征态都可以用系统对称群的一个不等价不可约表示的基矢来标记. 比如 $\varPsi_\alpha, \varPsi_\beta$, 它们都是某个不可约表示的基函数, 对应 $\widehat{H}_0$ 的系统对称群.

现在如果加上一个扰动 $\widehat{H}'$, 根据微扰理论, 这个系统的两个态就可能通过 $(\varPsi_\alpha|\widehat{H}'\varPsi_\beta)$ 联系起来了. $(\varPsi_\alpha|\widehat{H}'\varPsi_\beta)$ 是跃迁矩阵元. 严格意义上, 我们可以把它算出来. 怎么算, 是量子力学、固体物理这些课程要告诉我们的事情. 群论这门课程要做的, 是通过我们已有的群论的知识, 去理解这个矩阵元什么时候必须是零, 什么时候可以不为零. 也就是给我们一个思路去判断, 这个思路是基于对称性原理的.

怎么去理解这个思路呢? 很简单, 就是把这个跃迁矩阵元中的三个部分分别当成 $\widehat{H}_0$ 的系统对称群表示基函数.

第一部分是 $\widehat{H}'$, 它可以是一个依赖于坐标的算符. 在这里我们把它看作 $\widehat{H}_0$ 的哈密顿算符群表示 (记为 D_v) 的基 (这个表示不一定不可约).

第二部分是 $\varPsi_\beta$, 它承载的是 $\widehat{H}_0$ 的一个不可约哈密顿算符群表示 (记为 D_β). 这两部分合起来, $\widehat{H}'\varPsi_\beta$ 这个函数对应的就是 D_v 与 D_β 的直积表示的基函数.

第三部分是 $\varPsi_\alpha$, 它承载的是 $\widehat{H}_0$ 的一个不可约哈密顿算符群表示 (记为 D_α).

这个时候, 跃迁矩阵元 $(\varPsi_\alpha|\widehat{H}'\varPsi_\beta)$ 就可以利用不可约表示基函数的正交关系来判断. 我们要做的就是先做 $D_v \otimes D_\beta$, 然后把它分解, 看是否有 D_α 的成分. 如果有, 跃迁被对称性允许, 没有则被禁止, 就这么简单.

为了满足跃迁被对称性允许, 我们对 $\widehat{H}'$ 的对称性有没有什么要求? 答案是: 有. 我们可以想一下, 假如 $\widehat{H}'$ 的对称性很高, 以至于对所有 $\widehat{H}_0$ 中的对称操作都不变, 那么它承载的是 $\widehat{H}_0$ 的系统对称群的一维恒等表示. 这样的话 $D_v \otimes D_\beta = D_\beta$, 也就是说 $\widehat{H}'\varPsi_\beta$ 承载的 $\widehat{H}_0$ 的系统对称群的表示, 与 $\varPsi_\beta$ 承载的完全相同, 并且对应的表示中的基函数的指标也完全相同. 这个时候, 如果 $\varPsi_\alpha$ 与 $\varPsi_\beta$ 对应的是同一个不可约表示的同一个基函数的话, 这个跃迁还是被允许的. 不然, 这个跃迁将完全被禁止.

反过来, 如果微扰 $\widehat{H}'$ 的对称性比 $\widehat{H}_0$ 的低, 那么 $\widehat{H}'\varPsi_\beta$ 在进行直积后做直和分解, 包含 $\varPsi_\alpha$ 对应的不等价不可约表示的基函数的概率会大大增加. 因此, 从对称性的角度, 我们总是希望 $\widehat{H}'$ 的对称性低一些, 这样才能尽量多地诱发出系统在 $\widehat{H}_0$ 的不同本征态之间的跃迁.

有了这个认识, 我们来看最常见的一种情况 —— 扰动是个电磁场, 其中电场 $\boldsymbol{E} =$

$-\dfrac{\partial \boldsymbol{A}}{\partial t}$, 磁场为 $\boldsymbol{B} = \nabla \times \boldsymbol{A}$. 加入电磁场后, 哈密顿量变成了

$$\begin{aligned}\widehat{H}(\boldsymbol{r}) &= \frac{1}{2m}\left(\widehat{\boldsymbol{p}} - \frac{e}{c}\boldsymbol{A}\right)^2 + V(\boldsymbol{r}) \\ &= \frac{1}{2m}\widehat{\boldsymbol{p}}^2 + V(\boldsymbol{r}) - \frac{e}{mc}\widehat{\boldsymbol{p}}\cdot\boldsymbol{A} + \frac{e^2A^2}{2mc^2}.\end{aligned} \tag{4.14}$$

在弱场下, (4.14) 式最后一项是绝对的微扰. 讨论跃迁问题, 我们很自然地把 $\widehat{H}_0$ 与 $\widehat{H}'$ 选为

$$\begin{aligned}\widehat{H}_0 &= \frac{1}{2m}\widehat{\boldsymbol{p}}^2 + V(\boldsymbol{r}), \\ \widehat{H}' &= -\frac{e}{mc}\widehat{\boldsymbol{p}}\cdot\boldsymbol{A}.\end{aligned}$$

这个时候, 跃迁矩阵元为 $\left(\varPsi_\alpha\middle| -\dfrac{e}{mc}\widehat{\boldsymbol{p}}\boldsymbol{A}\varPsi_\beta\right)$. 这里 $\widehat{\boldsymbol{p}}$ 是动量算符, 当对系统进行对称操作的时候, 它是会变化的. $\boldsymbol{A}$ 是外场, 对系统进行对称操作与其无关. $-\dfrac{e}{mc}$ 是个常数, 对称操作与它更不相关了.

因此, 从对称性的角度来说, 这个跃迁矩阵元为不为零, 完全由 $(\varPsi_\alpha|\widehat{\boldsymbol{p}}\varPsi_\beta)$ 决定. 对 $(\varPsi_\alpha|\widehat{\boldsymbol{p}}\varPsi_\beta)$, 我们用 $\dfrac{mc}{\mathrm{i}\hbar}[\widehat{\boldsymbol{r}},\widehat{H}]$ 来代替 $\widehat{\boldsymbol{p}}$, 它可以进一步化为

$$\frac{mc}{\mathrm{i}\hbar}(E_\alpha - E_\beta)(\varPsi_\alpha|\widehat{\boldsymbol{r}}\varPsi_\beta).$$

由于波函数一般在坐标表象下写出, 这时, 算符 $\widehat{\boldsymbol{r}}$ 等同向量 $\boldsymbol{r}$. 因此, 归根结底, 如果我们想用对称性的语言来描述 $(\varPsi_\alpha|\widehat{H}'\varPsi_\beta)$ 这个外界电磁场所引起的跃迁矩阵元的话 (对应光子吸收过程), 它的性质与矩阵元 $(\varPsi_\alpha|\boldsymbol{r}\varPsi_\beta)$ 完全一样.

这里, 由于电偶极算符 $\mu = -e\boldsymbol{r}$ 与它只差一个正电子电荷, 我们也把这种跃迁称为电偶极跃迁.

对于这样的电偶极跃迁, 对称性对它的选择定则有什么样的影响呢? 我们可以看一个对称性是 $\mathrm{O_h}$ 的晶体的例子, 特征标表如表 4.7 所示. 对 $(\varPsi_\alpha|\boldsymbol{r}\varPsi_\beta)$ 而言, 由表 4.7 可知, $\boldsymbol{r}$ 承载的表示是 T_1^-, 也叫 $T_{1\mathrm{u}}$. 这个时候, 如果 $\varPsi_\beta$ 为 T_2^+, 也叫 $T_{2\mathrm{g}}$, 那么 $T_{1\mathrm{u}}\otimes T_{2\mathrm{g}}$ 对应的特征标就是:

$1\{E\}$	$3\{\mathrm{C}_4^2\}$	$6\{\mathrm{C}_4^1\}$	$6\{\mathrm{C}_2^1\}$	$8\{\mathrm{C}_3\}$	$1\{I\}$	$3\{I\mathrm{C}_4^2\}$	$6\{I\mathrm{C}_4^1\}$	$6\{I\mathrm{C}_2^1\}$	$8\{I\mathrm{C}_3\}$
9	1	−1	−1	0	−9	−1	1	1	0

它可以分解为 $A_{2\mathrm{u}}\oplus E_\mathrm{u}\oplus T_{1\mathrm{u}}\oplus T_{2\mathrm{u}}$, 也就是表 4.7 中的 $A_2^-\oplus E^-\oplus T_1^-\oplus T_2^-$. 也就是说在这个电偶极跃迁中, 如果初态是一个具有 $T_{2\mathrm{g}}$ 对称性的态, 那么末态的对称性只能是上面这四种.

表 4.7 $\mathrm{O_h}$ 特征标表

表示	基函数	$1\{E\}$	$3\{\mathrm{C}_4^2\}$	$6\{\mathrm{C}_4\}$	$6\{\mathrm{C}_2'\}$	$8\{\mathrm{C}_3\}$	$1\{I\}$	$3\{I\mathrm{C}_4^2\}$	$6\{I\mathrm{C}_4\}$	$6\{I\mathrm{C}_2'\}$	$8\{I\mathrm{C}_3\}$
A_1^+	1	1	1	1	1	1	1	1	1	1	1
A_2^+	$x^4(y^2-z^2)$ $+y^4(z^2-x^2)$ $+z^4(x^2-y^2)$	1	1	–1	–1	1	1	1	–1	–1	1
E^+	x^2-y^2, $2z^2-x^2-y^2$	2	2	0	0	–1	2	2	0	0	–1
T_1^-	x,y,z	3	–1	1	–1	0	–3	1	–1	1	0
T_2^-	$z(x^2-y^2),\cdots$	3	–1	–1	1	0	–3	1	1	–1	0
A_1^-	$xyz[x^4(y^2-z^2)$ $+y^4(z^2-x^2)$ $+z^4(x^2-y^2)]$	1	1	1	1	1	–1	–1	–1	–1	–1
A_2^-	xyz	1	1	–1	–1	1	–1	–1	1	1	–1
E^-	$xyz(x^2-y^2),\cdots$	2	2	0	0	–1	–2	–2	0	0	1
T_1^+	$xy(x^2-y^2),\cdots$	3	–1	1	–1	0	3	–1	1	–1	0
T_2^+	xy,yz,zx	3	–1	–1	1	0	3	–1	–1	1	0

这里有两个地方要注意.

(1) 在表 4.7 中, 因为 $\mathrm{O_h}$ 属于立方晶系, x,y,z 三个轴等价, 所以吸收对光的偏振方向没有选择. 如果把晶体对称性破坏为四方, 比如 $\mathrm{D_{4h}}=\mathrm{D_4}\otimes\{E,I\}$, 如表 4.8 所示, 这个时候 x,y 与 z 承载的不可约表示就不一样了. 这个时候, 光的偏振方向就会有由对称性诱发的选择性吸收了. 具体要做的, 还是上面的步骤: 直积, 再分解. 对于同一个初态, 偏振光沿 z 方向的时候, 我们用 A_2 做直积; 偏振光在 x-y 平面的时候, 我们用 E 来做. 这样允许的末态就会不一样了.

表 4.8 $\mathrm{D_{4h}}$ 特征标表

$\mathrm{D_4}(422)$			$1\{E\}$	$1\{\mathrm{C}_2=\mathrm{C}_4^2\}$	$2\{\mathrm{C}_4\}$	$2\{\mathrm{C}_2'\}$	$2\{\mathrm{C}_2''\}$
x^2+y^2,z^2		A_1	1	1	1	1	1
	R_z,z	A_2	1	1	1	–1	–1
x^2-y^2		B_1	1	1	–1	1	–1
xy		B_2	1	1	–1	–1	1
(xz,yz)	(x,y), (R_x,R_y)	E	2	–2	0	0	0

$\mathrm{D_{4h}}=\mathrm{D_4}\otimes I(4/\mathrm{m\ m\ m})$ (四方).

(2) $A_{2\mathrm{u}},E_{\mathrm{u}},T_{1\mathrm{u}},T_{2\mathrm{u}}$ 这四个态有共同的下标 “u”, 代表末态是奇宇称, 这是为什么? 原因很简单, 初态是偶宇称, 微扰是奇宇称, 那末态必须为奇宇称, 不然空间积分为零.

反过来, 如果初态是奇宇称, 那么末态就必须是偶宇称. 也就是说电偶极跃迁只能发生在两个不同宇称的态之间.

对类似讨论有意义的体系是具有中心反演对称性的体系. 这里, 我们可以通过 $\widehat{H}'$ 的对称性展开讨论. 如果 $\widehat{H}'$ 对中心反演不变, 那么跃迁应该发生在具有相同宇称的态之间.

在上面的讨论中, 有一个很重要的细节, 就是哈密顿量里面变量只有 $\boldsymbol{r}$ 这个电子坐标. 这就意味着我们所讨论的光吸收或辐射对应的必须是电子态之间的跃迁. 由于电偶极算符的奇宇称, 两个电子态之间的宇称必须相反.

但在实际的情况中, 被电偶极跃迁联系起来的两个电子态的宇称有时是相同的. 这一般是因为跃迁过程中包含了声子的参与. 这样的话我们考虑的跃迁矩阵元就必须是 (见下节的讨论)

$$(\Psi_{\mathrm{v}}'\Psi_{\mathrm{e}}'|\boldsymbol{\mu}\Psi_{\mathrm{v}}\Psi_{\mathrm{e}}).$$

(3) 我们要做的, 就是求表示 $D_{\mathrm{e}}, D_{\mathrm{v}}, D_{\mu}$ 的直积, 然后分解, 看是否包含 $D_{\mathrm{e}}'\otimes D_{\mathrm{v}}'$. 这个时候, 很多在纯电子行为中被禁戒的跃迁就可以发生了, 也就是说不是我们的对称性分析出了问题, 而是实际情况更复杂了. 对这种情况, 对称性的语言依然适用, 只不过复杂了一些.

4.5 红外谱、Raman 谱、和频光谱

声子本身, 除了对电子态之间的跃迁起辅助作用外, 也是可以吸收或者散射电磁波的. 与之相应, 有两种非常常用的实验手段, 红外 (IR) 谱与 Raman 谱. 在分析这两种谱的时候, 对称性也会帮助我们理解很多东西.

这两个谱里面, 红外谱比较简单, 说的是这样一个事情: 对一个样品打入一个连续的、处于红外波段的光谱, 假设入射光的强度随频率的变化是图 4.8 中的实线, 那么在每个频率, 我们给样品的, 是一个以这个频率振荡的电磁场.

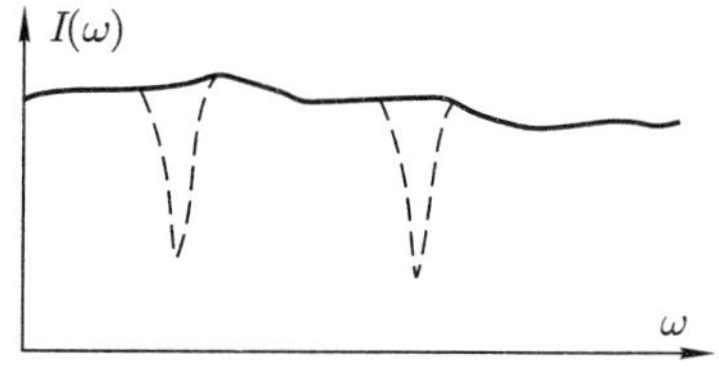

图 4.8 红外谱图一

在光经过样品的时候, 有些频率与晶格或者分子的本征振动频率相同, 这个能量会被声子吸收, 从而使得我们在不放样品的时候得到的谱线是图 4.8 中的实线, 放了样品后得到的则是图 4.8 中的虚线. 如果把它们的差求出来, 就如图 4.9 所示.

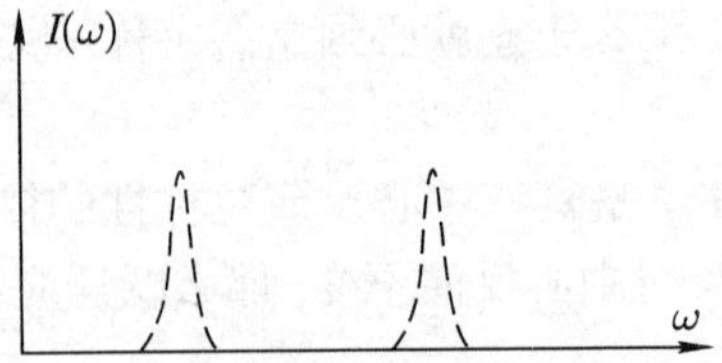

图 4.9 红外谱图二

这个谱反映的就是样品在红外波段由声子振动引起的对电磁场的吸收, 因此叫红外谱.

对于这样的一个吸收, 它的选择定则应该怎样理解呢? 可以这样去想: 我们加入的电磁场 (光子) 的电场强度为 $\boldsymbol{E}$. 对于频率为 ω 的光子, 它与晶格本身处在这个频率上的一个本征振动耦合, 从而损失能量, 被吸收. 假设这个振动所带来的样品电偶极矩的变化是 $\boldsymbol{\mu}$. $\boldsymbol{\mu}$ 是由原子核偏离平衡位置而引起的电荷重新分布决定的, 叫感生偶极矩 (induced dipole moment). 那么由声子与电磁场的耦合带来的系统的能量降低就是

$$\widehat{H}' = -\boldsymbol{E}\cdot\boldsymbol{\mu}.$$

与之相应, 这个微扰所带来的跃迁矩阵元就是

$$(\varPsi_{\rm v}'|\widehat{H}'\varPsi_{\rm v}),$$

其中 $\varPsi_{\rm v}$ 为振动的基态, 就是原子核处于平衡位置的状态, 它所对应的 $\widehat{H}_0$ 的系统对称群的不可约表示是一维恒等表示.

在 $\widehat{H}' = -\boldsymbol{E}\cdot\boldsymbol{\mu}$ 中, $\boldsymbol{E}$ 是不依赖于晶体取向的外场 (由光子给的), 对晶体或分子进行的对称操作对它不起作用. $\boldsymbol{\mu}$ 是由振动引起的系统电偶极矩的变化, 它在对称操作下的变换规律与 x, y, z 这些函数是一样的. 当取偏振光只有 E_x 分量的时候, 在振动中, 只有 μ_x 对 $\widehat{H}'$ 有贡献. 与之相应, 微扰项所承载的表示与 x 所承载的表示是相同的.

这时, 在 $\widehat{H}'$ 与 $\varPsi_{\rm v}$ 做直积的时候, 由于 $\varPsi_{\rm v}$ 的表示为一维恒等表示, 结果就是只承载一个 x 本身可以承载的表示. 相应地, $\varPsi_{\rm v}'$ 这个吸收了 IR 光子所对应的本征振动态, 也必须承载 x 可以承载的不可约表示. 这也就意味着在点群特征标表中, 只有那些 x 承载的不可约表示对应的本征振动可以被激发.

这样红外吸收的选择定则就简单了. 以具有 $\mathrm{C_{2h}}$ 对称性的晶体为例, 它的特征标表如表 4.9 所示. 由表 4.9, 我们可以知道当偏振光沿 z 轴时, 它只能激发对称性为 $A_{\rm u}$ 的本征振动, 当偏振光沿 x, y 轴时, 它只能激发对称性为 $B_{\rm u}$ 的本征振动. 当偏振方向含 z 轴分量, 也含 x 或 y 轴分量的时候, 它可以激发对称性为 $A_{\rm u}$ 或者 $B_{\rm u}$ 的本征振动, 但它怎么都不能激发对称性为 $A_{\rm g}$ 与 $B_{\rm g}$ 的本征振动.

表 4.9 C_{2h} 群特征标表

$C_{2h}(2/m)$			E	C_2	σ_h	I
x^2, y^2, z^2, xy	R_z	A_g	1	1	1	1
	z	A_u	1	1	–1	–1
xz, yz	R_x, R_y	B_g	1	–1	–1	1
	x, y	B_u	1	–1	1	–1

请注意, 这里对下标有个选择性: "u" 这个奇宇称可以, "g" 这个偶宇称就不行. 这是为什么呢? 原因很简单, 我们选择的这个体系具有中心反演对称性, 因此, 系统的本征态具有特定的宇称. 我们这里激发振动的时候, 是由基态, 也就是承载一维恒等表示的状态向某本征振动态激发. 基态是偶宇称, 中间的微扰是奇宇称, 所以末态必须是奇宇称.

当系统不具备中心反演对称性的时候, 如何去判断一个本征振动是否具有红外活性呢? 答案很简单, 上个例子前半部分的讨论依然成立, 也就是承载 x, y, z 这些一次齐次函数的不可约表示所对应的本征振动依然具有红外活性. 唯一不同的地方就是宇称不再是个好量子数了, 这个不可约表示不会再有 "u"这样的下标了.

除了红外谱, 在实际科研中读者很可能接触到另一类光谱 —— Raman 谱 (Raman 和 Bose 一样都是印度人. Raman 获得了诺贝尔奖, 同时还是印度科学院的缔造者, 对近代物理学在印度的传播起了非常大的作用). 在 Raman 谱的理解上应该说对一个真实系统电子能级与振动能级的认识是基础. 任何多原子系统的能级都可分为电子能级与振动能级, 在能量空间的分布一般如图 4.10 (a) 所示. 在电子的基态上, 会比较密地分布一些振动能级. 它们合在一起占据了一些能量空间, 对应的是电子基态、振动的基态与不同激发态. 之后会有一个很大的禁区, 这个禁区之后才是电子的第一激发态以及它对应的振动基态与不同激发态.

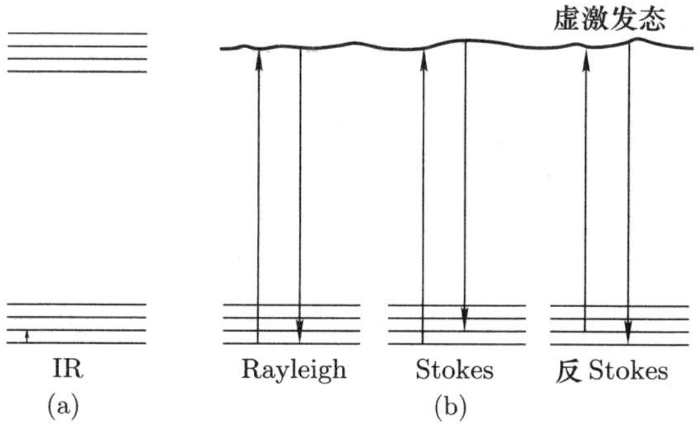

图 4.10 Raman 谱图一

在红外吸收中, 吸收谱对应的是声子的共振吸收. 系统的跃迁就像图 4.10 中左图描述的, 电子始终都处在基态, 在吸收过程中, 因为原子核动了, 电子在其基态上有个重新分布, 带来一个电偶极矩, 这个电偶极矩与外场耦合产生共振. 系统的状态, 是从电子基态的声子基态, 跳到电子基态的声子激发态.

而 Raman 谱不是吸收谱, 是散射谱. 它对应的物理过程是一束光照到样品上以后, 由于光子本身的电磁场, 可以诱发一个样品的极化. 我们把这个由光子的电磁场诱发的样品的极化描述成一个虚的吸收, 也就是说电子从基态跃迁到了一个虚的激发态. 当这个光子被弹性地散射 (也就是 Rayleigh 散射) 的时候, 光子与物质相互作用后只改变动量, 不改变能量, 系统跳回基态. 整个物理过程就像图 4.10 (b) 第一列描述的那样 (与 Rayleigh 散射相关的最常见的自然现象就是晴空是蓝的, 这是因为散射强度与波长的四次方成反比, 蓝光散射得多).

除了弹性散射, 很自然我们还可以想到非弹性散射. 在非弹性散射中, 入射光在回到电子基态的时候, 会损失或得到一定的能量. 损失能量过程对应的是它回到了电子的基态, 声子的激发态, 光子的能量损失给声子了. 这个过程叫 Stokes 散射 (见图 4.10 (b) 第二列). 而得到能量的过程对应的是系统开始处在电子基态, 声子的激发态, 散射以后系统回到电子基态, 声子基态. 与之对应, 在这个过程中样品的声子就把能量给了光子, 称为反 Stokes 散射 (见图 4.10 (b) 第三列). 当时人们对声子应该说还没有很深入的理解, 但非弹性散射过程的特性, 使得 Raman 在这个工作做出 (1928 年) 之后, 很快 (1930 年) 就得了诺贝尔物理学奖, 背后的原因很值得玩味. 可能光子能量的改变所蕴藏的对光的粒子性的支持是很重要的原因, 因为那个年代是建立量子力学基本概念的年代, 最热的就是这个东西. Compton 散射也与之类似, 是光子和电子的非弹性散射. Compton 在 1923 年做的实验, 1927 年就得了诺贝尔物理学奖. 总之, 物理学发展史上任何研究, 到底重不重要须通过时间检验, 看它究竟对我们对这个世界的认识有多大帮助, 而得不得诺贝尔奖, 有时候还要看那些年的潮流是什么.

回到正题, 基于前面对 Raman 散射过程的描述, 在实验里面, 理想的 Raman 图就如图 4.11 所示. 中间的大峰对应的是 Rayleigh 散射. 对反 Stokes 峰, 由于它需要系统开始的时候就处在振动的激发态, 所以低温下不明显, 温度高一些比较好测.

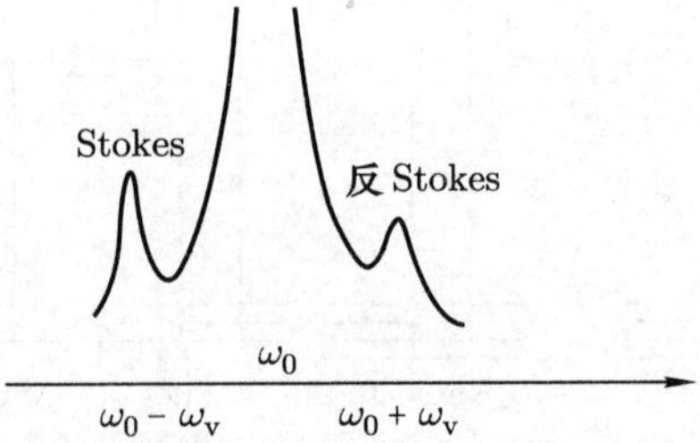

图 4.11　Raman 谱图二

而同时我们如果把弹性散射部分扣除, 就可以得到纯振动部分. 图 4.11 只给了一个振动模式, 实际情况往往是一系列, 如图 4.12 所示. 这一系列的移动, 代表的就是系统的本征振动频率.

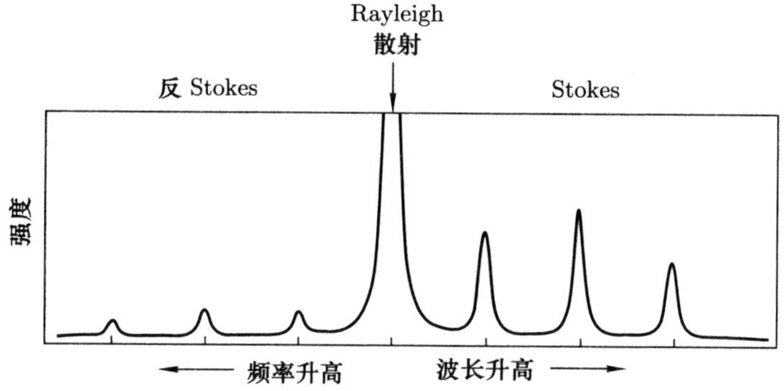

图 4.12 Raman 谱图三

这是另一种画法, 右边是长波长、低能部分, 与图 4.11 相反

Raman 谱和红外谱一样, 也有个选择定则, 可以通过对称性的知识去理解. 但和红外谱不同的是, 在 Raman 谱里面, 感生偶极矩并不是由原子核运动直接产生的. 在红外谱里面, 吸收信号反映的是声子的本征振动与外场之间的耦合. 也就是说声子振动产生电偶极矩, 这个电偶极矩直接与光子的电场耦合来产生吸收. 这个过程是个一阶过程. 而 Raman 谱里面, 一般有两束光产生作用. 入射光的作用是产生一个感生偶极矩, 然后由入射光产生的感生偶极矩会和散射光的光场耦合. 由于入射光并不激发系统的本征振动, 它要产生偶极矩的话, 必须通过一个极化率. 这个极化率记为 $\overline{\overline{\alpha}}$, 是个 3×3 的张量. 入射光的电场为 $\boldsymbol{E}_\mathrm{i}\cos(\omega t)$, ω 为入射光频率. 它们一起产生的感生偶极矩是

$$\boldsymbol{\mu}=\overline{\overline{\alpha}}\cdot\boldsymbol{E}_\mathrm{i}\cos(\omega t).$$

这里 $\overline{\overline{\alpha}}$ 叫 Raman 极化率张量 (Raman polarizability tensor), 是随着原子核的运动有变化的. 我们把原子核在平衡位置时的极化率记为 $\overline{\overline{\alpha}}_0$, 把原子核的运动对它的改变记为 $\Delta\overline{\overline{\alpha}}$, 那么总的极化率就是 $\overline{\overline{\alpha}}=\overline{\overline{\alpha}}_0+\Delta\overline{\overline{\alpha}}$. $\Delta\overline{\overline{\alpha}}$ 会以晶格或分子的振动频率 ω_v 随时间变化, 等于 $\Delta\overline{\overline{\alpha}}_0\cos(\omega_\mathrm{v}t)$, 而 $\Delta\overline{\overline{\alpha}}_0$ 是不随时间变化的由晶格振动引起的极化率变化幅度. 这样由它们产生的感生偶极矩就分别为 $\overline{\overline{\alpha}}_0\cdot\boldsymbol{E}_\mathrm{i}\cos(\omega t),\Delta\overline{\overline{\alpha}}\cdot\boldsymbol{E}_\mathrm{i}\cos(\omega t)$, 其中 ω 为入射光频率. 电偶极矩整体是

$$\begin{aligned}\boldsymbol{\mu}&=\overline{\overline{\alpha}}\cdot\boldsymbol{E}_\mathrm{i}\cos(\omega t)\\&=(\overline{\overline{\alpha}}_0+\Delta\overline{\overline{\alpha}})\cdot\boldsymbol{E}_\mathrm{i}\cos(\omega t)\\&=(\overline{\overline{\alpha}}_0+\Delta\overline{\overline{\alpha}}_0\cos(\omega_\mathrm{v}t))\cdot\boldsymbol{E}_\mathrm{i}\cos(\omega t)\\&=\overline{\overline{\alpha}}_0\cdot\boldsymbol{E}_\mathrm{i}\cos(\omega t)+\frac{\Delta\overline{\overline{\alpha}}_0}{2}[\cos(\omega-\omega_\mathrm{v})t+\cos(\omega+\omega_\mathrm{v})t]\cdot\boldsymbol{E}_\mathrm{i},\end{aligned}$$

其中的第一项频率与入射光相同, 对应的是正常的 Rayleigh 散射的部分, 第二项与第三项对应的是 Raman 效应中的 Stokes 与反 Stokes 移动.

这些 Raman 谱所对应的系统哈密顿量的变化是

$$\widehat{H}' = -\left[\frac{\Delta\overline{\overline{\alpha}}_0}{2}\cos(\omega \pm \omega_{\mathrm{v}})t\right] \cdot \boldsymbol{E}_{\mathrm{i}} \cdot \boldsymbol{E}_{\mathrm{s}},$$

其中, $\boldsymbol{E}_{\mathrm{s}}$ 为散射光的电场强度. 这样, Raman 谱中的微扰所对应的跃迁矩阵元就是

$$\left(\Psi'_{\mathrm{v}}\middle| -\left[\frac{\Delta\overline{\overline{\alpha}}_0}{2}\cos(\omega \pm \omega_{\mathrm{v}})t\right] \cdot \boldsymbol{E}_{\mathrm{i}} \cdot \boldsymbol{E}_{\mathrm{s}}\,\Psi_{\mathrm{v}}\right).$$

我们现在要做的, 就是利用对称性来分析由这个跃迁矩阵元决定的选择定则.

和红外谱一样, 我们的初态 Ψ_{v} 是振动基态, 对应一维恒等哈密顿算符群表示. 微扰项 $-\left[\frac{\Delta\overline{\overline{\alpha}}_0}{2}\cos(\omega \pm \omega_{\mathrm{v}})t\right] \cdot \boldsymbol{E}_{\mathrm{i}} \cdot \boldsymbol{E}_{\mathrm{s}}$ 里面, $\boldsymbol{E}_{\mathrm{i}}$ 与 $\boldsymbol{E}_{\mathrm{s}}$ 是外场, 对系统的对称操作不变. 我们现在需要知道的, 就是 $\Delta\overline{\overline{\alpha}}_0$ 这个由振动引起的二阶张量承载的是系统对称群的哪些表示, 然后与本征振动 Ψ'_{v} 所对应的系统对称群的表示对应就行了.

而 $\Delta\overline{\overline{\alpha}}_0$ 这个二阶张量, 代表的是原子核的运动对系统极化率的影响. 它对系统对称群的对称操作的变换性质与二次函数 $x^2, y^2, z^2, xy, yz, xz$ 相同. 因此对一个具有特定对称群的分子或晶体, 我们要看它的哪些本征振动是有 Raman 活性的, 只要看这个振动对应的不可约表示是否承载 $x^2, y^2, z^2, xy, yz, xz$ 这些二次函数基矢就可以了. 还是前面的那个 $\mathrm{C_{2h}}$ 点群, 由它的特征标表, 我们就可以看出对应其 A_{g} 与 B_{g} 不可约表示的本征振动是有 Raman 活性的, 对应 A_{u} 与 B_{u} 的没有.

前面讲红外谱的时候说过, 对应 A_{u} 与 B_{u} 的本征振动是有红外活性的. 这里的下标刚好反过来了. 其背后的原因, 就是红外的 $\widehat{H}'$ 是奇宇称的, 对应的 Ψ'_{v} 也要是奇宇称的, 所以有红外活性的振动下标都是 "u". 而 Raman 谱的 $\widehat{H}'$ 是偶宇称的, 对应的 Ψ'_{v} 也要是偶宇称的, 所以有 Raman 活性的振动下标都是 "g". 这两个活性互补. 需要注意的是, 这种互补只对具有中心反演对称性的体系成立. 当系统没有中心反演对称性时, 我们无法通过 "u", "g" 这些标记把红外和 Raman 活性的振动区分开. 这个时候, 某个振动是允许同时具备 Raman 和红外活性的.

与上面所讲内容直接相关的例子是这些年很流行的一个测表面振动的方法, 叫和频光谱 (sum frequency generation). 这个技术在非线性光学的发展里面很重要. 其基本特征是要测量的是一个三阶过程, 内部包含红外吸收这个一阶过程与 Raman 吸收这个二阶过程, 我们要求这个振动同时具备红外与 Raman 活性. 在液体内部, 由于液体本身的均匀性, 我们一般认为系统具备中心反演对称性. 对于具备中心反演对称性的系统, 由于红外谱与 Raman 谱的互补, 和频信号就会很弱. 而液体表面, 由于中心反演对称性的破缺, 红外谱与 Raman 谱不再互补, 这样和频信号就会强很多. 因此, 和频光谱技术是为数不多的具备液体表面敏感特征的技术[18,19].

需要说明的是, 前面在对跃迁矩阵元

$$\left(\Psi_{\mathrm{v}}'\right| - \left[\frac{\Delta\overline{\overline{\alpha}}_0}{2}\cos(\omega \pm \omega_{\mathrm{v}})t\right] \boldsymbol{E}_{\mathrm{i}} \cdot \boldsymbol{E}_{\mathrm{s}} \Psi_{\mathrm{v}}\Big)$$

的讨论中, 我们假定 $\boldsymbol{E}_{\mathrm{i}}, \boldsymbol{E}_{\mathrm{s}}$ 在声子波函数的变化范围内是常数. 如果在这个空间尺度, 这些外场也随 $\boldsymbol{r}$ 变化, 那么前面讨论的选择定则将失效. 这不是空想, 而已经被用来通过局域场的调制去突破一些传统实验手段的局限. 针尖增强 Raman 散射 (tip-enhanced Raman scattering, TERS) 技术的发展就是这方面的一个例子. 这方面中国科学技术大学微尺度单分子研究团队有一些代表性工作[20,21], 感兴趣的同学可以了解一下.

4.6 平移不变性与 Bloch 定理

在空间群部分, 我们讲过晶体的一个重要特性就是原子 (离子或分子) 排列的周期性. 这个周期性 (平移对称性) 可以由点阵来描述. 点阵中任意一个格点可描述为一个正格矢 $\boldsymbol{R}_l$, 具体形式为

$$\boldsymbol{R}_l = l_1\boldsymbol{a}_1 + l_2\boldsymbol{a}_2 + l_3\boldsymbol{a}_3,$$

其中 l_1, l_2, l_3 为整数, $\boldsymbol{a}_1, \boldsymbol{a}_2, \boldsymbol{a}_3$ 为点阵的基矢, 它们构成的平行六面体为原胞. 这个原胞一般不反映晶体点阵的对称性. 以 fcc 格子为例, 它的原胞如图 4.13 中内部的平行六面体所示, 从这个平行六面体看不出任何点阵的对称性. 要想看出这个对称性, 有两种方法: 一是取晶胞, 就像图 4.13 中的立方体, 晶胞变大了, 这个大的晶胞可以反映出点阵的对称性; 二是对原胞做另一种取法 —— Wigner-Seitz 晶胞. 以二维晶体为例, 这个晶胞的取法是相对于原点, 对每个格点与原点的连线做平分线所围出来的最小的面积, 如图 4.14 所示. 三维情况下, 简立方、体心、面心的 Wigner-Seitz 晶胞如图 4.15 所示. 这些都是实空间的东西.

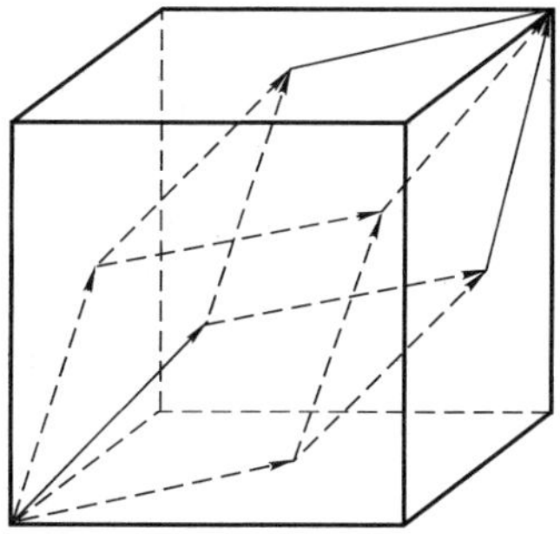

图 4.13 晶胞与原胞

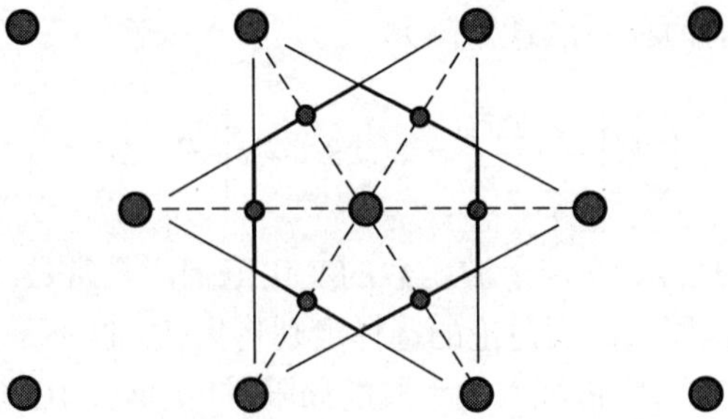

图 4.14 Wigner-Seitz 晶胞

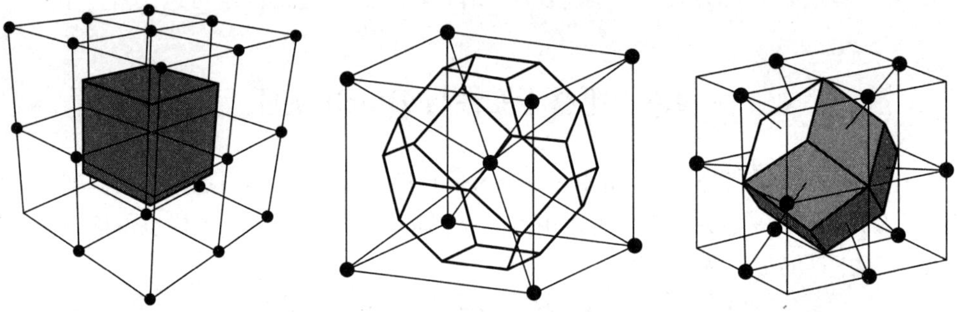

(a) (b) (c)

图 4.15 简立方 (a)、体心 (b)、面心 (c) 晶体的实空间 Wigner-Seitz 晶胞

晶体中的元激发的状态一般可以用波矢来描述, 波矢对应的是倒空间. 与实空间中的点阵对应, 倒空间也有点阵, 它们是由 $\boldsymbol{b}_1, \boldsymbol{b}_2, \boldsymbol{b}_3$ 的整数线性组合构成的, 其中

$$\boldsymbol{b}_1 = \frac{2\pi}{\Omega}(\boldsymbol{a}_2 \times \boldsymbol{a}_3),$$
$$\boldsymbol{b}_2 = \frac{2\pi}{\Omega}(\boldsymbol{a}_3 \times \boldsymbol{a}_1),$$
$$\boldsymbol{b}_3 = \frac{2\pi}{\Omega}(\boldsymbol{a}_1 \times \boldsymbol{a}_2),$$

Ω 为实空间中原胞体积. 晶体是 fcc, 对应的倒空间点阵是 bcc; 晶体是 bcc, 对应的倒空间点阵是 fcc.

上面是我们对固体物理课程中一些基础知识的回顾, 现在看平移对称性. 所谓平移对称性, 指的是将晶体平移 $\boldsymbol{R}_l$, 系统回到与原来不可分辨状态的属性. 当晶体无穷大时, 平移操作 $\{E|\boldsymbol{R}_l\}$ 无穷多. 对于有限晶体, 我们会使用周期性边界条件, 取 $\{E|N_1\boldsymbol{a}_1\} = \{E|N_2\boldsymbol{a}_2\} = \{E|N_3\boldsymbol{a}_3\} = \{E|0\}$. 这样的话由元素 $\{E|\boldsymbol{R}_l\}$ 形成的集合是构成一个群的, 因为:

(1) 任意两个平移的乘积仍为一个形式为 $\{E|\boldsymbol{R}_l\}$ 的平移;

(2) 结合律显然成立;

(3) $\{E|\boldsymbol{R}_l\}$ 的逆为 $\{E|-\boldsymbol{R}_l\}$;

(4) 恒等操作为 $\{E|0\}$.

这个群称为平移群.

现在我们知道了晶体中存在平移群, 这会带来什么后果呢? 答案很简单, 就是 Bloch 定理. 在讲这个定理之前我们先明确一点, 就是平移群是个 Abel 群, 因此, 对于由 $\{E|N_1\boldsymbol{a}_1\}=\{E|N_2\boldsymbol{a}_2\}=\{E|N_3\boldsymbol{a}_3\}=\{E|0\}$ 这个周期性边界条件定义的晶体, 平移群的阶为 $N_1\times N_2\times N_3$, 类的个数也是 $N_1\times N_2\times N_3$, 有 $N_1\times N_2\times N_3$ 个一维的不等价不可约表示.

以固体中的电子这样一个处在晶格周期场中的量子的粒子为例, 它的元激发对应某本征态. 这里平移群是固体的系统对称群, 群元为 g. 与之相应, 哈密顿算符群的群元是 P_g. 晶体中的电子态是要承载这个哈密顿算符群的表示的. 在求表示的过程中, 只需要知道平移群基本生成元 $\{E|\boldsymbol{a}_1\},\{E|\boldsymbol{a}_2\},\{E|\boldsymbol{a}_3\}$ 所对应的 $\widehat{P}_g$ 的表示矩阵, 整个哈密顿算符群表示矩阵就求出来了.

以 $\{E|\boldsymbol{a}_1\}$ 为例, 它对应 $\widehat{P}_g\psi(\boldsymbol{r})=\psi(\boldsymbol{r}-\boldsymbol{a}_1)=D(\{E|\boldsymbol{a}_1\})\psi(\boldsymbol{r})$. 由于周期性边界条件, 有 $D^{N_1}(\{E|\boldsymbol{a}_1\})\psi(\boldsymbol{r})=\psi(\boldsymbol{r}-N_1\boldsymbol{a}_1)=\psi(\boldsymbol{r})$ 对任意 $\boldsymbol{r}$ 成立. 因此有 $D^{N_1}(\{E|\boldsymbol{a}_1\})=1$. 对 $\{E|\boldsymbol{a}_2\},\{E|\boldsymbol{a}_3\}$, 同样有 $D^{N_2}(\{E|\boldsymbol{a}_2\})=1, D^{N_3}(\{E|\boldsymbol{a}_3\})=1$. 这些是对 $D(\{E|\boldsymbol{a}_1\}),D(\{E|\boldsymbol{a}_2\}),D(\{E|\boldsymbol{a}_3\})$ 的要求. 当 $D(\{E|\boldsymbol{a}_1\}),D(\{E|\boldsymbol{a}_2\})$, $D(\{E|\boldsymbol{a}_3\})$ 定下以后, 不可约表示就定下了.

要让 $D^{N_1}(\{E|\boldsymbol{a}_1\})=1, D^{N_2}(\{E|\boldsymbol{a}_2\})=1, D^{N_3}(\{E|\boldsymbol{a}_3\})=1$, 我们只需要取 $D(\{E|\boldsymbol{a}_1\})=\exp\left[2\pi\mathrm{i}\dfrac{n_1}{N_1}\right], D(\{E|\boldsymbol{a}_2\})=\exp\left[2\pi\mathrm{i}\dfrac{n_2}{N_2}\right], D(\{E|\boldsymbol{a}_3\})=\exp\left[2\pi\mathrm{i}\dfrac{n_3}{N_3}\right]$ 就可以了. 也就是说平移群的一维不等价不可约表示, 最终可以用 $\dfrac{n_1}{N_1},\dfrac{n_2}{N_2},\dfrac{n_3}{N_3}$ 这个数组来标记. 在这个数组确定后, 在这个确定的不等价不可约表示中, 平移操作 $\boldsymbol{R}_l=l_1\boldsymbol{a}_1+l_2\boldsymbol{a}_2+l_3\boldsymbol{a}_3$ 所对应的表示矩阵就是

$$D(\{E|\boldsymbol{R}_l\})=\exp\left[2\pi\mathrm{i}\left(\frac{n_1}{N_1}l_1+\frac{n_2}{N_2}l_2+\frac{n_3}{N_3}l_3\right)\right].$$

这个时候, 引入我们之前关于倒空间的讨论, 结合 $\boldsymbol{b}_1,\boldsymbol{b}_2,\boldsymbol{b}_3$ 与 $\boldsymbol{a}_1,\boldsymbol{a}_2,\boldsymbol{a}_3$ 的关系 $\boldsymbol{a}_i\cdot\boldsymbol{b}_j=2\pi\delta_{ij}$, 我们就可以用倒空间中的向量

$$\boldsymbol{k}=\frac{n_1}{N_1}\boldsymbol{b}_1+\frac{n_2}{N_2}\boldsymbol{b}_2+\frac{n_3}{N_3}\boldsymbol{b}_3$$

来标记平移群的一维不等价不可约表示, 而这里的 $\boldsymbol{k}$ 就是倒空间中第一 Brillouin 区的点, 相应的表示就是

$$D_{\boldsymbol{k}}(\{E|\boldsymbol{R}_l\})=\exp[\mathrm{i}\boldsymbol{k}\cdot\boldsymbol{R}_l].$$

这样, 我们用 $\boldsymbol{k}$ 来标记电子的本征态 $\psi_{\boldsymbol{k}}(\boldsymbol{r})$. 这个本征态波函数就会具有下面的特征: 当 $\widehat{P}_{\{E|\boldsymbol{R}_l\}}$ 作用到 $\psi_{\boldsymbol{k}}(\boldsymbol{r})$ 上时, 一方面有

$$\widehat{P}_{\{E|\boldsymbol{R}_l\}}\psi_{\boldsymbol{k}}(\boldsymbol{r}) = \psi_{\boldsymbol{k}}(\boldsymbol{r}-\boldsymbol{R}_l),$$

另一方面有

$$\widehat{P}_{\{E|\boldsymbol{R}_l\}}\psi_{\boldsymbol{k}}(\boldsymbol{r}) = D_{\boldsymbol{k}}(\{E|\boldsymbol{R}_l\})\psi_{\boldsymbol{k}}(\boldsymbol{r}) = \exp[\mathrm{i}\boldsymbol{k}\cdot\boldsymbol{R}_l]\psi_{\boldsymbol{k}}(\boldsymbol{r}),$$

因此

$$\psi_{\boldsymbol{k}}(\boldsymbol{r}-\boldsymbol{R}_l) = \exp[\mathrm{i}\boldsymbol{k}\cdot\boldsymbol{R}_l]\psi_{\boldsymbol{k}}(\boldsymbol{r})$$

或

$$\psi_{\boldsymbol{k}}(\boldsymbol{r}+\boldsymbol{R}_l) = \exp[-\mathrm{i}\boldsymbol{k}\cdot\boldsymbol{R}_l]\psi_{\boldsymbol{k}}(\boldsymbol{r}).$$

这就是 Bloch 定理.

根据 Bloch 定理, 如果把 $\psi_{\boldsymbol{k}}(\boldsymbol{r})$ 写成 $\exp[-\mathrm{i}\boldsymbol{k}\cdot\boldsymbol{r}]u_{\boldsymbol{k}}(\boldsymbol{r})$ 的形式, 那么 $\psi_{\boldsymbol{k}}(\boldsymbol{r}+\boldsymbol{R}_l)$ 一方面会等于

$$\exp[-\mathrm{i}\boldsymbol{k}\cdot(\boldsymbol{r}+\boldsymbol{R}_l)]u_{\boldsymbol{k}}(\boldsymbol{r}+\boldsymbol{R}_l),$$

另一方面又等于

$$\exp[-\mathrm{i}\boldsymbol{k}\cdot\boldsymbol{R}_l]\psi_{\boldsymbol{k}}(\boldsymbol{r}) = \exp[-\mathrm{i}\boldsymbol{k}\cdot(\boldsymbol{r}+\boldsymbol{R}_l)]u_{\boldsymbol{k}}(\boldsymbol{r}),$$

因此

$$u_{\boldsymbol{k}}(\boldsymbol{r}+\boldsymbol{R}_l) = u_{\boldsymbol{k}}(\boldsymbol{r}).$$

也就是说处在晶格周期场中的元激发的本征态波函数, 一定可以写成 $\exp[-\mathrm{i}\boldsymbol{k}\cdot\boldsymbol{r}]u_{\boldsymbol{k}}(\boldsymbol{r})$ (其中 $u_{\boldsymbol{k}}(\boldsymbol{r})$ 为晶格周期函数) 的形式, $\boldsymbol{k}$ 是倒空间第一 Brillouin 区中的点. 换句话说, 处在晶格周期场中的本征元激发, 都可以用倒空间第一 Brillouin 区的点来标记, 其相应的波函数具备 $\exp[-\mathrm{i}\boldsymbol{k}\cdot\boldsymbol{r}]u_{\boldsymbol{k}}(\boldsymbol{r})$ 的特征. 这是由晶格的平移对称性决定的.

4.7 Brillouin 区与晶格对称性

前面的讨论主要关注的是晶体中平移对称性带来的晶体中本征激发的性质. 除了平移, 在点群、空间群部分我们已经说过, 晶体中还有转动对称性. 这些转动对称性也会给晶体中的本征激发带来很多内在的属性. 其中最重要的, 就是前面提到标记晶格周期场中本征激发的第一 Brillouin 区的点, 可以通过转动对称性的折叠, 缩小到一个很小的区域, 叫不可约 Brillouin 区. 下面我们就来详细解释这为什么会发生.

我们的出发点是晶体空间群的基本操作 $\{\alpha|\boldsymbol{t}\}$. $\alpha=E$ 时, $\boldsymbol{t}$ 只能为 $\boldsymbol{R}_l$, 这个时候它就是平移群. 当 α 为非恒等转动时, $\boldsymbol{t}$ 可以不为 $\boldsymbol{R}_l$. 它们所有的组合形成空间群. $\{\alpha|\boldsymbol{t}\}$ 这些元素的乘法满足的规律是

$$\begin{gathered}\{\alpha|\boldsymbol{t}\}\boldsymbol{r}=\alpha\boldsymbol{r}+\boldsymbol{t},\\ \{\alpha|\boldsymbol{t}\}\{\beta|\boldsymbol{s}\}\boldsymbol{r}=\{\alpha|\boldsymbol{t}\}(\beta\boldsymbol{r}+\boldsymbol{s})=\alpha\beta\boldsymbol{r}+\alpha\boldsymbol{s}+\boldsymbol{t}=\{\alpha\beta|\alpha\boldsymbol{s}+\boldsymbol{t}\}\boldsymbol{r},\end{gathered}$$

因此

$$\{\alpha|\boldsymbol{t}\}\{\beta|\boldsymbol{s}\}=\{\alpha\beta|\alpha\boldsymbol{s}+\boldsymbol{t}\}.$$

要让 $\{\alpha|\boldsymbol{t}\}\{\beta|\boldsymbol{s}\}=\{E|0\}$, 需要 $\{\beta|\boldsymbol{s}\}=\{\alpha^{-1}|-\alpha^{-1}\boldsymbol{t}\}$, 因此

$$\{\alpha|\boldsymbol{t}\}^{-1}=\{\alpha^{-1}|-\alpha^{-1}\boldsymbol{t}\}.$$

这些是空间群群元的性质.

这些对称元素的存在会对晶体场中的本征激发带来什么影响呢? 我们还是以电子的元激发为例. $\{\alpha|\boldsymbol{t}\}$ 为对称操作, $\widehat{P}_{\{\alpha|\boldsymbol{t}\}}$ 为其对应的函数变换算符. 由 4.1 节的讨论我们知道:

$$\widehat{P}^{-1}_{\{\alpha|\boldsymbol{t}\}}\widehat{H}\widehat{P}_{\{\alpha|\boldsymbol{t}\}}=\widehat{H}.$$

同时, 因为 $\{E|-\boldsymbol{R}_l\}\{\alpha|\boldsymbol{t}\}=\{\alpha|-\boldsymbol{R}_l+\boldsymbol{t}\},\{\alpha|\boldsymbol{t}\}\{E|-\alpha^{-1}\boldsymbol{R}_l\}=\{\alpha|-\boldsymbol{R}_l+\boldsymbol{t}\}$, 所以

$$\{E|-\boldsymbol{R}_l\}\{\alpha|\boldsymbol{t}\}=\{\alpha|\boldsymbol{t}\}\{E|-\alpha^{-1}\boldsymbol{R}_l\}.$$

基于这些性质, 我们知道对 $\widehat{P}_{\{\alpha|\boldsymbol{t}\}},\widehat{P}_{\{E|\boldsymbol{R}_l\}}$, 有

$$\begin{aligned}\widehat{P}_{\{E|-\boldsymbol{R}_l\}}\widehat{P}_{\{\alpha|\boldsymbol{t}\}}\psi_{\boldsymbol{k}}(\boldsymbol{r})&=\widehat{P}_{\{\alpha|\boldsymbol{t}\}}\widehat{P}_{\{E|-\alpha^{-1}\boldsymbol{R}_l\}}\psi_{\boldsymbol{k}}(\boldsymbol{r})\\&=\widehat{P}_{\{\alpha|\boldsymbol{t}\}}\exp[\mathrm{i}\boldsymbol{k}\cdot(-\alpha^{-1}\boldsymbol{R}_l)]\psi_{\boldsymbol{k}}(\boldsymbol{r})\\&=\widehat{P}_{\{\alpha|\boldsymbol{t}\}}\exp[-\mathrm{i}\alpha\boldsymbol{k}\cdot\boldsymbol{R}_l]\psi_{\boldsymbol{k}}(\boldsymbol{r})\\&=\exp[-\mathrm{i}\alpha\boldsymbol{k}\cdot\boldsymbol{R}_l]\widehat{P}_{\{\alpha|\boldsymbol{t}\}}\psi_{\boldsymbol{k}}(\boldsymbol{r}).\end{aligned}$$

也就是说 $\widehat{P}_{\{\alpha|\boldsymbol{t}\}}\psi_{\boldsymbol{k}}(\boldsymbol{r})$ 对于平移群, 可承载 $\alpha\boldsymbol{k}$ 这个第一 Brillouin 区的 $\boldsymbol{k}$ 点所对应的不可约表示.

而另一方面, 由前面的讨论, 我们知道 $\psi_{\alpha\boldsymbol{k}}(\boldsymbol{r})$ 本身也承载 $\alpha\boldsymbol{k}$ 这个第一 Brillouin 区的 $\boldsymbol{k}$ 点所对应的不可约表示. 当带指标一样时, 它们必对应相同的线性空间, 因此

$$\psi_{\alpha\boldsymbol{k}}(\boldsymbol{r})=\lambda\widehat{P}_{\{\alpha|\boldsymbol{t}\}}\psi_{\boldsymbol{k}}(\boldsymbol{r}),\tag{4.15}$$

两者都归一时 $|\lambda|=1$.

由 (4.15) 式, 我们看 $\psi_{\alpha\boldsymbol{k}}(\boldsymbol{r})$ 这个本征态的本征能量与 $\psi_{\boldsymbol{k}}(\boldsymbol{r})$ 这个本征态的本征能量存在什么样的关系. 答案很简单:

$$\begin{aligned}
E_{\alpha\boldsymbol{k}} &= (\psi_{\alpha\boldsymbol{k}}(\boldsymbol{r})|\widehat{H}\psi_{\alpha\boldsymbol{k}}(\boldsymbol{r})) \\
&= (\lambda\widehat{P}_{\{\alpha|\boldsymbol{t}\}}\psi_{\boldsymbol{k}}(\boldsymbol{r})|\widehat{H}\lambda\widehat{P}_{\{\alpha|\boldsymbol{t}\}}\psi_{\boldsymbol{k}}(\boldsymbol{r})) \\
&= (\widehat{P}_{\{\alpha|\boldsymbol{t}\}}\psi_{\boldsymbol{k}}(\boldsymbol{r})|\widehat{H}\widehat{P}_{\{\alpha|\boldsymbol{t}\}}\psi_{\boldsymbol{k}}(\boldsymbol{r})) \\
&= (\psi_{\boldsymbol{k}}(\boldsymbol{r})|\widehat{P}^{-1}_{\{\alpha|\boldsymbol{t}\}}\widehat{H}\widehat{P}_{\{\alpha|\boldsymbol{t}\}}\psi_{\boldsymbol{k}}(\boldsymbol{r})) = (\psi_{\boldsymbol{k}}(\boldsymbol{r})|\widehat{H}\psi_{\boldsymbol{k}}(\boldsymbol{r})) = E_{\boldsymbol{k}}.
\end{aligned}$$

也就是说对于空间群, 只要存在群元 $\{\alpha|\boldsymbol{t}\}$, 这里的 $\boldsymbol{t}$ 不要求为 $\boldsymbol{R}_l$ (晶格矢的整数倍), 都可以使 $\alpha\boldsymbol{k}$ 与 $\boldsymbol{k}$ 所对应的本征态能量相等 (当然, 带指标 “n” 必须相同). 这也是为什么对固体能带, 我们最关心的其实不是晶体的点群, 而是晶体 “空间群的点群”, 也就是取空间群所有元素 $\{\alpha|\boldsymbol{t}\}$, 把 α 单独拿出来, 形成的转动操作的集合. Brillouin 区的转动对称性是由空间群的点群决定的.

同时, 在画能带的时候, 我们也不需要把 Brillouin 区所有点都画出来, 而只需要画不可约的 Brillouin 区就可以了. 以二维系统为例, 如果空间群的点群是 D_4, 不可约 Brillouin 区就是图 4.16 中的阴影部分. 如果空间群的点群是 C_4, 不可约 Brillouin 区就如图 4.17 中阴影部分所示. 空间群的点群对称性越高, 不可约 Brillouin 区越小.

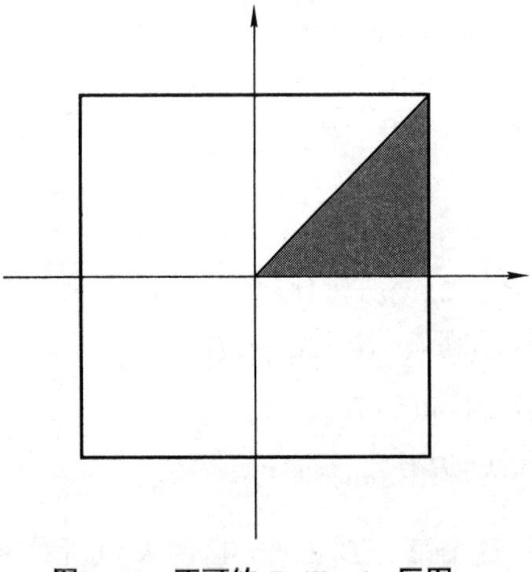

图 4.16 不可约 Brillouin 区图一

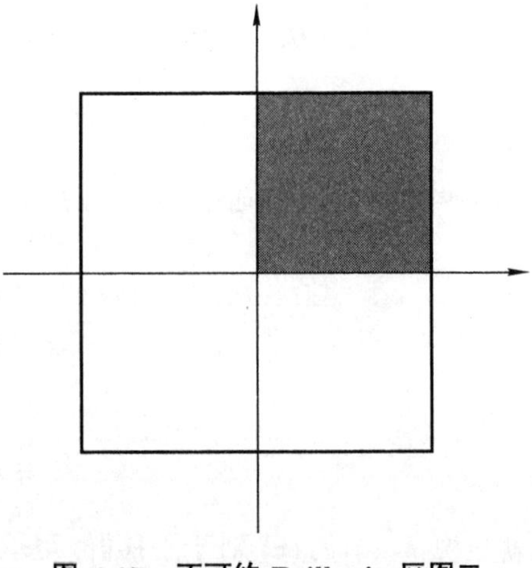

图 4.17 不可约 Brillouin 区图二

4.8 时间反演对称性

最后一节我们讲时间反演对称性 (之前讲的不管是转动还是平移都是空间的). 我们先对这一节的内容做一个概念性的整体介绍. 这个整体介绍很好理解, 也对读者了解一些与时间反演对称性相关的基本规律有好处. 之后, 我们做一个更深层次的理论层面的讲解.

先看概念性介绍. 时间反演是改变时间符号的操作, 它对系统的主要物理量带来的变化是: t 变为 $-t$, $\boldsymbol{r}$ 不变, $\boldsymbol{p}$ 变为 $-\boldsymbol{p}$ (或者说 $\boldsymbol{k}$ 变为 $-\boldsymbol{k}$), $\boldsymbol{L}$ 变为 $-\boldsymbol{L}$, $\boldsymbol{\sigma}$ 变为 $-\boldsymbol{\sigma}$. 在无外磁场, 且系统没有固有磁序的时候, 由于动能正比于 $\boldsymbol{p}^2$, 势能 $V(\boldsymbol{r})$ 不变, 所以哈密顿量不发生变化, 系统具有时间反演对称性. 有外场, 或者系统具有固有磁序的时候, 哈密顿量中多了 $\boldsymbol{B}\cdot\boldsymbol{\sigma}$ 这一在时间反演操作下反号的项, 而其他项不变, 所以总哈密顿量变化, 系统不具备时间反演对称性.

对电子本征激发 Bloch 态 $\psi_{n,\boldsymbol{k},\uparrow}(\boldsymbol{r})$, 它的时间反演态是 $\psi_{n,-\boldsymbol{k},\downarrow}(\boldsymbol{r})$. 无外磁场, 且系统没有固有磁序时, 由于哈密顿量具备时间反演对称性, 对于晶体能级能量, 存在

$$E_{n,\boldsymbol{k},\uparrow} = E_{n,-\boldsymbol{k},\downarrow}. \tag{4.16}$$

这个简并是时间反演对称性要求的.

在时间反演对称性的基础上, 如果系统还有空间反演对称性, 那么有

$$E_{n,\boldsymbol{k},\uparrow} = E_{n,-\boldsymbol{k},\uparrow}. \tag{4.17}$$

也就是说, 当空间与时间反演对称性同时存在时, 结合 (4.16) 和 (4.17) 式, 就有

$$E_{n,\boldsymbol{k},\uparrow} = E_{n,\boldsymbol{k},\downarrow},$$

也就是说同一个波矢的两个不同自旋态相互简并.

同时, 由于 $E_{n,\boldsymbol{k},\uparrow} = E_{n,\boldsymbol{k},\downarrow}, E_{n,\boldsymbol{k},\uparrow} = E_{n,-\boldsymbol{k},\downarrow}, E_{n,-\boldsymbol{k},\uparrow} = E_{n,\boldsymbol{k},\downarrow}$, 有

$$E_{n,\boldsymbol{k},\uparrow} = E_{n,\boldsymbol{k},\downarrow} = E_{n,-\boldsymbol{k},\uparrow} = E_{n,-\boldsymbol{k},\downarrow},$$

也就是在系统同时具有时间、空间反演对称性的时候, $E_{n,\boldsymbol{k},\sigma}$ 对 $\boldsymbol{k}$ 和 σ 的正负号都有简并的特征.

因为这个原因, 当一个系统既有时间反演对称性, 又有空间反演对称性的时候, 它的电子能带必有自旋简并的特征. 在一些关于电子结构的讨论中, 读者应该经常会看到一些类似讨论的句子, 比如 "若想破坏自旋简并, 必须要么破坏时间反演对称性, 要么破坏空间反演对称性", 说的就是这个道理.

空间反演对称性如果去除, 时间反演对称性依然要求 $E_{n,\boldsymbol{k},\uparrow} = E_{n,-\boldsymbol{k},\downarrow}$. 前些年比较热的拓扑绝缘体的一个基本特征是具有导电的边缘态, 能带具有如图 4.18 所示特征. 这里的能带交叉点对应的简并就是被时间反演对称性保护的.

现在看背后更深层次的原理性的东西. 如果只想理解上面的内容的话, 这个东西本来可以不讲, 但曾经有细心的同学问了我一个关于晶体点群特征标表 (见附录 A) 的问题: 对于 C_3, C_4, C_6, C_{3h}, C_{4h}, C_{6h}, S_4, S_6, T 这些点群, 有个有意思的情况, 就是我

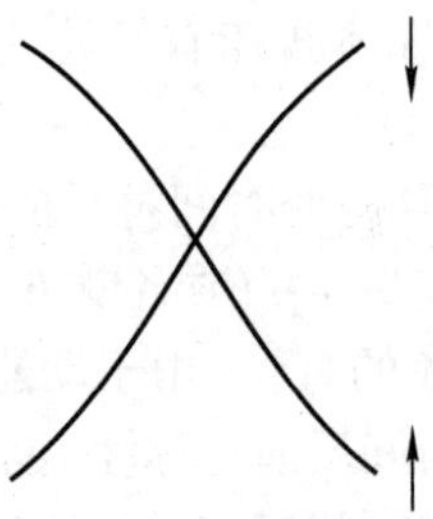

图 4.18 时间反演要求的能带简并

们有时会把两个一维表示放在一起用 E 来标记. 根据我们以前讲的习惯, E 一般是用来标记二维不可约表示的. 这里为什么要这样处理呢? 这个时候, 如果再细心点, 读者会发现放在一起的两个一维表示是相互共轭的. 相互共轭就意味着它们的表示可以写为 D 与 D^*, 背后所对应的物理就是时间反演对称性可以让这两个不被空间点群对称性要求简并的量子态简并. 而要理解它, 我们又必须从头说起.

前面说过, 时间反演是一种操作. 我们可以把它记作 $\widehat{T}$, 它做的事情是: t 变为 $-t$, $\boldsymbol{r}$ 不变, $\boldsymbol{p}$ 变为 $-\boldsymbol{p}$ (或者说 $\boldsymbol{k}$ 变为 $-\boldsymbol{k}$), $\boldsymbol{L}$ 变为 $-\boldsymbol{L}$, $\boldsymbol{\sigma}$ 变为 $-\boldsymbol{\sigma}$. 它联系起来的是两个量子态: 原来的态 $\psi(\boldsymbol{r},t)$ 与它的时间反演共轭态 $\psi(\boldsymbol{r},-t)$ 通过 $\psi(\boldsymbol{r},-t)=\widehat{T}\psi(\boldsymbol{r},t)$ 相联系. 下面我们来理解 $\widehat{T}$ 在数学上等效于什么.

现在先不考虑自旋, 假设系统哈密顿量具有时间反演对称性, 那么这个不考虑自旋的粒子的含时波函数满足的方程是

$$\mathrm{i}\hbar\frac{\partial\psi(\boldsymbol{r},t)}{\partial t}=\widehat{H}(\boldsymbol{r},t)\psi(\boldsymbol{r},t).$$

$t=0$ 时刻的波函数是定态波函数, 可以写成实函数 $\psi(\boldsymbol{r},0)$①. 这样的话, 沿时间正轴方向演化的含时波函数就是

$$\psi(\boldsymbol{r},t)=\mathrm{e}^{-\mathrm{i}\int_0^t\widehat{H}(\boldsymbol{r},t')\mathrm{d}t'/\hbar}\psi(\boldsymbol{r},0).$$

含时 Schrödinger 方程的时间轴反向, 有

$$\psi(\boldsymbol{r},-t)=\mathrm{e}^{-\mathrm{i}\int_0^{-t}\widehat{H}(\boldsymbol{r},t')\mathrm{d}t'/\hbar}\psi(\boldsymbol{r},0).$$

当系统具有时间反演对称性的时候, $\widehat{H}(\boldsymbol{r},-t')=\widehat{H}(\boldsymbol{r},t')$, 因此

$$\int_0^{-t}\widehat{H}(\boldsymbol{r},t')\mathrm{d}t'=-\int_0^{t}\widehat{H}(\boldsymbol{r},t')\mathrm{d}t'.$$

①定态波函数满足 $\widehat{H}(\boldsymbol{r})\psi(\boldsymbol{r},0)=E\psi(\boldsymbol{r},0)$, E 是实数. 对这个方程取转置共轭, 有 $\widehat{H}^\dagger(\boldsymbol{r})\psi^*(\boldsymbol{r},0)=\widehat{H}(\boldsymbol{r})\psi^*(\boldsymbol{r},0)=E\psi^*(\boldsymbol{r},0)$. 由此可知 $\widehat{H}(\boldsymbol{r})[\psi(\boldsymbol{r},0)+\psi^*(\boldsymbol{r},0)]=E[\psi(\boldsymbol{r},0)+\psi^*(\boldsymbol{r},0)]$. 而 $\psi(\boldsymbol{r},0)+\psi^*(\boldsymbol{r},0)$ 是实函数. 也就是说定态波函数总可以写成实函数.

这样就有

$$\psi(\boldsymbol{r},-t)=\mathrm{e}^{\mathrm{i}\int_0^t \widehat{H}(\boldsymbol{r},t')\mathrm{d}t'/\hbar}\psi(\boldsymbol{r},0),$$

也就是 $\psi(\boldsymbol{r},-t)=\psi^*(\boldsymbol{r},t)$. 这也就是说在不考虑自旋的时候, 时间反演算符 $\widehat{T}$ 就等于复数共轭算符 $\widehat{K}$.

考虑最简单的自旋 – 轨道耦合, 哈密顿量就变成了

$$\widehat{H}(\boldsymbol{r},t)=\frac{1}{2m}\widehat{\boldsymbol{p}}^2+V(\boldsymbol{r})+\frac{1}{4m^2c^2}\boldsymbol{\sigma}\cdot(\nabla V(\boldsymbol{r})\times\widehat{\boldsymbol{p}}).$$

这个时候, 为了保证哈密顿量在 $\widehat{T}$ 下不变, 就要求 $\widehat{T}\boldsymbol{\sigma}=-\boldsymbol{\sigma}\widehat{T}$. 前两项不变是在不考虑自旋的时候已经讨论过的, 第三项要想不变, 因为 $\widehat{\boldsymbol{p}}$ 变号了, $\nabla V(\boldsymbol{r})$ 没有, 所以 $\boldsymbol{\sigma}$ 必须变号. 也就是说时间反演对称性要求 $\widehat{T}\boldsymbol{\sigma}=-\boldsymbol{\sigma}\widehat{T}$.

怎么才能让 $\widehat{T}\boldsymbol{\sigma}=-\boldsymbol{\sigma}\widehat{T}$ 呢? 我们就需要利用 Pauli 矩阵的性质了. 取 $\widehat{T}=\widehat{K}\sigma_y$, 看这样能不能满足 $\widehat{T}\boldsymbol{\sigma}=-\boldsymbol{\sigma}\widehat{T}$ 的要求. $\boldsymbol{\sigma}$ 是

$$\sigma_x=\begin{pmatrix}0&1\\1&0\end{pmatrix},\quad \sigma_y=\begin{pmatrix}0&-\mathrm{i}\\\mathrm{i}&0\end{pmatrix},\quad \sigma_z=\begin{pmatrix}1&0\\0&-1\end{pmatrix}.$$

$\widehat{T}=\widehat{K}\sigma_y$ 作用到它上面的后果是

$$\widehat{T}\boldsymbol{\sigma}=\widehat{K}\sigma_y\boldsymbol{\sigma}=\widehat{K}\sigma_y(\sigma_x,\sigma_y,\sigma_z)=(\widehat{K}\sigma_y\sigma_x,\widehat{K}\sigma_y\sigma_y,\widehat{K}\sigma_y\sigma_z).$$

下一步利用到的性质是 $\sigma_y\sigma_x=-\sigma_x\sigma_y$, 从而 $\widehat{K}\sigma_y\sigma_x=-\widehat{K}\sigma_x\sigma_y=-\sigma_x\widehat{K}\sigma_y;\sigma_y\sigma_y=\sigma_y\sigma_y$, 从而 $\widehat{K}\sigma_y\sigma_y=-\sigma_y\widehat{K}\sigma_y;\sigma_y\sigma_z=-\sigma_z\sigma_y$, 从而 $\widehat{K}\sigma_y\sigma_z=-\widehat{K}\sigma_z\sigma_y=-\sigma_z\widehat{K}\sigma_y$. 这样综合上面的式子, 就有

$$\widehat{T}\boldsymbol{\sigma}=\widehat{K}\sigma_y\boldsymbol{\sigma}=-(\sigma_x\widehat{K}\sigma_y,\sigma_y\widehat{K}\sigma_y,\sigma_z\widehat{K}\sigma_y)=-\boldsymbol{\sigma}\widehat{K}\sigma_y=-\boldsymbol{\sigma}\widehat{T},$$

也就是 $\widehat{T}$ 让 $\boldsymbol{\sigma}$ 反号了. 综合一下, 就是说不考虑自旋时 $\widehat{T}=\widehat{K}$, 考虑时 $\widehat{T}=\widehat{K}\sigma_y$.

前面提到的附录 A 中的点群属于不考虑自旋的情况. 这个时候, 以 C_4 为例, 它的特征标表如表 4.10 所示.

表 4.10 C_4 **群特征标表**

$C_4(4)$			E	C_2	C_4	C_4^3
x^2+y^2,z^2	R_z,z	A	1	1	1	1
x^2-y^2,xy		B	1	–1	1	–1
(xz,yz),	(x,y),	E	1	i	–1	–i
(xz^2,yz^2)	(R_x,R_y)		1	–i	–1	i

按理说点群对称性是不要求 E 这两个不可约表示简并的, 这里时间反演对称性就起作用了. 因为上面那个表示我们记作 D, 它的基是 ψ. 由于有时间反演对称性, 我们可以把 ψ 变作 ψ^*. D 对 ψ 的那些变换也可以对应 D^* (下面的表示) 对 ψ^* 的变换. 这样, 点群对称性加上时间反演对称性 $\{\widehat{E},\widehat{T}\}$, ψ 与 ψ^* 也就通过对称操作联系起来了, 它们的能量自然简并.

习题与思考

1. 根据 C_{3v} 群特征标表, 将下面四个函数 (1) z, (2) xy, (3) x^2, (4) y^2 形成的线性空间约化为 C_{3v} 群的群不变子空间的直和.
2. 一个杂质原子放到一个晶体中, 假设晶体场对称性为 O. 不考虑自旋–轨道耦合, 结合 O 群特征标表讨论原子 d 轨道的劈裂情况. 这里要用到下一章的一点知识, 就是一个角度为 α 的转动, 在转动群, 也就是原子不考虑自旋–轨道耦合的对称群中, 特征标是 $\dfrac{\sin[(l+1/2)\alpha]}{\sin[\alpha/2]}$, 对 d 轨道 $l=2$.
3. (接 2 题) 之后, 我们对此单晶沿 z 方向均匀拉伸, 晶体场对称群变成了什么? 这些轨道又会进行什么样的劈裂?
4. (接 3 题) 之后, 我们对此单晶沿 y 方向再进行一个不同于 z 方向的均匀拉伸, 晶体场对称群又变成了什么? 这些轨道又会进行什么样的劈裂?
5. 根据下图, 以 a 轴为 $C_2^{(1)}$, b 轴为 $C_2^{(2)}$, c 轴为 $C_2^{(3)}$, 定义 C_{3v} 群. 用投影算符的方法说明从 (1) z, (2) xy 出发, 生成的 C_{3v} 群的表示空间是什么 (指出有几维, 以及线性无关的基函数)? 它们承载的是哪些不可约表示?

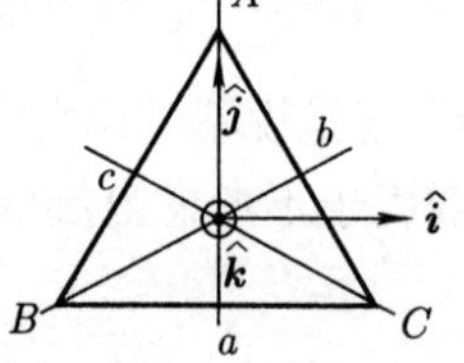

6. 某同学生长出来一种晶体. 为了对其结构有所了解, 他做了一个红外谱实验, 又做了一个 Raman 谱实验. 他发现在 1700 cm^{-1}, 1750 cm^{-1} 的位置 (具体数字不重要), 两种谱线都有明显的振动峰. 基于这些观测, 我们在下面四种点群中, 可以排除哪些, 为什么? (1) T_h; (2) C_{3v}; (3) T_d; (4) D_{3d}.
7. 某晶体结构是 fcc, Brillouin 区如下图所示. 在理解 Γ, X, K 点的本征电子态时, 分别应基于哪些点群的特征标表来分析? 从对称性的角度考虑, 从 Γ 点向 X 点移动

的过程中, 简并度一般是升高还是降低?

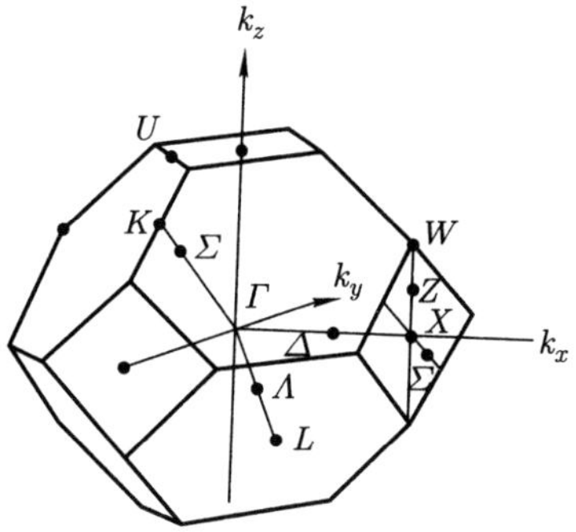

第五章　转动群

在点群部分我们曾经介绍过三维实正交群 O(3) 与三维实特殊正交群 SO(3), 三维实特殊正交群 SO(3) 就是这里要讲的三维转动群, 它是三维实正交群 O(3) 中行列式为 1 的部分. 物理中的中心力场问题都与这个群相关, 它是非 Abel 连续群的一个例子.

学习转动群这一章, 我们的核心任务是弄清楚三个问题: (1) SO(3) 群与 SU(2) 群是什么, 它们有怎样的关系; (2) SO(3) 群与 SU(2) 群的不可约表示是什么; (3) 它们在物理系统中有什么用. 这三个内容我们分三节来讲. 本章最后还会介绍 CG 系数, 读者在学习和科研中会用到.

5.1　SO(3) 群与二维特殊酉群 SU(2)

我们前面讲过, SO(3) 群中的元素可记为 $\mathrm{C}_{\boldsymbol{k}}(\psi)$, 其中 $\boldsymbol{k}(\theta,\varphi)$ 是转动轴, ψ 是转角. 当 $\boldsymbol{k}$ 为 z 轴时,

$$\mathrm{C}_{\boldsymbol{k}}(\psi)=\begin{pmatrix}\cos\psi & -\sin\psi & 0\\ \sin\psi & \cos\psi & 0\\ 0 & 0 & 1\end{pmatrix}.$$

SO(3) 群中元素进行的操作, 就是将一个球面转到与其重合的另一个位置, 且不改变手性. 从球心到球面上的三个向量在转动后夹角不变、手性不变. 由于这个原因, SO(3) 群中的元素可以用 Euler 角 α, β, γ 来标记, 记作 $R(\alpha,\beta,\gamma)$. 这些 Euler 角怎么定义呢?

设 $Oxyz$ 是三维欧氏空间中固定的笛卡儿坐标系, $R(\alpha,\beta,\gamma)$ 是 SO(3) 群中的元素, 它可以表示为三个连续转动的乘积. 这三个连续转动的定义是 (见图 5.1):

(1) 先绕 z 轴转 α 角, $0\leqslant\alpha<2\pi$, 此时坐标系由 $Oxyz$ 变为 $Ox'y'z'$;

(2) 再绕 y' 轴转 β 角, $0\leqslant\beta\leqslant\pi$, 此时 $Ox'y'z'$ 变为 $Ox''y''z''$;

(3) 最后绕 z'' 轴转 γ 角, $0\leqslant\gamma<2\pi$, 此时 $Ox''y''z''$ 变为 $Ox'''y'''z'''$.

这三个合在一起, 就意味着:

$$R(\alpha,\beta,\gamma)=\mathrm{C}_{z''}(\gamma)\mathrm{C}_{y'}(\beta)\mathrm{C}_{z}(\alpha).$$

这里为什么要求 $0\leqslant\alpha<2\pi, 0\leqslant\beta\leqslant\pi, 0\leqslant\gamma<2\pi$ 呢? 读者可以想象一个球. β 这个转动的作用, 是使得上半球 (这里也称为北半球) 中的任意一个点, 可以到达下

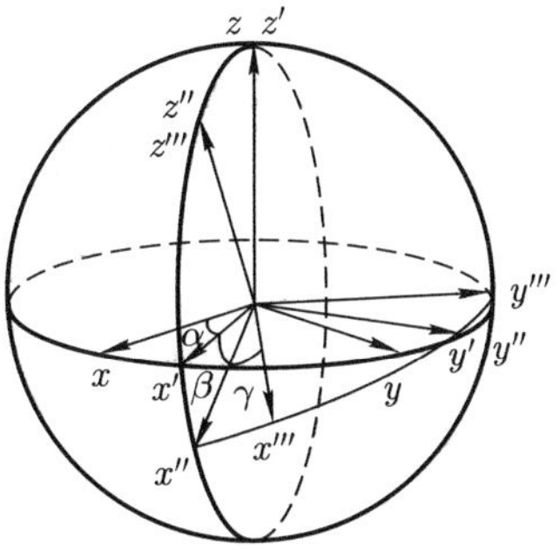

图 5.1 Euler 角

(南) 半球, 而 α, γ 是使得南北半球内的点互换. 所以 β 从 0 到 π 就够了, 但为了北极点能到南极点, π 要能取到, 而 α, γ 的 2π 不必取到.

还有一点需要说明一下: 当 $\beta = 0$ 时, $\alpha + \gamma$ 相同的操作对应的是同一个 SO(3) 群中的元素; 当 $\beta = \pi$ 时, $\alpha - \gamma$ 相同的操作对应同一个 SO(3) 群中的元素. 也就是说在使用 Euler 角描述的时候, 在一些特殊情况下, 多种 Euler 角的组合对应同一个转动. 不过我们写成 SO(3) 群的矩阵表示的时候, 这种多种组合的表示又会归一到同一个矩阵表示, 后面我们会解释.

做这两点说明之后, 我们就来看一下在使用 Euler 角表示三维转动的时候, 表示矩阵应该是什么样子. 我们取的基是 $\widehat{\boldsymbol{i}}, \widehat{\boldsymbol{j}}, \widehat{\boldsymbol{k}}$, 沿 x, y, z 方向. 之前我们说了, $R(\alpha,\beta,\gamma) = \mathrm{C}_{z''}(\gamma)\mathrm{C}_{y'}(\beta)\mathrm{C}_z(\alpha)$, 因此要计算 $R(\alpha,\beta,\gamma)$, 只要知道 $\mathrm{C}_{z''}(\gamma), \mathrm{C}_{y'}(\beta), \mathrm{C}_z(\alpha)$ 在 $\widehat{\boldsymbol{i}}, \widehat{\boldsymbol{j}}, \widehat{\boldsymbol{k}}$ 下是什么就可以了.

这三个里面最简单的肯定是 $\mathrm{C}_z(\alpha)$, 因为它是绕着 $\widehat{\boldsymbol{k}}$ 旋转 α 角的操作, 在 $\widehat{\boldsymbol{i}}, \widehat{\boldsymbol{j}}, \widehat{\boldsymbol{k}}$ 下矩阵形式为

$$\mathrm{C}_z(\alpha) = \begin{pmatrix} \cos\alpha & -\sin\alpha & 0 \\ \sin\alpha & \cos\alpha & 0 \\ 0 & 0 & 1 \end{pmatrix}.$$

现在的任务就是要弄清楚 $\mathrm{C}_{z''}(\gamma), \mathrm{C}_{y'}(\beta)$ 在 $\widehat{\boldsymbol{i}}, \widehat{\boldsymbol{j}}, \widehat{\boldsymbol{k}}$ 下是什么. 为了写出这两个矩阵, 我们先进行一个关于相似变换的简短讨论. 有两组基 $(\boldsymbol{e}_1, \boldsymbol{e}_2, \cdots, \boldsymbol{e}_n)$ 与 $(\boldsymbol{f}_1, \boldsymbol{f}_2, \cdots, \boldsymbol{f}_n)$, 我们把前者称为旧基 B, 后者称为新基 B', 两者由

$$(\boldsymbol{f}_1, \boldsymbol{f}_2, \cdots, \boldsymbol{f}_n) = (\boldsymbol{e}_1, \boldsymbol{e}_2, \cdots, \boldsymbol{e}_n)(P)$$

联系起来. 对于一个线性变换 A, 它在旧基 B 下的矩阵 $[A]_B$ 与它在新基 B' 下的矩阵 $[A]_{B'}$ 的关系是

$$[A]_B = P[A]_{B'}P^{-1}. \tag{5.1}$$

由这个关系我们知道, 转动 $C_{y'}(\beta)$ 在坐标系 $Ox'y'z'$ 下的矩阵为

$$\begin{pmatrix} \cos\beta & 0 & \sin\beta \\ 0 & 1 & 0 \\ -\sin\beta & 0 & \cos\beta \end{pmatrix}.$$

我们需要求出的, 是它在 $Oxyz$ 这个旧基下的表示. 我们知道新基 $Ox'y'z'$ 与旧基 $Oxyz$ 的联系是

$$(\widehat{\boldsymbol{i}}', \widehat{\boldsymbol{j}}', \widehat{\boldsymbol{k}}') = (\widehat{\boldsymbol{i}}, \widehat{\boldsymbol{j}}, \widehat{\boldsymbol{k}}) \begin{pmatrix} \cos\alpha & -\sin\alpha & 0 \\ \sin\alpha & \cos\alpha & 0 \\ 0 & 0 & 1 \end{pmatrix}.$$

套用上面的关系, $C_{y'}(\beta)$ 在 $Oxyz$ 中的表示就是

$$C_{y'}(\beta) = \begin{pmatrix} \cos\alpha & -\sin\alpha & 0 \\ \sin\alpha & \cos\alpha & 0 \\ 0 & 0 & 1 \end{pmatrix} \begin{pmatrix} \cos\beta & 0 & \sin\beta \\ 0 & 1 & 0 \\ -\sin\beta & 0 & \cos\beta \end{pmatrix} \begin{pmatrix} \cos\alpha & -\sin\alpha & 0 \\ \sin\alpha & \cos\alpha & 0 \\ 0 & 0 & 1 \end{pmatrix}^{-1}.$$

同理, $C_{z''}(\gamma)$ 在 $Ox''y''z''$ 下的表示是

$$\begin{pmatrix} \cos\gamma & -\sin\gamma & 0 \\ \sin\gamma & \cos\gamma & 0 \\ 0 & 0 & 1 \end{pmatrix}.$$

而 $Ox''y''z''$ 的基 $(\widehat{\boldsymbol{i}}'', \widehat{\boldsymbol{j}}'', \widehat{\boldsymbol{k}}'')$ 与 $Oxyz$ 的基 $(\widehat{\boldsymbol{i}}, \widehat{\boldsymbol{j}}, \widehat{\boldsymbol{k}})$ 的联系是

$$(\widehat{\boldsymbol{i}}'', \widehat{\boldsymbol{j}}'', \widehat{\boldsymbol{k}}'') = (\widehat{\boldsymbol{i}}, \widehat{\boldsymbol{j}}, \widehat{\boldsymbol{k}}) \begin{pmatrix} \cos\alpha & -\sin\alpha & 0 \\ \sin\alpha & \cos\alpha & 0 \\ 0 & 0 & 1 \end{pmatrix} \begin{pmatrix} \cos\beta & 0 & \sin\beta \\ 0 & 1 & 0 \\ -\sin\beta & 0 & \cos\beta \end{pmatrix},$$

这样 $C_{z''}(\gamma)$ 在 $Oxyz$ 下的表示就是

$$\begin{aligned} C_{z''}(\gamma) = & \begin{pmatrix} \cos\alpha & -\sin\alpha & 0 \\ \sin\alpha & \cos\alpha & 0 \\ 0 & 0 & 1 \end{pmatrix} \begin{pmatrix} \cos\beta & 0 & \sin\beta \\ 0 & 1 & 0 \\ -\sin\beta & 0 & \cos\beta \end{pmatrix} \begin{pmatrix} \cos\gamma & -\sin\gamma & 0 \\ \sin\gamma & \cos\gamma & 0 \\ 0 & 0 & 1 \end{pmatrix} \\ & \times \begin{pmatrix} \cos\beta & 0 & \sin\beta \\ 0 & 1 & 0 \\ -\sin\beta & 0 & \cos\beta \end{pmatrix}^{-1} \begin{pmatrix} \cos\alpha & -\sin\alpha & 0 \\ \sin\alpha & \cos\alpha & 0 \\ 0 & 0 & 1 \end{pmatrix}^{-1}. \end{aligned}$$

最后, 有

$$
\begin{aligned}
\mathrm{C}_{z''}(\gamma)\mathrm{C}_{y'}(\beta)\mathrm{C}_z(\alpha) &= \begin{pmatrix} \cos\alpha & -\sin\alpha & 0 \\ \sin\alpha & \cos\alpha & 0 \\ 0 & 0 & 1 \end{pmatrix} \begin{pmatrix} \cos\beta & 0 & \sin\beta \\ 0 & 1 & 0 \\ -\sin\beta & 0 & \cos\beta \end{pmatrix} \\
&\times \begin{pmatrix} \cos\gamma & -\sin\gamma & 0 \\ \sin\gamma & \cos\gamma & 0 \\ 0 & 0 & 1 \end{pmatrix} \begin{pmatrix} \cos\beta & 0 & \sin\beta \\ 0 & 1 & 0 \\ -\sin\beta & 0 & \cos\beta \end{pmatrix}^{-1} \begin{pmatrix} \cos\alpha & -\sin\alpha & 0 \\ \sin\alpha & \cos\alpha & 0 \\ 0 & 0 & 1 \end{pmatrix}^{-1} \\
&\times \begin{pmatrix} \cos\alpha & -\sin\alpha & 0 \\ \sin\alpha & \cos\alpha & 0 \\ 0 & 0 & 1 \end{pmatrix} \begin{pmatrix} \cos\beta & 0 & \sin\beta \\ 0 & 1 & 0 \\ -\sin\beta & 0 & \cos\beta \end{pmatrix} \begin{pmatrix} \cos\alpha & -\sin\alpha & 0 \\ \sin\alpha & \cos\alpha & 0 \\ 0 & 0 & 1 \end{pmatrix}^{-1} \\
&\times \begin{pmatrix} \cos\alpha & -\sin\alpha & 0 \\ \sin\alpha & \cos\alpha & 0 \\ 0 & 0 & 1 \end{pmatrix} \\
&= \begin{pmatrix} \cos\alpha & -\sin\alpha & 0 \\ \sin\alpha & \cos\alpha & 0 \\ 0 & 0 & 1 \end{pmatrix} \begin{pmatrix} \cos\beta & 0 & \sin\beta \\ 0 & 1 & 0 \\ -\sin\beta & 0 & \cos\beta \end{pmatrix} \begin{pmatrix} \cos\gamma & -\sin\gamma & 0 \\ \sin\gamma & \cos\gamma & 0 \\ 0 & 0 & 1 \end{pmatrix} \\
&= \begin{pmatrix} \cos\alpha\cos\beta\cos\gamma - \sin\alpha\sin\gamma & -\cos\alpha\cos\beta\sin\gamma - \sin\alpha\cos\gamma & \cos\alpha\sin\beta \\ \sin\alpha\cos\beta\cos\gamma + \cos\alpha\sin\gamma & -\sin\alpha\cos\beta\sin\gamma + \cos\alpha\cos\gamma & \sin\alpha\sin\beta \\ -\sin\beta\cos\gamma & \sin\beta\sin\gamma & \cos\beta \end{pmatrix}.
\end{aligned}
$$

从这个矩阵形式很容易看出: $\beta = 0$ 时, $\alpha+\gamma$ 相同对应同一转动; $\beta = \pi$ 时, $\alpha-\gamma$ 相同对应同一转动.

现在我们知道 SO(3) 群一个元素在三维实空间中用 Euler 角是怎么描述的了. 转动群这一章最核心的地方, 应该说是利用二维特殊酉群 (SU(2) 群) 与 SO(3) 群的同态关系, 来讨论 SO(3) 群的不可约表示以及它在具体物理系统中的应用. 因此, 在介绍完 SO(3) 群的群元之后, 很自然的一个任务就是介绍 SU(2) 群以及它与 SO(3) 群的同态映射关系.

SU(2) 群是由行列式为 1 的二阶酉矩阵组成的. 如果我们假设其元素为

$$u = \begin{pmatrix} a & b \\ c & d \end{pmatrix},$$

其中 $a, b, c, d \in C$, 那么, 由酉群这个限制, 就可以得到

$$\begin{pmatrix} a & b \\ c & d \end{pmatrix} \begin{pmatrix} a^* & c^* \\ b^* & d^* \end{pmatrix} = E,$$

从而有

$$aa^* + bb^* = 1,$$
$$cc^* + dd^* = 1,$$
$$ac^* + bd^* = 0.$$

另外由行列式为 1, 有

$$ad - bc = 1.$$

再由 $ac^* + bd^* = 0$, 可得

$$a^*c + b^*d = 0,$$

进而 $d = -a^*c/b^*$. 代入 $ad - bc = 1$, 有

$$-a\frac{a^*c}{b^*} - bc = -\frac{(aa^* + bb^*)c}{b^*} = -\frac{c}{b^*} = 1,$$

从而 $c = -b^*$. 将这个条件代入 $d = -a^*c/b^*$, 又得 $d = a^*$. 这样 u 这个矩阵就简化为

$$\begin{pmatrix} a & b \\ -b^* & a^* \end{pmatrix},$$

其中 $aa^* + bb^* = 1$.

有这个条件限制的矩阵是否构成群呢? 我们可以取任意的

$$u_1 = \begin{pmatrix} a_1 & b_1 \\ -b_1^* & a_1^* \end{pmatrix},$$
$$u_2 = \begin{pmatrix} a_2 & b_2 \\ -b_2^* & a_2^* \end{pmatrix},$$

那么

$$u_1u_2 = \begin{pmatrix} a_1a_2 - b_1b_2^* & a_1b_2 + b_1a_2^* \\ -a_2b_1^* - a_1^*b_2^* & a_1^*a_2^* - b_1^*b_2 \end{pmatrix}.$$

这个矩阵显然具有 u 的形式, 同时 $|u_1u_2| = |u_1||u_2| = 1$, 所以乘法具有封闭性.

除了封闭性, 结合律自然成立, 且有单位矩阵, 同时, 酉矩阵的逆矩阵还是酉矩阵 (由 $u^\dagger u = E$, 知 $(u^{-1})^\dagger u^{-1} = uu^{-1} = E$), 因此所有行列式为 1 的二阶酉矩阵构成一个群, 即 SU(2) 群 (二维特殊酉群).

现在讲完了 SO(3) 群群元用 Euler 角的表述方式, 以及 SU(2) 群的特性, 下一个任务就是要说明 SU(2) 群和 SO(3) 群的关系. 要理解它们之间的联系, 其中最关键的地方就是理解二阶零迹厄米矩阵 σ 与三维实空间中的向量 $\boldsymbol{r}$ 的一一对应关系. 这怎么

理解呢? 我们需要引入 Pauli 矩阵. 在量子力学课程中介绍过, Pauli 矩阵有三个, 分别是

$$\sigma_x = \begin{pmatrix} 0 & 1 \\ 1 & 0 \end{pmatrix}, \quad \sigma_y = \begin{pmatrix} 0 & -\mathrm{i} \\ \mathrm{i} & 0 \end{pmatrix}, \quad \sigma_z = \begin{pmatrix} 1 & 0 \\ 0 & -1 \end{pmatrix}.$$

它们都是二阶、零迹, 且厄米的矩阵. 同时, 二阶零迹厄米矩阵只有三个实自由参数 (零迹厄米, 说明对角元必须为实数, 且和为零, 而非对角元要实部相等, 虚部相反), 这也就意味着如果用实的展开系数把上面那三个 Pauli 矩阵进行线性组合, 可以给出任意一个二阶零迹厄米矩阵:

$$h = x\sigma_x + y\sigma_y + z\sigma_z = \boldsymbol{r}\cdot\boldsymbol{\sigma} = \begin{pmatrix} z & x-\mathrm{i}y \\ x+\mathrm{i}y & -z \end{pmatrix},$$

其中 $\boldsymbol{\sigma} = \sigma_x\widehat{\boldsymbol{i}} + \sigma_y\widehat{\boldsymbol{j}} + \sigma_z\widehat{\boldsymbol{k}}$. h 与三维欧氏空间中的向量 $\boldsymbol{r}$ 有一一对应关系, 也就是说一组 x, y, z 对应一个 h, 也对应一个 $\boldsymbol{r}$.

由 x, y, z 对应的零迹厄米矩阵 $h = \boldsymbol{r}\cdot\boldsymbol{\sigma}$ 可以用我们前面提到的二阶酉矩阵 u 进行 $u(\boldsymbol{r}\cdot\boldsymbol{\sigma})u^{-1}$ 相似变换. 相似变换不改变矩阵的迹, 所以 $u(\boldsymbol{r}\cdot\boldsymbol{\sigma})u^{-1}$ 仍然为零迹. 同时, 它的厄米共轭是

$$[u(\boldsymbol{r}\cdot\boldsymbol{\sigma})u^{-1}]^\dagger = (u^{-1})^\dagger(\boldsymbol{r}\cdot\boldsymbol{\sigma})^\dagger u^\dagger.$$

u 是酉的, $u^\dagger = u^{-1}$; $\boldsymbol{r}\cdot\boldsymbol{\sigma}$ 厄米, $(\boldsymbol{r}\cdot\boldsymbol{\sigma})^\dagger = \boldsymbol{r}\cdot\boldsymbol{\sigma}$, 因此:

$$[u(\boldsymbol{r}\cdot\boldsymbol{\sigma})u^{-1}]^\dagger = u(\boldsymbol{r}\cdot\boldsymbol{\sigma})u^{-1},$$

$u(\boldsymbol{r}\cdot\boldsymbol{\sigma})u^{-1}$ 仍然零迹厄米.

零迹厄米矩阵可以与三维实空间中的一个向量联系起来, 因此我们记 $u(\boldsymbol{r}\cdot\boldsymbol{\sigma})u^{-1} = \boldsymbol{r}'\cdot\boldsymbol{\sigma}$. 这也意味着 $u(\boldsymbol{r}\cdot\boldsymbol{\sigma})u^{-1}$ 中的 u, 实际上对应的是三维实空间的一个变换 R_u, 它的作用是 $\boldsymbol{r}' = R_u\boldsymbol{r}$.

由于 u 是由 a, b 决定的, 因此 R_u 也是由 a, b 决定的. R_u 的确定方式非常简单. 利用 $u(\boldsymbol{r}\cdot\boldsymbol{\sigma})u^{-1} = \boldsymbol{r}'\cdot\boldsymbol{\sigma}$, 知

$$\begin{pmatrix} a & b \\ -b^* & a^* \end{pmatrix}\begin{pmatrix} z & x-\mathrm{i}y \\ x+\mathrm{i}y & -z \end{pmatrix}\begin{pmatrix} a^* & -b \\ b^* & a \end{pmatrix} = \begin{pmatrix} z' & x'-\mathrm{i}y' \\ x'+\mathrm{i}y' & -z' \end{pmatrix}, \tag{5.2}$$

而

$$\begin{pmatrix} x' \\ y' \\ z' \end{pmatrix} = R_u\begin{pmatrix} x \\ y \\ z \end{pmatrix},$$

因此,

$$R_u = \begin{pmatrix} \frac{1}{2}(a^2+a^{*2}-b^2-b^{*2}) & -\frac{\mathrm{i}}{2}(a^2-a^{*2}+b^2-b^{*2}) & -(ab+a^*b^*) \\ \frac{\mathrm{i}}{2}(a^2-a^{*2}-b^2+b^{*2}) & \frac{1}{2}(a^2+a^{*2}+b^2+b^{*2}) & \mathrm{i}(a^*b^*-ba) \\ a^*b+b^*a & \mathrm{i}(a^*b-b^*a) & aa^*-bb^* \end{pmatrix}. \tag{5.3}$$

对 R_u 有两点需要说明:

(1) 由于

$$|\boldsymbol{r}'\cdot\boldsymbol{\sigma}| = \begin{vmatrix} z' & x'-\mathrm{i}y' \\ x'+\mathrm{i}y' & -z' \end{vmatrix} = |u(\boldsymbol{r}\cdot\boldsymbol{\sigma})u^{-1}| = |\boldsymbol{r}\cdot\boldsymbol{\sigma}| = \begin{vmatrix} z & x-\mathrm{i}y \\ x+\mathrm{i}y & -z \end{vmatrix},$$

所以 $|\boldsymbol{r}'| = \sqrt{(x'^2+y'^2+z'^2)} = \sqrt{(x^2+y^2+z^2)} = |\boldsymbol{r}|$. 也就是说每个 SU(2) 群中的 u 对应的 R_u 都属于 O(3).

(2) 同时, 取 $a=1, b=0$, u 为单位矩阵, R_u 的行列式为 1. 而实正交矩阵的行列式只能为 1 或 –1, 这里已经有了它为 1 的情况, 同时由于 R_u 是 a, b 的连续函数, 不会出现从 1 到 –1 的跳跃, 所以在实正交矩阵中, 我们知道 $|R_u| = 1$, 也就是说它属于 SO(3).

这也就是说对任意 SU(2) 群中的元素 u, 都有一个 SO(3) 群中的转动与之对应. 这是我们说明 SU(2) 与 SO(3) 群同态对应关系成立的第一步. 之后, 我们还需要说明乘法规律不变以及任意 SO(3) 群中的元素都有 SU(2) 群中的元素与之对应才可以.

(1) 乘法规律不变.

$\forall u, v \in \mathrm{SU}(2)$, 有 SO(3) 群中的元素 R_u, R_v 与之对应, 那么 uv 所对应的三维实空间中的转动 R_{uv} 是否等于 R_uR_v?

我们已知

$$u(\boldsymbol{r}\cdot\boldsymbol{\sigma})u^{-1} = \boldsymbol{r}'\cdot\boldsymbol{\sigma} = R_u\boldsymbol{r}\cdot\boldsymbol{\sigma},$$
$$v(\boldsymbol{r}\cdot\boldsymbol{\sigma})v^{-1} = \boldsymbol{r}''\cdot\boldsymbol{\sigma} = R_v\boldsymbol{r}\cdot\boldsymbol{\sigma},$$

那么 $uv(\boldsymbol{r}\cdot\boldsymbol{\sigma})(uv)^{-1}$ 一方面等于

$$uv(\boldsymbol{r}\cdot\boldsymbol{\sigma})(uv)^{-1} = uv(\boldsymbol{r}\cdot\boldsymbol{\sigma})v^{-1}u^{-1} = u(R_v\boldsymbol{r}\cdot\boldsymbol{\sigma})u^{-1} = R_uR_v\boldsymbol{r}\cdot\boldsymbol{\sigma},$$

另一方面它又直接等于

$$uv(\boldsymbol{r}\cdot\boldsymbol{\sigma})(uv)^{-1} = R_{uv}\boldsymbol{r}\cdot\boldsymbol{\sigma},$$

因此 $R_uR_v = R_{uv}$.

(2) 任何 SO(3) 群中的元素都可以找到 SU(2) 群中的元素与之对应 (也就是满射).

由我们之前知道的 u 与 R_u 的对应关系, 取

$$u_1(\alpha)=\begin{pmatrix} \mathrm{e}^{-\mathrm{i}\alpha/2} & 0 \\ 0 & \mathrm{e}^{\mathrm{i}\alpha/2} \end{pmatrix},$$

它对应

$$R_{u_1(\alpha)}=\begin{pmatrix} \cos\alpha & -\sin\alpha & 0 \\ \sin\alpha & \cos\alpha & 0 \\ 0 & 0 & 1 \end{pmatrix}.$$

同样, 取

$$v_2(\beta)=\begin{pmatrix} \cos\dfrac{\beta}{2} & -\sin\dfrac{\beta}{2} \\ \sin\dfrac{\beta}{2} & \cos\dfrac{\beta}{2} \end{pmatrix},$$

它对应

$$R_{v_2(\beta)}=\begin{pmatrix} \cos\beta & 0 & \sin\beta \\ 0 & 1 & 0 \\ -\sin\beta & 0 & \cos\beta \end{pmatrix}.$$

取

$$u_1(\gamma)=\begin{pmatrix} \mathrm{e}^{-\mathrm{i}\gamma/2} & 0 \\ 0 & \mathrm{e}^{\mathrm{i}\gamma/2} \end{pmatrix},$$

$$R_{u_1(\gamma)}=\begin{pmatrix} \cos\gamma & -\sin\gamma & 0 \\ \sin\gamma & \cos\gamma & 0 \\ 0 & 0 & 1 \end{pmatrix},$$

$u_1(\alpha)v_2(\beta)u_1(\gamma)$ 这个 SU(2) 群中的元素, 就会对应

$$\begin{pmatrix} \cos\alpha & -\sin\alpha & 0 \\ \sin\alpha & \cos\alpha & 0 \\ 0 & 0 & 1 \end{pmatrix}\begin{pmatrix} \cos\beta & 0 & \sin\beta \\ 0 & 1 & 0 \\ -\sin\beta & 0 & \cos\beta \end{pmatrix}\begin{pmatrix} \cos\gamma & -\sin\gamma & 0 \\ \sin\gamma & \cos\gamma & 0 \\ 0 & 0 & 1 \end{pmatrix}$$

这个 SO(3) 群中的转动, 而这里

$$\begin{aligned} u_1(\alpha)v_2(\beta)u_1(\gamma) &= \begin{pmatrix} \mathrm{e}^{-\mathrm{i}\alpha/2} & 0 \\ 0 & \mathrm{e}^{\mathrm{i}\alpha/2} \end{pmatrix}\begin{pmatrix} \cos\dfrac{\beta}{2} & -\sin\dfrac{\beta}{2} \\ \sin\dfrac{\beta}{2} & \cos\dfrac{\beta}{2} \end{pmatrix}\begin{pmatrix} \mathrm{e}^{-\mathrm{i}\gamma/2} & 0 \\ 0 & \mathrm{e}^{\mathrm{i}\gamma/2} \end{pmatrix} \\ &= \begin{pmatrix} \cos\dfrac{\beta}{2}\mathrm{e}^{-\mathrm{i}(\alpha+\gamma)/2} & -\sin\dfrac{\beta}{2}\mathrm{e}^{-\mathrm{i}(\alpha-\gamma)/2} \\ \sin\dfrac{\beta}{2}\mathrm{e}^{\mathrm{i}(\alpha-\gamma)/2} & \cos\dfrac{\beta}{2}\mathrm{e}^{\mathrm{i}(\alpha+\gamma)/2} \end{pmatrix}. \end{aligned}$$

由于 SO(3) 群中的任意一个转动都可以用一组 Euler 角描述, 因此满射成立. 同时容易看出, $\beta=0$ 时, $\alpha+\gamma$ 相同的组合对应同一转动, $\beta=\pi$ 时, $\alpha-\gamma$ 相同的组合对应同一转动这个性质, 在

$$\begin{pmatrix} \cos\dfrac{\beta}{2}\mathrm{e}^{-\mathrm{i}(\alpha+\gamma)/2} & -\sin\dfrac{\beta}{2}\mathrm{e}^{-\mathrm{i}(\alpha-\gamma)/2} \\ \sin\dfrac{\beta}{2}\mathrm{e}^{\mathrm{i}(\alpha-\gamma)/2} & \cos\dfrac{\beta}{2}\mathrm{e}^{\mathrm{i}(\alpha+\gamma)/2} \end{pmatrix}$$

中也有体现.

结合这上面的三点 (任意 SU(2) 群元有 SO(3) 群元与之对应、乘法关系不变、满射), SU(2) 与 SO(3) 同态, 其中的同态核是 SO(3) 中的

$$\begin{pmatrix} 1 & 0 & 0 \\ 0 & 1 & 0 \\ 0 & 0 & 1 \end{pmatrix}$$

对应的 SU(2) 群中的元素. 根据上面

$$\begin{pmatrix} \cos\alpha & -\sin\alpha & 0 \\ \sin\alpha & \cos\alpha & 0 \\ 0 & 0 & 1 \end{pmatrix}\begin{pmatrix} \cos\beta & 0 & \sin\beta \\ 0 & 1 & 0 \\ -\sin\beta & 0 & \cos\beta \end{pmatrix}\begin{pmatrix} \cos\gamma & -\sin\gamma & 0 \\ \sin\gamma & \cos\gamma & 0 \\ 0 & 0 & 1 \end{pmatrix}$$

与

$$\begin{pmatrix} \cos\dfrac{\beta}{2}\mathrm{e}^{-\mathrm{i}(\alpha+\gamma)/2} & -\sin\dfrac{\beta}{2}\mathrm{e}^{-\mathrm{i}(\alpha-\gamma)/2} \\ \sin\dfrac{\beta}{2}\mathrm{e}^{\mathrm{i}(\alpha-\gamma)/2} & \cos\dfrac{\beta}{2}\mathrm{e}^{\mathrm{i}(\alpha+\gamma)/2} \end{pmatrix}$$

的对应关系, 我们知道 $\alpha+\gamma=0, \beta=0$ 对应的 SO(3) 群中元素是单位矩阵, SU(2) 群中元素也是单位矩阵. 同时 SU(2) 群中取 $\alpha+\gamma=2\pi, \beta=0$, 元素为

$$\begin{pmatrix} -1 & 0 \\ 0 & -1 \end{pmatrix},$$

根据上面的对应关系, 给出的 SO(3) 群中的元素仍然为

$$\begin{pmatrix} 1 & 0 & 0 \\ 0 & 1 & 0 \\ 0 & 0 & 1 \end{pmatrix},$$

这也说明同态核是

$$\left\{\begin{pmatrix} 1 & 0 \\ 0 & 1 \end{pmatrix}, \begin{pmatrix} -1 & 0 \\ 0 & -1 \end{pmatrix}\right\}.$$

再由同态核定理, 同态核 $\{E,-E\}$ 为 SU(2) 群的不变子群, 且其中任意一个陪集 $\{u,-u\}$ 对应 SO(3) 群中的同一个转动 R_u (这其实从 (5.3) 式也可以看出, a,b 同加负号, R_u 不变).

5.2 SO(3) 群与 SU(2) 群的不可约表示

如果把本章第一节的内容做个总结的话, 基本上是下面三点:

(1) SU(2) 群与 SO(3) 群存在 2 对 1 的同态映射关系, SU(2) 群的两个元素 u 与 $-u$ 对应 SO(3) 群的一个转动 R_u;

(2) 如已知 SU(2) 群中的元素 u, 可由 R_u 的表达式求出 R_u;

(3) 如已知 SO(3) 群中的元素 $R(\alpha,\beta,\gamma)$, 也可由

$$\begin{pmatrix}\cos\alpha & -\sin\alpha & 0\\ \sin\alpha & \cos\alpha & 0\\ 0 & 0 & 1\end{pmatrix}\begin{pmatrix}\cos\beta & 0 & \sin\beta\\ 0 & 1 & 0\\ -\sin\beta & 0 & \cos\beta\end{pmatrix}\begin{pmatrix}\cos\gamma & -\sin\gamma & 0\\ \sin\gamma & \cos\gamma & 0\\ 0 & 0 & 1\end{pmatrix}$$

对应

$$\begin{pmatrix}\cos\dfrac{\beta}{2}\mathrm{e}^{-\mathrm{i}(\alpha+\gamma)/2} & -\sin\dfrac{\beta}{2}\mathrm{e}^{-\mathrm{i}(\alpha-\gamma)/2}\\ \sin\dfrac{\beta}{2}\mathrm{e}^{\mathrm{i}(\alpha-\gamma)/2} & \cos\dfrac{\beta}{2}\mathrm{e}^{\mathrm{i}(\alpha+\gamma)/2}\end{pmatrix}$$

来求出 u 与 $-u$.

在已知 SO(3) 与 SU(2) 的关系以后, 下一个任务很自然地就是求它们的不等价不可约表示. 这里采取的基本思路是这样的: 我们要取一个线性空间作为表示空间, 这个线性空间记为 $\mathscr{L}^j$, 它是一个函数空间. 函数空间的基为 $\psi^j_m(\boldsymbol{x})$, 其中 $\boldsymbol{x}$ 为 SU(2) 群所对应的线性空间中的向量, 由 $\begin{pmatrix}x_1\\ x_2\end{pmatrix}$ 表示. SU(2) 群中的线性变换 u 作用到向量 $\begin{pmatrix}x_1\\ x_2\end{pmatrix}$ 上, 得到新的向量 $\begin{pmatrix}x_1'\\ x_2'\end{pmatrix}$, 两者之间的联系是

$$\begin{pmatrix}x_1'\\ x_2'\end{pmatrix}=u\begin{pmatrix}x_1\\ x_2\end{pmatrix}=\begin{pmatrix}a & b\\ -b^* & a^*\end{pmatrix}\begin{pmatrix}x_1\\ x_2\end{pmatrix}.$$

同时, 既然我们说线性空间 $\mathscr{L}^j$ 由 j 来标记, 那么对于一个特定的 j (非负整数或半奇数), 就会存在不同的 $\psi^j_m(\boldsymbol{x})$, 这些 $\psi^j_m(\boldsymbol{x})$ 通过线性组合形成线性空间. 这里, 我们取 $\psi^j_m(\boldsymbol{x})$ 的形式为

$$\psi^j_m(\boldsymbol{x})=\psi^j_m(x_1,x_2)=\frac{(-1)^{j-m}}{\sqrt{(j+m)!(j-m)!}}x_1^{j-m}x_2^{j+m},$$
$$m=-j,-j+1,\cdots,j.$$

这样根据前面讲的函数空间变换规则, u 所对应的函数变换算符 $\widehat{P}_u$ 作用到 $\psi_m^j(x_1,x_2)$ 上, 结果应该是

$$\widehat{P}_u\psi_m^j(\boldsymbol{x})=\psi_m^j(u^{-1}\boldsymbol{x}).$$

我们唯一需要做的, 就是将 $\psi_m^j(u^{-1}\boldsymbol{x})$ 按 $\sum\limits_{m'}\psi_{m'}^j(\boldsymbol{x})A_{m'm}^j(u)$ 展开来确定矩阵的列, 从而产生表示矩阵. 其中 m',m 的取值是从 j 到 $-j$, 排列也是按这个来排列.

明确了这些, 我们就按这个步骤来看 SU(2) 群的元素 u 在线性空间 $\mathscr{L}^j$ 中的表示矩阵是什么. 前面说过, 由于 SO(3) 群中的转动与 SU(2) 群中的元素 $\{u,-u\}$ 的对应关系, u 本身可以用 Euler 角描述为

$$\begin{aligned}u&=\begin{pmatrix}\cos\dfrac{\beta}{2}\mathrm{e}^{-\frac{\mathrm{i}(\alpha+\gamma)}{2}} & -\sin\dfrac{\beta}{2}\mathrm{e}^{-\frac{\mathrm{i}(\alpha-\gamma)}{2}}\\ \sin\dfrac{\beta}{2}\mathrm{e}^{\frac{\mathrm{i}(\alpha-\gamma)}{2}} & \cos\dfrac{\beta}{2}\mathrm{e}^{\frac{\mathrm{i}(\alpha+\gamma)}{2}}\end{pmatrix}\\ &=\begin{pmatrix}\mathrm{e}^{-\mathrm{i}\alpha/2} & 0\\ 0 & \mathrm{e}^{\mathrm{i}\alpha/2}\end{pmatrix}\begin{pmatrix}\cos\dfrac{\beta}{2} & -\sin\dfrac{\beta}{2}\\ \sin\dfrac{\beta}{2} & \cos\dfrac{\beta}{2}\end{pmatrix}\begin{pmatrix}\mathrm{e}^{-\mathrm{i}\gamma/2} & 0\\ 0 & \mathrm{e}^{\mathrm{i}\gamma/2}\end{pmatrix}.\end{aligned}$$

当 u 对应绕 z 轴转 α 角的转动 $R(\alpha,0,0)$ 时, $u=\begin{pmatrix}\mathrm{e}^{-\mathrm{i}\alpha/2} & 0\\ 0 & \mathrm{e}^{\mathrm{i}\alpha/2}\end{pmatrix}$. 把 u 记为 $(\boldsymbol{e}_3,\alpha)$, 有

$$(\boldsymbol{e}_3,\alpha)^{-1}=\begin{pmatrix}\mathrm{e}^{\mathrm{i}\alpha/2} & 0\\ 0 & \mathrm{e}^{-\mathrm{i}\alpha/2}\end{pmatrix},$$

对应的变换

$$\begin{aligned}\widehat{P}_{(\boldsymbol{e}_3,\alpha)}\psi_m^j(\boldsymbol{x})&=\psi_m^j((\boldsymbol{e}_3,\alpha)^{-1}\boldsymbol{x})=\psi_m^j\left(\mathrm{e}^{\frac{\mathrm{i}\alpha}{2}}x_1,\mathrm{e}^{\frac{-\mathrm{i}\alpha}{2}}x_2\right)\\ &=\frac{(-1)^{j-m}}{\sqrt{(j+m)!(j-m)!}}x_1^{j-m}x_2^{j+m}\mathrm{e}^{-\mathrm{i}\alpha m}\\ &=\psi_m^j(x_1,x_2)\mathrm{e}^{-\mathrm{i}m\alpha}=\psi_m^j(\boldsymbol{x})\mathrm{e}^{-\mathrm{i}m\alpha}.\end{aligned}$$

而 $\widehat{P}_{(\boldsymbol{e}_3,\alpha)}\psi_m^j(\boldsymbol{x})=\sum\limits_{m'}\psi_{m'}^j(\boldsymbol{x})A_{m'm}^j((\boldsymbol{e}_3,\alpha))$, 因此相应的 $A_{m'm}^j((\boldsymbol{e}_3,\alpha))$ 为

$$A_{m'm}^j((\boldsymbol{e}_3,\alpha))=\delta_{m'm}\mathrm{e}^{-\mathrm{i}m\alpha}.$$

同样, 对 $\begin{pmatrix}\mathrm{e}^{-\frac{\mathrm{i}\gamma}{2}} & 0\\ 0 & \mathrm{e}^{\frac{\mathrm{i}\gamma}{2}}\end{pmatrix}$ 这个绕 z 轴转 γ 的操作 $R(0,0,\gamma)$, 把 u 记为 $(\boldsymbol{e}_3,\gamma)$, 也有

$$A_{m'm}^j((\boldsymbol{e}_3,\gamma))=\delta_{m'm}\mathrm{e}^{-\mathrm{i}m\gamma}.$$

最后剩下的是 $\begin{pmatrix} \cos\dfrac{\beta}{2} & -\sin\dfrac{\beta}{2} \\ \sin\dfrac{\beta}{2} & \cos\dfrac{\beta}{2} \end{pmatrix}$ 这个绕 y 轴转 β 角的操作 $R(0,\beta,0)$, 把 u 记为 $(\boldsymbol{e}_2,\beta)$, 情况会稍微复杂些. 因为

$$(\boldsymbol{e}_2,\beta)^{-1}=\begin{pmatrix} \cos\dfrac{\beta}{2} & \sin\dfrac{\beta}{2} \\ -\sin\dfrac{\beta}{2} & \cos\dfrac{\beta}{2} \end{pmatrix},$$

这样

$$\begin{aligned}
\widehat{P}_{(\boldsymbol{e}_2,\beta)}\psi^j_m(\boldsymbol{x})&=\psi^j_m((\boldsymbol{e}_2,\beta)^{-1}\boldsymbol{x})\\
&=\psi^j_m(\cos\frac{\beta}{2}x_1+\sin\frac{\beta}{2}x_2,-\sin\frac{\beta}{2}x_1+\cos\frac{\beta}{2}x_2)\\
&=\frac{(-1)^{j-m}}{\sqrt{(j+m)!(j-m)!}}\left(\cos\frac{\beta}{2}x_1+\sin\frac{\beta}{2}x_2\right)^{j-m}\left(-\sin\frac{\beta}{2}x_1+\cos\frac{\beta}{2}x_2\right)^{j+m}.
\end{aligned}$$

这时, 利用二项式定理

$$(x+y)^n=\sum_{r=0}^{n}\frac{n!}{r!(n-r)!}x^r y^{n-r},$$

有

$$\begin{aligned}
\widehat{P}_{(\boldsymbol{e}_2,\beta)}\psi^j_m(\boldsymbol{x})=&\frac{(-1)^{j-m}}{\sqrt{(j+m)!(j-m)!}}\left[\sum_{r=0}^{j-m}\frac{(j-m)!}{r!(j-m-r)!}\left(\cos\frac{\beta}{2}x_1\right)^{j-m-r}\left(\sin\frac{\beta}{2}x_2\right)^{r}\right]\\
&\times\left(\sum_{r'=0}^{j+m}\frac{(j+m)!}{r'!(j+m-r')!}\left(-\sin\frac{\beta}{2}x_1\right)^{j+m-r'}\left(\cos\frac{\beta}{2}x_2\right)^{r'}\right)\\
=&(-1)^{j-m}\sum_{r=0}^{j-m}\sum_{r'=0}^{j+m}\frac{\sqrt{(j+m)!(j-m)!}}{r!(j-m-r)!r'!(j+m-r')!}\\
&\times\left(\cos\frac{\beta}{2}\right)^{j-m-r+r'}\left(\sin\frac{\beta}{2}\right)^{j+m-r'+r}(-1)^{j+m-r'}(x_1)^{2j-r-r'}(x_2)^{r+r'}.
\end{aligned}$$

令 $m'=r+r'-j$, 则 $x_1^{2j-r-r'}x_2^{r+r'}=x_1^{j-m'}x_2^{j+m'}, r'=j+m'-r, j+m-r'=$

$j+m-(j+m'-r)=r+m-m'$, 进而有

$$
\begin{aligned}
\widehat{P}_{(\boldsymbol{e}_2,\beta)}\psi_m^j(\boldsymbol{x}) = & \sum_{m'=j}^{-j}\sum_{r=0}^{j-m}\frac{\sqrt{(j+m)!(j-m)!(j+m')!(j-m')!}}{r!(j-m-r)!(j+m'-r)!(r+m-m')!} \\
& \times(-1)^r\left(\cos\frac{\beta}{2}\right)^{2j-m-2r+m'}\left(\sin\frac{\beta}{2}\right)^{m+2r-m'} \\
& \times\frac{(-1)^{j-m'}}{\sqrt{(j+m')!(j-m')!}}x_1^{j-m'}x_2^{j+m'} \\
= & \sum_{m'=j}^{-j}A_{m'm}^j((\boldsymbol{e}_2,\beta))\psi_{m'}^j(\boldsymbol{x}). \qquad (5.4)
\end{aligned}
$$

(5.4) 式中 -1 的指数从 $(j-m)+(j+m-r')=2j-r'$ 变为 $r+j-m'$. 变化的原因是 $r'=j+m'-r$, 因此 $2j-r'=2j-(j+m'-r)=r+j-m'$, 指数不发生变化.

(5.4) 式中, $A_{m'm}^j((\boldsymbol{e}_2,\beta))$ 等于

$$
\sum_{r=0}^{j-m}\frac{\sqrt{(j+m)!(j-m)!(j+m')!(j-m')!}}{r!(j-m-r)!(j+m'-r)!(r+m-m')!}(-1)^r\left(\cos\frac{\beta}{2}\right)^{2j-m-2r+m'}\left(\sin\frac{\beta}{2}\right)^{m+2r-m'}.
$$

这里对求和指标 r 的要求是:

$$
(1)\ r\geqslant 0;\quad (2)\ r\leqslant j-m;\quad (3)\ r\geqslant j+m';\quad (4)\ r\geqslant m'-m. \qquad (5.5)
$$

而完整的一个 SU(2) 群中的元素

$$
u=\begin{pmatrix}\mathrm{e}^{-\mathrm{i}\alpha/2} & 0\\ 0 & \mathrm{e}^{\mathrm{i}\alpha/2}\end{pmatrix}\begin{pmatrix}\cos\dfrac{\beta}{2} & -\sin\dfrac{\beta}{2}\\ \sin\dfrac{\beta}{2} & \cos\dfrac{\beta}{2}\end{pmatrix}\begin{pmatrix}\mathrm{e}^{-\mathrm{i}\gamma/2} & 0\\ 0 & \mathrm{e}^{\mathrm{i}\gamma/2}\end{pmatrix}
$$

所对应的 $\mathscr{L}^j$ 中的变换矩阵就是

$$
\begin{aligned}
A_{m'm}^j(\alpha,\beta,\gamma) &= \{A^j((\boldsymbol{e}_3,\alpha))A^j((\boldsymbol{e}_2,\beta))A^j((\boldsymbol{e}_3,\gamma))\}_{m'm} \\
&= \mathrm{e}^{-\mathrm{i}m'\alpha}A_{m'm}^j((\boldsymbol{e}_2,\beta))\mathrm{e}^{-\mathrm{i}m\gamma},
\end{aligned}
$$

这里, m',m 的取值是从 j 到 $-j$, 排列也是按这个顺序.

这里, 当 u 变为 $-u$ 时, 表示矩阵要么不变, 要么反号, 该怎么理解? 我们分特殊情况 (三种) 与一般情况展开讨论.

特殊情况一, $\begin{pmatrix}\mathrm{e}^{-\frac{\mathrm{i}\alpha}{2}} & 0\\ 0 & \mathrm{e}^{\frac{\mathrm{i}\alpha}{2}}\end{pmatrix}$ 与 $\begin{pmatrix}\mathrm{e}^{-\frac{\mathrm{i}\gamma}{2}} & 0\\ 0 & \mathrm{e}^{\frac{\mathrm{i}\gamma}{2}}\end{pmatrix}$ 不变, $\begin{pmatrix}\cos\dfrac{\beta}{2} & -\sin\dfrac{\beta}{2}\\ \sin\dfrac{\beta}{2} & \cos\dfrac{\beta}{2}\end{pmatrix}$ 变成了

$-\begin{pmatrix}\cos\dfrac{\beta}{2} & -\sin\dfrac{\beta}{2}\\ \sin\dfrac{\beta}{2} & \cos\dfrac{\beta}{2}\end{pmatrix}$. 这时, $\mathrm{e}^{-\mathrm{i}m'\alpha}A^j_{m'm}((\boldsymbol{e}_2,\beta))\mathrm{e}^{-\mathrm{i}m\gamma}$ 的变化, 关键看 $A^j_{m'm}((\boldsymbol{e}_2,\beta))$.

由于矩阵元表达式中 $\cos\dfrac{\beta}{2}$ 的次数是 $2j-m-2r+m'$, $\sin\dfrac{\beta}{2}$ 的次数是 $m+2r-m'$, 两者的和是 $2j$, 因此, 当 j 为整数时, 这个表示为偶表示, 当 j 为半奇数时, 这个表示为奇表示.

特殊情况二和三, $\begin{pmatrix}\mathrm{e}^{-\frac{\mathrm{i}\alpha}{2}} & 0\\ 0 & \mathrm{e}^{\frac{\mathrm{i}\alpha}{2}}\end{pmatrix}$ 与 $\begin{pmatrix}\mathrm{e}^{-\frac{\mathrm{i}\gamma}{2}} & 0\\ 0 & \mathrm{e}^{\frac{\mathrm{i}\gamma}{2}}\end{pmatrix}$ 中的一个反号, 另一个不变, $\begin{pmatrix}\cos\dfrac{\beta}{2} & -\sin\dfrac{\beta}{2}\\ \sin\dfrac{\beta}{2} & \cos\dfrac{\beta}{2}\end{pmatrix}$ 不变. 这时 $\mathrm{e}^{-\mathrm{i}m'\alpha}A^j_{m'm}((\boldsymbol{e}_2,\beta))\mathrm{e}^{-\mathrm{i}m\gamma}$ 的变化还是当 j 为整数时不变, 当 j 为半奇数时反号.

一般情况是, u 变为 $-u$ 不能分解为上面三项中一项反号. 但这种情况可以通过相似变换 $u_{\mathrm{g}}=\alpha u_{\mathrm{s}}\alpha^{-1}$ 和上面的特殊情况联系起来. u_{g} 代表一般情况, u_{s} 代表上面的特殊情况. u_{g} 变成 $-u_{\mathrm{g}}$ 实际上是 $\alpha(-u_{\mathrm{s}})\alpha^{-1}$, 这时有

$$A(-u_{\mathrm{g}})=A(\alpha(-u_{\mathrm{s}})\alpha^{-1})=A(\alpha)A(-u_{\mathrm{s}})A(\alpha)^{-1}.$$

这样, 与上面特殊情况同理, 有: 当 j 为整数时, $A(-u_{\mathrm{s}})=A(u_{\mathrm{s}})$, 因此 $A(-u_{\mathrm{g}})=A(u_{\mathrm{g}})$; 当 j 为半奇数时, $A(-u_{\mathrm{s}})=-A(u_{\mathrm{s}}), A(-u_{\mathrm{g}})=-A(u_{\mathrm{g}})$. 不管怎样, 都是当 j 为整数时, 表示为偶表示, 当 j 为半奇数时, 表示为奇表示.

下面看一下几个简单的情况中表示矩阵元是什么.

(1) 当 $j=0$ 时, m 与 m' 只能为零, r 也只能为零, 对应的基就只有一个基函数, 也就是 1 这个常数, 表示矩阵为

$$A^0_{00}(\alpha,\beta,\gamma)=1,$$

是一维恒等表示.

(2) 当 $j=1/2$ 时, 第一个矩阵元

$$A^{\frac{1}{2}}_{1/2,1/2}(\alpha,\beta,\gamma)=\cos\frac{\beta}{2}\mathrm{e}^{-\frac{\mathrm{i}(\alpha+\gamma)}{2}},$$

这里 $j=1/2, m=1/2, m'=1/2$. 求和指标 r 要满足 (5.5) 式的要求, 此处得 $r=0$. 因此,

$$A^{\frac{1}{2}}_{1/2,1/2}(\alpha,\beta,\gamma)=\mathrm{e}^{-\frac{\mathrm{i}\alpha}{2}}\cos\frac{\beta}{2}\mathrm{e}^{-\frac{\mathrm{i}\gamma}{2}}=\cos\frac{\beta}{2}\mathrm{e}^{-\frac{\mathrm{i}(\alpha+\gamma)}{2}}.$$

第二个矩阵元

$$A^{1/2}_{1/2,-1/2}(\alpha,\beta,\gamma)=-\sin\frac{\beta}{2}\mathrm{e}^{-\frac{\mathrm{i}(\alpha-\gamma)}{2}},$$

这里 $j=1/2, m=-1/2, m'=1/2$, 且由 (5.5) 式, 求和指标 $r=1$. 因此,

$$A^{\frac{1}{2}}_{1/2,-1/2}(\alpha,\beta,\gamma)=\mathrm{e}^{-\frac{\mathrm{i}\alpha}{2}}\left(-\sin\frac{\beta}{2}\right)\mathrm{e}^{\frac{\mathrm{i}\gamma}{2}}=-\sin\frac{\beta}{2}\mathrm{e}^{-\frac{\mathrm{i}(\alpha-\gamma)}{2}}.$$

第三个矩阵元

$$A^{1/2}_{-1/2,1/2}(\alpha,\beta,\gamma)=\sin\frac{\beta}{2}\mathrm{e}^{\frac{\mathrm{i}(\alpha-\gamma)}{2}},$$

这里 $j=1/2, m=1/2, m'=-1/2$, 由 (5.5) 式, 求和指标 $r=0$. 因此,

$$A^{\frac{1}{2}}_{-1/2,1/2}(\alpha,\beta,\gamma)=\mathrm{e}^{\frac{\mathrm{i}\alpha}{2}}\sin\frac{\beta}{2}\mathrm{e}^{-\frac{\mathrm{i}\gamma}{2}}=\sin\frac{\beta}{2}\mathrm{e}^{\frac{\mathrm{i}(\alpha-\gamma)}{2}}.$$

第四个矩阵元

$$A^{1/2}_{-1/2,-1/2}(\alpha,\beta,\gamma)=\cos\frac{\beta}{2}\mathrm{e}^{\frac{\mathrm{i}(\alpha+\gamma)}{2}},$$

这里 $j=1/2, m=-1/2, m'=-1/2$, 由 (5.5) 式, 求和指标 $r=0$. 因此,

$$A^{\frac{1}{2}}_{-1/2,-1/2}(\alpha,\beta,\gamma)=\mathrm{e}^{-\frac{\mathrm{i}\alpha}{2}}\cos\frac{\beta}{2}\mathrm{e}^{-\frac{\mathrm{i}\gamma}{2}}=\cos\frac{\beta}{2}\mathrm{e}^{\frac{\mathrm{i}(\alpha+\gamma)}{2}}.$$

这四个矩阵元放在一起形成的矩阵是

$$\begin{pmatrix}\cos\frac{\beta}{2}\mathrm{e}^{-\frac{\mathrm{i}(\alpha+\gamma)}{2}} & -\sin\frac{\beta}{2}\mathrm{e}^{-\frac{\mathrm{i}(\alpha-\gamma)}{2}}\\ \sin\frac{\beta}{2}\mathrm{e}^{\frac{\mathrm{i}(\alpha-\gamma)}{2}} & \cos\frac{\beta}{2}\mathrm{e}^{\frac{\mathrm{i}(\alpha+\gamma)}{2}}\end{pmatrix},$$

刚好就是 SU(2) 群中的矩阵本身.

(3) j 更大时, 还是可以按照这个规则来, 只是矩阵元的产生过程更复杂一些.

当 j 走遍所有的正的整数与半奇数时, A^j 给出 SU(2) 群的所有不等价不可约酉表示.

前面我们说过, 本章前两节的核心任务是理解: (1) SO(3) 群与 SU(2) 群是什么, 它们有怎样的关系. (2) SO(3) 群与 SU(2) 群的不可约表示是什么. 现在我们第一点是完全知道了, 第二点知道了 SU(2) 群的不可约表示, 还剩 SO(3) 群的表示没有说. 这部分用到的知识就是 SO(3) 群与 SU(2) 群的关系.

我们分两个方面来理解这种关系. 一方面, 在 SU(2) 群与 SO(3) 群的对应上, SU(2) 群中的 u 与 $-u$ 都对应 SO(3) 群中的转动 R_u, 对应关系基于 Euler 角. 同时, 在讲 SU(2) 群的不可约表示 A^j 的时候, 我们也说了当 j 为整数的时候, 有 $A^j(u)=A^j(-u)$, 这也就意味着存在如图 5.2 所示的关系, 也就是说, 当 j 为整数时, A^j 也是 SO(3) 群的表示. 同时, 当 j 走遍所有整数的时候, A^j 给出所有 SO(3) 群的不等价不可约酉表示. 这样它们的不等价不可约表示的情况就清楚了.

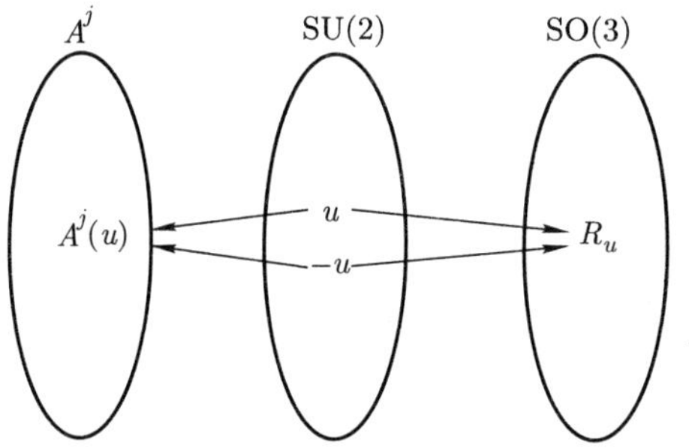

图 5.2 SO(3) 群与 SU(2) 群及其不可约表示的关系图一

5.3 双群与自旋半奇数粒子的旋量波函数

上面那些讨论给我们的信息里面, 直接与真实的物理系统建立联系的是 SO(3) 群, 它对应的物理系统是中心力场. 如果只是为了这个目的, 那么我们可以去想一下, 上面关于 SU(2) 群的讨论有很多是不必要的, 虽然我们利用它给出了 SO(3) 群的不可约表示 A^j (j 为整数).

为什么要对 SU(2) 群进行这么多的讨论? 本质上的原因是它可以描述一个自旋 1/2 的费米子系统在转动操作下波函数自旋部分的变换性质. 其中最基本的一个性质, 就是对这样的系统, 在三维实空间转 2π 角的时候, 它的波函数不回到其本身, 而是多了一个负号. 其中, 三维空间波函数回到了它本身, 但电子自旋内禀空间的波函数并没有. 与之相应, 我们在描述这类系统时, 也就不能用 SO(3) 群了, 而是要用它的双群 $\mathrm{SO^D}(3)$. 同时, 当系统的对称性由中心力场降低为分子或晶体中的点群的时候, 我们描述它的对称性的工具, 也不能是前面讲的点群了, 而是要用点群的双群.

在科研中一个十分常见的问题是在考虑自旋–轨道耦合的时候, 能级或能带如何劈裂. 下面, 我们就会以这几个概念 ($\mathrm{SO^D}$ (3)、点群的双群、自旋–轨道耦合引起的能级劈裂) 为重点, 来讲一下前两节的内容在这类物理系统中的应用.

先看 SO(3) 群的双群 $\mathrm{SO^D}(3)$. 这里的基础是一个与上节最后相似的关系, 不过对应的是 j 为半奇数的情况. 这个时候, 由于 $A^j(-u) = -A^j(u)$, A^j 矩阵群、SU(2) 群、SO(3) 群的关系就变成如图 5.3 所示的样子. 这个时候一个 SO(3) 群中的转动 $R(\alpha,\beta,\gamma)$ 会对应相差一个负号的两个 SU(2) 群中的元素 u 与 $-u$, 同样也对应相差一个负号的两个矩阵 $A^j(u)$ 与 $A^j(-u) = -A^j(u)$.

如果我们把 "表示" 概念中 "一个群元对应一个矩阵" 弱化为 "一个群元对应相差一个负号的两个矩阵", 同时把保持乘法规则不变这个规定弱化为保持乘法规则在相差一个负号的情况下不变, 也就是 $A^j(u_1)A^j(u_2) = \pm A^j(u_1u_2)$, 这时我们可以把 $A^j(u)$ 在 j 为半奇数时对 SO(3) 群的表示称为一个双值表示.

这是处理 SO(3) 群中的元素 u 与 $A^j(u)$ 这个矩阵在 j 为半奇数时的对应关系

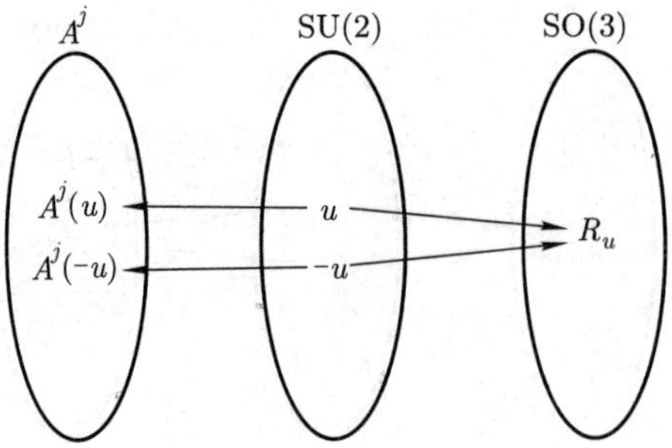

图 5.3 SO(3) 群与 SU(2) 群及其不可约表示的关系图二

的一种手段. 和它差不多, 我们还可以采取另外一个手段, 就是利用 SO(3) 群中元素 $R(\alpha,\beta,\gamma) = R(\alpha+2\pi,\beta,\gamma)$ 这样一个特征, 把绕某轴转 2π 角的操作定义为一个新的非恒等操作 $\overline{E}$. $\overline{E} \neq E$, 但 $\overline{E}\,\overline{E} = E$. 这个时候, 我们再把每个 SO(3) 群中的元素乘上 $\overline{E}$, 得到一个新的元素集合, 每个 SO(3) 群中的元素都唯一地对应这个集合中的元素.

现在把这个集合与 SO(3) 群放在一起, 形成一个新的集合. 这个新的集合, 在与 SO(3) 群相同的乘法规则下, 是形成一个群的. 这个群与 SU(2) 群同构, 相应地, 在 j 为半奇数时的矩阵群 $\{A^j(u)\}$ 也就很自然地形成了它的一个表示.

我们这里的处理是保持 "表示" 本身的定义不变, 但是把 SO(3) 群扩大了一倍. 这样形成的一个群, 称为 SO(3) 群的双群 $\mathrm{SO^D}(3)$. 也就是说为了描述前面两个图的差别, 我们可以做两种处理: 一种是用双值表示这个概念, 一种是用双群. 双值表示就是一个概念, 很多教材都会提到, 但实用价值不大, 双群的实用价值很大.

需要注意的是, 在 $\mathrm{SO^D}$ (3) 中, SO(3) 群元素的结合形成一个子集, 但它不再是子群了. 因为规定转 2π 不等于不转, 也就是两个 SO(3) 群中的元素, 各转 3π/2, 乘完的元素转 3π, 它就不属于 SO(3) 这个集合了. 也正是因为这个原因, $\mathrm{SO^D}$ (3) 并不是 SO(3) 与 $\{E,\overline{E}\}$ 的直积, 相应地, $\mathrm{SO^D}$ (3) 的表示就不再是 SO(3) 的表示乘上 $\{E,\overline{E}\}$ 的一维恒等与一维非恒等表示那么简单了①.

这样的一个双群, 在物理系统中, 具体对应电子的自旋态. 学过量子力学的读者, 都知道电子并不是一个简单的具有三个自由度的粒子, 它还有一个自由度必须由自旋来描述. 自旋在曾谨言老师的《量子力学》[17]一书中是这样描述的: "自旋这个力学量虽然有角动量的性质, 但与轨道角动量不同, 它并无经典对应 (当 $\hbar$ 趋近于零时, 自旋效应自然消失). 自旋的系统理论属于相对论量子力学的范围, 它是电子场在空间转动下的特性的反映. 在非相对论量子力学中, 可以唯象地根据实验上反映出来的自旋的特点, 选择适当的数学工具来描述它." 就课程讲授而言, 我们权且把自旋理解为这样

①这也是 SU(2) 群与 $\mathrm{SO^D}(3)$ 群同构, 但它们都不与 O(3) 群同构的原因, 虽然它们和 SO(3) 群都有 2 对 1 的关系. 对 SU(2) 群与 SO(3) 群, 它们可以由 Euler 角通过连续的变换联系起来. $\mathrm{SO^D}(3)$ 群也具备这样的特征. 但对于 O(3) 群, 反演操作 I 不可能由转动的连续操作得到.

一个东西: 它是电子的内禀属性; 它对应特定的角动量与磁矩; 在任何一个方向, 它都有两个分立的值.

由于自旋–轨道耦合的原因, 对一个单电子问题中的电子, 它的总角动量 $\widehat{\boldsymbol{J}}$ 就是其轨道角动量 $\widehat{\boldsymbol{L}}$ 与自旋角动量 $\widehat{\boldsymbol{S}}$ 的矢量和:

$$\widehat{\boldsymbol{J}}=\widehat{\boldsymbol{L}}+\widehat{\boldsymbol{S}}.$$

当我们选定一个特定轴 (比如 z 轴) 的时候, 电子本征态波函数是一个旋量波函数, 形式是

$$\Psi_{jm}(\boldsymbol{r},t)=\begin{pmatrix}\Psi_{jm}(\boldsymbol{r},\hbar/2,t)\\ \Psi_{jm}(\boldsymbol{r},-\hbar/2,t)\end{pmatrix},$$

其中 $\Psi_{jm}(\boldsymbol{r},\hbar/2,t)$ 为该本征态自旋在 z 轴投影为 $\hbar/2$ 的空间依赖部分, $\Psi_{jm}(\boldsymbol{r},-\hbar/2,t)$ 为该本征态自旋在 z 轴投影为 $-\hbar/2$ 的空间依赖部分.

在该本征态下, 系统自旋向上的概率为 $\displaystyle\int|\Psi_{jm}(\boldsymbol{r},\hbar/2,t)|^2\mathrm{d}\boldsymbol{r}$, 自旋向下的概率为 $\displaystyle\int|\Psi_{jm}(\boldsymbol{r},-\hbar/2,t)|^2\mathrm{d}\boldsymbol{r}$. 总的波函数归一条件是

$$\int[|\Psi_{jm}(\boldsymbol{r},\hbar/2,t)|^2+|\Psi_{jm}(\boldsymbol{r},-\hbar/2,t)|^2]\mathrm{d}\boldsymbol{r}=1.$$

这里的两个好量子数是 j,m, 对应的力学量本征值是

$$\widehat{\boldsymbol{J}}^2\Psi_{jm}=j(j+1)\hbar^2\Psi_{jm},\quad \widehat{J}_z\Psi_{jm}=m\hbar\Psi_{jm},$$

其中 $\widehat{\boldsymbol{J}}$ 为总角动量, $\widehat{J}_z$ 为它在 z 方向的投影. 就好量子数取值而言, $j=1/2,3/2,5/2,\cdots$. 对一个特定的 j, $m=-j,-j+1,\cdots,j-1,j$.

对于这样一个旋量波函数, 如果我们把一个绕 z 轴转动 α 角的操作 $\widehat{P}_{z,\alpha}=\mathrm{e}^{-\frac{\mathrm{i}}{\hbar}\alpha\widehat{J}_z}$ 作用到它上面, 效果就是

$$\widehat{P}_{z,\alpha}\Psi_{jm}(\boldsymbol{r},t)=\mathrm{e}^{-\frac{\mathrm{i}}{\hbar}\alpha\widehat{J}_z}\Psi_{jm}(\boldsymbol{r},t)=\mathrm{e}^{-\frac{\mathrm{i}}{\hbar}\alpha m\hbar}\Psi_{jm}(\boldsymbol{r},t)=\mathrm{e}^{-\mathrm{i}\alpha m}\Psi_{jm}(\boldsymbol{r},t).$$

由于 j 为半奇数, m 也是半奇数, 这也就意味着系统转 2π 角的时候, 本征态波函数反号, 只有转 4π 的时候才回到本身. 这就和 SO(3) 群的双群 $\mathrm{SO^D}(3)$ 对应起来了.

在不考虑自旋–轨道耦合的时候, 由于总的角动量为整数, 所以转 2π 角之后系统回到了本身, 系统的对称性就是 SO(3) 群或点群, 但考虑了自旋–轨道耦合之后, 由于总自旋变为了半奇数, 系统的对称性就变成了 $\mathrm{SO^D}(3)$ 群或双点群. 相应地, 在本征态标注的环节, 在不考虑自旋–轨道耦合的时候, 系统的群要么是 SO(3) 群, 要么是某个点群, 它的本征态对应的是 SO(3) 群或者这个点群的不可约表示. 在考虑了自旋–轨道耦合之后, 由于 $\mathrm{SO^D}(3)$ 群并不是 SO(3) 群与 $\{E,\overline{E}\}$ 的直积, 或者说点群双群不是点

群与 $\{E, \overline{E}\}$ 的直积, 那么原来对应不可约表示的本征态现在对应的就不再是不可约表示了, 相应的能带或能级就会发生劈裂.

在原子物理中, 这种自旋–轨道耦合效应带来的一个直接后果是在研究原子光谱的时候, 我们需要用总的角动量去理解. 历史上, 也正是由于要解释这些原子光谱, 才导致了人们发现电子自旋这个内禀属性 (这是 Uhlenbeck, Goudsmit, Kronig 等人在 Schrödinger 方程、Dirac 方程提出前的工作).

就利用这样一个对称性来理解物性而言, 这里举两个例子, 就是晶体在考虑了自旋–轨道耦合后, 能带会发生怎样的变化 (读者以后都会遇到).

例 5.1 系统本身的对称群是 D_2 群, 它有四个类, $E, C_{2x}, C_{2y}, C_{2z}$, 对应 4 个一维不可约表示. 考虑自旋–轨道耦合, 对它的双群 D_2^D, 由于 $\overline{E}$ 的引入, 多了四个元素, 现在八个元素是: $E, C_{2x}, C_{2y}, C_{2z}, \overline{E}, \overline{E}C_{2x}, \overline{E}C_{2y}, \overline{E}C_{2z}$, 这里 $\overline{E}$ 为绕 z 轴转 2π 的操作. 它们的阶是 1, 4, 4, 4, 2, 4, 4, 4.

C_{2z} 代表绕 z 轴逆时针转 π 角的操作; $\overline{E}C_{2z}$ 代表绕 z 轴转 3π 角的操作, 它们不相等. 但是由于 C_{2x} 的存在, $(C_{2x})^{-1}\overline{E}C_{2z}(C_{2x})$ 代表绕 z 轴负方向转 3π, 也就是绕 z 轴转 π 的操作 C_{2z}, 即 $(C_{2x})^{-1}\overline{E}C_{2z}(C_{2x}) = C_{2z}$, C_{2z} 与 $\overline{E}C_{2z}$ 同类.

C_{2x} 代表绕 x 轴逆时针转 π 角的操作, $\overline{E}C_{2x}$ 代表绕 x 轴转 3π 角的操作, 它们不相等. 注意, $\overline{E}$ 的严格的定义是绕某轴, 轴是可以选取的. 但是由于 C_{2z} 的存在, $(C_{2z})^{-1}\overline{E}C_{2x}(C_{2z})$ 代表绕 x 轴负方向转 3π, 也就是绕 x 轴转 π 的操作 C_{2x}, 即 $(C_{2z})^{-1}\overline{E}C_{2x}(C_{2z}) = C_{2x}$; C_{2x} 与 $\overline{E}C_{2x}$ 同类.

同理可得关于 $C_{2y}, \overline{E}C_{2y}$ 的结果. 这样 D_2^D 就有五个类: $\{E\}, \{\overline{E}\}, \{C_{2x}, \overline{E}C_{2x}\}, \{C_{2y}, \overline{E}C_{2y}\}, \{C_{2z}, \overline{E}C_{2z}\}$. 相应于 D_2 群的四个一维表示, D_2^D 的 Burnside 定理就是

$$1^2 + 1^2 + 1^2 + 1^2 + 2^2 = 8.$$

因此它有四个一维不可约表示, 一个二维不可约表示.

D_2 群特征标表见表 5.1. D_2^D 群特征标表见表 5.2.

表 5.1 D_2 群特征标表

	$1\{E\}$	$1\{C_{2x}\}$	$1\{C_{2y}\}$	$1\{C_{2z}\}$
A^1	1	1	1	1
A^2	1	1	−1	−1
A^3	1	−1	1	−1
A^4	1	−1	−1	1

表 5.2 D_2^D 群特征标表

	$1\{E\}$	$1\{\overline{E}\}$	$2\{C_{2x}\}$	$2\{C_{2y}\}$	$2\{C_{2z}\}$
A^1	1	1	1	1	1
A^2	1	1	1	–1	–1
A^3	1	1	–1	1	–1
A^4	1	1	–1	–1	1
A^5	2	–2	0	0	0

现在考虑一个具有 D_2 群对称性的晶体本征态在引入自旋–轨道耦合后的能带变化情况.

在引入自旋–轨道耦合前, 总体波函数的空间依赖部分是 $\psi(\boldsymbol{r})$, 对称群为 D_2, 表示是 D_2 群的 A^1 到 A^4 中间的一个. 由于这些不可约表示是一维的, 轨道部分是单重态. 而自旋部分可容纳 $\uparrow,\downarrow$ 两个态 (自旋双重态), 对称群是 SU(2), 以 $\uparrow,\downarrow$ 两个态为基, 表示就是 SU(2) 群, 具体形式是

$$\begin{pmatrix} \cos\dfrac{\beta}{2}\mathrm{e}^{-\mathrm{i}(\alpha+\gamma)/2} & -\sin\dfrac{\beta}{2}\mathrm{e}^{-\mathrm{i}(\alpha-\gamma)/2} \\ \sin\dfrac{\beta}{2}\mathrm{e}^{\mathrm{i}(\alpha-\gamma)/2} & \cos\dfrac{\beta}{2}\mathrm{e}^{\mathrm{i}(\alpha+\gamma)/2} \end{pmatrix}.$$

要看考虑自旋–轨道耦合后的本征能级变化, 就是要做 $\psi(\boldsymbol{r})$ 承载的 D_2 群的不可约表示与电子自旋承载的 SU(2) 群的二维不可约表示的直积, 然后往 D_2^D 群的不可约表示上做投影. 如 $\psi(\boldsymbol{r})$ 承载的 D_2 群的不可约表示是 A^1, $\{E\},\{\overline{E}\},\{C_{2x},\overline{E}C_{2x}\}$, $\{C_{2y},\overline{E}C_{2y}\},\{C_{2z},\overline{E}C_{2z}\}$ 对应的 D_2 群的特征标分别是 1, 1, 1, 1, 1, 而它们承载的 SU(2) 群的不可约表示的特征标分别是 2, –2, 0, 0, 0. 这样直积表示的特征标就是 2, –2, 0, 0, 0. 这个时候对应的情况是在考虑自旋–轨道耦合之前, 轨道部分承载 D_2 群的不可约表示 A^1, 自旋部分简并地 “坐” 着自旋向上、向下两个电子, 考虑自旋–轨道耦合之后, 这两个电子的本征态变成了 D_2^D 群的不可约表示 A^5 所对应的本征态.

如 $\psi(\boldsymbol{r})$ 承载的 D_2 群的不可约表示是 A^2, A^3, 或 A^4, 则 $\{E\},\{\overline{E}\},\{C_{2x},\overline{E}C_{2x}\}$, $\{C_{2y},\overline{E}C_{2y}\},\{C_{2z},\overline{E}C_{2z}\}$ 对应的 D_2 群的特征标分别是 1, 1, 1, –1, –1, 或 1, 1, –1, 1, –1, 或 1, 1, –1, –1, 1, 而它们承载的 SU(2) 群的不可约表示的特征标还是 2, –2, 0, 0, 0. 这样直积表示的特征标也还是 2, –2, 0, 0, 0. 对应的情况和上一段的讨论很类似: 考虑自旋–轨道耦合之前, 轨道部分承载 D_2 群的不可约表示 A^2, A^3, 或 A^4, 自旋部分简并地 “坐” 着自旋向上、向下两个电子. 考虑自旋–轨道耦合之后, 这两个电子的本征态变成了 D_2^D 群的不可约表示 A^5 所对应的本征态. 还是二重简并, 但这个时候的态自旋与空间部分就不再分立了.

需要说明的是, 在上面的讨论中, 由于 C_{2x} 的存在, 使得 C_{2y} 与 $\overline{E}C_{2y}$, C_{2z} 与 $\overline{E}C_{2z}$ 成为同一类元素, 由于 C_{2y} 的存在, 使得 C_{2x} 与 $\overline{E}C_{2x}$ 也成为同一类元素. 这些元素

同类的条件都是有一个二阶轴与这个二阶轴相互垂直. 由我们上面的分析可知, 每个二阶转动与它乘上 $\overline{E}$ 之后形成的元素属于同一类.

例 5.2 系统本身的对称群是 D_4 群, 有五个类: $\{E\},\{C_4^1,C_4^3\},\{C_4^2\},\{C_2^{(1)},C_2^{(3)}\}$, $\{C_2^{(2)},C_2^{(4)}\}$, 对应 4 个一维不可约表示、1 个二维不可约表示. 它的双群 D_4^D, 由于 $\overline{E}$ 的引入, 多了 8 个元素, 共有 16 个元素. C_4^1 代表绕 z 轴正向逆时针转 $\pi/2$, $\overline{E}C_4^3$ 代表绕 z 轴正向逆时针转 $7\pi/2$, 相当于绕 z 轴反向逆时针转 $\pi/2$, 因此 C_4^1 与 $\overline{E}C_4^3$ 同类. 同理, C_4^2 与 $\overline{E}C_4^2$ 一类, C_4^3 与 $\overline{E}C_4^1$ 一类, $C_2^{(1)},\overline{E}C_2^{(1)},C_2^{(3)},\overline{E}C_2^{(3)}$ 一类, $C_2^{(2)},\overline{E}C_2^{(2)},C_2^{(4)},\overline{E}C_2^{(4)}$ 一类. 再加上 $\{E\}$ 是一类, $\{\overline{E}\}$ 是一类, 一共七类.

例 5.3 O 群有 24 个元素, 分为 5 个类: $\{E\},3\{C_4^2\},6\{C_4\},6\{C_2\},8\{C_3\}$. 在加入了 $\overline{E}$ 后, $\{E\},6\{C_4\},8\{C_3\}$ 都是在乘上 $\overline{E}$ 后, 与原来 $\{E\},6\{C_4\},8\{C_3\}$ 这个集合进行重组, 给出: $\{E\},\{\overline{E}\},\{3C_4,3\overline{E}C_4^3\},\{3C_4^3,3\overline{E}C_4\},\{4C_3,4\overline{E}C_3^2\},\{4\overline{E}C_3,4C_3^2\}$ 六个类. 对 $3\{C_4^2\}$, 由于三个二阶轴相互垂直, $3\{\overline{E}C_4^2\}$ 与它们同类, 在 O^D 中, 这个类是 $\{3C_4^2,3\overline{E}C_4^2\}$. 同样, $6\{C_2\}$ 在 O^D 中所属的类是 $\{6C_2,6\overline{E}C_2\}$.

综合起来, O^D 群有 48 个元素, 分为 $\{E\},\{3C_4,3\overline{E}C_4^3\},\{4C_3,4\overline{E}C_3^2\},\{\overline{E}\}$, $\{3C_4^3,3\overline{E}C_4\},\{4\overline{E}C_3,4C_3^2\},\{3C_4^2,3\overline{E}C_4^2\},\{6C_2,6\overline{E}C_2\}$ 8 个类. 对应的 Burnside 定理就是

$$1^2+1^2+2^2+3^2+3^2+2^2+2^2+4^2=48.$$

O^D 群的不可约表示特征标表见表 5.3.

表 5.3 O^D 群特征标表

	$1\{E\}$	$1\{\overline{E}\}$	$6\{C_4^2\}$	$6\{C_4\}$	$6\{\overline{E}C_4\}$	$12\{C_2\}$	$8\{C_3\}$	$8\{\overline{E}C_3\}$
Γ_1	1	1	1	1	1	1	1	1
Γ_2	1	1	1	−1	−1	−1	1	1
Γ_{12}	2	2	2	0	0	0	−1	−1
Γ_{15}	3	3	−1	1	1	−1	0	0
Γ_{25}	3	3	−1	−1	−1	1	0	0
Γ_6	2	−2	0	$\sqrt{2}$	$-\sqrt{2}$	0	1	−1
Γ_7	2	−2	0	$-\sqrt{2}$	$\sqrt{2}$	0	1	−1
Γ_8	4	−4	0	0	0	0	−1	1

上面讨论的是纯转动点群, 如考虑非纯转动点群且群中包含 I 操作, 那么对应的非纯转动点群的双群 O_h^D 的特征标表, 按照我们前面讲的, 就是利用表 5.3, 与 $\{E,I\}$ 的一维不可约表示做直积. 相应的不可约表示的标记, 也会由 Γ_1 变成 Γ_1^+,Γ_1^- 这样的偶、奇宇称态. Γ_2 变成 Γ_2^+,Γ_2^-; Γ_{12} 变成 $\Gamma_{12}^+,\Gamma_{12}^-$; 以此类推.

如果考虑不包含 I 的非纯转动点群, 则可以利用同构关系, 依照某个纯转动点群双群的特征标表去理解物性.

这些是铺垫性讨论, 现在回到能带与能级劈裂这个话题本身, 还是刚才那句话, 在不考虑双群的时候, $\mathrm{O_h}$ 不可约表示的每个维度可以容纳两个电子, 而考虑了自旋–轨道耦合带来的双群, $\mathrm{O_h^D}$ 不可约表示的每个维度就只能容纳一个电子.

以我们之前讲过的原子轨道在晶格场中的劈裂作为例子. 之前我们说过, 一个 3d 过渡金属原子, 在一个具备 $\mathrm{O_h}$ 对称性的晶体中, d 轨道会劈裂为 E_g 与 $T_{2\mathrm{g}}$, 其中 E 与 T 是对点群不可约表示的一种标记, 对应二维与三维, "g" 代表这个态是偶宇称的.

有些文献按照 Wigner 的标记习惯, 会把 E_g 与 $T_{2\mathrm{g}}$ 写为 Γ_{12}^+ 与 Γ_{25}^+. Γ_{12}^+ 是个二维表示, 上面容纳四个电子. Γ_{25}^+ 是个三维表示, 上面容纳六个电子. 这只是一种习惯, 没有什么复杂的道理.

现在考虑自旋–轨道耦合, Γ_{12}^+ 与 Γ_{25}^+ 这两个态就会发生劈裂了. 对于电子这样的自旋 1/2 的费米子, 它劈裂的规则是按上面讨论的, 由这个自旋 1/2 费米子所对应的 SU(2) 群二维表示与 Γ_{12}^+, Γ_{25}^+ 做直积, 然后再往 $\mathrm{O_h^D}$ 的不可约表示做直和分解的方法来得到. 结果往往如图 5.4 所示. 这是一个例子. 对于具有 $\mathrm{O_h}$ 点群对称性的晶体, 它的能带在没有考虑自旋–轨道耦合的时候可以如图 5.5 所示来标记. 考虑了自旋–轨道耦合以后, 就如图 5.6 所示.

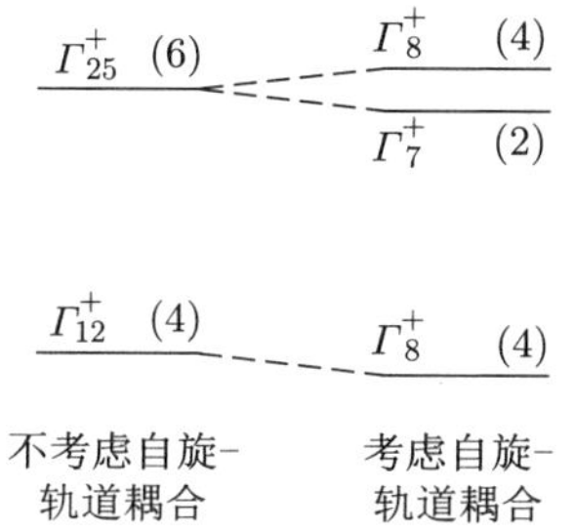

图 5.4 自旋–轨道耦合引起的能级劈裂

为什么这样? 为简单起见, 我们先忽略空间反演操作 I, 解释为什么 Γ_{25} 会变成 Γ_7 和 Γ_8 的直和. 之后 "g", "u" (或者正、负) 这些代表宇称的指标直接加上就可以了.

对于 O 群的 Γ_{25} 的本征态, $\mathrm{O^D}$ 群的下面这些类的特征标分别为

$1\{E\}$	$1\{\overline{E}\}$	$6\{\mathrm{C}_4^2\}$	$6\{\mathrm{C}_4\}$	$6\{\overline{E}\mathrm{C}_4\}$	$12\{\mathrm{C}_2\}$	$8\{\mathrm{C}_3\}$	$8\{\overline{E}\mathrm{C}_3\}$
3	3	−1	−1	−1	1	0	0

这些类在自旋空间, SU(2) 群的不可约表示下的特征标由表示矩阵的形式

$$\begin{pmatrix} \cos\dfrac{\beta}{2}\mathrm{e}^{-\mathrm{i}(\alpha+\gamma)/2} & -\sin\dfrac{\beta}{2}\mathrm{e}^{-\mathrm{i}(\alpha-\gamma)/2} \\ \sin\dfrac{\beta}{2}\mathrm{e}^{\mathrm{i}(\alpha-\gamma)/2} & \cos\dfrac{\beta}{2}\mathrm{e}^{\mathrm{i}(\alpha+\gamma)/2} \end{pmatrix},$$

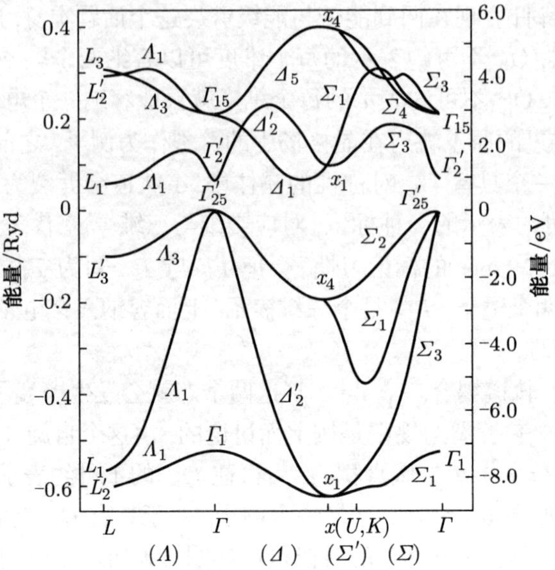

图 5.5　未考虑自旋–轨道耦合的能带

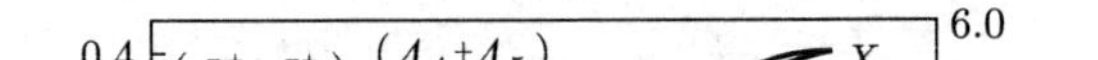

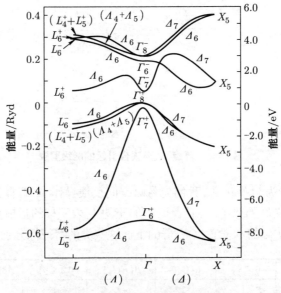

图 5.6　考虑自旋–轨道耦合的能带

又分别等于

$1\{E\}$	$1\{\overline{E}\}$	$6\{C_4^2\}$	$6\{C_4\}$	$6\{\overline{E}C_4\}$	$12\{C_2\}$	$8\{C_3\}$	$8\{\overline{E}C_3\}$
2	−2	0	$\sqrt{2}$	$-\sqrt{2}$	0	1	−1

这两个表示做直积, 结果是

$1\{E\}$	$1\{\overline{E}\}$	$6\{C_4^2\}$	$6\{C_4\}$	$6\{\overline{E}C_4\}$	$12\{C_2\}$	$8\{C_3\}$	$8\{\overline{E}C_3\}$
6	–6	0	$-\sqrt{2}$	$\sqrt{2}$	0	0	0

这个结果刚好分解为下面两个 O^D 群的不可约表示的直和:

Γ_7	2	–2	0	$-\sqrt{2}$	$\sqrt{2}$	0	1	–1
Γ_8	4	–4	0	0	0	0	–1	1

因为这个原因, 我们在文献中看到的就是前面介绍的东西. 理解这些东西, 方法就是用点群与自旋的 SU(2) 群做直积, 然后往点群双群做分解, 需要的就是点群的特征标表与双群的特征标表. 32 种晶体点群的特征标表见附录 A, 对应的双群请参考文献 [5, 16, 22, 23].

这些东西为什么重要? 因为自旋–轨道耦合是一种相对论效应, 也是我们在研究电子结构的时候非常关注的一个课题. 近期凝聚态物理的一些新的进展, 比如拓扑绝缘体、Weyl 半金属, 自旋–轨道耦合在里面都起了最为关键的作用. 这些问题应该说赋予了能带论很多新的内容, 读者从事研究的时候很可能触及. 具体做研究的时候, 更多细节需要读者在文献 [5, 16, 22, 23] 中挖掘.

5.4 Clebsch-Gordan 系数

Clebsch-Gordan 系数 (CG 系数) 这个概念最早是由两个德国数学家 Clebsch 与 Gordan 提出的. 他们想解决的问题是两个球谐函数相乘后, 如何再用球谐函数进行和式展开①? 后来, 人们发现它可以描述量子力学中的角动量耦合. 而这个物理问题的根, 又是群论中的不可约表示直积与直和分解问题. 因为这个原因, 这部分内容是 "群论" 课程需要介绍的. 我们不展开, 只说简单规则, 以方便读者以后使用.

分解情况很简单, 由 j_1 标记的非耦合表象空间维数是 $2j_1+1$, 由 j_2 标记的非耦合表象空间维数是 $2j_2+1$. 两者直积空间的维数是 $(2j_1+1)\times(2j_2+1)$. 耦合后, j 的取值从 j_1-j_2 到 j_1+j_2, 每个 j 对应的维数是 $2j+1$, 总维数还是 $(2j_1+1)\times(2j_2+1)$. 这个问题是一个从 $(2j_1+1)\times(2j_2+1)$ 维空间向 $(2j_1+1)\times(2j_2+1)$ 维空间的约化,

①略做展开讨论. 这是一个纯数学问题, 他们两个人也是数学家. 但德国科学在 19—20 世纪的发展中, 数学家、物理学家、化学家的交流使得科学在这个阶段产生了质变. Clebsch 除了学术成就, 1868 年他与数学物理学家 Carl Neumann (此 Neumann 的研究与磁通量单位的那个 Weber 和温度与熵中遇到的 Clausius 有交集, 不是我们更熟悉的那个量子力学中经常遇到的 Neumann) 一起建立的 *Mathematische Annalen* 杂志对后来的数学与物理发展很关键. Gordan 被称为不变量理论之王, 他是 Jacobi 的学生. CG 系数这个早期数学上的处理, 在量子力学发展起来之后, 真正发挥出了价值.

约化完了以后每个维度由 j,m 进行标记. 我们需要知道的, 是 $|j,m\rangle$ 这个本征态怎么由 $|j_1,m_1\rangle$ 与 $|j_2,m_2\rangle$ 的乘积通过线性组合组成. 这里要用到的式子很简单, 就是:

$$\psi_{jm}=\sum_{m_1,m_2}\left(\begin{array}{cc|c} j_1 & j_2 & j \\ m_1 & m_2 & m \end{array}\right)\psi^{j_1}_{m_1}\psi^{j_2}_{m_2},$$

其中 $\left(\begin{array}{cc|c} j_1 & j_2 & j \\ m_1 & m_2 & m \end{array}\right)$ 对 $j_2=1/2$ 的形式最简单也最常用到, 这里直接给出, 见表 5.4. 对 j_2 是整数或其他半奇数的情况, 请参考曾谨言老师的《量子力学》[17]一书.

表 5.4 $j_2=1/2$ 系统的 CG 系数

$\left(\begin{array}{cc\|c} j_1 & 1/2 & j \\ m_1 & m_2 & m \end{array}\right)$		
j	$m_2=1/2$	$m_2=-1/2$
$j_1+1/2$	$\left(\dfrac{j_1+m+\frac{1}{2}}{2j_1+1}\right)^{\frac{1}{2}}$	$\left(\dfrac{j_1-m+\frac{1}{2}}{2j_1+1}\right)^{\frac{1}{2}}$
$j_1-1/2$	$-\left(\dfrac{j_1-m+\frac{1}{2}}{2j_1+1}\right)^{\frac{1}{2}}$	$\left(\dfrac{j_1+m+\frac{1}{2}}{2j_1+1}\right)^{\frac{1}{2}}$

习题与思考

1. 取 $j=1$, 按 5.2 节讲的规则, 写出 SU(2) 群的不可约表示矩阵.
2. 画图说明 D_3, T 群的双群有几个类, 每个类有哪些元素.
3. SO(3) 群是 O(3) 群的子群吗? 是 $\mathrm{SO^D}(3)$ 的子群吗? 如果不是, 说明原因; 如果是, 那是不变子群吗?
4. 接第四章习题 3 ~ 5, 讨论考虑自旋-轨道耦合后, 这些轨道的劈裂情况.
5. 简立方晶体, 不考虑空间反演, 用 $\{1,1,1\}$ 描述倒空间中的一个倒格矢 $\boldsymbol{G}_1=\dfrac{2\pi}{a}(1,1,1)$, 它所对应的平面波为 $\mathrm{e}^{\mathrm{i}\boldsymbol{G}_1\cdot\boldsymbol{r}}$. 讨论由此平面波张成的 O 群表示空间是几维的. 分析出其各类在此表示下的特征标. 这个表示如何分解为不可约表示的直和? 考虑自旋-轨道耦合后, 又将如何劈裂?

第六章　置换群

置换群之所以在物理中重要，一个原因是某些真实的物理系统有这样的对称性，比如全同粒子系统. 另外，在置换群理论研究中发展起来的杨算符方法，在近代物理中也起到了非常重要的作用. 与此同时，所有的有限群，均同构于置换群的子群 (第一章的 Cayley 定理). 因此，置换群是本书的重要组成部分.

单单把这段的第一点展开，就可以牵扯出很多内容. 最直接的一个，就是我们前面讲到的点群与空间群、转动群描述的都是一个单粒子本征态的对称性，而置换群其实描述的是一个由全同粒子构成的多体系统的对称性. 以多电子体系为例 (这个电子体系可以是一个原子中的多个电子，也可以是分子或固体中的多个电子)，其多粒子本征态就需要用置换群的不可约表示来标记. 类似研究在 1926 年 Schrödinger 方程针对氢原子这个单电子体系提出之后一度是一个热点 (量子体系由单电子向多电子体系过渡再自然不过)，其中最直接的过渡就是除氢以外的其他原子体系. 类似体系既有完全转动对称性，又有我们这里要讲的置换群对称性. 到了 20 世纪 40 年代，人们在这方面的研究又有了一些扩展，对象是晶体或者分子配位场中的过渡金属原子. 对称性由完全转动群下降为某点群，但置换对称性保留. 这方面的理论叫配位场理论 (ligand field theory)，或称晶体场理论 (crystal field theory)[24]. 再后来，在凝聚态物理中的非线性光学问题与弹性理论发展过程中，置换群理论也有一定程度的应用[5].

本章包括如下四部分内容: (1) n 阶置换群; (2) 杨盘及其引理; (3) 置换群的不可约表示; (4) 多电子原子体系波函数. 其中杨盘及其引理部分牵扯到许多证明，本书正文主要讲解这个证明的基本逻辑，具体证明过程放在附录 D 中. 对配位场理论感兴趣的同学可参考文献 [24]. 凝聚态体系非线性光学问题与弹性理论中的置换群可参考 Dresselhaus 的教材，即文献 [5].

最后要说明的一点是，由于笔者的背景并不是理论物理，因此对置换群在粒子物理多粒子体系中的应用没有什么体会，建议感兴趣的读者参考文献 [6, 8–10, 15] 了解更多内容.

6.1　n 阶置换群

首先来看置换和置换群的定义.

定义 6.1 将 n 个数字 $\{1,2,\cdots,n\}$ 的排列 $a_1,a_2,\cdots,a_n$ 映为排列 $b_1,b_2,\cdots,b_n$ 的操作, 称为一个 n 阶置换, 记为 s, s 的形式为

$$s=\begin{pmatrix} a_1 & a_2 & \cdots & a_n \\ b_1 & b_2 & \cdots & b_n \end{pmatrix}.$$

请注意, 置换取决于诸对数码的对换, 与诸对数码的排列顺序无关, 比如:

$$\begin{pmatrix} a_1 & a_2 & a_3 & \cdots & a_n \\ b_1 & b_2 & b_3 & \cdots & b_n \end{pmatrix}=\begin{pmatrix} a_1 & a_3 & a_2 & \cdots & a_n \\ b_1 & b_3 & b_2 & \cdots & b_n \end{pmatrix},$$

只要配对相同即可.

定义 6.2 若定义两个置换 r,s 的乘积 rs 为先执行置换 s, 再执行置换 r, 则在此乘法规则下所有的 n 阶置换的集合构成一个群, 称为 n 阶置换群或 n 阶对称群, 记为 S_n.

在这个群中, 单位元是恒等置换. $\begin{pmatrix} a_1 & a_2 & \cdots & a_n \\ b_1 & b_2 & \cdots & b_n \end{pmatrix}$ 的逆元为 $\begin{pmatrix} b_1 & b_2 & \cdots & b_n \\ a_1 & a_2 & \cdots & a_n \end{pmatrix}$. 置换的乘法满足封闭性与结合律, S_n 群的阶为 $n!$.

下面再定义一种特殊的置换.

定义 6.3 一种特殊的置换 $\begin{pmatrix} e_1 & e_2 & \cdots & e_m \\ e_2 & e_3 & \cdots & e_1 \end{pmatrix}$ 称为轮换, 记为 $(e_1,e_2,\cdots,e_m)$, 轮换数码的个数 m 称为轮换的阶.

轮换的性质包括:

(1) 轮换内的数码做轮换, 仍代表同一个轮换, 即

$$(e_1,e_2,\cdots,e_m)=(e_2,e_3,\cdots,e_m,e_1)=(e_m,e_1,e_2,\cdots,e_{m-1}).$$

(2) 两个轮换 $(e_1,e_2,\cdots,e_m)$ 与 $(f_1,f_2,\cdots,f_n)$ 若没有公共数码, 则称它们相互独立. 相互独立的轮换之间的乘法满足交换律, 即

$$\begin{aligned}
&(e_1,e_2,\cdots,e_m)(f_1,f_2,\cdots,f_n)\\
&=\begin{pmatrix} e_1 & e_2 & \cdots & e_m & f_1 & f_2 & \cdots & f_n \\ e_2 & e_3 & \cdots & e_1 & f_2 & f_3 & \cdots & f_1 \end{pmatrix}\\
&=\begin{pmatrix} f_1 & f_2 & \cdots & f_n & e_1 & e_2 & \cdots & e_m \\ f_2 & f_3 & \cdots & f_1 & e_2 & e_3 & \cdots & e_1 \end{pmatrix}\\
&=(f_1,f_2,\cdots,f_n)(e_1,e_2,\cdots,e_m).
\end{aligned}$$

(3) 任意的 n 阶置换总可以分解为相互独立的轮换的乘积, 比如

$$\begin{pmatrix} 1 & 2 & 3 & 4 & 5 & 6 \\ 4 & 2 & 6 & 5 & 1 & 3 \end{pmatrix}=(1,4,5)(2)(3,6).$$

分解的方法很简单, 就是先盯上第一个数, 看它变到几, 再盯上那个数, 以此类推, 这样总能找到一个轮换. 在找到这个轮换之后, 取不属于这个轮换的第一个数, 重复上面操作. 这样做下去, 任何一个置换都可以分解为轮换的乘积.

(4) 轮换的逆, 就是把数码反过来排, 比如:

$$(e_1, e_2, \cdots, e_m)^{-1} = (e_m, e_{m-1}, \cdots, e_1).$$

(5) 二阶轮换 (e_1, e_2) 称为对换, 任意一个 m 阶轮换都可以写成 $m-1$ 个对换的乘积, 因为

$$\begin{aligned}(e_1, e_2, \cdots, e_m) &= \begin{pmatrix} e_1 & e_2 & e_3 & \cdots & e_m \\ e_2 & e_3 & e_4 & \cdots & e_1 \end{pmatrix} \\ &= \begin{pmatrix} e_1 & e_2 & e_3 & \cdots & e_m \\ e_2 & e_1 & e_3 & \cdots & e_m \\ e_2 & e_1 & e_3 & \cdots & e_m \\ e_2 & e_3 & e_4 & \cdots & e_1 \end{pmatrix} \\ &= (e_1, e_3, \cdots, e_m)(e_1, e_2) \\ &= (e_1, e_4, \cdots, e_m)(e_1, e_3)(e_1, e_2) \\ &= \cdots = (e_1, e_m)(e_1, e_{m-1}) \cdots (e_1, e_3)(e_1, e_2).\end{aligned}$$

(6) 前面讲了任意一个置换都可以写成轮换的乘积, 而任意一个轮换都可以写成对换的乘积. 但是在这个轮换分解为对换的过程中, 对换的对象不一定是相邻的数. 针对这点, 第 (6) 个性质说的是 $\forall (e_1, e_k)$, 有

$$(e_1, e_k) = (e_2, e_k)(e_1, e_2)(e_2, e_k),$$

因为

$$(e_2, e_k)(e_1, e_2)(e_2, e_k) = \begin{pmatrix} e_1 & e_2 & e_k \\ e_1 & e_k & e_2 \\ e_1 & e_k & e_2 \\ e_2 & e_k & e_1 \\ e_2 & e_k & e_1 \\ e_k & e_2 & e_1 \end{pmatrix} = \begin{pmatrix} e_1 & e_2 & e_k \\ e_k & e_2 & e_1 \end{pmatrix} = (e_1, e_k).$$

这样一个性质, 结合 (3), (5) 两点, 就可以把任意一个置换分解为相临对换的乘积了. 比如:

$$\begin{aligned}\begin{pmatrix}1 & 2 & 3 & 4\\ 3 & 2 & 4 & 1\end{pmatrix} &= (1,3,4)\\ &= (1,4)(1,3)\\ &= (2,4)(1,2)(2,4)(2,3)(1,2)(2,3)\\ &= (3,4)(2,3)(3,4)(1,2)(3,4)(2,3)(3,4)(2,3)(1,2)(2,3).\end{aligned}$$

基于上面的介绍, 我们可以给出这部分的第一个定理.

定理 6.1 具有相同轮换结构的置换构成置换群 S_n 的一个类.

相同的轮换结构这样的规定有两个意思, 既指它们有相同个数的轮换因子, 又指各轮换因子中数码个数也完全相同.

证明 我们的证明分两个方面: 一是共轭的置换有相同的轮换结构; 二是具有相同轮换结构的置换共轭.

先证共轭置换有相同的轮换结构. 任取

$$s = \begin{pmatrix}1 & 2 & \cdots & n\\ c_1 & c_2 & \cdots & c_n\end{pmatrix} \in \mathrm{S}_n,$$

$$t = \begin{pmatrix}1 & 2 & \cdots & n\\ d_1 & d_2 & \cdots & d_n\end{pmatrix} \in \mathrm{S}_n.$$

为了求出 tst^{-1}, 我们把 $(1,2,\cdots,n)$ 重排为 $(c_1,c_2,\cdots,c_n)$, 这样 t 也可以写成

$$t = \begin{pmatrix}c_1 & c_2 & \cdots & c_n\\ f_1 & f_2 & \cdots & f_n\end{pmatrix},$$

同样, t^{-1} 也可以写成

$$\begin{pmatrix}f_1 & f_2 & \cdots & f_n\\ c_1 & c_2 & \cdots & c_n\end{pmatrix},$$

或

$$\begin{pmatrix}d_1 & d_2 & \cdots & d_n\\ 1 & 2 & \cdots & n\end{pmatrix},$$

而 tst^{-1} 就是

$$\begin{pmatrix}d_1 & d_2 & \cdots & d_n\\ 1 & 2 & \cdots & n\\ 1 & 2 & \cdots & n\\ c_1 & c_2 & \cdots & c_n\\ c_1 & c_2 & \cdots & c_n\\ f_1 & f_2 & \cdots & f_n\end{pmatrix} = \begin{pmatrix}d_1 & d_2 & \cdots & d_n\\ f_1 & f_2 & \cdots & f_n\end{pmatrix}.$$

也就是说 s 的共轭元素 tst^{-1} 是由 t 对 s 的上下两行 $\begin{pmatrix} 1 & 2 & \cdots & n \\ c_1 & c_2 & \cdots & c_n \end{pmatrix}$ 同时做置换得到的. 这里 t 既可以写成 $\begin{pmatrix} 1 & 2 & \cdots & n \\ d_1 & d_2 & \cdots & d_n \end{pmatrix}$ 对 s 上面那行的操作, 也可写成 $\begin{pmatrix} c_1 & c_2 & \cdots & c_n \\ f_1 & f_2 & \cdots & f_n \end{pmatrix}$ 对 s 下面那行的操作. 最终的结果是 $\begin{pmatrix} d_1 & d_2 & \cdots & d_n \\ f_1 & f_2 & \cdots & f_n \end{pmatrix}$.

现在假设 s 有 k 个独立的轮换因子, $s = s_1 s_2 \cdots s_k$, 那么其共轭 tst^{-1} 可写为 $ts_1t^{-1}ts_2t^{-1}\cdots ts_kt^{-1}$. 对 s 的第 i 个轮换因子, 我们看 ts_it^{-1} 的效果:

$$s_i = (s_1, s_2, \cdots, s_m) = \begin{pmatrix} s_1 & s_2 & \cdots & s_m & s_{m+1} & s_{m+2} & \cdots & s_n \\ s_2 & s_3 & \cdots & s_1 & s_{m+1} & s_{m+2} & \cdots & s_n \end{pmatrix},$$

任意取一个 t, 它是

$$\begin{pmatrix} s_1 & s_2 & \cdots & s_m & s_{m+1} & s_{m+2} & \cdots & s_n \\ t_1 & t_2 & \cdots & t_m & t_{m+1} & t_{m+2} & \cdots & t_n \end{pmatrix}.$$

由置换与对的排列顺序无关这个特点, 我们知道 t 也可写为

$$\begin{pmatrix} s_2 & \cdots & s_m & s_1 & s_{m+1} & s_{m+2} & \cdots & s_n \\ t_2 & \cdots & t_m & t_1 & t_{m+1} & t_{m+2} & \cdots & t_n \end{pmatrix}.$$

这样, 由前面的讨论, ts_it^{-1} 就是利用上面两式对 s_i 的上下行分别进行置换, 即

$$\begin{pmatrix} t_1 & t_2 & \cdots & t_m & t_{m+1} & t_{m+2} & \cdots & t_n \\ t_2 & \cdots & t_m & t_1 & t_{m+1} & t_{m+2} & \cdots & t_n \end{pmatrix} = (t_1, t_2, \cdots, t_m).$$

也就是说 ts_it^{-1} 与 s_i 是同阶轮换. 对其他轮换因子, 以此类推, 这样 $ts_1t^{-1}ts_2t^{-1}\cdots ts_kt^{-1}$ 就与 $s_1s_2\cdots s_k$ 有相同的轮换结构, 也就是 tst^{-1} 与 s 有相同的轮换结构 (共轭置换的轮换结构相同).

现在来证具有相同轮换因子的置换共轭. 取两个这样的置换:

$$s = (a_1, a_2, \cdots, a_{n_1})(b_1, b_2, \cdots, b_{n_2})\cdots(c_1, c_2, \cdots, c_{n_l}),$$
$$r = (d_1, d_2, \cdots, d_{n_1})(e_1, e_2, \cdots, e_{n_2})\cdots(f_1, f_2, \cdots, f_{n_l}).$$

这个时候, 一定存在

$$t = \begin{pmatrix} a_1 & a_2 & \cdots & a_{n_1} \\ d_1 & d_2 & \cdots & d_{n_1} \end{pmatrix}\begin{pmatrix} b_1 & b_2 & \cdots & b_{n_2} \\ e_1 & e_2 & \cdots & e_{n_2} \end{pmatrix}\cdots\begin{pmatrix} c_1 & c_2 & \cdots & c_{n_l} \\ f_1 & f_2 & \cdots & f_{n_l} \end{pmatrix}$$

使得

$$tst^{-1}=\begin{pmatrix} d_1 & d_2 & \cdots & d_{n_1} & e_1 & e_2 & \cdots & e_{n_2} & f_1 & f_2 & \cdots & f_{n_l} \\ a_1 & a_2 & \cdots & a_{n_1} & b_1 & b_2 & \cdots & b_{n_2} & c_1 & c_2 & \cdots & c_{n_l} \\ a_1 & a_2 & \cdots & a_{n_1} & b_1 & b_2 & \cdots & b_{n_2} & c_1 & c_2 & \cdots & c_{n_l} \\ a_2 & a_3 & \cdots & a_1 & b_2 & b_3 & \cdots & b_1 & c_2 & c_3 & \cdots & c_1 \\ a_2 & a_3 & \cdots & a_1 & b_2 & b_3 & \cdots & b_1 & c_2 & c_3 & \cdots & c_1 \\ d_2 & d_3 & \cdots & d_1 & e_2 & e_3 & \cdots & e_1 & f_2 & f_3 & \cdots & f_1 \end{pmatrix}$$
$$=\begin{pmatrix} d_1 & d_2 & \cdots & d_{n_1} & e_1 & e_2 & \cdots & e_{n_2} & f_1 & f_2 & \cdots & f_{n_l} \\ d_2 & d_3 & \cdots & d_1 & e_2 & e_3 & \cdots & e_1 & f_2 & f_3 & \cdots & f_1 \end{pmatrix}$$
$$=(d_1,d_2,\cdots,d_{n_1})(e_1,e_2,\cdots,e_{n_2})\cdots(f_1,f_2,\cdots,f_{n_l})=r.$$

因此, 具有相同轮换结构的置换必共轭.

结合这两点, 就得到了置换群的类与轮换结构存在一一对应的关系.

这是置换群的一个关键的性质. 正是因为它的存在, 我们才可以用杨图 (Young diagram) 来分析置换群. 与这个性质相关的置换群的其他性质还包括以下几点.

(1) 可以由轮换分解来划分置换群的类别. 这很显然, 因为每个置换都可以写成轮换的乘积, 而轮换结构与类之间存在一一对应的关系.

轮换分解标记为 $(\gamma),(\gamma)=(1^{\gamma_1},2^{\gamma_2},3^{\gamma_3},\cdots,n^{\gamma_n})$, 即该类中有 γ_1 个一阶轮换, γ_2 个二阶轮换, $\cdots,\gamma_n$ 个 n 阶轮换, 且由于变换对象只有 n 个, 所以

$$\gamma_1+2\gamma_2+\cdots+n\gamma_n=n,$$

其中 $\gamma_1,\gamma_2,\cdots,\gamma_n$ 为非负整数.

(2) S_n 的类 (γ) 中的置换群元个数为

$$\frac{n!}{(1^{\gamma_1}\gamma_1!)(2^{\gamma_2}\gamma_2!)\cdots(n^{\gamma_n}\gamma_n!)}. \tag{6.1}$$

这是因为一共有 n 个空要去填, 填法是 $n!$ 种. 但是对其中的一个 m 阶轮换

$$(e_1,e_2,\cdots,e_m)=(e_2,e_3,\cdots,e_1)=\cdots=(e_m,e_1,\cdots,e_{m-1}),$$

这 m 种填法代表同样的置换. 这样如果有 γ_m 个 m 阶置换的话, 类似的重复会出现 m^{γ_m} 次. 同时由于这 γ_m 个 m 阶置换没有公共因子, 排列的前后顺序不影响结果, 类似重复又会出现 $\gamma_m!$ 次, 所以 (6.1) 式的分母是那个样子.

(3) 根据这样一个轮换分解的标记 $(\gamma) = (1^{\gamma_1}, 2^{\gamma_2}, 3^{\gamma_3}, \cdots, n^{\gamma_n})$, 我们来定义杨图, 它的标记方式是 $[\lambda] = [\lambda_1, \lambda_2, \cdots, \lambda_n]$, 其中

$$\lambda_1 = \gamma_1 + \gamma_2 + \cdots + \gamma_n,$$
$$\lambda_2 = \gamma_2 + \cdots + \gamma_n,$$
$$\cdots\cdots$$
$$\lambda_n = \gamma_n.$$

这样的话 $\lambda_n \leqslant \lambda_{n-1} \leqslant \cdots \leqslant \lambda_1$, 且由

$$\gamma_1 + 2\gamma_2 + \cdots + n\gamma_n = n,$$

可得

$$\lambda_1 + \lambda_2 + \cdots + \lambda_n = n.$$

这样可引入杨图的概念.

定义 6.4 杨图是 n 个小方格构成的图形, 其第 1 行、第 2 行、$\cdots$、第 n 行分别是 $\lambda_1, \lambda_2, \cdots, \lambda_n$ 个小方格, $\lambda_1 + \lambda_2 + \cdots + \lambda_n = n$, 它们的第一列靠左对齐.

例 6.1 S_3 可由 $[\lambda]$ 写成 [3], [2,1], [1,1,1]. 杨图如图 6.1 所示.

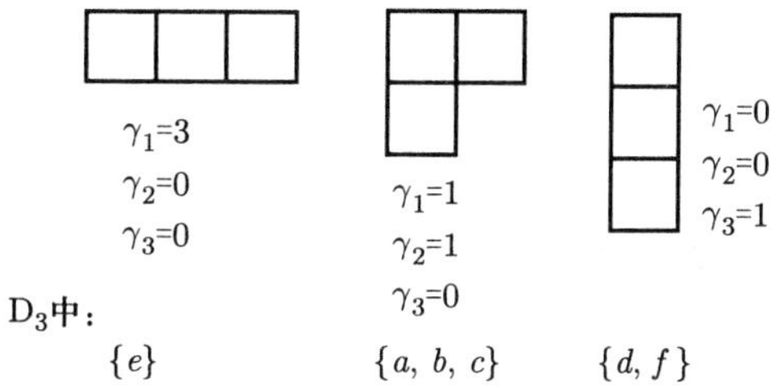

图 6.1 杨图示例

对杨图而言, 如果一个杨图可由另一个杨图通过转置得到, 则称这两个杨图共轭. 如果一个杨图转置后不变, 则称其自轭. 杨图共轭与元素共轭是两回事.

6.2 杨盘及其引理

上一节我们讲的杨图, 是针对置换群分类的一个工具. 这节我们要讲的杨盘 (Young tableau), 针对的是置换群的不等价不可约表示.

本节最核心的地方是杨盘定理. 这个定理证明起来比较麻烦, 有 7 个引理都需要证明. 细走这些步骤, 对于不需要学习李群的读者并不是很有必要, 对此感兴趣的读者可参考附录 D 中的内容进行理解. 在本书中, 我们着重于讲解几个重要的概念: (1) 什

么是杨盘; (2) 什么是杨算符; (3) 什么是本质幂等元; (4) 杨盘定理说的是什么; (5) 它是怎么证明的 (正文是思路, 细节见附录 D). 下面, 我们会根据这个逻辑展开讲解.

定义 6.5 将数字 $1,2,\cdots,n$ 分别填到 S_n 的杨图的 n 个小方格中, 得到的图称为杨盘.

由定义可知, 杨盘就是填上数的杨图

例 6.2 S_6 的杨图 $[3,2,1]$ 的两个杨盘 T_a, T_b 如图 6.2 所示.

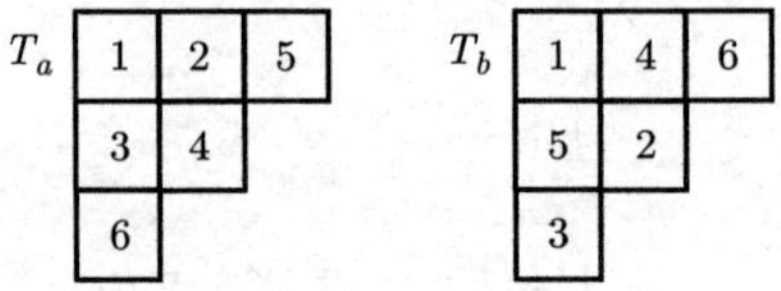

图 6.2 杨盘示例

由定义我们知道, 杨盘可以具有下面的性质.

(1) 由一个杨图可以得到 $n!$ 个杨盘.

(2) 一个杨盘中的数字可以由其行与列来确定.

(3) 同一个杨图的不同杨盘 T_a, T_b, 可通过一个置换相互转换. 将 T_a, T_b 中的数按照从左到右、从上到下的顺序排成有序对 $a_1, a_2, \cdots, a_n, b_1, b_2, \cdots, b_n$, 则杨盘 T_a 到杨盘 T_b 的置换为

$$s = \begin{pmatrix} a_1 & a_2 & \cdots & a_n \\ b_1 & b_2 & \cdots & b_n \end{pmatrix}.$$

以图 6.2 为例,

$$s = \begin{pmatrix} 1 & 2 & 5 & 3 & 4 & 6 \\ 1 & 4 & 6 & 5 & 2 & 3 \end{pmatrix} = (1)(2,4)(5,6,3),$$
$$T_b = (1)(2,4)(5,6,3)T_a.$$

(4) 由一个杨盘 T 可以定义行置换 $R(T)$ 与列置换 $C(T)$. $R(T)$ 是保持杨盘 T 各行中的数字还在其相对行上的所有置换 $\widehat{p}$ 的集合 $\{\widehat{p}\}$; $C(T)$ 是保持杨盘 T 各列中的数字还在其相对列上的所有置换 $\widehat{q}$ 的集合 $\{\widehat{q}\}$. 显然 $R(T), C(T)$ 都是 S_n 的子群, 它们有唯一的公共元素 s_0. 若杨盘 T 对应的杨图为 $[\lambda] = [\lambda_1, \lambda_2, \cdots, \lambda_n]$, 则 $R(T)$ 的阶为 $\lambda_1!\lambda_2!\cdots\lambda_n!$, $C(T)$ 的阶为 $\widetilde{\lambda}_1!\widetilde{\lambda}_2!\cdots\widetilde{\lambda}_n!$, 其中 $[\widetilde{\lambda}] = [\widetilde{\lambda}_1, \widetilde{\lambda}_2, \cdots, \widetilde{\lambda}_n]$ 为杨图 $[\lambda]$ 的共轭.

(5) 由行、列置换 $\widehat{p}, \widehat{q}$ 可以定义两个算符 $\widehat{P}(T)$ 与 $\widehat{Q}(T)$:

$$\widehat{P}(T) = \sum_{\widehat{p}\in R(T)} \widehat{p},$$
$$\widehat{Q}(T) = \sum_{\widehat{q}\in C(T)} \delta_q \widehat{q},$$

其中如果 $\widehat{q}$ 为偶置换 $\delta_q = 1$, 如果 $\widehat{q}$ 为奇置换 $\delta_q = -1$. 这里偶置换与奇置换指的是置换化为对换的乘积后, 对换的个数是偶数还是奇数.

例如对于图 6.2 中的杨盘 T_a, 有

$$R(T_a) = \left\{ \begin{array}{c} (1),(1,2),(1,5),(2,5),(1,2,5),(1,5,2), \\ (3,4),(3,4)(1,2),(3,4)(1,5),(3,4)(2,5), \\ (3,4)(1,2,5),(3,4)(1,5,2) \end{array} \right\},$$

$$C(T_a) = \left\{ \begin{array}{c} (1),(1,3),(1,6),(3,6),(1,3,6),(1,6,3), \\ (2,4),(2,4)(1,3),(2,4)(1,6),(2,4)(3,6), \\ (2,4)(1,3,6),(2,4)(1,6,3) \end{array} \right\},$$

而 $\widehat{P}(T_a)$ 就是 $R(T_a)$ 中所有操作的和, $\widehat{Q}(T_a)$ 就是 $C(T_a)$ 中所有操作乘上它的奇偶性的和. 对 (2,4)(1,3,6) 这个操作而言, (1,3,6) 是两个对换, (2,4) 是一个对换, 所以总的对换数是 3, 操作的奇偶性为奇.

由 $\widehat{P}(T)$ 与 $\widehat{Q}(T)$ 的定义, 我们知道它们是置换群中群元的线性组合, 这很容易让我们联想到前面讲过的一个概念: 群代数. 后面我们会通过杨算符把 $\widehat{P}(T), \widehat{Q}(T)$ 与群代数联系起来.

(6) 同一个杨图的不同杨盘, 其对应的行置换群相互同构, 列置换群也相互同构.

这个性质很直接, 以图 6.2 为例, $R(T_a)$ 和 $R(T_b)$ 同构, $C(T_a)$ 和 $C(T_b)$ 同构, 因为就是变换对象变了一下.

有了杨图、杨盘这些概念, 下一个概念是杨算符.

定义 6.6 杨算符是杨盘 T 的算符 $\widehat{P}(T)$ 与 $\widehat{Q}(T)$ 的乘积, 形式为

$$\widehat{E}(T) = \widehat{P}(T)\widehat{Q}(T) = \sum_{\widehat{p}\in R(T)} \sum_{\widehat{q}\in C(T)} \delta_q \widehat{pq}.$$

显然杨算符是群空间 R_{S_n} 中的一个向量. 一个杨盘对应一个杨算符.

与杨算符相关的性质有很多, 先说两个.

(1) 若 $\widehat{p}, \widehat{p}' \in R(T)$, $\widehat{q}, \widehat{q}' \in C(T)$, 且 $\widehat{pq} = \widehat{p}'\widehat{q}'$, 则必有 $\widehat{p} = \widehat{p}'$, $\widehat{q} = \widehat{q}'$. 这个性质的证明用到的很重要的一点就是对 $R(T), C(T)$ 这两个 S_n 的子群, 它们的交集只有单位元素 s_0, 这样的话由 $\widehat{pq} = \widehat{p}'\widehat{q}'$ 可以得出 $\widehat{p}'^{-1}\widehat{p} = \widehat{q}'\widehat{q}^{-1}$. 这个等式左边属于 $R(T)$, 右边属于 $C(T)$, 所以只能有 $\widehat{p}'^{-1}\widehat{p} = \widehat{q}'\widehat{q}^{-1} = s_0$, 这样的话就只能有 $\widehat{p} = \widehat{p}', \widehat{q} = \widehat{q}'$.

(2) 同时由性质 (1), 我们也很容易知道对 $\widehat{E}(T) = \sum\limits_{\widehat{p}\in R(T)} \sum\limits_{\widehat{q}\in C(T)} \delta_q \widehat{pq}$ 的求和, 一定不会出现不同 $\widehat{p}, \widehat{q}$ 产生相同的乘积, 进而由于 δ_q 的变号所带来的 $\widehat{pq}$ 相互抵消的情况. 因此, $\widehat{E}(T)$ 一定是非零的群空间中的向量.

现在再介绍一下幂等元的概念, 我们就可以把杨盘定理的内容讲出来了. 幂等元和之前讲的投影算符相关.

定义 6.7 在群代数 R_G 中, 满足 $e^2 = e$ 的元素 e, 称为幂等元, 而满足 $e^2 = \lambda e$ 的元素 e 称为本质幂等元.

本质幂等元可以这样理解: 只要满足 $e^2 = \lambda e$, 那么 e 只要乘上一个常数 λ^{-1} 就是幂等元, 或者说它本质上就是一个幂等元, 因为 $(\lambda^{-1}e)^2 = \lambda^{-2}e^2 = \lambda^{-2}\lambda e = \lambda^{-1}e$.

幂等元的定义是不是和前面讲的投影算符 $\widehat{P}_i^2 = \widehat{P}_i$ 有相似的地方? 它们之间确实存在着重要的联系, 这个联系是: 群代数 R_G 中左正则变换 $L(G)$ 的群不变的子空间及其投影算符与群代数 R_G 中的幂等元一一对应①. 总结为下面的定理.

定理 6.2 群代数 R_G 中有多少个幂等元, 群空间就有多少个对左正则变换不变的子空间, 相应地, 就有多少个投影算符.

要证明定理 6.2, 需要下面的定理 6.3. 定理 6.3 比较好证, 我们先证它, 然后回到定理 6.2.

定理 6.3 对群 G 在表示空间 V 上的表示 $A(g)$, 若 V 可分解为 k 个子空间的直和 $W_1 \oplus W_2 \oplus \cdots \oplus W_k$, 则其中 W_i 为群不变子空间的充要条件为 W_i 对应的投影算符 $\widehat{P}_i$ 与任意 $g \in G$ 对应的 $A(g)$ 互易, 即 $A(g)\widehat{P}_i = \widehat{P}_i A(g)$.

证明 必要性, 即由 W_i 为群不变的子空间, 推 W_i 对应的投影算符 $\widehat{P}_i$ 与任意一个 g 对应的 $A(g)$ 互易. 由于 $\widehat{P}_i$ 为 W_i 对应的投影算符, 满足 $\widehat{P}_i^2 = \widehat{P}_i, \widehat{P}_i\widehat{P}_j = 0$ (当 $i \neq j$), $\widehat{P}_i V = W_i, \widehat{P}_i \boldsymbol{x}_i = \boldsymbol{x}_i$, 所以, 有

$$A(g)\widehat{P}_i\boldsymbol{x}_i = A(g)\boldsymbol{x}_i = \widehat{P}_i A(g)\boldsymbol{x}_i$$

对任意 $\boldsymbol{x}_i$ 成立. 由于 $\boldsymbol{x}_i$ 的任意性, $A(g)\widehat{P}_i = \widehat{P}_i A(g)$.

再看充分性. 若 V 上存在投影算符 $\widehat{P}_i$ 并且有 $A(g)\widehat{P}_i = \widehat{P}_i A(g)$ 对任意 $g \in G$ 成立, 则 $\forall \boldsymbol{x}_i \in W_i$, 由 $\widehat{P}_i\boldsymbol{x}_i = \boldsymbol{x}_i$, 有

$$A(g)\boldsymbol{x}_i = A(g)\widehat{P}_i\boldsymbol{x}_i = \widehat{P}_i(A(g)\boldsymbol{x}_i) \in W_i,$$

所以 W_i 为群不变的子空间.

现在回到定理 6.2 的证明.

证明 要证明在群代数 R_G 中幂等元与左正则变换不变子空间的一一对应关系, 需要说明两点:

(1) 若 $W_i = \widehat{P}_i R_G$ 为正则变换 G 不变的子空间, 则存在一个幂等元与之对应;

(2) 若有一个幂等元, 则存在一个与之对应的 G 不变的 R_G 的子空间与投影算符.

先看第一点.

---

①在本书中研究群本身有多少不等价不可约表示以及它们的性质的时候, 我们会以群代数以及正则表示作为工具来分析. 这在第二章的正交性、完备性定理中已有体现. 在这些性质清楚后, 具体的不可约表示空间可以任意选择. 但只要牵扯到针对不等价不可约表示自身性质的分析, 正则表示这些还是基本工具, 比如这里.

若有 $W_i = \widehat{P}_i R_G$ 为正则变换 G 不变的子空间, $\widehat{P}_i$ 为投影算符, 则群代数 R_G 中有向量 $\boldsymbol{e}_i = \widehat{P}_i \boldsymbol{g}_0$ ($\boldsymbol{g}_0$ 为 R_G 中的单位元素). 这个向量是幂等元. 为什么呢? 这就要用到我们刚才介绍的那个性质了. 因为 W_i 对左正则变换 $L(G)$ 而言是 G 不变的子空间, 所以有 $L(g)\widehat{P}_i = \widehat{P}_i L(g)$ 对任意 $g \in G$ 成立, 也就是 $g\widehat{P}_i = \widehat{P}_i g$ 对任意 $g \in G$ 成立. 这样的话对任意

$$\boldsymbol{x} = \sum_k x_k \boldsymbol{g}_k \in R_G,$$

有

$$\widehat{P}_i \boldsymbol{x} = \sum_k x_k \widehat{P}_i \boldsymbol{g}_k \boldsymbol{g}_0 = \sum_k x_k \boldsymbol{g}_k \widehat{P}_i \boldsymbol{g}_0 = \sum_k x_k \boldsymbol{g}_k \boldsymbol{e}_i = \boldsymbol{x}\boldsymbol{e}_i.$$

由 $P_i \boldsymbol{x} = \boldsymbol{x}\boldsymbol{e}_i$, 进而得

$$\widehat{P}_i^2 \boldsymbol{x} = \widehat{P}_i \widehat{P}_i \boldsymbol{x} = \widehat{P}_i \boldsymbol{x}\boldsymbol{e}_i = \boldsymbol{x}\boldsymbol{e}_i\boldsymbol{e}_i.$$

而 $\widehat{P}_i$ 为投影算符, $\widehat{P}_i^2 = \widehat{P}_i, \widehat{P}_i \boldsymbol{x} = \boldsymbol{x}\boldsymbol{e}_i$, 所以 $\widehat{P}_i^2 \boldsymbol{x} = \widehat{P}_i \boldsymbol{x}$. 这样就有

$$\boldsymbol{x}\boldsymbol{e}_i = \boldsymbol{x}\boldsymbol{e}_i\boldsymbol{e}_i$$

对任意 $\boldsymbol{x} \in R_G$ 成立. 由此可得

$$\boldsymbol{e}_i = \boldsymbol{e}_i^2.$$

对 $W_i = \widehat{P}_i R_G$ 这个对正则变换 G 不变的子空间, 我们就找到了与之对应的幂等元 $\boldsymbol{e}_i$, 它等于 $\widehat{P}_i \boldsymbol{g}_0$.

再看第二点. 设 $\boldsymbol{e}_i \in R_G$ 为幂等元, 定义算符 $\widehat{P}_i$ 为 $\widehat{P}_i \boldsymbol{x} = \boldsymbol{x}\boldsymbol{e}_i$, $\boldsymbol{e}_i$ 就是我们已知的幂等元, $\boldsymbol{x}$ 为 R_G 中任意向量. 由这个定义, 知

$$\widehat{P}_i^2 \boldsymbol{x} = \widehat{P}_i(\widehat{P}_i \boldsymbol{x}) = \widehat{P}_i \boldsymbol{x}\boldsymbol{e}_i = \boldsymbol{x}\boldsymbol{e}_i\boldsymbol{e}_i = \boldsymbol{x}\boldsymbol{e}_i = \widehat{P}_i \boldsymbol{x}$$

对任意 $\boldsymbol{x} \in R_G$ 成立, 因此 $\widehat{P}_i^2 = \widehat{P}_i$, $\widehat{P}_i$ 为投影算符.

这个投影算符作用到群代数上形成的子空间是 G 不变的子空间, 因为对任意置换群群元 $\boldsymbol{g}_k$, 有

$$\widehat{P}_i \boldsymbol{g}_k \boldsymbol{x} = \boldsymbol{g}_k \boldsymbol{x}\boldsymbol{e}_i,$$

而 $\boldsymbol{g}_k \widehat{P}_i \boldsymbol{x} = \boldsymbol{g}_k \boldsymbol{x}\boldsymbol{e}_i$, 因此 $\widehat{P}_i \boldsymbol{g}_k \boldsymbol{x} = \boldsymbol{g}_k \widehat{P}_i \boldsymbol{x}$ 对任意 $\boldsymbol{x}$ 成立, $\widehat{P}_i \boldsymbol{g}_k = \boldsymbol{g}_k \widehat{P}_i$. 再由定理 6.3, 知 $\widehat{P}_i$ 作用到群代数上形成的子空间是 G 不变的子空间. 这与 $\widehat{P}_i$ 是投影算符合在一起, 就是要证的第二点.

两个方面都证完了, 自然就有群代数 R_G 对左正则表示 G 不变的子空间及其投影算符与群代数 R_G 中的幂等元一一对应.

这里幂等元是 $\widehat{P}_i\boldsymbol{g}_0$. 我们要求 $\widehat{P}_iR_G$ 为 G 不变的 R_G 的子空间, 并不要求它承载不可约表示. 也就是说它承载表示, 但这个表示不一定不可约, 幂等元与表示对应, 不一定与不可约表示对应.

与不可约表示对应的幂等元称为本原幂等元, 特点是它对应的群代数中群不变的子空间, 为不可约的群不变的子空间. 换句话说, 本原幂等元是最基本的. 幂等元与 R_G 的 G 不变的子空间对应, 本原幂等元与 R_G 的 G 不变的不可约的子空间对应.

现在这些概念的积累说完了, 我们来看杨盘定理说的是什么. 实际上, 它是用 7 个引理来说明三句话.

定理 6.4 (杨盘定理) (1) 杨盘 T 的杨算符 $\widehat{E}(T)$ 可给出置换群群空间 R_{S_n} 中的一个本原幂等元 $\widehat{E}(T)/\theta$, 其中 θ 为一个常数. 也就是说一个杨盘给出置换群在其群空间 R_{S_n} 中的一个不可约表示;

(2) 同一个杨图的不同杨盘给出的不可约表示相互等价.

(3) 不同杨图的杨盘给出的不可约表示不等价.

这七个引理如下.

引理 6.1 设 T,T' 是由置换 r 联系起来的杨盘, $T'=rT$, 如果置换 s 作用在 T 上, 使得 $T(i,j)$ 中的数字变到 sT 中的 (i',j') 处, 则 $s'=rsr^{-1}$ 也会使得 $T'(i,j)$ 中的数字变到 $s'T'$ 的 (i',j') 处.

用图来理解, 引理 6.1 说的就是图 6.3 所示的情况. 图 6.3 中,

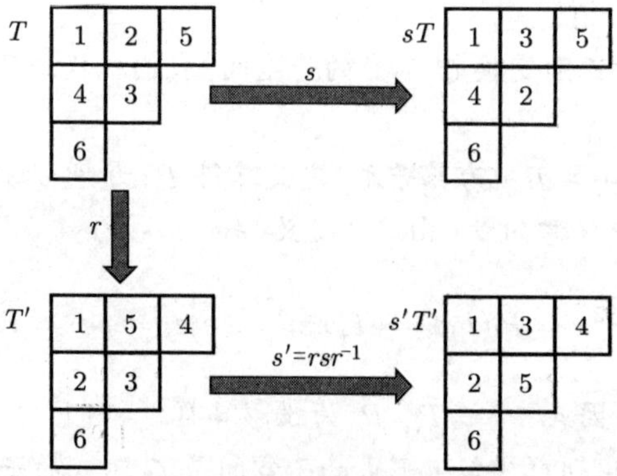

图 6.3 杨盘定理引理图一

$$r=\begin{pmatrix}1&2&3&4&5&6\\1&5&3&2&4&6\end{pmatrix},$$

$$s=\begin{pmatrix}1&2&3&4&5&6\\1&3&2&4&5&6\end{pmatrix},$$

$$rsr^{-1}=\begin{pmatrix}1&5&3&2&4&6\\1&3&5&2&4&6\end{pmatrix},$$

而 $rsr^{-1}T'$ 就是图 6.4 中的杨盘. s 的作用是将 T 的 2, 3 互换, s' 是将 T' 的 3, 5 互换. 2, 3 在 T 中的位置和 3, 5 在 T' 中的位置是相同的.

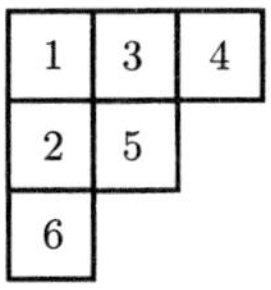

图 6.4 杨盘定理引理图二

由引理 6.1, 我们还可以知道: $T'=rT$ 时, 有 $R(T')=rR(T)r^{-1}, C(T')=rC(T)r^{-1}, \widehat{P}(T')=r\widehat{P}(T)r^{-1}, \widehat{Q}(T')=r\widehat{Q}(T)r^{-1}, \widehat{E}(T')=r\widehat{E}(T)r^{-1}$.

这些引理 (到引理 6.7) 与性质的详细证明, 均见附录 D.

引理 6.2 设 $\widehat{p}, \widehat{q}$ 是杨盘 T 的行、列置换, 则 T 中位于同一行的任意两个数字不可能出现在 $T'=\widehat{p}\widehat{q}T$ 的同一列中. 反之, 若 $T'=rT$ 时, T 中位于同一行的任意两个数字都不出现在 T' 的同一列中, 则杨盘 T 存在行、列置换 $\widehat{p}, \widehat{q}$, 使得 $r=\widehat{p}\widehat{q}$.

引理 6.1 和引理 6.2 说的都是同一杨图的不同杨盘的性质, 结合杨盘定理本身的内容, 我们知道它们在后面说明同一个杨图的不同杨盘给出的不可约表示等价的时候会有用.

下一引理会用到 $[\lambda]>[\lambda']$ 的概念, 这是指 $[\lambda]=[\lambda_1,\lambda_2,\cdots,\lambda_n], [\lambda']=[\lambda_1',\lambda_2',\cdots,\lambda_n']$, 第一个不相等的 $\lambda_i-\lambda_i'$, 一定满足 $\lambda_i>\lambda_i'$, 如图 6.5 所示.

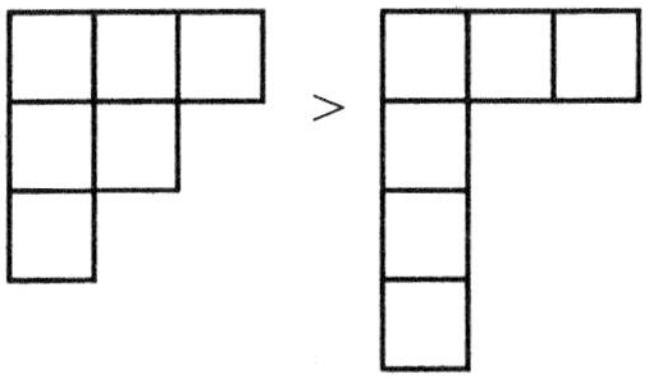

图 6.5 杨图大小比较

引理 6.3 设杨盘 T 和 T' 分别属于杨图 $[\lambda], [\lambda']$, 且 $[\lambda]>[\lambda']$, 则存在两个数码位于 T 的同一行与 T' 的同一列.

引理 6.4 若有两个数字位于杨盘 T 的同一行与杨盘 T' 的同一列, 则它们的杨算符 $\widehat{E}(T')\widehat{E}(T)=0$.

引理 6.3 和引理 6.4 说的是两个属于不同杨图的杨盘的性质, 它们的杨算符 $\widehat{E}(T')\widehat{E}(T)=0$. 放到杨盘定理全部内容的背景下, 它说的就是不同杨图的杨盘给出的杨算符对应的群空间中的子空间相互正交. 相应地, 它们的不可约表示相互不等价.

引理 6.5 设置换群 S_n 的群代数 R_{S_n} 中的向量 $\boldsymbol{x}=\sum\limits_{s\in \mathrm{S}_n} x_s s$, T 为 S_n 的杨盘. 若 $\forall \widehat{p}\in R(T), \widehat{q}\in C(T)$, $\widehat{p}\boldsymbol{x}\widehat{q}=\delta_q\boldsymbol{x}$, 则 $\boldsymbol{x}$ 与 T 盘的杨算符 $\widehat{E}(T)$ 相差一个常数因子,

即 $\boldsymbol{x}=\theta\widehat{\boldsymbol{E}}(T)$, 常数 θ 为 $\boldsymbol{x}$ 中 s_0 的系数.

引理 6.6 杨盘 T 的杨算符 $\widehat{E}(T)$ 是置换群 S_n 的群代数 R_{S_n} 中的一个本质的本原幂等元, 不变子空间 $R_{\mathrm{S}_n}\widehat{E}(T)$ 是置换群 S_n 的一个不可约表示的表示空间, 其维数是 $n!$ 的因子.

这两个引理中, 很明显引理 6.6 是重点, 给出引理 6.5 是为了证引理 6.6, 而引理 6.6 说的就是杨盘定理的前半部分, 杨盘 T 的杨算符 $\widehat{E}(T)$ 是其置换群群代数的本质的本原幂等元, $R_{\mathrm{S}_n}\widehat{E}(T)$ 给出置换群 S_n 的一个不可约表示.

而引理 6.1 到引理 6.4 合在一起, 是为了说明杨盘定理的后半部分. 我们把这个后半部分归纳为引理 6.7.

引理 6.7 置换群 S_n 的同一个杨图的不同杨盘给出的不可约表示是等价的, 不同杨图的杨盘给出的不可约表示是不等价的.

引理 6.6 加上引理 6.7, 就给出了杨盘定理. 再结合杨图个数等于置换群类的个数进而等于不等价不可约表示数, 我们就最终把这一部分要传达的信息归结为下面三句:

(1) 一个置换群的不等价不可约表示数等于其杨图的个数;

(2) 对于一个杨图可以基于其杨盘来求置换群的不可约表示;

(3) 因为一个杨图的杨盘有很多, 对应的不可约表示有很多等价形式.

具体怎么求不等价不可约表示? 操作过程中需要再理解一个定义, 一个定理.

定义 6.8 杨盘中, 每行、每列, 数字从左到右、从上到下都逐渐增加的盘, 叫作标准盘.

以三阶置换群为例, 杨图如图 6.6 所示, 它们的标准盘如图 6.7 所示.

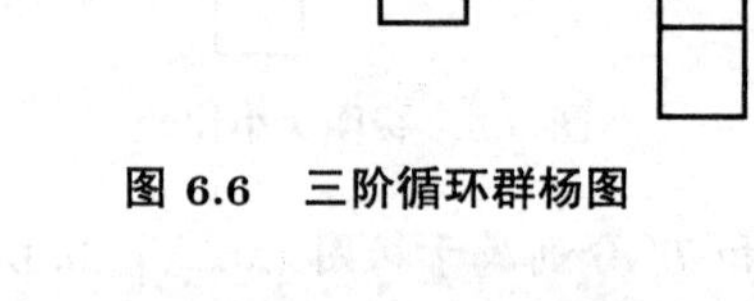

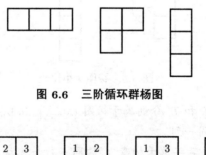

图 6.6 三阶循环群杨图

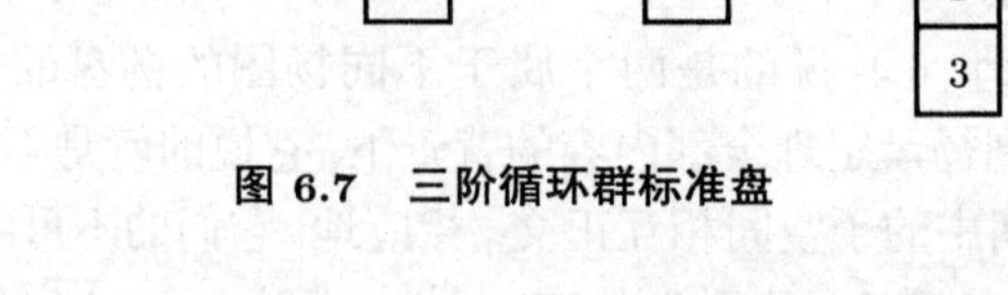

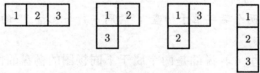

图 6.7 三阶循环群标准盘

定理 6.5 杨图 $[\lambda]$ 对应的不可约表示的维数, 等于其标准盘的个数①.

①一个杨图可以容纳的杨盘个数是 $n!$, 其中标准盘的个数等于其对应的不可约表示的维数.

以上面的三阶置换群为例, 三个杨图所对应的不可约表示的维数分别是 1, 2, 1, 它们的平方和刚好满足 Burnside 定理.

还以三阶置换群为例, 杨图 [2,1] 的不可约表示怎么求呢? 我们从标准盘 (见图 6.8) 出发, 它所对应的 $R(T), C(T)$ 分别是

$$
\begin{aligned}
R(T) &= \{(1),(1,2)\},\\
C(T) &= \{(1),(1,3)\},
\end{aligned}
$$

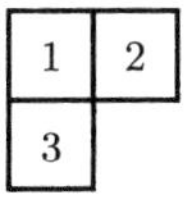

图 6.8 杨图 [2,1] 的标准盘

杨算符为

$$
\begin{aligned}
\widehat{E}(T) &= \{(1)+(1,2)\}\{(1)-(1,3)\}\\
&= (1)+(1,2)-(1,3)-(1,2)(1,3)\\
&= (1)+(1,2)-(1,3)-(1,3,2),
\end{aligned}
$$

不可约表示空间为 $R_{\mathrm{S}_3}\widehat{E}(T)$, 维数是 2. 因此, 我们要确定它的两个基, 再做表示矩阵. 如何确定这两个基呢? 我们可以做

$$
\begin{aligned}
(1)\widehat{E}(T) &= (1)+(1,2)-(1,3)-(1,3,2) = \widehat{E}(T),\\
(1,2)\widehat{E}(T) &= (1,2)\{(1)+(1,2)-(1,3)-(1,3,2)\}\\
&= (1,2)+(1)-(1,2)(1,3)-(1,2)(1,3,2)\\
&= (1,2)+(1)-(1,3,2)-(1,3) = \widehat{E}(T),\\
(1,3)\widehat{E}(T) &= (1,3)\{(1)+(1,2)-(1,3)-(1,3,2)\}\\
&= (1,3)+(1,2,3)-(1)-(2,3),\\
(2,3)\widehat{E}(T) &= (2,3)\{(1)+(1,2)-(1,3)-(1,3,2)\}\\
&= (2,3)+(2,3)(2,1)-(2,3)(1,3)-(2,3)(1,2)(1,3)\\
&= (2,3)+(2,1,3)-(3,2)(3,1)-(2,3)(2,1)(1,3)\\
&= (2,3)+(1,3,2)-(3,1,2)-(2,1,3)(1,3)
\end{aligned}
$$

$$
\begin{aligned}
&= (2,3)+(1,3,2)-(1,2,3)-(1,3,2)(1,3)\\
&= (2,3)+(1,3,2)-(1,2,3)-(1,2)(1,3)(1,3)\\
&= (2,3)+(1,3,2)-(1,2,3)-(1,2)\\
&= -\{(1)+(1,2)-(1,3)-(1,3,2)\}\\
&\quad -\{(1,3)+(1,2,3)-(1)-(2,3)\}\\
&= -\widehat{E}(T)-(1,3)\widehat{E}(T),\\
(1,2,3)\widehat{E}(T) &= (1,3)(1,2)\widehat{E}(T)=(1,3)\widehat{E}(T),\\
(1,3,2)\widehat{E}(T) &= (2,1,3)\widehat{E}(T)\\
&= (2,3)(2,1)\widehat{E}(T)\\
&= (2,3)(1,2)\widehat{E}(T)\\
&= (2,3)\widehat{E}(T)\\
&= -\widehat{E}(T)-(1,3)\widehat{E}(T),
\end{aligned}
$$

因此 $R_{\mathrm{S}_3}\widehat{E}(T)$ 的两个基是 $\widehat{E}(T),(1,3)\widehat{E}(T)$. 以它们为基, 我们可求出这个三阶置换群的表示矩阵. 以群元 (1, 3, 2) 为例:

$$
\begin{aligned}
(1,3,2)\widehat{E}(T) &= -\widehat{E}(T)-(1,3)\widehat{E}(T),\\
(1,3,2)(1,3)\widehat{E}(T) &= (1,2)(1,3)(1,3)\widehat{E}(T)\\
&= (1,2)\widehat{E}(T)=\widehat{E}(T),
\end{aligned}
$$

因此表示矩阵为

$$
\begin{pmatrix} -1 & 1\\ -1 & 0 \end{pmatrix}.
$$

其他群元的表示矩阵求法类似.

6.3　多电子原子本征态波函数

现在来介绍一下前面的置换群基础理论的应用, 具体例子是置换对称性允许的全同粒子体系 (比如 n 个电子) 的本征态波函数.

我们用到的例子是多电子原子的本征态. 在这个例子中, 除了电子置换对称性, 系统对称性还包含: (1) 原子体系本身的 SO(3) 对称性, (2) 电子自旋的 SU(2) 对称性. 讨论中, 我们会先从置换群对称性出发, 推出承载置换群不可约表示的多体波函数. 这个多体波函数不一定会同时承载 SO(3) 群与 SU(2) 群的不可约表示. 但由于此类系统同时具备这三种对称性, 由置换群对称性推出的承载置换群不可约表示的波函数在进行线性组合后, 也可构成同时承载 SO(3) 群与 SU(2) 群的不可约表示的形式 (这相当于线性空间内部结构的调整). 这种组合对两电子体系很简单, 但对更多电子的体系会比较麻烦. 因此, 在两电子体系的讨论中, 我们会详细说明在得到置换群的不可约表示本征态后如何通过线性组合同时得到 SO(3) 群与 SU(2) 群的不可约表示. 在三电子及以上电子数的例子中, 由于这节的主要内容是置换群, 我们会将讨论重点放在置换对称性上, 不针对 SO(3) 群与 SU(2) 群的不可约表示进行特殊讨论.

这里要用到的群论知识主要是一个 n 阶置换群 (群元个数是 $n!$) 根据 Burnside 定理得到的各不等价不可约表示的维数以及各个置换群的特征标表 (见表 6.1). 这个表用我们本章前面的内容可以求得, 但过程会很复杂, 本节用到的时候会把它们当作已知条件给出. 同时, 对两电子体系, 在考虑 SO(3) 与 SU(2) 对称性的时候, 还会用到 5.4 节的一些内容 (具体而言就是 CG 系数, 其对应的物理问题是角动量耦合). 但前面说过, 本节重点讨论的是置换对称性, SO(3) 与 SU(2) 对称性也只是在方便讨论的时候才详细讨论.

表 6.1 置换群不等价不可约表示维数

群	类数	$n! = \sum_i l_i^2$
S_1	1	$1! = 1 = 1^2$
S_2	2	$2! = 2 = 1^2 + 1^2$
S_3	3	$3! = 6 = 1^2 + 1^2 + 2^2$
S_4	5	$4! = 24 = 1^2 + 1^2 + 2^2 + 3^2 + 3^2$
S_5	7	$5! = 120 = 1^2 + 1^2 + 4^2 + 4^2 + 5^2 + 5^2 + 6^2$
S_6	11	$6! = 720 = 1^2 + 1^2 + 5^2 + 5^2 + 5^2 + 5^2 + 9^2 + 9^2 + 10^2 + 10^2 + 16^2$
S_7	15	$7! = 5040 = 1^2+1^2+6^2+6^2+14^2+14^2+14^2+14^2+15^2+15^2+21^2+21^2+35^2+35^2+20^2$
S_8	22	$8! = 40320 = 1^2 + 1^2 + 7^2 + 7^2 + 14^2 + 14^2 + 20^2 + 20^2 + 21^2 + 21^2 + 28^2 + 28^2 + 35^2 + 35^2 + 56^2 + 56^2 + 64^2 + 64^2 + 70^2 + 70^2 + 42^2 + 90^2$
⋮	⋮	⋮

在本节的讨论中还有两点需要说明.

(1) 本节描述多电子波函数的时候, 把它描述为无相互作用的多体系统. 也就是说我们用单体哈密顿量

$$\widehat{H}(\boldsymbol{x}_i) = \widehat{\boldsymbol{p}}_i^2/2m + V(\boldsymbol{x}_i)$$

确定单电子态 $\psi_0(\boldsymbol{x}_i), \psi_1(\boldsymbol{x}_i), \cdots$, 其中 $\boldsymbol{x}_i$ 是第 i 个电子的坐标, 包含空间部分 ($\boldsymbol{r}_i$, 三个连续分量) 与自旋部分 (两个状态 α 或 β, 也就是自旋向上或自旋向下两个分立值). 电子之间由于其全同性, 允许交换. 同时, 电子是费米子, 其波函数必须交换反对称. 我们会根据这个限制, 说明在一个无相互作用的 n 电子系统中, 其 n 阶置换群的对称性

会允许或禁止什么样的多体波函数存在.

(2) 电子的空间坐标与自旋坐标严格意义上有耦合. 为简单起见, 我们忽略自旋–轨道耦合, 将多电子波函数的自旋部分与轨道部分分开处理. 也就是说电子间的轨道角动量 $\boldsymbol{l}_i$ 耦合为 $\boldsymbol{L}=\sum\limits_{i=1}^{n}\boldsymbol{l}_i$, 自旋角动量 $\boldsymbol{s}_i$ 耦合为 $\boldsymbol{S}=\sum\limits_{i=1}^{n}\boldsymbol{s}_i$, 但 $\boldsymbol{L}$ 与 $\boldsymbol{S}$ 之间的耦合我们不考虑, 在此基础上讨论置换. 在粒子物理的很多例子中, 人们也会采用类似处理, 把自由度分开, 先讨论各个自由度本身的置换对称性, 然后合在一起让其满足玻色子或费米子的性质要求. 最典型的例子就是标准模型中人们对 Δ^{++} 重子 (baryon) 的描述. 它是一个自旋 3/2 粒子, 由三个夸克 (quark) 组成. 三个夸克排列一样, 自旋部分交换对称. 同时, 它的空间部分与味 (flavor) 部分也交换对称. 如果只有这三个自由度的话, 就和它本身的费米子属性矛盾了. 这个问题在 20 世纪 60 年代曾经困扰了人们一段时间. 后来的处理方式是引入色 (color) 这个量子数, 系统在这个自由度下处在交换反对称的单态, 由此拯救了此系统中的费米统计.

我们讨论两电子原子与三电子原子. 更复杂情况按讨论规则展开. 先看两电子系统, 它的置换对称群是 S_2, 特征标表如表 6.2 所示.

表 6.2　二阶置换群特征标表

	$1\{E\}$	$1\{A\}$	约化
Γ_1^s	1	1	
Γ_1^a	1	–1	
$\Gamma_{\mathrm{perm}}(\psi_1\psi_1)$	1	1	$\Rightarrow \Gamma_1^s$
$\Gamma_{\mathrm{perm}}(\psi_1\psi_2)$	2	0	$\Rightarrow \Gamma_1^s \oplus \Gamma_1^a$

表 6.2 的前三行是前面经常用到的特征标表的正常内容. 后面两行的意思是, 如果两个电子占据的态是 $\psi_1\psi_1$ (或 $\psi_1\psi_2$) 的时候, 在由 $\psi_1\psi_1$ (或 $\psi_1\psi_2$) 形成的线性空间中, 二阶置换群 S_2 的表示特征标 $\Gamma_{\mathrm{perm}}(\psi_1\psi_1)$ (或 $\Gamma_{\mathrm{perm}}(\psi_1\psi_2)$) 是什么, 以及它可以分解为哪些不可约表示的直和, 其中下标 “perm” 代表 “置换” (permutation). $\Gamma_{\mathrm{perm}}(\psi_1\psi_1)$ 代表当我们可以置换的两个电子分别处在 ψ_1 态与 ψ_1 态时置换群的表示. $\Gamma_{\mathrm{perm}}(\psi_1\psi_2)$ 代表当我们可以置换的两个电子一个处在 ψ_1 态另一个处在 ψ_2 态时置换群的表示. 由于 $\Gamma_{\mathrm{perm}}(\psi_1\psi_1)$ 与 $\Gamma_{\mathrm{perm}}(\psi_1\psi_2)$ 可能是可约表示, 后两行的最后一列代表它们可以约化为哪些不可约表示的直积.

在原子环境下, 单电子态分别是 1s, 2s, 2p, 3s, 3p, 3d, 4s, $\cdots$. 这些单电子态在能量轴的不连续分布如图 6.9 所示. 由于忽略了电子之间的相互作用, 两个单电子态组成的双电子态直接就是这个双电子系统的本征态. 我们对这个态的唯一要求是其满足费米统计. 在下面的讨论中, 我们会先确定要用到哪两个单电子态, 然后讨论它们形成的双电子系统的双电子波函数的情况. 当然, 对双电子波函数的描述, 还是将自旋部分与轨道部分分开讨论.

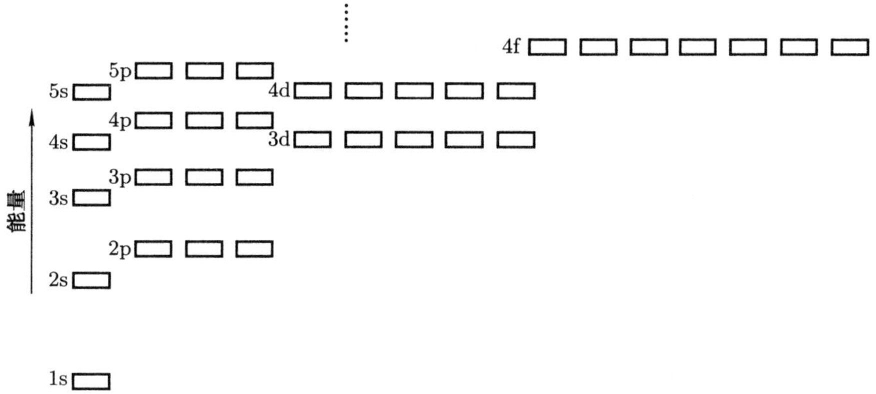

图 6.9 原子中的单电子轨道

先看自旋部分, 两个电子态分别是自旋向上或自旋向下, 记为 α 或 β. 当两个电子的自旋状态相同 (即都是 α 或都是 β) 的时候, 根据表 6.2 倒数第二行, 置换群表示空间是一维的. 这个一维空间承载二阶置换群 S_2 的一维恒等表示 Γ_1^s. 它对应的自旋构型分两种: $\alpha_1\alpha_2, \beta_1\beta_2$.

当两个电子的自旋状态不同, 也就是一个自旋向上、一个自旋向下的时候, 根据表 6.2 最后一行, 由 $\alpha\beta$ 这种状态可形成由 $\alpha_1\beta_2, \alpha_2\beta_1$ 组成的二维表示空间 (下标 1, 2 代表是哪个电子). 这个表示空间承载二维表示, 它可约化为二阶置换群的一个一维恒等与一维非恒等表示的直和 $\Gamma_1^s \oplus \Gamma_1^a$, 其中承载一维恒等表示 Γ_1^s 的正交归一基是 $(\alpha_1\beta_2 + \alpha_2\beta_1)/\sqrt{2}$, 承载一维非恒等表示 Γ_1^a 的正交归一基是 $(\alpha_1\beta_2 - \alpha_2\beta_1)/\sqrt{2}$. 由于电子自旋只有两种状态, 这四种情况 $(\alpha_1\alpha_2, \beta_1\beta_2, (\alpha_1\beta_2+\alpha_2\beta_1)/\sqrt{2}, (\alpha_1\beta_2-\alpha_2\beta_1)/\sqrt{2})$ 就对应了两电子体系自旋部分的所有可能. 其中 $\alpha_1\alpha_2, \beta_1\beta_2, (\alpha_1\beta_2 + \alpha_2\beta_1)/\sqrt{2}$ 承载二阶置换群的一维恒等表示 Γ_1^s, 置换对称; $(\alpha_1\beta_2 - \alpha_2\beta_1)/\sqrt{2}$ 承载置换的一维非恒等表示 Γ_1^a, 置换反对称. 与此同时, 根据第 5.4 节内容 (CG 系数展开), 前三个态刚好对应一个自旋 $S = 1$ 系统的自旋三重态, 最后一个态对应自旋 $S = 0$ 的自旋单态, 它们承载 SU(2) 的三维不可约表示与一维不可约表示. 这样, 自旋的部分的 SU(2) 对称性和 S_2 对称性在这个多体波函数自旋部分的描述中就同时梳理清楚了. 这样的自旋部分两体波函数可同时反映 SU(2) 对称性与 S_2 对称性.

再看轨道部分. 如果两个电子都占 1s 轨道, 那么轨道角动量耦合 $L = 0$. 同时两个电子的轨道部分波函数, 根据表 6.2, 承载置换群的交换对称表示 Γ_1^s. 这个时候, 费米统计要求自旋部分只能选承载 Γ_1^a 的自旋单态. 在原子物理的语言中, 不考虑自旋–轨道耦合与电子间相互作用的时候, 多电子波函数经常用 ${}^{2S+1}L_M^{S_z}$ 来标记. 根据前面的对称性讨论, 当两个电子都在 1s 轨道时, 允许的双电子态就只能有 $^1\mathrm{S}_0^0$, 也可简单标记为 $^1\mathrm{S}$. S 代表 $L=0$ 对应的双电子轨道态 (不同电子轨道之间的耦合已经考虑).

如果一个电子处在 1s 轨道, 另一个处在 2s 轨道, 轨道角动量耦合的 L 依然为零. 但由于 $\psi_{1\mathrm{s}}$ 态与 $\psi_{2\mathrm{s}}$ 态不同, 和前面自旋部分讨论一样, 两体波函数的轨道部分有两种可能: $(\psi_{1\mathrm{s}}(\boldsymbol{r}_1)\psi_{2\mathrm{s}}(\boldsymbol{r}_2)+\psi_{1\mathrm{s}}(\boldsymbol{r}_2)\psi_{2\mathrm{s}}(\boldsymbol{r}_1))/\sqrt{2}, (\psi_{1\mathrm{s}}(\boldsymbol{r}_1)\psi_{2\mathrm{s}}(\boldsymbol{r}_2)-\psi_{1\mathrm{s}}(\boldsymbol{r}_2)\psi_{2\mathrm{s}}(\boldsymbol{r}_1))/\sqrt{2}$, 分别承载二阶置换群的交换对称表示 $\varGamma_1^s$ 与交换反对称表示 $\varGamma_1^a$. 当轨道部分是 $(\psi_{1\mathrm{s}}(\boldsymbol{r}_1)\psi_{2\mathrm{s}}(\boldsymbol{r}_2)+\psi_{1\mathrm{s}}(\boldsymbol{r}_2)\psi_{2\mathrm{s}}(\boldsymbol{r}_1))/\sqrt{2}$ 时, 由于交换对称, 自旋部分必须交换反对称, 对应单态. 总体两体波函数用 $^{2S+1}L_M^{S_z}$ 来标记就是 $^1\mathrm{S}_0^0$, 简记为 $^1\mathrm{S}$. 当轨道部分是 $(\psi_{1\mathrm{s}}(\boldsymbol{r}_1)\psi_{2\mathrm{s}}(\boldsymbol{r}_2)-\psi_{1\mathrm{s}}(\boldsymbol{r}_2)\psi_{2\mathrm{s}}(\boldsymbol{r}_1))/\sqrt{2}$ 时, 由于交换反对称, 自旋部分必须交换对称, 对应三重态 ($S=1$). 综合轨道与自旋部分, 两体波函数用 $^{2S+1}L_M^{S_z}$ 来标记就是 $^3\mathrm{S}_0^{-1}, {}^3\mathrm{S}_0^0, {}^3\mathrm{S}_0^1$, 共同标记为 $^3\mathrm{S}$. 两者综合, 如果一个电子处在 1s 轨道, 另一个处在 2s 轨道, 允许的双电子态就是 $^1\mathrm{S}, {}^3\mathrm{S}$.

如果两个电子一个是 s 态, 一个是 p 态, 轨道角动量耦合的 L 是 1, 用 P 来标记. 由于 $\psi_{n\mathrm{s}}$ 态与 $\psi_{n'\mathrm{p}}$ 态不同, 两体波函数的轨道部分有两种可能: $(\psi_{n\mathrm{s}}(\boldsymbol{r}_1)\psi_{n'\mathrm{p}}(\boldsymbol{r}_2)+\psi_{n\mathrm{s}}(\boldsymbol{r}_2)\psi_{n'\mathrm{p}}(\boldsymbol{r}_1))/\sqrt{2}, (\psi_{n\mathrm{s}}(\boldsymbol{r}_1)\psi_{n'\mathrm{p}}(\boldsymbol{r}_2)-\psi_{n\mathrm{s}}(\boldsymbol{r}_2)\psi_{n'\mathrm{p}}(\boldsymbol{r}_1))/\sqrt{2}$, 分别承载二阶置换群的交换对称表示 $\varGamma_1^s$ 与交换反对称表示 $\varGamma_1^a$. 当轨道部分是 $(\psi_{n\mathrm{s}}(\boldsymbol{r}_1)\psi_{n'\mathrm{p}}(\boldsymbol{r}_2)+\psi_{n\mathrm{s}}(\boldsymbol{r}_2)\psi_{n'\mathrm{p}}(\boldsymbol{r}_1))/\sqrt{2}$ 时, 由于交换对称, 自旋部分必须交换反对称, 对应单态. 总体两体波函数用 $^{2S+1}L_M^{S_z}$ 来标记就是 $^1\mathrm{P}_{-1}^0, {}^1\mathrm{P}_0^0, {}^1\mathrm{P}_1^0$, 共同标记为 $^1\mathrm{P}$. 当轨道部分是 $(\psi_{n\mathrm{s}}(\boldsymbol{r}_1)\psi_{n'\mathrm{p}}(\boldsymbol{r}_2)-\psi_{n\mathrm{s}}(\boldsymbol{r}_2)\psi_{n'\mathrm{p}}(\boldsymbol{r}_1))/\sqrt{2}$ 时, 由于交换反对称, 自旋部分必须交换对称, 对应三重态 ($S=1$). 总体两体波函数用 $^{2S+1}L_M^{S_z}$ 来标记就是 $^3\mathrm{P}_{-1}^{-1}, {}^3\mathrm{P}_0^{-1}, {}^3\mathrm{P}_1^{-1}, {}^3\mathrm{P}_{-1}^0$, $^3\mathrm{P}_0^0, {}^3\mathrm{P}_1^0, {}^3\mathrm{P}_{-1}^1, {}^3\mathrm{P}_0^1, {}^3\mathrm{P}_1^1$, 共同标记为 $^3\mathrm{P}$.

两个电子都处在 p 态, 轨道角动量耦合的 L 可以是 0, 1, 2, 用 S, P, D 来标记. $\psi_{n\mathrm{p}}$ 态有三种选择 $(\psi_{n\mathrm{p}^1}, \psi_{n\mathrm{p}^0}, \psi_{n\mathrm{p}^{-1}}), \psi_{n'\mathrm{p}}$ 态同样有三种选择 $(\psi_{n'\mathrm{p}^1}, \psi_{n'\mathrm{p}^0}, \psi_{n'\mathrm{p}^{-1}})$. 但讨论要分 $n=n'$ 与 $n\neq n'$ 两个情况展开.

当 $n=n'$ 时, 两体波函数基的选择有 $\psi_{n\mathrm{p}^1}(\boldsymbol{r}_1)\psi_{n\mathrm{p}^1}(\boldsymbol{r}_2), \psi_{n\mathrm{p}^1}(\boldsymbol{r}_1)\psi_{n\mathrm{p}^0}(\boldsymbol{r}_2)$, $\psi_{n\mathrm{p}^1}(\boldsymbol{r}_1)\psi_{n\mathrm{p}^{-1}}(\boldsymbol{r}_2)$, $\psi_{n\mathrm{p}^0}(\boldsymbol{r}_1)\psi_{n\mathrm{p}^1}(\boldsymbol{r}_2)$, $\psi_{n\mathrm{p}^0}(\boldsymbol{r}_1)\psi_{n\mathrm{p}^0}(\boldsymbol{r}_2)$, $\psi_{n\mathrm{p}^0}(\boldsymbol{r}_1)\psi_{n\mathrm{p}^{-1}}(\boldsymbol{r}_2)$, $\psi_{n\mathrm{p}^{-1}}(\boldsymbol{r}_1)\psi_{n\mathrm{p}^1}(\boldsymbol{r}_2), \psi_{n\mathrm{p}^{-1}}(\boldsymbol{r}_1)\psi_{n\mathrm{p}^0}(\boldsymbol{r}_2), \psi_{n\mathrm{p}^{-1}}(\boldsymbol{r}_1)\psi_{n\mathrm{p}^{-1}}(\boldsymbol{r}_2)$ 9 种 (3×3). $\psi_{n\mathrm{p}^1}(\boldsymbol{r}_1)\psi_{n\mathrm{p}^1}(\boldsymbol{r}_2)$, $\psi_{n\mathrm{p}^0}(\boldsymbol{r}_1)\psi_{n\mathrm{p}^0}(\boldsymbol{r}_2), \psi_{n\mathrm{p}^{-1}}(\boldsymbol{r}_1)\psi_{n\mathrm{p}^{-1}}(\boldsymbol{r}_2)$ 3 种为单粒子轨道相同的情况, 对应表 6.2 中倒数第二行, 承载二阶置换群一维对称恒等表示. 而 $\psi_{n\mathrm{p}^1}(\boldsymbol{r}_1)\psi_{n\mathrm{p}^0}(\boldsymbol{r}_2), \psi_{n\mathrm{p}^1}(\boldsymbol{r}_1)\psi_{n\mathrm{p}^{-1}}(\boldsymbol{r}_2)$, $\psi_{n\mathrm{p}^0}(\boldsymbol{r}_1)\psi_{n\mathrm{p}^1}(\boldsymbol{r}_2), \psi_{n\mathrm{p}^0}(\boldsymbol{r}_1)\psi_{n\mathrm{p}^{-1}}(\boldsymbol{r}_2), \psi_{n\mathrm{p}^{-1}}(\boldsymbol{r}_1)\psi_{n\mathrm{p}^1}(\boldsymbol{r}_2), \psi_{n\mathrm{p}^{-1}}(\boldsymbol{r}_1)\psi_{n\mathrm{p}^0}(\boldsymbol{r}_2)$ 6 种为轨道不同情况. 根据电子置换规则与表 6.2, $\psi_{n\mathrm{p}^1}(\boldsymbol{r}_1)\psi_{n\mathrm{p}^0}(\boldsymbol{r}_2)$ 与 $\psi_{n\mathrm{p}^0}(\boldsymbol{r}_1)\psi_{n\mathrm{p}^1}(\boldsymbol{r}_2)$ 形成一个二阶置换群二维表示空间. 其中, $(\psi_{n\mathrm{p}^1}(\boldsymbol{r}_1)\psi_{n\mathrm{p}^0}(\boldsymbol{r}_2)+\psi_{n\mathrm{p}^1}(\boldsymbol{r}_2)\psi_{n\mathrm{p}^0}(\boldsymbol{r}_1))/\sqrt{2}$ 承载一维不可约交换对称表示, $(\psi_{n\mathrm{p}^1}(\boldsymbol{r}_1)\psi_{n\mathrm{p}^0}(\boldsymbol{r}_2)-\psi_{n\mathrm{p}^1}(\boldsymbol{r}_2)\psi_{n\mathrm{p}^0}(\boldsymbol{r}_1))/\sqrt{2}$ 承载一维不可约交换反对称表示. $\psi_{n\mathrm{p}^1}(\boldsymbol{r}_1)\psi_{n\mathrm{p}^{-1}}(\boldsymbol{r}_2)$ 与 $\psi_{n\mathrm{p}^{-1}}(\boldsymbol{r}_1)\psi_{n\mathrm{p}^1}(\boldsymbol{r}_2), \psi_{n\mathrm{p}^0}(\boldsymbol{r}_1)\psi_{n\mathrm{p}^{-1}}(\boldsymbol{r}_2)$ 与 $\psi_{n\mathrm{p}^{-1}}(\boldsymbol{r}_1)\psi_{n\mathrm{p}^0}(\boldsymbol{r}_2)$ 分别形成的二阶置换群二维表示空间的情况与前例类似. 也就是说

由不考虑置换对称性的基形成的 9 维空间, 在进行线性变换后, 可整理出 6 个维度 (3 个相同单粒子轨道的情况, 3 个不同单粒子轨道的情况) 承载交换对称的一维恒等不可约表示, 3 个维度 (都是不同单粒子轨道的情况) 承载交换反对称的一维非恒等不可约表示. 置换对称性的要求不会造成维度浪费.

通过上述处理, 我们可以找出承载二阶置换群不可约表示的多体轨道波函数的形式. 但与自旋部分不同的是, 这些承载二阶置换群不可约表示的波函数并不反映 SO(3) 群的对称性. 要想让这些反映置换群对称性的波函数同时也反映 SO(3) 群的对称性, 我们还需要再进行一些线性操作. 具体而言, 就是:

(1) $\Psi(L=2,M=2)=\psi_{n\text{p}^1}(\boldsymbol{r}_1)\psi_{n\text{p}^1}(\boldsymbol{r}_2)$,

(2) $\Psi(L=2,M=1)=(\psi_{n\text{p}^0}(\boldsymbol{r}_1)\psi_{n\text{p}^1}(\boldsymbol{r}_2)+\psi_{n\text{p}^1}(\boldsymbol{r}_1)\psi_{n\text{p}^0}(\boldsymbol{r}_2))/\sqrt{2}$,

(3) $\Psi(L=2,M=0)$
$=[2\psi_{n\text{p}^0}(\boldsymbol{r}_1)\psi_{n\text{p}^0}(\boldsymbol{r}_2)+(\psi_{n\text{p}^1}(\boldsymbol{r}_1)\psi_{n\text{p}^{-1}}(\boldsymbol{r}_2)+\psi_{n\text{p}^{-1}}(\boldsymbol{r}_1)\psi_{n\text{p}^1}(\boldsymbol{r}_2))]/\sqrt{6}$,

(4) $\Psi(L=2,M=-1)=(\psi_{n\text{p}^0}(\boldsymbol{r}_1)\psi_{n\text{p}^{-1}}(\boldsymbol{r}_2)+\psi_{n\text{p}^{-1}}(\boldsymbol{r}_1)\psi_{n\text{p}^0}(\boldsymbol{r}_2))/\sqrt{2}$,

(5) $\Psi(L=2,M=-2)=\psi_{n\text{p}^{-1}}(r_1)\psi_{n\text{p}^{-1}}(\boldsymbol{r}_2)$.

承载一维交换对称恒等表示 Γ_1^s 的同时, 它们还承载 SO(3) 群的五维不可约表示, 对应 $L=2$, 也就是 D 轨道. 还有三个维度:

(1) $\Psi(L=1,M=1)=(\psi_{n\text{p}^0}(\boldsymbol{r}_1)\psi_{n\text{p}^1}(\boldsymbol{r}_2)-\psi_{n\text{p}^1}(\boldsymbol{r}_1)\psi_{n\text{p}^0}(\boldsymbol{r}_2))/\sqrt{2}$,

(2) $\Psi(L=1,M=0)=(\psi_{n\text{p}^1}(\boldsymbol{r}_1)\psi_{n\text{p}^{-1}}(\boldsymbol{r}_2)-\psi_{n\text{p}^{-1}}(\boldsymbol{r}_1)\psi_{n\text{p}^1}(\boldsymbol{r}_2))/\sqrt{2}$,

(3) $\Psi(L=1,M=-1)=(\psi_{n\text{p}^0}(\boldsymbol{r}_1)\psi_{n\text{p}^{-1}}(\boldsymbol{r}_2)-\psi_{n\text{p}^{-1}}(\boldsymbol{r}_1)\psi_{n\text{p}^0}(\boldsymbol{r}_2))/\sqrt{2}$.

它们就二阶置换群对称性而言, 承载一维交换反对称非恒等表示 Γ_1^a. 就 SO(3) 群对称性而言, 承载三维不可约表示, 对应 $L=1$, 也就是 P 轨道. 最后的一个维度

$$\begin{aligned}&\Psi(L=0,M=0)\\&\quad=-[\psi_{n\text{p}^0}(\boldsymbol{r}_1)\psi_{n\text{p}^0}(\boldsymbol{r}_2)-(\psi_{n\text{p}^1}(\boldsymbol{r}_1)\psi_{n\text{p}^{-1}}(\boldsymbol{r}_2)+\psi_{n\text{p}^{-1}}(\boldsymbol{r}_1)\psi_{n\text{p}^1}(\boldsymbol{r}_2))]/\sqrt{3}\end{aligned}$$

就二阶置换群对称性而言, 承载一维交换对称恒等表示 Γ_1^s, 就 SO(3) 群对称性而言, 承载一维不可约表示, 对应 $L=0$, 也就是 S 轨道. 这样对于轨道波函数部分, 我们也同时按二阶置换群 S_2 和 SO(3) 进行了对称化的处理.

现在我们把轨道部分与自旋部分合起来. 当轨道部分是 $\Psi(L=0,M=0)$, 也就是 S 态时, 自旋部分只能是交换反对称的单态. 用两体波函数用 ${}^{2S+1}L_M^{S_z}$ 来标记就是 ${}^1\text{S}_0^0$. 当轨道部分是 $\Psi(L=1,M=0,\pm1)$, 也就是 P 态时, 自旋部分只能是交换对称的三重态. 对应的两体波函数用 ${}^{2S+1}L_M^{S_z}$ 来标记就是 ${}^3\text{P}_{-1}^{-1},{}^3\text{P}_{-1}^0,{}^3\text{P}_{-1}^1,{}^3\text{P}_0^{-1},{}^3\text{P}_0^0,{}^3\text{P}^1$, ${}^3\text{P}_1^{-1},{}^3\text{P}_1^0,{}^3\text{P}_1^1$, 共同标记为 ${}^3\text{P}$. 当轨道部分是 $\Psi(L=2,M=0,\pm1,\pm2)$, 也就是 D 态时, 自旋部分只能是交换反对称的单态. 对应两体波函数用 ${}^{2S+1}L_M^{S_z}$ 来标记就是 ${}^1\text{D}_{-2}^0,{}^1\text{D}_{-1}^0,{}^1\text{D}_0^0,{}^1\text{D}_1^0,{}^1\text{D}_2^0$, 共同标记为 ${}^1\text{D}$.

当占据态是 p^2 的 $n \neq n'$ 时, 分析与上面 $\mathrm{p}^2(n = n')$ 类似. 不同的是两体 9 组基由于 $n \neq n'$, 可通过置换再产生 9 个维度 (共 18 个). 具体而言, 就是相对于前面 9 个维度的情况, 将交换对称与交换反对称的情况补全. 以 $L = 2$ 的情况为例, 就会从原来的 5 个交换对称的维度, 变成 10 个既包含交换对称又包含交换反对称的维度. 其中

(1) $\varPsi^s(L=2, M=2) = (\psi_{n\mathrm{p}^1}(\boldsymbol{r}_1)\psi_{n'\mathrm{p}^1}(\boldsymbol{r}_2) + \psi_{n\mathrm{p}^1}(\boldsymbol{r}_2)\psi_{n'\mathrm{p}^1}(\boldsymbol{r}_1))/\sqrt{2}$,

(2) $\varPsi^s(L=2, M=1)$
$$= (\psi_{n\mathrm{p}^0}(\boldsymbol{r}_1)\psi_{n'\mathrm{p}^1}(\boldsymbol{r}_2) + \psi_{n\mathrm{p}^1}(\boldsymbol{r}_1)\psi_{n'\mathrm{p}^0}(\boldsymbol{r}_2))/2 + (\psi_{n\mathrm{p}^0}(\boldsymbol{r}_2)\psi_{n'\mathrm{p}^1}(\boldsymbol{r}_1) + \psi_{n\mathrm{p}^1}(\boldsymbol{r}_2)\psi_{n'\mathrm{p}^0}(\boldsymbol{r}_1))/2,$$

(3) $\varPsi^s(L=2, M=0)$
$$= \{[2\psi_{n\mathrm{p}^0}(\boldsymbol{r}_1)\psi_{n'\mathrm{p}^0}(\boldsymbol{r}_2) + (\psi_{n\mathrm{p}^1}(\boldsymbol{r}_1)\psi_{n'\mathrm{p}^{-1}}(\boldsymbol{r}_2) + \psi_{n\mathrm{p}^{-1}}(\boldsymbol{r}_1)\psi_{n'\mathrm{p}^1}(\boldsymbol{r}_2))] + [2\psi_{n\mathrm{p}^0}(\boldsymbol{r}_2)\psi_{n'\mathrm{p}^0}(\boldsymbol{r}_1) + (\psi_{n\mathrm{p}^1}(\boldsymbol{r}_2)\psi_{n'\mathrm{p}^{-1}}(\boldsymbol{r}_1) + \psi_{n\mathrm{p}^{-1}}(\boldsymbol{r}_2)\psi_{n'\mathrm{p}^1}(\boldsymbol{r}_1))]\}/2\sqrt{3},$$

(4) $\varPsi^s(L=2, M=-1)$
$$= (\psi_{n\mathrm{p}^0}(\boldsymbol{r}_1)\psi_{n'\mathrm{p}^{-1}}(\boldsymbol{r}_2) + \psi_{n\mathrm{p}^{-1}}(\boldsymbol{r}_1)\psi_{n'\mathrm{p}^0}(\boldsymbol{r}_2))/2 + (\psi_{n\mathrm{p}^0}(\boldsymbol{r}_2)\psi_{n'\mathrm{p}^{-1}}(\boldsymbol{r}_1) + \psi_{n\mathrm{p}^{-1}}(\boldsymbol{r}_2)\psi_{n'\mathrm{p}^0}(\boldsymbol{r}_1))/2,$$

(5) $\varPsi^s(L=2, M=-2) = (\psi_{n\mathrm{p}^{-1}}(\boldsymbol{r}_1)\psi_{n'\mathrm{p}^{-1}}(\boldsymbol{r}_2) + \psi_{n\mathrm{p}^{-1}}(\boldsymbol{r}_2)\psi_{n'\mathrm{p}^{-1}}(\boldsymbol{r}_1))/\sqrt{2}$

本身承载 SO(3) 群的 $L = 2$ 不可约表示的态, 同时又交换对称, 而

(1) $\varPsi^a(L=2, M=2) = (\psi_{n\mathrm{p}^1}(\boldsymbol{r}_1)\psi_{n'\mathrm{p}^1}(\boldsymbol{r}_2) - \psi_{n\mathrm{p}^1}(\boldsymbol{r}_2)\psi_{n'\mathrm{p}^1}(\boldsymbol{r}_1))/\sqrt{2}$,

(2) $\varPsi^a(L=2, M=1)$
$$= (\psi_{n\mathrm{p}^0}(\boldsymbol{r}_1)\psi_{n'\mathrm{p}^1}(\boldsymbol{r}_2) + \psi_{n\mathrm{p}^1}(\boldsymbol{r}_1)\psi_{n'\mathrm{p}^0}(\boldsymbol{r}_2))/2 - (\psi_{n\mathrm{p}^0}(\boldsymbol{r}_2)\psi_{n'\mathrm{p}^1}(\boldsymbol{r}_1) + \psi_{n\mathrm{p}^1}(\boldsymbol{r}_2)\psi_{n'\mathrm{p}^0}(\boldsymbol{r}_1))/2,$$

(3) $\Psi^a(L=2, M=0)$
$$= \{[2\psi_{n\mathrm{p}^0}(\boldsymbol{r}_1)\psi_{n'\mathrm{p}^0}(\boldsymbol{r}_2) + (\psi_{n\mathrm{p}^1}(\boldsymbol{r}_1)\psi_{n'\mathrm{p}^{-1}}(\boldsymbol{r}_2) + \psi_{n\mathrm{p}^{-1}}(\boldsymbol{r}_1)\psi_{n'\mathrm{p}^1}(\boldsymbol{r}_2))] - [2\psi_{n\mathrm{p}^0}(\boldsymbol{r}_2)\psi_{n'\mathrm{p}^0}(\boldsymbol{r}_1) + (\psi_{n\mathrm{p}^1}(\boldsymbol{r}_2)\psi_{n'\mathrm{p}^{-1}}(\boldsymbol{r}_1) + \psi_{n\mathrm{p}^{-1}}(\boldsymbol{r}_2)\psi_{n'\mathrm{p}^1}(r_1))]\}/2\sqrt{3},$$

(4) $\Psi^a(L=2, M=-1)$
$$= (\psi_{n\mathrm{p}^0}(\boldsymbol{r}_1)\psi_{n'\mathrm{p}^{-1}}(\boldsymbol{r}_2) + \psi_{n\mathrm{p}^{-1}}(\boldsymbol{r}_1)\psi_{n'\mathrm{p}^0}(\boldsymbol{r}_2))/2 - (\psi_{n\mathrm{p}^0}(\boldsymbol{r}_2)\psi_{n'\mathrm{p}^{-1}}(\boldsymbol{r}_1) + \psi_{n\mathrm{p}^{-1}}(\boldsymbol{r}_2)\psi_{n'\mathrm{p}^0}(\boldsymbol{r}_1))/2,$$

(5) $\Psi^a(L=2, M=-2) = (\psi_{n\mathrm{p}^{-1}}(\boldsymbol{r}_1)\psi_{n'\mathrm{p}^{-1}}(\boldsymbol{r}_2) - \psi_{n\mathrm{p}^{-1}}(\boldsymbol{r}_2)\psi_{n'\mathrm{p}^{-1}}(\boldsymbol{r}_1))/\sqrt{2}$

在承载 SO(3) 群的 $L = 2$ 不可约表示的态的同时, 又承载置换群的一维非恒等交换反对称表示. 这样的话, 每个 L 对应的轨道就可以既和自旋单态结合, 又和自旋三重态结合了. $L = 1, L = 0$ 的情况类似.

总结一下, 在保证总体波函数交换反对称的前提下, 我们就知道表 6.3 中的两体态可以存在. 有些教材会在讲解两电子系统的时候说情况很简单, 跳过很多步骤. 根据这个分析, 我们应该知道即使是对这样一个简单的两体系统, 想将对称性分析清楚其实也并不简单.

表 6.3 双电子体系交换反对称态

构型 (表示维数)	态	不可约表示	最终允许的态
$\alpha\alpha$ (1)	$S_z=1$	Γ_1^s	
$\beta\beta$ (2)	$S_z=-1$	Γ_1^s	
$\alpha\beta$ (2)	$S_z=0$	$\Gamma_1^s\oplus\Gamma_1^a$	
s^2	$L=0$	Γ_1^s	$^1\mathrm{S}$
1s2s	$L=0$	$\Gamma_1^s\oplus\Gamma_1^a$	$^1\mathrm{S},{}^3\mathrm{S}$
sp	$L=1$	$\Gamma_1^s\oplus\Gamma_1^a$	$^1\mathrm{P},{}^3\mathrm{P}$
$\mathrm{p}^2(n=n')$	$L=0$	Γ_1^s	$^1\mathrm{S}$
$\mathrm{p}^2(n=n')$	$L=1$	Γ_1^a	$^3\mathrm{P}$
$\mathrm{p}^2(n=n')$	$L=2$	Γ_1^s	$^1\mathrm{D}$
$\mathrm{p}^2(n\neq n')$	$L=0$	$\Gamma_1^s\oplus\Gamma_1^a$	$^1\mathrm{S},{}^3\mathrm{S}$
$\mathrm{p}^2(n\neq n')$	$L=1$	$\Gamma_1^s\oplus\Gamma_1^a$	$^1\mathrm{P},{}^3\mathrm{P}$
$\mathrm{p}^2(n\neq n')$	$L=2$	$\Gamma_1^s\oplus\Gamma_1^a$	$^1\mathrm{D},{}^3\mathrm{D}$

三电子系统的情况类似, 但会更复杂. 它的置换对称群是 S_3, 特征标表如表 6.4 所示.

表 6.4 三阶置换群特征标表

	$1\{E\}$	$3\{A,B,C\}$	$2\{D,E\}$	约化
S_3	(1)(2)(3)	(1, 2)(3), (2, 3)(1), (3, 1)(2),	(1, 2, 3), (1, 3, 2)	
Γ_1^s	1	1	1	
Γ_1^a	1	–1	1	
Γ_2	2	0	–1	
$\Gamma_{\mathrm{perm}}(\psi_1\psi_1\psi_1)$	1	1	1	$\Rightarrow\Gamma_1^s$
$\Gamma_{\mathrm{perm}}(\psi_1\psi_1\psi_3)$	3	1	0	$\Rightarrow\Gamma_1^s\oplus\Gamma_2$
$\Gamma_{\mathrm{perm}}(\psi_1\psi_2\psi_3)$	6	0	0	$\Rightarrow\Gamma_1^s\oplus\Gamma_1^a\oplus 2\Gamma_2$

表 6.4 的前两行将 D_3 群与 S_3 群做了一个同构分析. 表中第 $3\sim5$ 行是正常的特征标表内容, 最后三行的内容与表 6.2 类似, 就是三个电子占据的态是 $\psi_1\psi_1\psi_1$ (或 $\psi_1\psi_1\psi_3$, $\psi_1\psi_2\psi_3$) 的时候, 在由 $\psi_1\psi_1\psi_1$ (或 $\psi_1\psi_1\psi_3$, $\psi_1\psi_2\psi_3$) 形成的线性空间中, 三阶置换群 S_3 的表示特征标 $\Gamma_{\mathrm{perm}}(\psi_1\psi_1\psi_1)$ (或 $\Gamma_{\mathrm{perm}}(\psi_1\psi_1\psi_3)$, $\Gamma_{\mathrm{perm}}(\psi_1\psi_2\psi_3)$).

表 6.4 最后三行表示的特征标如何确定呢? 对由 $\psi_1\psi_1\psi_1$ 确定的表示, 很显然线性空间是一维的. S_3 群中任意一个元素作用到这个基上, 都是这个向量本身, 所以特征标都是 1. 这个表示也是一维恒等对称表示 Γ_1^s.

由 $\psi_1\psi_1\psi_3$ 可以形成一个三维的线性空间, 它的基为 $\psi_1(\boldsymbol{x}_1)\psi_1(\boldsymbol{x}_2)\psi_3(\boldsymbol{x}_3)$, $\psi_1(\boldsymbol{x}_2)\psi_1(\boldsymbol{x}_3)\psi_3(\boldsymbol{x}_1)$, $\psi_1(\boldsymbol{x}_1)\psi_1(\boldsymbol{x}_3)\psi_3(\boldsymbol{x}_2)$. 当 S_3 群中元素作用到这三个基上时,

(1)(2)(3) 的表示矩阵是三维单位矩阵, 特征标是 3. (1, 2)(3) 则使 $\psi_1(\boldsymbol{x}_1)\psi_1(\boldsymbol{x}_2)\psi_3(\boldsymbol{x}_3)$ 变成其本身, $\psi_1(\boldsymbol{x}_2)\psi_1(\boldsymbol{x}_3)\psi_3(\boldsymbol{x}_1)$ 变成 $\psi_1(\boldsymbol{x}_1)\psi_1(\boldsymbol{x}_3)\psi_3(\boldsymbol{x}_2), \psi_1(\boldsymbol{x}_1)\psi_1(\boldsymbol{x}_3)\psi_3(\boldsymbol{x}_2)$ 变成 $\psi_1(\boldsymbol{x}_2)\psi_1(\boldsymbol{x}_3)\psi_3(\boldsymbol{x}_1)$, 表示矩阵为

$$\begin{pmatrix} 1 & 0 & 0 \\ 0 & 0 & 1 \\ 0 & 1 & 0 \end{pmatrix},$$

特征标为 1. 而 (1, 2, 3) 则把 $\psi_1(\boldsymbol{x}_1)\psi_1(\boldsymbol{x}_2)\psi_3(\boldsymbol{x}_3)$ 变成 $\psi_1(\boldsymbol{x}_2)\psi_1(\boldsymbol{x}_3)\psi_3(\boldsymbol{x}_1)$, $\psi_1(\boldsymbol{x}_2)\psi_1(\boldsymbol{x}_3)\psi_3(\boldsymbol{x}_1)$ 变成 $\psi_1(\boldsymbol{x}_3)\psi_1(\boldsymbol{x}_1)\psi_3(\boldsymbol{x}_2), \psi_1(\boldsymbol{x}_1)\psi_1(\boldsymbol{x}_3)\psi_3(\boldsymbol{x}_2)$ 变成 $\psi_1(\boldsymbol{x}_1)\psi_1(\boldsymbol{x}_2)\psi_3(\boldsymbol{x}_3)$, 表示矩阵为

$$\begin{pmatrix} 0 & 0 & 1 \\ 1 & 0 & 0 \\ 0 & 1 & 0 \end{pmatrix},$$

特征标为 0. 显然这是一个可约表示, 它可以约化为 $\Gamma_1^s \oplus \Gamma_2$.

基于 $\psi_1\psi_2\psi_3$ 的置换群表示空间是六维的, 我们基于 $\psi_1(\boldsymbol{x}_1)\psi_2(\boldsymbol{x}_2)\psi_3(\boldsymbol{x}_3)$, $\psi_1(\boldsymbol{x}_1)\psi_2(\boldsymbol{x}_3)\psi_3(\boldsymbol{x}_2), \psi_1(\boldsymbol{x}_2)\psi_2(\boldsymbol{x}_1)\psi_3(\boldsymbol{x}_3)$, $\psi_1(\boldsymbol{x}_2)\psi_2(\boldsymbol{x}_3)\psi_3(\boldsymbol{x}_1)$, $\psi_1(\boldsymbol{x}_3)\psi_2(\boldsymbol{x}_1)\psi_3(\boldsymbol{x}_2)$, $\psi_1(\boldsymbol{x}_3)\psi_2(\boldsymbol{x}_2)\psi_3(\boldsymbol{x}_1)$ 做表示, 很容易得到其特征标为 6, 0, 0. 这个表示也可约, 它可以约化为 $\Gamma_1^s \oplus \Gamma_1^a \oplus 2\Gamma_2$.

这些是特征标表给我们的信息, 现在来看波函数. 先看自旋部分, 三个电子, 每个电子自旋有两个状态, 一共是 8 个状态. 其中 $\alpha\alpha\alpha, \beta\beta\beta$ 各占一个, $\alpha\alpha\beta, \alpha\beta\beta$ 各占三个. 根据特征标表, $\alpha\alpha\alpha, \beta\beta\beta$ 给出的两个状态都承载交换群的一维恒等表示. $\alpha\alpha\beta$ 给出的三个状态承载表示 $\Gamma_1^s \oplus \Gamma_2$. 其中, 承载 Γ_1^s 表示的基是

$$(\alpha_1\alpha_2\beta_3 + \alpha_1\beta_2\alpha_3 + \beta_1\alpha_2\alpha_3)/\sqrt{3},$$

它承载一维恒等表示. 另外两个基

$$(\alpha_1\alpha_2\beta_3 + \mathrm{e}^{\mathrm{i}2\pi/3}\alpha_1\beta_2\alpha_3 + \mathrm{e}^{\mathrm{i}4\pi/3}\beta_1\alpha_2\alpha_3)/\sqrt{3},$$
$$(\alpha_1\alpha_2\beta_3 + \mathrm{e}^{\mathrm{i}4\pi/3}\alpha_1\beta_2\alpha_3 + \mathrm{e}^{\mathrm{i}2\pi/3}\beta_1\alpha_2\alpha_3)/\sqrt{3}$$

给出的三个类的特征标是 $2, 0, -1$, 对应不可约表示 Γ_2.

$\alpha\beta\beta$ 的情况类似, 也是三个维度, 其中

$$(\alpha_1\beta_2\beta_3 + \beta_1\alpha_2\beta_3 + \beta_1\beta_2\alpha_3)/\sqrt{3}$$

承载一维恒等表示,

$$(\alpha_1\beta_2\beta_3 + \mathrm{e}^{\mathrm{i}2\pi/3}\beta_1\alpha_2\beta_3 + \mathrm{e}^{\mathrm{i}4\pi/3}\beta_1\beta_2\alpha_3)/\sqrt{3},$$
$$(\alpha_1\beta_2\beta_3 + \mathrm{e}^{\mathrm{i}4\pi/3}\beta_1\alpha_2\beta_3 + \mathrm{e}^{\mathrm{i}2\pi/3}\beta_1\beta_2\alpha_3)/\sqrt{3}$$

承载 Γ_2.

总结一下, 自旋部分有 8 个多体态, 其中 $\alpha_1\alpha_2\alpha_3, (\alpha_1\alpha_2\beta_3+\alpha_1\beta_2\alpha_3+\beta_1\alpha_2\alpha_3)/\sqrt{3}$, $(\alpha_1\beta_2\beta_3+\beta_1\alpha_2\beta_3+\beta_1\beta_2\alpha_3)/\sqrt{3}, \beta_1\beta_2\beta_3$ 四个维度对应一维置换恒等表示, 它们四个刚好也形成 $S=3/2$ 对应的自旋四重态. $(\alpha_1\alpha_2\beta_3+\mathrm{e}^{\mathrm{i}2\pi/3}\alpha_1\beta_2\alpha_3+\mathrm{e}^{\mathrm{i}4\pi/3}\beta_1\alpha_2\alpha_3)/\sqrt{3}$, $(\alpha_1\alpha_2\beta_3+\mathrm{e}^{\mathrm{i}4\pi/3}\alpha_1\beta_2\alpha_3+\mathrm{e}^{\mathrm{i}2\pi/3}\beta_1\alpha_2\alpha_3)/\sqrt{3}$ 都是 $S_z=1/2$ 态, 承载 Γ_2 表示. $(\alpha_1\beta_2\beta_3+\mathrm{e}^{\mathrm{i}2\pi/3}\beta_1\alpha_2\beta_3+\mathrm{e}^{\mathrm{i}4\pi/3}\beta_1\beta_2\alpha_3)/\sqrt{3}, (\alpha_1\beta_2\beta_3+\mathrm{e}^{\mathrm{i}4\pi/3}\beta_1\alpha_2\beta_3+\mathrm{e}^{\mathrm{i}2\pi/3}\beta_1\beta_2\alpha_3)/\sqrt{3}$ 都是 $S_z=-1/2$ 态, 承载表示 Γ_2. 总之, 自旋部分的 8 个维度可分解为 $4\Gamma_1^s\oplus 2\Gamma_2$.

再看轨道部分. 如果三个电子都处在同一个 s 轨道, 比如 1s. 这样, 它们轨道部分的多体波函数根据表 6.4 倒数第三行, 承载置换群的 Γ_1^s 表示. 而 $\Gamma_1^s\otimes(4\Gamma_1^s\oplus 2\Gamma_2)$ 怎么都不可能有 Γ_1^a 的成分, 所以这种情况不可能发生. 这个分析可以说是 Pauli 不相容原理的一种群论表达.

当两个电子处在同一个 s 轨道 (比如 1s), 另一个电子处在另一个 s 轨道 (比如 2s) 时, 根据表 6.4 倒数第二行, 它们形成的表示空间承载表示 $\Gamma_1^s\oplus\Gamma_2$. 自旋部分是 $4\Gamma_1^s\oplus 2\Gamma_2$. Γ_2 与 Γ_2 直积, 可分解为 $\Gamma_1^s\oplus\Gamma_1^a\oplus\Gamma_2$, 有 Γ_1^a 的情况, 因此这种构型可以被置换对称性允许. 需要注意的是, 置换对称性在这里已经帮助我们排除了很多构型. 自旋部分维数为 8, 轨道部分维数为 3, 严格意义上三体波函数有 24 个维度. 这里, 因为 $2\Gamma_2\oplus\Gamma_2$ 包含 $2\Gamma_1^a$, 这 24 个构型空间的维度只有两个是可以形成合格的三体波函数的, 它们都对应 $S=1/2$ 的自旋双重态. 这个态用 ${}^{2S+1}L_M^{S_z}$ 来标记的话, 形式是 ^{2}S.

三电子体系的其他构型分析类似. 前面几个轨道置换对称允许的构型如表 6.5 所示. 更多个电子的体系也是用同样的方法分析, 需要用到的置换群特征标表请参考 Dresselhaus 那本教材[5]. 我们这里的说明相对于该书更详细, 但覆盖面小很多.

表 6.5 三电子体系交换反对称态

构型	态	不可约表示	最终允许的态
$\left\|\frac{1}{2},\pm\frac{1}{2}\right\rangle$	自旋双重态, $S=\frac{1}{2}$	Γ_2	
$\left\|\frac{3}{2},\pm\frac{3}{2}\right\rangle$	自旋四重态, $S=\frac{3}{2}$	Γ_1^s	
s^3	$L=0$	Γ_1^s	无
$1\mathrm{s}^2 2\mathrm{s}$	$L=0$	$\Gamma_1^s\oplus\Gamma_2$	^{2}S
$\mathrm{s}^2\mathrm{p}$	$L=1$	$\Gamma_1^s\oplus\Gamma_2$	^{2}P
sp^2	$L=0$	$\Gamma_1^s\oplus\Gamma_2$	^{2}S
sp^2	$L=1$	$\Gamma_1^a\oplus\Gamma_2$	^{2}P,^{4}P
sp^2	$L=2$	$\Gamma_1^s\oplus\Gamma_2$	^{2}D

习题与思考

1. 将下面这个置换写成对换乘积的形式, 它是奇置换还是偶置换:
$$\begin{pmatrix} 1 & 2 & 3 & 4 & 5 & 6 \\ 1 & 4 & 6 & 5 & 2 & 3 \end{pmatrix}.$$
2. 请画出五阶置换群的杨图.
3. 写出下图所示杨盘的杨算符:

1	3	4
2		

4. 第 3 题中的杨算符对应的置换群的不可约表示的维数是多少?

第七章　李群李代数初步

截至上一章结束, 北京大学物理学院研究生课程 “群论 I” 需要覆盖的内容已基本覆盖. 在北京大学物理学院研究生课程的教学计划中, 紧跟 “群论 I” 的课程是 “群论 Ⅱ”, 对应的是李群李代数. 相关教学既要进行数学理论的讲解, 又要针对此部分理论在物理学中的应用进行详细的说明. 本章的目的, 就是通过对李群李代数知识的简单介绍, 为读者进一步的学习做一个引导.

在第一章, 我们提到过 d'Alembert 说的一句话: “代数是慷慨的, 她往往会比对她的要求给予的更多.” 实际上, 从《几何原本》开始, 很多数学的分支都具备这样的特点. 从一个或几个公设 (postulate)、定义 (definition)、公共观念 (common notion) 或者公理 (axiom) 出发, 推出一系列命题 (proposition), 这些命题中正确的就是定理 (theorem). 进而, 构建一个理论体系. 这个理论体系, 可以成为包括物理学在内的很多自然科学分支以及工程应用的工具. 读者在对群论这门近世代数的分支的学习过程中, 应该也可以体会到这种感觉. 前面我们学习过有限群, 在此基础上, 人们很自然会想到还存在无限群, 同时关于它肯定也有一套理论与应用. 这套关于无限群的理论, 按理说会复杂很多.

在无限群中, 存在两种情况: 群元是可列的 (也就是说群元与正整数集存在一一对应关系)、群元是不可列的. 前者虽然无限, 但处理方式与有限群没有太多差异. 与之形成鲜明对比的, 是关于不可列的无限群的理论相比于有限群的理论要多很多新的内容. 本章针对后者进行初步介绍.

在不可列的无限群中, 李群是研究得最为清楚的一类. 它是一种可以用实参数来表达的, 具有微分流形性质的连续群①. 因为流形是建立在 Hausdorff 空间这样一个具有分离性的拓扑空间上的②, 李群的定义要求其有流形的性质, 那很自然它一定也是一种拓扑群. Hausdorff 空间中, 任意一个有界闭子集又是紧致的. 因此, 紧致这个概念在我们下面的讨论中也会出现. 同时, 拓扑群的一个特征就是群运算是连续的. 也

---

①李群只是连续群的一部分, 具有微分流形的特质. 有些连续群不是李群. 比如: 以数的加法为群元乘法的有理数的集合就是连续群但不是李群. 它无法用微分的形式来进行分析. 换句话说, 李群是一种具有很好的数学结构的群, 可用微分的方式进行分析. 这里我们关于连续的定义是通过把群元作为映射, 然后基于连续映射来定义的. 如果大家读到这个例子感觉有问题, 请耐心把本章看完, 然后体会我们的逻辑.

②Hausdorff 空间根据 Felix Hausdorff(1868—1942) 命名, 是可分离的连续的拓扑空间. 最典型的 Hausdorff 空间是欧氏空间, 基于其可以定义微分.

就是说其群元在进行乘法操作与求逆操作时, 相应的映射为连续映射①. 在描述此连续映射的过程中, 毫无疑问要基于开集、闭集、覆盖、极限等概念, 讨论像同胚、连通、同伦、同构这样的拓扑学的概念. 因此, 拓扑、微分流形这两门学科中的一些基本概念, 比如开集、闭集、拓扑空间、极限点、开覆盖、紧致、连续映射、同胚映射 (拓扑映射), 将首先作为基础来进入我们的课程, 以支撑后续拓扑性质、流形性质、李群李代数性质的讨论的展开. 领悟这些关系, 需要读者针对这些概念反复阅读本章及相关教材的内容.

7.1 曲面上的几何

这里我们说的曲面上的几何, 指的是非欧几何. 由于我们的基础教育 (甚至包含多数高等教育) 并不包含非欧几何的内容, 人们往往会觉得与之相关的一些名词 (比如本章不可能绕过的拓扑空间与微分流形) 非常高深与抽象. 为了将读者带入, 我们从一些简单的关于空间的概念出发来展开讨论.

我们首先想说的是, 很多看起来复杂与高深的学术成就的诞生都是符合最直观、最简单的逻辑的. 比如, 我们都知道早期欧氏几何描述的是均匀的、可以无限扩展的三维空间的性质. 而在古希腊的多数自然哲学体系中, 人们认为地球是处在宇宙这个同心球体的中心的. 比如, 在 Aristotle 的宇宙模型中, 连续的、无限的直线运动是不被允许的, 匀速圆周运动才是完美的[29]. 这样, 就不可避免地会带来一个逻辑上比较简单但非常值得思考的问题: 当我们站到地面上的一点我们看到的是欧氏空间, 但当我们把自己放在 "神的视角" 去看这个同心球模型中的地球, 我们就会意识到地球上的某个人看到的欧氏空间是无法通过无限延展覆盖整个地球的球面的②. 考虑到这一点, 后来人们对欧氏几何提出疑问就不足为奇了.

对此的质疑中比较有代表性的是 1826 年俄罗斯数学家 Nikolas Ivanovich Lobachevsky (1792—1856) 在喀山的一个数学家会议中宣读的他的关于非欧几何的论文《几何学原理及平行线定理严格证明的摘要》. 这里, 他提出如果将欧氏几何中的第五条公设去除③, 基于前面的几条公设还是可以构建一个几何体系. 但遗憾的是, 他的理论在当时并没有被人们接受. 1853 年, 哥廷根大学数学系教授 Carolus Fridericus Gauss (1777—1855) 建议他的学生 Georg Friedrich Bernhard Riemann (1826—1866) 在

---

①当然, 这种连续是拓扑意义上的连续, 是基于连续映射定义的. 离散群也可以具备这种性质, 其具体意义我们后面会详细解释.

②虽然地球是个球形的直接验证一直要等到 16 世纪初 Magellan 的环球航行, 但考虑到早期人们航海时首先看到船帆这个生活经验、月球是圆的这个观测, 以及球形在古希腊哲学中占据的重要位置, 我们可以想象在很早的时候人们就有了地球是个球形这样一种认识. 在很多古希腊的宇宙模型中, 这点也都可以得到体现.

③欧氏几何是一个由五条公设、五条公理出发建立的几何体系.

其教授资格考试中以非欧几何为题目完成论文①. 基于此建议, 黎曼将此论文题目定为 “论几何学基础假说”. 此后, 非欧几何正式在主流学界被广泛接受.

Riemann 的主要研究对象是椭球球面, 在这个过程中, 他引入了流形 (英文是 manifold, 意思是多褶皱, 江泽涵先生按 “天地有正气, 杂然赋流形” 进行翻译, 信达雅兼顾) 的概念来描述类似基于曲面的几何. 在描述这个曲面的几何时, 平行线公设是不需要的. 就像图 7.1 中的地球, 如果我们画一个很大的三角形, 则在局域的视角我们认为相互平行的两条经线, 在全局视角看来是可以相交的. 图中这个三角形的内角和也不是 180 度. 黎曼几何很好地利用了欧氏空间的性质, 把复杂的曲面分成很多封闭的区域的集合. 类似封闭的区域的集合称为图卡 (Atlas, 有时也翻译为坐标图卡、图集、图

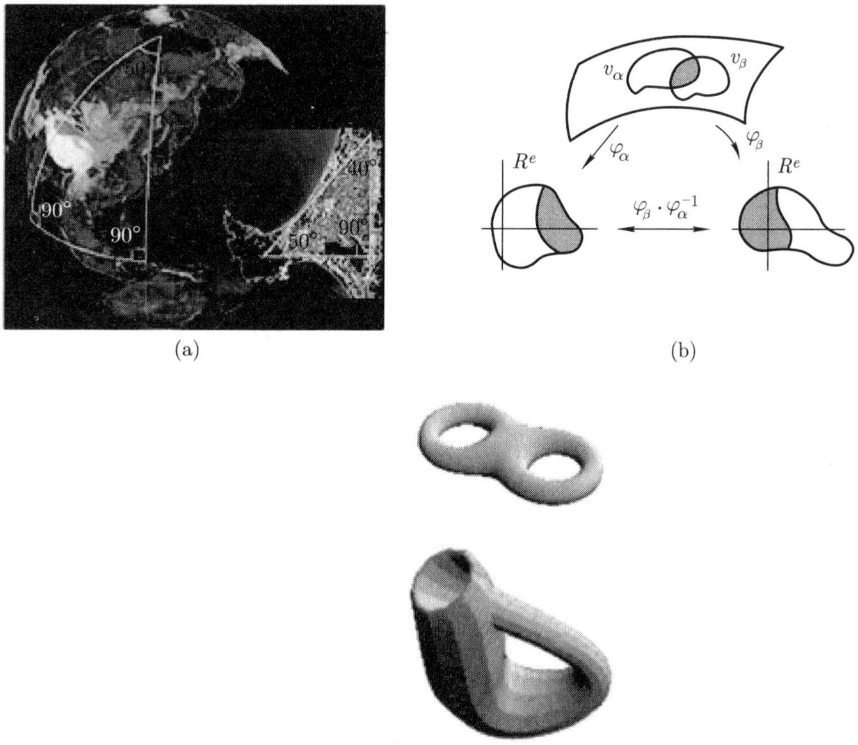

图 7.1 非欧几何中的一些概念

(a) 地球, 很显然, 其表面是一个球面. 在地球表面画一个大三角形, 内角和显然并不为零. 为了描述其表面, 需要通过相互交叠的开集 (b) 引入图卡的概念. 这些都是非欧几何中的基本语言. 它是描述下方曲面的理想工具. 从这些图也可以看出, 拓扑的概念与非欧几何也密切相关. (c) 中的瓶子被称为 Klein 瓶

①德国学者在其学术生涯中正常情况下是要完成两个论文的. 一个是其博士学位论文, 一个是其教授资格考试论文.

汇)[①]. 每个区域对应的局部空间 (开集), 与欧氏空间这种完全没有扭曲的空间的开集在结构上对应[②]. 因此, 可以用欧氏空间中的微分工具来描述其结构. 而相邻的区域, 有重叠部分. 在这些重叠的部分, 又可以通过微分性质的传递性, 保证光滑地拼接起来. 这种拼接允许空间扭曲, 而类似空间的扭曲会带来与欧氏几何完全不一样的性质.

后来大家都知道, 这套基于数学家对空间概念的探索而引入的数学语言诞生半个世纪后, 在 Einstein 发展的广义相对论中发挥了至关重要的作用[③]. 在这背后, 实际上就是上一段提到的本质上很简单的图像. 同时, 我们也要指出本章要讲的很多看似高深、复杂的概念, 都与这个简单的图像相关. 本着这个思路, 下面我们先从拓扑空间的概念出发引入一套基本语言来描述空间的拓扑性. 之后, 作为拓扑空间中一个可以利用微分方程来分析的例子, 我们引入微分流形, 从而为后面引入李群的概念奠定基础.

7.2 拓 扑 空 间

拓扑学研究的是几何图形或空间在连续改变形状后还能保持不变的那些性质, 而它们的具体形状与大小是不重要的. 因此, 拓扑又被通俗地称为 “橡皮膜上的几何学”. 在拓扑学中, 重要的性质包括空间的连续性、紧致性、连通性. 而李群, 是一个既有群的结构, 又有微分流形结构 (因此自然地也会有拓扑结构) 的群, 是目前在物理学中具有最重要的应用的连续群.

为了让读者在学习具体概念的过程中时刻能够进行定位, 我们先将本节的关键几点内容列出:

(1) 拓扑空间、开集、邻域、闭集;

(2) 拓扑子空间 (相对拓扑空间)、直积拓扑空间;

(3) 拓扑空间的连通性;

(4) 拓扑空间的紧致性;

(5) Hausdorff 空间;

(6) 同胚映射 (也叫拓扑映射), 它能让拓扑性质 (如开集、闭集、连通性、紧致性) 保持不变;

---

①这里要感谢北京大学数学科学学院的周珍楠教授. 之前笔者一直找不到合适的翻译, 他给了一个很全面的回答.

②这种对应被称为 mapping. 其词根, 与大地测量中的 map 是相关的. 按周彬老师线上课程的讲述, 在 19 世纪上半叶, Gauss 因为接到一个画地图的任务, 便开始对这方面的问题进行思考了. 笔者认同此说法, 因此这里写下来供读者参考.

③广义相对论中的关键点就是时空扭曲. 这也就不难理解为什么我们说他去哥廷根大学讲完报告后, 看到 Hilbert 所提的问题那么紧张了. 现在, 有些人描述宇宙的结构是有限无边, 也是基于类似的几何图像.

(7) 道路、道路连通、道路同伦、基本群的概念, 以及如何由它们来描述拓扑空间的连通性 (单连通、复连通).

具体讨论, 从拓扑空间与开集的定义开始依次进行.

定义 7.1 设 X 是一个集合, 其元素 x, y, z 称为点, 若能在 X 上规定一个子集族 ϑ, 它是一系列子集的集合, 满足

(1) $X \in \vartheta, \varnothing \in \vartheta$,

(2) ϑ 中有限个成员 $O_1, O_2, \cdots, O_k$ 的交集属于 ϑ,

(3) ϑ 中任意多个成员 O_i 的并集属于 ϑ,

则集合 X 与 ϑ 合在一起构成一个拓扑空间 (X, ϑ), ϑ 称为 X 的一个拓扑, ϑ 中的每个 O_i 都称为 X 的开集.

此定义给出的一个明确的信息, 是拓扑空间是一个定义了子集族的集合. 这个子集族中的元素称为开集. 换句话说, 基于一个集合 X, 可以定义出不同的拓扑空间 (X, ϑ_1) 与 (X, ϑ_2). 以 $X = \{a, b, c\}$ 为例, 可以定义

$$\vartheta_1 = \{O_i\} = \{\varnothing, \{a, b, c\}\}.$$

这个 (X, ϑ_1) 是一个拓扑空间. 类似以 $\vartheta = \{\varnothing, X\}$ 的形式基于 X 定义的拓扑空间, 称为平庸的拓扑空间. 对基于 X 定义的拓扑空间来说, 平庸的拓扑空间拥有的开集数最少.

同时, 也可以定义

$$\vartheta_2 = \{O_i\} = \{\varnothing, \{a\}, \{a, b\}, \{a, c\}, \{a, b, c\}\}.$$

这些开集 O_i 之间的交集属于 ϑ_2, 并集也属于 ϑ_2. 因此, 这个 (X, ϑ_2) 也是拓扑空间.

除此之外, 还可以定义

$$\vartheta_3 = \{O_i\} = \{\varnothing, \{a\}, \{b\}, \{c\}, \{a, b\}, \{a, c\}, \{b, c\}, \{a, b, c\}\}.$$

(X, ϑ_3) 也是拓扑空间. 对 X 而言, 像 (X, ϑ_3) 这样的拓扑空间称为分立的拓扑空间, 它包含的开集数目最多.

但如果取

$$\vartheta_4 = \{O_i\} = \{\varnothing, \{a, b\}, \{a, c\}, \{a, b, c\}\},$$

则由于 $\{a, b\}$ 与 $\{a, c\}$ 的交集不属于 ϑ_4, (X, ϑ_4) 就不是拓扑空间.

基于开集、拓扑空间, 我们可以定义邻域与闭集.

定义 7.2 对于拓扑空间 (X, ϑ) 的一个开集 O_i 中的任何一个元素, O_i 称为其邻域.

定义 7.3 对于拓扑空间 (X, ϑ), 取 A 为 X 的一个子集, 如果 X 与 A 的差集是开集, 则 A 称为闭集.

对上面讲到的分立拓扑空间 (X, ϑ_3), 其中的任何一个开集都是闭集. 除了这些例子, 欧氏空间以及欧氏空间中的曲面也可以构成拓扑空间. 它们相对于一般的拓扑空间, 还具有一些特殊的性质, 比如连通、紧致等, 后面会马上讲到.

基于拓扑空间, 可引入拓扑子空间、拓扑空间的直积两个定义.

定义 7.4 设 (X, ϑ) 是一个拓扑空间, A 是 X 上的一个子集, 令

$$\vartheta_A = \{O \cap A \big| O \in \vartheta\},$$

容易验证, (A, ϑ_A) 也满足拓扑空间的定义, 称为 (X, ϑ) 的拓扑子空间或者相对拓扑空间, ϑ_A 称为 ϑ 在 A 上的相对拓扑.

定义 7.5 设 $(X, \vartheta(X))$ 与 $(Y, \vartheta(Y))$ 都是拓扑空间, $Z = X \otimes Y$ 是 X 与 Y 的直积集合, 令

$$\vartheta(Z) = \left\{ O = \underbrace{\cup}_{O_1 \in \widetilde{O}_1, O_2 \in \widetilde{O}_2} O_1 \otimes O_2 \middle| \widetilde{O}_1 \in \vartheta(X), \widetilde{O}_2 \in \vartheta(Y) \right\},$$

则 $\vartheta(Z)$ 是 Z 上的一个拓扑, $(Z, \vartheta(Z))$ 是个拓扑空间, 称为 $(X, \vartheta(X))$ 与 $(Y, \vartheta(Y))$ 的直积拓扑空间.

这里的直积, 就像第一章我们提到的有序对. 很多文献中, 也称其为卡氏积. 关于拓扑空间, 有连通性这样一个性质.

定义 7.6 设 (X, ϑ) 是拓扑空间, 若不存在两个不空的开集 O_1, O_2, 使得

$$O_1 \cup O_2 = X,$$
$$O_1 \cap O_2 = \varnothing,$$

则称 (X, ϑ) 是连通的拓扑空间. 反之, 如果存在 O_1, O_2 满足上述性质, 则称这个拓扑空间是不连通的.

比如, 一个球的球面上所有的点形成的拓扑空间就是连通的, 因为我们无法在其中找到两个开集 (这里对应一个不带边界的区域), 使其并集为整个球面而交集是空集. 但是两个不接触的球按上面的描述形成的拓扑空间就是不连通的, 因为可以取 O_1 为一个球面上点的集合形成的开集, O_2 为另一个球面上点的集合形成的开集. 它们显然具备并集等于整个拓扑空间但交集为空集的性质.

另一个例子可以取

$$X = \{a, b, c\},$$
$$\vartheta = \{\varnothing, \{a\}, \{a, b\}, \{a, c\}, \{a, b, c\}\}.$$

取 X 的子集 $A = \{b, c\}$, 以及 ϑ 在 A 上的相对拓扑

$$\vartheta_A = \{\varnothing, \{b\}, \{c\}, \{b, c\}\},$$

(A, ϑ_A) 是 (X, ϑ) 的拓扑子空间. 这时, (X, ϑ) 是连通的, (A, ϑ_A) 是不连通的. 因此, 连通的拓扑空间的子空间不一定是连通的.

我们经常接触的欧氏空间及其直积拓扑空间都是连通的.

讨论完连通之后我们讨论紧致. 它是基于极限、覆盖 (开覆盖)、有限子覆盖进行定义的. 首先我们说极限.

定义 7.7 设 A 是拓扑空间 X 的一个子集, x 是 X 中的一个点. 若对 x 点的任何一个邻域 U, 都有

$$(U - x) \cap A \neq \varnothing,$$

则称 x 是 A 的极限点或聚点.

根据这个定义, 我们知道集合的极限点是可以被该集合中的点任意 "逼近" 的点. 其中, x 不一定属于 A. 当 x 不属于 A 时, A, U, x 的相互关系如图 7.2 所示. x 处在这个集合 A 的边界上. A 和它所有的极限点的并集称为 A 的闭包, 记为 $\overline{A}$.

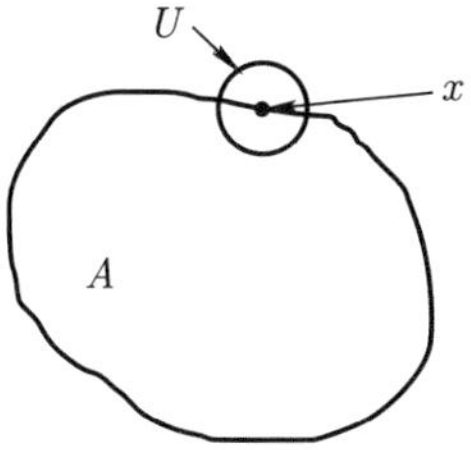

图 7.2 A **在边界上的极限点**

定义 7.8 拓扑空间 X 有一个开集族 $\{O_\alpha\}$. 若对 $A \subset X$, 有 $A \subset \cup_\alpha O_\alpha$, 则称 $\{O_\alpha\}$ 覆盖了 A, 或称 $\{O_\alpha\}$ 是 A 的一个开覆盖①.

定义 7.9 设 $\{O_\alpha\}$ 是 A 的一个开覆盖. 若 $\{O_\alpha\}$ 中的有限个成员构成的开集族 $\{O_1, O_2, \cdots O_m\}$ 也覆盖 A, 则称 $\{O_\alpha\}$ 对 A 具有有限子覆盖.

基于开覆盖与有限子覆盖, 可以定义紧致.

定义 7.10 如果对于拓扑空间的某子集 A 的任意开覆盖, 都有有限的子覆盖, 则称 A 是紧致的.

举个例子, 一维欧氏空间中的任何一个开区间或者半开区间都不是紧致的, 但闭区间是紧致的. 如对 $(a, b]$, 只要找到它的一个开覆盖不具备有限子覆盖, 就可以证明它不是紧致的. 而这个开覆盖是存在的, 比如 $\left\{\left(a+\dfrac{1}{2}, b+\dfrac{1}{2}\right), \left(a+\dfrac{1}{2^2}, b+\dfrac{1}{2^2}\right), \cdots, \left(a+\dfrac{1}{2^n}, b+\dfrac{1}{2^n}\right), \cdots\right\}$. 这个开集族覆盖了 $(a, b]$, 因此是开覆盖, 但是它没有一个有限成员组成的开集族来覆盖 $(a, b]$. 因此, 这个半开区间不是紧致的. 一维欧氏空

①字面意思, 开集族形成的覆盖.

间的全开区间 (或者高维欧氏空间中的开区域或半开区域) 也不具备紧致的特性. 但是当此区域变成有界的闭区域的时候, 区域中的任意一点的极限点都属于这个区域, 相应地此区域也紧致.

这里之所以讨论这些概念, 是因为我们后面讲李群的时候会说明, 它是具有微分流形的结构的. 既然是微分结构, 它的一个基本特征就是具有从非欧空间向欧氏空间的微分同胚映射 (具体定义后面解释). 具有微分结构是其固有性质, 我们也是要基于微分结构来分析非欧空间与相关映射的. 在定义微分结构的时候, 空间的紧致性就很重要了.

庆幸的是, 微分流形的概念是建立在 Hausdorff 空间上的. 在 Hausdorff 空间中, 紧致子集总是闭子集, 它们往欧氏空间的映射也可以是微分同胚的. 因此, 从逻辑上, 我们先把极限、紧致这些概念讲完之后, 下面要讲的就是 Hausdorff 空间.

Hausdorff 空间的一个基本特性是空间内的邻域是可以分离的, 具体定义如下.

定义 7.11 拓扑空间 (X,ϑ) 叫作 Hausdorff 空间 (或 T_2 空间), 如果 $\forall x,y\in X$, 且 $x\neq y$, 存在 O_1 与 $O_2\in\vartheta$, 使得 $x\in O_1$, $y\in O_2$, 满足 $O_1\cap O_2=\varnothing$.

我们常见的 n 维欧氏空间 R^n 就是 Hausdorff 空间. Hausdorff 空间是一种特殊的拓扑空间, 与 n 维欧氏空间具备紧密的联系. 它描述的几何大部分是非欧的. 但是因为它与欧氏空间紧密的联系, 人们总是可以在局部用欧氏几何的方法去描述它. 不同的局部通过有交集的区域进行拼接, 可构造出整个非欧空间. 就像图 7.1 中那样, 我们总是可以通过小块的开的曲面区域拼接出球面. 而小块的开的曲面区域既有曲面的微分结构, 又可以用小块的开的平面区域通过映射的方式来进行分析.

到这里, 我们讨论的都是拓扑空间的性质. 下面, 我们开始讨论拓扑空间之间的映射. 就像前面提到的, 映射的词根是 "map". 提出时, 它应该有个基本的意思是从非欧空间往欧氏空间做对应. 映射有三要素: 定义域、值域、映射规则. 李群是一个连续群, 其中元素做的事情, 是将一个拓扑空间映射到另一个与之具有相同拓扑结构的拓扑空间. 而这个映射本身, 需要是连续的. 因此, 关于映射的讨论也从连续性开始.

定义 7.12 设 $(X,\vartheta(X)),(Y,\vartheta(Y))$ 是拓扑空间, 如果映射 $f:X\rightarrow Y$ 满足 $\forall x\in X$, 对 $f(x)$ 的任意一个邻域 $V_{f(x)}\subset Y$, 都存在 x 的一个邻域 U_x, 使得 $f(U_x)\subset V_{f(x)}$, 则称映射 f 在 x 处连续.

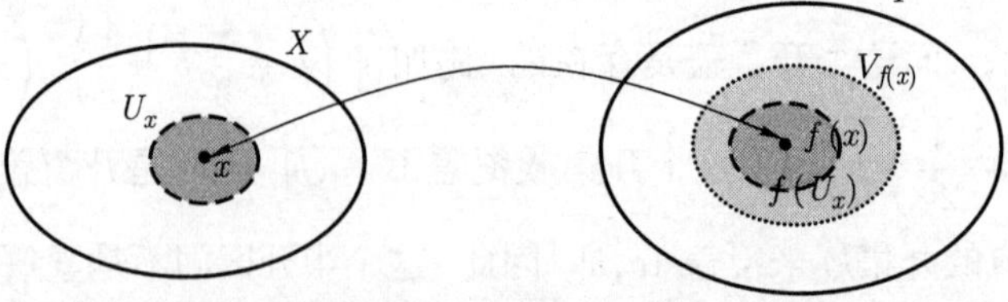

图 7.3 连续映射示意图

此关系可以具体表述为图 7.3. 当映射 f 在 X 中任意一点处都连续的时候, 称 f 是一个连续映射. 连续映射的一个好处是它可以在拓扑空间之间建立联系. 基于它, 人们可以定义同胚映射 (也称拓扑映射). 在定义同胚映射之前, 我们先来熟悉一下连续映射的几个性质.

定理 7.1 设 $(X,\vartheta(X)),(Y,\vartheta(Y))$ 是拓扑空间, $f:X\to Y$ 是它们之间的映射. 下面四个条件是等价的:

(1) f 是连续映射;

(2) Y 中的每个开集在 f 下的逆像是 X 中的开集;

(3) Y 中的每个闭集在 f 下的逆像是 X 中的闭集;

(4) $\forall A\subset X$, 有 $f(\overline{A})\subset\overline{f(A)}$.

这些性质的一个共性, 是 $f:X\to Y$ 是连续映射与由 Y 中某集合性质推出的其在 f 下的逆像 (X 中某集合) 性质的等价性. 如果要求这个映射是一一满映射, 且其逆映射也是连续映射, 则称其为同胚映射 (拓扑映射), 具体定义如下.

定义 7.13 设 $(X,\vartheta(X)),(Y,\vartheta(Y))$ 是拓扑空间, 如果映射 $f:X\to Y$ 是一一对应的满映射, 且其与其逆映射都连续, 则称 f 是 $(X,\vartheta(X))$ 与 $(Y,\vartheta(Y))$ 这两个拓扑空间之间的同胚映射, 也称为拓扑映射.

结合定理 7.1, 我们知道同胚映射下两个拓扑空间的点、开集、闭集都具备一一对应关系, 其连通性、紧致性也都会一致. 这些在同胚映射下保持不变的性质称为拓扑性质. 拓扑映射联系起来的是两个拓扑结构完全相同的拓扑空间, 它使得“橡皮膜上的几何学”能够存在.

现在讲完了拓扑空间的性质和拓扑空间的映射. 在前面讲拓扑空间的性质的时候, 我们讲到了连通性. 对连通性更为严格的描述, 需要借助于连续映射, 并在此基础上引入道路、道路连通、道路同伦、基本群等概念, 进而区分单连通与复连通. 基于这个逻辑, 本节的最后一部分内容讨论这些概念 (道路、道路连通、道路同伦、基本群). 道路连通的基础是道路这个概念. 因此, 我们从道路说起.

定义 7.14 设 $(X,\vartheta(X))$ 是拓扑空间, I 是一维欧氏空间 (R^1, 也就是实数轴) 上的区间 $[0,1]$, 如果连续映射 $\alpha:I\to X$ 满足 $\alpha(0)=x_0,\alpha(1)=x_1$, 其中 $x_0,x_1\in X$, 则称 α 是从 x_0 到 x_1 的一条道路.

这个定义已经用到了前面讲的连续映射. 同时也需要指出: 这个道路指的是连续映射 α, 而不是 $\{\alpha(t)\}$ 这些 X 中的点 (如图 7.4 所示). 点相同, 映射不相同, 也是不同的道路. 道路可以定义逆: $\alpha^{-1}(t)=\alpha(1-t)$.

由于道路的存在, 我们可以把拓扑空间中的两个点进行一个无缝的连接. 它是最为常见, 也是在数学上最好处理的欧氏空间与更为广义的拓扑空间之间的一个纽带. 基于这种连接, 可定义道路连通. 道路连通对于描述更为广义的拓扑空间的连通性至关重要.

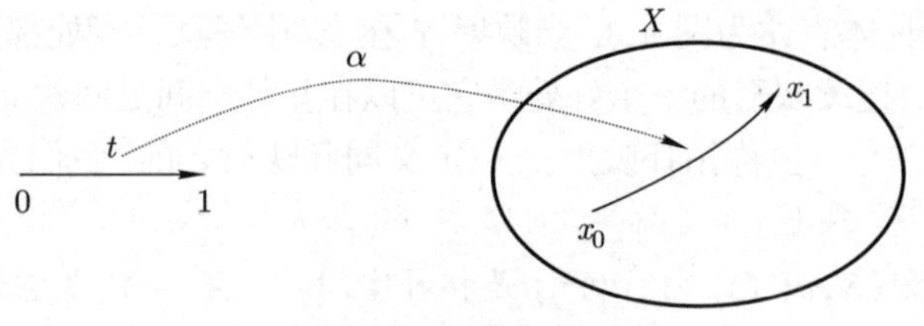

图 7.4 道路示意图

定义 7.15 设 $(X,\vartheta(X))$ 是拓扑空间，如果其中任意两点 x_0,x_1 之间都存在道路，则称这个拓扑空间是道路连通 (弧连通) 的.

这里讲的道路连通比前面讲的连通要严格. 前面的连通可以存在于不连续的拓扑空间. 这里的道路连通对应的拓扑空间必须是连续的. 它指的是通过一维欧氏空间中的属于区间 $I=\{t|t\in R^1$, 且 $0\leqslant t\leqslant 1\}$ 中的实数 t, 将拓扑空间 X 中的点 x_0 连续地变为 x_1 的映射. 这里 t 是连续的, 因此它对应的拓扑空间 X 也是连续的.

如果一个拓扑空间是道路连通的, 则它一定是连通的. 反之, 如果一个拓扑空间是连通的, 它不一定道路连通. 因为它或许无法与一维欧氏空间中的属于区间 $I=\{t|t\in R^1$, 且 $0\leqslant t\leqslant 1\}$ 中的连续变化的实数 t 存在一一对应关系. 这里, 我们根据韩其智、孙洪洲老师《群论》中的习惯①, 按定理的形式把这个关键点列出来.

定理 7.2 若拓扑空间 $(X,\vartheta(X))$ 是道路连通的, 则它是连通的.

前面, 我们先是基于连续映射定义了同胚映射 (即拓扑映射), 它描述的是两个拓扑空间之间等价的拓扑结构. 而后, 基于连续映射, 我们还定义了道路与道路连通. 道路是从一维欧氏空间中的区间 $I=\{t|t\in R^1,$且 $0\leqslant t\leqslant 1\}$ 到拓扑空间 X 中的两个点 x_0,x_1 之间的连线的映射.

下面要讲的两个概念是映射同伦与道路同伦. 其中, 映射同伦描述的是拓扑空间 X 与 Y 之间的可以通过某个参数从 0 到 1 的连续变化联系起来的两个连续映射之间的关系. 这两个连续映射, 如果可以通过此参数的连续变化联系起来, 则 X 与 Y 之间的这两个连续映射是同伦的.

而道路同伦联系起来的, 是一维欧氏空间中的区间 $I=\{t|t\in R^1,$且 $0\leqslant t\leqslant 1\}$ 与拓扑空间 X 中两个元素之间的连线的映射 (也就是道路). 也就是说映射同伦针对的映射关系, 是从一个拓扑空间 X 到另一个拓扑空间 Y 的两个映射. 而道路同伦针对的映射关系, 是从一维欧氏空间中的区域 $I=\{t|t\in R^1,$且 $0\leqslant t\leqslant 1\}$ 到拓扑空间 X 中两个元素之间的两条连线. 后者针对的拓扑空间中两个点之间的 "道路", 可用于描述拓扑空间的连通度.

这两个概念中, 映射同伦相对好理解, 我们从它的定义开始.

定义 7.16 设 f_0,f_1 是从拓扑空间 X 到拓扑空间 Y 的两个连续映射. 如果存在

---

①与前面很多章节类似, 本章在逻辑上也整体遵循韩其智、孙洪洲老师的《群论》教材.

一个从直积拓扑空间 $X \otimes I$ 到 Y 的连续映射 F, 对任意 $x \in X$, 有

$$F(x,0) = f_0(x), \quad F(x,1) = f_1(x),$$

其中 $I = \{t|t \in R^1, 且\ 0 \leqslant t \leqslant 1\}$, 则称映射 f_0, f_1 同伦, 记为

$$f_0 \cong f_1 : X \to Y,$$

F 称为从 f_0 到 f_1 的一个伦移. 当 f_1 是一个常值映射时, 与它同伦的映射都称为零伦映射.

映射同论针对的是存在于两个拓扑空间 X 与 Y 之间的两个可以通过某参数变化连接起来的连续映射. 稍微形象些, 可将其表示为图 7.5.

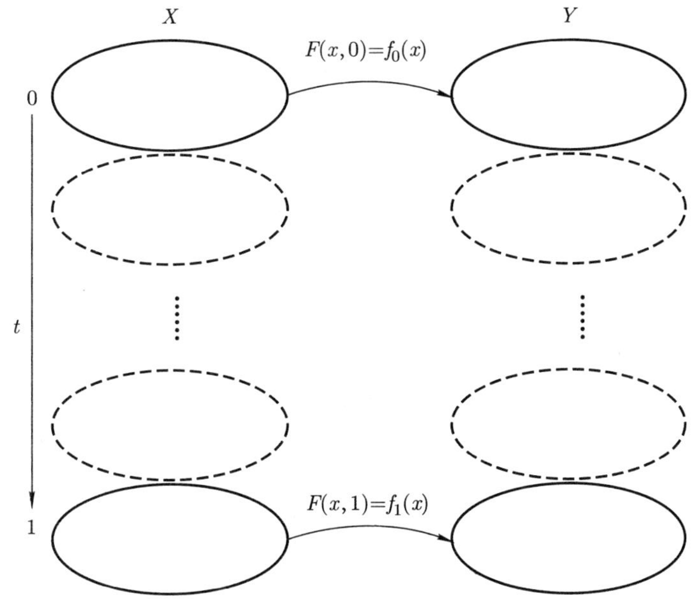

图 7.5 映射同伦示意图

定义 7.17 α 和 β 分别是两条拓扑空间 X 中的两个点 x_0, x_1 之间的道路, 如果存在一个从 $I \otimes I$ 到 X 中 x_0, x_1 两点之间连线的连续映射, 对 $t_1, t_2 \in [0,1]$, 满足

$$F(t_1,0) = \alpha(t_1), \quad F(t_1,1) = \beta(t_1),$$
$$F(0,t_2) = x_0, \quad F(1,t_2) = x_1,$$

则称道路 α 与 β 同伦, 记为 $\alpha \cong \beta$, F 称为从 α 到 β 的伦移.

当 α 与 β 同伦时, α 这个映射可以连续地变为 β 这个映射. 这个连续变化的特性, 与前面讲的映射同伦是一致的. 区别是前者联系起来的是两个 $X \to Y$ 的映射, 而

后者联系起来的, 是拓扑空间 X 中的点 x_0, x_1 之间的两条道路 (含参轨迹). 稍微形象些, 可将道路同伦表示为图 7.6.

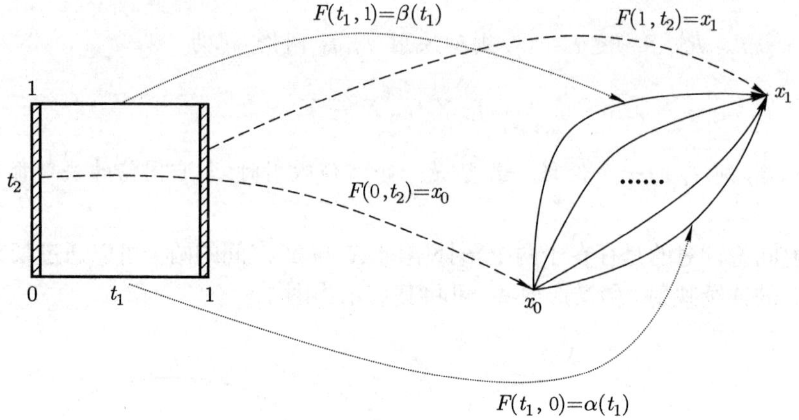

图 7.6 道路同伦示意图

不管是映射同伦, 还是道路同伦, 都是一种等价关系, 有如下定理.

定理 7.3 设 f, h, g 是拓扑空间 X 到拓扑空间 Y 的连续映射, 则:

(1) $f \cong f$;

(2) 若 $f \cong g$, 则 $g \cong f$;

(3) 若 $f \cong g, g \cong h$, 则 $f \cong h$.

同样, 对于道路同伦也有类似关系. 设 α, β, γ 是拓扑空间 X 中的两个点 x_0, x_1 之间的道路, 有:

(1) $\alpha \cong \alpha$;

(2) 若 $\alpha \cong \beta$, 则 $\beta \cong \alpha$;

(3) 若 $\alpha \cong \beta, \beta \cong \gamma$, 则 $\alpha \cong \gamma$.

设 α, β 为两条 $I \to X$ 的道路, 若 $\alpha(1) = \beta(0)$, 即 α 的终点是 β 的起点, 则可以定义它们之间的乘积 $\alpha\beta$ 为

$$\alpha\beta(t) = \begin{cases} \alpha(2t), & 0 \leqslant t \leqslant \dfrac{1}{2}, \\ \beta(2t-1), & \dfrac{1}{2} \leqslant t \leqslant 1. \end{cases}$$

这些乘积之间具备如下性质.

定理 7.4 设 $\alpha_0 \cong \alpha_1, \beta_0 \cong \beta_1$, 若乘积 $\alpha_0\beta_0$ 有定义 (也就是说 α_0 的终点在拓扑空间 X 中刚好是 β_0 的起点), 则 $\alpha_1\beta_1$ 也自然有定义, 且

$$\alpha_0\beta_0 \cong \alpha_1\beta_1.$$

定理 7.5 设 $\alpha \cong \beta$, 则 $\alpha^{-1} \cong \beta^{-1}$.

而基于定理 7.3, 就可以定义道路同伦类了.

定义 7.18 设 α 是连接拓扑空间 X 中的两个点 x_0, x_1 的一条道路, 则所有与 α 同伦的道路的集合称为一个 α 的道路同伦类, 记为 $\langle\alpha\rangle$.

道路同伦类中的道路是要具有相同的起点和终点的. 由定理 7.4, 当道路 α 与 β 的乘积有定义时, 也可定义道路同伦类的乘积:

$$\langle\alpha\rangle\langle\beta\rangle = \langle\alpha\beta\rangle.$$

三条道路的乘积有定义时, 其同伦类也有定义, 且可结合:

$$(\langle\alpha\rangle\langle\beta\rangle)\langle\gamma\rangle = \langle\alpha\rangle(\langle\beta\rangle\langle\gamma\rangle).$$

基于定理 7.5, 道路同伦类的逆也有如下性质:

$$\langle\alpha^{-1}\rangle = \langle\alpha\rangle^{-1}.$$

一般地, $\alpha\beta$ 有定义, $\beta\alpha$ 不一定有定义, 因此, 为了定义群, 我们下面只考虑起点与终点重合的道路. 有了前面的性质, 如果再定义一个单位元, 就可以基于道路同伦类来定义群了. 这个单位元可取为常值映射 e_{x_0}. 具体而言, 就是把图 7.6 左边的正方形, 如图 7.7 所示, 全部映射为拓扑空间 X 的一个点 x_0. 这个时候, 在上面三个性质的基础上, 加上常值映射 e_{x_0} 以及 $\langle\alpha\rangle$ 这个道路同伦类 (x_0 既是 $\langle\alpha\rangle$ 的起点, 也是其终点) 乘积的性质:

$$\langle e_{x_0}\rangle\langle\alpha\rangle = \langle\alpha\rangle, \langle\alpha\rangle\langle e_{x_0}\rangle = \langle\alpha\rangle,$$
$$\langle\alpha\rangle\langle\alpha^{-1}\rangle = \langle e_{x_0}\rangle, \langle\alpha^{-1}\rangle\langle\alpha\rangle = \langle e_{x_0}\rangle,$$

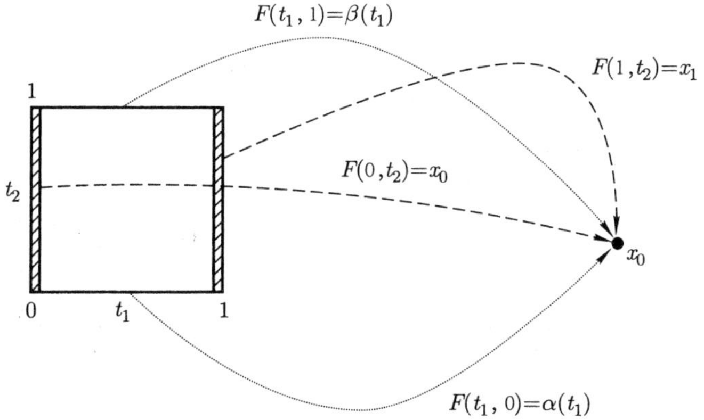

图 7.7 常值映射示意图

就可以定义一个以道路同伦类为群元, 以常值映射 e_{x_0} 为单位元, 具有逆元、封闭性、结合律的群了. 这个群称为以 x_0 为基点的基本群.

定义 7.19　有拓扑空间 X, x_0 是其中一点, 所有具有起点 = 终点 $=x_0$ 的道路同伦类的集合, 以 $\langle e_{x_0}\rangle$ 为单位元, 以 $\langle\alpha\rangle\langle\beta\rangle=\langle\alpha\beta\rangle$、$\langle\alpha^{-1}\rangle=\langle\alpha\rangle^{-1}$ 为规则定义乘法与逆元, 构成一个群, 称为拓扑空间 X 的以 x_0 为基点的基本群.

对于道路连通的拓扑空间, 取不同基点, 基本群是相互同构的. 一个道路连通的拓扑空间, 如果其基本群只包含单位元, 则称这个空间是单连通的. 在单连通的空间中, 任意一条封闭的线, 都可以连续缩为一个点. 如果一个道路连通的拓扑空间中的基本群有 m 个元素, 则称这个拓扑空间具有 m 度连通度. 总之, 拓扑空间的连通性可以用基本群这个概念来描述.

7.3　微分流形

至此, 关于拓扑空间的定义以及如何描述其基本性质的讨论结束. 下面要讲微分流形, 它是基于 Hausdorff 空间来定义的. Hausdorff 空间的定义详见前面的定义 7.11. 简单来讲, 它就是一个可分离的拓扑空间, 与欧氏空间类似, 其中有界的闭子集都是紧致的. 正是因为有这些性质, 基于微分的解析手段在分析其过程中才可以发挥关键的作用. 几何上的空间很多, Hausdorff 空间如此优异的性质, 也是其在具体物理学的研究中找到应用的一个关键原因.

我们的讨论从微分流形的定义开始.

定义 7.20　设 $(X,\vartheta(X))$ 是一个 Hausdorff 空间. 一个映射的集合 $\Phi=\{(U,\varphi_U)\}$ (其中 (U,φ_U) 代表的是从 X 的开集 U 到欧氏空间的 R^n 的开集 $\varphi_U(U)$ 的一个映射 $\varphi_U:U\to\varphi_U(U)$) 如果满足

(1) φ_U 都是同胚映射,

(2) $\cup U=X$,

(3) 对任意 $(U,\varphi_U),(V,\varphi_V)\in\Phi$, 且 $U\cap V\neq\varnothing$, 有 $\varphi_V\circ\varphi_U^{-1}$ 是 C^∞ 的 (相容性),

(4) 如果 X 的开集 U' 有到 R^n 的一个开集的同胚映射 $\varphi_{U'}$, 且 $(U',\varphi_{U'})$ 与 Φ 中的任意一个 (U,φ_U) 都相容, 则必有 $(U',\varphi_{U'})\in\Phi$ (最大性),

则称 (X,Φ) 是一个 n 维的 C^∞ 微分流形, 也称光滑流形, Φ 称为 X 上的微分结构.

换句话说, 微分流形是一个定义了微分结构的 Hausdorff 空间. 其采用的方式, 是把 Hausdorff 空间与欧氏空间都分别写成若干个开集的并集, 然后, 利用欧氏空间中的开集与 Hausdorff 空间的开集之间存在同胚映射这一点, 来描述这个 Hausdorff 空间. 当然, 这个映射不改变两个开集作为小的拓扑空间的拓扑结构. 而开集之间, 要保证足够的重叠. 这种重叠要求有相容性. 也就是说把它放到一个开集与另一个开集中时, 用微分的方式来描述欧氏空间往它们的投影, 结果可以通过 $\varphi_V\circ\varphi_U^{-1}$ 这个有任意阶连

续偏导数的函数进行联系.

这样的结果, 就是在 $U\cap V$, $\varphi_U(U\cap V)$, $\varphi_V(U\cap V)$ 这三个集合间, 形成一个相容的闭环. 如图 7.8 所示, 它们可以通过 φ_U, $\varphi_V\circ\varphi_U^{-1}$, φ_V^{-1} 形成一个顺时针的投影的闭环, 也可以通过 φ_V, $\varphi_U\circ\varphi_V^{-1}$, φ_U^{-1} 形成一个逆时针的投影的闭环. 任何一个元素, 在经过这些闭环的投影后保持不变. 这个不变既指其在其集合中元素不变, 也指其微分结构的不变. 毫无疑问, 微分流形在数学上提供了一个在解析表达上非常简洁且严格的工具. 这个工具可以用来描述李群这种连续群, 而李群在物理上具有很重要的应用.

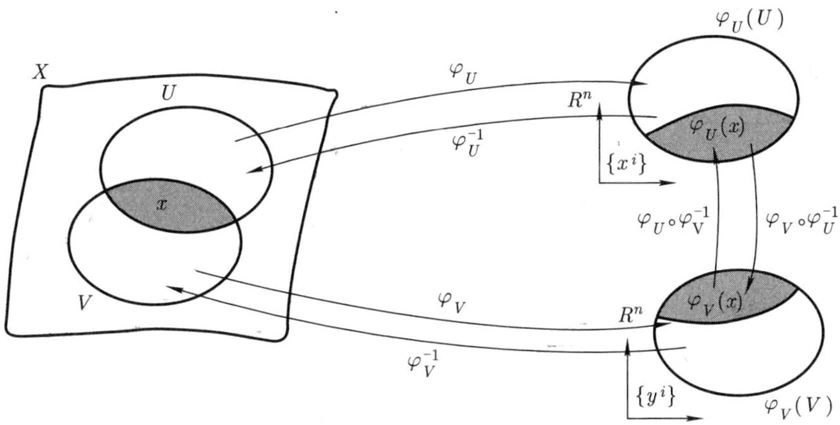

图 7.8 微分流形示意图

定义 7.20 中有个 C^∞. 它指的是定义在 R^n 这个欧氏空间的函数 f, 如果它在 R^n 中任何一点的任意阶偏导数都存在, 则称其是 C^∞ 的, 或者光滑的.

比 C^∞ 稍微弱一些, 可以是 C^r, 其中 r 是正整数. 它的意思是 f 在这一点有 r 阶偏导数存在. 比 C^∞ 条件强一些, 有个 C^ω, 它指的是这个函数可以在这一点做收敛的幂级数展开. 如果函数 f 在其定义的每个点上都可以做幂级数展开, 则称它是解析的, 记为 C^ω. 一个函数可以是 C^∞ 但不解析①, 比如

$$f(t)=\begin{cases}\mathrm{e}^{-1}/t, & \text{当 } t>0,\\ 0, & \text{当 } t\leqslant 0\end{cases}$$

在 $t=0$ 这一点就存在无穷阶导数, 因此光滑, 但它不能在这点做收敛的幂级数展开,

①解析的函数都光滑, 但光滑的函数不一定解析.

因此不解析[①]. 在上面那个定义中, 可以有 C^ω 微分流形. 同样, 依赖于 f 的性质, 也可以有 C^r 流形与解析流形.

在上面的投影关系中, 对于拓扑空间 X 中的某个点 $x \in U$, 可以通过其微分结构 Φ 中的 (U, φ_U) 找到一个 R^n 中的点与之对应. 这个点是个 n 维向量, 其第 i 个维度上的坐标为

$$x^i = [\varphi_U(x)]^i.$$

因此, 也可以把 φ_U 理解为 U 上的局部坐标系, U 称为其坐标邻域. 这就像我们画地图时把地球这个球面分为好多块小曲面中的一个小曲面, 从这个小曲面 U 上, 很容易往二维平面 φ_U 做同胚映射. 每个这种映射 (U, φ_U) 称为 X 的一个坐标对, 也就是 U 中任意一点的局部坐标系. 这一点在图 7.8 中有体现.

同时, 在微分流形的定义中还有一个相容原理, 它描述的是一个 X 中的点, 可以有不同的局部坐标系. 就像分省地图如果为了把周边地貌也表达清楚, 河南省的地图上面一般会出现山西省的晋城, 山西省的地图上面一般也会出现河南省的焦作. 这两个地图对应的区域的整体, 不含边界, 是开集. 晋城、焦作是这两个开集中的公共区域. 以晋城这个区域中的某个点为例, 它在不同的坐标系下可以有不同的坐标 (山西省地图上的坐标记为 (U, φ_U), 河南省地图上的坐标记为 (V, φ_V)), 记为

$$x^i = [\varphi_U(x)]^i$$

与

$$y^i = [\varphi_V(x)]^i.$$

相容性原理告诉我们的是, 从属于晋城的这一点在山西省地图中的坐标出发 (也就是其在 (U, ϕ_U) 这个平面坐标系中的局部坐标出发), 通过 $\phi_V \cdot \phi_U^{-1}$ 去求其在河南省地图中的坐标, 其结果

$$(\varphi_V \circ \varphi_U^{-1})^i(x^1, x^2, \cdots, x^n)$$

应与其在河南省地图中的坐标 y^i 完全一致. 也就是说, 在微分流形的定义中, 有这样一个要求:

$$(\varphi_V \circ \varphi_U^{-1})^i(x^1, x^2, \cdots, x^n) \stackrel{\text{def}}{=} f^i(x^1, x^2, \cdots, x^n) = y^i.$$

---

① 展开讨论一下. 解析这个概念背后, 在物理里面, 实际上是物理规律不同的体现. 上面的 $f(t)$ 函数, 在 $t = 0$ 两边实际上体现出的是两个物理规律. 它们是无法通过解析延拓找到对方的. 像我们做实验的时候最常接触到的相的概念, 表示的也是物体的物性按某种解析规律变化的状态函数 (比如温度、压强、磁场) 的区域. 边界上不解析, 对应的就是不同的区域呈现不同的物理规律.像杨振宁先生、李政道先生在 20 世纪 50 年代提出的李 – 杨零点的概念, 实际上就是从解析的角度对相变进行了一个完美的数学解释. 这部分内容可以作为一个扩展阅读供读者参考, 详见: Yang C N. Phys. Rev.,1952, 85: 808; Yang C N and Lee T D. Phys. Rev., 1952, 87: 404; Lee T D and Yang C N. Phys. Rev.,1952, 87: 410. 这三篇文章中, 第二篇文章是核心, 讲了最关键的概念, 而第一篇文章是前期的算法准备, 第三篇文章是第二篇文章中的概念在一些具体的模型体系中的体现.

这里, 函数 $\varphi_V\circ\varphi_U^{-1}$ 可以被写成 n 个 n 元函数 f^i. C^∞ 微分流形要求这 n 个函数 f^i 是 C^∞ 的. 与 C^∞ 微分流形对应, C^r 微分流形要求它们是 C^r 的, 解析流形要求它们是解析的.

与上面这个投影过程相逆, 还有另一个投影过程:

$$(\varphi_U\circ\varphi_V^{-1})^i(y^1,y^2,\cdots,y^n)\overset{\text{def}}{=}g^i(y^1,y^2,\cdots,y^n)=x^i.$$

同样, 这里对 $\varphi_U\circ\varphi_V^{-1}$ 的要求, 依然是 C^∞, C^r, 或解析 (分别对应光滑流形、C^r 流形、解析流形). 这两个映射过程之间是完全等价的.

此例子对应的最早的应用是大地测量, 将曲面画为平面 (画地图). 实际上前面提到, 19 世纪上半叶, Gauss 开始思考类似问题也与他接到一个绘制地图的任务有关. 在这个过程中, 他敏锐地意识到需要发展一些数学工具, 把非欧几何空间与欧氏几何空间通过投影、拼接的方式联系起来, 才能解决自己面临的问题. 对这些工作背后的数学问题的思考, 应该说也是他在后期鼓励他的学生黎曼将关于曲面的研究作为其教授资格考试论文的一个重要原因. 换句话说, 这个看似复杂、抽象的数学问题, 其背后是有一个很直观的图像与很实际的问题做支撑的.

在所有由投影、拼接描述的微分流形中, 最特殊的一个是由欧氏空间到欧氏空间本身的这个流形. 这里, 可以理解为取 $X=R^n$, 投影为恒等投影 I, 微分结构是 $\Phi=\{(R^n,I)\}$, 这个流形记为 (R^n,Φ). 它描述的是完全不扭曲的空间. 而流形强大的地方是描述扭曲的空间.

作为一个简单的流形的例子, 我们可以看一下一个圆是如何往一维欧氏空间做投影的. 设 S^1 是一个半径为 1 的圆周. 毫无疑问这个一维空间相对于一维欧氏空间是扭曲的. 为了描述这个扭曲的空间, 我们可以针对其建立一个流形, 并且保证所有的微分手段对于这个流形是适用的. 具体如图 7.9 所示.

我们可以在这个圆周上取开集 U_1, 定义如下:

$$U_1=S^1-\{\mathrm{e}^{\mathrm{i}0}\}.$$

基于 U_1, 可以定义一个它到一维欧氏空间的开集 $(0,2\pi)$ 上的投影

$$\varphi_1:U_1\to(0,2\pi)$$

为

$$\mathrm{e}^{\mathrm{i}\theta}\to\varphi_1(\mathrm{e}^{\mathrm{i}\theta})=\theta\in(0,2\pi).$$

除了这个 U_1, 还可以定义另一个开集 U_2:

$$U_2=S^1-\{\mathrm{e}^{\mathrm{i}\pi}\}.$$

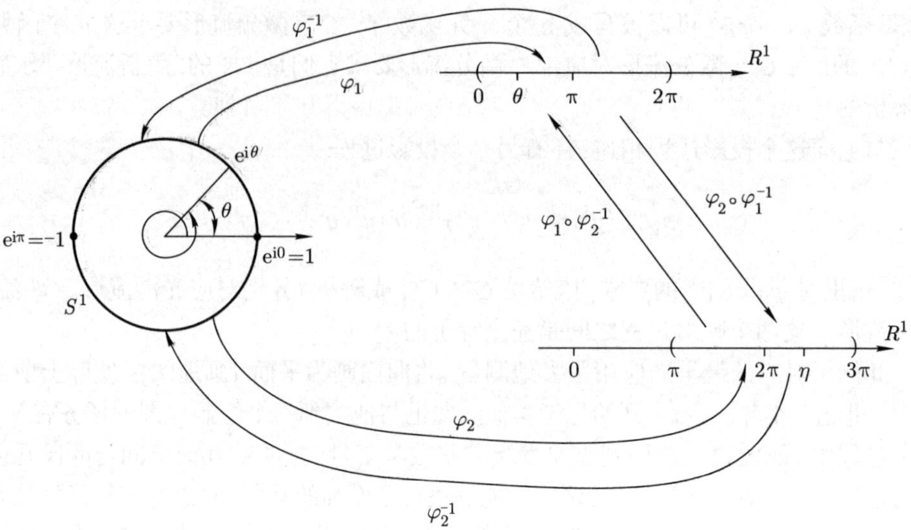

图 7.9　圆周一维流形示意图

基于 U_2, 可以定义一个它到一维欧氏空间的开集 $(\pi, 3\pi)$ 上的投影

$$\varphi_2 : U_2 \to (\pi, 3\pi)$$

为

$$e^{i\eta} \to \varphi_2(e^{i\eta}) = \eta \in (\pi, 3\pi).$$

在 $(\pi, 3\pi)$ 这个开区间, η 的取值遵循:

$$\eta = \begin{cases} \theta, & \pi < \theta < 2\pi, \\ \theta + 2\pi, & 0 < \theta < \pi. \end{cases}$$

这里, U_1 和 U_2 分别是圆周 S^1 上去掉 e^{i0} 和 $e^{i\pi}$ 点的开区间. 在这两个开区间的交集中, 也就是 $e^{i\theta}$ 中的 $\theta \in (\pi, 2\pi)$ 时, S^1 上的点通过 φ_1 对应的值与通过 φ_2 对应的值相等, 它们是相容的. 同时, φ_1 无法描述的 $e^{i0} = 1$ 这一点, 是可以被 φ_2 很好地描述的, 而 φ_2 无法描述的 $e^{i\pi} = -1$ 这一点, 也可以被 φ_1 很好地描述. 这样, 通过 $\Phi = \{(U_1, \phi_1), (U_2, \phi_2)\}$, 我们就很好地确立了一个流形 (S^1, Φ) 来描述圆周这个弯曲的一维欧氏空间.

在讲下一个概念之前, 我们先明确一点: 从上一节拓扑空间到这一节微分流形的一个跳跃是在上一节我们只讲了连续, 而在这一节我们要强调微分结构. 在上一节, 一个空间 (也可以说是更高维空间中的曲面) 到另外一个空间的映射只要连续, 就能保证其拓扑结构不变. 而在这一节要讲的微分流形中, 我们对定义中从 Hausdorff 空间到欧氏空间的映射除了要求其连续, 还要求其 C^∞ (或 C^r 、解析). 因为这些要求, 在本节中, 我们总是要基于 Hausdorff 空间到欧氏空间的映射来展开讨论. 实际上, 本节前面的讨论都是基于一个 Hausdorff 空间到欧氏空间的映射展开的.

我们还可以想象两个 Hausdorff 空间只要都可以被映射到欧氏空间, 我们在这两个 Hausdorff 空间之间也可以基于微分流形定义映射. 就像上一节定义 7.13 中的同胚映射 (即拓扑映射, 定义在两个拓扑空间 X 与 Y 之间, 我们通过要求映射连续保证拓扑结构不变). 在本节, 既然讲了微分流形, 那么在两个微分流形 X 与 Y 之间, 我们也是可以通过局部坐标系来定义既保证拓扑结构不变又保证微分结构不变的映射的. 这个概念叫可微同胚. 它和上一节的同胚映射对应, 只是多了流形结构不变的要求.

关于其讨论是要基于光滑映射展开的. 我们将具体分两步进行, 先讲光滑映射 (或 C^r 映射、解析映射), 再讲可微同胚.

定义 7.21 设 $(X,\Phi_1),(Y,\Phi_2)$ 分别是一个 m 维和 n 维 C^∞ 流形, 如果存在映射

$$f: X \to Y,$$

对任意 $x \in X$, 有 $y = f(x) \in Y$ 与之对应, 且对这个 y 的任意局部坐标系 $(V,\varphi_V) \in \Phi_2$, 必有 $(U,\varphi_U) \in \Phi_1$、$x \in U$ 存在, 且满足

$$f(U) \subset V$$

以及

$$\varphi_V \circ f \circ \varphi_U^{-1} : \varphi_U(U) \to \varphi_V(V)$$

是 C^∞ 的, 即

$$y^i = (\varphi_V \circ f \circ \varphi_U^{-1})^i(x^1, x^2, \cdots, x^m), \quad 其中\ i = 1, 2, \cdots, n$$

是 C^∞ 的, 则称 f 是 X 到 Y 的 C^∞ 映射, 或光滑映射.

这个定义所描述的关系, 可参考图 7.10. 类似 C^∞ 映射, 也可以定义 C^r 映射、解析映射, 这些要求都体现在 $\varphi_V \circ f \circ \varphi_U^{-1}$ 这个复合函数上.

这个映射的存在, 也保证了图 7.10 中最下面一行这个 m 维欧氏空间到 n 维欧氏空间的坐标变换的存在. 它可以用一个 $n \times m$ 的矩阵描述, 具体形式如下:

$$D(\varphi_V \circ f \circ \varphi_U^{-1})_{\varphi_U(x)} = \left(\left(\frac{\partial y^i}{\partial x^j}\right)_{\phi_U(x)}\right) = \begin{pmatrix} \dfrac{\partial y^1}{\partial x^1} & \dfrac{\partial y^1}{\partial x^2} & \cdots & \dfrac{\partial y^1}{\partial x^m} \\ \dfrac{\partial y^2}{\partial x^1} & \dfrac{\partial y^2}{\partial x^2} & \cdots & \dfrac{\partial y^2}{\partial x^m} \\ \vdots & \vdots & \ddots & \vdots \\ \dfrac{\partial y^n}{\partial x^1} & \dfrac{\partial y^n}{\partial x^2} & \cdots & \dfrac{\partial y^n}{\partial x^m} \end{pmatrix}.$$

这个矩阵也被称为 f 在 x 点对局部坐标系 $\{x^i\}$ 和 $\{y^i\}$ 的 Jacobi 矩阵.

基于光滑映射, 可以定义可微同胚.

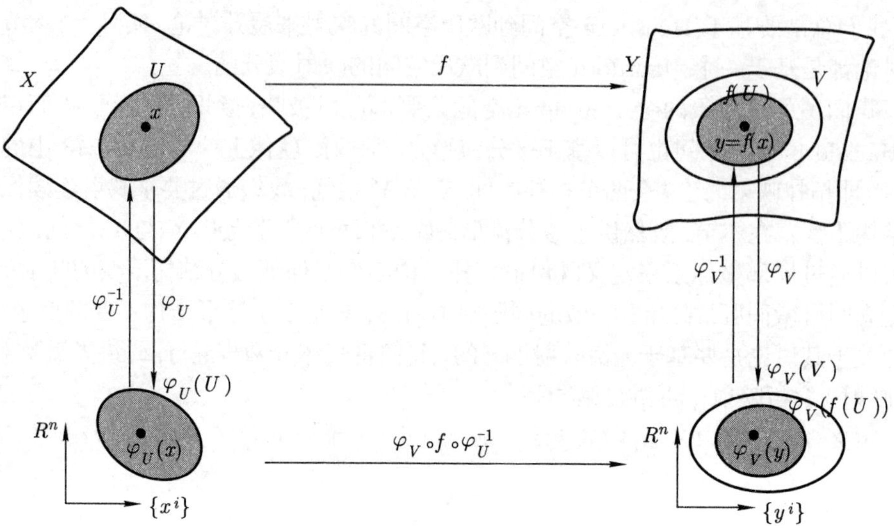

图 7.10 X 到 Y 的 C^∞, C^r, 解析映射

定义 7.22 若两个维度相同的 C^∞ 流形 (X,Φ_1) 与 (Y,Φ_2) 之间存在一个同胚映射 f, 且 f 与其逆映射 f^{-1} 都是光滑映射, 则称 (X,Φ_1) 与 (Y,Φ_2) 可微同胚.

可微同胚意味着两个拓扑空间不光拓扑结构完全相同, 光滑流形结构也完全相同. 到现在, 我们可以简单地把流形理解为一些曲面结构, 与欧氏空间存在 C^∞, C^r, 或解析的对应. 与欧氏空间存在子空间以及可以通过卡氏积构造直积空间一样, 流形也存在子流形与直积流形.

定义 7.23 设 (Y,Φ) 是一个 n 维的 C^∞ (C^r, 解析) 流形, 有 $X\subset Y$, 如果 X 本身也形成一个拓扑空间, 且在图 7.10 的基础上存在如图 7.11 所示的 (X,Ψ), 满足

(1) 存在 X 到 Y 的光滑映射 I, 为恒等映射, 对 $x\in X$, 有 $x=I(x)$,

(2) 对 X, 存在 $\psi_U(X)\subset R^m$,

则称 (X,Ψ) 是 (Y,Φ) 的 m 维的光滑 (C^r, 解析) 子流形.

这里, X 的拓扑可以根据需要定义①. 如果它是由定义 7.4 给出的基于 Y 与 X 的关系定义的相对拓扑, 那么 (X,Ψ) 就是 (Y,Φ) 的正则子流形. 不然, 就是一般的子流形. 与子流形相似, 还有直积流形的概念.

定义 7.24 设 (X,Ψ)、(Y,Φ) 分别是 m 维、n 维的 C^∞ (C^r, 解析) 流形, 其中 $\Psi=\{(U,\psi(U))\}$, $\Phi=\{(V,\varphi(V))\}$, 可定义直积拓扑空间 $X\otimes Y$ 的流形结构

$$\Omega=\{(U\otimes V,(\psi(U),\varphi(V)))\},$$

①拓扑不止是元素的集合, 还是集合的集合定义的结构. 上面只说了 $X\subset Y$, 没说它们的拓扑之间的关系.

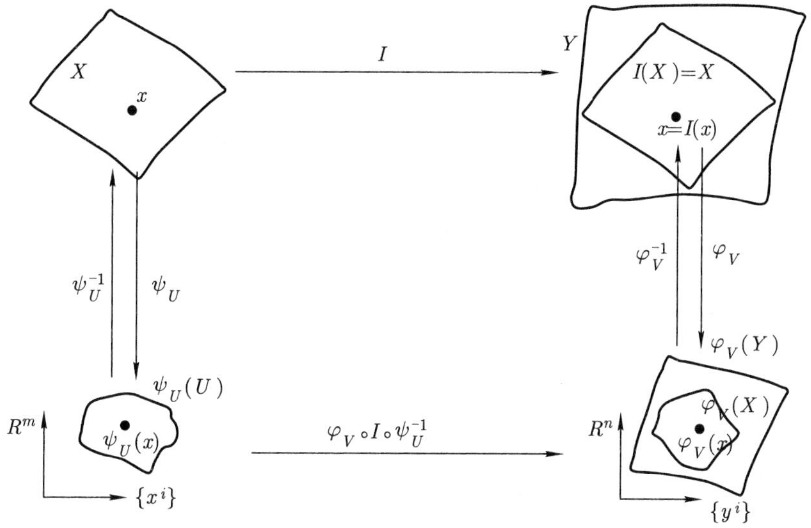

图 7.11 子流形示意图

其中 $(\psi(U), \varphi(V))$ 为欧氏空间的卡氏积. 这时, 称 $(X \otimes Y, \Omega)$ 为 (X, Ψ) 与 (Y, Φ) 的直积流形.

这些概念在我们后面讲具体的李群的时候都会用到.

7.4 李 群

前面提到过, 李群是一个具有流形结构的连续群, 而流形又是建立在拓扑空间上的概念. 因此, 本节讨论先从拓扑群开始.

定义 7.25 集合 G 是一个群. 如果在其是群的基础上, 还有

(1) G 也形成一个拓扑空间,

(2) G 上的运算是连续的,

则称 G 是一个拓扑群.

拓扑群有两个结构, 一个是群结构, 一个是拓扑结构. 第二个条件的作用是保证这两个结构是相容的, 具体可体现在:

(1) $\forall g, f \in G$, 其乘积 gf 的每一个邻域 W, 都存在 g 的邻域 U 与 f 的邻域 V, 使得 $UV \subset W$;

(2) $\forall g \in G$, 对其逆元素 g^{-1} 的任意一个邻域 V, 都存在 g 的邻域 U, 使得 $U^{-1} \subset V$.

拓扑群种类繁多, 既有后面我们要讲的李群, 也包含有限群. 在其定义中, 最关键的一点是连续. 从拓扑群向李群过渡, 最关键的一点就是在连续的基础上要加微分结

构了.

定义 7.26　设集合 G 是一个群, 如果它具有如下性质:

(1) G 也是一个 n 维的光滑流形,

(2) 乘法运算 $\varphi: G\otimes G\to G$ 和求逆运算 $\tau: G\to G$ 都是光滑映射,

则称 G 是一个 n 维李群.

也就是说李群的群元, 是可以由 n 个实参数确定的. 连续变换这 n 个参数, 可以形成一个 n 维的可以扭曲的空间. 这个 n 维空间可以通过微分流形的方式, 分成好多开集, 每个开集可以往 n 维欧氏空间做投影. 这些开集又可以拼合为整个空间. 对李群而言, 人们可以从光滑的要求得出其解析的性质①. 因此, 后面的讨论中, 只说李群就可以. 解析在这里起了很大作用, 因为这意味着不管是群元相乘产生新的群元, 还是群元求逆, 都可以用解析函数来表达各群元之间参数的关系.

作为例子, 我们首先可以看一个 n 维欧氏空间, 在恒等映射下, 构成一个 n 维解析流形. 如果定义群的乘法为向量加法, 则对其中任意两个元素 $x=(x^1,x^2,\cdots,x^n)$, $y=(y^1,y^2,\cdots,y^n)$, 有

$$I^i(xy)=(x+y)^i=x^i+y^i,$$

其中 i 为从 1 到 n 的某个自然数, 是分量指标. 这个时候, 很显然, 映射 I 是 $x^1,x^2,\cdots,x^n$ 与 $y^1,y^2,\cdots,y^n$ 的解析函数. 李群元素的乘积与逆对应的映射都有定义, 这个 n 维欧氏空间的向量的集合就形成一个李群.

除此之外, 还有如下一系列我们日常经常遇到的李群:

(1) n 维复一般线性群 $\mathrm{GL}(n,C)$.

所有 $n\times n$ 的非奇异复数矩阵按矩阵乘法形成一个群. 这个群的群元由 $2n^2$ 个实参数决定. 群元的乘积与逆都可以写成这 $2n^2$ 个实参数的解析函数. 这个群称为 n 维复一般线性群, 记为 $\mathrm{GL}(n,C)$, 维数为 $2n^2$. 这个空间为开空间, 因此对应李群非紧致. 其他的矩阵群都是它的子群.

(2) n 维实一般线性群 $\mathrm{GL}(n,R)$.

所有 $n\times n$ 的非奇异实数矩阵也形成一个群. 其群元由 n^2 个实参数决定, 此群称为 n 维实一般线性群, 记为 $\mathrm{GL}(n,R)$, 维数为 n^2. 这个空间也为开空间, 对应李群非紧致.

(3) n 维复特殊线性群 $\mathrm{SL}(n,C)$.

上面提到的 $\mathrm{GL}(n,C)$ 的群元中, 取行列式为 1 的部分, 即为 n 维复特殊线性群, 记为 $\mathrm{SL}(n,C)$. 行列式是个复数, 等于 1 对应两个束缚条件, 因此它的维数是 $2n^2-2$. 这个空间为开空间, 对应李群非紧致.

(4) n 维实特殊线性群 $\mathrm{SL}(n,R)$.

---

①这背后的数学笔者并不清楚, 但物理根源, 是一个李群就描述一个物理规律, 因此解析结构就一个.

上面提到的 $\mathrm{GL}(n,R)$ 的群元中, 取行列式为 1 的部分, 即为 n 维实特殊线性群, 记为 $\mathrm{SL}(n,R)$. 行列式是实数, 对应一个束缚条件. 因此, 它的维数为 n^2-1. 这个空间为开空间, 对应李群非紧致.

(5) n 维酉 (幺正) 群 $\mathrm{U}(n)$.

对 $\mathrm{GL}(n,C)$ 要求其群元 M 满足 $M^\dagger M-I=0$, 就形成 n 维酉 (幺正) 群. 如果单从这个条件看, 约束条件是 $2n^2$ 个. 但是由于 $(M^\dagger M-I)^\dagger=M^\dagger M-I$, 这也就意味着这 $2n^2$ 个约束条件个数折半, 变为 n^2 个. 一共是 $2n^2$ 个参数, n^2 个约束条件, 这样 $\mathrm{U}(n)$ 群的维数就是 n^2. 此群参数空间为闭空间, 对应的李群紧致.

(6) n 维特殊酉 (幺正) 群 $\mathrm{SU}(n)$.

上面的 $\mathrm{U}(n)$ 群的群元 M 的行列式是 $\mathrm{e}^{\mathrm{i}\theta}$. 这里特殊酉群的 "特殊" 两字, 意思是令这个行列式为 1, 去掉了相位自由度. 因为去掉了这个自由度, $\mathrm{SU}(n)$ 群的维数就在 $\mathrm{U}(n)$ 的基础上减 1, 等于 n^2-1. 这个空间为闭空间, 对应李群紧致. 由于 $\mathrm{U}(1)$ 群的自由度对应的就是这样一个相位, 它与 $\mathrm{U}(n)$ 的关系是 $\mathrm{U}(n)=(\mathrm{SU}(n)\otimes\mathrm{U}(1))/\mathrm{Z}_n$, 其中 Z_n 是 n 阶循环群.

(7) $\mathrm{U}(p,q),\mathrm{SU}(p,q)$.

这两个群整体与上面的 $\mathrm{U}(n),\mathrm{SU}(n)$ 类似, 唯一的不同就是在上面的定义中, $M^\dagger M-I=0$ 可以写为 $M^\dagger IM-I=0$. 在这里, I 换为

$$g=\mathrm{diag}(\underbrace{1,1,\cdots,1}_{p\text{ 个}},\underbrace{-1,-1,\cdots,-1}_{q\text{ 个}}),$$

限制条件体现为 $M^\dagger gM-g=0$. 相对于 $\mathrm{U}(n),\mathrm{SU}(n)$, 这里就是度规 (metric) 进行了一个变化. 因为这个变化, 与 $\mathrm{U}(n),\mathrm{SU}(n)$ 相比, 对应的空间就变成了开空间, 李群非紧致. 维数方面, 依然是 $(p+q)^2$ 与 $(p+q)^2-1$.

(8) n 维实正交群 $\mathrm{O}(n)$.

基对 $\mathrm{GL}(n,R)$ 的群元 M 加上 $M^\mathrm{T}M-I=0$ 的条件, 就形成 n 维实正交群, 记为 $\mathrm{O}(n)$. 该条件可以写成 $M^\mathrm{T}M=I$, 对应的约束条件有 $\dfrac{1}{2}n(n+1)$ 个. 因此, 其维数为 $n^2-\dfrac{1}{2}n(n+1)=\dfrac{1}{2}n(n-1)$. 这个空间为闭空间, 李群紧致.

(9) n 维实特殊正交群 $\mathrm{SO}(n)$.

上面 $\mathrm{O}(n)$ 中实矩阵 M 的行列式为 ±1, 这里多了一个取 $+1$ 的要求, 不改变空间维数, 但改变空间连通度. 此李群的维数依然是为 $\dfrac{1}{2}n(n-1)$, 是紧致李群.

(10) $\mathrm{O}(p,q),\mathrm{SO}(p,q)$.

与前面从 $\mathrm{U}(n),\mathrm{SU}(n)$ 到 $\mathrm{U}(p,q),\mathrm{SU}(p,q)$ 的过渡类似, 对这两个群, 依然是把 $M^\mathrm{T}IM=I$ 变为 $M^\mathrm{T}gM=g$, g 的取法与前面的例子一样, 改变度量. 与之相应, 紧致性也会发生变化, 变为非紧致李群. 维数都是 $\dfrac{1}{2}(p+q)(p+q-1)$. 这些群里面

$O(1,3)$ 是洛伦兹群, 维数为 6.

(11) Euclid 群 $\mathrm{E}(n)$.

此群群元为

$$M=\begin{pmatrix} R_{n\times n} & a_{n\times 1} \\ 0_{1\times n} & 1 \end{pmatrix},$$

其中 $R_{n\times n}$ 为 $\mathrm{O}(n)$ 群群元, 对应连续转动和反演这些操作, $a_{n\times 1}$ 对应平移. 矩阵最后一列代表时间不变. 这里, $\mathrm{O}(n)$ 群的维数为 $\dfrac{1}{2}n(n-1)$, 平移群维数为 n, 因此 $\mathrm{E}(n)$ 的维数为 $\dfrac{1}{2}n(n+1)$. 根据这个形式, 很显然, $\mathrm{E}(n)$ 群对平移群做商群, 结果是 $\mathrm{O}(n)$ 群. 平移对应开空间, 因此该群为非紧致李群.

这些群是否紧致, 可通过其参数空间是开空间还是闭空间来进行判断. 而其连通度, 需要经过对其拓扑空间基本群的分析来进行判断. 这里, 我们以 SU(2) 与 SO(3) 为例, 来对其连通性的描述进行简要说明.

SU(2) 群的所有群元在参数空间可以用一个半径为 2π 的球来描述. 球内与球面上任何一点与原点连线的长度对应的是转角, 方向对应的是转轴. 此群的一个特殊的地方是其球面上的所有点都是等价的, 对应我们在双群中讲到的 $\overline{E}$. 单位元, 同时又与半径为 4π 的同心球面上的点等价. 这时, 从原点出发, 回到原点的任意一条封闭路径, 如果与半径为 2π 的球面相交两次, 对应的是如图 7.12 (a) 所示的情况. 图中用实心球标记路径与球面的交点. 从图 7.12 (a) 所示情况出发, 这个路径是可以通过 SU(2) 群群元参数的连续变化变为图 7.12 (c) 所示路径的. 这个路径又进而可变为原点对应的常值映射. 其他相交偶数次的情况可根据此情况重复操作.

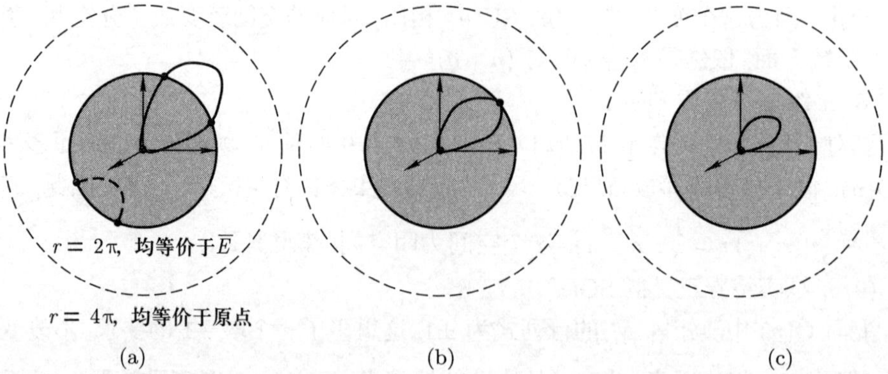

图 7.12　当路径与半径为 2π 的球面相交两次的时候, SU(2) 群一条封闭路径演变的示意图

当此路径与 SU(2) 的半径为 2π 的球面相交 1 次的时候, 可以理解为图7.13 (a) 所示情况. 起点为原点, 终点为半径为 4π 的球面上的一点. 它等价于图 7.13 (b) 所示的路径. 因此, 我们又可以从 7.13 (b) 所示路径出发, 利用半径为 2π 的球面上的点都相互等价的性质, 通过连续变化路径上 SU(2) 群群元的参数, 获得图 7.13 (c), (d), (e) 所示路径, 进而演化为原点所对应的常值映射. 其他路径与半径为 2π 的球面相交奇数次的情况, 可以看作偶数加 1. 偶数次的部分可以通过图 7.12 所示的方式消掉, 剩下的 1 次, 按图 7.13 所示来理解. 这样, SU(2) 群就只有一个道路同伦类, 基本群元素是 1 个, 单连通.

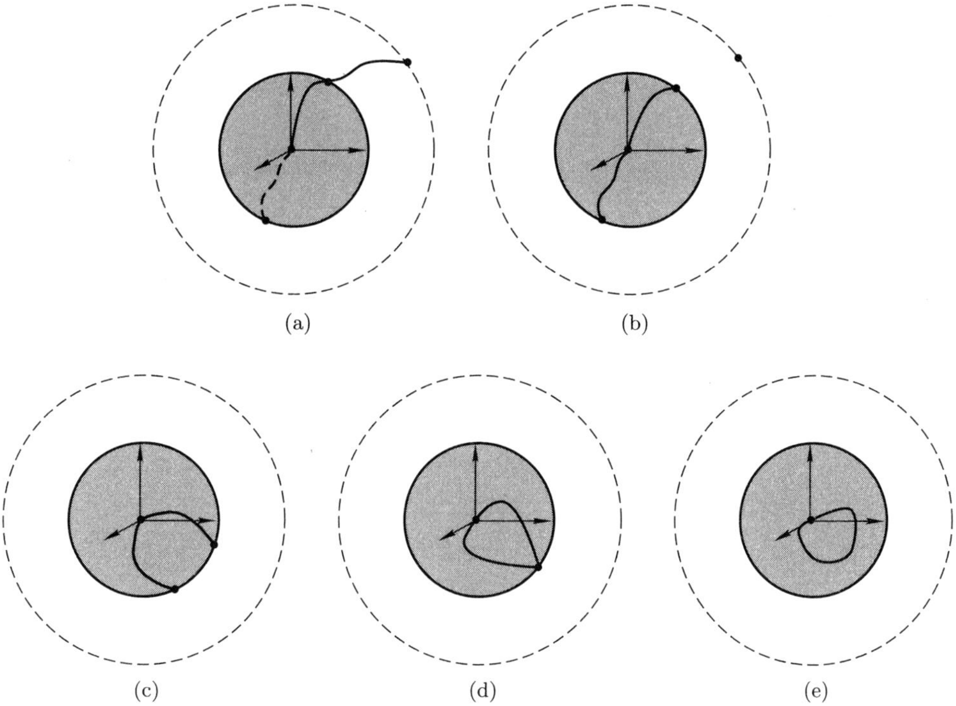

图 7.13 当路径与半径为 2π 的球面相交1 次的时候, SU(2) 群封闭路径演变示意图

SO(3) 群的连通性与 SU(2) 群不同, 其参数空间可以被描述为一个半径为 π 的球, 球内与球面上任何一点与原点连线的长度对应的是转角, 方向对应的是转轴. 这个球的表面上只有相对的两个点才是等价的. 从原点出发的一条路径, 可以与半径为 π 的球相交 2 次, 回到原点, 具体如图 7.14 (a) 所示. 这时, 可通过其群元参数的连续变化, 将球面上的交点挪近成为一个, 对应图 7.14 (b) 所示的情况. 之后, 再通过群元参数的连续变化, 将路径上的所有点均挪至半径为 π 的球面以内, 进而变为原点对应的常值映射. 与前面关于 SU(2) 群的讨论类似, 其他相交偶数次的情况可看作这种情况的重复操作.

当路径与 SO(3) 的半径为 π 的球面相交 1 次的时候, 可以用理解为图 7.15 (a) 所示, 起点为原点, 终点为半径为 2π 的球面上的一点的情况. 这个情况, 是等价于图 7.15 (b) 所示的路径的. 但是与 SU(2) 群中利用半径为 2π 的球面上的点都相互等价的性

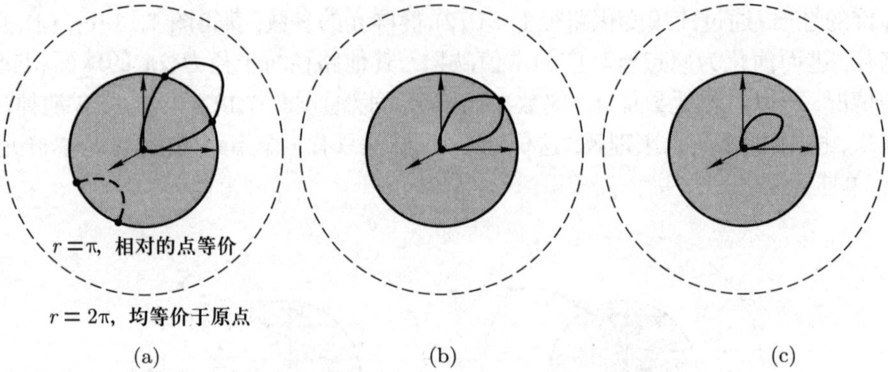

图 7.14　当路径与半径为 π 的球面相交两次的时候, SO(3) 群封闭路径演变示意图

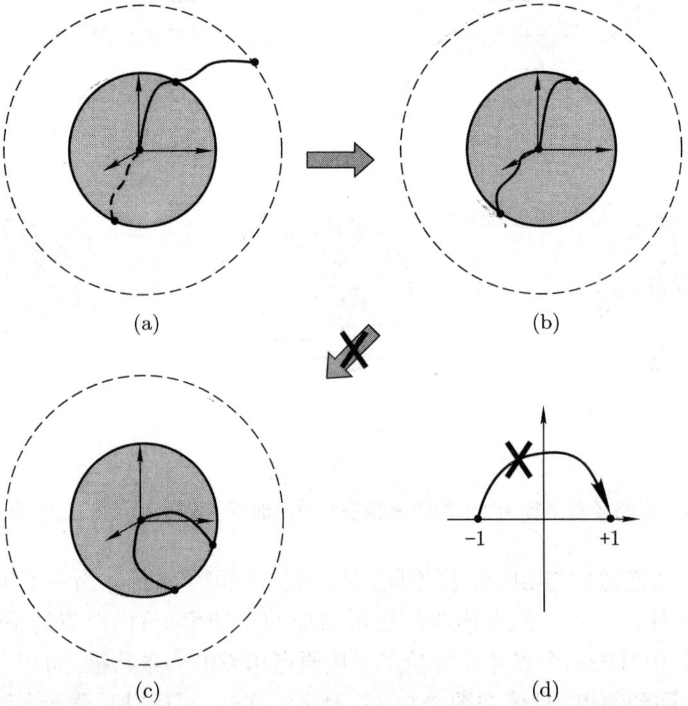

图 7.15　当路径与半径为 π 的球面相交一次的时候, SO(3) 群封闭路径演变示意图

质不同, 这里 SO(3) 群的半径为 π 的球面上只有两个相对的点等价. 这两个等价的点无法通过 SO(3) 群的群元参数的连续变化靠近 (图 7.15 (b) 无法变为图 7.15 (c)). 这就彻底阻断了此路径演化为原点所对应的常值映射的进程. 这有些像图 7.15 (d) 所示复平面上, 如果不允许虚部出现, 则 +1 与 −1 无法通过一个连续的变化进行联系. 但需要说明的是如图 7.15 (b) 所示的不同路径之间, 是可以通过参数的连续变化联系起来的. 同时, 其他奇数个交点的路径中也可通过图 7.14 所示演化转变为一个交点的情况, 它们形成一个道路同伦类. 这样, SO(3) 群就是双连通.

至此, 我们在描述李群时所需要的数学语言的比较严格的描述基本结束. 我们的落脚点是李群元素可以用一个参数空间来描述, 这个参数空间往往形成一个高维曲面, 具有一定的拓扑结构. 描述曲面所需要的参数的个数决定李群的阶.

从实用角度, 我们也可以简单地把李群说成用 r 个实数描述的元素的集合, 记为 $g(\alpha^1, \alpha^2, \cdots, \alpha^r)$. 因此, 存在一个此连续群到 r 维欧氏空间的一对一连续映射. 群元的乘法如果用参数来表达, 就是

$$g(\gamma^1, \gamma^2, \cdots, \gamma^r) = g(\alpha^1, \alpha^2, \cdots, \alpha^r) g(\beta^1, \beta^2, \cdots, \beta^r).$$

此关系也可简写为

$$g(\gamma) = g(\alpha) g(\beta).$$

很显然, $\gamma^1, \gamma^2, \cdots, \gamma^r$ 需要由 $\alpha^1, \alpha^2, \cdots, \alpha^r; \beta^1, \beta^2, \cdots, \beta^r$ 来解析表达. 如果我们按照前面的习惯, 用 φ 来描述欧氏空间与曲面投影时的函数关系的话, 上述关系对应的表达应该是

$$\gamma^i = \varphi^i(\alpha^1, \alpha^2, \cdots, \alpha^n; \beta^1, \beta^2, \cdots, \beta^n). \tag{7.1}$$

它可以被简写为

$$\gamma^i = \varphi^i(\alpha, \beta) \tag{7.2}$$

或

$$\gamma = \varphi(\alpha, \beta). \tag{7.3}$$

这些 φ^i 是解析函数. 根据微分流形本身的数学定义, 这些解析函数可以形成具有复杂的几何构型的曲面. 但实际上, 因为群论关心的都是一个实际系统针对某参数的连续变换不变性, 针对此流形结构的分析只需要在单位元 $g(0)$ 附近做展开即可. 其局域性质用李代数来描述. 在全局性质中, 我们需要注意的就是曲面的拓扑性, 可以用连通度来描述. 就像前面提到的 SU(2) 与 SO(3), 其局域结构, 如果我们用李代数来描述的话, 两个李代数 su(2) 与 so(3) 是同构的①. 但 SU(2) 与 SO(3) 作为群的拓扑性质完全不同.

基于公式 (7.1) ~ (7.3), 从实用的角度, 我们可以针对一个李群在其单位元附近的区域使用下面四个条件来进行定义:

(1) $\gamma = \varphi(\gamma, 0)$, $\gamma = \varphi(0, \gamma)$; (7.4)

(2) φ 为连续可微函数;

(3) 对于 $g(\alpha)$ 的逆 $g(\widetilde{\alpha})$, 要满足 $\varphi(\alpha, \widetilde{\alpha}) = 0$; (7.5)

---

①按照习惯, 李群用大写字母, 李代数用小写字母.

(4) 由结合律 $g(\alpha)(g(\beta)g(\gamma)) = (g(\alpha)g(\beta))g(\gamma)$, 有

$$\varphi(\alpha, \varphi(\beta, \gamma)) = \varphi(\varphi(\alpha, \beta), \gamma). \tag{7.6}$$

李群就是群元实参数间的关系可以用这种形式表达的具有微分流形结构的拓扑群.

就像群有子群、直积群, 李群也有子群、直积群, 前者称为李子群. 相关的定义如下.

定义 7.27 设 H 是李群 G 的一个子群, H 也是 G 流形的子流形. 如果 H 本身也构成一个李群, 则称 H 是 G 的李子群.

在李子群的定义中, 并不要求 H 是 G 的正则子流形. 如果 H 是李群 G 的子群, 且 H 是 G 流形的正则子流形, 则 H 是 G 的李子群 (得到这个结论时, 不需要有上面定义中 H 本身也构成李群这个要求).

定义 7.28 两个李群 G_1, G_2 的直积首先构成群, 其次构成光滑流形, 且满足李群的定义, 称为这两个李群的直积群.

7.5 李 代 数

我们从单位元附近一个李群的群元的微分表达出发来开展本节讨论. 在单位元附近做 Taylor 展开:

$$g(\alpha) = g(0) + \sum_{k=1}^{r} \alpha_k \left(\frac{\partial}{\partial \alpha_k} g(\alpha)\right)\bigg|_{\alpha=0} + \frac{1}{2}\sum_{k=1}^{r}\sum_{l=1}^{r} \alpha_k \alpha_l \left(\frac{\partial}{\partial \alpha_k}\frac{\partial}{\partial \alpha_l} g(\alpha)\right)\bigg|_{\alpha=0} + O(\alpha^3). \tag{7.7}$$

定义此李群的无穷小生成元

$$X_k = \left(\frac{\partial}{\partial \alpha_k} g(\alpha)\right)\bigg|_{\alpha=0}, \tag{7.8}$$

以及一个二次导数

$$X_{kl} = \left(\frac{\partial}{\partial \alpha_k}\frac{\partial}{\partial \alpha_l} g(\alpha)\right)\bigg|_{\alpha=0}, \tag{7.9}$$

则 (7.7) 式可写为

$$g(\alpha) = g(0) + \sum_{k=1}^{r} \alpha_k X_k + \frac{1}{2}\sum_{k=1}^{r}\sum_{l=1}^{r} \alpha_k \alpha_l X_{kl} + O(\alpha^3). \tag{7.10}$$

这时, 可结合 $g(\alpha)^{-1}g(\alpha) = g(0) + O(\alpha^2)$ 这个性质, 得到

$$g(\alpha)^{-1} = g(0) - \sum_{k=1}^{r} \alpha_k X_k + \sum_{k=1}^{r}\sum_{l=1}^{r} \alpha_k \alpha_l X_k X_l - \frac{1}{2}\sum_{k=1}^{r}\sum_{l=1}^{r} \alpha_k \alpha_l X_{kl} + O(\alpha^3). \tag{7.11}$$

这样, 对于 (7.5) 式提到的 $g(\alpha)$ 的逆 $g(\widetilde{\alpha})$, 就有了我们前面提到的 $g(\widetilde{\alpha}) = g(-\alpha) + O(\alpha^2)$ 了.

李群具有微分流形结构. 需要指出的是, 由于李群描述的是一个实际系统针对某参数的连续变换不变性, 其微分流形结构往往比较简单, 使得针对此流形结构的分析往往最终可以落在单位元附近, 针对其无穷小生成元的分析来进行. 具体而言, 对于李群的参数 (比如这里记作 β) 是其参数空间中一个有限值的情况, 可取单位元附近的小量 β/n (在 n 是一个很大的整数的时候), 利用

$$g(\beta) = \mathrm{e}^{\sum\limits_{k=1}^{r} \beta_k X_k} = (\mathrm{e}^{\sum\limits_{k=1}^{r} \frac{\beta_k}{n} X_k})^n = \left(g(0) - \sum_{k=1}^{r} \frac{\beta_k}{n} X_k\right)^n = (g(\beta/n))^n \tag{7.12}$$

的关系, 将针对其性质的 $g(\beta)$ 性质的分析转化为对 $g(\beta/n)$ 的分析. 这时, 不止单位元附近的群元的性质, 所有李群群元的性质均落脚在了李群的无穷小生成元上. 最早, Weyl 在基于对称性可由 e 指数函数表达这样一个性质, 将上面的这些 X_k 理解为力学量. 与之相应, $\mathrm{e}^{\sum\limits_{k=1}^{r} \beta_k X_k}$ 就对应一个伸缩因子. 规范 (gauge) 这个词的原意是标尺, 对应的就是这个意思. 后期, 人们认识到物理学中的力学量实际上对应 I_k, 它与上述 X_k 的关系是

$$I_k = -\mathrm{i} X_k,$$

或者说

$$X_k = \mathrm{i} I_k, \tag{7.13}$$

也就是说物理学中的无穷小生成元是 I_k, 对应实际的力学量, 期待值也为实数. 因此, (7.12) 式 e 的指数也变成了虚数, 对应相位. 基于此, 我们也可以在一定程度上理解杨振宁先生回顾 20 世纪物理学的发展时, 将相位因子、对称性与量子化一起列为同等重要的关键词了[27].

由上述讨论, 我们可以将关于李群的讨论聚焦在其单位元附近的局域结构上, 这对应的就是李代数的内容. 不同李群的区别主要体现在其生成元的性质与数目的区别上. 生成元的数目等于其群参数的数目, 也就是其维数. 因此, 针对李群性质的分析最终要落到对 X_k, X_{kl} 这些量的描述上. 前面我们由 $g(\alpha)^{-1}$ 与 $g(\alpha)$ 互逆这样一个条件, 得到了 $g(\alpha)^{-1}$ 的表达式. 如果我们关心的李群为 Abel 群, 则由 (7.12) 式可知其 r 个生成元必互易. 这时, 这个李群就可以写成 r 个单参数李群的直积, 是很容易处理的. 李群的复杂往往体现在非 Abel 的情况. 这时, 不同 X_k 间不互易. 其根源, 是不同自由度之间的相互作用. 此相互作用是真实的, 我们需要利用一个能够显示其非 Abel 性的等式来针对其无穷小生成元进行分析.

我们用到的性质是单位元附近的群元在非 Abel 的情况满足

$$g(\beta)^{-1} g(\gamma)^{-1} g(\beta) g(\gamma) \neq g(0), \tag{7.14}$$

这个 $g(\beta)^{-1}g(\gamma)^{-1}g(\beta)g(\gamma)$ 等于某个非单位元 $g(\alpha)$. 这时候, 我们需要根据 (7.10) 和 (7.11) 式写出:

$$\begin{aligned}
g(\beta) &= g(0) + \sum_{k=1}^{r} \beta_k X_k + \frac{1}{2}\sum_{k=1}^{r}\sum_{l=1}^{r} \beta_k\beta_l X_{kl} + O(\beta^3),\\
g(\beta)^{-1} &= g(0) - \sum_{k=1}^{r} \beta_k X_k + \sum_{k=1}^{r}\sum_{l=1}^{r} \beta_k\beta_l X_k X_l - \frac{1}{2}\sum_{k=1}^{r}\sum_{l=1}^{r} \beta_k\beta_l X_{kl} + O(\beta^3),\\
g(\gamma) &= g(0) + \sum_{k=1}^{r} \gamma_k X_k + \frac{1}{2}\sum_{k=1}^{r}\sum_{l=1}^{r} \gamma_k\gamma_l X_{kl} + O(\gamma^3),\\
g(\gamma)^{-1} &= g(0) - \sum_{k=1}^{r} \gamma_k X_k + \sum_{k=1}^{r}\sum_{l=1}^{r} \gamma_k\gamma_l X_k X_l - \frac{1}{2}\sum_{k=1}^{r}\sum_{l=1}^{r} \gamma_k\gamma_l X_{kl} + O(\gamma^3).
\end{aligned} \tag{7.15}$$

然后, 利用 $g(\alpha)$ 的表达式 ((7.10) 式) 与

$$g(\beta)^{-1}g(\gamma)^{-1}g(\beta)g(\gamma) = g(\alpha), \tag{7.16}$$

我们可以得到关于其无穷小生成元 X_k 的限制条件

$$[X_i, X_j] = \sum_{k=1}^{r} C_{ij}^k X_k \tag{7.17}$$

与

$$\sum_{i=1}^{r}\sum_{j=1}^{r} \beta_i\gamma_j C_{ij}^k = \alpha_k. \tag{7.18}$$

这里的 C_{ij}^k 称为李群的结构常数.

这里, 生成元的对易关系 ((7.17) 式) 构成了一个反映李群性质的李代数. 准确地说, 这是一个以生成元为基, 以其线性组合为向量, 定义了向量加法、标量乘法、向量乘法的线性代数. 其乘法规则, 可以用对易关系体现出来. 在第二章有限群表示理论部分, 我们用到过群代数的概念. 那里, 因为是有限群, 我们是以群元为基, 以其线性组合为向量, 再基于群元乘法定义向量乘法, 得到了一个代数. 我们利用群代数得到了群表示理论中的关键定理 (正交性定理、完备性定理). 这里, 李群是无限群, 无法以其群元为基定义代数. 但其群元可以用 e 指数函数基于无穷小生成元表示这个优异的性质, 决定了我们可以基于无穷小生成元定义一个代数, 即李代数. 其具体定义 (从实用角度出发, 我们这里仅讲李群的李代数) 如下.

定义 7.29 对一个李群 G, 基于其无穷小生成元的线性组合可构造实数域上的有限维向量空间 g. 对其中任意向量 X, Y, 可定义李积 $[X, Y]$, 它也是这个空间中的向量. 李积满足如下条件:

(1) 双线性. $\forall a, b \in R, \forall X, Y, Z \in g$, 有

$$[aX + bY, Z] = a[X, Z] + b[Y, Z],$$
$$[Z, aX + bY] = a[Z, X] + b[Z, Y].$$

(2) 交错性. $\forall X \in g$, 有

$$[X, X] = 0.$$

(3) Jacobi 性. $\forall X, Y, Z \in g$, 有

$$[[X, Y], Z] + [[Y, Z], X] + [[Z, X], Y] = 0.$$

称 g 是李群 G 的李代数.

由此定义, 可得

$$[X + Y, X + Y] = 0,$$

进而

$$[X, Y] = -[Y, X].$$

由 (7.17) 式, 我们知道如果取李群无穷小生成元 $X_1, X_2, \cdots, X_r$ 为基定义 g 的话, 有

$$C_{ij}^k + C_{ji}^k = 0,$$
$$C_{ij}^k C_{kq}^p + C_{jq}^k C_{ki}^p + C_{qi}^k C_{kj}^p = 0.$$

这是此李群的结构常数需要满足的性质. 就像我们用 G 表示李群, g 表示李代数, 实际应用中, 我们也会用大写字母表示李群, 小写字母表示李代数, 比如 SU(2), SO(3) 与 su(2) 与 so(3). 至此, 本章关于李群李代数中一些基本概念的介绍结束, 更多内容, 请大家参考这方面的专业书籍.

习题与思考

1. $(X_1, \vartheta_1), (X_2, \vartheta_2), (X_3, \vartheta_3)$ 是三个拓扑空间. f_1 是从 (X_1, ϑ_1) 到 (X_2, ϑ_2) 的映射, 是一个连续映射. f_2 是从 (X_2, ϑ_2) 到 (X_3, ϑ_3) 的映射, 也是一个连续映射.它们映射的乘积 $f_2 \circ f_1$ 连续吗?
2. 我们在二维欧氏平面上画出如图 7.16 所示的三个图形, 它们形成的拓扑空间 (包含边界) 的连通度是多少?
3. 两个光滑流形通过卡氏积构成的流形还是光滑流形吗?
4. 两个流形微分同胚, 它们的空间维数一定相等吗?

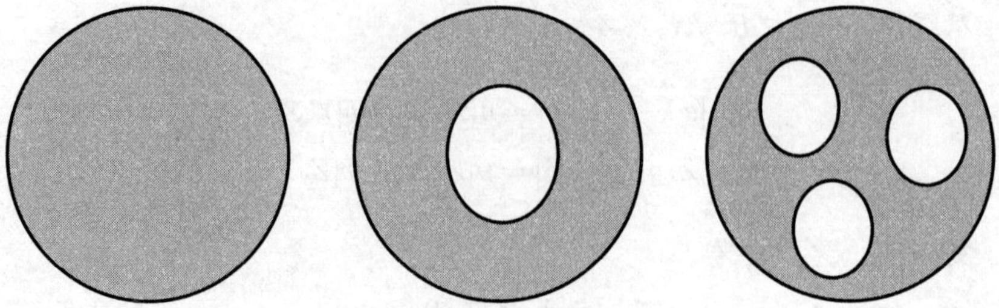

图 7.16 不同连通度的图形

5. 函数

$$f(t)=\begin{cases}\mathrm{e}^{-\frac{1}{t}+\frac{1}{t-1}}, & \text{当 } 0<t<1,\\ 0, & \text{当 } t\leqslant 0 \text{ 或 } t\geqslant 1\end{cases}$$

光滑吗? 解析吗?

6. 根据 (7.7) 和 (7.8) 式, 写出 SO(3) 群的生成元.

附录 A　晶体点群的特征标表

本附录将按晶系的分类给出 32 种晶体点群的特征标表 (为简洁, 不写出代表类的花括号). 需要提前说明的是, 在不等价不可约表示的标记中, 我们采用原子分子物理领域常用的标记规则, 用 A, B 表示一维不可约表示, E 表示二维表示, T 表示三维表示. 有些点群, 比如 $\mathrm{C}_3, \mathrm{C}_4, \mathrm{C}_5, \mathrm{C}_6, \mathrm{C}_{3\mathrm{h}}, \mathrm{C}_{4\mathrm{h}}, \mathrm{C}_{5\mathrm{h}}, \mathrm{C}_{6\mathrm{h}}, \mathrm{S}_4, \mathrm{S}_6, \mathrm{T}$ 等, 会存在两个一维表示互为共轭而不等价的情况. 也就是说, 仅仅依据这些点群的对称性以及 Burnside 定理, 这两个不可约表示所对应的本征态不简并 (对称性不要求它们简并). 但是由于这两个一维表示相互共轭又不等价, 当系统存在时间反演对称性的时候, 时间反演对称性要求它们相互简并, 也就是说这种简并不是点群对称性要求的, 而是额外的时间反演对称性要求的. 由于时间反演对称性在很多实际非磁的量子体系中存在, 在这里的特征标表中 (包括文献上可以找到的绝大部分特征标表中), 人们都习惯于把它们放在一起, 用二维表示 E 来表示. 稍微详细一些的讨论见 4.8 节结尾部分. 这里展示的特征标表主要参考 Dresselhaus 的教材[5] 以及网站 http://www.webqc.org/symmetry.php.

三斜系 $(\mathrm{S}_2, \mathrm{C}_1)$

$\mathrm{S}_2(\bar{1})$			E	I
$x^2, y^2, z^2, xy, xz, yz$	R_x, R_y, R_z	A_g	1	1
	x, y, z	A_u	1	−1

$\mathrm{C}_1(1)$	E
A	1

单斜系 $(\mathrm{C}_{2\mathrm{h}}, \mathrm{C}_2, \mathrm{C}_{1\mathrm{h}})$

$\mathrm{C}_{2\mathrm{h}}(2/\mathrm{m})$			E	C_2	σ_h	I
x^2, y^2, z^2, xy	R_z	A_g	1	1	1	1
	z	A_u	1	1	−1	−1
yz, xz	R_x, R_y	B_g	1	−1	−1	1
	x, y	B_u	1	−1	1	−1

C$_2$(2)			E	C$_2$
x^2, y^2, z^2, xy	R_z, z	A	1	1
xz, yz	x, y, R_x, R_y	B	1	−1

C$_{1h}$(m)			E	σ_h
x^2, y^2, z^2, xy	R_z, x, y	A'	1	1
xz, yz	R_x, R_y, z	A''	1	−1

正交系 (D$_{2h}$, D$_2$, C$_{2v}$)

D$_{2h}$(2/m 2/m 2/m) = D$_2 \otimes$ S$_2$			E	C$_{2z}$	C$_{2y}$	C$_{2x}$	I	IC$_{2z}$	IC$_{2y}$	IC$_{2x}$
x^2, y^2, z^2		A_g	1	1	1	1	1	1	1	1
xy	R_x	B_{1g}	1	1	−1	−1	1	1	−1	−1
xz	R_y	B_{2g}	1	−1	1	−1	1	−1	1	−1
yz	R_z	B_{3g}	1	−1	−1	1	1	−1	−1	1
xyz		A_u	1	1	1	1	−1	−1	−1	−1
$z^3, z(x^2-y^2)$	x	B_{1u}	1	1	−1	−1	−1	−1	1	1
$yz^2, y(3x^2-y^2)$	y	B_{2u}	1	−1	1	−1	−1	1	−1	1
$xz^2, x(x^2-3y^2)$	z	B_{3u}	1	−1	−1	1	−1	1	1	−1

D$_2$(222)			E	C$_{2z}$	C$_{2y}$	C$_{2x}$
x^2, y^2, z^2		A_1	1	1	1	1
xy	R_z, z	B_1	1	1	−1	−1
xz	R_x, x	B_2	1	−1	1	−1
yz	R_y, y	B_3	1	−1	−1	1

C$_{2v}$(2mm)			E	C$_2$	σ_v	$\sigma_{v'}$
x^2, y^2, z^2	z	A_1	1	1	1	1
xy	R_z, z	A_2	1	1	−1	−1
xz	R_x, x	B_1	1	−1	1	−1
yz	R_y, y	B_2	1	−1	−1	1

四方系 ($D_{4h}, C_4, S_4, D_4, C_{4v}, C_{4h}, D_{2d}$)

$D_{4h}(4/m\ m\ m) = D_4 \otimes S_2$			E	$2C_4^1$	C_4^2	$2C_2^{(1)}$	$2C_2^{(2)}$	I	$2IC_4^1$	IC_4^2	$2IC_2^{(1)}$	$2IC_2^{(2)}$
x^2+y^2, z^2		A_{1g}	1	1	1	1	1	1	1	1	1	1
	R_z	A_{2g}	1	1	1	–1	–1	1	1	1	–1	–1
x^2-y^2		B_{1g}	1	–1	1	1	–1	1	–1	1	1	–1
xy		B_{2g}	1	–1	1	–1	1	1	–1	1	–1	1
(xz, yz)	(R_x, R_y)	E_g	2	0	–2	0	0	2	0	–2	0	0
		A_{1u}	1	1	1	1	1	–1	–1	–1	–1	–1
z^3	z	A_{2u}	1	1	1	–1	–1	–1	–1	–1	1	1
xyz		B_{1u}	1	–1	1	1	–1	–1	1	–1	–1	1
$z(x^2-y^2)$		B_{2u}	1	–1	1	–1	1	–1	1	–1	1	–1
(xz^2, yz^2), $(x(x^2-3y^2)$, $y(3x^2-y^2))$	(x, y)	E_u	2	0	–2	0	0	–2	0	2	0	0

$C_4(4)$			E	C_4	C_4^2	C_4^3
x^2+y^2, z^2	R_z, z	A	1	1	1	1
x^2-y^2, xy		B	1	–1	1	–1
$(xz, yz), (xz^2, yz^2)$	$(x, y), (R_x, R_y)$	E	1	i	–1	–i
			1	–i	–1	i

基组, 以 (x, y) 为例, 代表当系统具备时间反演对称性时, 后两个一维不可约表示简并所对应的二维基组. 下面的特征标表类似处理.

$S_4(\bar{4})$			E	C_4^2	IC_4^1	IC_4^3
x^2+y^2, z^2	R_z	A	1	1	1	1
	z	B	1	1	–1	–1
$(xz, yz), (xz^2, yz^2)$	$(x, y), (R_x, R_y)$	E	1	–1	i	–i
			1	–1	–i	i

$D_4(422)$			E	C_4^2	$2C_4^1$	$2C_2^{(1)}$	$2C_2^{(2)}$
x^2+y^2, z^2		A_1	1	1	1	1	1
	R_z, z	A_2	1	1	1	–1	–1
x^2-y^2		B_1	1	1	–1	1	–1
xy		B_2	1	1	–1	–1	1
(xz, yz)	$(x,y),(R_x,R_y)$	E	2	–2	0	0	0

$C_{4v}(4mm)$			E	C_4^2	$2C_4^1$	$2\sigma_v$	$2\sigma_d$
x^2+y^2, z^2	z	A_1	1	1	1	1	1
	R_z	A_2	1	1	1	–1	–1
x^2-y^2		B_1	1	1	–1	1	–1
xy		B_2	1	1	–1	–1	1
(xz, yz)	$(x,y),(R_x,R_y)$	E	2	–2	0	0	0

$C_{4h}(4/m) = C_4 \otimes S_2$			E	C_4^1	C_4^2	C_4^3	I	IC_4^1	σ_h	IC_4^3
x^2+y^2, z^2	R_z	A_g	1	1	1	1	1	1	1	1
x^2-y^2, xy		B_g	1	–1	1	–1	1	–1	1	–1
(xz, yz)	(R_y, R_z)	E_g	1	i	–1	–i	1	i	–1	–i
			1	–i	–1	i	1	–i	–1	i
z^3	z	A_u	1	1	1	1	–1	–1	–1	–1
$xyz, z(x^2-y^2)$		B_u	1	–1	1	–1	–1	1	–1	1
(xz^2, yz^2)	(x,y)	E_u	1	i	–1	–i	–1	–i	1	i
			1	–i	–1	i	–1	i	1	–i

$D_{2d}(\bar{4}2m)$			E	C_2	$2S_4$	$2C_2^{(1)}$	$2\sigma_d$
x^2+y^2, z^2		A_1	1	1	1	1	1
	R_z	A_2	1	1	1	–1	–1
x^2-y^2		B_1	1	1	–1	1	–1
xy	z	B_2	1	1	–1	–1	1
(xz, yz)	$(x,y),(R_x,R_y)$	E	2	–2	0	0	0

三方系 ($D_{3d}, S_6, C_3, C_{3v}, D_3$)

$D_{3d}(\bar{3}m)$			E	$2C_3$	$3C_2$	I	$2IC_3$	$3IC_2$
x^2+y^2, z^2		A_{1g}	1	1	1	1	1	1
	R_z	A_{2g}	1	1	–1	1	1	–1
$(xz, yz), (x^2-y^2, xy)$	(R_x, R_y)	E_g	2	–1	0	2	–1	0
		A_{1u}	1	1	1	–1	–1	–1
	z	A_{2u}	1	1	–1	–1	–1	1
	(x, y)	E_u	2	–1	0	–2	1	0

$S_6(\bar{3})$			E	C_3	C_3^2	I	IC_3	IC_3^2
x^2+y^2, z^2	R_z	A_g	1	1	1	1	1	1
$(x^2-y^2, xy), (xz, yz)$	(R_x, R_y)	E_g	1	ε	ε^*	1	ε	ε^*
			1	ε^*	ε	1	ε^*	ε
$z^3, x(x^2-3y^2)$	z	A_u	1	1	1	–1	–1	–1
$z^3(xz, yz)$	(x, y)	E_u	1	ε	ε^*	–1	$-\varepsilon$	$-\varepsilon^*$
			1	ε^*	ε	–1	$-\varepsilon^*$	$-\varepsilon$

表中 $\varepsilon = e^{2\pi i/3}$.

$C_3(3)$			E	C_3	C_3^2
x^2+y^2, z^2	R_z, z	A	1	1	1
$(xz, yz), (x^2-y^2, xy)$	$(x, y), (R_x, R_y)$	E	1	ε	ε^*
			1	ε^*	ε

$C_{3v}(3m)$			E	$2C_3$	$3\sigma_v$
x^2+y^2, z^2	z	A_1	1	1	1
	R_z	A_2	1	1	–1
$(x^2-y^2, xy), (xz, yz)$	$(x, y), (R_x, R_y)$	E	2	–1	0

$D_3(32)$			E	$2C_3$	$3C_2$
x^2+y^2, z^2		A_1	1	1	1
	R_z, z	A_2	1	1	–1
$(x^2-y^2, xy), (xz, yz)$	$(x, y), (R_x, R_y)$	E	2	–1	0

六角系 ($D_{6h}, C_6, C_{3h}, C_{6h}, C_{6v}, D_6, D_{3h}$)

$D_{6h}\,(6/m\ 2/m\ 2/m) = D_6 \otimes S_2$			E	C_2	$2C_3$	$2C_6$	$3C_2^{(1)}$	$3C_2^{(2)}$	I	IC_2	$2IC_3$	$2IC_6$	$3IC_2^{(1)}$	$3IC_2^{(2)}$
x^2+y^2, z^2		A_{1g}	1	1	1	1	1	1	1	1	1	1	1	1
	R_z	A_{2g}	1	1	1	1	−1	−1	1	1	1	1	−1	−1
		B_{1g}	1	−1	1	−1	1	−1	1	−1	1	−1	1	−1
		B_{2g}	1	−1	1	−1	−1	1	1	−1	1	−1	−1	1
(xz, yz)	(R_x, R_y)	E_{1g}	2	−2	−1	1	0	0	2	−2	−1	1	0	0
(x^2-y^2, xy)		E_{2g}	2	2	−1	−1	0	0	2	2	−1	−1	0	0
		A_{1u}	1	1	1	1	1	1	−1	−1	−1	−1	−1	−1
	z	A_{2u}	1	1	1	1	−1	−1	−1	−1	−1	−1	1	1
		B_{1u}	1	−1	1	−1	1	−1	−1	1	−1	1	−1	1
		B_{2u}	1	−1	1	−1	−1	1	−1	1	−1	1	1	−1
	(x, y)	E_{1u}	2	−2	−1	1	0	0	−2	2	1	−1	0	0
		E_{2u}	2	2	−1	−1	0	0	−2	−2	1	1	0	0

$C_6(6)$			E	C_6	C_3	C_2	C_3^2	C_6^5
x^2+y^2, z^2	R_z, z	A	1	1	1	1	1	1
		B	1	−1	1	−1	1	−1
(xz, yz)	$(x, y), (R_x, R_y)$	E'	1	ε	ε^2	ε^3	ε^4	ε^5
			1	ε^5	ε^4	ε^3	ε^2	ε
(x^2-y^2, xy)		E''	1	ε^2	ε^4	1	ε^2	ε^4
			1	ε^4	ε^2	1	ε^4	ε^2

表中 $\varepsilon = e^{i2\pi/6}$.

$C_{3h}(S_3)$			E	C_3	C_3^2	σ_h	S_3	$\sigma_h C_3^2$
x^2+y^2, z^2	R_z, z	A	1	1	1	1	1	1
		B	1	1	1	−1	−1	−1
(x^2-y^2, xy)	(x, y)	E'	1	ε	ε^2	1	ε	ε^2
			1	ε^2	ε	1	ε^2	ε
(xz, yz)	(R_x, R_y)	E''	1	ε	ε^2	−1	$-\varepsilon$	$-\varepsilon^2$
			1	ε^2	ε	1	$-\varepsilon^2$	$-\varepsilon$

表中 $\varepsilon = e^{i2\pi/3}$.

$C_{6h}(\bar{6}) = C_6 \otimes S_2$			E	C_6	C_3	C_2	C_3^2	C_6^5	I	IC_6	IC_3	IC_2	IC_3^2	IC_6^5
x^2+y^2, z^2		A_g	1	1	1	1	1	1	1	1	1	1	1	1
		B_g	1	–1	1	–1	1	–1	1	–1	1	–1	1	–1
(xz, yz)	(R_x, R_y)	E_{1g}	1	ε	ε^2	ε^3	ε^4	ε^5	1	ε	ε^2	ε^3	ε^4	ε^5
			1	ε^5	ε^4	ε^3	ε^2	ε	1	ε^5	ε^4	ε^3	ε^2	ε
(x^2-y^2, xy)		E_{2g}	1	ε^2	ε^4	1	ε^2	ε^4	1	ε^2	ε^4	1	ε^2	ε^4
			1	ε^4	ε^2	1	ε^4	ε^2	1	ε^4	ε^2	1	ε^4	ε^2
z		A_u	1	1	1	1	1	1	–1	–1	–1	–1	–1	–1
		B_u	1	–1	1	–1	1	–1	–1	1	–1	1	–1	1
(x, y)		E_{1u}	1	ε	ε^2	ε^3	ε^4	ε^5	–1	$-\varepsilon$	$-\varepsilon^2$	$-\varepsilon^3$	$-\varepsilon^4$	$-\varepsilon^5$
			1	ε^5	ε^4	ε^3	ε^2	ε	–1	$-\varepsilon^5$	$-\varepsilon^4$	$-\varepsilon^3$	$-\varepsilon^2$	$-\varepsilon$
	(x, y)	E_{2u}	1	ε^2	ε^4	1	ε^2	ε^4	–1	$-\varepsilon^2$	$-\varepsilon^4$	–1	$-\varepsilon^2$	$-\varepsilon^4$
			1	ε^4	ε^2	1	ε^4	ε^2	–1	$-\varepsilon^4$	$-\varepsilon^2$	–1	$-\varepsilon^4$	$-\varepsilon^2$

表中 $\varepsilon = e^{i2\pi/6}$.

$C_{6v}(6mm)$			E	C_2	$2C_3$	$2C_6$	$3\sigma_d$	$3\sigma_v$
x^2+y^2, z^2	z	A_1	1	1	1	1	1	1
	R_z	A_2	1	1	1	1	–1	–1
		B_1	1	–1	1	–1	–1	1
		B_2	1	–1	1	–1	1	–1
(xz, yz)	$(x, y), (R_x, R_y)$	E_1	2	–2	–1	1	0	0
(x^2-y^2, xy)		E_2	2	2	–1	–1	0	0

$D_6(622)$			E	C_2	$2C_3$	$2C_6$	$3C_2^{(1)}$	$3C_2^{(2)}$
x^2+y^2, z^2		A_1	1	1	1	1	1	1
	R_z, z	A_2	1	1	1	1	–1	–1
		B_1	1	–1	1	–1	1	–1
		B_2	1	–1	1	–1	–1	1
(xz, yz)	$(x, y), (R_x, R_y)$	E_1	2	–2	–1	1	0	0
(x^2-y^2, xy)		E_2	2	2	–1	–1	0	0

$D_{3h}(\bar{6}m2)=D_3\otimes\sigma_h$			E	σ_h	$2C_3$	$2S_3$	$3C_2'$	$3\sigma_v$
x^2+y^2, z^2		A_1	1	1	1	1	1	1
	R_z	A_2	1	1	1	1	–1	–1
		A_1'	1	–1	1	–1	1	–1
	z	A_2'	1	–1	1	–1	–1	1
(x^2-y^2, xy)	(x,y)	E_1	2	2	–1	–1	0	0
(xz, yz)	(R_x, R_y)	E_1'	2	–2	–1	1	0	0

立方系 (O_h, T, O, T_h, T_d)

$O_h(4/m\,\bar{3}\,2/m)=O\otimes S_2$			E	$3C_4^2$	$6C_4$	$6C_2'$	$8C_3$	I	$3IC_4^2$	$6IC_4$	$6IC_2'$	$8IC_3$
$x^2+y^2+z^2$		A_{1g}	1	1	1	1	1	1	1	1	1	1
		A_{2g}	1	1	–1	–1	1	1	1	–1	–1	1
$(2z^2-x^2-y^2, x^2-y^2)$		E_g	2	2	0	0	–1	2	2	0	0	–1
	(R_x, R_y, R_z)	T_{1g}	3	–1	1	–1	0	3	–1	1	–1	0
	(x,y,z)	T_{2g}	3	–1	–1	1	0	3	–1	–1	1	0
		A_{1u}	1	1	1	1	1	–1	–1	–1	–1	–1
z		A_{2u}	1	1	–1	–1	1	–1	–1	1	1	–1
		E_u	2	2	0	0	–1	–2	–2	0	0	1
(x,y,z)		T_{1u}	3	–1	1	–1	0	–3	1	–1	1	0
		T_{2u}	3	–1	–1	1	0	–3	1	1	–1	0

T(23)			E	$3C_2$	$4C_3$	$4C_3'$
$x^2+y^2+z^2$		A	1	1	1	1
$(x^2-y^2, 2z^2-x^2-y^2)$		E	1	1	ε	ε^2
			1	1	ε^2	ε
(yz, zx, xy)	$(R_x, R_y, R_z), (x,y,z)$	T	3	–1	0	0

表中 $\varepsilon=e^{i2\pi/3}$.

O(432)			E	$8C_3$	$3C_4^2$	$6C_2'$	$6C_4$
$x^2+y^2+z^2$		A_1	1	1	1	1	1
		A_2	1	1	1	–1	–1
$(x^2-y^2, 2z^2-x^2-y^2)$		E	2	–1	2	0	0
	$(R_x, R_y, R_z), (x,y,z)$	T_1	3	0	–1	–1	1
(xy, yz, zx)		T_2	3	0	–1	1	–1

$T_h(2/m\overline{3}) = T \otimes S_2$			E	$3C_2$	$4C_3$	$4C'_3$	I	$3IC_2$	$4IC_3$	$4IC'_3$
$x^2+y^2+z^2$		A_g	1	1	1	1	1	1	1	1
$(x^2-y^2, 2z^2-x^2-y^2)$		E_g	1	1	ε	ε^2	1	1	ε	ε^2
			1	1	ε^2	ε	1	1	ε^2	ε
(yz, zx, xy)	(R_x, R_y, R_z)	T_g	3	–1	0	0	3	–1	0	0
		A_u	1	1	1	1	–1	–1	–1	–1
		E_u	1	1	ε	ε^2	–1	–1	$-\varepsilon$	$-\varepsilon^2$
			1	1	ε^2	ε	–1	–1	$-\varepsilon^2$	$-\varepsilon$
	(x, y, z)	T_u	3	–1	0	0	–3	1	0	0

表中 $\varepsilon = e^{i2\pi/3}$.

$T_d(\overline{4}3m)$			E	$8C_3$	$3C_2$	$6\sigma_d$	$6S_4$
x^2+y^2, z^2		A_1	1	1	1	1	1
		A_2	1	1	1	–1	–1
$(x^2-y^2, 2z^2-x^2-y^2)$		E	2	–1	2	0	0
(yz, zx, xy)	(R_x, R_y, R_z)	T_1	3	0	–1	–1	1
	(x, y, z)	T_2	3	0	–1	0	–1

附录 B 空间群情况说明

本附录是对第三章基于下表讨论简单空间群的情况的详细介绍, 以及 230 种空间群所属晶格系统情况的简单说明①.

晶系	点群	Bravais 格子	晶格系统	简单空间群
三斜	2 (C_1, S_2)	1 	三斜	2
单斜	3 (C_2, C_{1h}, C_{2h})	2 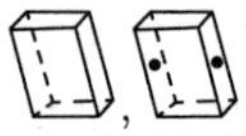	单斜	6
正交	3 (D_2, C_{2v}, D_{2h})	4 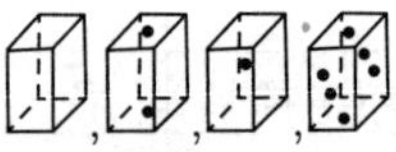	正交	12
四方	7 $(C_4, S_4, C_{4h}, D_4,$ $C_{4v}, D_{4h}, D_{2d})$	2 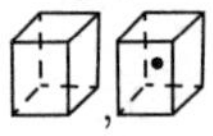	四方	14
三方	5 $(C_3, D_3, D_{3d}, S_6, C_{3v})$	1 	菱方	5
		1 	六角	5
六角	7 $(C_6, C_{3h}, C_{6h},$ $D_6, D_{3h}, C_{6v}, D_{6h})$			7
立方	5 (T, T_d, O, T_h, O_h)	3 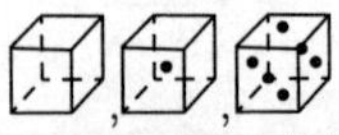	立方	15
共 7 种	共 32 种	共 14 种	共 7 种	共 66 种

什么是针对简单空间群的详细介绍呢? 就是上表给出 66 种, 但实际上简单空间群是 73 种, 我们把多余的 7 种找出来.

73 种简单空间群中, 三斜晶格系统含 2 种, 单斜晶格系统含 6 种, 正交晶格系统

①注意, 这里用的名词是晶格系统, 不是晶系, 因为讨论的是空间群.

含 13 种, 四方晶格系统含 16 种, 菱方晶格系统含 5 种, 六角晶格系统含 16 种, 立方晶格系统含 15 种. 对照上图, 我们知道相对于简单组合多出的几个分别是: 正交晶格系统多出 1 种, 四方晶格系统多出 2 种, 六角晶格系统多出 4 种.

正交晶格系统多出的一种是因为 C_{2v} 点群与面心晶格组合的时候, 组合不止一种, 而是三种, 但 C_{2v} 的对称性使得其中两个等价, 最终可以出现两种情况. 这样正交晶格系统中简单空间群的总数就是 $3 \times 4 + 1 = 13$ 种.

四方晶格系统多出的两种是 D_{2d} 与简单、体心晶格组合的时候, 垂直方向的反射面 (连带平分其的二阶轴) 选取也各有两种情况. 这样正交晶格系统中简单空间群的总数就是 $7 \times 2 + 2 = 16$ 种.

六角晶格系统的情况比较复杂. 简单组合的时候, 三方晶系贡献 5 种简单空间群, 六角晶系贡献 7 种简单空间群, 共 12 种. 多出的四种分别是: 三方晶系中的 D_3 依据水平方向 2 阶轴的选取多贡献 1 种, C_{3v} 依据垂直方向反射面的选取多贡献 1 种, 三方晶系中的 D_{3d} 依据垂直方向的反射面 (连带平分其的二阶轴) 选取多贡献 1 种, 以及六角晶系中的 D_{3h} 依据其母群 D_6 群的二阶轴的选取多贡献一种.

说到这里, 笔者想表达的 "晶系是点群概念、晶格系统是空间群概念" 这句话就基本清楚了. 230 种空间群要想推出来, 笔者想都没有想过. Schoenflies 他们确实太厉害了! 从实用的角度, 读者只要知道所有详细内容都在 Bilbao 的那个服务器上, 并会用就可以了.

附录 C 晶体点群的双群的特征标表

本附录内容主要来自文献 [22] 以及文献 [5](也就是 Dresselhaus 的教材) 的附录 D①. 和附录 A 类似, 我们还是按晶系展开讨论. 为了与文献 [22] 一致, 在表示点群双群的不可约表示的时候, 我们不再像附录 A 那样采用 A, B, E, T 这些符号, 而是采用 Γ 加下标的方式.

其他文献中的特征标表有的使用转动反射来标记点群群元, 有的使用转动反演来标记点群群元. 这里, 为了和本书主体中点群划分的讨论一致, 我们多使用转动反演. 有时为了省空间, 我们也会使用转动反射. 它们之间的关系是: $\mathrm{S}_3 = I\mathrm{C}_6^{-1}, \mathrm{S}_3^{-1} = I\mathrm{C}_6, \mathrm{S}_4 = I\mathrm{C}_4^{-1}, \mathrm{S}_4^{-1} = I\mathrm{C}_4, \mathrm{S}_6 = I\mathrm{C}_3^{-1}, \mathrm{S}_6^{-1} = I\mathrm{C}_3$.

三斜晶系 ($\mathrm{S}_2^{\mathrm{D}}, \mathrm{C}_1^{\mathrm{D}}$)

$\mathrm{S}_2^{\mathrm{D}}$	E	I	$\overline{E}$	$\overline{E}I$
Γ_1^+	1	1	1	1
Γ_1^-	1	–1	1	–1
Γ_2^+	1	1	–1	–1
Γ_2^-	1	–1	–1	1

$\mathrm{C}_1^{\mathrm{D}}$	E	$\overline{E}$
Γ_1	1	1
Γ_2	1	–1

单斜晶系 ($\mathrm{C}_{2\mathrm{h}}^{\mathrm{D}}, \mathrm{C}_2^{\mathrm{D}}, \mathrm{C}_{1\mathrm{h}}^{\mathrm{D}}$)

$\mathrm{C}_{2\mathrm{h}}^{\mathrm{D}}$	E	C_2	σ_h	I	$\overline{E}$	$\overline{E}\mathrm{C}_2$	$\overline{E}\sigma_\mathrm{h}$	$\overline{E}I$
Γ_1^+	1	1	1	1	1	1	1	1
Γ_1^-	1	1	–1	–1	1	1	–1	–1
Γ_2^+	1	–1	–1	1	1	–1	–1	1
Γ_2^-	1	–1	1	–1	1	–1	1	–1
Γ_3^+	1	i	i	1	–1	–i	–i	–1
Γ_3^-	1	i	–i	–1	–1	–i	i	1
Γ_4^+	1	–i	–i	1	–1	i	i	–1
Γ_4^-	1	–i	i	–1	–1	i	–i	1

①文献 [5] 的附录 D 主要参考的是文献 [22] 与文献 [23].

C_2^D	E	C_2	$\overline{E}$	$\overline{E}C_2$
C_{1h}^D	E	σ_h	$\overline{E}$	$\overline{E}\sigma_h$
Γ_1	1	1	1	1
Γ_2	1	–1	1	–1
Γ_3	1	1	–1	–i
Γ_4	1	–1	–1	i

正交晶系 ($D_{2h}^D, D_2^D, C_{2v}^D$)

D_{2h}^D	E	$\overline{E}$	$\{C_{2z}, \overline{E}C_{2z}\}$	$\{C_{2y}, \overline{E}C_{2y}\}$	$\{C_{2x}, \overline{E}C_{2x}\}$	I	$\overline{E}I$	$\{IC_{2z}, I\overline{E}C_{2z}\}$	$\{IC_{2y}, I\overline{E}C_{2y}\}$	$\{IC_{2x}, I\overline{E}C_{2x}\}$
Γ_1^+	1	1	1	1	1	1	1	1	1	1
Γ_2^+	1	1	–1	1	–1	1	1	–1	1	–1
Γ_3^+	1	1	1	–1	–1	1	1	1	–1	–1
Γ_4^+	1	1	–1	–1	1	1	1	–1	–1	1
Γ_1^-	1	1	1	1	1	–1	–1	–1	–1	–1
Γ_2^-	1	1	–1	1	–1	–1	–1	1	–1	1
Γ_3^-	1	1	1	–1	–1	–1	–1	–1	1	1
Γ_4^-	1	1	–1	–1	1	–1	–1	1	1	–1
Γ_5^+	2	–2	0	0	0	2	–2	0	0	0
Γ_5^-	2	–2	0	0	0	–2	2	0	0	0

D_2^D	E	$\overline{E}$	$\{C_{2z}, \overline{E}C_{2z}\}$	$\{C_{2y}, \overline{E}C_{2y}\}$	$\{C_{2x}, \overline{E}C_{2x}\}$
C_{2v}^D	E	$\overline{E}$	$\{C_2, \overline{E}C_2\}$	$\{\sigma_v, \overline{E}\sigma_v\}$	$\{\sigma_{v'}, \overline{E}\sigma_{v'}\}$
Γ_1	1	1	1	1	1
Γ_2	1	1	–1	1	–1
Γ_3	1	1	1	–1	–1
Γ_4	1	1	–1	–1	1
Γ_5	2	–2	0	0	0

四方晶系 $(\mathrm{D}_{4\mathrm{h}}^{\mathrm{D}}, \mathrm{C}_4^{\mathrm{D}}, \mathrm{S}_4^{\mathrm{D}}, \mathrm{D}_4^{\mathrm{D}}, \mathrm{C}_{4\mathrm{v}}^{\mathrm{D}}, \mathrm{C}_{4\mathrm{h}}^{\mathrm{D}}, \mathrm{D}_{2\mathrm{d}}^{\mathrm{D}})$

$\mathrm{D}_{4\mathrm{h}}^{\mathrm{D}}$	E	$\overline{E}$	$2\mathrm{C}_4^1$	$2\overline{E}\mathrm{C}_4^1$	$\{\mathrm{C}_4^2, \overline{E}\mathrm{C}_4^2\}$	$\{2\mathrm{C}_2^{(1)}, 2\overline{E}\mathrm{C}_2^{(1)}\}$	$\{2\mathrm{C}_2^{(2)}, 2\overline{E}\mathrm{C}_2^{(2)}\}$	I	$\overline{E}I$	$2I\mathrm{C}_4^3$	$2\overline{E}I\mathrm{C}_4^3$	$\{I\mathrm{C}_4^2, I\overline{E}\mathrm{C}_4^2\}$	$\{2I\mathrm{C}_2^{(1)}, 2\overline{E}I\mathrm{C}_2^{(1)}\}$	$\{2I\mathrm{C}_2^{(2)}, 2\overline{E}I\mathrm{C}_2^{(2)}\}$
Γ_1^+	1	1	1	1	1	1	1	1	1	1	1	1	1	1
Γ_2^+	1	1	1	1	1	−1	−1	1	1	1	1	1	−1	−1
Γ_3^+	1	1	−1	−1	1	1	−1	1	1	−1	−1	1	1	−1
Γ_4^+	1	1	−1	−1	1	−1	1	1	1	−1	−1	1	−1	1
Γ_5^+	2	2	0	0	−2	0	0	2	2	0	0	−2	0	0
Γ_1^-	1	1	1	1	1	1	1	−1	−1	−1	−1	−1	−1	−1
Γ_2^-	1	1	1	1	1	−1	−1	−1	−1	−1	−1	−1	1	1
Γ_3^-	1	1	−1	−1	1	1	−1	−1	−1	1	1	−1	−1	1
Γ_4^-	1	1	−1	−1	1	−1	1	−1	−1	1	1	−1	1	−1
Γ_5^-	2	2	0	0	−2	0	0	−2	−2	0	0	2	0	0
Γ_6^+	2	−2	$\sqrt{2}$	$-\sqrt{2}$	0	0	0	2	−2	$\sqrt{2}$	$-\sqrt{2}$	0	0	0
Γ_7^+	2	−2	$-\sqrt{2}$	$\sqrt{2}$	0	0	0	2	−2	$-\sqrt{2}$	$\sqrt{2}$	0	0	0
Γ_6^-	2	−2	$\sqrt{2}$	$-\sqrt{2}$	0	0	0	−2	2	$-\sqrt{2}$	$\sqrt{2}$	0	0	0
Γ_7^-	2	−2	$-\sqrt{2}$	$\sqrt{2}$	0	0	0	−2	2	$\sqrt{2}$	$-\sqrt{2}$	0	0	0

$\mathrm{C}_4^{\mathrm{D}}$	E	$\overline{E}$	C_4	$\overline{E}\mathrm{C}_4$	C_4^2	$\overline{E}\mathrm{C}_4^2$	C_4^3	$\overline{E}\mathrm{C}_4^3$
$\mathrm{S}_4^{\mathrm{D}}$	E	$\overline{E}$	$I\mathrm{C}_4$	$\overline{E}I\mathrm{C}_4$	C_4^2	$\overline{E}\mathrm{C}_4^2$	$I\mathrm{C}_4^3$	$EI\mathrm{C}_4^3$
Γ_1	1	1	1	1	1	1	1	1
Γ_2	1	1	−1	−1	1	1	−1	−1
Γ_3	1	1	i	i	−1	−1	−i	−i
Γ_4	1	1	−i	−i	−1	−1	i	i
Γ_5	1	−1	ω	$-\omega$	i	−i	$-\omega^3$	ω
Γ_6	1	−1	$-\omega^3$	ω^3	−i	i	ω	$-\omega^3$
Γ_7	1	−1	$-\omega$	ω	i	−i	ω^3	$-\omega$
Γ_8	1	−1	ω^3	$-\omega^3$	−i	i	$-\omega$	ω^3

表中 $\omega = \exp(\pi \mathrm{i}/4)$.

$\mathrm{D}_4^{\mathrm{D}}$	E	$\overline{E}$	$2\mathrm{C}_4$	$2\overline{E}\mathrm{C}_4$	$\{\mathrm{C}_4^2, \overline{E}\mathrm{C}_4^2\}$	$\{2\mathrm{C}_2^{(1)}, 2\overline{E}\mathrm{C}_2^{(1)}\}$	$\{2\mathrm{C}_2^{(2)}, 2\overline{E}\mathrm{C}_2^{(2)}\}$
$\mathrm{C}_{4\mathrm{v}}^{\mathrm{D}}$	E	$\overline{E}$	$2\mathrm{C}_4$	$2\overline{E}\mathrm{C}_4$	$\{\mathrm{C}_4^2, \overline{E}\mathrm{C}_4^2\}$	$\{2\sigma_{\mathrm{v}}, 2\overline{E}\sigma_{\mathrm{v}}\}$	$\{2\sigma_{\mathrm{d}}, 2\overline{E}\sigma_{\mathrm{d}}\}$
$\mathrm{D}_{2\mathrm{d}}^{\mathrm{D}}$	E	$\overline{E}$	$2I\mathrm{C}_4^3$	$2\overline{E}I\mathrm{C}_4^3$	$\{\mathrm{C}_4^2, \overline{E}\mathrm{C}_4^2\}$	$\{2\mathrm{C}_2^{(1)}, 2\overline{E}\mathrm{C}_2^{(1)}\}$	$\{2\sigma_{\mathrm{d}}, 2\overline{E}\sigma_{\mathrm{d}}\}$
Γ_1	1	1	1	1	1	1	1
Γ_2	1	1	1	1	1	−1	−1
Γ_3	1	1	−1	−1	1	1	−1
Γ_4	1	1	−1	−1	1	−1	1
Γ_5	2	2	0	0	−2	0	0
Γ_6	2	−2	$\sqrt{2}$	$-\sqrt{2}$	0	0	0
Γ_7	2	−2	$-\sqrt{2}$	$\sqrt{2}$	0	0	0

C_{4h}^{D}	E	$\overline{E}$	C_4	$\overline{E}C_4$	C_4^2	$\overline{E}C_4^2$	C_4^3	$\overline{E}C_4^3$	I	$\overline{E}I$	IC_4	$\overline{E}IC_4$	σ_h	$\overline{E}\sigma_h$	IC_4^3	$\overline{E}IC_4^3$
Γ_1^+	1	1	1	1	1	1	1	1	1	1	1	1	1	1	1	1
Γ_2^+	1	1	–1	–1	1	1	–1	–1	1	1	–1	–1	1	1	–1	–1
Γ_3^+	1	1	i	i	–1	–1	–i	–i	1	1	i	i	–1	–1	–i	–i
Γ_4^+	1	1	–i	–i	–1	–1	i	i	1	1	–i	–i	–1	–1	i	i
Γ_1^-	1	1	1	1	1	1	1	1	–1	–1	–1	–1	–1	–1	–1	–1
Γ_2^-	1	1	–1	–1	1	1	–1	–1	–1	–1	1	1	–1	–1	1	1
Γ_3^-	1	1	i	i	–1	–1	–i	–i	–1	–1	–i	–i	1	1	i	i
Γ_4^-	1	1	–i	–i	–1	–1	i	i	–1	–1	i	i	1	1	–i	–i
Γ_5^+	1	–1	ω	$-\omega$	i	–i	$-\omega^3$	ω^3	1	–1	ω	$-\omega$	i	–i	$-\omega^3$	ω^3
Γ_6^+	1	–1	$-\omega^3$	ω^3	–i	i	ω	$-\omega$	1	–1	$-\omega^3$	ω^3	–i	i	ω	$-\omega$
Γ_7^+	1	–1	$-\omega$	ω	i	–i	ω^3	$-\omega^3$	1	–1	$-\omega$	ω	i	–i	ω^3	$-\omega^3$
Γ_8^+	1	–1	ω^3	$-\omega^3$	–i	i	$-\omega$	ω	1	–1	ω^3	$-\omega^3$	–i	i	$-\omega$	ω
Γ_5^-	1	–1	ω	$-\omega$	i	–i	$-\omega^3$	ω^3	–1	1	$-\omega$	ω	–i	i	ω^3	$-\omega^3$
Γ_6^-	1	–1	$-\omega^3$	ω^3	–i	i	ω	$-\omega$	–1	1	ω^3	$-\omega^3$	i	–i	$-\omega$	ω
Γ_7^-	1	–1	$-\omega$	ω	i	–i	ω^3	$-\omega^3$	–1	1	ω	$-\omega$	–i	i	$-\omega^3$	ω^3
Γ_8^-	1	–1	ω^3	$-\omega^3$	–i	i	$-\omega$	ω	–1	1	$-\omega^3$	ω^3	i	–i	ω	$-\omega$

表中 $\omega=\exp(\pi i/4)$.

三方晶系 ($D_{3d}^D, S_6^D, C_3^D, C_{3v}^D, D_3^D$)

D_{3d}^{D}	E	$\overline{E}$	$2C_3$	$2\overline{E}C_3$	$3C_2$	$3\overline{E}C_2$	I	$\overline{E}I$	$2IC_3^2$	$2\overline{E}IC_3^2$	$3IC_2$	$3\overline{E}IC_2$
Γ_1^+	1	1	1	1	1	1	1	1	1	1	1	1
Γ_2^+	1	1	1	1	–1	–1	1	1	1	1	–1	–1
Γ_3^+	2	2	–1	–1	0	0	2	2	–1	–1	0	0
Γ_1^-	1	1	1	1	1	1	–1	–1	–1	–1	–1	–1
Γ_2^-	1	1	1	1	–1	–1	–1	–1	–1	–1	1	1
Γ_3^-	2	2	–1	–1	0	0	–2	–2	1	1	0	0
Γ_4^+	2	–2	1	–1	0	0	2	–2	1	–1	0	0
Γ_5^+	1	–1	–1	1	i	–i	1	–1	–1	1	i	–i
Γ_6^+	1	–1	–1	1	–i	i	1	–1	–1	1	–i	i
Γ_4^-	2	–2	1	–1	0	0	–2	2	–1	1	0	0
Γ_5^-	1	–1	–1	1	i	–i	–1	1	1	–1	–i	i
Γ_6^-	1	–1	–1	1	–i	i	–1	1	1	–1	i	–i

S_6^D	E	$\overline{E}$	C_3	$\overline{E}C_3$	C_3^2	$\overline{E}C_3^2$	I	$\overline{E}I$	IC_3	$\overline{E}IC_3$	IC_3^2	$\overline{E}IC_3^2$
Γ_1^+	1	1	1	1	1	1	1	1	1	1	1	1
Γ_2^+	1	1	ω^2	ω^2	$-\omega$	$-\omega$	1	1	ω^2	ω^2	$-\omega$	$-\omega$
Γ_3^+	1	1	$-\omega$	$-\omega$	ω^2	ω^2	1	1	$-\omega$	$-\omega$	ω^2	ω^2
Γ_1^-	1	1	1	1	1	1	-1	-1	-1	-1	-1	-1
Γ_2^-	1	1	ω^2	ω^2	$-\omega$	$-\omega$	-1	-1	$-\omega^2$	$-\omega^2$	ω	ω
Γ_3^-	1	1	$-\omega$	$-\omega$	ω^2	ω^2	-1	-1	ω	ω	$-\omega^2$	$-\omega^2$
Γ_4^+	1	-1	ω	$-\omega$	$-\omega^2$	ω^2	1	-1	ω	$-\omega$	$-\omega^2$	ω^2
Γ_5^+	1	-1	$-\omega^2$	ω^2	ω	$-\omega$	1	-1	$-\omega^2$	ω^2	ω	$-\omega$
Γ_6^+	1	-1	-1	1	-1	1	1	-1	-1	1	-1	1
Γ_4^-	1	-1	ω	$-\omega$	$-\omega^2$	ω^2	-1	1	$-\omega$	ω	ω^2	$-\omega^2$
Γ_5^-	1	-1	$-\omega^2$	ω^2	ω	$-\omega$	-1	1	ω^2	$-\omega^2$	$-\omega$	ω
Γ_6^-	1	-1	-1	1	-1	1	-1	1	1	-1	1	-1

表中 $\omega = \exp(\pi i/3)$.

C_3^D	E	$\overline{E}$	C_3	$\overline{E}C_3$	C_3^2	$\overline{E}C_3^2$
Γ_1	1	1	1	1	1	1
Γ_2	1	1	ω^2	ω^2	$-\omega$	$-\omega$
Γ_3	1	1	$-\omega$	$-\omega$	ω^2	ω^2
Γ_4	1	-1	ω	$-\omega$	$-\omega^2$	ω^2
Γ_5	1	-1	$-\omega^2$	ω^2	ω	$-\omega$
Γ_6	1	-1	-1	1	-1	1

表中 $\omega = \exp(\pi i/3)$.

D_3^D	E	$\overline{E}$	$2C_3$	$2\overline{E}C_3$	$3C_2^{(1)}$	$3\overline{E}C_2^{(1)}$
C_{3v}^D	E	$\overline{E}$	$2C_3$	$2\overline{E}C_3$	$3\sigma_v$	$3\overline{E}\sigma_v$
Γ_1	1	1	1	1	1	1
Γ_2	1	1	1	1	-1	-1
Γ_3	2	2	-1	-1	0	0
Γ_4	2	-2	1	-1	0	0
Γ_5	1	-1	-1	1	i	$-$i
Γ_6	1	-1	-1	1	$-$i	i

六角晶系 ($D_{6h}^{D}, C_{6}^{D}, C_{3h}^{D}, C_{6h}^{D}, C_{6v}^{D}, D_{6}^{D}, D_{3h}^{D}$)

C_{6h}^{D}	E	$\overline{E}$	C_6	$\overline{C}_6$	C_3	$\overline{C}_3$	C_2	$\overline{C}_2$	C_3^2	$\overline{C}_3^2$	C_6^5	$\overline{C}_6^5$	I	$\overline{I}$	S_3^{-1}	$\overline{S}_3^{-1}$	S_6^{-1}	$\overline{S}_6^{-1}$	σ_h	$\overline{\sigma}_h$	S_6	$\overline{S}_6$	S_3	$\overline{S}_3$
Γ_1^+	1	1	1	1	1	1	1	1	1	1	1	1	1	1	1	1	1	1	1	1	1	1	1	1
Γ_2^+	1	1	$-\omega^2$	$-\omega^2$	ω^4	ω^4	1	1	$-\omega^2$	$-\omega^2$	ω^4	ω^4	1	1	$-\omega^2$	$-\omega^2$	ω^4	ω^4	1	1	$-\omega^2$	$-\omega^2$	ω^4	ω^4
Γ_3^+	1	1	ω^4	ω^4	$-\omega^2$	$-\omega^2$	1	1	ω^4	ω^4	$-\omega^2$	$-\omega^2$	1	1	ω^4	ω^4	$-\omega^2$	$-\omega^2$	1	1	ω^4	ω^4	$-\omega^2$	$-\omega^2$
Γ_4^+	1	1	-1	-1	1	1	-1	-1	1	1	-1	-1	1	1	-1	-1	1	1	-1	-1	1	1	-1	-1
Γ_5^+	1	1	ω^2	ω^2	ω^4	ω^4	-1	-1	$-\omega^2$	$-\omega^2$	$-\omega^4$	$-\omega^4$	1	1	ω^2	ω^2	ω^4	ω^4	-1	-1	$-\omega^2$	$-\omega^2$	$-\omega^4$	$-\omega^4$
Γ_6^+	1	1	$-\omega^4$	$-\omega^4$	$-\omega^2$	$-\omega^2$	-1	-1	ω^4	ω^4	ω^2	ω^2	1	1	$-\omega^4$	$-\omega^4$	$-\omega^2$	$-\omega^2$	-1	-1	ω^4	ω^4	ω^2	ω^2
Γ_1^-	1	1	1	1	1	1	1	1	1	1	1	1	-1	-1	-1	-1	-1	-1	-1	-1	-1	-1	-1	-1
Γ_2^-	1	1	$-\omega^2$	$-\omega^2$	ω^4	ω^4	1	1	$-\omega^2$	$-\omega^2$	ω^4	ω^4	-1	-1	ω^2	ω^2	$-\omega^4$	$-\omega^4$	-1	-1	ω^2	ω^2	$-\omega^4$	$-\omega^4$
Γ_3^-	1	1	ω^4	ω^4	$-\omega^2$	$-\omega^2$	1	1	ω^4	ω^4	$-\omega^2$	$-\omega^2$	-1	-1	$-\omega^4$	$-\omega^4$	ω^2	ω^2	-1	-1	$-\omega^4$	$-\omega^4$	ω^2	ω^2
Γ_4^-	1	1	-1	-1	1	1	-1	-1	1	1	-1	-1	-1	-1	1	1	-1	-1	1	1	-1	-1	1	1
Γ_5^-	1	1	ω^2	ω^2	ω^4	ω^4	-1	-1	$-\omega^2$	$-\omega^2$	$-\omega^4$	$-\omega^4$	-1	-1	$-\omega^2$	$-\omega^2$	$-\omega^4$	$-\omega^4$	1	1	ω^2	ω^2	ω^4	ω^4
Γ_6^-	1	1	$-\omega^4$	$-\omega^4$	$-\omega^2$	$-\omega^2$	-1	-1	ω^4	ω^4	ω^2	ω^2	-1	-1	ω^4	ω^4	ω^2	ω^2	1	1	$-\omega^4$	$-\omega^4$	$-\omega^2$	$-\omega^2$
Γ_7^+	1	-1	ω	$-\omega$	ω^2	$-\omega^2$	i	$-$i	$-\omega^4$	ω^4	$-\omega^5$	ω^5	1	-1	ω	$-\omega$	ω^2	$-\omega^2$	i	$-$i	$-\omega^4$	ω^4	$-\omega^5$	ω^5
Γ_8^+	1	-1	$-\omega^5$	ω^5	$-\omega^4$	ω^4	$-$i	i	ω^2	$-\omega^2$	ω	$-\omega$	1	-1	$-\omega^5$	ω^5	$-\omega^4$	ω^4	$-$i	i	ω^2	$-\omega^2$	ω	$-\omega$
Γ_9^+	1	-1	$-\omega$	ω	ω^2	$-\omega^2$	$-$i	i	$-\omega^4$	ω^4	ω^5	$-\omega^5$	1	-1	$-\omega$	ω	ω^2	$-\omega^2$	$-$i	i	$-\omega^4$	ω^4	ω^5	$-\omega^5$
Γ_{10}^+	1	-1	ω^5	$-\omega^5$	$-\omega^4$	ω^4	i	$-$i	ω^2	$-\omega^2$	$-\omega$	ω	1	-1	ω^5	$-\omega^5$	$-\omega^4$	ω^4	i	$-$i	ω^2	$-\omega^2$	$-\omega$	ω
Γ_{11}^+	1	-1	$-$i	i	-1	1	i	$-$i	-1	1	i	$-$i	1	-1	$-$i	i	-1	1	i	$-$i	-1	1	i	$-$i
Γ_{12}^+	1	-1	i	$-$i	-1	1	$-$i	i	-1	1	$-$i	i	1	-1	i	$-$i	-1	1	$-$i	i	-1	1	$-$i	i
Γ_7^-	1	-1	ω	$-\omega$	ω^2	$-\omega^2$	i	$-$i	$-\omega^4$	ω^4	$-\omega^5$	ω^5	-1	1	$-\omega$	ω	$-\omega^2$	ω^2	$-$i	i	ω^4	$-\omega^4$	ω^5	$-\omega^5$
Γ_8^-	1	-1	$-\omega^5$	ω^5	$-\omega^4$	ω^4	$-$i	i	ω^2	$-\omega^2$	ω	$-\omega$	-1	1	ω^5	$-\omega^5$	ω^4	$-\omega^4$	i	$-$i	$-\omega^2$	ω^2	$-\omega$	ω
Γ_9^-	1	-1	$-\omega$	ω	ω^2	$-\omega^2$	$-$i	i	$-\omega^4$	ω^4	ω^5	$-\omega^5$	-1	1	ω	$-\omega$	$-\omega^2$	ω^2	i	$-$i	ω^4	$-\omega^4$	$-\omega^5$	ω^5
Γ_{10}^-	1	-1	ω^5	$-\omega^5$	$-\omega^4$	ω^4	i	$-$i	ω^2	$-\omega^2$	$-\omega$	ω	-1	1	$-\omega^5$	ω^5	ω^4	$-\omega^4$	$-$i	i	$-\omega^2$	ω^2	ω	$-\omega$
Γ_{11}^-	1	-1	$-$i	i	-1	1	i	$-$i	-1	1	i	$-$i	-1	1	i	$-$i	1	-1	$-$i	i	1	-1	$-$i	i
Γ_{12}^-	1	-1	i	$-$i	-1	1	$-$i	i	-1	1	$-$i	i	-1	1	$-$i	i	1	-1	i	$-$i	1	-1	i	$-$i

表中 $\omega = \exp[\pi i/6]$. 由于表格空间所限, 对于非单位群元 A, 我们使用 $\overline{A}$ 来表示 $\overline{E}A$.

D_{6h}^D	E	$\overline{E}$	$\{C_2, \overline{E}C_2\}$	$2C_3$	$2\overline{E}C_3$	$2C_6$	$2\overline{E}C_6$	$\{3C_2^{(1)}, 3\overline{E}C_2^{(1)}\}$	$\{3C_2^{(2)}, 3\overline{E}C_2^{(2)}\}$	I	$\overline{E}I$	$\{IC_2, I\overline{E}C_2\}$	$2IC_3$	$2I\overline{E}C_3$	$2IC_6$	$2I\overline{E}C_6$	$\{3IC_2^{(1)}, 3I\overline{E}C_2^{(1)}\}$	$\{3IC_2^{(2)}, 3I\overline{E}C_2^{(2)}\}$
Γ_1^+	1	1	1	1	1	1	1	1	1	1	1	1	1	1	1	1	1	1
Γ_2^+	1	1	1	1	1	1	1	−1	−1	1	1	1	1	1	1	1	−1	−1
Γ_3^+	1	1	−1	1	1	−1	−1	1	−1	1	1	−1	1	1	−1	−1	1	−1
Γ_4^+	1	1	−1	1	1	−1	−1	−1	1	1	1	−1	1	1	−1	−1	−1	1
Γ_5^+	2	2	−2	−1	−1	1	1	0	0	2	2	−2	−1	−1	1	1	0	0
Γ_6^+	2	2	2	−1	−1	−1	−1	0	0	2	2	2	−1	−1	−1	−1	0	0
Γ_1^-	1	1	1	1	1	1	1	1	1	−1	−1	−1	−1	−1	−1	−1	−1	−1
Γ_2^-	1	1	1	1	1	1	1	−1	−1	−1	−1	−1	−1	−1	−1	−1	1	1
Γ_3^-	1	1	−1	1	1	−1	−1	1	−1	−1	−1	1	−1	−1	1	1	−1	1
Γ_4^-	1	1	−1	1	1	−1	−1	−1	1	−1	−1	1	−1	−1	1	1	1	−1
Γ_5^-	2	2	−2	−1	−1	1	1	0	0	−2	−2	2	1	1	-1	-1	0	0
Γ_6^-	2	2	2	−1	−1	−1	−1	0	0	−2	−2	−2	1	1	1	1	0	0
Γ_7^+	2	−2	0	1	−1	$\sqrt{3}$	$-\sqrt{3}$	0	0	2	−2	0	1	−1	$\sqrt{3}$	$-\sqrt{3}$	0	0
Γ_8^+	2	−2	0	1	−1	$-\sqrt{3}$	$\sqrt{3}$	0	0	2	−2	0	1	−1	$-\sqrt{3}$	$\sqrt{3}$	0	0
Γ_9^+	2	−2	0	−2	2	0	0	0	0	2	−2	0	−2	2	0	0	0	0
Γ_7^-	2	−2	0	1	−1	$\sqrt{3}$	$-\sqrt{3}$	0	0	−2	2	0	−1	1	$-\sqrt{3}$	$\sqrt{3}$	0	0
Γ_8^-	2	−2	0	1	−1	$-\sqrt{3}$	$\sqrt{3}$	0	0	−2	2	0	−1	1	$\sqrt{3}$	$-\sqrt{3}$	0	0
Γ_9^-	2	−2	0	−2	2	0	0	0	0	−2	2	0	2	−2	0	0	0	0

C_6^D	E	$\overline{E}$	C_6	$\overline{E}C_6$	C_3	$\overline{E}C_3$	C_2	$\overline{E}C_2$	C_3^2	$\overline{E}C_3^2$	C_6^5	$\overline{E}C_6^5$
C_{3h}^D	E	$\overline{E}$	IC_6	$\overline{E}IC_6$	C_3	$\overline{E}C_3$	σ_h	$\overline{E}\sigma_h$	C_3^2	$\overline{E}C_3^2$	IC_6^5	$\overline{E}IC_6^5$
Γ_1	1	1	1	1	1	1	1	1	1	1	1	1
Γ_2	1	1	$-\omega^2$	$-\omega^2$	ω^4	ω^4	1	1	$-\omega^2$	$-\omega^2$	ω^4	ω^4
Γ_3	1	1	ω^4	ω^4	$-\omega^2$	$-\omega^2$	1	1	ω^4	ω^4	$-\omega^2$	$-\omega^2$
Γ_4	1	1	-1	-1	1	1	-1	-1	1	1	-1	-1
Γ_5	1	1	ω^2	ω^2	ω^4	ω^4	-1	-1	$-\omega^2$	$-\omega^2$	$-\omega^4$	$-\omega^4$
Γ_6	1	1	$-\omega^4$	$-\omega^4$	$-\omega^2$	$-\omega^2$	-1	-1	ω^4	ω^4	ω^2	ω^2
Γ_7	1	-1	ω	$-\omega$	ω^2	$-\omega^2$	i	$-$i	$-\omega^4$	ω^4	$-\omega^5$	ω^5
Γ_8	1	-1	$-\omega^5$	ω^5	$-\omega^4$	ω^4	$-$i	i	ω^2	$-\omega^2$	ω	$-\omega$
Γ_9	1	-1	$-\omega$	ω	ω^2	$-\omega^2$	$-$i	i	$-\omega^4$	ω^4	ω^5	$-\omega^5$
Γ_{10}	1	-1	ω^5	$-\omega^5$	$-\omega^4$	ω^4	i	$-$i	ω^2	$-\omega^2$	$-\omega$	ω
Γ_{11}	1	-1	$-$i	i	-1	1	i	$-$i	-1	1	i	$-$i
Γ_{12}	1	-1	i	$-$i	-1	1	$-$i	i	-1	1	$-$i	i

表中 $\omega = \exp(\pi i/6)$.

D_6^D	E	$\overline{E}$	$\{C_2, \overline{E}C_2\}$	$2C_3$	$2\overline{E}C_3$	$2C_6$	$2\overline{E}C_6$	$\{3C_2^{(1)}, 3\overline{E}C_2^{(1)}\}$	$\{3C_2^{(2)}, 3\overline{E}C_2^{(2)}\}$
C_{6v}^D	E	$\overline{E}$	$\{C_2, \overline{E}C_2\}$	$2C_3$	$2\overline{E}C_3$	$2C_6$	$2\overline{E}C_6$	$\{3IC_2^{(1)}, 3I\overline{E}C_2^{(1)}\}$	$\{3IC_2^{(2)}, 3I\overline{E}C_2^{(2)}\}$
D_{3h}^D	E	$\overline{E}$	$\{IC_2, \overline{E}IC_2\}$	$2C_3$	$2\overline{E}C_3$	$2C_6$	$2\overline{E}C_6$	$\{3C_2^{(1)}, 3\overline{E}C_2^{(1)}\}$	$\{3IC_2^{(2)}, 3I\overline{E}C_2^{(2)}\}$
Γ_1	1	1	1	1	1	1	1	1	1
Γ_2	1	1	1	1	1	1	1	-1	-1
Γ_3	1	1	-1	1	1	-1	-1	1	-1
Γ_4	1	1	-1	1	1	-1	-1	-1	1
Γ_5	2	2	-2	-1	-1	1	1	0	0
Γ_6	2	2	2	-1	-1	-1	-1	0	0
Γ_7	2	-2	0	1	-1	$\sqrt{3}$	$-\sqrt{3}$	0	0
Γ_8	2	-2	0	1	-1	$-\sqrt{3}$	$\sqrt{3}$	0	0
Γ_9	2	-2	0	-2	2	0	0	0	0

立方晶系 $(\mathrm{O_h}, \mathrm{T}, \mathrm{O}, \mathrm{T_h}, \mathrm{T_d})$

$\mathrm{O_h^D}$	E	$\overline{E}$	$8\mathrm{C}_3$	$8\overline{E}\mathrm{C}_3$	$\{3\mathrm{C}_4^2,$ $3\overline{E}\mathrm{C}_4^2\}$	$6\mathrm{C}_4$	$6\overline{E}\mathrm{C}_4$	$\{6\mathrm{C}_2',$ $6\overline{E}\mathrm{C}_2'\}$	I	$\overline{E}I$	$8I\mathrm{C}_3$	$8I\overline{E}\mathrm{C}_3$	$\{3I\mathrm{C}_4^2,$ $3I\overline{E}\mathrm{C}_4^2\}$	$6I\mathrm{C}_4$	$6I\overline{E}\mathrm{C}_4$	$\{6I\mathrm{C}_2',$ $6I\overline{E}\mathrm{C}_2'\}$
Γ_1^+	1	1	1	1	1	1	1	1	1	1	1	1	1	1	1	1
Γ_2^+	1	1	1	1	1	–1	–1	–1	1	1	1	1	1	–1	–1	–1
Γ_3^+	2	2	–1	–1	2	0	0	0	2	2	–1	–1	2	0	0	0
Γ_4^+	3	3	0	0	–1	1	1	–1	3	3	0	0	-1	1	1	–1
Γ_5^+	3	3	0	0	–1	–1	–1	1	3	3	0	0	–1	–1	–1	1
Γ_1^-	1	1	1	1	1	1	1	1	–1	–1	–1	–1	–1	–1	–1	–1
Γ_2^-	1	1	1	1	1	–1	–1	–1	–1	–1	–1	–1	–1	1	1	1
Γ_3^-	2	2	–1	–1	2	0	0	0	–2	–2	1	1	–2	0	0	0
Γ_4^-	3	3	0	0	–1	1	1	–1	–3	–3	0	0	1	–1	–1	1
Γ_5^-	3	3	0	0	–1	–1	–1	1	–3	–3	0	0	1	1	1	–1
Γ_6^+	2	–2	1	–1	0	$\sqrt{2}$	$-\sqrt{2}$	0	2	–2	1	–1	0	$\sqrt{2}$	$-\sqrt{2}$	0
Γ_7^+	2	–2	1	–1	0	$-\sqrt{2}$	$\sqrt{2}$	0	2	–2	1	–1	0	$-\sqrt{2}$	$\sqrt{2}$	0
Γ_8^+	4	–4	–1	1	0	0	0	0	4	–4	–1	1	0	0	0	0
Γ_6^-	2	–2	1	–1	0	$\sqrt{2}$	$-\sqrt{2}$	0	–2	2	–1	1	0	$-\sqrt{2}$	$\sqrt{2}$	0
Γ_7^-	2	–2	1	–1	0	$-\sqrt{2}$	$\sqrt{2}$	0	–2	2	–1	1	0	$\sqrt{2}$	$-\sqrt{2}$	0
Γ_8^-	4	–4	–1	1	0	0	0	0	–4	4	1	–1	0	0	0	0

T_h^D	E	$\overline{E}$	$\{3C_2, 3\overline{E}C_2\}$	$4C_3$	$4\overline{E}C_3$	$4C_3^{-1}$	$4\overline{E}C_3^{-1}$	I	$\overline{E}I$	$\{3IC_2, 3I\overline{E}C_2\}$	$4IC_3$	$4I\overline{E}C_3$	$4IC_3^{-1}$	$4\overline{E}IC_3^{-1}$
Γ_1^+	1	1	1	1	1	1	1	1	1	1	1	1	1	1
Γ_2^+	1	1	1	ω	ω	ω^2	ω^2	1	1	1	ω	ω	ω^2	ω^2
Γ_3^+	1	1	1	ω^2	ω^2	ω	ω	1	1	1	ω^2	ω^2	ω	ω
Γ_4^+	3	3	-1	0	0	0	0	3	3	-1	0	0	0	0
Γ_1^-	1	1	1	1	1	1	1	-1	-1	-1	-1	-1	-1	-1
Γ_2^-	1	1	1	ω	ω	ω^2	ω^2	-1	-1	-1	$-\omega$	$-\omega$	$-\omega^2$	$-\omega^2$
Γ_3^-	1	1	1	ω^2	ω^2	ω	ω	-1	-1	-1	$-\omega^2$	$-\omega^2$	$-\omega$	$-\omega$
Γ_4^-	3	3	-1	0	0	0	0	-3	-3	1	0	0	0	0
Γ_5^+	2	-2	0	1	-1	1	-1	2	-2	0	1	-1	1	-1
Γ_6^+	2	-2	0	ω	$-\omega$	ω^2	$-\omega^2$	2	-2	0	ω	$-\omega$	ω^2	$-\omega^2$
Γ_7^+	2	-2	0	ω^2	$-\omega^2$	ω	$-\omega$	2	-2	0	ω^2	$-\omega^2$	ω	$-\omega$
Γ_5^-	2	-2	0	1	-1	1	-1	-2	2	0	-1	1	-1	1
Γ_6^-	2	-2	0	ω	$-\omega$	ω^2	$-\omega^2$	-2	2	0	$-\omega$	ω	$-\omega^2$	ω^2
Γ_7^-	2	-2	0	ω^2	$-\omega^2$	ω	$-\omega$	-2	2	0	$-\omega^2$	ω^2	$-\omega$	ω

表中 $\omega = \exp(2\pi i/3)$.

T^D	E	$\overline{E}$	$\{3C_2, 3\overline{E}C_2\}$	$4C_3$	$4\overline{E}C_3$	$4C_3'$	$4\overline{E}C_3'$
Γ_1	1	1	1	1	1	1	1
Γ_2	1	1	1	ω	ω	ω^2	ω^2
Γ_3	1	1	1	ω^2	ω^2	ω	ω
Γ_4	3	3	–1	0	0	0	0
Γ_5	2	–2	0	1	–1	1	–1
Γ_6	2	–2	0	ω	$-\omega$	ω^2	$-\omega^2$
Γ_7	2	–2	0	ω^2	$-\omega^2$	ω	$-\omega$

表中 $\omega = \exp(2\pi i/3)$.

O^D	E	$\overline{E}$	$8C_3$	$8\overline{E}C_3$	$\{3C_4^2, 3\overline{E}C_4^2\}$	$6C_4$	$6\overline{E}C_4$	$\{6C_2', 6\overline{E}C_2'\}$
T_d^D	E	$\overline{E}$	$8C_3$	$8\overline{E}C_3$	$\{3C_2, 3\overline{E}C_2\}$	$6S_4$	$6\overline{E}S_4$	$\{6\sigma_d, 6\overline{E}\sigma_d\}$
Γ_1	1	1	1	1	1	1	1	1
Γ_2	1	1	1	1	1	–1	–1	–1
Γ_3	2	2	–1	–1	2	0	0	0
Γ_4	3	3	0	0	–1	1	1	–1
Γ_5	3	3	0	0	–1	–1	–1	1
Γ_6	2	–2	1	–1	0	$\sqrt{2}$	$-\sqrt{2}$	0
Γ_7	2	–2	1	–1	0	$-\sqrt{2}$	$\sqrt{2}$	0
Γ_8	4	–4	–1	1	0	0	0	0

附录 D　置换群部分相关定理与引理的证明

首先补充一个定理.

定理 D.1 (本原幂等元判别定理)　幂等元 $\boldsymbol{e}_i$ 为本原幂等元的充要条件为 $\boldsymbol{e}_i\boldsymbol{x}\boldsymbol{e}_i = \lambda\boldsymbol{e}_i$ 对任意 $\boldsymbol{x} \in R_G$ 成立, 其中 λ 为常数.

证明　先看必要性. 设 $\boldsymbol{e}_i$ 为本原幂等元, 对应投影算符 $\widehat{P}_i$, 子空间 $W_i = \widehat{P}_i R_G$ 为群不变的不可约子空间. 由定理 6.3, 知 $L(g)\widehat{P}_i = \widehat{P}_i L(g)$ 对任意 $g \in G$ 成立. 这时, $\forall \boldsymbol{x} \in R_G$, 定义一个与 $\boldsymbol{x}$ 相关的算符 $\widehat{A}$, 这个算符作用到群空间中向量 $\boldsymbol{y}$ 上的效果是 $\widehat{A}\boldsymbol{y} = \boldsymbol{y}\boldsymbol{e}_i\boldsymbol{x}\boldsymbol{e}_i$. 这样, 当 $\widehat{A}$ 作用到 $L(g)\boldsymbol{y}$ 上的时候, 就有

$$\widehat{A}(L(g)\boldsymbol{y}) = L(g)\boldsymbol{y}\boldsymbol{e}_i\boldsymbol{x}\boldsymbol{e}_i.$$

而 $\widehat{A}\boldsymbol{y} = \boldsymbol{y}\boldsymbol{e}_i\boldsymbol{x}\boldsymbol{e}_i$, 所以进一步有

$$\widehat{A}(L(g)\boldsymbol{y}) = L(g)(\widehat{A}\boldsymbol{y}).$$

由于 $\boldsymbol{y}$ 为 R_G 中任意向量, 所以 $\widehat{A}L(g) = L(g)\widehat{A}$ 对任意 $g \in G$ 成立.

$\boldsymbol{y}$ 可分为属于本原幂等元 $\boldsymbol{e}_i$ 所对应的子空间 W_i 的部分 $\boldsymbol{y}_1$ 与不属于 W_i 的部分 $\boldsymbol{y}_2$. 由于 $\widehat{A}$ 与 $L(g)$ 都是线性算符, $\widehat{A}L(g) = L(g)\widehat{A}$ 对 $\boldsymbol{y}_1, \boldsymbol{y}_2$ 都是成立的. 同时 $\widehat{A}\boldsymbol{y} = \boldsymbol{y}\boldsymbol{e}_i\boldsymbol{x}\boldsymbol{e}_i$ 也可分解为 $\widehat{A}\boldsymbol{y}_1 = \boldsymbol{y}_1\boldsymbol{e}_i\boldsymbol{x}\boldsymbol{e}_i$ 与 $\widehat{A}\boldsymbol{y}_2 = \boldsymbol{y}_2\boldsymbol{e}_i\boldsymbol{x}\boldsymbol{e}_i$ 两个部分.

先看 $\boldsymbol{y}_1$ 部分. 由于 $\widehat{A}L(g) = L(g)\widehat{A}$, 由 Schur 引理二可知 $\widehat{A}$ 在 W_i 上对应的矩阵只能是常数矩阵. 这样, 有

$$\widehat{A}\boldsymbol{y}_1 = \lambda\boldsymbol{y}_1 = \lambda\widehat{P}_i\boldsymbol{y}_1.$$

再看 $\boldsymbol{y}_2$, 它不属于 W_i, 由

$$\widehat{A}\boldsymbol{y}_2 = \boldsymbol{y}_2\boldsymbol{e}_i\boldsymbol{x}\boldsymbol{e}_i, \tag{D.1}$$

结合正文定理 6.2 的证明中我们说过的, 幂等元 $\boldsymbol{e}_i$ 与它对应的投影算符 $\widehat{P}_i$ 的关系 $\widehat{P}_i\boldsymbol{y} = \boldsymbol{y}\boldsymbol{e}_i$, 可知 (D.1) 式右边

$$\boldsymbol{y}_2\boldsymbol{e}_i\boldsymbol{x}\boldsymbol{e}_i = (\widehat{P}_i\boldsymbol{y}_2)\boldsymbol{x}\boldsymbol{e}_i = \widehat{P}_i((\widehat{P}_i\boldsymbol{y}_2)\boldsymbol{x}).$$

由于 $\widehat{P}_i\boldsymbol{y}_2 = 0$, 所以 $\widehat{A}\boldsymbol{y}_2 = \widehat{P}_i(0\boldsymbol{x}) = 0 = \lambda\widehat{P}_i\boldsymbol{y}_2$, 其中 λ 为任意复数.

将 $\widehat{A}\boldsymbol{y}_2 = \lambda\widehat{P}_i\boldsymbol{y}_2$ 与前面的 $\widehat{A}\boldsymbol{y}_1 = \lambda\widehat{P}_i\boldsymbol{y}_1$ 结合, 有 $\widehat{A}\boldsymbol{y} = \lambda\widehat{P}_i\boldsymbol{y}$. 再由 $\boldsymbol{y}$ 的任意性, 可知 $\widehat{A} = \lambda\widehat{P}_i$.

这时再结合 $\widehat{A}$ 的定义, 即 $\forall \boldsymbol{y} \in R_G$, 有

$$\widehat{A}\boldsymbol{y} = \boldsymbol{y}\boldsymbol{e}_i\boldsymbol{x}\boldsymbol{e}_i,$$

以及

$$\widehat{A}\boldsymbol{y} = \lambda\widehat{P}_i\boldsymbol{y} = \lambda\boldsymbol{y}\boldsymbol{e}_i = \boldsymbol{y}\lambda\boldsymbol{e}_i,$$

可得

$$\boldsymbol{y}\boldsymbol{e}_i\boldsymbol{x}\boldsymbol{e}_i = \boldsymbol{y}\lambda\boldsymbol{e}_i. \tag{D.2}$$

(D.2) 式同样是对任意 $\boldsymbol{y} \in R_G$ 成立的, 因此 $\boldsymbol{e}_i\boldsymbol{x}\boldsymbol{e}_i = \lambda\boldsymbol{e}_i$. 必要性得证. 由 W_i 为不可约表示空间可得 $\boldsymbol{e}_i\boldsymbol{x}\boldsymbol{e}_i = \lambda\boldsymbol{e}_i$. 这里不可约在 Schur 引理二的应用中起了关键作用.

再看充分性, 即由 $\boldsymbol{e}_i\boldsymbol{x}\boldsymbol{e}_i = \lambda\boldsymbol{e}_i$ 推 $\boldsymbol{e}_i$ 对应的 W_i 为不可约表示空间. 我们用反证法. 设 $\boldsymbol{e}_i$ 不是本原幂等元, 它可以继续分为 $\boldsymbol{e}_{i1} + \boldsymbol{e}_{i2}$, 于是

$$\begin{aligned}\boldsymbol{e}_i\boldsymbol{e}_{i1}\boldsymbol{e}_i &= (\boldsymbol{e}_{i1} + \boldsymbol{e}_{i2})\boldsymbol{e}_{i1}(\boldsymbol{e}_{i1} + \boldsymbol{e}_{i2}) \\ &= \boldsymbol{e}_{i1}^3 + \boldsymbol{e}_{i1}^2\boldsymbol{e}_{i2} + \boldsymbol{e}_{i2}\boldsymbol{e}_{i1}^2 + \boldsymbol{e}_{i2}\boldsymbol{e}_{i1}\boldsymbol{e}_{i2} = \boldsymbol{e}_{i1}.\end{aligned} \tag{D.3}$$

(D.3) 式成立的原因是 $\boldsymbol{e}_{i1}, \boldsymbol{e}_{i2}$ 为 $\boldsymbol{e}_i$ 继续分解的两个部分, 它们都是幂等元, 且相互正交, 因此, 最后一个等号左边的第一项三次方等于一次方 (幂等元性质), 后三项等于零 (正交性质). 对正交性质的理解, 可参考 $\widehat{P}_i\boldsymbol{y} = \boldsymbol{y}\boldsymbol{e}_i$ 这个幂等元与投影算符的关系式. 换句话说, $\boldsymbol{e}_i$ 是群代数中这样一个向量, 它与任何一个向量相乘, 结果就是 $\widehat{P}_i$ 所对应的群不变子空间中的向量. $\widehat{P}_{i1}$ 与 $\widehat{P}_{i2}$ 的子空间相互正交, $\boldsymbol{e}_{i1}, \boldsymbol{e}_{i2}$ 也相互正交. 而 $\boldsymbol{e}_i\boldsymbol{x}\boldsymbol{e}_i = \lambda\boldsymbol{e}_i$, 所以 (D.3) 式左边还等于 $\lambda\boldsymbol{e}_i$, 进而 $\boldsymbol{e}_{i1} = \lambda\boldsymbol{e}_i$. 这样, 有 $\boldsymbol{e}_{i1}^2 = \lambda^2\boldsymbol{e}_i^2$. 同时, $\boldsymbol{e}_{i1}^2 = \boldsymbol{e}_{i1} = \lambda\boldsymbol{e}_i$, 所以 λ 要么为 0, 要么为 1. λ 为 0 时, $\boldsymbol{e}_{i1} = \lambda\boldsymbol{e}_i = 0$, $\boldsymbol{e}_i = \boldsymbol{e}_{i2}$; λ 为 1 时, $\boldsymbol{e}_{i1} = \lambda\boldsymbol{e}_i = \boldsymbol{e}_i, \boldsymbol{e}_{i2} = 0$. 不管怎样, 都是说 $\boldsymbol{e}_i$ 不能再分, 是个本原幂等元. 充分性同样得证.

引理 6.1 设 T, T' 是由置换 r 联系起来的杨盘, $T' = rT$, 如果置换 s 作用在 T 上, 使得 $T(i,j)$ 中的数字变到 sT 中的 (i',j') 处, 则 $s' = rsr^{-1}$ 也会使得 $T'(i,j)$ 中的数字变到 $s'T'$ 的 (i',j') 处.

正文部分讲过, 这个引理要说明的关系就是图 D.1: 杨盘 sT 中各个数相对于杨盘 T 中的变化与杨盘 $s'T'$ 中各个数相对于杨盘 T' 中各个数的变化完全一样.

证明 把杨盘 $T, T', sT, s'T'$ 中的数均按从左到右、从上到下的顺序排列, 记为

$$\{t_1, t_2, \cdots, t_n\}, \{t_1', t_2', \cdots, t_n'\}, \{st_1, st_2, \cdots, st_n\}, \{s't_1', s't_2', \cdots, s't_n'\}.$$

由图 D.1, 知

$$r = \begin{pmatrix} t_1 & t_2 & \cdots & t_n \\ t_1' & t_2' & \cdots & t_n' \end{pmatrix},$$

$$s = \begin{pmatrix} t_1 & t_2 & \cdots & t_n \\ st_1 & st_2 & \cdots & st_n \end{pmatrix},$$

$$s' = \begin{pmatrix} t_1' & t_2' & \cdots & t_n' \\ s't_1' & s't_2' & \cdots & s't_n' \end{pmatrix}.$$

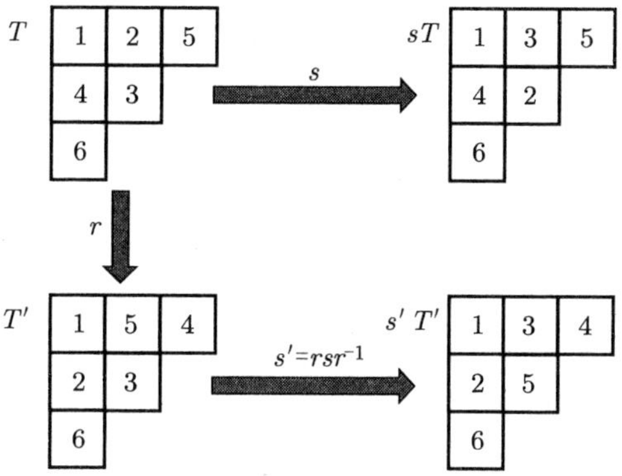

图 D.1

同时, 由于 $s' = rsr^{-1}$, 这意味着它是把 s 的上下两行分别用 r 置换. 上面那行是把 $t_1, t_2, \cdots, t_n$ 变成了 $t'_1, t'_2, \cdots, t'_n$, 下面那行是把 $st_1, st_2, \cdots, st_n$ 变成了 $s't'_1, s't'_2, \cdots, s't'_n$, 所以 r 其实有两种写法, 分别是

$$\begin{pmatrix} t_1 & t_2 & \cdots & t_n \\ t'_1 & t'_2 & \cdots & t'_n \end{pmatrix}, \begin{pmatrix} st_1 & st_2 & \cdots & st_n \\ s't'_1 & s't'_2 & \cdots & s't'_n \end{pmatrix}.$$

比较这两个等价的写法我们就知道, 当左边第 i 列的数码 t_i 在右边的位置为第 j 列, 也就是 $t_i = st_j$ 时, 一定有 $t'_i = s't'_j$. 这就是图 D.1 中的规律.

引理 6.1 还有个推论.

推论 D.1　设 $T' = rT$, 则有 $R(T') = rR(T)r^{-1}, C(T') = rC(T)r^{-1}, \widehat{P}(T') = r\widehat{P}(T)r^{-1}, \widehat{Q}(T') = r\widehat{Q}(T)r^{-1}, \widehat{E}(T') = r\widehat{E}(T)r^{-1}$.

证明　还是基于图 D.1. $\forall r \in \mathrm{S}_n, \widehat{p} \in C(T)$, 把这个 $\widehat{q}$ 理解为图 D.1 中的 s, 只不过它只是将 T 中同列的数码相互置换. 这样的话, 由于图 D.1 中 s 对 T 的置换在相对位置上完全等同于 rsr^{-1} 对 rT 的置换, 所以如果 $\widehat{q}$ 是对杨图 T 的列置换, 那么 $r\widehat{q}r^{-1}$ 就是对杨图 $T' = rT$ 的等同的列置换. 这种等同是一对一的关系, 所以在 $\widehat{q}$ 走遍 $C(T)$ 中所有元素的时候 $r\widehat{q}r^{-1}$ 也走遍 $C(T')$ 中所有元素. 最终的效果就是 $C(T') = rC(T)r^{-1}$.

对 $R(T') = rR(T)r^{-1}$, 逻辑是完全类似的. 而对 $\widehat{P}(T') = r\widehat{P}(T)r^{-1}, \widehat{Q}(T') = r\widehat{Q}(T)r^{-1}, \widehat{E}(T') = r\widehat{E}(T)r^{-1}$ 也一样, 只不过这里置换的集合变成了置换的线性叠加罢了.

引理 6.2　设 $\widehat{p}, \widehat{q}$ 是杨盘 T 的行、列置换, 则 T 中位于同一行的任意两个数字不可能出现在 $T' = \widehat{p}\widehat{q}T$ 的同一列中. 反之, 若 $T' = rT$ 时, T 中位于同一行的任意两个数字都不出现在 T' 的同一列中, 则杨盘 T 存在行、列置换 $\widehat{p}, \widehat{q}$, 使得 $r = \widehat{p}\widehat{q}$.

证明　还是基于图 D.1, $\widehat{p} \in R(T), \widehat{q} \in C(T), T' = \widehat{p}\widehat{q}T$. 令 $T'' = \widehat{p}T, \widehat{q}' = \widehat{p}\widehat{q}\widehat{p}^{-1}$. 现在讨论的内容与图 D.1 的对应关系是, 这里的 T 对应图中的 T, $\widehat{p}$ 对应图中的 r, T''

对应图中的 T'', $\widehat{q}$ 对应图中的 s, $\widehat{q}' = \widehat{pqp}^{-1}$ 对应图中的 $\widehat{s}' = rsr^{-1}$, $T' = \widehat{pq}T = \widehat{pqp}^{-1}\widehat{p}T = \widehat{q}'T''$ 对应图中的 $\widehat{s}'T''$.

这个定理实际上说的是图 D.1 左上角那个图中 T 中同一行的任意两个数字, 不可能通过取 $r = p, s = \widehat{q}$ 的方式, 由图中显示的变换, 变换到图 D.1 右下角 $T' = q'T''$ 的同一列中.

由上个引理推论中的讨论, $\widehat{q}$ 是 T 的列置换, $\widehat{q}'$ 也是 T'' 的列置换, 因此 $\widehat{q}'$ 不可能将 T'' 中位于同行的两个数码换到 T' 的同一列中. 而另一方面 $T'' = \widehat{p}T$, 因此 T'' 的行数码与 T 的行数码是相同的. 所以 T 中的行数码在经历了 $\widehat{p}$ 这个行置换变成 T'', 再经历 $\widehat{q}' = \widehat{pqp}^{-1}$ 这个列置换变成 $T' = \widehat{pq}T$ 后, 不可能处在 T' 的同一列中.

反过来, 若 $T' = rT$, 且 T 中同一行的任意两个数码都不出现在 T' 的同一列中, 则我们总可以用行置换 $\widehat{p} \in R(T)$ 对杨图 T 操作, 使得 $T'' = \widehat{p}T$ 与 T' 的各列数码相同, 只是每列中各个数码的上下位置可以不同. 这样的话, 我们可以在这个基础上对 T'' 进行一个列置换 $\widehat{q}'$, 调整每一列中各数码的行, 使得 $\widehat{q}'T''$ 与 T'' 完全相同. 如果取 $\widehat{q}' = \widehat{pqp}^{-1}$, 则 $\widehat{q}'T''$ 就是 $\widehat{pqp}^{-1}\widehat{p}T = \widehat{pq}T$, 它与 $T' = rT$ 完全相同. 这样就一定有 $r = \widehat{pq}$. 问题得证.

引理 6.1 与引理 6.2 说的是同一个杨图的杨盘的性质.

引理 6.3 设杨盘 T 和 T' 分别属于杨图 $[\lambda]$, $[\lambda']$, 且 $[\lambda] > [\lambda']$, 则存在两个数码位于 T 的同一行与 T' 的同一列.

证明 反证法. 设杨盘 T 中任意两个同行的数码均处在 T' 的不同列中, 这样的话, 要想让 T 中第一行的 λ_1 个数字出现在 T' 的不同列中, 需要 $\lambda_1' \geqslant \lambda_1$. 而已知条件是 $[\lambda] > [\lambda']$, 所以 λ_1' 只能等于 λ_1. 这样处理完以后, T' 的第一行被 T 第一行的数字占满. 再看第二行, 同样道理, 也有 $\lambda_2' = \lambda_2$, 第二行也被占满. 以此类推, 最终会有 $[\lambda'] = [\lambda]$. 这与已知 $[\lambda] > [\lambda']$ 矛盾, 因此假设不成立, 即当 $[\lambda] > [\lambda']$ 时, T 和 T' 必存在两个数码位于 T 的同一行与 T' 的同一列.

引理 6.4 若有两个数字位于杨盘 T 的同一行与杨盘 T' 的同一列, 则它们的杨算符 $\widehat{E}(T')\widehat{E}(T) = 0$.

证明 设数字 a_1, a_2 是位于杨盘 T 的同一行与杨盘 T' 的同一列的两个数码, 则有对换 $t = (a_1, a_2)$, 这个对换既属于杨盘 T 的行置换 $R(T)$, 又属于杨盘 T' 的列置换 $C(T')$. 而 $R(T), C(T')$ 又同时为 S_n 的子群, 且 $t^2 = s_0$, t 为奇置换, $\delta_t = -1$. 由重排定理, 我们知道

$$t\widehat{P}(T) = t \sum_{\widehat{p} \in R(T)} \widehat{p} = \widehat{P}(T),$$

$$\widehat{Q}(T')t = \sum_{\widehat{q} \in C(T')} \delta_q \widehat{q} \delta_t \delta_t t = \delta_t \sum_{\widehat{q} \in C(T')} \delta_q \delta_t \widehat{q}t = \delta_t \sum_{\widehat{q}t \in C(T')} \delta_{qt} \widehat{q}t = \delta_t \widehat{Q}(T').$$

这样, 就会有

$$\widehat{Q}(T')\widehat{P}(T)=\widehat{Q}(T')s_0\widehat{P}(T)=\widehat{Q}(T')tt\widehat{P}(T)=\delta_t\widehat{Q}(T')\widehat{P}(T)=-\widehat{Q}(T')\widehat{P}(T).$$

因此

$$\widehat{Q}(T')\widehat{P}(T)=0. \tag{D.4}$$

在 (D.4) 式两边左乘 $\widehat{P}(T')$、右乘 $\widehat{Q}(T)$, 就会有

$$\widehat{P}(T')\widehat{Q}(T')\widehat{P}(T)\widehat{Q}(T)=0,$$

进而

$$\widehat{E}(T')\widehat{E}(T)=0.$$

结合引理 6.3 与引理 6.4, 我们就知道, 当 T,T' 属于不同杨图 $[\lambda],[\lambda']$, 且 $[\lambda]>[\lambda']$ 时, 有 $\widehat{E}(T')\widehat{E}(T)=0$.

引理 6.5 设置换群 S_n 的群代数 R_{S_n} 中的向量 $\boldsymbol{x}=\sum\limits_{s\in\mathrm{S}_n}x_s s$, T 为 S_n 的杨盘. 若 $\forall\widehat{p}\in R(T)$, $\widehat{q}\in C(T)$, $\widehat{p}\,\boldsymbol{x}\widehat{q}=\delta_q\boldsymbol{x}$, 则 $\boldsymbol{x}$ 与 T 盘的杨算符 $\widehat{E}(T)$ 相差一个常数因子, 即 $\boldsymbol{x}=\theta\widehat{E}(T)$, 常数 θ 为 $\boldsymbol{x}$ 中 s_0 的系数.

证明 我们分两步证明. 第一步证 S_n 中不能写成 $\widehat{p}\widehat{q}$ 形式的群元 s 一定可以表示为 $\widehat{p}s\widehat{q}$ 的形式, 即 $s=\widehat{p}s\widehat{q}$, 其中 $\widehat{p}\in R(T),\widehat{q}\in C(T)$.

令 $T'=sT$, 由于 s 不具备 $\widehat{p}\widehat{q}$ 的形式, 由引理 6.2 的逆否命题, 知至少存在两个数码 a_1,a_2 位于 T 的同一行, T' 的同一列. 取 $t=(a_1,a_2)$, 有 $t\in R(T)\cap C(T'),t^2=s_0$. 由于 $T=s^{-1}T'$, 由引理 6.1 可知 $t\in C(T')$ 时 $s^{-1}ts\in C(T)$. 这样的话, 如果我们取 $\widehat{p}=t,\widehat{q}=s^{-1}ts$, 则有

$$\widehat{p}s\widehat{q}=tss^{-1}ts=t^2s=s.$$

第二步, 由 $\widehat{p}\boldsymbol{x}\widehat{q}=\delta_q\boldsymbol{x}$ 来求 $\boldsymbol{x}$. 由于 $\boldsymbol{x}=\sum\limits_{s\in\mathrm{S}_n}x_s s$, 只要定出展开系数 x_s 即可. 这样的话, 一方面

$$\widehat{p}\boldsymbol{x}\widehat{q}=\widehat{p}\sum_{s\in\mathrm{S}_n}x_s s\widehat{q}=\sum_{s\in\mathrm{S}_n}x_s\widehat{p}s\widehat{q},$$

另一方面

$$\delta_q\boldsymbol{x}=\sum_{s\in\mathrm{S}_n}\delta_q x_s s.$$

要想 $\widehat{p}\boldsymbol{x}\widehat{q}=\delta_q\boldsymbol{x}$ 成立, 必须有

$$\sum_{s\in\mathrm{S}_n}x_s\widehat{p}s\widehat{q}=\sum_{s\in\mathrm{S}_n}\delta_q x_s s. \tag{D.5}$$

当 s 不具备 $\widehat{pq}$ 的形式时, 由于 $\widehat{p}s\widehat{q}=s$, (D.5) 式左边 s 上的分量是 $\delta_q x_s$, 右边 s 上的分量是 x_s. 由于 $\widehat{q}=s^{-1}ts$ 为奇置换, 所以 $\delta_q=-1$, 因此 $x_s=-x_s, x_s=0$. 当 s 具备 $\widehat{pq}$ 的形式时, 取该 $\widehat{p},\widehat{q}$ 代入 $\widehat{p}\boldsymbol{x}\widehat{q}=\delta_q\boldsymbol{x}$, 并看该 $\widehat{pq}$ 分量的系数. 由 (D.5) 式, 知其左边的 $\widehat{pq}$ 系数是 x_{s_0}, 而右边的 $\widehat{pq}$ 项系数是 $\delta_q x_{pq}$, 于是 $x_{s_0}=\delta_q x_{pq}$. 取 $\theta=x_{s_0}$, 有 $x_{pq}=\delta_q\theta$. 对不同的具备 $\widehat{pq}$ 形式的 s, $\boldsymbol{x}$ 在它上面的分量 $x_s=x_{pq}=\delta_q\theta$, 其中 θ 与 $\boldsymbol{x}$ 有关.

两者综合起来, 就是 $\forall\widehat{p}\in R(T),\widehat{q}\in C(T)$, 满足 $\widehat{p}\boldsymbol{x}\widehat{q}=\delta_q\boldsymbol{x}$ 的 R_{S_n} 中的向量 $\boldsymbol{x}$, 其分量满足

$$x_s=\begin{cases}0, & \text{当 } s \text{ 不具备 } \widehat{pq} \text{ 的形式},\\ \delta_q\theta, & \text{当 } s \text{ 具备 } \widehat{pq} \text{ 的形式}.\end{cases}$$

这样, 有

$$\boldsymbol{x}=\sum_{s\in\mathrm{S}_n}x_s s=\sum_{\substack{p\in R(T)\\ q\in C(T)}}x_{pq}\widehat{pq}=\sum_{\substack{p\in R(T)\\ q\in C(T)}}\delta_q\theta\widehat{pq}=\theta\widehat{E}(T),$$

其中 θ 与 $\boldsymbol{x}$ 有关.

引理 6.6　杨盘 T 的杨算符 $\widehat{E}(T)$ 是置换群 S_n 的群代数 R_{S_n} 中的一个本质的本原幂等元, 不变子空间 $R_{\mathrm{S}_n}\widehat{E}(T)$ 是置换群 S_n 的一个不可约表示的表示空间, 其维数是 $n!$ 的因子.

证明　第一步, 证 $\widehat{E}(T)$ 就是群代数 R_{S_n} 中幂等元 (利用引理 6.5).

$\forall\widehat{p}\in R(T),\widehat{q}\in C(T)$, 由重排定理, 有

$$\widehat{p}\widehat{E}(T)^2\widehat{q}=\widehat{p}\widehat{P}(T)\widehat{Q}(T)\widehat{P}(T)\widehat{Q}(T)\widehat{q}=\widehat{P}(T)\widehat{Q}(T)\widehat{P}(T)\delta_q\widehat{Q}(T)=\delta_q\widehat{E}(T)^2.$$

结合引理 6.5, 我们知道 $\widehat{E}(T)^2$ 一定具备 $\theta\widehat{E}(T)$ 的形式. 这样的话 $\widehat{E}(T)^2=\theta\widehat{E}(T)$, $\widehat{E}(T)$ 为本质幂等元. 其中由前面的讨论, 知 θ 为 $\widehat{E}(T)^2$ 中 s_0 的系数, 待定 (因为除了 s_0, 阶为 2 的群元也会有贡献), $\widehat{E}(T)/\theta$ 为幂等元.

第二步, 确定 θ, 证 $\widehat{E}(T)/\theta$ 对应的群代数 R_{S_n} 中群不变子空间 $R_{\mathrm{S}_n}\widehat{E}(T)/\theta$ 的维数是 $n!$ 的因子.

由正文部分的讨论, 一个幂等元 $\widehat{E}(T)/\theta$ 对应一个投影算符 $\widehat{P}$, 关系是 $\forall\boldsymbol{x}\in R_{\mathrm{S}_n}$, 有 $\widehat{P}\boldsymbol{x}=\boldsymbol{x}\widehat{E}(T)/\theta$.

对这个算符 $\widehat{P}$, 取 R_{S_n} 的基为 $s_0,s_1,\cdots,s_{n!-1}$, 则表示矩阵对角元满足

$$P_{jj}=(\widehat{P}s_j)_{s_j}=(s_j\widehat{E}(T)/\theta)_{s_j},$$

其中 $\widehat{E}(T)$ 贡献的必为 s_0. 而 $\widehat{E}(T)$ 的 s_0 分量的系数是 1, 所以 $P_{jj}=1/\theta$. 这样算符 $\widehat{P}$ 的迹就是 $n!/\theta$.

做线性变换后, 取 R_{S_n} 的基 $v_1,v_2,\cdots,v_f,v_{f+1},\cdots,v_n!$, 其中 $v_1,v_2,\cdots,v_f$ 为 $R_{\mathrm{S}_n}\widehat{E}(T)/\theta$ 所对应的群不变子空间 W 的基. 这时, 对 $1\leqslant j\leqslant f$, 有 $v_j\in R_{S_n}\widehat{E}(T)/\theta$,

因此 $\widehat{P}v_j = v_j$, 它们所对应的 $(\widehat{P}v_j)_j = 1$. 而对 $j > f$, $\widehat{P}v_j = v_j\widehat{E}(T)/\theta \in W$, 它在 v_j 上的分量为零. 所以 $(\widehat{P}v_j)_j = 0$. 这样算符 $\widehat{P}$ 的迹就是 f. 这段讨论与上面一段讨论差的就是一个线性变换, 不改变矩阵的迹, 所以 $f = n!/\theta$. 由于 f 必为整数, 而 θ 为 $\widehat{E}(T)^2$ 中 s_0 的系数, 也必为整数, 因此 f 必为 $n!$ 的因子.

第三步, 证幂等元 $\widehat{E}(T)/\theta$ 为本原幂等元 (利用本原幂等元判别定理以及引理 6.5).

$\forall \boldsymbol{x} \in R_{\mathrm{S}_n}, \widehat{p} \in R(T), \widehat{q} \in C(T)$, 有

$$\begin{aligned}\widehat{p}\left(\left(\frac{\widehat{E}(T)}{\theta}\right)\boldsymbol{x}\left(\frac{\widehat{E}(T)}{\theta}\right)\right)\widehat{q} &= \left(\frac{\widehat{p}\widehat{E}(T)}{\theta}\right)\boldsymbol{x}\left(\frac{\widehat{E}(T)\widehat{q}}{\theta}\right)\\ &= \left(\frac{\widehat{E}(T)}{\theta}\right)\boldsymbol{x}\delta_q\left(\frac{\widehat{E}(T)}{\theta}\right) = \delta_q\left(\left(\frac{\widehat{E}(T)}{\theta}\right)\boldsymbol{x}\left(\frac{\widehat{E}(T)}{\theta}\right)\right).\end{aligned}$$

结合引理 6.5, 就有 $\left(\frac{\widehat{E}(T)}{\theta}\right)\boldsymbol{x}\left(\frac{\widehat{E}(T)}{\theta}\right) = \mu\widehat{E}(T)$, 其中 μ 为 $\left(\frac{\widehat{E}(T)}{\theta}\right)\boldsymbol{x}\left(\frac{\widehat{E}(T)}{\theta}\right)$ 中 s_0 的系数. 由前面讲到的本原幂等元判据定理, 知 $\widehat{E}(T)/\theta$ 为本原幂等元, $R_{\mathrm{S}_n}\widehat{E}(T)/\theta$ 为 S_n 的不可约表示空间.

由引理 6.6, 我们知道通过一个杨盘 T, 可求出一个本原幂等元 $\widehat{E}(T)/\theta$, 从而得到 n 阶置换群 S_n 的一个不可约表示.

引理 6.7 置换群 S_n 同一个杨图的不同杨盘给出的不可约表示是等价的, 不同杨图的杨盘给出的不可约表示是不等价的.

证明 对 S_n, 群代数 R_{S_n} 是群元素算符的不变空间, 对应的表示是正则表示, 现在我们考虑左正则表示 $L(g), g \in \mathrm{S}_n$.

设有两个杨盘 T 与 T', 杨算符分别是 $\widehat{E}(T), \widehat{E}(T')$, 它们是本质幂等元, 对应的不可约表示为 $A(g), A'(g)$, 表示空间为 $W = R_{\mathrm{S}_n}\widehat{E}(T), W' = R_{\mathrm{S}_n}\widehat{E}(T')$, 群空间向它们的表示空间的投影算符是 $\widehat{P}, \widehat{P}'$. 设 $\widehat{E}^2(T) = \theta\widehat{E}(T), \widehat{E}^2(T') = \theta'\widehat{E}(T')$, 取其相应幂等元为 $\boldsymbol{e} = \theta^{-1}\widehat{E}(T), \boldsymbol{e}' = \theta'^{-1}\widehat{E}(T')$.

第一步, 我们需要先说明: 杨算符 $\widehat{E}(T), \widehat{E}(T')$ 所对应的不可约表示等价的充要条件是至少存在一个群代数 R_{S_n} 中的元素 $\boldsymbol{c}$, 使得 $\widehat{E}(T)\boldsymbol{c}\widehat{E}(T') \neq 0$.

先看充分性. 若 $\widehat{E}(T)\boldsymbol{c}\widehat{E}(T') \neq 0$, 可定义映射 $\widehat{P}'' : W \to W'$, 操作规则是 $\forall \boldsymbol{w} \in W, \widehat{P}''\boldsymbol{w} = \boldsymbol{wece}'$. 这里, 由于 $\boldsymbol{wece}' = \widehat{P}'(\boldsymbol{wec}) \in W'$, 所以定义的 $\widehat{P}''$ 作用到 W 中向量时, 得到的新的向量属于 W'. 我们需要证明 $\widehat{P}''$ 是从 W 到 W' 的一一满映射.

首先看满映射. $W'' = \widehat{P}''W = \{\boldsymbol{wece}' | \boldsymbol{w} \in W\}, \forall \boldsymbol{w}'' = \boldsymbol{wece}' \in W''$, 有

$$L(g)\boldsymbol{w}'' = g\boldsymbol{w}'' = g\boldsymbol{wece}' = (L(g)\boldsymbol{w})\boldsymbol{ece}' \in W'',$$

所以 W'' 是群不变的子空间. 同时对 $\boldsymbol{e} \in W$, 有 $\boldsymbol{eece}' = \boldsymbol{ece}' \neq 0$, 所以 W'' 非空. 结合 W'' 是不可约表示的表示空间, $W'' = W'$. 满映射成立.

其次看单射. 若不同 $\boldsymbol{w}_1, \boldsymbol{w}_2 \in W$ 对应 $\widehat{P}''\boldsymbol{w}_1 = \widehat{P}''\boldsymbol{w}_2$, 则 $\widehat{P}''(\boldsymbol{w}_1 - \boldsymbol{w}_2) = 0$, 进而 $(\boldsymbol{w}_1 - \boldsymbol{w}_2)\boldsymbol{ece}' = 0$. 由于 $\boldsymbol{w}_1 - \boldsymbol{w}_2$ 不为零, 所以 $\boldsymbol{ece}' = 0$, 与已知矛盾 (已知是 $\widehat{E}(T)\boldsymbol{c}\widehat{E}(T') \neq 0$, 因而 $\boldsymbol{c} \neq 0, \boldsymbol{ece}' \neq 0$). 因此 $\widehat{P}''$ 不光是满映射, 还是单射, 存在逆 $\widehat{P}''^{-1}$.

这个时候, 因为 $\forall \boldsymbol{w} \in W$, 有

$$\widehat{P}''L(g)\boldsymbol{w} = \widehat{P}''(g\boldsymbol{w}) = (g\boldsymbol{w})\boldsymbol{ece}' = g(\boldsymbol{wece}') = L(g)\widehat{P}''\boldsymbol{w}. \tag{D.6}$$

(D.6) 式左边, $L(g)$ 是作用在 $\boldsymbol{w}$ 的线性空间 W 上的; (D.6) 式右边, $L(g)$ 是作用在 $\widehat{P}''\boldsymbol{w}$ 的线性空间 W' 上的. 同时这个等式对任意 $\boldsymbol{w} \in W$ 成立. 因此, 写成表示的形式, 就有

$$\widehat{P}''A(g) = A'(g)\widehat{P}''.$$

而 $\widehat{P}''^{-1}$ 存在, 所以 $A'(g) = \widehat{P}''A(g)\widehat{P}''^{-1}, A$ 与 A' 等价. 充分性得证.

再看必要性. 由 A 与 A' 等价, 一定存在 $\widehat{P}''$, 使得对任意 $g \in \mathrm{S}_n, \boldsymbol{w} \in W$, 有

$$P''A(g)\boldsymbol{w} = A'(g)\widehat{P}''\boldsymbol{w},$$

即

$$\widehat{P}''g\boldsymbol{w} = g\widehat{P}''\boldsymbol{w}.$$

由于 $\widehat{P}''$ 为非奇异线性算符, 可通过线性组合使得 $\forall \boldsymbol{x} \in R_{\mathrm{S}_n}$, 有 $\widehat{P}''\boldsymbol{xw} = \boldsymbol{x}\widehat{P}''\boldsymbol{w}$.

定义 $\boldsymbol{c} = \widehat{P}''\boldsymbol{e}$. 由于 $\widehat{P}''$ 为非奇异线性算符, 所以 $\boldsymbol{c} \neq 0$. 对这样定义的 $\boldsymbol{c}$, 有

$$\boldsymbol{c} = \widehat{P}''\boldsymbol{ee} = \boldsymbol{e}\widehat{P}''\boldsymbol{e} = \boldsymbol{ec}.$$

同时由于 $\boldsymbol{c} \in W'$, 还存在 $\boldsymbol{ce}' = P'\boldsymbol{c} = \boldsymbol{c}$, 进而有

$$\boldsymbol{c} = \boldsymbol{ece}'.$$

由于 $\boldsymbol{c} \neq 0$, 所以 $\boldsymbol{ece}' \neq 0$, 因此 $\widehat{E}(T)\boldsymbol{c}\widehat{E}(T') \neq 0$.

现在证明了杨算符 $\widehat{E}(T), \widehat{E}(T')$ 所对应的不可约表示等价的充要条件是至少存在一个群代数 R_{S_n} 中的元素 $\boldsymbol{c}$, 使得 $\widehat{E}(T)\boldsymbol{c}\widehat{E}(T') \neq 0$. 下面看杨盘 T 与 T' 属于或不属于同一个杨图时, 会发生什么事情.

当杨盘 T 与 T' 属于同一个杨图时, 由前面的讨论, 必存在 $r \in \mathrm{S}_n$, $r \neq 0$, 使得 $T' = rT$, 进而 $\widehat{E}(T') = r\widehat{E}(T)r^{-1}$. 此时, 有 $r^{-1} \in R_{\mathrm{S}_n}$, 使得 $\widehat{E}(T)r^{-1}\widehat{E}(T') = r^{-1}\widehat{E}^2(T') = \theta r^{-1}\widehat{E}(T')$. $\widehat{E}(T)r^{-1}\widehat{E}(T') \neq 0$, 因为不然的话就会有 $\widehat{E}(T') = 0$. 介绍定义 6.6 时讨论过, 杨算符一定不为零.

这样由上半部分的讨论, 结合 $\widehat{E}(T)r^{-1}\widehat{E}(T') \neq 0$, 就知道 $\widehat{E}(T), \widehat{E}(T')$ 所对应的不可约表示等价.

另一种情况, 就是 T 与 T' 属于不同杨图 $[\lambda], [\lambda']$. 不同的两个杨图可以通过之前的讨论定义大小, 不失一般性, 取 $[\lambda] > [\lambda']$. 这样的话对 $\forall s \in \mathrm{S}_n$, 我们知道杨盘 sT 的杨算符是 $s\widehat{E}(T)s^{-1}$. 这时, 由引理 6.4, 不同杨图的杨盘对应的杨算符满足 $\widehat{E}(T')s\widehat{E}(T)s^{-1} = 0$. 两边乘上 s, 有 $\widehat{E}(T')s\widehat{E}(T) = 0$. 由 s 的一般性, 可知 $\forall \boldsymbol{x} \in R_{\mathrm{S}_n}$, 都有 $\widehat{E}(T')\boldsymbol{x}\widehat{E}(T) = 0$. 这样, 同样结合上面的讨论, 就知道 T 与 T' 对应的不可约表示相互之间不等价.

这七个引理结合在一起, 就给出了杨盘定理的全部内容.

习 题 解 答

这里给出各章习题的一个简单的解答, 供读者参考.

第一章:

1. 设三阶群为 $\{e,a,b\}$, 考虑乘法表与重排定理. 可以确定的有 $ee=e,ea=a,eb=b,ae=a,be=b$. 之后, 考虑 aa, 有两种情况: (1) $aa=e$, 那么 $ab=b$, 这与 $eb=b$ 矛盾; (2) $aa=b$, 那么 $ab=e,ba=e,bb=a$. 由此可以看出这个群就是 C_3 群.

2. 只需要证明两个子群的交集满足 (1) 封闭性, (2) 每个元素有唯一逆. 利用交集定义, 这两点均易证.

3. 由 Lagrange 定理, 四阶群子群的阶为 1, 2 或 4, 那么群元的阶只能为 1, 2 或 4. 对任意四阶群 $G=\{e,a,b,c\}$, 设 a 的阶最高. (1) a 的阶为 1, 那么 $a=e$, 与唯一单位元矛盾. (2) a 的阶为 2, 那么 $a^2=e$. 由重排定理, $G=\{e,a,b,c\}=aG=\{a,a^2=e,ab,ac\}$. 只能有 $ab=c,ac=b$, 否则若 $ab=b,ac=c$, 那么 $a=e$, 与唯一单位元矛盾. 同理, 由 $G=\{e,a,b,c\}=bG=\{b,ba,b^2,bc\}$, 得 $ba\neq b,bc\neq c$, 则有三种情况: ① $ba=e,bc=a,b^2=c$, 那么 $ab=b^2=c$, 矛盾; ② $ba=c,bc=e,b^2=a$, 那么 $ba=b^3=c,bc=b^4=e,b$ 的阶为 4, 大于 a 的阶, 与假设矛盾; ③ $ba=c,bc=a,b^2=e$, 那么 $ab=ba=c,ca=baa=be=b=ac,cb=abb=ae=a=bc,c^2=abba=aea=e$, 满足要求, 且为 Abel 群. (3) a 的阶为 4, 有两种情况: ① $a^2=b,a^3=c$, ② $a^2=c,a^3=b$. 可以看出二者等价, 只考虑①. 此时 $ab=a^3=ba,ac=a^4=ca,bc=a^5=cb$, 因此群是 Abel 群. 综上, 有两个群, 且都是 Abel 群.

4. 有子群: $\{1\},\{1,-1\},\{1,\mathrm{i},-1,-\mathrm{i}\}$. 其中非平庸的子群为 $H=\{1,-1\}$. 单位元自成一类. $1\cdot(-1)\cdot 1^{-1}=-1,\mathrm{i}\cdot(-1)\cdot\mathrm{i}^{-1}=-1,-\mathrm{i}\cdot(-1)\cdot(-\mathrm{i})^{-1}=-1$, 因此 H 是 G 的非平庸不变子群. 取 $g_0=1,g_0H=\{1,-1\}=H$; 取 $g_1=\mathrm{i},g_1H=\{\mathrm{i},-\mathrm{i}\}=\mathrm{i}H$. 因此 G 对不变子群 H 的商群为 $\{H,\mathrm{i}H\}$.

5. 根据群的封闭性, 不断将两个元素相乘, 找到其所有元素. 具体过程如下: $e=\begin{pmatrix}1&0\\0&1\end{pmatrix},a=\begin{pmatrix}0&1\\-1&0\end{pmatrix},b=\begin{pmatrix}0&1\\1&0\end{pmatrix},a^2=\begin{pmatrix}-1&0\\0&-1\end{pmatrix}=c,ac=\begin{pmatrix}0&-1\\1&0\end{pmatrix}=d,ad=\begin{pmatrix}1&0\\0&1\end{pmatrix}=e,b^2=e,ab=\begin{pmatrix}1&0\\0&-1\end{pmatrix}=f,cb=\begin{pmatrix}0&-1\\-1&0\end{pmatrix}=g,db=\begin{pmatrix}-1&0\\0&1\end{pmatrix}=h,fb=a,gb=c,hb=d,ca=d,da=e,cd=dc=a$, 因此在 $\{e,a,b,c,d,e,f,g,h\}$ 下群已经封闭. 结合律、唯一逆容易验证, 群的阶为 8.

   共轭类: (1) 单位元 $\{e\}$ 自成一类. (2) 对于元素 $a,aaa^{-1}=a,bab^{-1}=d,cac^{-1}=a,dad^{-1}=a,faf^{-1}=d,gag^{-1}=d,hah^{-1}=d$, 故 $\{a,d\}$ 为一类. 同理可得, $\{b,g\},\{h,f\},\{c\}$ 各自为

一类.

6. 由 Lagrange 定理可得, $D_3 = \{e, a, b, c, d, f\}$ 群的子群的阶可能为 1, 2, 3, 6. 子群为 $\{e\}, \{e, a\}$, $\{e, b\}, \{e, c\}, \{e, d, f\}, \{e, a, b, c, d, f\}$. 不变子群为 $\{e\}, \{e, d, f\}, \{e, a, b, c, d, f\}$.
7. 设 $M = g_i H$ 为子群 H 的左陪集, $g_i \in G, g_i \notin H$. 假设 M 中包含子群 H 的元素, 则存在元素 $h \in H$, 使得 $g_i h \in H$. 那么 $g_i = g_i h \cdot h^{-1} \in H$, 矛盾, 因此 M 中不包含任何子群 H 的元素, 包括单位元, 所以 M 不是群.
8. 可以. 如 D_3 群, 有三个不同的不变子群, 分别为: $\{e\}, \{e, d, f\}, \{e, a, b, c, d, f\}$.
9. 反证法. 如果群 G 不是 Abel 群, 那么存在 $g_i, g_j \in G$, 使得 $g_i g_j \neq g_j g_i$. $e = (g_i g_j)^2 = g_i g_j g_i g_j = g_i (g_j g_i) g_j$, 等式两边同时左乘 g_i^{-1} 并右乘 g_j^{-1}, 可得 $g_i^{-1} g_i (g_j g_i) g_j g_j^{-1} = g_i^{-1} e g_j^{-1}$, 进一步得到 $e(g_j g_i)e = g_i^{-1} e g_j^{-1} = g_i e g_j$, 即 $g_j g_i = g_i g_j$, 矛盾, 因此群 G 是 Abel 群.
10. 设这三个矩阵分别为 $e = \begin{pmatrix} 1 & 0 & 0 & 0 \\ 0 & 1 & 0 & 0 \\ 0 & 0 & 1 & 0 \\ 0 & 0 & 0 & 1 \end{pmatrix}, a = \begin{pmatrix} 0 & 0 & 0 & 1 \\ 1 & 0 & 0 & 0 \\ 0 & 1 & 0 & 0 \\ 0 & 0 & 1 & 0 \end{pmatrix}, b = \begin{pmatrix} 0 & 0 & 1 & 0 \\ 0 & 0 & 0 & 1 \\ 1 & 0 & 0 & 0 \\ 0 & 1 & 0 & 0 \end{pmatrix}$.

   通过计算可得 $a^2 = b, a^3 = \begin{pmatrix} 0 & 1 & 0 & 0 \\ 0 & 0 & 1 & 0 \\ 0 & 0 & 0 & 1 \\ 1 & 0 & 0 & 0 \end{pmatrix} = c, a^4 = b^2 = e$. 由此可以看出, 这三个矩阵不构成群, 但添加 c 后可构成四阶循环群, 为 Abel 群, 群元自成一类.
11. 由群的定义: 封闭性、结合律、有单位元、存在唯一逆, 易证这六个函数构成群. 通过乘法表, 易得它和 D_3 群的群元一一对应: $f_1(x) \leftrightarrow e, f_2(x) \leftrightarrow a, f_3(x) \leftrightarrow b, f_4(x) \leftrightarrow c, f_5(x) \leftrightarrow d, f_6(x) \leftrightarrow f$.
12. 对于任意 $g_m, g_n \in C_i$, 存在 $g \in G$, 使得 $g g_m g^{-1} = g_n$. 等式两边同时取逆, $(g g_m g^{-1})^{-1} = g g_m^{-1} g^{-1} = g_n^{-1}$, 那么 g_m^{-1}, g_n^{-1} 同属于一类. 由于 g_m, g_n 的任意性, 且 $g_m^{-1}, g_n^{-1} \in C_i^*$, 可得 C_i^* 也是一个类.
13. $p_1^{-1} = \begin{pmatrix} 1 & 2 & 3 & 4 & 5 & 6 & 7 & 8 \\ 4 & 5 & 1 & 7 & 2 & 8 & 3 & 6 \end{pmatrix}, p_2^{-1} = \begin{pmatrix} 1 & 2 & 3 & 4 & 5 & 6 & 7 & 8 \\ 5 & 1 & 8 & 7 & 2 & 3 & 6 & 4 \end{pmatrix}$,

   $p_2^{-1} p_1^{-1} = \begin{pmatrix} 1 & 2 & 3 & 4 & 5 & 6 & 7 & 8 \\ 7 & 2 & 5 & 6 & 1 & 4 & 8 & 3 \end{pmatrix}, p_1 p_2 = \begin{pmatrix} 1 & 2 & 3 & 4 & 5 & 6 & 7 & 8 \\ 5 & 2 & 8 & 6 & 3 & 4 & 1 & 7 \end{pmatrix}$,

   $(p_1 p_2)^{-1} = \begin{pmatrix} 1 & 2 & 3 & 4 & 5 & 6 & 7 & 8 \\ 7 & 2 & 5 & 6 & 1 & 4 & 8 & 3 \end{pmatrix}$. 由此可见 $p_2^{-1} p_1^{-1} = (p_1 p_2)^{-1}$.
14. 三阶对称群 $S_3 = \left\{ s_1 = \begin{pmatrix} 1 & 2 & 3 \\ 1 & 2 & 3 \end{pmatrix}, s_2 = \begin{pmatrix} 1 & 2 & 3 \\ 1 & 3 & 2 \end{pmatrix}, s_3 = \begin{pmatrix} 1 & 2 & 3 \\ 3 & 2 & 1 \end{pmatrix}, s_4 = \begin{pmatrix} 1 & 2 & 3 \\ 2 & 1 & 3 \end{pmatrix}, s_5 = \begin{pmatrix} 1 & 2 & 3 \\ 2 & 3 & 1 \end{pmatrix}, s_6 = \begin{pmatrix} 1 & 2 & 3 \\ 3 & 1 & 2 \end{pmatrix} \right\}$. 这六个元素分别对应 e, a, b, c, d, f, 使得 S_3 与 D_3 同构.

因此, S_3 的子群为 $\{s_1\},\{s_1,s_2\},\{s_1,s_3\},\{s_1,s_4\},\{s_1,s_5,s_6\},\{s_1,s_2,s_3,s_4,s_5,s_6\}$. 不变子群为 $\{s_1\},\{s_1,s_5,s_6\},\{s_1,s_2,s_3,s_4,s_5,s_6\}$. $\{s_1,s_5,s_6\}$ 为包含 $s_5=\begin{pmatrix}1&2&3\\2&3&1\end{pmatrix}$ 的循环子群.

15. 六阶循环群 $Z_6=\{e=a^6,a,a^2,a^3,a^4,a^5\}$, 由 Lagrange 定理, 子群的阶只能为 1, 2, 3 或 6. 由此可得子群为 $\{e\},\{e,a^3\},\{e,a^2,a^4\},\{e,a,a^2,a^3,a^4,a^5\}$. 其中不变子群为 $G_1=\{e\},G_2=\{e,a^3\},G_3=\{e,a^2,a^4\},G_4=\{e,a,a^2,a^3,a^4,a^5\}$. 商群为 $Z_6/G_1=\{G_1,aG_1,a^2G_1,a^4G_1,a^5G_1\},Z_6/G_2=\{G_2,aG_2,a^2G_2\},Z_6/G_3=\{G_3,aG_3\},Z_6/G_4=\{G_4\}$.

16. 这个群 G 有循环子群 $G_1=\{B,B^2,\cdots,B^{k-1},B^k=e\}$, 可构造相应陪集 $H=AG_1=\{AB,AB^2,\cdots,AB^{k-1},AB^k=A\}$. $G=\{A,A^2=e\}\cup\{AB,(AB)^2=e\}\cup G_1\cup H$. 封闭性、结合律、唯一单位元、唯一逆这四个性质容易证得.

17. $D_3=\{e,a,b,c,d,f\}$. 在自同构映射下, e 只能映射到 $e,\{a,b,c\}$ 只能映射到 $\{a,b,c\},\{d,f\}$ 只能映射到 $\{d,f\}$. 由此可得该群的自同构群为 $H=\{\Phi_1,\Phi_2,\Phi_3,\Phi_4,\Phi_5,\Phi_6\}$. 其中各个自同构映射为:

$$\Phi_1=\begin{pmatrix}e&a&b&c&d&f\\e&a&b&c&d&f\end{pmatrix},\Phi_2=\begin{pmatrix}e&a&b&c&d&f\\e&a&c&b&f&d\end{pmatrix},$$

$$\Phi_3=\begin{pmatrix}e&a&b&c&d&f\\e&c&b&a&f&d\end{pmatrix},\Phi_4=\begin{pmatrix}e&a&b&c&d&f\\e&b&a&c&f&d\end{pmatrix},$$

$$\Phi_5=\begin{pmatrix}e&a&b&c&d&f\\e&b&c&a&d&f\end{pmatrix},\Phi_6=\begin{pmatrix}e&a&b&c&d&f\\e&c&a&b&d&f\end{pmatrix}.$$

对任意 $g\in D_3,\Phi_1$ 等价于 ege^{-1},Φ_2 等价于 aga^{-1},Φ_3 等价于 bgb^{-1},Φ_4 等价于 cgc^{-1},Φ_5 等价于 dgd^{-1},Φ_6 等价于 fgf^{-1}, 因此 H 是内自同构群.

18. 设 $k=ghg^{-1}\in G$. $k^2=ghg^{-1}ghg^{-1}=ghehg^{-1}=gh^2g^{-1}=gg^{-1}=e$. 由于群 G 中只有一个阶为 2 的元素 h, 那么只能有 $k=h$, 因此 $ghg^{-1}=h$, 即对任意 $g\in G,gh=hg$.

19. $D_4=\{e,r,r^2,r^3,a,ra,r^2a,r^3a\},G_1$ 的自同构映射为 $\Phi_1=\begin{pmatrix}e&r&r^2&r^3\\e&r&r^2&r^3\end{pmatrix},\Phi_2=\begin{pmatrix}e&r&r^2&r^3\\e&r^3&r^2&r\end{pmatrix}$, 自同构群 $A(G_1)=\{\Phi_1,\Phi_2\}$. 可构造 G_2 到 $A(G_1)$ 的同态映射: $\begin{pmatrix}e&a\\\Phi_1&\Phi_2\end{pmatrix}$, 那么 $G_1\otimes_s G_2=\{\langle ee\rangle,\langle ea\rangle,\langle re\rangle,\langle ra\rangle,\langle r^2e\rangle,\langle r^2a\rangle,\langle r^3e\rangle,\langle r^3a\rangle\}$. 可以根据乘法规则发现如下同构关系:

$$\begin{pmatrix}\langle ee\rangle&\langle ea\rangle&\langle re\rangle&\langle ra\rangle&\langle r^2e\rangle&\langle r^2a\rangle&\langle r^3e\rangle&\langle r^3a\rangle\\e&a&r&ra&r^2&r^2a&r^3&r^3a\end{pmatrix}$$

容易验证在上述 G_2 到 $A(G_1)$ 的同态映射所定义的乘法下 $D_4=G_1\otimes_s G_2$.

20. 由 $G = H \otimes K$, 可得对任意 $g \in G$, 存在唯一的 $h \in H, k \in K$, 满足 $g = hk$. 考虑一个从 G 到 K 的映射: $\varPhi(g) = k$. 由直积表示的唯一性和存在性, 这个映射是满映射. 又有对任意 $g_i, g_j \in G, \varPhi(g_i g_j) = \varPhi(h_i k_i h_j k_j) = \varPhi((h_i h_j)(k_i k_j)) = k_i k_j, \varPhi(g_i)\varPhi(g_j) = \varPhi(h_i k_i)\varPhi(h_j k_j) = k_i k_j = \varPhi(g_i g_j)$, 可以看出这个映射保持乘法规则, 因此 $\varPhi$ 是从 G 到 K 的同态映射, G 与 K 同态. 考虑其同态核: $\varPhi(g) = k_0 = \varPhi(hk_0), h$ 为 H 中任意元素, 因此 H 是同态核, 由同态核定理, G/H 与 K 同构. 同理可证 G 与 H 同态.

21. 由 $G = H \otimes_{\mathrm{s}} K$, 可得对任意 $g \in G$, 存在唯一的 $h \in H, k \in K$, 满足 $g = \langle hk \rangle$. 考虑一个从 G 到 K 的映射 $\varPhi(g) = k$. 由半直积表示的唯一性和存在性, 这个映射是满映射. 又有对任意 $g_i, g_j \in G$: $\varPhi(g_i g_j) = \varPhi(\langle h_i k_i \rangle \langle h_j k_j \rangle) = \varPhi(h_i \nu_{k_i}(h_j) k_i k_j),$, 其中 $\nu_{k_i}(h_j)$ 为通过群 K 中元素 k_i 的同态映射找到的群 H 的自同构映射, $\nu_{k_i}(h_j) \in H, h_i \nu_{k_i}(h_j) \in H$, 那么 $\varPhi(g_i g_j) = k_i k_j$. 而 $\varPhi(g_i)\varPhi(g_j) = \varPhi(\langle h_i k_i \rangle)\varPhi(\langle h_j k_j \rangle) = k_i k_j = \varPhi(g_i g_j)$, 可以看出这个映射保持乘法规则. 因此 $\varPhi$ 是从 G 到 K 的同态映射, G 与 K 同态, H 是同态核, 由同态核定理, G/H 与 K 同构.

22. 不是. 反例如 $\mathrm{D}_3 = \{e, a, b, c, d, f\}$, 它具有一个三阶循环子群 $\mathrm{Z}_3 = \{e, d, f\}$. 如果 D_3 与 Z_3 同构, 那么同态核为 $H = \{e, a, b, c\}$. 由同态核定理, H 是 D_3 的不变子群. 但这不成立, 因为 H 不是 D_3 的子群. 因此 D_3 与 Z_3 不同构.

第二章:

1. 群表示可以看作群 G 到矩阵群 M 的同态映射. (1) A 为 G 的表示, 即存在同态映射 $A: G \to M, M$ 为矩阵群, $\forall g_\alpha \in G, A(g_\alpha) \in M$ 且 $\forall g_\alpha, g_\beta \in G, A(g_\alpha g_\beta) = A(g_\alpha)A(g_\beta)$, 而 $A(g_0) = E$.

   定义映射 $A^*: G \to M^*, M^*$ 为 M 中所有矩阵取复共轭, 则 M^* 为矩阵群, $\forall g_\alpha \in G, A^*(g_\alpha) \in M^*$, 且 $\forall g_\alpha, g_\beta \in G, A^*(g_\alpha g_\beta) = (A(g_\alpha)A(g_\beta))^* = A^*(g_\alpha)A^*(g_\beta)$, 而 $A^*(g_0) = E$. 因此 $A^*(g)$ 也为同态映射, $A^*(g)$ 是 G 的一个表示. (2) 运用特征标内积性质. 若 A 不可约, 则 $(\chi^A|\chi^A) = 1$, 那么 $(\chi^{A^*}|\chi^{A^*}) = 1$, 即 $A^*(g)$ 不可约. (3) 反证法. 设 A 为酉的, 若 A^* 不是酉的, 则 $(A^*(g))^\dagger A^*(g) = A^{\mathrm{T}}(g)A^*(g) \neq E$. 取转置得 $(A^{\mathrm{T}}(g)A^*(g))^{\mathrm{T}} = A^\dagger(g)A(g) \neq E^{\mathrm{T}} = E$, 与 A 为酉的矛盾, 因此 A^* 也是酉的.

2. (1) 若 A 是一个表示, 则 $A(e) = I$ 且 $A(s)A(g) = A(sg), \forall s, g \in G$. 由于 $(A^{\mathrm{T}}(e))^{-1} = I$, 且 $\forall s, g \in G$, $(A^{\mathrm{T}}(sg))^{-1} = ((A(s)A(g))^{\mathrm{T}})^{-1} = (A^{\mathrm{T}}(g)A^{\mathrm{T}}(s))^{-1} = (A^{\mathrm{T}}(s))^{-1}(A^{\mathrm{T}}(g))^{-1}$, 以及 $(A^\dagger(e))^{-1} = I$, 且 $\forall s, g \in G$, $(A^\dagger(sg))^{-1} = ((A(s)A(g))^\dagger)^{-1} = (((A(s)A(g))^{\mathrm{T}})^*)^{-1} = ((A^{\mathrm{T}}(g)A^{\mathrm{T}}(s))^{-1})^* = ((A^{\mathrm{T}}(s))^{-1}(A^{\mathrm{T}}(g))^{-1})^* = (A^\dagger(s))^{-1}(A^\dagger(g))^{-1}$, 所以 $(A^{\mathrm{T}}(g))^{-1}$ 与 $(A^\dagger(e))^{-1}$ 均为 G 的表示. (2) 运用特征标内积性质. A 不可约, 则 $(\chi^A|\chi^A) = 1$, 那么 $(\chi^{(A^{\mathrm{T}})^{-1}}|\chi^{(A^{\mathrm{T}})^{-1}}) = (\chi^{(A^\dagger)^{-1}}|\chi^{(A^\dagger)^{-1}}) = 1$, 即 $(A^{\mathrm{T}}(g))^{-1}$ 与 $(A^\dagger(e))^{-1}$ 均为不可约表示. (3) 利用第 1 题的结论和反证法, 可证明 $(A^{\mathrm{T}}(g))^{-1}$ 与 $(A^\dagger(e))^{-1}$ 均是酉的.

3. $A^{\mathrm{T}}(sg) = (A(s)A(g))^{\mathrm{T}} = A^{\mathrm{T}}(g)A^{\mathrm{T}}(s), A^\dagger(sg) = (A(s)A(g))^\dagger = A^\dagger(g)A^\dagger(s)$. 当 $A(sg) = A(gs)$, 即当 A 为 Abel 群时, $A^{\mathrm{T}}(sg)$ 和 $A^\dagger(sg)$ 构成表示, 反之不构成表示.

4. $\forall g_\alpha \in G, A(g_\alpha)\sum\limits_{g \in C} A(g) = A(g_\alpha)\sum\limits_{g \in C} A(g g_\alpha^{-1} g_\alpha) = \sum\limits_{g \in C} A(g_\alpha g g_\alpha^{-1})A(g_\alpha)$. 由 C 是共轭类, 可知 $\forall g \in C, g_\alpha \in G, g_\alpha g g_\alpha^{-1} \in C$, 且若 C 中 $g_i \neq g_j$, 可得 $g_\alpha g_i g_\alpha^{-1} \neq g_\alpha g_j g_\alpha^{-1}, \sum\limits_{g \in C} A(g_\alpha g g_\alpha^{-1}) =$

$\sum_{g\in C} A(g)$. 因此 $A(g_\alpha)\sum_{g\in C} A(g) = \sum_{g\in C} A(g)A(g_\alpha)$. 由 Schur 引理二, 可以得到 $\sum_{g\in C} A(g) = \lambda E$.

5. 蕴藏在第 4 题的证明过程中.

6. 三阶群只有一个, 为三阶循环群. 三阶循环群 $G = \{e, a, a^2\}$, G 为 Abel 群, 各元素各成一类, 共三个类, 因此有三个不等价不可约表示, 且均为一维表示: $A(e) = 1$, 由 $A(a^3) = (A(a))^3 = A(e) = \mathrm{e}^{\mathrm{i}2k\pi}$, 因此 $A(a) = \mathrm{e}^{\mathrm{i}\frac{2k\pi}{3}}\,(k = 0, 1, 2)$.

7. 定义 $A(g)\otimes B(g) = C(g)$, $(\chi^C|\chi^C) = \dfrac{1}{n}\sum_{i=1}^{n}\chi^{A*}(g_i)\chi^{B*}(g_i)\chi^{A}(g_i)\chi^{B}(g_i)$. A 是 G 的不可约表示, $(\chi^A|\chi^A) = \dfrac{1}{n}\sum_{i=1}^{n}\chi^{A*}(g_i)\chi^{A}(g_i) = 1$. B 是非恒等表示, $\forall g_i \in G, |\chi^B(g_i)| = 1$, 可得 $\chi^{B*}(g_i)\chi^{B}(g_i) = 1$. 因此 $(\chi^C|\chi^C) = 1$, 所以 $C(g)$ 是群 G 的一个不可约表示.

8. 由乘法表可知 G 是 Abel 群, 故 G 的不可约表示是四个一维表示:

	$1\{e\}$	$1\{a\}$	$1\{b\}$	$1\{c\}$
A^1	1	1	1	1
A^2	1	1	−1	−1
A^3	1	−1	1	−1
A^4	1	−1	−1	1

9. D_3 群可分为 3 类: $\{e\}, \{a, b, c\}, \{d, f\}$, 由 Burnside 定理可知 D_3 群有两个一维不可约表示, 一个二维不可约表示.

   D_3 群的特征标表为:

	$1\{e\}$	$2\{d\}$	$3\{a\}$
A^1	1	1	1
A^2	1	1	−1
A^3	2	−1	0

   对应的表示为:

	e	a	b	c	d	f
A^1	1	1	1	1	1	1
A^2	1	−1	−1	−1	1	1
A^3	$\begin{pmatrix}1 & 0\\0 & 1\end{pmatrix}$	$\begin{pmatrix}0 & 1\\1 & 0\end{pmatrix}$	$\begin{pmatrix}0 & \mathrm{e}^{\mathrm{i}\frac{4\pi}{3}}\\\mathrm{e}^{\mathrm{i}\frac{2\pi}{3}} & 0\end{pmatrix}$	$\begin{pmatrix}0 & \mathrm{e}^{\mathrm{i}\frac{2\pi}{3}}\\\mathrm{e}^{\mathrm{i}\frac{4\pi}{3}} & 0\end{pmatrix}$	$\begin{pmatrix}\mathrm{e}^{\mathrm{i}\frac{2\pi}{3}} & 0\\0 & \mathrm{e}^{\mathrm{i}\frac{4\pi}{3}}\end{pmatrix}$	$\begin{pmatrix}\mathrm{e}^{\mathrm{i}\frac{4\pi}{3}} & 0\\0 & \mathrm{e}^{\mathrm{i}\frac{2\pi}{3}}\end{pmatrix}$

易验证正交定理.

10. 利用 $A(g)\varphi(\boldsymbol{r}) = \varphi(g^{-1}\boldsymbol{r})$, 以 $A(d)$ 为例, $d^{-1}\boldsymbol{r} = f\boldsymbol{r} = \left(-\frac{1}{2}x+\frac{\sqrt{3}}{2}y, -\frac{\sqrt{3}}{2}x-\frac{1}{2}y, z\right)$,

$A(d)\varphi_1(\boldsymbol{r}) = \varphi_1(f\boldsymbol{r}) = \left(-\frac{1}{2}x + \frac{\sqrt{3}}{2}y\right)^2 = \frac{1}{4}x^2 + \frac{3}{4}y^2 - \frac{\sqrt{3}}{2}xy = \left(\frac{1}{4}, \frac{3}{4}, 0, -\frac{\sqrt{3}}{2}, 0, 0\right)$,

依次算出 $A(d)\varphi_2(\boldsymbol{r}), A(d)\varphi_3(\boldsymbol{r}), A(d)\varphi_4(\boldsymbol{r}), A(d)\varphi_5(\boldsymbol{r}), A(d)\varphi_6(\boldsymbol{r})$, 从而得到

$$A(d) = \begin{pmatrix} 1/4 & 3/4 & 0 & \sqrt{3}/4 & 0 & 0 \\ 3/4 & 1/4 & 0 & -\sqrt{3}/4 & 0 & 0 \\ 0 & 0 & 1 & 0 & 0 & 0 \\ -\sqrt{3}/2 & \sqrt{3}/2 & 0 & -1/2 & 0 & 0 \\ 0 & 0 & 0 & 0 & -1/2 & \sqrt{3}/2 \\ 0 & 0 & 0 & 0 & -\sqrt{3}/2 & -1/2 \end{pmatrix}.$$

同理可得

$$A(e) = \begin{pmatrix} 1 & 0 & 0 & 0 & 0 & 0 \\ 0 & 1 & 0 & 0 & 0 & 0 \\ 0 & 0 & 1 & 0 & 0 & 0 \\ 0 & 0 & 0 & 1 & 0 & 0 \\ 0 & 0 & 0 & 0 & 1 & 0 \\ 0 & 0 & 0 & 0 & 0 & 1 \end{pmatrix},$$

$$A(f) = \begin{pmatrix} 1/4 & 3/4 & 0 & -\sqrt{3}/4 & 0 & 0 \\ 3/4 & 1/4 & 0 & \sqrt{3}/4 & 0 & 0 \\ 0 & 0 & 1 & 0 & 0 & 0 \\ \sqrt{3}/2 & -\sqrt{3}/2 & 0 & -1/2 & 0 & 0 \\ 0 & 0 & 0 & 0 & -1/2 & -\sqrt{3}/2 \\ 0 & 0 & 0 & 0 & \sqrt{3}/2 & -1/2 \end{pmatrix},$$

$$A(a) = \begin{pmatrix} 1 & 0 & 0 & 0 & 0 & 0 \\ 0 & 1 & 0 & 0 & 0 & 0 \\ 0 & 0 & 1 & 0 & 0 & 0 \\ 0 & 0 & 0 & -1 & 0 & 0 \\ 0 & 0 & 0 & 0 & 1 & 0 \\ 0 & 0 & 0 & 0 & 0 & -1 \end{pmatrix},$$

$$A(b) = \begin{pmatrix} 1/4 & 3/4 & 0 & \sqrt{3} & 0 & 0 \\ 3/4 & 1/4 & 0 & -\sqrt{3}/4 & 0 & 0 \\ 0 & 0 & 1 & 0 & 0 & 0 \\ \sqrt{3}/2 & -\sqrt{3}/2 & 0 & 1/2 & 0 & 0 \\ 0 & 0 & 0 & 0 & -1/2 & \sqrt{3}/2 \\ 0 & 0 & 0 & 0 & \sqrt{3}/2 & 1/2 \end{pmatrix},$$

$$A(c)=\begin{pmatrix} 1/4 & 3/4 & 0 & -\sqrt{3}/4 & 0 & 0 \\ 3/4 & 1/4 & 0 & \sqrt{3}/4 & 0 & 0 \\ 0 & 0 & 1 & 0 & 0 & 0 \\ -\sqrt{3}/2 & \sqrt{3}/2 & 0 & 1/2 & 0 & 0 \\ 0 & 0 & 0 & 0 & -1/2 & -\sqrt{3}/2 \\ 0 & 0 & 0 & 0 & -\sqrt{3}/2 & 1/2 \end{pmatrix}.$$

$$(\chi^{A^1}|\chi^A)=\frac{1}{6}(1\times 6\times 1+1\times 0\times 2+1\times 2\times 3)=2,$$
$$(\chi^{A^2}|\chi^A)=\frac{1}{6}(1\times 6\times 1+1\times 0\times 2-1\times 2\times 3)=0,$$
$$(\chi^{A^3}|\chi^A)=\frac{1}{6}(2\times 6\times 1-1\times 0\times 2+0\times 2\times 3)=2,$$

由此得 A 包含的不可约表示为 $A=2A^1\oplus 2A^3$.

11. 左正则表示:

$$L(e)=\begin{pmatrix} 1 & 0 & 0 & 0 \\ 0 & 1 & 0 & 0 \\ 0 & 0 & 1 & 0 \\ 0 & 0 & 0 & 1 \end{pmatrix}, L(a)=\begin{pmatrix} 0 & 0 & 0 & 1 \\ 1 & 0 & 0 & 0 \\ 0 & 1 & 0 & 0 \\ 0 & 0 & 1 & 0 \end{pmatrix},$$

$$L(a^2)=\begin{pmatrix} 0 & 0 & 1 & 0 \\ 0 & 0 & 0 & 1 \\ 1 & 0 & 0 & 0 \\ 0 & 1 & 0 & 0 \end{pmatrix}, L(a^3)=\begin{pmatrix} 0 & 1 & 0 & 0 \\ 0 & 0 & 1 & 0 \\ 0 & 0 & 0 & 1 \\ 1 & 0 & 0 & 0 \end{pmatrix}.$$

右正则表示:

$$R(e)=\begin{pmatrix} 1 & 0 & 0 & 0 \\ 0 & 1 & 0 & 0 \\ 0 & 0 & 1 & 0 \\ 0 & 0 & 0 & 1 \end{pmatrix}, R(a)=\begin{pmatrix} 0 & 1 & 0 & 0 \\ 0 & 0 & 1 & 0 \\ 0 & 0 & 0 & 1 \\ 1 & 0 & 0 & 0 \end{pmatrix},$$

$$R(a^2)=\begin{pmatrix} 0 & 0 & 1 & 0 \\ 0 & 0 & 0 & 1 \\ 1 & 0 & 0 & 0 \\ 0 & 1 & 0 & 0 \end{pmatrix}, R(a^3)=\begin{pmatrix} 0 & 0 & 0 & 1 \\ 1 & 0 & 0 & 0 \\ 0 & 1 & 0 & 0 \\ 0 & 0 & 1 & 0 \end{pmatrix}.$$

12. 对于恒等表示 A^1:

$$(\chi^{A^p\otimes A^{r*}}|\chi^{A^1})=\frac{1}{n}\sum_{i=1}^{n}\chi^{p*}(g_i)\chi^{r}(g_i)\chi^{A^1}(g_i)=\frac{1}{n}\sum_{i=1}^{n}\chi^{p*}(g_i)\chi^{r}(g_i)=(\chi^{A^P}|\chi^{A^r})=0,$$

即 $A^p\otimes A^{r*}$ 不包含其恒等表示.

类似地,

$$(\chi^{A^p\otimes A^{p*}}|\chi^{A^1}) = \frac{1}{n}\sum_{i=1}^{n}\chi^{p*}(g_i)\chi^p(g_i)\chi^{A^1}(g_i) = \frac{1}{n}\sum_{i=1}^{n}\chi^{p*}(g_i)\chi^p(g_i) = (\chi^{A^p}|\chi^{A^p}) = 1,$$

即 $A^p\otimes A^{p*}$ 包含 1 次恒等表示.

13. 诱导表示形如 (2.24) 式, 其中 B 现在为 L. 考虑诱导表示的特点和左正则表示的特点. 子群 H 的左正则表示的矩阵元可表示为 $L(h_\alpha)_{h_\beta h_\gamma} = \delta_{h_\beta,h_\alpha h_\gamma}$, 陪集 $G=\{Hg_1,Hg_2,\cdots,Hg_n\}$, $U(g)_{h_\alpha g_i,h_\beta g_j} = \dot{L}(g_igg_j^{-1})_{h_\alpha,h_\beta} = \delta_{h_\alpha,g_igg_j^{-1}h_\beta} = \delta_{h_\alpha h_\beta^{-1},g_igg_j^{-1}}$, 即表示矩阵的矩阵元只有 0 和 1, 且每行每列只有一个矩阵元为 1.

14. χ^p 是 G 的非恒等不可约表示的特征标, 由特征标正交定理有 $(\chi^{A^1}|\chi^p)=0$, 其中 A^1 是恒等表示, 则

$$\sum_{g\in G}\chi^p(g) = n\times\frac{1}{n}\sum_{g\in G}\chi^p(g)\times 1 = n\times\frac{1}{n}\sum_{g\in G}\chi^p(g)\chi^{A^1}(g) = n(\chi^{A^1}|\chi^p) = 0.$$

15. 根据第 10 题的矩阵元变换关系, 易得

$$A(e)=\begin{pmatrix}1&0&0\\0&1&0\\0&0&1\end{pmatrix}, A(d)=\begin{pmatrix}1/4&3/4&\sqrt{3}/4\\3/4&1/4&-\sqrt{3}/4\\-\sqrt{3}/2&\sqrt{3}/2&-1/2\end{pmatrix},$$

$$A(f)=\begin{pmatrix}1/4&3/4&-\sqrt{3}/4\\3/4&1/4&\sqrt{3}/4\\\sqrt{3}/2&-\sqrt{3}/2&-1/2\end{pmatrix}, A(a)=\begin{pmatrix}1&0&0\\0&1&0\\0&0&-1\end{pmatrix},$$

$$A(b)=\begin{pmatrix}1/4&3/4&\sqrt{3}/4\\3/4&1/4&-\sqrt{3}/4\\\sqrt{3}/2&-\sqrt{3}/2&1/2\end{pmatrix}, A(c)=\begin{pmatrix}1/4&3/4&-\sqrt{3}/4\\3/4&1/4&\sqrt{3}/4\\-\sqrt{3}/2&\sqrt{3}/2&1/2\end{pmatrix}.$$

列出 D_3 群的特征标表:

	$1\{e\}$	$2\{d\}$	$3\{a\}$
A^1	1	1	1
A^2	1	1	−1
A^3	2	−1	0
A	3	0	1

根据特征标内积关系可得 $A=A^1\oplus A^3$.

16. 基于子群 $H = \{e, a\}$, D_3 群可以分解为 $D_3 = \{H, dH, fH\}$. 由 $U(g) = \dot{L}(g_i g g_i^{-1})$, 可得

$$U(e) = \begin{pmatrix} 1 & 0 & 0 \\ 0 & 1 & 0 \\ 0 & 0 & 1 \end{pmatrix}, U(a) = \begin{pmatrix} 1 & 0 & 0 \\ 0 & 0 & 1 \\ 0 & 1 & 0 \end{pmatrix}, U(b) = \begin{pmatrix} 0 & 1 & 0 \\ 1 & 0 & 0 \\ 0 & 0 & 1 \end{pmatrix},$$

$$U(c) = \begin{pmatrix} 0 & 0 & 1 \\ 0 & 1 & 0 \\ 1 & 0 & 0 \end{pmatrix}, U(d) = \begin{pmatrix} 0 & 1 & 0 \\ 0 & 0 & 1 \\ 1 & 0 & 0 \end{pmatrix}, U(f) = \begin{pmatrix} 0 & 0 & 1 \\ 1 & 0 & 0 \\ 0 & 1 & 0 \end{pmatrix}.$$

U 可约化为 $U = A^1 \oplus A^3$.

17. 特征标表为:

	$1\{e\}$	$2\{d\}$	$3\{a\}$
A^1	1	1	1
A^2	1	1	–1
A^3	2	–1	0

直积和约化为:

	$1\{e\}$	$2\{d\}$	$3\{a\}$	约化
$A^1 \otimes A^1$	1	1	1	A^1
$A^1 \otimes A^2$	1	1	–1	A^2
$A^1 \otimes A^3$	2	–1	0	A^3
$A^2 \otimes A^2$	1	1	1	A^1
$A^2 \otimes A^3$	2	–1	0	A^3
$A^3 \otimes A^3$	4	1	0	$A^1 \oplus A^2 \oplus A^3$

第三章:

1. 考虑操作 O 是否包含 I, 分情况讨论. (1) 若 $O \in \mathrm{SO}(3)$, 有: $O\mathrm{C}_{\boldsymbol{k}}(\theta)O^{-1} \cdot O\boldsymbol{k} = O\mathrm{C}_{\boldsymbol{k}}(\theta)\boldsymbol{k} = O\boldsymbol{k}$, 所以 $O\mathrm{C}_{\boldsymbol{k}}(\theta)O^{-1} = \mathrm{C}_{O\boldsymbol{k}}(\theta)$; $O\mathrm{S}_{\boldsymbol{k}}(\theta)O^{-1} \cdot O\boldsymbol{k} = O\sigma\mathrm{C}_{\boldsymbol{k}}(\theta)\boldsymbol{k} = OI\mathrm{C}_{\boldsymbol{k}}(\theta+\pi)\boldsymbol{k} = IO\mathrm{C}_{\boldsymbol{k}}(\theta+\pi)\boldsymbol{k} = I\mathrm{C}_{O\boldsymbol{k}}(\theta+\pi)\cdot O\boldsymbol{k} = \mathrm{S}_{O\boldsymbol{k}}(\theta)\cdot O\boldsymbol{k}$, 所以 $O\mathrm{S}_{\boldsymbol{k}}(\theta)O^{-1} = \mathrm{S}_{O\boldsymbol{k}}(\theta)$. (2) 若 $O \in I\cdot\mathrm{SO}(3)$, 令 $g = IO \in \mathrm{SO}(3)$, 有 $g\mathrm{C}_{\boldsymbol{k}}(\theta)g^{-1} = \mathrm{C}_{g\boldsymbol{k}}(\theta) = \mathrm{C}_{IO\boldsymbol{k}}(\theta) = \mathrm{C}_{-O\boldsymbol{k}}(\theta)$. 左边 $= (IO)\mathrm{C}_{\boldsymbol{k}}(\theta)(IO)^{-1} = O\mathrm{C}_{\boldsymbol{k}}(\theta)O^{-1}$, 所以 $O\mathrm{C}_{\boldsymbol{k}}(\theta)O^{-1} = \mathrm{C}_{-O\boldsymbol{k}}(\theta)$. $O\mathrm{S}_{\boldsymbol{k}}(\theta)O^{-1} = OI\mathrm{C}_{\boldsymbol{k}}(\theta+\pi)O^{-1} = IO\mathrm{C}_{\boldsymbol{k}}(\theta+\pi)O^{-1} = I\mathrm{C}_{-O\boldsymbol{k}}(\theta+\pi) = \mathrm{S}_{-O\boldsymbol{k}}(\theta)$.

2. 该点群为 $\mathrm{C}_{2\mathrm{v}}$ 群, $\mathrm{C}_{2\mathrm{v}} = \{E, \mathrm{C}_2, \sigma_x(I\mathrm{C}_2^{(2)}), \sigma_y(I\mathrm{C}_2^{(1)})\}$. 以 $\{xy, xz, yz\}$ 为基, 易得

$$D(E) = \begin{pmatrix} 1 & 0 & 0 \\ 0 & 1 & 0 \\ 0 & 0 & 1 \end{pmatrix}, D(\mathrm{C}_2) = \begin{pmatrix} 1 & 0 & 0 \\ 0 & -1 & 0 \\ 0 & 0 & -1 \end{pmatrix},$$

$$D(\sigma_x)=\begin{pmatrix}-1&0&0\\0&1&0\\0&0&-1\end{pmatrix},D(\sigma_y)=\begin{pmatrix}-1&0&0\\0&-1&0\\0&0&1\end{pmatrix}.$$

特征标表 (C_{2v} 与 D_2 同构) 为:

	C_2	σ_x	σ_y
A^1	1	1	1
A^2	1	–1	–1
A^3	–1	1	–1
A^4	–1	–1	1

可得 $D(C_{2v})=A^2\oplus A^3\oplus A^4$.

3. (1) 首先定义 D_3 群对 $\{x,y,z\}$ 的变换:

$$D(e)=\begin{pmatrix}1&0&0\\0&1&0\\0&0&1\end{pmatrix},D(d)=\begin{pmatrix}-1/2&-\sqrt{3}/2&0\\\sqrt{3}/2&-1/2&0\\0&0&1\end{pmatrix},$$

$$D(f)=\begin{pmatrix}-1/2&\sqrt{3}/2&0\\-\sqrt{3}/2&-1/2&0\\0&0&1\end{pmatrix},D(a)=\begin{pmatrix}-1&0&0\\0&1&0\\0&0&-1\end{pmatrix},$$

$$D(b)=\begin{pmatrix}1/2&\sqrt{3}/2&0\\\sqrt{3}/2&-1/2&0\\0&0&-1\end{pmatrix},D(c)=\begin{pmatrix}1/2&-\sqrt{3}/2&0\\-\sqrt{3}/2&-1/2&0\\0&0&-1\end{pmatrix}.$$

以 $\{2xy,x^2-y^2\}$ 为基:

$$D(e)=\begin{pmatrix}1&0\\0&1\end{pmatrix},D(d)=\begin{pmatrix}-1/2&-\sqrt{3}/2\\\sqrt{3}/2&-1/2\end{pmatrix},D(f)=\begin{pmatrix}-1/2&\sqrt{3}/2\\-\sqrt{3}/2&-1/2\end{pmatrix},$$

$$D(a)=\begin{pmatrix}-1&0\\0&1\end{pmatrix},D(b)=\begin{pmatrix}1/2&\sqrt{3}/2\\\sqrt{3}/2&-1/2\end{pmatrix},D(c)=\begin{pmatrix}1/2&-\sqrt{3}/2\\-\sqrt{3}/2&-1/2\end{pmatrix}.$$

(2) $\{p_x,p_y,p_z\}$ 在 D_3 群下的变换和 $\{x,y,z\}$ 相同. 因此以 $\{R_x,R_y\}$ 为基时, 可以得到

$$D(e)=\begin{pmatrix}1&0\\0&1\end{pmatrix},D(d)=\begin{pmatrix}-1/2&-\sqrt{3}/2\\\sqrt{3}/2&-1/2\end{pmatrix},D(f)=\begin{pmatrix}-1/2&\sqrt{3}/2\\-\sqrt{3}/2&-1/2\end{pmatrix},$$

$$D(a)=\begin{pmatrix}-1&0\\0&1\end{pmatrix},D(b)=\begin{pmatrix}1/2&\sqrt{3}/2\\\sqrt{3}/2&-1/2\end{pmatrix},D(c)=\begin{pmatrix}1/2&-\sqrt{3}/2\\-\sqrt{3}/2&-1/2\end{pmatrix}.$$

4. 点群有奇数阶转动轴 S_{2n+1}, 即有 $S_{\boldsymbol{k}}\left(\frac{2\pi}{2n+1}\right)=\sigma_{\boldsymbol{k}}C_{\boldsymbol{k}}\left(\frac{2\pi}{2n+1}\right)=IC_{\boldsymbol{k}}\left(\frac{2\pi}{2n+1}+\pi\right)$, 进

行 $2n+1$ 次操作: $\left(\mathrm{S}_k\left(\dfrac{2\pi}{2n+1}\right)\right)^{2n+1}=\sigma_k^{2n+1}\left(\mathrm{C}_k\left(\dfrac{2\pi}{2n+1}\right)\right)^{2n+1}=\sigma_k$, 进行 $2n+2$ 次操作: $\left(\mathrm{S}_k\left(\dfrac{2\pi}{2n+1}\right)\right)^{2n+2}=\sigma_k^{2n+2}\mathrm{C}_k\left(\dfrac{2\pi(2n+2)}{2n+1}\right)=\mathrm{C}_k\left(2\pi+\dfrac{2\pi}{2n+1}\right)=\mathrm{C}_k\left(\dfrac{2\pi}{2n+1}\right)$. 由此可证.

5. 假设可以通过 m 次 S 操作后得到反演操作 I, 即 $I=\left(\mathrm{S}_k\left(\dfrac{2\pi}{4n}\right)\right)^m=I^m\mathrm{C}_k\left(\dfrac{m\pi}{2n}+m\pi\right)$. 那么要满足以下条件: $m=2r+1, r=0,1,2,3,\cdots$, 且 $\mathrm{C}_k\left(\dfrac{m\pi}{2n}+m\pi\right)=1$, 即 $\dfrac{m\pi}{2n}+m\pi=2k\pi, k\in Z$. 但是两个条件显然相互矛盾, 因此假设不成立, 不能产生反演操作.

6. 二维中, 转动轴只能是 z 轴, I 等于 C_2, 镜面垂直于二维平面. 第一类点群只有 C_n 和 D_n 允许在二维中存在.

7. (1) $\mathrm{C}_{6\mathrm{h}}=\mathrm{C}_6\cup I\mathrm{C}_6$. (2) $C_{5\mathrm{h}}=C_5\cup I(\mathrm{C}_{10}-\mathrm{C}_5)$. 去掉转动反演之后, 变成了 C_5. (3) $\mathrm{T}_\mathrm{d}=\{\mathrm{T}, I(\mathrm{O}-\mathrm{T})\}$. 加入 I 之后, 得到 $\{\mathrm{T}_\mathrm{d}, I\mathrm{T}_\mathrm{d}\}=\{\mathrm{T}, I(\mathrm{O}-\mathrm{T}), I\mathrm{T}, \mathrm{O}-\mathrm{T}\}=\{\mathrm{O}, I\mathrm{O}\}=\mathrm{O}_\mathrm{h}$.

8. (1) $\{1|0\},\{2_{001}|0\},\{2_{010}|0\},\{2_{100}|0\}$.

(2) $\left(\dfrac{1}{8},\dfrac{1}{8},\dfrac{1}{8}\right),\left(\dfrac{7}{8},\dfrac{7}{8},\dfrac{1}{8}\right),\left(\dfrac{7}{8},\dfrac{1}{8},\dfrac{7}{8}\right),\left(\dfrac{1}{8},\dfrac{7}{8},\dfrac{7}{8}\right)$.

(3) 所有对称操作为 $\{1\,|\,0\},\left\{2_{100}\left|\dfrac{1}{2}\right.\right\},\{2_{010}\,|\,0\},\left\{2_{001}\left|\dfrac{1}{2}\right.\right\}$. 原子位置为 $\left(\dfrac{1}{8},\dfrac{1}{8},\dfrac{7}{8}\right)$, $\left(\dfrac{5}{8},\dfrac{7}{8},\dfrac{7}{8}\right),\left(\dfrac{1}{8},\dfrac{7}{8},\dfrac{1}{8}\right),\left(\dfrac{7}{8},\dfrac{1}{8},\dfrac{7}{8}\right)$.

(4) 所有对称操作为 $\{1\,|\,0\},\{2_{100}\,|\,0\},\{2_{010}\,|\,0\},\{2_{001}\,|\,0\},\left\{1\left|\dfrac{1}{2},\dfrac{1}{2},0\right.\right\},\left\{2_{100}\left|\dfrac{1}{2},\dfrac{1}{2},0\right.\right\}$, $\left\{2_{010}\left|\dfrac{1}{2},\dfrac{1}{2},0\right.\right\},\left\{2_{001}\left|\dfrac{1}{2},\dfrac{1}{2},0\right.\right\}$. 原子位置为 $\left(\dfrac{1}{8},\dfrac{1}{8},\dfrac{1}{8}\right),\left(\dfrac{7}{8},\dfrac{7}{8},\dfrac{1}{8}\right),\left(\dfrac{7}{8},\dfrac{1}{8},\dfrac{7}{8}\right),\left(\dfrac{1}{8},\dfrac{7}{8},\dfrac{7}{8}\right)$, $\left(\dfrac{5}{8},\dfrac{5}{8},\dfrac{1}{8}\right),\left(\dfrac{3}{8},\dfrac{3}{8},\dfrac{1}{8}\right),\left(\dfrac{3}{8},\dfrac{5}{8},\dfrac{7}{8}\right),\left(\dfrac{5}{8},\dfrac{3}{8},\dfrac{7}{8}\right)$.

9. 立方体对应的点群为 O_h, 沿对角线拉伸点群变成 $\mathrm{D}_{3\mathrm{d}}$, 如果是完美单晶, 晶体会由立方晶系变成三方晶系.

10. 三方晶系包含两种 Bravais 格子, 一个属于菱方晶格系统, 另一个属于六角晶格系统. 三方晶系包含五个空间点群: $\mathrm{C}_3,\mathrm{D}_3,\mathrm{D}_{3\mathrm{d}},\mathrm{S}_6,\mathrm{C}_{3\mathrm{v}}$. 这五个空间点群和属于菱方晶格系统的 Bravais 格子做简单组合可以得到五个简单空间群, 这五个空间点群是基于菱方晶格系统的.

11. (a) C_1; (b) C_2; (c) $\mathrm{C}_{2\mathrm{v}}$; (d) $\mathrm{C}_{3\mathrm{v}}$; (e) $\mathrm{C}_{\infty\mathrm{v}}$; (f) $\mathrm{C}_{2\mathrm{h}}$; (g) S_2; (h) D_3; (i) $\mathrm{D}_{3\mathrm{h}}$; (j) $\mathrm{D}_{\infty\mathrm{h}}$; (k) $\mathrm{D}_{2\mathrm{d}}$; (l) $\mathrm{D}_{3\mathrm{d}}$; (m) T_d; (n) O_h.

12. $\mathrm{C}_{4\mathrm{h}}=\mathrm{C}_4\cup I\mathrm{C}_4=\mathrm{C}_4\otimes\{E,I\}$, 为 Abel 群, 每个元素自成一类. $\mathrm{C}_{4\mathrm{h}}$ 的不可约表示可以分解为 C_4 和 C_2 的直积.

C_4 的特征标表为:

	E	C_4	C_4^2	C_4^3
A^1	1	1	1	1
A^2	1	–1	1	–1
A^3	1	i	–1	–i
A^4	1	–i	–1	i

C_2 的特征标表为:

	E	I
A^1	1	1
A^2	1	–1

因此, C_{4h} 的特征标表为:

	E	C_4	C_4^2	C_4^3	I	IC_4	IC_4^2	IC_4^3
A^1	1	1	1	1	1	1	1	1
A^2	1	–1	1	–1	1	–1	1	–1
A^3	1	i	–1	–i	1	i	–1	–i
A^4	1	–i	–1	i	1	–i	–1	i
A^5	1	1	1	1	–1	–1	–1	–1
A^6	1	–1	1	–1	–1	1	–1	1
A^7	1	i	–1	–i	–1	–i	1	i
A^8	1	–i	–1	i	–1	i	1	–i

13. D_{4d} 的类有 $\{\{E\},\{C_8^4\},\{C_8^2,C_8^6\},\{C_2^{(2)},C_2^{(4)},C_2^{(6)},C_2^{(8)}\},I\{C_8^1,C_8^7\},I\{C_8^3,C_8^5\},I\{C_2^{(1)},C_2^{(3)},C_2^{(5)},C_2^{(7)}\}\}$. 根据 Burnside 定理, 该群有 4 个一维不可约表示, 3 个二维不可约表示. (1) 一维情况. $C_4=\{E,C_8^2,C_8^4,C_8^6\}$ 是 D_{4d} 的不变子群, 其商群为 $D_{4d}/C_4=\{C_4,\{C_2^{(2)},C_2^{(4)},C_2^{(6)},C_2^{(8)}\},I\{C_2^{(1)},C_2^{(3)},C_2^{(5)},C_2^{(7)}\},I\{C_8^1,C_8^3,C_8^5,C_8^7\}\}\cong D_2=\{e,a,b,ab\}$. 由 D_2 的特征标表

D_2	e	a	b	ab
A^1	1	1	1	1
A^2	1	1	–1	–1
A^3	1	–1	1	–1
A^4	1	–1	–1	1

可以得到 D_{4d} 的四个一维不可约表示:

D_{4d}	$\{E\}$	$2\{C_8^2\}$	$\{C_8^4\}$	$2\{IC_8^1\}$	$2\{IC_8^3\}$	$4\{C_2^{(2)}\}$	$4\{IC_2^{(1)}\}$
A^1	1	1	1	1	1	1	1
A^2	1	1	1	1	1	–1	–1
A^3	1	1	1	–1	–1	1	–1
A^4	1	1	1	–1	–1	–1	1

(2) 二维情况. 考虑 $D_4 = \{E, C_8^4, C_8^2, C_8^6, C_2^{(2)}, C_2^{(4)}, C_2^{(6)}, C_2^{(8)}\}$ 作为 D_{4d} 的子群, 产生一个二维的商群. D_4 的特征标表为:

D_4	$\{E\}$	$\{C_8^4\}$	$2\{C_8^2\}$	$2\{C_2^{(2)}\}$	$2\{C_2^{(4)}\}$
A^1	1	1	1	1	1
A^2	1	1	1	–1	–1
A^3	1	1	–1	1	–1
A^4	1	1	–1	–1	1
A^5	2	–2	0	0	0

选择 D_4 的一维不可约表示 A^3 诱导一个 D_{4d} 的二维表示 A^5: $\chi^{A^5}(e) = \frac{1}{8}\sum_{t\in D_{4d}} \mathrm{Tr}(\dot{B}(tet^{-1})) = 2, \chi^{A^5}(2\{C_8^2\}) = \frac{1}{8}\sum_{t\in D_{4d}} \mathrm{Tr}(\dot{B}(tC_8^2t^{-1})) = -2, \chi^{A^5}(\{C_8^4\}) = \frac{1}{8}\sum_{t\in D_{4d}} \mathrm{Tr}(\dot{B}(tC_8^4t^{-1})) = 2$, χ^{A^5}(其他类) $= 0$. 检验 $(\chi^{A^5}|\chi^{A^5}) = 1$, 该表示为一个不可约表示. 选择 D_4 的二维不可约 A^5 诱导产生 D_{4d} 的另一个二维表示 U: $\chi^U(e) = \frac{1}{8}\sum_{t\in D_{4d}} \mathrm{Tr}(\dot{B}(tet^{-1})) = 4, \chi^U(\{C_8^4\}) = -4, \chi^U$(其他类) $= 0$. 检验 $(\chi^{A^i}|\chi^U) = 0, i = 1,2,3,4,5$. 但是 $(\chi^U|\chi^U) \neq 1$, 可以假设 $U = A^6 \oplus A^7$, 利用特征标表不同行之间的正交性和完备性可计算出 A^6 和 A^7 的特征标:

D_{4d}	$\{E\}$	$2\{C_8^2\}$	$\{C_8^4\}$	$2\{IC_8^1\}$	$2\{IC_8^3\}$	$4\{C_2^{(2)}\}$	$4\{IC_2^{(1)}\}$
A^1	1	1	1	1	1	1	1
A^2	1	1	1	1	1	–1	–1
A^3	1	1	1	–1	–1	1	–1
A^4	1	1	1	–1	–1	–1	1
A^5	2	–2	2	0	0	0	0
A^6	2	0	–2	$\sqrt{2}$	$-\sqrt{2}$	0	0
A^7	2	0	–2	$-\sqrt{2}$	$\sqrt{2}$	0	0

第四章:

1. C_{3v} 群的特征标表为:

	$1\{E\}$	$2\{C_3\}$	$3\{C_v\}$
A_1	1	1	1
A_2	1	1	–1
E	2	–1	0

C_{3v} 群元在三维欧氏空间的表示矩阵如下:

$$A(e)=\begin{pmatrix}1&0&0\\0&1&0\\0&0&1\end{pmatrix},A(d)=\begin{pmatrix}-\frac{1}{2}&-\frac{\sqrt{3}}{2}&0\\\frac{\sqrt{3}}{2}&-\frac{1}{2}&0\\0&0&1\end{pmatrix},A(f)=\begin{pmatrix}-\frac{1}{2}&-\frac{\sqrt{3}}{2}&0\\-\frac{\sqrt{3}}{2}&-\frac{1}{2}&0\\0&0&1\end{pmatrix},$$

$$A(a)=\begin{pmatrix}-1&0&0\\0&1&0\\0&0&1\end{pmatrix},A(b)=\begin{pmatrix}\frac{1}{2}&\frac{\sqrt{3}}{2}&0\\\frac{\sqrt{3}}{2}&-\frac{1}{2}&0\\0&0&1\end{pmatrix},A(c)=\begin{pmatrix}\frac{1}{2}&-\frac{\sqrt{3}}{2}&0\\-\frac{\sqrt{3}}{2}&-\frac{1}{2}&0\\0&0&1\end{pmatrix}.$$

特征标投影算符 $\widehat{P}^{(1)}=\frac{1}{6}(\widehat{P}_e+\widehat{P}_d+\widehat{P}_f+\widehat{P}_a+\widehat{P}_b+\widehat{P}_c)$, $\widehat{P}^{(2)}=\frac{1}{6}(\widehat{P}_e+\widehat{P}_d+\widehat{P}_f-\widehat{P}_a-\widehat{P}_b-\widehat{P}_c)$, $\widehat{P}^{(3)}=\frac{2}{6}(2\widehat{P}_e-\widehat{P}_d-\widehat{P}_f)$. 把特征标投影算符作用到基上, 有 $\widehat{P}^{(1)}z=z,\widehat{P}^{(1)}xy=0,\widehat{P}^{(1)}x^2=\frac{1}{2}(x^2+y^2),\widehat{P}^{(1)}y^2=\frac{1}{2}(x^2+y^2)$; $\widehat{P}^{(2)}z=0,\widehat{P}^{(2)}xy=0,\widehat{P}^{(2)}x^2=0,\widehat{P}^{(2)}y^2=0$; $\widehat{P}^{(3)}z=0,\widehat{P}^{(3)}xy=xy,\widehat{P}^{(3)}x^2=\frac{1}{2}(x^2-y^2),\widehat{P}^{(3)}y^2=-\frac{1}{2}(x^2-y^2)$. 因此 z 和 $\frac{1}{2}(x^2+y^2)$ 都分别承载一维恒等表示 A_1, xy 和 $\frac{1}{2}(x^2-y^2)$ 共同承载二维表示 E. 空间可约化为 $\{z\}\oplus\left\{\frac{1}{2}(x^2+y^2)\right\}\oplus\left\{xy,\frac{1}{2}(x^2-y^2)\right\}$.

2. O 群有 5 个类, 根据提示, d 轨道在 O 群中的特征标为

$$\chi(E)=\frac{\sin\left(\frac{5}{2}\cdot 0\pi\right)}{\sin\left(\frac{1}{2}\cdot 0\pi\right)}=5,\chi(C_3)=\frac{\sin\left(\frac{5}{2}\cdot\frac{2}{3}\pi\right)}{\sin\left(\frac{1}{2}\cdot\frac{2}{3}\pi\right)}=-1,\chi(C_4^2)=\frac{\sin\left(\frac{5}{2}\cdot 1\pi\right)}{\sin\left(\frac{1}{2}\cdot 1\pi\right)}=1,\chi(C_2')=\frac{\sin\left(\frac{5}{2}\cdot 1\pi\right)}{\sin\left(\frac{1}{2}\cdot 1\pi\right)}=1,\chi(C_4)=\frac{\sin\left(\frac{5}{2}\cdot\frac{1}{2}\pi\right)}{\sin\left(\frac{1}{2}\cdot\frac{1}{2}\pi\right)}=-1.$$

和 O 群特征标表做内积: $(\chi|\chi^E)=1,(\chi|\chi^{T_2})=1$, 其余均为 0. 因此 d 轨道劈裂为 E,T_2.

3. 沿着 z 方向拉伸, O 群变为 D_4 群, D_4 群的类 $\{E\},\{C_4^2\},\{C_4^1\},\{C_2^{(1)}\},\{C_2^{(2)}\}$ 分别来自 O 群的类 $\{E\},\{C_4^2\},\{C_4\},\{C_4^2\},\{C_2'\}$. O 群的 E 在 D_4 群下的特征标为 2,2,0,2,0; O 群的 T_2 在 D_4 群下的特征标为 $3,-1,-1,-1,1$. 对 D_4 群特征标表做内积, 得到 E 劈裂为 $A_1\oplus B_2, T_2$ 劈裂为 $B_1\oplus E$.

4. 这时 D_4 群变为了 D_2 群. D_2 群的类 $\{E\},\{C_{2z}\},\{C_{2y}\},\{C_{2x}\}$ 分别来自 D_4 群的类 $\{E\},\{C_4^2\}$, $\{C_2^{(1)}\},\{C_2^{(1)}\}$. D_4 群的 A_1 在 D_2 群中的特征标为 $1,1,1,1$; D_4 群的 B_2 在 D_2 群中的特征标为 $1,1,-1,-1$; D_4 群的 B_1 在 D_2 群中的特征标为 $1,1,1,1$; D_4 群的 E 在 D_2 群中的特征标为 $2,-2,0,0$. 因此 D_4 群的 A_1, B_1 对应 D_2 群的 A_1, D_4 群的 B_2 对应 D_2 群的 B_1, D_4 群的 E 劈裂为 D_2 群的 B_2, B_3.

5. C_{3v} 群在三维欧氏空间的表示矩阵和特征标投影算符同第 1 题. $\widehat{P}^{(1)}z=z, \widehat{P}^{(1)}xy=0$; $\widehat{P}^{(2)}z=0, \widehat{P}^{(2)}xy=0$; $\widehat{P}^{(3)}z=0, \widehat{P}^{(3)}xy=xy$. 把 $\widehat{P}_d$ 作用在 xy 上, 得到 $\widehat{P}_d xy=\dfrac{\sqrt{3}}{4}(x^2-y^2)-\dfrac{1}{2}xy$. 经归一化, 得到另一个基为 $\dfrac{1}{2}(x^2-y^2)$. 因此, 从这两个基出发得到的表示空间是三维的, 基分别为 $z, xy, \dfrac{1}{2}(x^2-y^2)$. z 承载一维恒等表示 A_1, xy 和 $\dfrac{1}{2}(x^2-y^2)$ 共同承载二维表示 E.

6. 在同样的位置看到了红外峰和 Raman 峰, 因此晶体没有空间反演对称性, 排除 T_h 和 D_{3d}.

7. 面心立方结构有 O_h, O, T, T_h, T_d 五个简单空间群. 因此 Γ 点考虑 O_h, O, T, T_h, T_d, X 点考虑 D_{4h}, D_4 等, K 点考虑 C_{2v}, D_2 等. 从 Γ 点到 X 点简并度降低.

第五章:

1. 还是分 $A^j_{m'm}((\boldsymbol{e}_3,\alpha))$, $A^j_{m'm}((\boldsymbol{e}_2,\beta))$, $A^j_{m'm}((\boldsymbol{e}_3,\gamma))$ 三部分来进行分析, 其中

$$A^j_{m'm}((\boldsymbol{e}_3,\alpha))=\delta_{m'm}\mathrm{e}^{-\mathrm{i}m\alpha},$$
$$A^j_{m'm}((\boldsymbol{e}_3,\gamma))=\delta_{m'm}\mathrm{e}^{-\mathrm{i}m\gamma},$$

这两者写成这样就可以.

复杂一些的是$A^j_{m'm}((\boldsymbol{e}_2,\beta))$, 它等于

$$\sum_{r=0}^{j-m}\frac{\sqrt{(j+m)!(j-m)!(j+m')!(j-m')!}}{r!(j-m-r)!(j+m'-r)!(r+m-m')!}(-1)^r\left(\cos\frac{\beta}{2}\right)^{2j-m-2r+m'}\left(\sin\frac{\beta}{2}\right)^{m+2r-m'}.$$

这里对求和指标 r 的要求是 (1) $r\geqslant 0$; (2) $r\leqslant j-m$; (3) $r\leqslant j+m'$; (4) $r\geqslant m'-m$. 按照这个求和要求, 写出一个三乘三的矩阵.

2. 参考附录 C 双群的特征标表, 就有答案.

3. SO(3) 群是 O(3) 群的子群, 也是不变子群, 但不是 $\mathrm{SO^D}(3)$ 的子群, 因为其元素乘法在双群的乘法规则下不封闭.

4. 规律就是将群元先按附录 C 中提示分类, 对应表示的特征标为原来点群不可约表示的特征标,

乘上由其转动角度通过

$$\begin{pmatrix} \cos\dfrac{\beta}{2}\mathrm{e}^{-\mathrm{i}(\alpha+\gamma)/2} & -\sin\dfrac{\beta}{2}\mathrm{e}^{-\mathrm{i}(\alpha-\gamma)/2} \\ \sin\dfrac{\beta}{2}\mathrm{e}^{\mathrm{i}(\alpha-\gamma)/2} & \cos\dfrac{\beta}{2}\mathrm{e}^{\mathrm{i}(\alpha+\gamma)/2} \end{pmatrix}$$

得到的自旋部分的变换给出的特征标. 最终结果, 再按附录 C 的特征标表做直和分解.

5. 这个 $\boldsymbol{G}_1 = \dfrac{2\pi}{a}(1,1,1)$ 是倒空间的一个格点, 它通过点群操作, 可变为另一个格点. 点群元素对应的线性变换按函数变换规则作用到这些基上, 再根据

$$A(g)\mathrm{e}^{\mathrm{i}\boldsymbol{G}_1\cdot\boldsymbol{r}} = \mathrm{e}^{\mathrm{i}\boldsymbol{G}_1\cdot g^{-1}\boldsymbol{r}} = \mathrm{e}^{\mathrm{i}g\boldsymbol{G}_1\cdot\boldsymbol{r}}$$

对应变为另一个基. 这样就可以得到一个八维的线性空间. 同样根据这个线性变换规则, 得到特征标. 然后, 将其往 O 群的不可约表示做投影. 当考虑自旋 – 轨道耦合的时候, 按上题所述规则进行操作.

第六章:

1. $\begin{pmatrix} 1 & 2 & 3 & 4 & 5 & 6 \\ 1 & 4 & 6 & 5 & 2 & 3 \end{pmatrix} = (2,4,5)(3,6) = (2,5)(2,4)(3,6)$, 奇置换.
2. 参考杨图定义.
3. 参考杨算符定义.
4. 三维. 感兴趣的话可以按书中的例子, 基于置换群的群代数做一下这个三维表示.

第七章:

1. 连续, 参考映射连续的定义理解即可.
2. 分别是 1, 2, 8.
3. 是, 卡氏积的定义不影响原来维度上的微分结构.
4. 相等, 微分同胚的定义已经说了. 这里同胚意味着拓扑空间在进行映射时是一一满映射, 已保障了维数相同. 微分同胚进一步保障了微分结构不变.
5. 光滑, 不解析.
6. (7.7) 和 (7.8) 式分别是

$$g(\alpha) = A(0) + \sum_{k=1}^{r}\alpha_k\left(\frac{\partial}{\partial\alpha_k}g(\alpha)\right)\bigg|_{\alpha} = 0 + \frac{1}{2}\sum_{k=1}^{r}\sum_{l=1}^{r}\alpha_k\alpha_l\left(\frac{\partial}{\partial\alpha_k}\frac{\partial}{\partial\alpha_l}g(\alpha)\right)\bigg|_{\alpha} = 0 + O(\alpha^3),$$

$$X_k = \left(\frac{\partial}{\partial\alpha_k}g(\alpha)\right)\bigg|_{\alpha=0}.$$

在单位元附近, 如果绕三个轴做无穷小转动, SO(3) 的三个 $g(\alpha)$ 分别是

$$\begin{pmatrix} 1 & 0 & 0 \\ 0 & \cos\alpha_1 & -\sin\alpha_1 \\ 0 & \sin\alpha_1 & \cos\alpha_1 \end{pmatrix},$$

$$\begin{pmatrix} \cos\alpha_2 & 0 & \sin\alpha_2 \\ 0 & 1 & 0 \\ -\sin\alpha_2 & 0 & \cos\alpha_2 \end{pmatrix},$$

$$\begin{pmatrix} \cos\alpha_3 & -\sin\alpha_3 & 0 \\ \sin\alpha_3 & \cos\alpha_3 & 0 \\ 0 & 0 & 1 \end{pmatrix}.$$

对应的生成元将是

$$\begin{pmatrix} 0 & 0 & 0 \\ 0 & 0 & -1 \\ 0 & 1 & 0 \end{pmatrix}, \begin{pmatrix} 0 & 0 & 1 \\ 0 & 0 & 0 \\ -1 & 0 & 0 \end{pmatrix}, \begin{pmatrix} 0 & -1 & 0 \\ 1 & 0 & 0 \\ 0 & 0 & 0 \end{pmatrix}.$$

参考文献

[1] Noether E. Invariante Variationsprobleme. Nachrichten von der Gesellschaft der Wissenschaften zu Göttingen, Mathematisch-Physikalische Klasse, 1918: 235.

[2] Wigner E P. Gruppentheorie und ihre Anwendung auf die Quantenmechanik der Atomspektren. [S. l.]: Vieweg+Teubner Verlag, 1931.

[3] Wigner E P. Group Theory and Its Application to the Quantum Mechanics of Atomic Spectra. Griffin J J, trans. New York: Academic Press, 1959.

[4] Weyl H. The Theory of Groups and Quantum Mechanics. Robertson H P, trans. New York: Dover Publications, 1950.

[5] Dresselhaus M S, Dresselhaus G, and Jorio A. Group Theory: Application to the Physics of Condensed Matter. Berlin: Springer, 2008. (影印本于 2020 年由北京大学出版社出版)

[6] 韩其智, 孙洪洲. 群论. 北京：北京大学出版社, 1987.

[7] 徐婉棠, 喀兴林. 群论及其在固体物理中的应用. 2版. 北京: 高等教育出版社, 2016.

[8] Ma Z Q. Group Theory for Physicists. 2nd ed. Singapore: World Scientific, 2019.

[9] 马中骐. 物理学中的群论. 北京: 科学出版社, 1998.

[10] Tung W K. Group Theory in Physics. Singapore: World Scientific, 1985.

[11] Cotton F A. Chemical Applications of Group Theory. 3rd ed. New Jersey: Wiley, 1990.

[12] 陶瑞宝. 物理学中的群论. 北京：高等教育出版社，2011.

[13] 张端明, 李小刚, 何敏华. 应用群论. 北京: 科学出版社, 2013.

[14] 俞文海. 晶体结构的对称群: 平移群、点群、空间群和色群. 合肥: 中国科学技术大学出版社, 1991.

[15] Sternberg S. Group Theory and Physics. Cambridge: Cambridge University Press, 1994.

[16] Bilbao Crystallographic Server. http://www.cryst.ehu.es.

[17] 曾谨言. 量子力学. 2 版. 北京: 科学出版社, 1997.

[18] Miranda P B and Shen Y R. Liquid Interfaces: A Study by Sum-Frequency Vibrational Spectroscopy. J. Phys. Chem. B, 1999, 103: 3292.

[19] Chen Z, Shen Y R, and Somorjai G A. Studies of Polymer Surfaces by Sum Frequency Generation Vibrational Spectroscopy. Annu. Rev. Phys. Chem., 2002, 53: 437.

[20] Zhang R, Zhang Y, Dong Z C, et al. Chemical Mapping of a Single Molecule by Plasmon-Enhanced Raman Scattering. Nature, 2013, 498: 82.

[21] Duan S, Tian G J, Ji Y F, et al. Theoretical Modeling of Plasmon-Enhanced Raman Images of a Single Molecule with Subnanometer Resolution. J. Am. Chem. Soc., 2015, 137: 9515.

[22] Koster G F, Dimmock J O, Wheeler R G, and Statz H. Properties of the Thirty-Two Point Groups. Cambridge: MIT Press, 1963.

[23] Miller S C and Love W F. Tables of Irreducible Representations of Space Groups and Co-Representations of Magnetic Space Groups. Boulder: Pruett Press, 1967.

[24] Ney O H. Magnetism and Dynamics of Oxide Interfaces (Electronic Theory). Halle: Martin Luther University Halle-Wittenberg, 2003.

[25] 梁灿彬, 周彬. 微分几何入门与广义相对论: 上册. 2 版. 北京: 科学出版社, 2006.

[26] 丘维声. 群表示论. 北京: 高等教育出版社, 2011.

[27] 高崇寿. 群论及其在粒子物理学中的应用. 北京: 高等教育出版社, 1992.

[28] 刘玉鑫. 物理学家用李群李代数. 北京: 北京大学出版社, 2022.

[29] 赵敦华. 西方哲学简史. 2 版. 北京: 北京大学出版社, 2012.

[30] 杨振宁, 翁帆. 晨曦集. 北京: 商务印书馆, 2018.

索　　引

W

X

Y

Z